저자직강 동영상 **강의**
이패스코리아
www.epasskorea.com

## 2025

# 이패스
# 정보통신
# 기사

**실기**

✓ 최근 NCS 기반 실기 출제경향 기준 반영 및 완벽 분석
✓ 최신 13개년 기출문제 및 예상문제 상세한 해설
✓ 동영상 인터넷강의 저자직강

정보통신기술사 권병철 저

ENGINEER INFORMATION & COMMUNICATION

# 머리말

정 보 통 신 기 사 실 기

## 책을 출간하며

이 책은 취업준비 또는 직장생활하면서 시간을 쪼개서 정보통신분야 자격증 취득을 위해 준비 하시는 분들에게 조금이나마 도움이 되길 바라며 만든 책입니다.

이 책은 [이론편]과 [문제편]으로 크게 구분하였으며, 주요 특징은

1. 정보통신기사 실기 최신개정 "전체 출제기준 목차를 [이론편] 1장~6장에 정리"하여 수험생이 보다 체계적으로 실기에 접근할 수 있도록 고려하였고,

2. 최근 "전체 기출문제를 2022년 1회 ~ 2024년 4회까지 2023년 2회 추가분(2회토, 2회일)을 포함, 출제 회차별로 분류 및 상세풀이를"하여 출제경향 파악 및 회차별 시험에 대응할 수 있도록 하였고,

3. 최근 출제동향을 고려 "예상문제풀이를 [문제편] 2장~3장에 정리"하여 향후 신규문제에 대응할 수 있도록 하였고,

4. 세부 "[이론편] 주제별 내용은 표와 그림으로 내용을 요약"하여 보다 쉽게 주제별 Summary가 가능하게 하고, 수험준비시간을 고려하여 전체 분량이 부담이 되지 않도록 하였습니다.

정보통신기술은 빠르게 변화하는 기술분야로 지속적으로 기술동향 및 신지식을 습득해야하는 분야로 접근하기가 쉽지 않으나, 기본적인 개념과 유·무선 전송매체는 변화하지 않는다고 생각합니다.

이 책으로 공부하는 분들이 단순 암기보다 주제별 기본 내용 이해를 통해 실무에 도움에 되도록 노력하였으며, 이 책이 나올수 있도록 도와준 KT 동기 유병환, 후배 이용재와 박상진, 김영덕, 이용권, 홍종만, 공은권, 원충호, 안효춘, 전영근 등 전문분야별 정보통신기술사분들, 교정에 고생 많았던 출판사분들에게 진심으로 감사드립니다.

| 책 전체 구성 요약 | | | |
|---|---|---|---|
| 편 | 장 | 분량 | 요약내용 |
| [이론편] | 1장~6장 | 231페이지 | • 실기준비를 체계적으로 준비<br>• 출제기준 세부항목별 내용을 표와 그림으로 요약<br> • 전체 기본개념 정리<br> • 신규항목 전원회로 구성하기 등 추가 |
| [문제편] | 1장 | 450페이지 | • 최근 13개년 과년도 기출문제 |
| | 2장~3장 | 86페이지 | • 예상문제 수록<br> • 서술형 문제<br> • 실무형 문제 |

2024년 12월
저자 권 병 철

## 출제기준_ 정보통신기사 실기

| 직무분야 | 정보통신(통신) | 자격종목 | 정보통신기사 | 적용기간 | 2022.1.1. ~ 2024.12.31 |
|---|---|---|---|---|---|
| ○ 직무내용 : 정보통신 기술과 제반지식을 바탕으로 정보통신설비와 이에 기반한 정보시스템의 설계, 시공, 감리, 운용 및 유지보수 등의 업무를 수행하고, 융·복합 통신서비스를 제공하는 직무이다. ||||||
| 실기검정방법 | 필답형 : 주관식 필기 15~20문제 || 시험시간 || 2시간 |

| 실기과목명 | 주요항목 | 세부항목 | 세세항목 |
|---|---|---|---|
| 정보통신실무 | 1. 교환시스템 기본설계 | 1. 교환설비 기본설계 | 1. 통신 시스템 구성하기<br>• 유선·무선·광 설비 구성하기<br>• 전송 시스템 구성하기<br>2. 전원회로 구성하기<br>• 정류회로, 평활회로, 전원안정화회로 |
| | | 2. 망 관리 | 1. 가입자망 구성하기<br>2. 교환망(라우팅) 구성하기<br>3. 전송망 구성하기<br>4. 구내통신망 구성하기 |
| | 2. 네트워크 구축공사 | 1. 네트워크 설치 | 1. 근거리통신망(LAN) 구축하기<br>2. 라우팅프로토콜 활용하기<br>3. 네트워크 주소 부여하기<br>4. ACL / VLAN / VPN 설정하기 |
| | | 2. 망관리 시스템 운용 | 1. 망관리시스템 운용하기<br>2. 망관리 프로토콜 활용하기 |
| | | 3. 보안 환경 구성 | 1. 방화벽 설치 및 설정하기<br>2. 방화벽 등 보안시스템 운용하기 |
| | 3. 구내통신구축 공사관리 | 1. 설계보고서 작성 | 1. 공사계획서 작성하기<br>2. 설계도서 작성히기<br>• 도면, 원가내역서, 용량산출, 시방서 등 작성하기<br>3. 인증제도 적용하기<br>• 초고속정보통신건물<br>• 지능형 홈네트워크 |
| | | 2. 설계단계의 감리업무 수행 | 1. 정보통신공사 시공, 감리, 감독하기<br>2. 정보통신공사 시공관리, 공정 관리, 품질관리, 안전관리하기 |
| | 4. 구내통신 공사품질관리 | 1. 단위시험 | 1. 성능 측정 및 시험방법<br>2. 측정결과 분석하기 |
| | | 2. 유지보수 | 1. 유지보수하기<br>2. 접지공사, 접지저항 측정하기 |

# 출제경향분석

출제경향분석 (2012년 1회 ~ 2024년 4회 총 744문제)

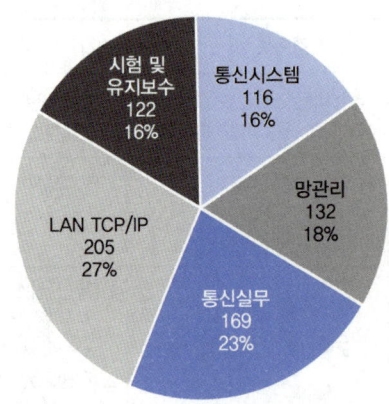

| 구분 | 비중 | | 출제동향분석세부항목 |
|---|---|---|---|
| 통신<br>시스템 | 16% | PCM/유선통신<br>변조/무선/이동통<br>신, 코딩 및<br>샤논등통신이론 | • PCM, T1/E1, 라인코딩, Baud/Bps, 샤논/나이키스트공식, 폴링/셀렉션, HDLC/<br>  BSC Frame<br>• 변조, 다중화, 집중화, DTE/DCE, 해밍코드, CRC, 반송파, 잡음지수, 통신제어장치,<br>  이동통신, 무선통신, 위성통신, 잡음, 발진, OFDM, 블루투스, 안테나, 쉬프트레지스터,데<br>  이터 0bit 삽입법 |
| 망관리 | 18% | PDF/SDH<br>ATM/PON등<br>광통신<br>교환/전송등 | • NGN, STM, ATM, ISDN, WAN, FDDI, 방송, X.25, PSDN<br>• 통신망, 토폴로지, 망형, BUS형, 패킷교환(VC DG),<br>• 광통신, 광섬유절단<br>• XDSL, FTTH, HFC, PON, 전송, PDH/SDH/SONET, 전송장애, 전송계산 교환<br>  No.7 R2, 네트워크 신뢰도 |
| 통신실무 | 23% | 법규<br>설계/감리/시공<br>업무<br>실무업무<br>/각종회로 | • 법규(정보통신공사업법등, 기술기준, 전기통신사업자, 전자서명법) 등<br>• VAN 절연저항 특3종접지 지능형ITS 구내통신인증 소자(RLC FND)<br>• LAN실무 용어(MDF, UPS, MH)<br>• 기본/실시설계, 설계3단계, 설계도서, 원가(표준품셈/표준시장단가) 입찰제안요청서<br>  (RFP), 감리원업무 감리결과통보, 감리원등급, 착공계서류, 공사계획서, 준공서류,<br>  안전관리책임자, 기술계 정보통신기술자등급 |
| LAN<br>TCP/IP | 28% | 프로토콜<br>UDP, SNMP등<br>IPv4, MAC,<br>서브넷팅<br>스위칭, 라우팅,<br>네트워크 보안 | • 무선LAN, 프로토콜(OSI TCP/IP)<br>• LAN 프로토콜 (TCP, UDP, IP, ARP, RARP) 라우팅 프로토콜(RIP,<br>  Static/Dynamic)<br>• IPv4 IPv6 유니/멀티/브로드/애니캐스트 Switch Router NMS SNMP<br>• 보안 VPN DNS UTM |
| 시험<br>및<br>유지보수 | 16% | dBm/BER/S/N<br>등<br>시험 & 계측기<br>접지 &<br>유지보수 | • dB dBm dBW dBmV dBμV<br>• 계측기[Oscilloscope Spectrum Analyzer OTDR PA(NA)]<br>• BER, FER, BLER, 케이블손실계산, RF측정, 특성임피던스, VSWR<br>• 3점 전위강하법 2극측정법 클램프온 미터법<br>• 개별/공통/통합접지 일반봉/메쉬접지 특3종접지<br>• 가동율 MTTR amMTBF MTTF |
| 계 | 100% | | |

## 최근 13개년 출제경향 분석

| 구분 | | 통신시스템 | | | 망관리 | | | 통신실무 | | | LAN TCP/IP | | | 시험 및 유지보수 | | | 소계 |
|---|---|---|---|---|---|---|---|---|---|---|---|---|---|---|---|---|---|
| 년도 | 회 | PCM/유선통신 | 변조/무선/이동 | 코딩/샤논등 통신이론 | PDH/SDH/ATM/PON등 | 광통신 | 교환/전송 신뢰도등 | 법규 등 | 설계/감리/시공 업무 | 실무 업무/ 각종회로 | 프로토콜 UDP/SNMP 등 | IPv4/MAC/서브넷등 | 스위칭/라우팅/보안 | dBm/BER/S/N등 | 시험&계측기 | 접지&유지보수 | 출제 문제수 |
| 2024년 | 1 | - | 1 | - | - | - | 2 | - | 3 | - | 5 | 1 | 1 | - | 2 | 2 | 17 |
| | 2 | - | - | - | - | - | 3 | 1 | 3 | - | 4 | 1 | 1 | 1 | 2 | 1 | 17 |
| | 4 | - | - | 3 | - | 1 | - | 1 | 2 | 2 | 3 | - | 2 | 1 | 1 | 1 | 17 |
| 2023년 | 1 | 1 | - | 2 | - | - | 2 | 1 | 3 | 1 | 5 | 1 | - | - | 1 | - | 17 |
| | 2 | 1 | 1 | 5 | - | 1 | 1 | - | 2 | - | 2 | - | 1 | 1 | 2 | - | 17 |
| | 2토 | - | - | 1 | 2 | 1 | 1 | - | 4 | - | 2 | 1 | 1 | - | 2 | - | 17 |
| | 2일 | - | - | - | 2 | - | - | - | 4 | 1 | 1 | 2 | 3 | 1 | - | - | 17 |
| | 4 | - | 1 | - | - | 1 | 1 | - | 3 | 2 | 2 | 1 | 4 | - | 1 | - | 17 |
| 2022년 | 1 | - | 1 | 2 | 3 | 1 | 2 | 2 | 3 | - | - | - | 2 | 1 | 1 | 2 | 20 |
| | 2 | 1 | 1 | 2 | - | - | 1 | 1 | 3 | 1 | 1 | - | 4 | - | 3 | 1 | 19 |
| | 4 | - | - | 1 | - | - | 3 | 2 | 2 | 2 | - | - | 3 | - | 2 | 1 | 16 |
| 2021년 | 1 | - | 1 | 3 | - | 2 | 3 | 1 | 1 | 2 | 3 | - | 2 | 1 | 1 | 1 | 21 |
| | 2 | - | 1 | 2 | - | - | 4 | - | 1 | 4 | 2 | - | 4 | 1 | - | 1 | 20 |
| | 4 | - | - | 2 | - | 2 | 2 | 1 | 1 | 2 | 1 | 3 | 2 | 1 | 3 | - | 20 |
| 2020년 | 1 | - | 2 | 3 | - | 1 | 2 | 1 | 1 | 2 | 3 | 1 | 1 | - | 2 | 1 | 20 |
| | 2 | 1 | 2 | 1 | - | - | 2 | 2 | 2 | 1 | 3 | - | 2 | 1 | 3 | - | 20 |
| | 4 | - | 3 | 5 | - | - | 1 | - | 2 | 1 | 2 | 1 | 1 | 2 | 2 | - | 20 |
| 2019년 | 1 | - | - | 1 | 2 | 2 | 4 | 1 | - | 2 | 3 | 2 | 1 | - | 1 | 1 | 20 |
| | 2 | - | - | 1 | - | 1 | 6 | 3 | 1 | - | 3 | 1 | 1 | - | 3 | - | 20 |
| | 4 | - | 2 | 3 | - | 3 | - | 2 | 1 | 3 | 3 | - | 1 | - | 2 | 2 | 20 |
| 2018년 | 1 | - | - | 1 | 1 | - | 3 | - | 3 | 1 | 2 | 1 | 1 | 1 | 2 | 2 | 18 |
| | 2 | 1 | 1 | 3 | 1 | - | - | 4 | 1 | - | 3 | 1 | 1 | 2 | 1 | 1 | 19 |
| | 4 | - | - | - | - | - | 1 | 3 | 1 | 2 | 6 | 1 | 1 | - | 2 | - | 20 |
| 2017년 | 1 | 1 | 1 | 1 | - | 2 | 1 | 1 | 1 | - | 6 | - | 1 | 1 | 1 | 1 | 18 |
| | 2 | 1 | 2 | 2 | 2 | 2 | 2 | 2 | - | 1 | - | 2 | 1 | 1 | 1 | 1 | 20 |
| | 4 | - | 1 | 2 | 1 | - | 3 | - | 1 | 2 | 5 | - | 1 | - | - | 2 | 18 |
| 2016년 | 1 | - | 1 | 1 | 2 | 1 | 6 | 1 | 1 | - | 3 | - | 1 | - | 2 | 1 | 20 |
| | 2 | 2 | - | 2 | 1 | - | 2 | 2 | 2 | - | 3 | - | 3 | 1 | 2 | - | 20 |
| | 4 | - | 1 | 3 | 3 | 1 | 2 | 1 | 1 | 2 | 2 | - | 2 | 1 | 1 | - | 21 |
| 2015년 | 1 | - | 1 | 3 | - | 2 | 2 | 1 | 3 | - | 2 | - | 3 | 1 | 2 | - | 20 |
| | 2 | - | 1 | - | 1 | - | 2 | 2 | 1 | 3 | 4 | 1 | 1 | - | 2 | 1 | 21 |
| | 4 | - | 2 | 1 | - | - | 1 | - | 3 | 1 | 3 | 1 | 2 | 1 | 2 | 1 | 19 |
| 2014년 | 1 | - | - | 2 | - | - | 4 | 2 | 1 | 1 | - | - | 1 | 3 | 3 | 1 | 20 |
| | 2 | 1 | - | - | - | 1 | 4 | 2 | 2 | 1 | 3 | 1 | 3 | - | 2 | 1 | 20 |
| | 4 | 1 | - | 1 | - | - | 1 | 3 | 2 | - | 2 | 1 | 4 | - | 3 | 1 | 19 |
| 2013년 | 1 | 1 | 1 | 1 | 1 | - | 2 | 1 | 1 | - | 2 | 1 | 1 | 1 | - | - | 15 |
| | 2 | 1 | - | - | 1 | 1 | 1 | 3 | 1 | - | 1 | 1 | 2 | 1 | 1 | - | 14 |
| | 4 | - | 2 | - | - | - | - | - | - | - | - | - | 3 | 1 | 3 | 1 | 15 |
| 2012년 | 1 | 1 | 1 | 2 | - | - | - | 1 | 2 | - | 2 | - | 2 | - | 1 | - | 12 |
| | 2 | - | - | 2 | 1 | - | - | - | - | - | 1 | - | 2 | - | 1 | - | 11 |
| | 4 | - | 1 | 1 | - | 2 | - | 1 | - | - | 1 | - | 2 | 1 | - | - | 10 |
| 계 | | 15 | 32 | 69 | 24 | 29 | 79 | 52 | 75 | 42 | 106 | 28 | 71 | 26 | 66 | 30 | 744 |
| | | 2% | 4% | 9% | 3% | 4% | 11% | 7% | 10% | 6% | 14% | 4% | 10% | 3% | 9% | 4% | 100% |

좀 더 자세한 내용 및 수험정보 등은 당사 홈페이지(www.epasskorea.com) 참조

# 학습전략

정 보 통 신 기 사 실 기

| 1단계 | 2단계 | 3단계 | 4단계 |
|---|---|---|---|
| [문제편]<br>과년도<br>기출문제풀이 | [이론편]<br>출제항목<br>정리 | [문제편]<br>예상문제<br>풀이 | [정리]<br>다독 및 주요<br>Key 용어정리 |
| 초·중급 문제는<br>반드시 100% 풀이 | 출제전반에 대한<br>기본개념 이해 및 정리 | TCP/IP<br>최근동향문제 정리 | 주요 Key 용어/숫자<br>정리 및 다독 |
| 고급 문제는<br>시간 여유 있을때 접근 | 이해 어려운 부분은<br>시간 여유 있을때 접근 | 이해 어려운 부분은<br>시간 여유 있을때 접근 | 이해 어려운 부분은<br>시간 여유 있을때 접근 |

1. 기출문제 재출제를 대비 "문제편 1장" 초·중급문제는 반드시 풀수 있도록 준비합니다
   - 문제편 1장내 년도별 기출문제는 기출비중 및 기출을 변형한 유사문제의 출제가 높은 수준으로 기출빈도가 높은 문제는 암기하고, 시간 부족시는 특정 전문분야와 난이도 높은 문제는 답만 기억하고, 반드시 준비시간 여유 있을시만 접근함
   - 신규문제 출제가 늘어가는 추세임
   - 이해가 어려운 부분은 시간 부족시는 제외함

2. "이론편 1장~6장"은 출제기준 전반에 대한 요약 형태이므로 기본개념에 대한 이해여부 확인 문제에 대한 준비가 필요합니다.
   - 이론편 1장~6장 주체별 주요내용 전반적 이해 및 정리
   - 이해가 어려운 부분은 시간 부족시는 제외함

3. TCP/IP 중급문제 등 신규문제에 대한 준비를 합니다.
   - 문제편 2장~3장 예상문제를 정리
   - 이해가 어려운 부분은 시간 부족시는 제외함

4. 가급적 다독을 하며, 주요 Key 용어 및 숫자는 암기합니다.
   - 주요 Key 용어 및 숫자는 암기
   - 이해가 어려운 부분은 시간 부족시는 제외함

좀 더 자세한 내용 및 수험정보 등은 당사 홈페이지(www.epasskorea.com) 참조

## 이론편

### 1장 통신시스템 구성하기

**1절_ 유선설비 구성하기** — 16
   1. 디지털 통신 아날로그 통신 — 16
   2. 신호처리 — 18
   3. 유선전송매체 — 21
   4. PCM — 24

**2절_ 무선설비 구성하기** — 26
   1. 무선전송매체 — 26
   2. 변조와 복조 — 29
   3. 변조의 종류 — 31
   4. 이동통신 — 36
   5. 근거리 무선통신 — 40

**3절_ 광설비 구성하기** — 42
   1. 광통신 — 42
   2. 광케이블 특성 — 45

**4절_ 전송 시스템 구성하기** — 48
   1. 광전송시스템 — 48

### 2장 전원회로 구성하기

**1절_ 전원회로 구성하기** — 54
   1. 정류회로 — 54
   2. 평활회로 — 60
   3. 전원안정화회로 — 64

## 차례 정보통신기사 실기

### 3장 망 관리

**1절_ 가입자망 구성하기** — 70
  1. 유선가입자망 — 70
  2. 무선가입자망 — 75
  3. 방송가입자망 — 79

**2절_ 교환망(라우팅) 구성하기** — 84
  1. 교환기 — 84
  2. 교환망 신호방식 — 88
  3. VoIP — 93

**3절_ 전송망 구성하기** — 95
  1. PDH와 SDH — 95
  2. DWDM 광전송시스템 — 103
  3. OTN — 106

**4절_ 구내통신망 구성하기** — 108
  1. 통합배선설비 — 108
  2. 방송공동수신설비(CATV설비) — 111

### 4장 네트워크 구축공사

**1절_ 네트워크 설치** — 116
  1. 근거리통신망(LAN) 구축하기 — 116
  2. 라우팅 프로토콜 활용하기 — 122
  3. 네트워크 주소 부여하기 — 130
  4. ACL / VLAN / VPN 설정하기 — 134

**2절_ 망관리시스템 운용** — 146
  1. 망관리시스템 운용하기 — 146
  2. 망관리 프로토콜 활용하기 — 150

3절_ 보안 환경 구성     152
    1. 방화벽 설치 및 설정하기     152
    2. 방화벽 등 보안시스템 운용하기     155

## 5장 구내통신구축 공사관리

1절_ 설계보고서 작성     160
    1. 공사계획서 작성하기     160
    2. 설계도서 작성하기     169
    3. 인증제도 적용하기     177

2절_ 수송용량 산출하기     183
    1. 전송용량 산출     183
    2. 교환용량 산출     186

3절_ 설계단계의 감리업무 수행     188
    1. 정보통신공사 시공, 감리, 감독하기     188
    2. 정보통신공사 시공관리, 공정관리, 품질관리, 안전관리하기     204

## 6장 구내통신 공사품질관리

1절_ 단위시험     214
    1. 성능 측정 및 시험방법     214
    2. 측정결과 분석하기     226

2절_ 유지보수     228
    1. 유지보수하기     228
    2. 접지공사, 접지저항 측정하기     236

# 차 례

정 보 통 신 기 사 실 기

## 문제편

### 1장 과년도 기출문제

| | | |
|---|---|---|
| 1절_ 2024년도 기출풀이 | | 250 |
| 2절_ 2023년도 기출풀이 | | 280 |
| 3절_ 2022년도 기출풀이 | | 332 |
| 4절_ 2021년도 기출풀이 | | 364 |
| 5절_ 2020년도 기출풀이 | | 403 |
| 6절_ 2019년도 기출풀이 | | 437 |
| 7절_ 2018년도 기출풀이 | | 472 |
| 8절_ 2017년도 기출풀이 | | 505 |
| 9절_ 2016년도 기출풀이 | | 543 |
| 10절_ 2015년도 기출풀이 | | 579 |
| 11절_ 2014년도 기출풀이 | | 613 |
| 12절_ 2013년도 기출풀이 | | 651 |
| 13절_ 2012년도 기출풀이 | | 679 |

## 2장 예상문제풀이 서술형문제

1절_ 프로토콜, OSI, TCP / IP, LAN, SNMP, 보안     700

2절_ 변조, Baud, Bps, PCM, 해밍코드     715

3절_ 광통신, 데이터통신, 이동통신, 정보통신     725

4절_ 단답형 약어     738


## 3장 예상문제풀이 실무형문제

1절_ 이동 / 무선통신, 광통신 등, 측정 및 시험업무     748

2절_ 설계, 감리, 감독, 시공업무     768

3절_ 유지보수, 접지 등 현장실무업무     783

www.epasskorea.com

정보통신기사 실기

# 이론편

1장 통신시스템 구성하기
2장 전원회로 구성하기
3장 망 관리
4장 네트워크 구축공사
5장 구내통신구축 공사관리
6장 구내통신 공사품질관리

# 1장 통신시스템 구성하기

**1절** 유선설비 구성하기
    1. 디지털 통신 아날로그 통신
    2. 신호처리
    3. 유선전송매체
    4. PCM

**2절** 무선설비 구성하기
    1. 무선전송매체
    2. 변조와 복조
    3. 변조의 종류
    4. 이동통신
    5. 근거리 무선통신

**3절** 광설비 구성하기
    1. 광통신
    2. 광케이블 특성

**4절** 전송 시스템 구성하기
    1. 광전송시스템

# 1절 유선설비 구성하기

## 1 디지털 통신 아날로그 통신

### 1.1 개요
- 통신은 시간과 거리의 제한을 극복하는 정보의 전달로 정의
- 아날로그(Analog)는 일반적으로 연속적인 자연환경에 비슷하다는 뜻에서 연속적(Continuous) 의미를, 디지털(Digital)은 지속과 단절이 확실한 이산적(Discrete) 성질을 가짐

### 1.2 아날로그 통신과 디지털 통신
(1) 신호의 형태

| 구분 | 아날로그 신호 | | | 디지털 신호 | | |
|---|---|---|---|---|---|---|
| | 입력 | 대상 | 출력 | 입력 | 대상 | 출력 |
| 아날로그 정보 (Data) | 아날로그 | 전화 AM, FM | 아날로그 | 아날로그 | 코덱 (CODEC) | 디지털 |
| | 입력 | 대상 | 출력 | 입력 | 대상 | 출력 |
| 디지털 정보 (Data) | 디지털 | MODEM | 아날로그 | 디지털 | DSU, CSU 부호화장치 | 디지털 |

## (2) 비교

| 구분 | 아날로그 통신 | 디지털 통신 |
|---|---|---|
| 전송거리 | 신호가 멀리감 | 신호가 멀리못감 |
| 잡음영향 | 대 | 소 |
| 재생중계 | × 불가능 | ○ 가능 |
| 신호재생기기 | Amplifier | Repeater |
| 대역폭 | 소 | 대 |
| 동기 | 필요 | 절대 필요 |
| 예 | MODEM | DSU 등 |

## (3) 디지털통신 장·단점

| | |
|---|---|
| 장점 | • 재생중계 가능하며 잡음의 방해에 강하여 원거리전송에 적합<br>• 전송과 교환단계가 디지털이므로 경제적 시스템 구현 가능<br>• 통신기술과 컴퓨터기술이 융합되어 통신망 지능화 가능 |
| 단점 | • 동일신호 전송시 아날로그 통신보다 대역폭(Bandwidth) 증가<br>• 송수신간 전송동기 및 망동기 절대 필요<br>  • 전송동기 : 비트동기, 프레임동기, 심벌동기<br>  • 망동기 : 독립동기, 종속동기, 상호동기<br>• 아날로그방식과 연동장치 필요 |

## 2 신호처리

### 2.1 개요

- 부호화(Encoding)는 정보 또는 신호를 다른 신호로 변환시키는 과정으로 Source Coding과 Channel Coding으로 구분
- 변조(Modulation)는 부호화된 신호를 반송신호(Carrier Signal)에 얹어 실어보내는 과정으로 원신호 형태에 따라 아날로그 변조와 디지털 변조로 구분

### 2.2 부호화

(1) Source Coding과 Channel Coding

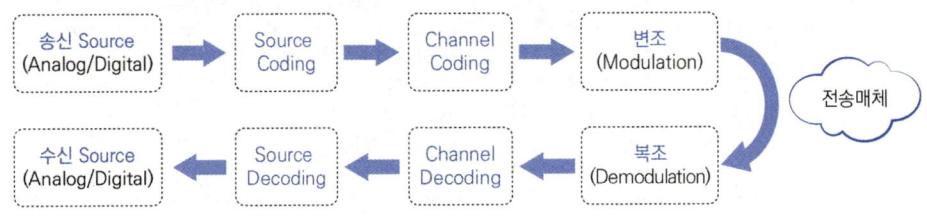

① Source Coding 원천부호화
아날로그나 디지털 형태의 다양한 정보(Source / Data)신호를 전송매체에 효율적으로 사용하기 위해 다른 형태의 신호로 변환시키는 과정으로 데이터량이 압축되는 과정으로 최소의 정보원 심벌 표현됨

② Channel Coding 채널부호화
아날로그나 디지털 형태의 다양한 정보(Source / Data)신호를 에러없이 전송할 수 있도록 전송에러의 검출 및 정정기법 적용 사용하기 위해 다른 형태의 신호로 변환시키는 과정으로 데이터량이 증가됨

| 구분 | Source Coding | Channel Coding |
|---|---|---|
| 특징 | 데이터량을 일반적으로 압축하여 데이터량 감소 | 데이터량이 에러정정 위해 증가, 신뢰도 향상 |
| 종류 | ① 음성부호화<br>  • 파형부호화 : PCM, DPCM 등<br>  • 음원부호화 (보코더) 등<br>② 영상부호화<br>  • 줄길이부호화(RLC, Run Length Coding) 등<br>③ 암호화 | ① 선형부호화<br>  • Hamming Code<br>    BCH Code 등<br>② 비선형부호화<br>  • Convolution Code<br>    Turbo Code 등 |
| Redundancy | 감소 | 증가 |

(2) 통신채널용량

① Shannon의 정리

샤논의 정리는 채널상에 백색잡음(White Noise)이 존재한다고 가정한 상태임

$$C = B\log_2\left(1 + \frac{S}{N}\right) [bps]$$

C : 통신채널용량 [bps], B : 채널의 대역폭(Bandwidth) [Hz], S/N : 신호대 잡음비

채널의 용량을 늘리려면 대역폭 B를 증가 또는 신호를 크게 잡음을 작게하여 S/N를 증가함
백색잡음은 열잡음이 주요 잡음이며 실제는 충격잡음, 감쇠현상, 지연왜곡 등에 의해 채널용량은 보다 낮은 속도로 사용됨

**예** 채널스펙트럼이 3MHz ~ 4MHz 이며 SNR이 24[dB]인 경우 통신채널용량C의 값은?
대역폭은 스펙트럼이 3MHz ~ 4MHz임으로 사용하는 대역폭(Bandwidth)는 1MHz이고,
$24[dB] = 10\log_{10}SNR$를 정리하면 $\log_{10}SNR = 2.4$에서 $SNR = 10^{2.4} = 251$임
관련식에 대입 $C = 1M\log_2(1+251) = 1M\log_2(252) \cong 1M\log_2 2^8 = 8M[bps]$

**답** 8Mbps

② Nyquist 공식
잡음이 없는 채널을 가정하고, 지연왜곡에 의한 ISI 에 근거하여 최대 용량을 산출한 공식으로 단위는 [bps]

$$C = 2B\log_2 M\,[bps]$$
C : 통신채널용량 [bps], B : 채널의 대역폭(Bandwidth) [Hz], M : 진수

**예** 채널스펙트럼이 3MHz ~ 4MHz 이며 16QAM변조방식을 사용시 C의 값은?
대역폭은 스펙트럼이 3MHz ~ 4MHz임으로 사용하는 대역폭(Bandwidth)는 1MHz이고 16QAM은 16신호로 M=16을 식에 대입, $C = 2M\log_2 16 = 2M\log_2 2^4 = 2M \times 4 = 8M[bps]$

**답** 8Mbps

# 3. 유선전송매체

## 3.1 개요

- 유선매체는 전기적 신호를 이용하는 동케이블, 동축(Coaxial)케이블과 광신호를 이용하는 광케이블로 구분함
- 1차정수는 저항(R), 인덕턴스(L), 정전용량(C), 콘덕턴스(G) 이며, 2차정수는 감쇠정수($\alpha$), 위상정수($\beta$), 전파정수($\gamma$), 특성임피던스($Zo$)임
- 무선매체는 전자파를 이용 지상파를 사용하는 이동통신 등과 공간파를 사용하는 위성통신 등으로 구분함

## 3.2 1차정수와 2차정수

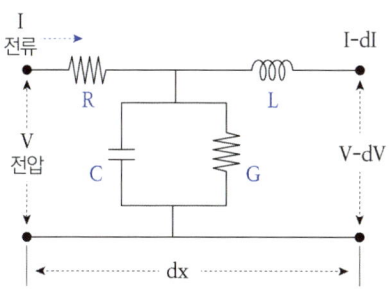

1. 직렬 임피던스 Z
   - Z = R + jWL 전압감쇄의 원인
2. 병렬 어드미턴스 Y
   - Y = G + jWC 전류감쇄의 원인

Z = R + jX    Z : Impedance [ohms, $\Omega$]
             R : Resistance    X : Reactance
Y = G + jB    Y : Admittance [siemens, $\Omega^{-1}$]
Y = 1/Z       G : Conductance    B : Susceptance

### (1) 1차정수

① 4개의 R, L, C, G 양이 주파수에 대해 일정하다고 가정하고 계산되며 전송선로에 통신신호가 전송되면 특성에 영향을 줌

② 1차정수 종류

| 구분 | 저항(R) | 인덕턴스(L) | 정전용량(C) | 컨덕턴스(G) |
|---|---|---|---|---|
| 내용 | $R = \rho \dfrac{l}{A} [\Omega/m]$<br>$\rho$ : 전선의 고유저항<br>$l$ : 전선의 길이<br>$A$ : 전선의 단면적 | $L = \mu \dfrac{l \cdot \gamma}{A} [H/Km]$<br>$\mu$ : 전선의 투자율<br>$\gamma$ : 양전선의 간격<br>$A$ : 전선의 단면적 | $C = \epsilon \dfrac{l \cdot A}{\gamma} [F/Km]$<br>$\epsilon$ : 유전체 유전율<br>$l$ : 전선의 길이<br>$A$ : 전선의 단면적<br>$\gamma$ : 양전선의 간격 | $G = \delta \dfrac{l \cdot A}{\gamma} [\Omega^{-1}/Km]$<br>$\delta$ : 유전체의 누설역률<br>$l$ : 전선의 길이<br>$A$ : 전선의 단면적<br>$\gamma$ : 양전선의 간격 |

| 구분 | 저항(R) | 인덕턴스(L) | 정전용량(C) | 컨덕턴스(G) |
|---|---|---|---|---|
| 의미 | 도체저항은 전선길이에 비례, 단면적에 반비례, 전선재료 고유 저항에 달라짐 | 전선길이와 양전선 간격의 곱에 비례, 단면적에 반비례, 전선재료 도자율에 달라짐 | 전선길이와 단면적의 곱에 비례, 양전선 간격에 반비례, 전선재료 유전율에 달라짐 | 전선길이와 단면적의 곱에 비례, 양전선 간격에 반비례, 전선재료 절연재료에 달라짐 |

(2) 2차정수

① 4개의 $\alpha, \beta, \gamma, Z_0$이 전송선로에 통신신호를 전송하면, 특성이 변하는데 특성변화를 이해하는데 필요한 정수임

② 2차정수 종류

| 구분 | 감쇠정수($\alpha$) | 위상정수($\beta$) | 전파정수($\gamma$) | 특성임피던스($Z_0$) |
|---|---|---|---|---|
| 내용 | Attenuation Constant<br>[dB/km], [nep/km] | Pulse Constant<br>[rad/km] | Propagation Constant<br>- | Characteristic Impedance<br>[Ω] |
| 의미 | • 통신선로의 단위길에에 대한 전압 및 전류의 감소 비율을 표시<br>• 주파수(f)가 높을수록 $\alpha$ 증가 | • 통신선로의 단위길이에 대한 위상의 변화 비율을 표시<br>• 주파수(f)에 의해 값이 변동 | • $\gamma = \alpha + j\beta$ $= \sqrt{ZY}$<br>• 감쇠정수와 위상정수의 합 | • 통신선로의 1차정수에 의해 정해지는 선로의 임피던스<br>• $Z_0 = \sqrt{\dfrac{Z}{Y}} = \sqrt{\dfrac{R+j\omega L}{G+jwC}}$ |

※ 특성임피던스는 무한히 연속되는 전송선로의 임의의 점에서 전압과 전류의 비

### 3.3 유선전송매체

(1) 유선전송매체 비교

| 구분 | 동케이블 | 동축케이블 | 광케이블 |
|---|---|---|---|
| 종류 | 1. 평형케이블<br>(Pair Cable)<br><br>CPEV 케이블 등<br>• 유선전화 시내 쌍 케이블 심선경 0.65mm, 0.9mm주로 사용<br>• 꼬임이 적은편 | 동축케이블<br>(Coaxial Cable)<br><br>외부도체편조<br>유전체<br>d : 내부도체 외경<br>D : 외부도체 내경 | 광케이블<br>(Fiber Cable)<br><br>Clad<br>Core<br>Clad<br>전반사 |

| 구분 | 동케이블 | 동축케이블 | 광케이블 |
|---|---|---|---|
| 종류 | 2. 쌍꼬임케이블<br>(Twisted Pair Cable)<br>UTP 케이블<br>• Unshielded Twisted Pair Cable<br>• CAT.3, 5, 5e, 6, 6A, 7 등<br>STP 케이블<br>• Shielded Twisted Pair Cable | 1. 세심동축케이블<br>• D : d<br>4.44 : 1.18 mm<br>3.6 : 1<br>2. 표준동축케이블<br>• D : d<br>9.4 : 2.6 mm<br>3.6 : 1<br>※ 3.6 : 1이 감쇠가 최소 | 1. 코어(Core)<br>• 굴절율 1.47<br>2. 클래딩(Cladding)<br>• 굴절률 1.46<br>코어대비 낮음<br>※ 클래딩의 굴절율이 코어대비 낮아 코어와 클래딩의 경계면에서 전반사됨 |
| 의미 | • 다른 전송매체 비교하여 거리, 대역폭, 데이터 전송에 있어 제한적임<br>• 표피효과와 높은주파수 제한 | • 주로 CATV, 급전선 케이블에 사용하는 대표적 불평형 케이블<br>• 전력전송 용이<br>• 대역폭이 동케이블 대비 넓어 광대역 전송가능 | • 가장 광대역, 장거리 전송 가능한 전송매체<br>• Single Mode, Multi Mode로 광케이블 구분 |

(2) UTP 케이블 구분

| 구 분 | CAT.5 | CAT.5e | CAT.6 | CAT.6A | CAT.7 | CAT.8 |
|---|---|---|---|---|---|---|
| 최고 속도 | 100M~1Gbps | 1Gbps | 1G~10Gbps | 10Gbps | 10Gbps 이상 | 40Gbps |
| 최대 대역폭 | 100MHz | 100MHz | 250MHz | 500MHz | 600MHz | 2000MHz |
| 구성 | | | | | | |

(3) 광케이블 구분

| 구 분 | | Muliti Mode Fiber(MMF) | | | Single Mode Fiber(SMF) | |
|---|---|---|---|---|---|---|
| | | OM1 | OM2 | OM3 | OS1 | OS2 |
| Core / Clad | | 62.5 / 125μm | 50 / 125μm | 50 / 125μm | 9 / 125μm | 9 / 125μm |
| 사용파장(nm) | | 850 / 1,300 | 850 / 1,300 | 850 / 1,300 | 1,310 / 1,550 | 1,310 / 1,550 |
| 광전송모드 | | 복수 | 복수 | 복수 | 단일 | 단일 |
| 모드분산 | | 있음 | 있음 | 있음 | 없음 | 없음 |
| 전송거리 | 1G | ~ 0.3km | ~ 1.0km | ~ 2.0km | ~ 10Km | ~ 100km |
| | 10G | ~ 0.03km | ~ 0.15km | ~ 0.3km | ~ 10Km | ~ 100km |

# 4 PCM

### 4.1 개요

- PCM은 Pulse Code Modulation의 약칭으로 음성 특성을 이용한 음성 디지털 부호화(Coding)의 일종인 음성부호화 중 파형부호화로 Source Coding임
- FDM의 단점인 높은 Filter 소요비용, 재생중계 불가능 등을 해결하기 위한 기법임
- Analog 음성을 저역통화필터 → 표본화 → 압축 → 양자화 → 부호화 → 재생중계 등의 과정을 거치며, PCM 속도는 64Kbps 임

### 4.2 PCM

(1) PCM 과정

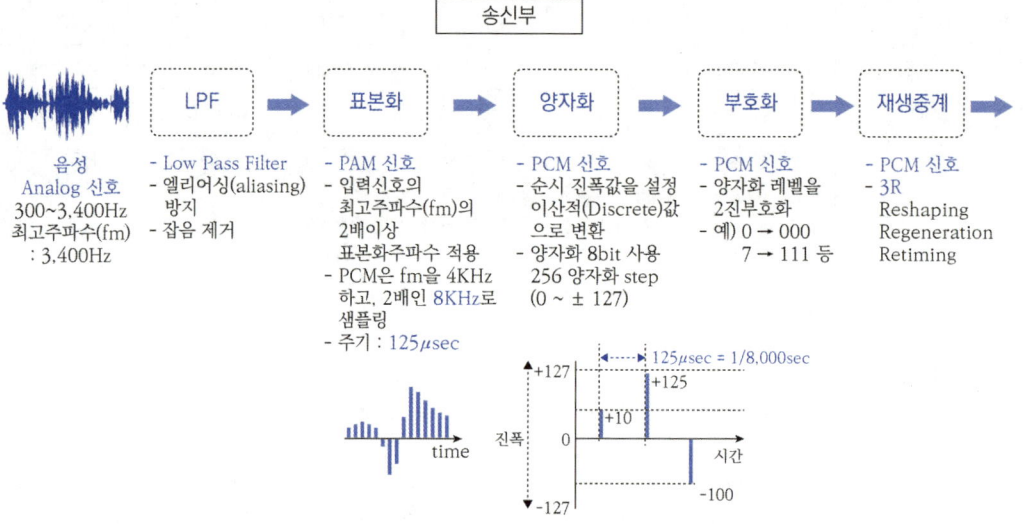

① PCM 전송속도 = 8,000 Sampling × 8bit 부호화 = 64Kbps

② 비선형 양자화 A-law 북미식, μ-law 유럽식을 사용하며 송신부에서 압축기(Compressor) 수신부에서 복구하는 신장기(Expander)를 사용하며, 이를 합쳐 압신(Companding)이라 함

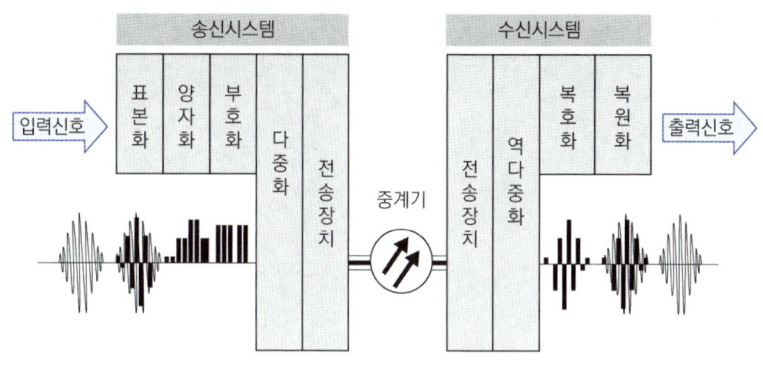

### (2) PCM 장단점

| | |
|---|---|
| 장점 | • 전송로에 존재하는 잡음, 누화에 강함으로 저품질 전송매체에 사용가능<br>• 음성과 영상과 같은 형태의 아날로그 신호를 PCM화한 신호는 고속 디지털통신 시스템에서 디지털 데이터 신호와 공용가능<br>• 전송로에 의한 레벨변동이 거의 없음<br>• 중계에 의한 통화품질의 열화가 없음 |
| 단점 | • PCM 고유잡음 발생 : 양자화 잡음<br>• 점유대역폭이 넓어 주파수 이용률 저하됨<br>• 동기장치 필요 |

### (3) PCM 신호 비교

| 구분 | PCM | DPCM | ADPCM | DM | ADM |
|---|---|---|---|---|---|
| 표본화주파수 | 8KHz | 8KHz | 8KHz | 16KHz | 16KHz |
| 표본당 Bit수 | 8 Bit | 4 Bit | 4 Bit | 1 Bit | 1 Bit |
| 양자화 단계 | $2^8$ | $2^4$ | $2^4$ | $2^1$ | $2^1$ |
| 전송속도 | 64Kbps | 32Kbps | 32Kbps | 16Kbps | 16Kbps |
| 시스템 구성 | 보통 | 복잡 | 매우 복잡 | 매우 간단 | 간단 |
| 특징 | • 양자화 잡음 발생 | • PCM 대비 정보량 감소 | • DPCM 대비 양자화 잡음 감소 | • PCM 대비 정보량 감소<br>• 군사용 등 특수통신 | • DM 대비 과립형 (granular) 잡음 감소 |

※ DM은 입력신호를 표본화하여 바로 앞의 표본치와 진폭을 비교하여 그 차분은 ±1의 비트만으로 표현하여 그에 상응하는 극성만을 전송

## 2절 무선설비 구성하기

### 1 무선전송매체

#### 1.1 개요

- 전파는 Maxwell 방정식에서 전자기파 파동방정식을 유도하며, 그 결과를 보면 전자기파는 횡파이며 전파의 자유공간 속도는 $3 \times 10^8 \, [m/s]$로 빛의 속도와 같음
- 무선전송매체는 유선을 이용하는 유선과 달리 자유공간을 이용하며, 무선통신에서 반송파(Carrier)로 사용되는 전자파의 무선 주파수를 RF(Radio Frequency)라 하며, 유선 대비 송수신 단사이에 송신안테나, 자유공간, 수신안테나가 필요
- 전파의 주파수별 분류는 대역별 VLF(장파)-LF(저주파)-MF(중파)-HF(단파)-VHF(초단파)-UHF(극초단파)-SHF(마이크로웨이브)-EHF(밀리미터파)-광파로 분류함

## 1.2 무선전송매체

### (1) Maxwell 방정식

| 구분 | 의미 | 미분형 | 적분형 |
|---|---|---|---|
| 1. 전기장($\vec{E}$)에 의한 Gauss 법칙 | 폐곡면내 전하가 있다 | $\nabla \cdot \vec{D} = \rho$ | $\oint_S \vec{D} \cdot d\vec{A} = \int_V \rho \cdot dV$ |
| 2. 자속밀도($\vec{B}$)에 의한 Gauss 법칙 | 자석은 모노폴(Monopole)이 없다 | $\nabla \cdot \vec{B} = 0$ | $\oint_S \vec{B} \cdot d\vec{A} = 0$ |
| 3. Faraday 전자기유도 법칙 | (시간적 변화하는) 자속의 변화에 의해 기전력이 발생 | $\nabla \times \vec{E} = -\dfrac{\partial \vec{B}}{\partial t}$ | $\oint_C \vec{E} \cdot d\vec{l} = -\dfrac{d}{dt}\int_S \vec{B} \cdot d\vec{A}$ |
| 4. Maxwell의 제4법칙 | 전도전류와 시간적으로 변화하는 변위전류($\vec{D}$)에 의해 자기장이 발생 | $\nabla \times \vec{H} = \vec{J} + \dfrac{\partial \vec{D}}{\partial t}$ | $\oint_C \vec{H} \cdot d\vec{l} = \int_S \vec{J} \cdot d\vec{A} + \dfrac{d}{dt}\int_S \vec{D} \cdot d\vec{A}$ |

※ Maxwell은 전류가 콘덴서의 평행판 사이를 흐르는 전류를 변위전류($\vec{D}$)를 예측하고 전기장과 자기장의 상호연관성을 확인하며, 평행판 사이가 무선통신의 자유공간이 됨

※ $\vec{D}$(전속밀도) $= \epsilon$(유전율)$\vec{E}$(전기장), $\vec{B}$(자속밀도) $= \mu$(투자율)$\vec{H}$(자기장)

### (2) 전파의 특징

| | |
|---|---|
| 전파의 속도 | $v = \dfrac{1}{\sqrt{\mu\epsilon}} = \dfrac{1}{\sqrt{\mu_0 \mu_S \epsilon_0 \epsilon_S}} = \dfrac{C}{\sqrt{\mu_S \epsilon_S}}$, $C = 3 \times 10^8 [m/s]$<br>$\mu$ = 투자율, $\mu_0$ = 자유공간 투자율, $\mu_S$ = 비투자율<br>$\epsilon$ = 유전율, $\epsilon_0$ = 자유공간 유전율, $\epsilon_S$ = 비유전율 |
| 자유공간 전자파 | 횡파, 횡전자파(TEM : Transverse Electro Magnetic Wave) |
| 고유 임피던스 | $Z_0 = \dfrac{E}{H} = \sqrt{\dfrac{\mu}{\epsilon}}$, 자유공간 $Z_0 = \dfrac{E}{H} = \sqrt{\dfrac{\mu_0}{\epsilon_0}} = 120\pi = 377 [\Omega]$ |
| 편파성 | 전파는 편파성을 갖고 직선편파(수직편파, 수평편파), 타원편파, 원편파가 있음 |

### (3) 전파의 분류

| 대역구분 | 주파수 분류 | 주파수 범위 | 파장(λ) | 전파형식 | 용도 |
|---|---|---|---|---|---|
| VLF (초장파) | Very Low Frequency | 3 ~ 30 [kHz] | 100 ~ 10 [km] | 전리층과 지표면 사이 | 항해통신 잠수함통신 |
| LF (장파) | Low Frequency | 30 ~ 300 [kHz] | 10 ~ 1 [km] | 지표파 | 항해통신 |
| MF (중파) | Medium Frequency | 0.3 ~ 3 [MHz] | 1000 ~ 100 [m] | 지표파 | AM |
| HF (단파) | High Frequency | 3 ~ 30 [MHz] | 100 ~ 10 [m] | 전리층반사파 | 대륙간통신 아마추어 무선통신 |
| VHF (초단파) | Very High Frequency | 30 ~ 300 [MHz] | 10 ~ 1 [m] | 공간파 산란파 | TV, FM |
| UHF (극초단파) | Ultra High Frequency | 0.3 ~ 3 [GHz] | 100 ~ 10 [cm] | 공간파 산란파 | 이동통신 |
| SHF (마이크로웨이브) | Super High Frequency | 3 ~ 30 [GHz] | 10 ~ 1 [cm] | 공간파 | 위성통신 레이더 M / W고정통신 |
| EHF (밀리미터파) | Extreme High Frequency | 30 ~ 300 [GHz] | 10 ~ 1 [mm] | 공간파 | 미래통신 |
| 광파 |  | 300 ~ 3000 [GHz] | 1 ~ 0.1 [mm] | 공간파 | 미래통신 |

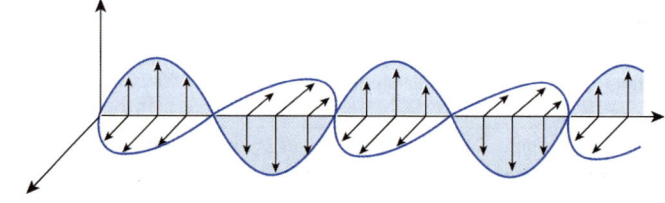

# 2  변조와 복조

## 2.1 개요

- 변조는 음성, Data, 영상 등의 정보신호를 원거리 전송하기 위해 통신망의 전송특성에 적합한 높은 주파수의 반송파(Carrier)의 진폭(A), 주파수(F), 위상($\emptyset$)에 정보신호를 실어 보내는 Broadband 전송으로 주파수 천이(Frequency Translation)과정이 있음
- 변조방식은 보내려하는 대상신호 즉 기저대신호(baseband Signal)가 Analog이면 아날로그 변조(AM, FM, PM), Digital이며 디지털 변조(ASK, FSK, PSK)로 구분함
- 변조의 이유는 ① 안테나 길이(수Km → 수m, cm) 감소 ② 주파수분할다중화(FDM) 하여 하나의 매체에 여러 정보(신호, DATA)를 동시 전송 가능 ③ 장거리 및 효과적 전송 가능 ④ S / N비 향상

## 2.2 변·복조

(1) 변·복조 개념

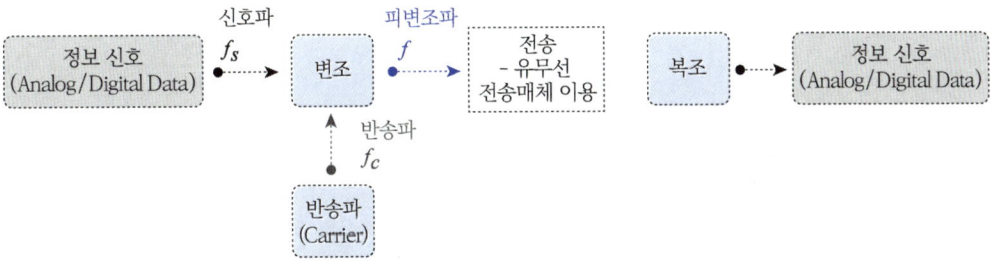

반송파는 전송하기 용이한 주파수를 이용하여 신호파 운반 역할을 하며, 복조는 역과정임

## (2) 변조의 이유

| | |
|---|---|
| 안테나 길이 감소 | Baseband 신호로 그대로 전송시 저주파로 송수신 안테나 크기가 너무 커서 실용화 문제가 있으며, 변조시는 고주파로 송신하므로 안테나 길이 감소 가능<br>• $\lambda(파장) = \dfrac{c(광속)}{f(주파수)}$, $f$ 저주파 → 고주파 변화면 $\lambda$는 감소 |
| 주파수분할 다중화(FDM) | 하나의 매체를 통해 여러신호로 다중화하여 고속전송 가능 |
| 장거리 및 효과적 전송 | Baseband 신호는 전달과정 주위 환경에 흡수, 반사, 감쇠로 장거리 전송이 불가능하지만, 고주파로 송신하므로 간섭이 적게 발생하는 전송대역으로 장거리 전송 가능<br><br>반송파(Carrier) $f_c$<br>AM 변조<br>$f_1$ $f_2$ $f_c-f_2$ $f_c-f_1$ $f_c+f_1$ $f_c+f_2$ $f$<br>AM Baseband 신호   AM DSB 신호<br>B(대역폭) = $2f_s$ |
| S / N비 개선 | 변조과정에서 Baseband대비 전송대역폭을 증가함으로 S / N비 증가<br>• 각도변조 FM은 전송대역폭 2배이상 증가하므로 S / N비 6dB증가 |

# 3 변조의 종류

## 3.1 개요

- 변조방식은 보내려하는 대상신호 즉 기저대신호(baseband Signal)가 Analog이면 아날로그 변조(AM, FM, PM), Digital이며 디지털 변조(ASK, FSK, PSK)로 구분하며,
- 불연속적인 Pulse열의 신호성분 진폭(A), 폭(W), 위치(P) 등을 이용하는 Analog 펄스변조 (PAM, PWM, PPM 등)와 Pulse열의 신호성분 부호(C), 펄스수(N)등을 이용하는 Digital 펄스변조 (PCM, DPCM, DM, PNM등)로 구분함

## 3.2 변조의 종류

(1) 변조의 종류

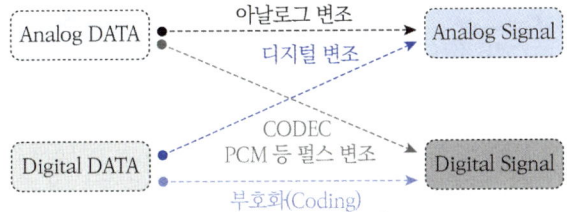

| 구분 | 연속(CW, Continuous Wave)변조 | | 펄스(Pulse)변조 | |
|---|---|---|---|---|
| | Analog 변조 | Digital 변조 | Analog 펄스변조 | Digital 펄스변조 |
| 의미 | 반송파(Carrier)로 연속적인 sin(wt) cos(wt)사용 | | 반송파(Carrier)로 Discrete한 pulse열을 사용 | |
| 종류 | AM, FM, PM | ASK, FSK, PSK | PAM, PWM, PPM등 | PCM, DPCM, DM, PNM, 등 |
| | 연속적인 반송파(Carrier)의 진폭(A), 주파수(F), 위상(P)에 Analog 정보를 실음 | 연속적인 반송파(Carrier)의 진폭(A), 주파수(F), 위상(P)에 Digital 정보를 실음 | 불연속적인 Pulse열의 진폭(A), 폭(W), 위치(P)등에 Analog 정보를 실음 | 불연속적인 Pulse열의 부호(C), 차분부호 ±1Bit, 펄스수(N) 등으로 정보를 실음 |
| 특징 | • AM 장비 간단<br>• FM Bandwidth가 AM 대비 넓음<br>$B = 2f_s(m_f+1)$<br>$= 2(\Delta f + f_s)$<br>$\Delta f$ : 최대주파수편이<br>$m_f$ : 변조지수<br>$f_s$ : 신호주파수 | • OOK(On-Off Keying) 은 ASK<br>• ASK 동기 / 비동기 검파<br>• FSK 동기 / 비동기 검파<br>• PSK 동기 검파<br>• DPSK 비동기 검파<br>• QAM은 APK(ASK+ PSK)방식 | • Analog 신호의 크기에 따라 Pulse의 Amplitude, Width, Position을 변화시킴 | • PCM은 Analog 신호를 PAM-양자화-부호화 과정을 거쳐 Digital 신호로 전송<br>• PCM : 64kbps<br>• DPCM : 32kbps |

## (2) AM변조

### ① AM 변조

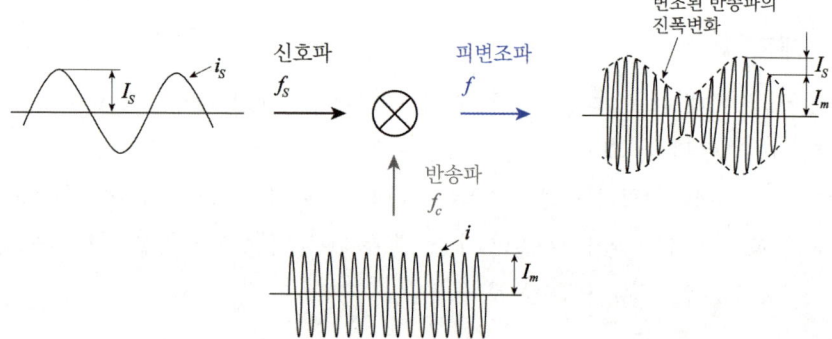

신호파 $i_s = I_S \cos 2\pi f_s t$, 반송파 $i_c = I_C \sin 2\pi f_c t$ 로 하면 피변조파 $i$ 는

$$i = (I_C + I_S \cos 2\pi f_s t) \sin 2\pi f_c t$$

$$= I_C (1 + \frac{I_S}{I_C} \cos 2\pi f_s t) \sin 2\pi f_c t$$

$$= I_C (1 + m \cos 2\pi f_s t) \sin 2\pi f_c t, \, m\,(변조지수) = \frac{I_S}{I_C}$$

$$= I_C \sin 2\pi f_c t + \frac{m}{2} I_C \sin 2\pi (f_c + f_s) t + \frac{m}{2} I_C \sin 2\pi (f_c - f_s) t$$

　　〈반송파〉　　　　〈상측파〉　　　　　　〈하측파〉

※ 삼각함수 $\sin A \cos B = \frac{1}{2} \sin(A+B) + \sin(A-B)$ 이용

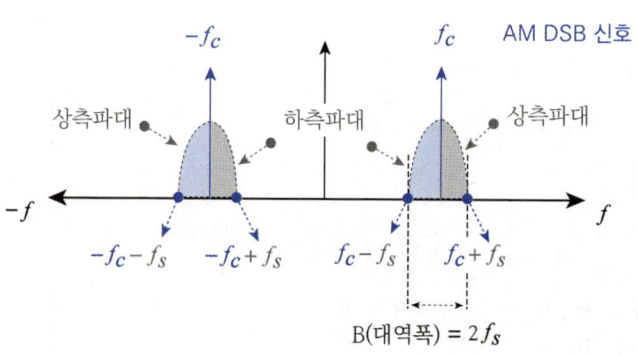

② AM 변조 특징

1. 피변조파 전력 $P_m = (1 + \frac{m^2}{2})P_C$, $m$ = 변조도, $P_C$ = 반송파전력

2. 측파대 전력 상·하측파대 전력 각각 $\frac{m^2}{4}P_C$ 이고, 측파대 전력 $P_S = \frac{m^2}{2} \cdot P_C$

3. AM 피변조파 전력성분의 비 $P_C$ : 상측파 : 하측파 = $1 : \frac{m^2}{4} : \frac{m^2}{4}$

4. VSB(Vestigial Side Band)는 잔류측파대 AM방식으로 DSB와 SSB의 장점을 혼합한 방식

### (3) FM와 PM 변조

| 구분 | FM | PM |
|---|---|---|
| 일반식 | $V_{FM}(t) = A_c \cos 2\pi [f_c t + K_f \int_0^t f(\tau)d\tau]$ $= A_c \cos[2\pi f_c t + \beta_f \sin 2\pi f_s t]$<br><br>변조신호 $f(t) = A_s \cos(2\pi f_s t)$,<br>$K_f$ = 주파수감도계수 $[Hz/V]$,<br><br>$FM$변조지수$(\beta_f) = \frac{\Delta f_c}{f_s}$,<br>최대주파수편이$(\Delta f_c) = K_f \cdot A_s$<br>$f_s$ = 신호주파수 | $V_{PM}(t) = A_c \cos 2\pi [f_c t + K_P \cdot f(t)]$ $= A_c \cos 2\pi [f_c t + \beta_P \cdot \cos 2\pi f_s t]$<br><br>변조신호 $f(t) = A_s \cos(2\pi f_s t)$<br>$K_P$ : 위상감도계수 $[rad/V]$<br><br>$PM$변조지수$(\beta_P) = K_P \cdot A_s$,<br>최대위상편이$(\Delta \theta) = K \cdot \|f(t)\|_{max}$<br>$= K_p \cdot A_s$<br>∴ 최대위상편이$(\Delta \theta) = PM$변조지수$(\beta_P)$ |
| 순시<br>주파수 | $f_i(t) = \frac{1}{2\pi} \frac{d\Phi(t)}{dt} = f_c + K_f \cdot f_s(t)$ | $f_i(t) = \frac{1}{2\pi} \frac{d\Phi(t)}{dt} = f_c + K_P \cdot \frac{df(t)}{dt}$ |
| 순시<br>위상 | $\Phi(t) = 2\pi [f_c t + K_f \int_0^t f(\tau)d\tau]$ | $\Phi(t) = 2\pi [f_c t + K_P \cdot f_s t]$ |
| 특징 | • 순시주파수는 변조신호에 비례<br>• 순시위상은 변조신호의 적분값에 비례<br>• 변조신호 + 적분 + PM = FM 피변조파 | • 순시주파수는 변조신호 미분값에 비례<br>• 순시위상은 변조신호에 비례<br>• 변조신호 + 미분 + FM = PM 피변조파 |

### (4) 디지털변조 ASK, FSK, PSK, QAM

| 구분 | ASK | FSK | PSK | QAM |
|---|---|---|---|---|
| 정의 | Digital 신호 0과 1에 따라 반송파의 진폭(A)을 변화 | Digital 신호 0과 1에 따라 반송파의 주파수(F)을 변화 | Digital 신호 0과 1에 따라 반송파의 위상(P)을 변화 | Digital 신호 0과 1에 따라 반송파의 진폭(A)와 위상(P)을 동시 변화 |
| 복조 | • 비동기, 동기검파 | • 비동기, 동기검파 | • 동기검파<br>• DPSK 비동기검파 | • 동기검파 |
| 특징 | • 구성 간단<br>• 비교적 저속<br>• 채널잡음 민감하며 주로 사용 안함<br>• OOK는 ASK | • FM처럼 각종방해에 강함<br>• 저속도 모뎀 2400bps 이하<br>• Energy Efficient | • 무선통신 주로 사용<br>• 중속도 모뎀<br>• Bandwidth Efficient<br>• M진 = $2^n$, $n\,bit$ | • 유무선통신 사용 256QAM 등<br>• 고속도 모뎀<br>• 16QAM 전송효율 4bps / Hz |
| 예 | 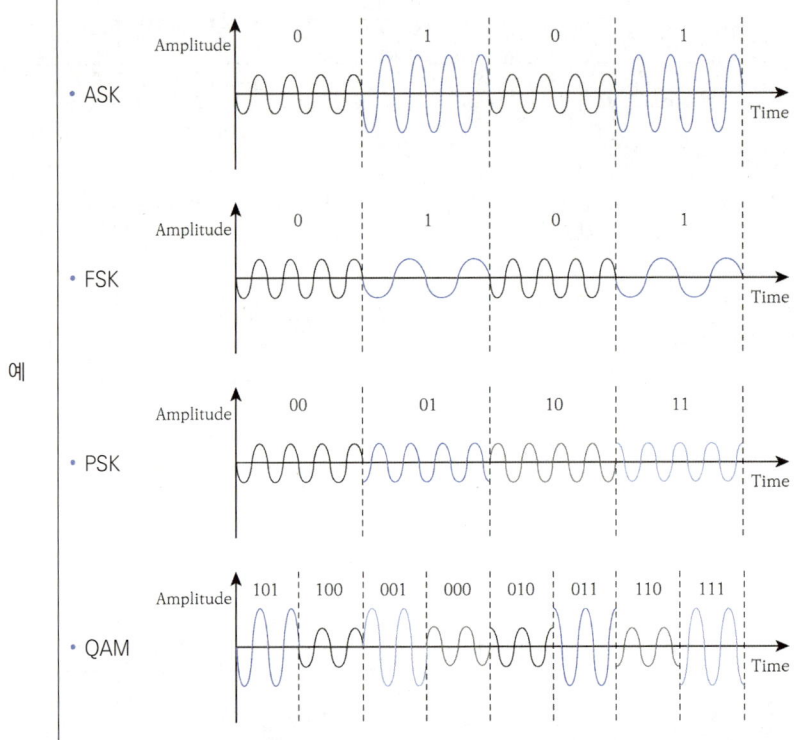 | | | |

※ 1. 동기 검파시 Matched Filter(상관기)를 사용, 비동기 검파로는 Envelope detector를 사용
   2. BPSK 1개 Symbol로 1bit 처리, QPSK 1개 Symbol로 2bit 처리
   3. QPSK 변조과정(예 2Mbps 전송시)
     ① 2Mbps 2Mbps 단일 반송파(Carrier)로 QPSK 변조시 각 I 채널과 Q 채널은 각각 직교(Orthogonal)한 1/2속도(bps)로 BPSK 과정을 처리
     ② QPSK는 직교하는(서로 간섭을 주지않는) BPSK * 2개의 변조 과정으로 보면 되고 관련 비트 오율은 BPSK와 동일

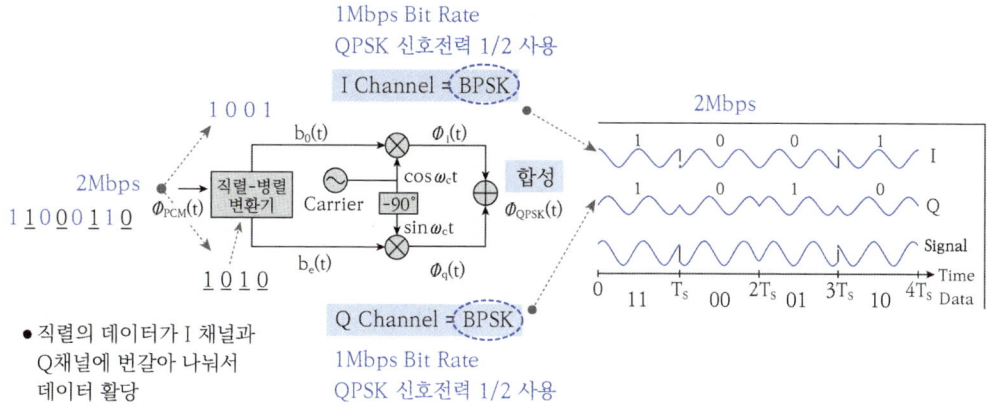

4. 변조방식별 BER 비교

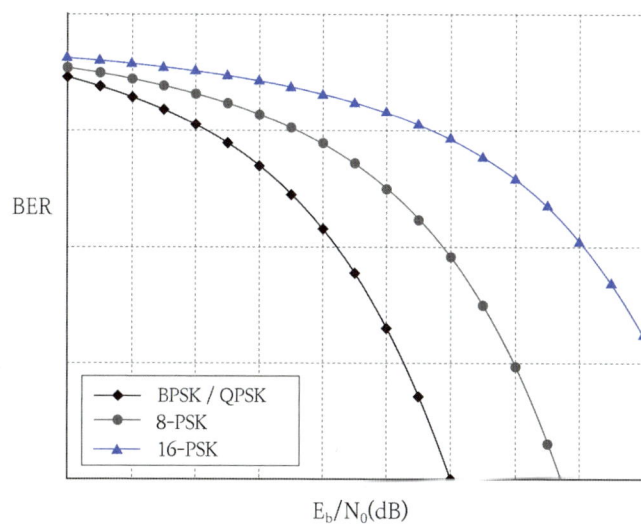

# 4 이동통신

## 4.1 개요

- 국내 이동통신은 1980년대 1G는 FDMA기반 아날로그 이동통신방식인 AMPS 방식을 적용 이후 2G(IS-95A / B), 3G(WCDMA), 4G(LTE, LTE-A), 5G로 진화하고 6G, 7G 기술개발
- 무선접속방식은 초기 1G 북미방식 FDMA → 2G 북미방식(3GPP2) CDMA 동기식 → 3G 유럽방식(3GPP) WCDMA 비동기식 → 4G 유럽방식(3GPP) OFDMA 비동기식 진화
- 이동성으로 인한 전력제어, 셀간 Hand off / Hand over, CDMA으로 인한 동일채널 간섭 증가, 고속화 및 인터넷 트래픽 증가로 인한 IP Packet기반 망의 진화 및 페이딩 개선을 위한 Diversity / Massive MIMO, Beamforming, OFDMA, 네트워크 가상화(NFV) 등의 기술이 적용

## 4.2 이동통신

(1) 이동통신의 진화

| 구분 | | 1G | 2G | 3G | 4G | 5G |
|---|---|---|---|---|---|---|
| 시기 | | 1980년대 | 1990년대 | 2000년대 | 2010년대 | 2020년대 |
| 기술 방식 | | 아날로그 셀룰러<br>• AMPS<br>  (북미,한국)<br>• FDMA<br>  800MHz<br>• 속도14Kbps<br>• 30KHz / 채널 | 디지털 셀룰러<br>• 한국<br>  북미 CDMA<br>  IS - 95A / B<br>  1FA 1.25MHz<br>• 속도 9.6K ~ 144K<br>• 유럽 TDMA<br>  GSM → GPRS, EDGE | 한국은 기존 북미방식→유럽방식 WCDMA 전환<br>• 3GPP 표준<br>• 비동기식<br>• 1FA 5MHz<br>• 속도153K ~ 14M<br>• WCDMA → HSDPA | 유럽(3GPP) LTE, LTE-A<br>• 한국 OFDM<br>  1FA 20MHz<br>  속도 ~ 75Mbps<br>• Duplex<br>  국내 FDD방식<br>• CA(Carrier Aggregation) | 국내5G<br>• 속도 ~ 20Gbps<br>• 3.5G 대역폭<br>  80M / 100MHz<br>• 28G 대역폭<br>  800MHz<br>• Duplex 국내TDD방식<br>• 저지연 10ms → 1ms<br>• 초연결 $10^6\ per\ km^2$<br>• 이동성 500km / h |
| 특징 | | • 음성<br>• 기존 PSTN 전화망을 셀룰러 기반 무선 연장 | • 음성 / 저속문자<br>• 국내 CDMA 동기식방식<br>• 망구성<br>  MS-BTS-BSC - MSC등 | • 음성 / 고속DATA<br>• 동기식(북미)<br>  cdma20001x<br>  → 비동기식(유럽)<br>  WCDMA | • DATA / 동영상<br>• 전세계 3GPP기반 LTE 주도<br>• 북미 WiMAX<br>• C-RAN<br>  RU, DU 분리 | • NFV<br>  네트워크가상화<br>• SDN<br>• Network Slicing<br>• Beamforming<br>• Massive MIMO<br>  Multi-User MIMO<br>• NR-RAN<br>  RU, DU, CU 분리 |

※ AMPS : Advanced Mobile Phone Serice,
  GSM : Global System for Mobile communication
  GPRS : General Packet Radio Service  EDGE : Enhanced Data Rates for GSM Evolution
  MS : Mobile Station BTS : Base Transceiver Station BSC : Base Station Controller
  MSC : Mobile Switching Center
  WCDMA : Wideband Code DIvision Multiplex Access
  3GPP : 3rd Generation Partnership Project LTE-A : Long Term Evolution-Advanced
  NFV : Network Function Virtualizatin SDN : Software Defined Network
  C-RAN : Centralized / Cloud-Radio Access Network 3G, 4G
  • RU(Radio Unit)와 DU(Distributed Unit, Digital Unit) 또는 BBU(Base Band Unit) 분리하여 효율화
  NR-RAN : New Radio-Radio Access Network 5G
  • RU(Radio Unit)와 DU(Distributed Unit)와 CU(Central Unit)로 코아망으로 연결시 보다 효율화

## (2) 무선접속기술 비교

| 구분 | FDMA | TDMA | CDMA | OFDMA |
|------|------|------|------|-------|
| 개념 | FDMA<br>Frequency → Time | TDMA<br>Frequency → Time | CDMA<br>Frequency 채널 n → Time | OFDMA<br>Frequency USER1/USER2/USER3/USER4 → Time |
| 이동<br>통신<br>특징 | • 다른 이동국과의 충돌 피하기 위한 동기기술 필요<br>• 기지국 장치 큼 | • 기지국 송수신기 상호변조 없음<br>• 스텍트럼 효율 FDMA 3~6배<br>• GSM 적용방식 | • 가입자 수용용량 큼 FDMA 10~20배<br>• 넓은 주파수 대역 필요<br>• 장치 복잡 | • 동일 셀내 사용자 서로 다른 부반송파 (Sub Carrier)집합 사용<br>• 시간, 주파수영역 2차원 자원 할당 |
| 장점 | • 구현이 간단한 아날로그 방식<br>• ISI(심벌간 간섭) 적어 등화기 불필요 | • FDMA 대비 ISI 발생 등화기 필요<br>• FDMA 같은 Duplexer (주파수 관련 분리/결합) 불필요 | • 수용용량 좋음 FDMA 10~20배<br>• 소비전력이 적음<br>• 주파수 이용효율 좋음 | • 고속의 전송시스템 채택기술<br>• 유연한 자원 할당<br>• ISI나 ICI 빌생 가능 적음<br>• 셀내 간섭영향 적음 |
| 단점 | • 채널간 보호대역 (Guardband) 필요<br>• 주파수효율 상대적으로 낮음 | • 등화기 필요<br>• 동기 필요 수신기 복잡 | • 전력제어 및 동기화 기술 필요<br>• 넓은대역 분포 신호로 페이딩을 다이버시티/MIMO 기술로 해결 | • 반송수 주파수 Offset과 Phase Noise에 민감<br>• 상대적으로 큰 최대전력 대 평균전력비(PAPR) RF 전력효율 감소 |

※ ISI : InterSymbol Interference
  ICI : Inter-Channel Interference
  PAPR : Peak to Average Power Ratio
  MIMO : Multiple Input Multiple Output

## (3) 이동통신 주요기술

| 다이버시티 / MIMO | • 기지국 셀당 FA(Frequency Asingment)에서 넓은 신호분포로 수신전계가 변동되는 페이딩 현상에 대한 대책 기술임<br>• 방식 : 수신 Diversity, 송신 Diversity, MIMO<br>  1) 수신 Diversity : 수신단 적용<br>     Branch 구성법 : Space / Time / Frequency / Angle / 편파(Polarization)<br>     합성 수신법 : Selection Combining / Maximun Ratio Combining 등<br>  2) 송신 Diversity : 송신단 적용<br>  3) MIMO : 안테나를 2개 이상으로 늘려 전파를 여러 경로로 송수신하여 간섭을 줄이고 효율을 높이는 기술 |
|---|---|
| 전력제어 | • 이동국과 기지국의 송신전력을 조절하여 셀내의 근원간섭문제 해소하여 신호가 최소한의 필요한 C / I(Carrier to Interfrerence Ratio) 유지<br>  1) 순방향 전력제어 : 기지국 → 이동국<br>  2) 역방향 전력제어 : 이동국 → 기지국 |
| 핸드오프 | • 통화중 기지국과 기지국 사이를 이동하는 이동국의 통화가 원활히 유지되도록 하는 과정임<br>• 종류<br>  1) 소프트(Soft) 핸드오프 : 기지국과 기지국간 핸드오프<br>  2) 소프터(Softer) 핸드오프 : 기지국내 α, β, γ Secter간 핸드오프<br>  3) 하드(Hard) 핸드오프 : 교환기와 교환기간 핸드오프 등 통화 절단가능 |

## (4) 이동통신망 구성 : 2G IS-95A 기준

① 이동통신망 구성

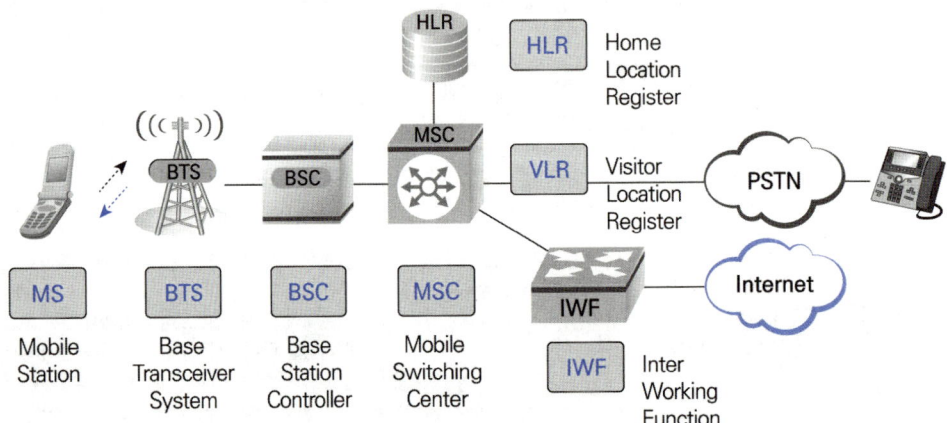

- MS : 이동통신 단말기, BTS : 기지국, BSC : 기지국 제어장치
- MSC : 이동통신 교환기, HLR : 가입자 정보처리장치, VLR : 방문자 정보처리장치
- IWF : 망연동장치 MSC로부터 Circuit Data ↔ Packet Data 상호변환

② CDMA 채널구조

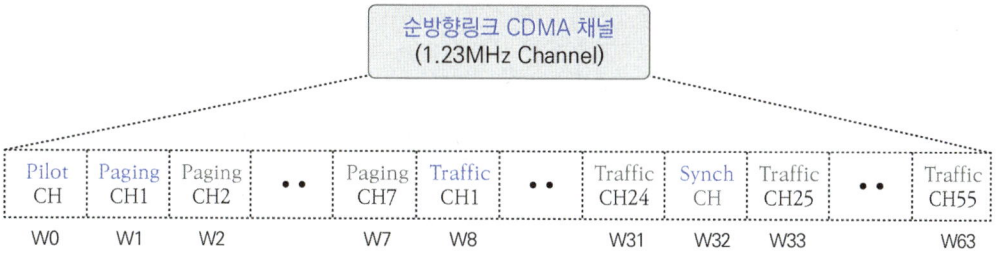

- 구성 : Pilot, Paging, Synch, Traffic 채널

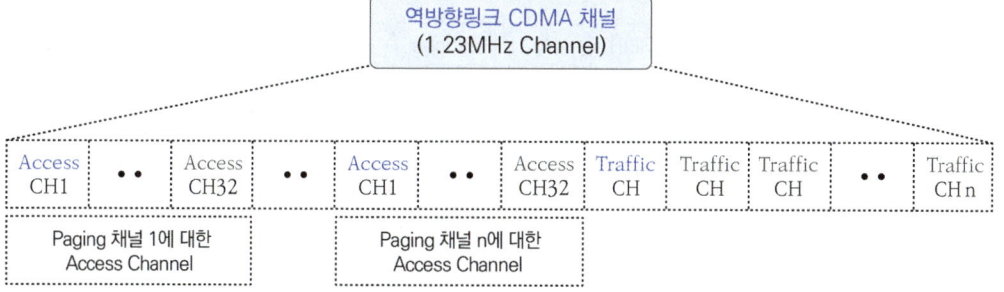

- 구성 : Access, Traffic 채널

2G IS-95A/B 기준 1FA(Frequency Assignment)는 Guard band 포함 1.25MHz임

# 5 근거리 무선통신

### 5.1 개요

- PAN(Personal Area Network)의 영역으로 사용자의 목적, 환경에 적합한 기술을 이용하며, 이용 증가에 따른 Bluetooth, RFID, Zigbee, UWB, NFC 등에 대한 기술이 주목을 받음
- 이동통신 대비 근거리며 사용요금이 없는 네트워크 구성이 가능함

### 5.2 근거리 무선통신

(1) 기술별 비교

| 구분 | Bluetooth | RFID | Zigbee | UWB | NFC |
|---|---|---|---|---|---|
| 개념 | 유선USB 대체 | IC칩과 무선을 통해 정보인식 관리 | 저렴한 기술과 초저전력 대규모 센서네트워크 | 저전력과 광대역(대용량 멀티미디어 서비스) 무선USB | RFID의 일종, 보안성 우수(거리 짧음) |
| 기술<br>표준 | IEEE 802.15.1<br>WPAN | 국제적 규격 없음 | IEEE 802.15.4<br>LR(Low Rate)<br>-WPAN | IEEE 802.15.3 | ISO / IEC 18092<br>(NFC) |
| 거리<br>/<br>속도 | 10m ~ 100m<br>V1.1_10m<br>1Mbps(721K)<br>V4.0 BLE<br>11Mbps / 150m<br>V5.0<br>125Kbps / 400m | 수십(60)cm ~ 100m<br>1Mbps(태그) | 10m ~ 100m<br>20k ~ 250Kbps | ~ 10m,<br>11M ~ 55Mbps<br>최대<br>20m / 480Mbps | 10cm ~ 20cm<br>424K ~ 1Mbps |
| Freq<br>(Hz) | 2.4G | 120K ~ 140K<br>13.56M<br>856M ~ 960M<br>2.4G | 868M- 유럽<br>902M ~ 928M<br>-ISM<br>2.4G-ISM | 3.1G ~ 10.6G | 13.56M |
| 특징 | • 전력소모 높음<br>　- BLE는 저전력<br>• Tagging 자동<br>• 변조 GFSK<br>• Duplex TDD / TDMA<br>　- Master-Slave<br>• FHSS 79채널<br>　Bandwidth<br>　1MHz / 채널 | • 주로단방향<br>　- 양방향 가능<br>• 리더 / 태그 고정<br>• 동일 주파수 NFC 리더 / RFID태그 가능<br>• 인식<br>　0.01 ~ 0.1초 | • Bluetooth / Wifi 대비 저렴<br>• 밧데리<br>　- 수개월 ~ 수년<br>• 64,000개 주소<br>　- 64비트<br>• Ad hoc<br>　- 네트워크 가능 | • 반송파 이용 안함<br>　Baseband 전송<br>• DSSS,<br>　Multiband<br>　OFDM<br>• 저전력 | • 10cm 근거리 비접촉식<br>• 양방향<br>• 능동 / 수동<br>• 리더 / 태그 역할<br>　변경가능<br>• 무전력통신가능 |

| 용도 | 핸드폰, Audio, 산업현장 등 | 교통, 물류, 출입통제 등 | 센서네트워크 등 | TV 등 | 휴대폰, 간편결제 등 |

※ BLE : Bluetooth Low Energy
　기타 근거리기술
　　1. Beacon : 근거리 스마트기기에 사용되며 NFC 대비 인식거리 길음
　　2. Z-WAVE : 가정용 무선 자동화 제어, 거리 ~ 30m, 속도 9.6k / 40k / 100k, 주파수 국내 920.9MHz / 20채널, 921.7MHz / 24채널, 923.1MHz / 31채널, 전력소비 Zigbee 대비 효율적임

# 3절 광설비 구성하기

## 1  광통신

### 1.1 개요

- 빛은 전자파의 일종으로 파장이 적외선 부근의 수 nm에서 수백 μm까지이며, 주로 사용하는 파장은 단파장대역 850nm, 장파장대역 1310nm, 1550nm이며 가시광선에서 적외선 대역을 주로 이용함
- 빛은 진공기준 $3 \times 10^8 m/s$ 속도로 직진, 반사, 굴절, 산란 등의 성질이 있고, 광통신은 Core 굴절율(1.47)이 Clad 굴절율(1.46)보다 클 때의 전반사 현상을 이용하며, 전파모드 기준 Single Mode와 Multi Mode로 구분하며 저손실과 광대역성을 특징으로 함
- 광통신의 송신단은 전광소자(Light Emitting Diode LED, Laser Diode LD 등)를 이용하며, 수신단은 수광소자(Photo Diode PD, Avalanche Photo Diode APD 등)를 이용하며, 광전송시스템은 SDH 동기식을 이용함

## 1.2 광통신

### (1) 광통신 개요

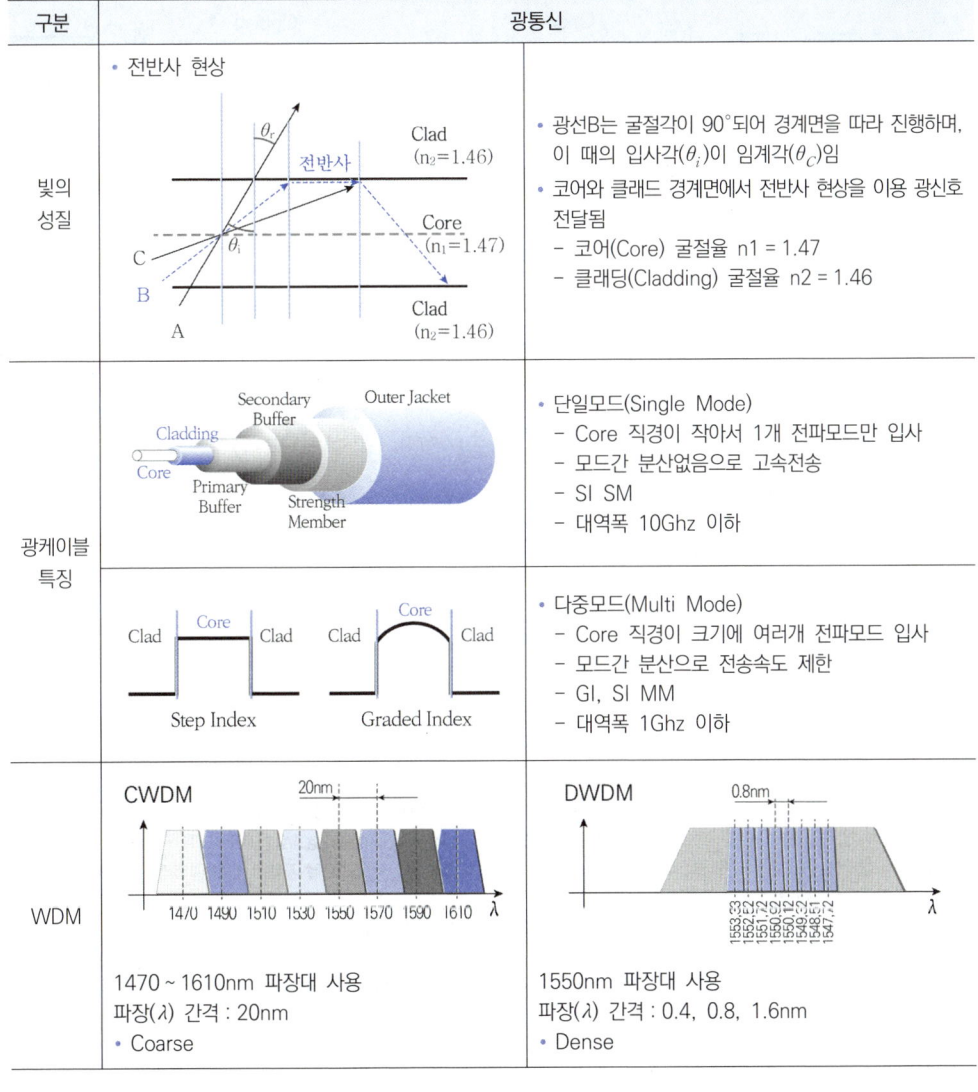

| 구분 | 광통신 |
|---|---|
| 빛의 성질 | • 전반사 현상<br>• 광선B는 굴절각이 90°되어 경계면을 따라 진행하며, 이 때의 입사각($\theta_i$)이 임계각($\theta_C$)임<br>• 코어와 클래드 경계면에서 전반사 현상을 이용 광신호 전달됨<br>  - 코어(Core) 굴절율 n1 = 1.47<br>  - 클래딩(Cladding) 굴절율 n2 = 1.46 |
| 광케이블 특징 | • 단일모드(Single Mode)<br>  - Core 직경이 작아서 1개 전파모드만 입사<br>  - 모드간 분산없음으로 고속전송<br>  - SI SM<br>  - 대역폭 10Ghz 이하<br>• 다중모드(Multi Mode)<br>  - Core 직경이 크기에 여러개 전파모드 입사<br>  - 모드간 분산으로 전송속도 제한<br>  - GI, SI MM<br>  - 대역폭 1Ghz 이하 |
| WDM | CWDM<br>1470 ~ 1610nm 파장대 사용<br>파장($\lambda$) 간격 : 20nm<br>• Coarse<br><br>DWDM<br>1550nm 파장대 사용<br>파장($\lambda$) 간격 : 0.4, 0.8, 1.6nm<br>• Dense |

## (2) 광통신 구성 - DWDM 전송기준

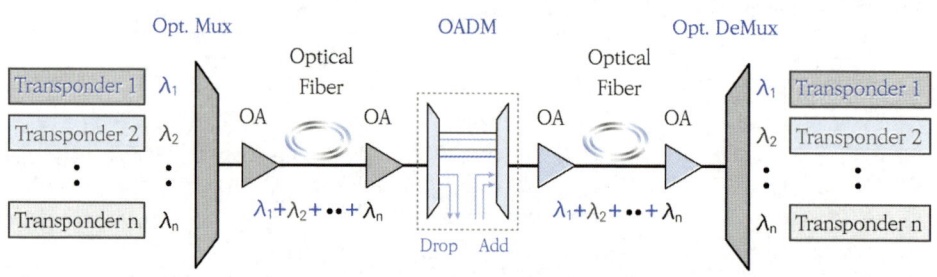

| Transponder | Opt. Mux / DeMux | Optical Amplifier | OADM | Optical Fiber |
|---|---|---|---|---|
| • Operating Wavelength<br>• Line Coding<br>• Modulation<br>• FEC | • Bandwidth<br>• Insertion Loss<br>• Return Loss | • Gain<br>• Total Power<br>• Low Noise<br>• Wideband Gain Flatness Control | • Channel Add / Drop<br>• Optical Switching<br>• Power Equalization | • Dispersion<br>• Noise<br>• FWM 등 |
| • 파장 / 주파수 변환<br>• 전광(TX) / 광전(RX) 변환 | • 8 / 16 / 32 / 48 / 64 채널 | • 광증폭기간 거리 40 ~ 120Km<br>• EDFA 등 | | |

※ 1. FWM : Four Wave Mixing, DWDW 전송과정에서 여러 파장간의 간섭으로 원하지 않는 파장이 발생 또는 광신호의 세기 감쇠되는 현상
2. EDFA : Erbium Doped Fiber Amplifier
3. BAND 구분 :
   • O Band (1260 ~ 1360nm) / E Band (1360 ~ 1460nm) / S Band (1460 ~ 1530nm)
     C Band (1530 ~ 1565nm) / L Band (1565 ~ 1625nm) / U Band (1625 ~ 1675nm)
4. 광 Transponder : 파장 변환 또는 주파수 변환(수신 주파수를 또다른 반송주파수로 변환)하여 다른 파장 또는 주파수로 재전송(전달)하는 광 모듈
   광 Transceiver : 광 송신기 및 광 수신기를 하나로 모듈화시킨 것
5. OADM : Optical Add-Drop Multiplexer, DWDM망 중간에서 다른 파장(λ)들은 통과시키고, 특정 파장(λ)을 분기 / 결합하는 장치로 Fixed OADM과 Reconfigurable OADM으로 구분

## 2 광케이블 특성

### 2.1 개요

- 광케이블은 동케이블이나 동축케이블 전송매체 대비 광대역 및 장거리 전송이 가능하여 전송망의 발전에 큰 역할을 하고 있음
- 광케이블 전송거리 제한은 광손실, 광분산 특성에 의해 결정되며, 관련 전송손실이 적은 파장대를 사용하며, 전파모드에 따라 Single Mode와 Multi Mode로 구분

### 2.2 광케이블 특성

(1) 광케이블

| 구조 | 장점 | 단점 |
| --- | --- | --- |
| • Core 부분을 굴절율이 작은 Clad 부분으로 싸서 빛을 봉쇄하여 전송하는 구조<br>1) Core 굴절율 : 1.47<br>2) Clad 굴절율 : 1.46<br>   - 전반사 현상<br>   - 석영계 광섬유를 주로 사용 | • 저손실 광대역성 장거리<br>1) 손실 : 0.2 ~ 1dB / km<br>2) 광대역 : 수GHz 전송하여 다심 케이블 수THz 전송<br>3) 수십Km ~ 수백km 중간 OA적용 길이 연장<br>   - 전자파 혼선 / 간섭에 유리<br>• 무유도성 : 전자파 혼선 / 간섭에 유리<br>• 자원 풍부 | • 진동에 약함<br>  광섬유 유리성분<br>• 광접속 어려움<br>  정밀성 요구<br>• 광소자 필요<br>  광전 / 전광변환<br>• 중계기에 별도급전 필요 |

※ • 광케이블 특성은 1. 소구경 2. 경량 3. 유연성 4. 저잡음, 저간섭 5. 저손실 6. 광대역을 이용
   • 광케이블 장점은 1. 공간 효율성이 있음 2. 다중 케이블 용이 3. 설치 용이 4. 장거리 반송파장 5. 대용량 전송 매체임

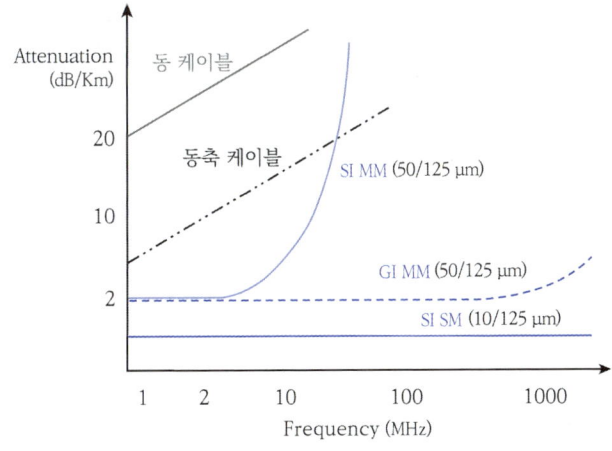

전송특성이 동 / 동축케이블 대비 우수하며, SI MM → GI MM → SI SM 일수록 특성이 좋음

| 구분 | SI MM | GI MM | SI SM |
|---|---|---|---|
| 모드분산 | 있음 | 거의 없음 | 없음 |
| 광손실 | 가장 많음 | 중간 | 적음 |
| 중계기간격 | 가까움 | 중간 | 길다 |
| 전송대역폭 | 좁다(5 ~ 60MHz) | 중간(100 ~ 수GHz) | 넓음(10GHz 이상) |

## (2) 광케이블 특성

| | |
|---|---|
| 광손실 | 종류 : 산란손실, 흡수손실, 구조 불안전 손실, 마이크로 밴딩 손실, 접속손실<br>• 불순물에 의한 손실 : 흡수 손실(천이금속, OH⁻ 에 의한)<br>• 광섬유 고유손실 : 흡수 손실, 구조 불안전 손실<br>• 외적손실 : 마이크로 밴딩 손실, 접속손실<br>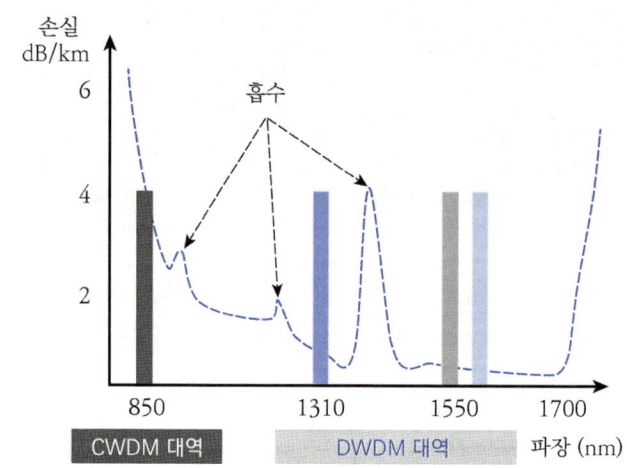<br>• 손실이 가장 적은 파장은 1550nm 대역이고, 전송대역폭을 제한하는 색분산(Chromatic Dispersion)은 1310nm 근처에서 가장 적음<br>• 1550nm대역이 손실이 적으며 비슷한 효율을 가진 넓은 대역이 존재하여 DWDM으로 대용량 전송이 가능함 |

| | |
|---|---|
| 광분산 | 종류 : 모드분산, 색분산, 구조분산 등<br>분산 : 광신호가 장거리 전송을 하면 Pulse는 변형되고 폭이 증대되어 이웃파장과 겹쳐지고, 수신단에서 신호에러를 증가로 전송용량 제한됨<br>• pulse shape / spectrum이 변형<br>• 측정단위 : ps / nm / km, ps / km, nm / km<br>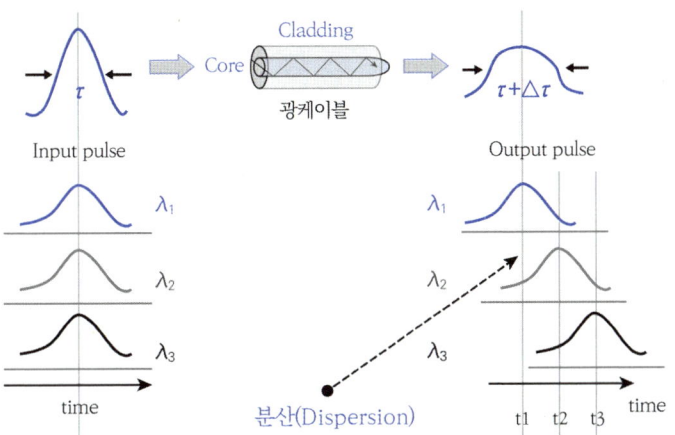<br>• SMF : 광분산 12 ~ 17ps / nm / km, 광손실 0.2dB / km, DWDM 1550nm 파장대<br>  DSF : 광분산     0ps / nm / km, 광손실 0.2dB / km, DWDM 1550nm 파장대<br><br>\| 구분 \| 발생 원인 \| 영향 \| 감소 방안 \| 크기 \|<br>\|---\|---\|---\|---\|---\|<br>\| 모드 분산 \| 모드간 전파속도 차이 \| 다중모드(MM)에서 문제 \| • GI 광섬유 사용<br>• 모드간 시간지연차를 감소 \| 대 \|<br>\| 색 분산 \| 빛이 단색광이 아님 \| 단일모드(SM)에서 문제 \| • 빛을 단색광 \| 중 \|<br>\| 구조 분산 \| 전파가 Clad로 도파 \| 비원율, 편심률이 문제 \| • Core나 Clad가 비원 / 편심이 안되게 만듦 \| 소 \|<br><br>• 분산은 광펄스폭이 증대되는 현상으로 전송손실 증가, 정보용량 제한, 전송대역폭 제한요인으로 분산을 감소하는 것이 대용량 전송시 중요함<br>• 분산을 감소시킨 특수광섬유는 DSF(Dispersion Shift Fiber)이 있으며 전송거리는 제한되나 고속의 전송능력이 커짐<br>• 색분산은 재료분산(파장에 따라 굴절률이 다를 때 생김)과 도파로 분산(코어의 직경이 일정치 않을시)으로 구분함 |

제3절 광설비 구성하기

# 4절 전송 시스템 구성하기

## 1 광전송시스템

### 1.1 개요

- 전송 디지털 계위, PDH 비동기식 계위는 북미방식과 유럽방식으로 구분되며, 한국은 북미방식과 유럽방식을 혼합한 형태를 사용하며, 전세계가 단일화 되지 않음
- 광 통신망의 형태로 진화하면서 보다 고속의 전세계 단일화된 전송계위가 SDH 동기식 전송계위이며, 보다 발전된 광채널 위로 모든 형태의 디지털 통신채널을 실어 나를수 있는 디지털 수송 프레임(Digital Wrapper)이 OTN임
- 국내 전송시스템은 PDH 기반 유사동기식 광전송시스템에서 SDH 동기식 광전송시스템 이 주류를 형성하며, DWDM에서 UDWDM형태로 발전하고 있음

### 1.2 PDH와 SDH

(1) PDH

① PDH 전체 계위

| 구분 | | DS0 | DS1 | DS2 | DS3 | DS4 | DS5 |
|---|---|---|---|---|---|---|---|
| 비동기식 디지털 계위 PDH [단위:bps] | 북미식 | 64K (1) | 1.544M (24) | 6.312M (96) | 44.736M (672) | 274.176M (4,032) | - |
| | 유럽식 | 64K (1) | 2.048M (30) | 8.448M (120) | 34.368M (480) | 139.264M (1,920) | 564.992M (7,680) |
| | 한국 | 64K (1) | 2.048M (30) | 6.312M (90) | 44.736M (630) | 139.264M (1,890) | 564.992M (7,560) |

※ PDH는 유사동기식 디지털계위 또는 비동기식 디지털계위 표현
  표(　)는 DS0 기준 수용회선수

② PDH 국내전송시스템 구성

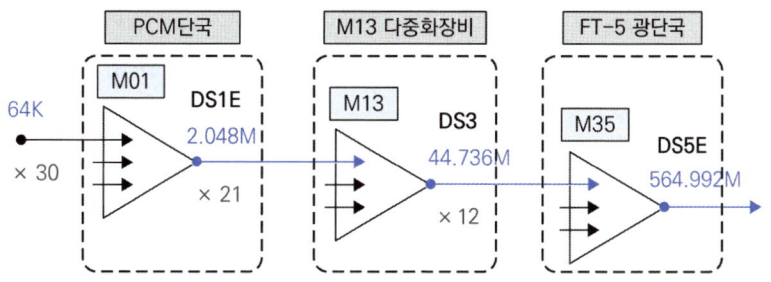

전송장비단에 신호를 Add / Drop시 많이 사용되는 신호는 E1, T1, DS3 신호임

## (2) SDH

① SDH 다중화

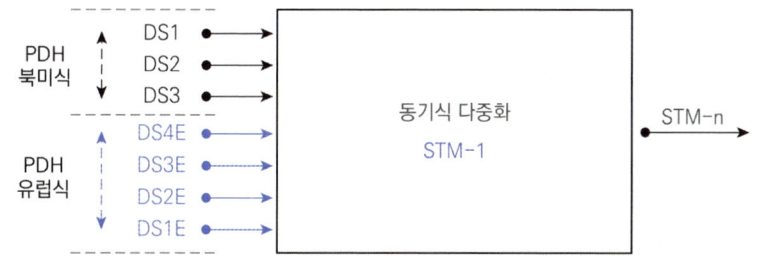

※ STM : Synchronous Transport Module 동기식전송모듈
1단계 다중화로 PDH 북미식과 유럽식 수용하며, 상위계위는 X n
STM-1 : 155.520Mbps, STM-4 : STM-1 × 4 = 622.08Mbps,
STM-16 : STM-4 × 4 = 2,488.32Mbps

② SDH와 SONET 및 광단국 비교

| Bit율 | SONET | SDH | 광단국 |
|---|---|---|---|
| 51.84Mbps | OC-1 (STS-1) | STM-0 | - |
| 155.52Mbps | OC-3 (STS-3) | STM-1 | SMOT-1 155M |
| 622.08Mbps | OC-12 (STS-12) | STM-4 | SMOT-4 622M |
| 2,488.32Mbps | OC-48 (STS-48) | STM-16 | SMOT-16 2.5G |
| 9,953.28Mbps | OC-192 (STS-192) | STM-64 | SMOT-64 10G |
| 39,813.12Mbps | OC-768 (STS-768) | STM-256 | SMOT-256 40G |

※ SMOT : Synchronous Multiplexer & Optical Terminal 동기식 광전송장치
OC : Optical Carrier Level, STS : Synchronous Transport Signal Level

### (3) PDH와 SDH 비교

| 구분 | PDH | SDH |
|---|---|---|
| 표준화 | 세계 단일표준 없음<br>북미식, 유럽식, 한국 등 다양 | 전세계 단일화 |
| 프레임 주기 | 일정하지 않음 | 125μsec로 일정 |
| 다중화단계 | 다단계 다중화 | 일단계 다중화 |
| 동기화 | Bit stuffing | Pointer |
| 최소동기화 단위 | Bit | Byte |
| 가시성 | 바로 아래신호만 가시적 | STM-1내 모든 하위신호 |
| Overhead 사용 | 매단위 새로운 오버헤드 추가 | STM-1 이후 오버헤드 추가 없음 |
| 계층화 구조 | 비계층화 구조 | 계층화 구조 |

## 1.3 DWDM 광전송시스템

### (1) DWDM 시스템 구성

① 구성도

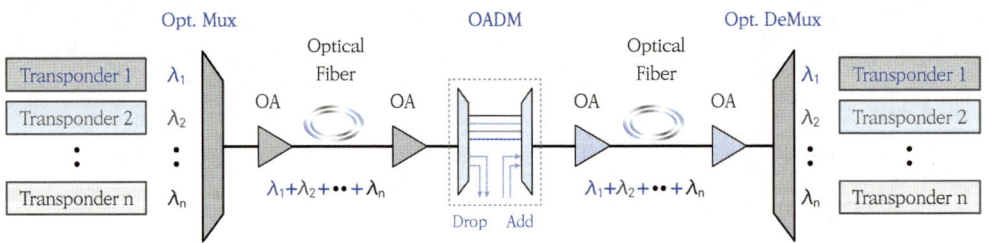

② 주요 장비

| Transponder | Opt.<br>Mux / DeMux | Optical Amplifier | OADM | Optical<br>Fiber |
|---|---|---|---|---|
| • Operating<br>• Wavelength<br>• Line Coding<br>• Modulation<br>• FEC | • Bandwidth<br>• Insertion Loss<br>• Return Loss | • Gain<br>• Total Power<br>• Low Noise<br>• Wideband Gain Flatness Control | • Channel Add / Drop<br>• Optical Switching<br>• Power Equalization | • Dispersion<br>• Noise<br>• FWM 등 |
| • 파장 / 주파수 변환<br>• 전광(TX) / 광전(RX) 변환 | • 8 / 16 / 32 / 48 / 64 채널 | • 광증폭기간 거리 40 ~ 120Km<br>• EDFA 등 |  | • SMF<br>• DSF |

※ 1. FWM : Four Wave Mixing, DWDW 전송과정에서 여러 파장간의 간섭으로 원하지 않는 파장이 발생 또는 광신호의 세기 감쇠되는 현상
2. EDFA : Erbium Doped Fiber Amplifier
3. BAND 구분
   - O Band (1260 ~ 1360nm) / E Band (1360 ~ 1460nm) / S Band (1460 ~ 1530nm)
   - C Band (1530 ~ 1565nm) / L Band (1565 ~ 1625nm) / U Band (1260 ~ 1360nm)
4. 광 Transponder : 파장 변환 또는 주파수 변환(수신 주파수를 또다른 반송주파수로 변환)하여 다른 파장 또는 주파수로 재전송(전달)하는 광 모듈
   - 광 Transceiver : 광 송신기 및 광 수신기를 하나로 모듈화시킨 것
5. OADM : Optical Add-Drop Multiplexer, DWDM망 중간에서 다른 파장(λ)들은 통과시키고, 특정 파장(λ)을 분기 / 결합하는 장치로 Fixed OADM과 Reconfigurable OADM으로 구분

### (2) WDM 비교

| 구분 | CWDM (Coarse WDM) | DWDM (Dense WDM) | UDWDM (Ultra DWDM) |
|---|---|---|---|
| 채널(λ) 간격 | 20nm | 0.4, 0.8, 1.6nm | 0.1 ~ 1nm |
| 채널수 | 수채널 (4 ~ 8채널) | 수10 ~ 수100채널 (16 ~ 80채널) | 수100채널 (160채널) |
| 전송속도 | 저속 (1.25Gbps) | 고속 (~ 200Gbps) | 초고속 (~ 수Tbps) |
| 전송거리 | 단거리 | 중장거리 | 장거리 |
| 주 용도 | FTTH | MAN / WAN | WAN |

# 2장 전원회로 구성하기

**1절** 전원회로 구성하기
1. 정류회로
2. 평활회로
3. 전원안정화회로

# 1절 전원회로 구성하기

## 1 정류회로

### 1.1 개요

- 국내 전력계통은 AC(Alternating Current)를 기반으로 구성하며, 최종 통신장비는 DC(Direct Current)를 이용하여 정보통신 신호를 전달하며, AC Input를 DC Output으로 변환하는 회로가 정류회로(Rectifier)임
- 직류전원공급장치는 변압기(Transformer), 정류회로(Recifier), 평활회로(Smoothing Circuit), 정전압회로(Regulator)로 구성되며, 정류회로는 단상반파, 단상전파 등이 있음

(1) 전력계통 및 정보통신전용 전기시설설비

| 발전설비 | 송전 / 변전설비 | 배전설비 | 수배전설비 | 정보통신전용 전기시설설비 | |
|---|---|---|---|---|---|
| | | | | 교류전원 | 직류전원 |
| AC | | | | | DC |
| 수력, 기력, 복합화력, 원자력, 내연력, 신재생 등 | 초고압 765KV, 345KV, 154KV | 특고압 / 고압 22.9KV | 특고압 / 고압 22.9KV | 저압 380 / 220V | DC +5V DC -5V 등 |
| | 가공(송전철탑), 지중관로, 수중 SS(GIS, MTR, DS 단로기 등) | 배전선로 (선로,전선) 한전전주 지중관로 개폐기 등 | FR-CNCO LBS, PF, VCB, TR(⊿-Y) 22.9KV / 6.6K or 380 / 220 | TN-S 접지 (R,S,T,N,G) UPS (Dynamic / Static) 발전기(가스,디젤) | 직류전원장치 - Linear - Switching SMPS 등 |
| 한국수력원자력 5개 발전사 등 | 장거리 대전력수송 | 한전 | 대형건물 | 정보통신전용 | 정보통신전용 |

※ 계통 주파수 : 60 ± 0.2Hz, 송전 66K AC, 180K DC도 있음
※ R, S, T 상은 L1, L2, L3상으로 표기 추세

## 1.2 직류전원공급장치

(1) 직류전원공급장치(DC Power Supply)

정보통신전용 전기시설설비 직류전원공급장치는 변압기(Transformer), 정류회로(Recifier), 평활회로(Smoothing Circuit), 정전압회로(Regulator)로 구성됨

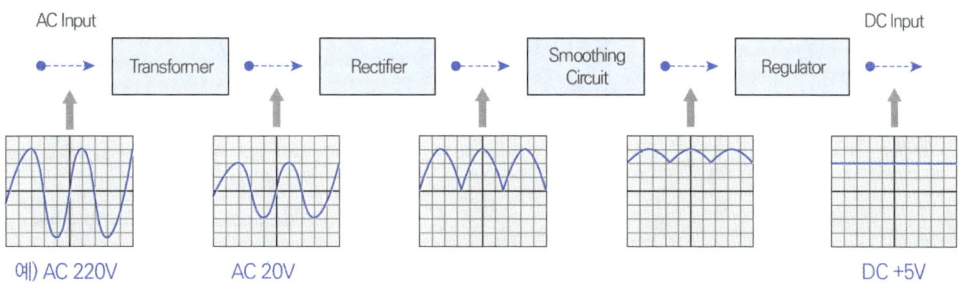

[ 측정 : Oscilloscope ]

(2) 주요 구성요소

| 변압기<br>(Transfomer) | 정류회로<br>(Rectifier) | 평활회로<br>(Smoothing Circuir) | 정전압회로<br>(Regulator) |
|---|---|---|---|
| 교류(AC) 전압<br>감압(Down)/승압(Up) | 교류(AC) → 직류(DC) | 리플(Ripple) 성분제거<br>- AC성분 제거 | 일정한 출력전압을 유지 |
| $\dfrac{V_2}{V_1} = \dfrac{N_2}{N_1} = \dfrac{I_1}{I_2} = a$<br>$V_1, N_1, I_1$ : 1차측 전압,<br>　　　　　권선수, 전류<br>$V_2, N_2, I_2$ : 2차측 전압,<br>　　　　　권선수, 전류 | 반파정류회로<br>전파정류회로<br>- 2 Diode 중간탭<br>- 4 Diode 브리지 | 용량성 평활회로<br>유도성 평활회로 | 1) 정전압다이오드<br>2) 병렬형 정전압회로<br>3) 3단자 레귤레이터<br>　- 정전압IC<br>4) 스위칭 레귤레이터 등 |

## 1.3 정류회로

(1) 단상반파정류회로

① 회로해석

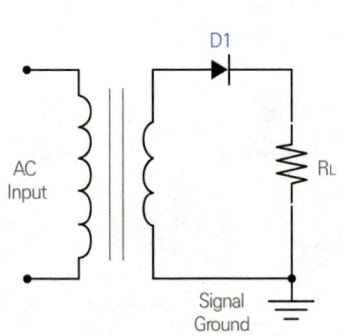
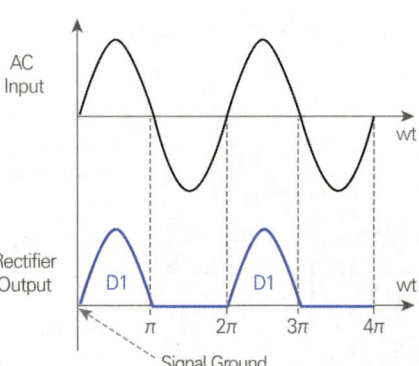

[ 단상반파 정류회로 ]

$$i(t) = \begin{cases} I_m \sin wt, & 0 \leq wt \leq \pi \\ 0, & \pi \leq wt \leq 2\pi \end{cases}$$

② 출력 i(t) 평균값 $= \dfrac{I_m}{\pi}$

$$I_{dc} = \frac{1}{2\pi}\int_0^{2\pi} i(t)d(wt) = \frac{1}{2\pi}\int_0^{\pi} I_m \sin wt\, d(wt) = \frac{I_m}{2\pi} - \cos wt \Big|_0^{\pi} = \frac{I_m}{\pi}$$

[적분] : $\displaystyle\int \sin ax\, dx = -\frac{1}{a}\cos ax$

③ 출력 i(t) 실효값(RMS, Root Mean Square) $= \dfrac{I_m}{2}$

$$I_s = \sqrt{\frac{1}{2\pi}\int_0^{2\pi} i(t)^2 d(wt)} = \sqrt{\frac{1}{2\pi}I_m^2 \frac{1}{2}\int_0^{2\pi}(1-\cos 2wt)\,d(wt)}$$ 동작은 반주기

[삼각함수] : $\cos 2\theta = \cos^2\theta - \sin^2\theta$ 에서 $\sin^2\theta = \dfrac{1}{2}(1-\cos 2\theta)$

[적분] : $\displaystyle\int \cos ax\, dx = \frac{1}{a}\sin ax$ 이용

$$= \sqrt{\frac{1}{2\pi}I_m^2 \frac{1}{2} \cdot wt - \frac{1}{2}\sin wt \Big|_0^{\pi}} = \sqrt{\frac{1}{2\pi}I_m^2 \frac{1}{2} \cdot (\pi - 0)} = \frac{I_m}{2}$$

④ PIV(Peak Inverse Voltage) = $V_m$

⑤ 맥동율(Ripple Facter, r) = 1.21

$$r = \frac{V_{rms}}{V_{dc}} = \frac{I_{rms}}{I_{dc}} = \sqrt{\frac{(\frac{I_m}{2})^2}{(\frac{I_m}{\pi})^2} - 1} = 1.21$$

⑥ 정류효율 : 40.6 %

⑦ 주파수 : f

### (2) 단상전파정류회로_ 중간탭(2Diode)

① 회로해석

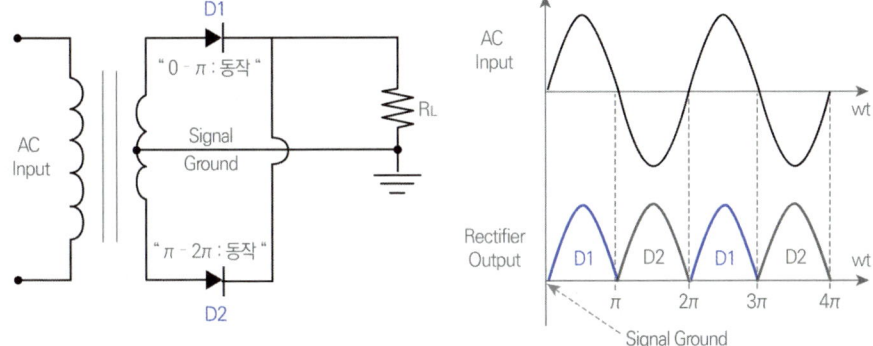

[ 단상전파 정류회로 중간탭 2D ]

$$i(t) = \begin{cases} I_m \sin wt & 0 \leq wt \leq \pi \\ -I_m \sin wt & \pi \leq wt \leq 2\pi \end{cases}$$

② 출력 i(t) 평균값 = $\frac{2}{\pi}I_m$

$$I_{dc} = \frac{1}{2\pi}\int_0^{2\pi} i(t)d(wt) = \frac{1}{2\pi}2\int_0^{\pi} I_m \sin wt\, d(wt) = \frac{I_m}{2\pi}2 - \cos wt \Big|_0^{\pi} = \frac{2}{\pi}I_m$$

[적분] : $\int \sin ax\, dx = -\frac{1}{a}\cos ax$

③ 출력 i(t) 실효값(RMS, Root Mean Square) = $\dfrac{I_m}{\sqrt{2}}$

$I_s = \sqrt{\dfrac{1}{2\pi}\int_0^{2\pi} i(t)^2 d(wt)} = \sqrt{\dfrac{1}{2\pi}I_m^2 \dfrac{1}{2} \cdot 2 \int_0^{\pi}(1-\cos 2wt)\,d(wt)}$ 동작은 반주기

[삼각함수] : $\cos 2\theta = \cos^2\theta - \sin^2\theta$ 에서 $\sin^2\theta = \dfrac{1}{2}(1-\cos 2\theta)$

[적분] : $\int \cos ax\,dx = \dfrac{1}{a}\sin ax$ 이용

$= \sqrt{\dfrac{1}{2\pi}I_m^2 \dfrac{1}{2} \cdot 2 \cdot \pi - \dfrac{1}{2}\sin wt\Big|_0^{\pi}} = \sqrt{\dfrac{1}{2\pi}I_m^2 \dfrac{1}{2} \cdot 2 \cdot (\pi-0)} = \dfrac{I_m}{\sqrt{2}}$

④ PIV(Peak Inverse Voltage) = $2V_m$

⑤ 맥동율(Ripple Facter, r) = 0.48

$r = \dfrac{V_{rms}}{V_{dc}} = \dfrac{I_s}{I_{dc}} = \sqrt{\dfrac{(\dfrac{I_m}{\sqrt{2}})^2}{(\dfrac{2I_m}{\pi})^2} - 1} = 0.48$

⑥ 정류효율 : 81.2%

⑦ 주파수 : 2f

(3) 단상전파정류회로_ 브리지(4Diode)

① 회로해석

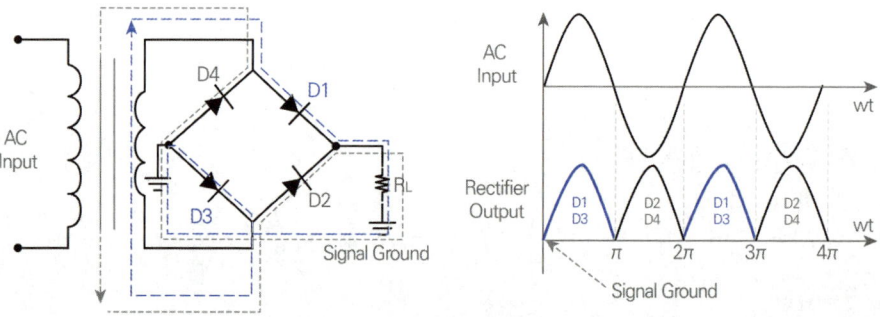

[ 단상전파 정류회로 브리지 4D ]

$i(t) = \begin{cases} I_m \sin wt & 0 \le wt \le \pi \\ -I_m \sin wt & \pi \le wt \le 2\pi \end{cases}$

② 출력 i(t) 평균값 = $\frac{2}{\pi}I_m$

$$I_{dc} = \frac{1}{2\pi}\int_0^{2\pi} i(t)d(wt) = \frac{1}{2\pi}2\int_0^{\pi} I_m \sin wt\, d(wt) = \frac{I_m}{2\pi}2 - \cos wt \Big|_0^{\pi} = \frac{2}{\pi}I_m$$

[적분] : $\int \sin ax\, dx = -\frac{1}{a}\cos ax$

③ 출력 i(t) 실효값(RMS, Root Mean Square) = $\frac{I_m}{\sqrt{2}}$

$$I_s = \sqrt{\frac{1}{2\pi}\int_0^{2\pi} i(t)^2 d(wt)} = \sqrt{\frac{1}{2\pi}I_m^2 \frac{1}{2} \cdot 2 \int_0^{\pi}(1-\cos 2wt)d(wt)} \quad \text{동작은 한주기}$$

[삼각함수] : $\cos 2\theta = \cos^2\theta - \sin^2\theta$ 에서 $\sin^2\theta = \frac{1}{2}(1-\cos 2\theta)$

[적분] : $\int \cos ax\, dx = \frac{1}{a}\sin ax$ 이용

$$= \sqrt{\frac{1}{2\pi}I_m^2 \frac{1}{2} \cdot 2 \cdot \pi - \frac{1}{2}\sin wt\Big|_0^{\pi}} = \sqrt{\frac{1}{2\pi}I_m^2 \frac{1}{2} \cdot 2 \cdot (\pi-0)} = \frac{I_m}{\sqrt{2}}$$

④ PIV(Peak Inverse Voltage) = $V_m$

⑤ 맥동율(Ripple Facter, r) = 0.48

$$r = \frac{V_{rms}}{V_{dc}} = \frac{I_{rms}}{I_{dc}} = \sqrt{\frac{(\frac{I_m}{\sqrt{2}})^2}{(\frac{2I_m}{\pi})^2} - 1} = 0.48$$

⑥ 정류효율 : 81.2%

⑦ 주파수 : 2f

(4) 비교

| 구분 | | 평균치 ($V_{dc}$) | 실효치 ($V_{rms}$) | PIV | 맥동율 (r) | 효율 (%) | 주파수 (f) |
|---|---|---|---|---|---|---|---|
| 반파정류 | | $\frac{I_m}{\pi}$ | $\frac{I_m}{2}$ | $V_m$ | 1.21 | 40.6 | f |
| 전파정류 | 중간탭 (2D) | $\frac{2}{\pi}I_m$ | $\frac{I_m}{\sqrt{2}}$ | $2V_m$ | 0.48 | 81.2 | 2f |
| | 브리지 (4D) | $\frac{2}{\pi}I_m$ | $\frac{I_m}{\sqrt{2}}$ | $V_m$ | 0.48 | 81.2 | 2f |

## 2. 평활회로

### 2.1 개요

- 평활회로(Smoothing Circuit)는 정류회로에서 만든 맥류를 평활한 직류로 만드는 회로이며, 회로내 교류(AC)성분을 제거하고, 직류형태의 성분만을 추출하는 저주파 필터회로(LPF)이다.
- 회로의 종류는 용량성 평활회로, 유도성평활회로, 초크입력형 평활회로 등이 있다.

### 2.2 평활회로(Smoothing Circuit)

(1) 용량성 평활회로

① 반파필터 회로해석

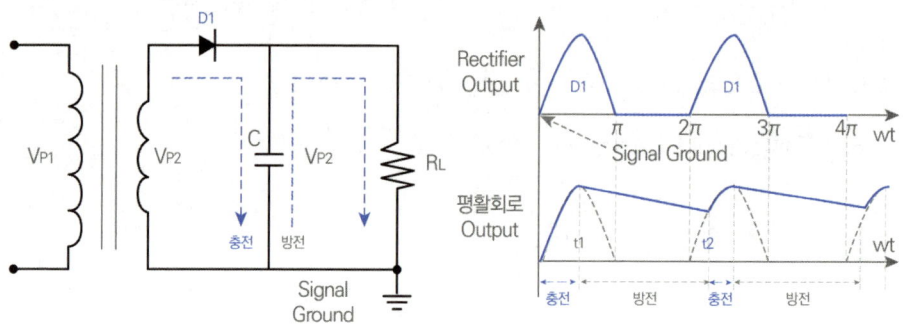

[ 콘덴서(용량성) 반파 평활회로 ]

- 방전시간은 다이오드(D) 입력전압(Vp2)이 콘덴서 전압 보다 낮아 다이오드(D)가 "OFF"되는 시간(t1)부터 방전되며, 충전시간은 다이오드(D) 입력전압(Vp2)이 콘덴서 전압 보다 높아 다이오드(D)가 "ON"되는 시간(t2)부터 충전됨
- 콘덴서의 용량 C를 크게 할수록 맥동은 적어짐
- 단상반파 맥동율(r) = $\dfrac{1}{2\sqrt{3}\,fCR_L}$

- 반파필터의 맥동 파형을 톱니파의 단순한 형태로 해석하면

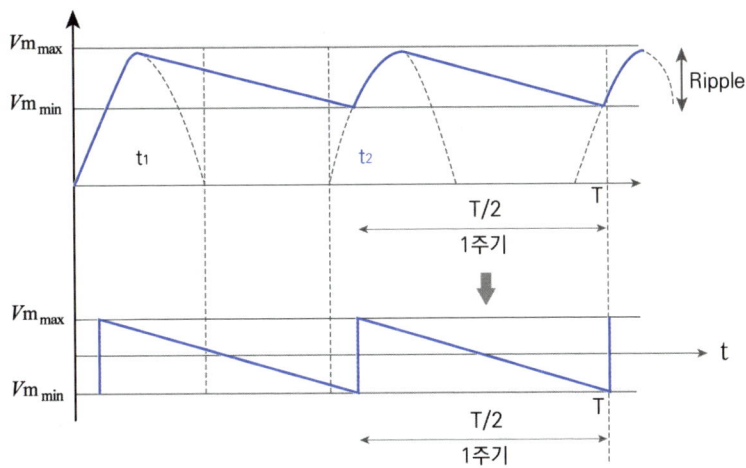

- 단순화한 톱니파 형태의 식은 $V(t) = V_m - \frac{2}{T}V_m t$, $0 \leq t \leq T$

- 톱니파 리플은

$$V_{rrms}^2 = \frac{1}{\frac{T}{2}} \int_0^{\frac{T}{2}} V(t)^2 dt = \frac{2}{T} \int_0^{\frac{T}{2}} (V_m - \frac{2}{T}V_m t)^2 dt$$

$$= \frac{2}{T} V_m^2 \int_0^{\frac{T}{2}} (1 - \frac{4}{T}t + \frac{4}{T}t^2) dt = \frac{2}{T} V_m^2 \cdot [t - \frac{4}{T}\frac{t^2}{2} + \frac{4}{T}\frac{t^3}{3}]_0^{\frac{T}{2}}$$

$$= \frac{V_m^2}{3}$$

$$V_{rrms} = \frac{V_m}{\sqrt{3}} \quad \text{----- (1)식}$$

- Ripple Factor$(\Gamma) = \frac{V_{rrms}}{V_{dc}} = \frac{\sqrt{V_{rms}^2 - V_{dc}}}{V_{dc}}$ 이며

$$V_{r(p-p)} = V_{\max} - V_{\min}$$

$$= V_m - (V_m - \frac{T}{R_L C} V_m), \text{콘덴서 } V_c(t) = V_m e^{-\frac{t}{R_L C}} \text{ 이용 테일러급수 전개}$$

$$= \frac{V_m T}{R_L C}$$

$$= \frac{V_m}{fCR_L} \quad \text{----- (2)식}$$

- (1)식과 (2)식을 이용하면

$$V_{rrms} = \frac{V_m}{\sqrt{3}} = \frac{2V_m}{2\sqrt{3}} = \frac{V_{r(p-p)}}{2\sqrt{3}} = \frac{V_m}{2\sqrt{3}\,fCR_L}$$ 이며

반파필터 맥동율(r) $= \dfrac{V_{rs}}{V_{dc}} = \dfrac{1}{V_m}\dfrac{V_m}{2\sqrt{3}\,fCR_L} = \dfrac{1}{2\sqrt{3}\,fCR_L}$

② 전파필터 회로해석

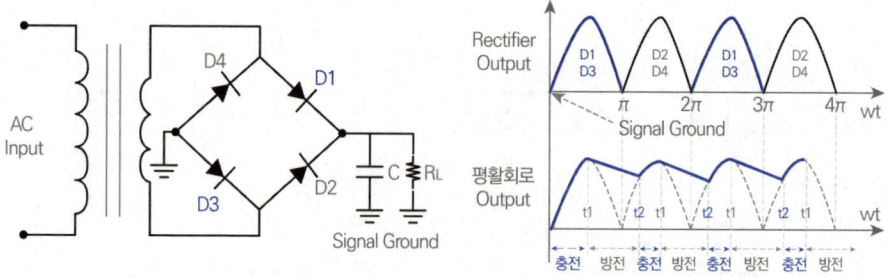

[ 단상전파 정류회로 브리지 4D ]

단상전파 맥동율 (r) $= \dfrac{1}{4\sqrt{3}\,fCR_L}$ , 반파필터의 1/2로 리플량이 적음

(2) 초크 입력형 평활회로

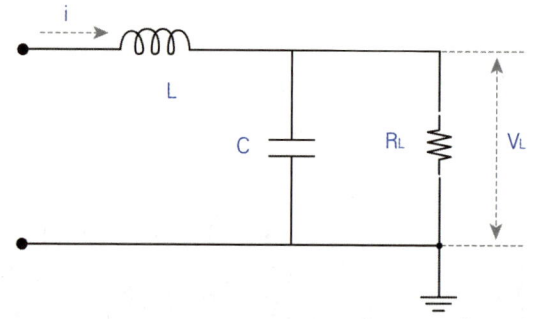

[ 초크 입력형 필터 ]

① 용량성 평활회로에서 입력측에 초크 Coil L을 접속한 회로이며, Choke는 DC는 통과시키고 AC를 Choke 시킨다는 의미이며, 인덕터(Inductor) L은 저주파 직류성분은 통과시키고 고주파 교류성분을 차단하는 특성을 갖고 있으며, 캐패시터(Capacitor) C는 저주파 직류성분은 차단시키고 고주파 교류성분을 통과시키는 특성을 갖고 있음

② 출력측에서 보면 L과 병렬 C와 R 중 병렬 C와 R의 성분이 출력이며

$$V_o = \frac{\frac{R/jwC}{1/jwC+R}}{jwL + \frac{R/jwC}{1/jwC+R}} V_i \text{에서} \quad X_C = \frac{1}{jwC}, X_L = jwL \text{이며}$$

$X_c \ll R$ 이고, $X_L \gg X_C$ 이면 $V_o$는

$$\cong \frac{\frac{1}{jwC}}{jwL + \frac{1}{jwC}} V_i \text{에서}$$

$$\frac{V_o}{V_i} = \frac{\frac{1}{jwC}}{jwL + \frac{1}{jwC}} = \frac{\frac{1}{jwC}}{\frac{1-w^2LC}{jwC}} = \frac{1}{1-w^2LC}$$

③ 단상반파 정류회로에 초크 입력형 필터를 적용한 경우

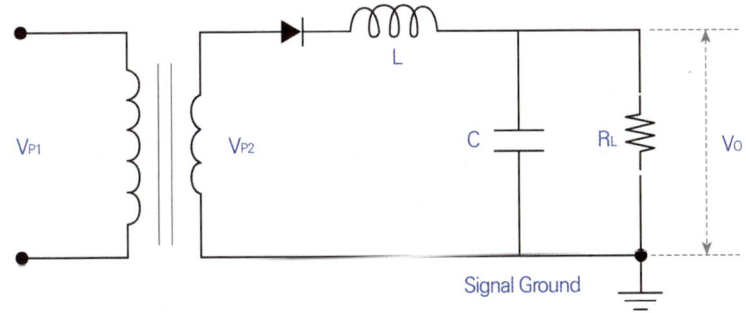

[ 단상반파 정류회로 초크 입력형 필터 ]

단상전파 초크 맥동율 $(\Gamma) = \frac{1.21}{w^2LC-1} \times 100\% = \frac{\sqrt{2}}{3} \frac{1}{2wL \cdot 2wC} = \frac{\sqrt{2}}{3} \frac{1}{4w^2LC}$

단상전파 초크 맥동율은 용량성 대비 부하 $R_L$ 과 무관함

# 3. 전원안정화회로

## 3.1 개요

- 입력전압이 변동해도 DC 출력이 일정하게 유지하는 직류 안정화회로(Regultor)가 필요하며 전원전압은 선간전압, 온도, 부하전류 등에 의해 변동함
- 정전압 제어회로방식은 크게 리니어(Linear Regulator)방식과 스위칭(Switching Regulator) 방식이 있으며, 주로 SMPS(Switched Mode Power Supply)를 사용함
- 정전압 안정도 파라메터는 전압안정계수, 온도안정계수, 출력저항이 있음

## 3.2 정전압회로 구성

(1) 정류회로의 문제점
  ① 부하 변동에 따라 직류 출력전압의 안정도 감소
  ② 교류 입력 전압의 변동에 따라 직류 출력이 변화
  ③ 정류소자의 온도 변화로 인한 출력이 변화
  ④ 관련 평활회로와 부하 사이에 정전압회로를 사용 문제점 해결

(2) 정전압 회로 구성
  ① 일반적으로 사용되는 직렬형 정전압회로는 귀환회로를 포함한 회로이며, 효율은 병렬형에 비해 좋으며 출력의 범위를 보다 넓고 쉽게 설계될 수 있음

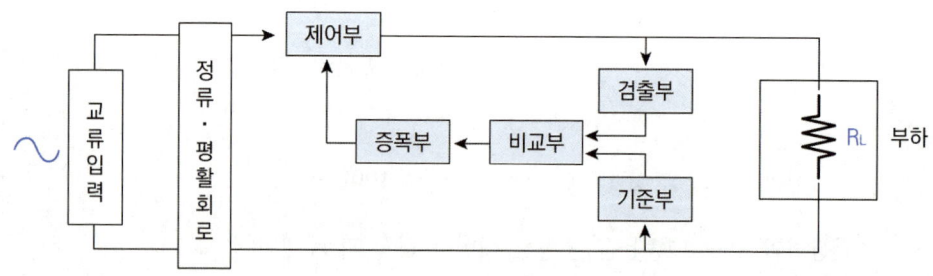

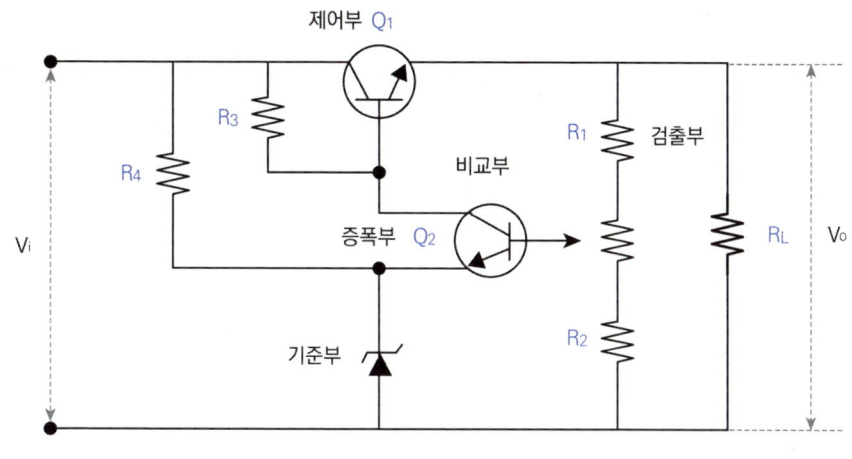

[ 예 : 직렬제어 정전압회로 ]

② 직렬형과 병렬형 판단기준은 부하를 기준으로 하며 정전압회로를 IC화 3단자 레귤레이터를 사용하기도 함

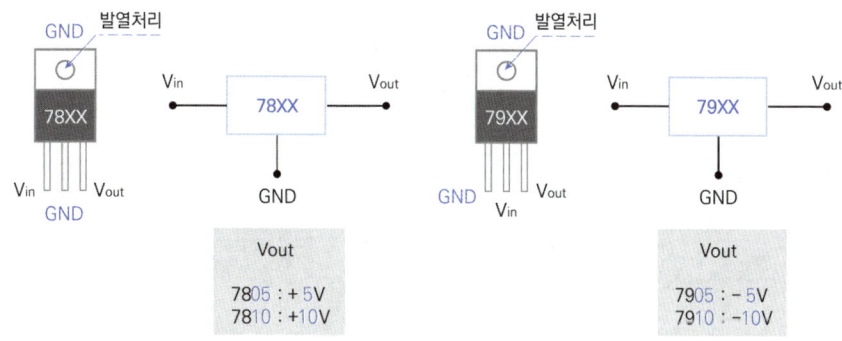

[ 3단자 정전압 IC Regulator ]

③ 스위칭 레귤레이터방식은 스위칭 주파수를 고주파하여 리니어 대비 소형 경량화 가능하며 입력이 AC 또는 DC에 따라 AC-DC CONVERTER와 DC-DC CONVERTER로 구분할 수 있음

④ SMPS(Switched Mode Power Supply)는 스위칭 제어를 통해 출력 전압을 제어하며 고주파단계에서 PWM(Pulse Width Modulation) 파형이 생성됨

(3) 전원 안정화방식 비교

| 구분 | 리니어 레귤레이터 | 스위칭 레귤레이터 |
|---|---|---|
| 전력변환효율 | 나쁨(20 ~ 50%) | 좋음(60 ~ 90%) |
| 주파수 | 낮음(50 ~ 60Hz) | 높음(수백KHz) |
| 입력전압 | 좁음 | 넓음 |
| 크기 형상 | 크고 무거움 | 작고 가벼움 |
| 전해콘덴서 | 대용량 | 소용량 |
| 회로구성 | 단순 | 복잡 |

(4) 정전압회로의 파라메터

- 직류출력의 변화 $\Delta V_L = \dfrac{\partial V_L}{\partial V_S}\Delta V_S + \dfrac{\partial V_L}{\partial I_L}\Delta I_L + \dfrac{\partial V_L}{\partial T}\Delta T$

$$= S_V \Delta V_S - R_L \Delta I_L + S_T \Delta T$$

- 안정도 파라메터

  ① 전압안정계수 : $S_V = \dfrac{\partial V_L}{\partial V_S} = \dfrac{\Delta V_L}{\Delta V_S}$

  ② 출력저항 : $R_L = \dfrac{\partial V_L}{\partial I_L} = \dfrac{\Delta V_L}{\Delta I_L}$

  ③ 온도안정계수 : $S_T = \dfrac{\partial V_L}{\partial T} = \dfrac{\Delta V_L}{\Delta T}$

MEMO

# 3장 망 관리

**1절** 가입자망 구성하기
1. 유선가입자망
2. 무선가입자망
3. 방송가입자망

**2절** 교환망(라우팅) 구성하기
1. 교환기
2. 교환망 신호방식
3. VoIP

**3절** 전송망 구성하기
1. PDH SDH
2. DWDM 광전송시스템
3. OTN

**4절** 구내통신망 구성하기
1. 통합배선설비
2. 방송공동수신설비(CATV설비)

# 1절 가입자망 구성하기

## 1 유선가입자망

### 1.1 개요
- 유선가입자망은 음성용으로 기 포설된 2선식 동케이블을 이용 데이터를 전송하는 경제적인 기술인 XDSL기술과 광케이블 이용 넓은 대역폭과 고속전송이 가능한 광가입자망인 FTTH이 대표적 기술임
- TP(Twist Pair) 동케이블 기반 XDSL과 동축과 광케이블 HFC기반 Cable Modem에서 광케이블 기반 FTTH 기술이 점차 확대되고 있음

### 1.2 유선가입자망

(1) XDSL

① ADSL 구성도

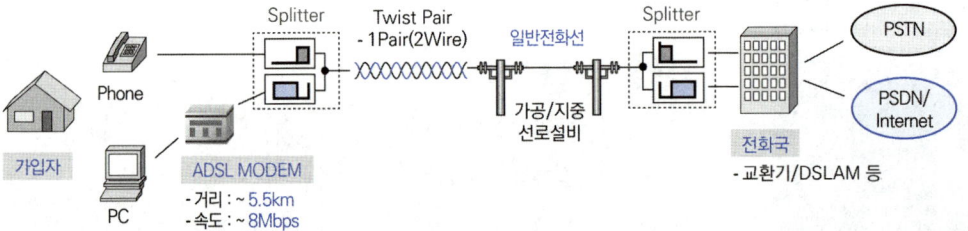

② VDSL 구성도

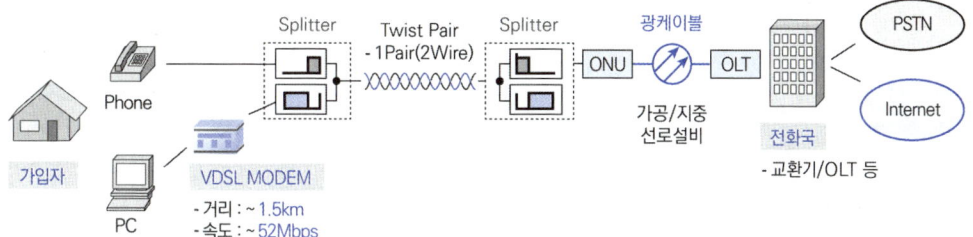

※ DSLAM : Digital Subscriber Lines Access Multiplexer
　OLT : Optical Line Terminal　ONU : Optical Network Unit

③ XDSL 기술별 비교

| 구분 | ADSL | SDSL | HDSL | VDSL |
|---|---|---|---|---|
| 명칭 | Asymmetric DSL | Symmetric DSL | High Bit Rate DSL | Very High Bit Rate DSL |
| 속도 (bps) | 하향 : ~8M<br>상향 : ~1.3M | 하향 : ~2M<br>상향 : ~2M | 하향 : 1.5~2M<br>상향 : 1.5~2M | ① 대칭<br>　상/하향 13M or 26M<br>② 비대칭<br>　하향 : ~52M<br>　상향 : ~6.4M |
| 제공거리 | ~5.5Km | ~6Km | ~4.6Km | 0.3km~1.5Km |
| Modulation | DMT, CAP | 2B1Q, CAP | 2B1Q, DMT, CAP QAM | DMT, CAP QAM |
| 특징 | 비대칭서비스<br>초기 XDSL<br>1Pare(2W) | 대칭서비스<br>성장기 XDSL<br>1Pare(2W) | 대칭서비스<br>성장기 XDSL<br>1Pare(2W) or<br>2Pare(4W) | 대칭/비대칭 서비스<br>성숙기 XDSL<br>1Pare(2W) |

※ DSL : Digital Subscriber Line
　DMT : Discrete Multi Tone
　CAP : Carrierless Amplitude Phase Modulation
　2B1Q : 2 Binary 1 Quaternary

## (2) HFC

### ① 구성도

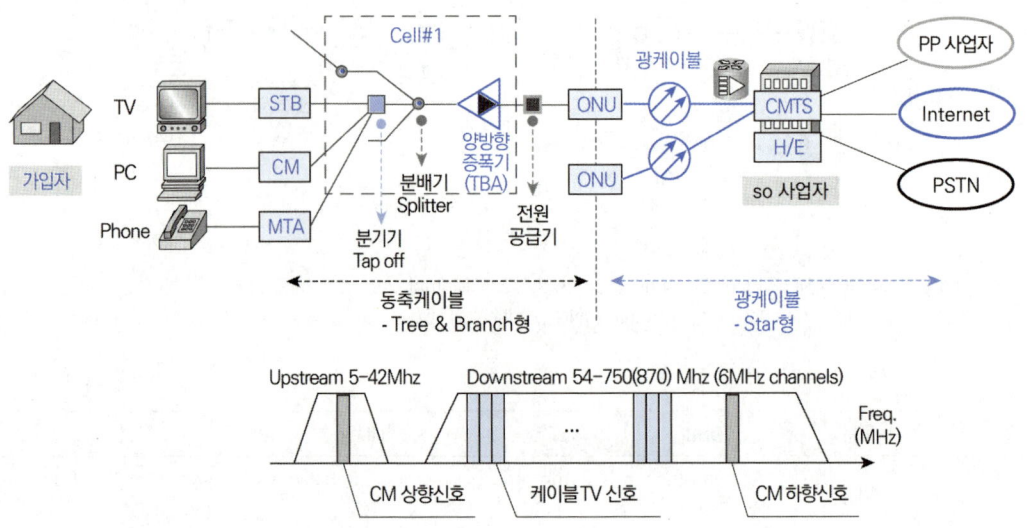

※ STB : Set Top Box, CM : Cable Modem, VoCM : Voice over CM
TBA : Trunk Bridge Amplifier, ONU : Optical Network Unit
CMTS : Cable Modem Termination System

### ② HFC 구성요소별 특징

| 구분 | H/E - ONU | ONU - TapOff | TapOff - 단말 |
|---|---|---|---|
| 형태 | Star형 | Tree & Branch형 | Tree & Branch형 |
| 주파수 | • 상향 : 5 ~ 200MHz<br>• 하향 : 54 ~ 750 / 870MHz | • 상향 : 5 ~ 42 / 65MHz<br>• 하향 : 54 ~ 750 / 870MHz | • 상향 : 5 ~ 42 / 65MHz<br>• 하향 : 54 ~ 750 / 870MHz |
| 케이블 | 광Cable<br>• 셀당 1 ~ 2Core | 동축Cable<br>• 12C / 17C | 동축Cable<br>• 5C / 7C |
| 장비 | CMTS 등 | TBA 등 | CM |
| 기술<br>규격 | • 기술표준 DOCSIS(Data over Cable Service Interface Specification)<br>• DOCSIS 1.0 및 1.1<br>  • 하향 6MH 대역폭에서 64, 256QAM 변조<br>  • 상향 다중접속 : FDMA 및 TDMA 사용<br>• DOCSIS 2.0<br>  • 1.0 대비 3배 전송속도<br>  • 상향 다중접속 : Advansed TDMA 및 Synchronous CDMA 사용<br>• DOCSIS 3.0, 3.1 : 하향 10G 상향 1G 제공<br>• DOCSIS 4.0 : 하향 10G 상향 6G 제공 | | |

## (3) FTTH

### ① 구성도

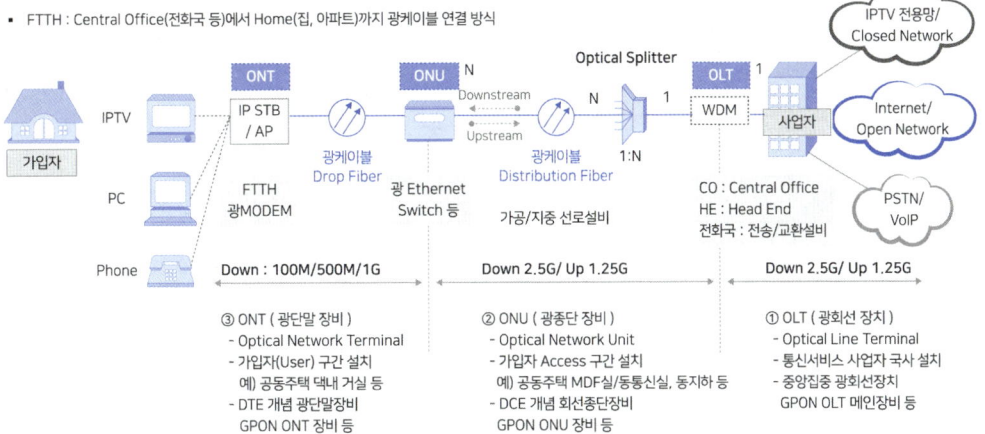

✓ GPON : Gigabit Ethernet PON

※ • 가입자 Home 구간까지 광케이블 인입 광대역 및 고속전송 가입자망 제공하며, 네트워크 구성방식은 구성소자에 따라 능동소자이면 AON과 수동소자이면 PON으로 구분되며, XDSL 수용거리 4Km 대비 PON의 수용거리는 20Km임
  • 구성형태에 따라 Point to Point 1 : 1방식과 Point to Multi Point 1 : N 방식으로 구분

### ② FTTH 구성방식별 비교

| 구분 | AON (Active Optical Network) | PON (Passive Optical Network) |
|---|---|---|
| 개요 | • 구성소자가 능동소자로 구성하여 전원 제공 형태<br>• Amplifier 필요 | • 구성소자가 수동소자로 구성하여 전원 제공 불필요<br>• Amplifier 불필요 |
| 구성<br>요소 | • 전화국 : 대형 Switch / Router<br><br>• 가입자 : 소형 Switch<br>  • Active<br>    광(Optic) - 전(Electric) - 광(Optic) 변환 | • 전화국 : 1개 OLT<br>  • Optical Line Terminal 광선로 종단장치<br>• 가입자 : N개 ONU, N개 ONT<br>  • Optical Network Unit 광통신망 유니트<br>    가입자 밀집지역 중심 광통신장치<br>  • Optical Network Terminal 최종 종단장치<br>    가입자 댁내 광통신장치 예)광모뎀 |

| 구분 | AON (Active Optical Network) | PON (Passive Optical Network) |
|---|---|---|
| 특징 | • 일반적인 Network 구성 형태<br>  상향 / 하향 대칭 경쟁방식<br>• CSMA / CD Ethernet 기반<br>  Baseband 전송, Unicast 등 | • 상향 / 하향 비대칭 경쟁방식<br>  • 하향 : Broadcast 전송<br>    TDM : ATM-PON, Ethernet-PON<br>    WDM : WDM-PON<br>  • 상향 : 구성방식에 따름<br>    TDMA : ATM-PON, Ethernet-PON<br>    WDM : WDM-PON |
| 구성<br>형태 | 1 : 1 Point to Point | 1 : N Point to Multi Point<br>• 1 : 32, 1 : 64, 1 : 128 등 |
| 투자비 | 1 : 1 기본으로 상대적으로 공사비 / 유지보수 비용<br>높음(High Cost) | 1 : N 기본으로 상대적으로 공사비 / 유지보수 비용<br>낮음(Low Cost) |

(4) 비교

| 구분 | XDSL (VDSL) | HFC | FTTH |
|---|---|---|---|
| 유효 전송거리 | 0.3km | 수십km | 수십km |
| 서비스 지역 | 주거밀집지역 | 전지역 가능 | 신규 밀집지역 |
| 주요 서비스 | 일반전화(PSTN)<br>초고속인터넷<br>- | VoIP<br>초고속인터넷<br>케이블 TV | 모든 서비스<br>제공 가능 |
| 전송속도 | 하향 : ~ 52Mbps<br>상향 : 약10Mbps | 하향 : ~ 42Mbps<br>상향 : 약30Mbps | 하향 : ~ Gbps급<br>상향 : ~ Gbps급 |
| 기술적합성 | 우수 | 우수 | 매우 우수 |
| 투자비 | 증 | 소 | 대 |
| 방송 | 미흡 | 우수<br>(약 600CH) | 매우 우수<br>(제한없음) |

## 2 무선가입자망

### 2.1 개요

- 무선가입자망은 무선LAN과 이동통신이 주로 이용되고 있으며, PAN 관련된 Bluetooth, RFID 등이 주목을 받고 있고, 과거 주파수 회수 및 서비스 종료된 WLL 및 WiBro가 있었음
- 국내에 멀티미디어 서비스용 광대역 무선 가입자회선인 B-WLL 주파수대역은 할당되어 있음

### 2.2 무선가입자망

(1) 무선LAN

① 1999년 9월 미국 IEEE 802.11 WG이 11Mbps의 전송률을 제공할 수 있는 IEEE 802.11b의 표준화를 완료함에 따라 빠른 성장을 하며, 기본적인 MAC 접속방식은 CSMA / CA 방식으로 사용 주파수는 ISM(Industrial Scientific Medical) 대역인 2.4G, 5G를 사용함

② 임의 접속을 제한하기 위한 WIPS 등 보안장비 적용 추세
- WIPS : Wireless Intrusion Protection System, 무선LAN 환경에서 불법 비인가자 장치 탐지 등 외부 공격자의 패킷을 분석, 탐지, 차단하는 시스템으로 센서, 서버, 콘솔로 구성

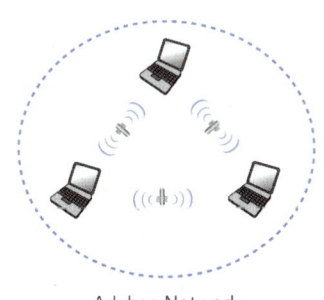

- IEEE 802.11
- CSMA/CA
- Frequency
  - 2.4G
  - 5G

Ad-hoc Network      Infrastructure Network

③ 무선LAN 기술별 비교

| 구분 | 802.11b | 802.11a | 802.11g | 802.11n | 802.11ac | 802.11ax |
|---|---|---|---|---|---|---|
| 주파수(Hz) | 2.4G | 5G | 2.4G | 2.4G / 5G | 5G | 2.4G / 5G |
| 전송방식 | DSSS | OFDM | OFDM | OFDM | OFDM | OFDMA |
| 대역폭(Hz) | 20M | 20M | 20M | 20M / 40M | 20M / 40M 80M / 160M | 20M / 40M 80M / 160M |
| Max Date Rate(bps) | ~ 11M | ~ 54M | ~ 54M | ~ 600M | ~ 3.5G | ~ 10G |
| 거리 | ~ 100m | ~ 35m | ~ 80m | ~ 120m | ~ 80m | ~ 80m |
| 특징 | 1999. 9월 표준화 | 5G대역 OFDM 무선랜 | 11b 대비 고속 2.4G | 고속 2.4G / 5G | G급 고속 WiFi 5 MU - MIMO (4×4) 5G ~ 256QAM | ac 후속표준 WiFi 6 MU - MIMO (8×8) 2.4G / 5G ~ 1024QAM |

※ Wifi 6는 2.4G+5G+6G대역을 적용하며, Wifi 7(802.11be)도 2.4G+5G+6G대역을 적용하여 최대 ~4096QAM까지 적용 ~320MHz 대역폭 기반 30Gbps~를 제공

(2) PAN

- PAN 기술별 비교

| 구분 | Bluetooth | RFID | Zigbee | UWB | NFC |
|---|---|---|---|---|---|
| 개념 | 유선USB 대체 | IC칩과 무선을 통해 정보인식 관리 | 저렴한 기술과 초저전력 대규모 센서네트워크 | 저전력과 광대역(대용량 멀티미디어 서비스) 무선USB | RFID의 일종 보안성 우수 (거리 짧음) |
| 기술 표준 | IEEE 802.15.1 WPAN | 국제적 규격 없음 | IEEE 802.15.4 LR(Low Rate) -WPAN | IEEE 802.15.3 | ISO / IEC 18092 (NFC) |
| 거리 / 속도 | 10m ~ 100m V1.1_10m 1Mbps(721K) V4.0 BLE 11Mbps / 150m V5.0 125Kbps / 400m | 수십(60)cm ~ 100m 1Mbps(태그) | 10m ~ 100m 20k ~ 250Kbps | ~ 10m, 11M ~ 55Mbps 최대 20m / 480Mbps | 10cm ~ 20cm 424K ~ 1Mbps |
| Freq (Hz) | 2.4G | 120K ~ 140K 13.56M 856M ~ 960M 2.4G | 868M - 유럽 902M ~ 928M - ISM 2.4G - ISM | 3.1G ~ 10.6G | 13.56M |

(3) 이동통신

- 이동통신 세대별 비교

| 구분 | 1G | 2G | 3G | 4G | 5G |
|---|---|---|---|---|---|
| 시기 | 1980년대 | 1990년대 | 2000년대 | 2010년대 | 2020년대 |
| 기술 방식 | 아날로그 셀룰러<br>• AMPS (북미,한국)<br>• FDMA 800MHz<br>• 속도14Kbps<br>• 30KHz / 채널 | 디지털 셀룰러<br>• 한국 북미 CDMA IS-95A / B 1FA 1.25MHz<br>• 속도 9.6K ~ 144K<br>• 유럽 TDMA GSM → GPRS, EDGE | 한국은 기존 북미 방식→ 유럽방식 WCDMA 전환<br>• 3GPP 표준<br>• 비동기식<br>• 1FA 5MHz<br>• 속도 153K ~ 14M<br>• WCDMA → HSDPA | 유럽(3GPP) LTE, LTE-A<br>• 한국 OFDM 1FA 20MHz<br>• 속도 ~ 75Mbps<br>• Duplex 국내 FDD방식<br>• CA (Carrier Aggregation) | 국내5G<br>• 속도 ~ 20Gbps<br>• 3.5G 대역폭 80M / 100MHz<br>• 28G 대역폭 800MHz<br>• Duplex 국내TDD방식<br>• 저지연 10ms → 1ms<br>• 초연결 $10^6 \, per \, km^2$<br>• 이동성 500km / h |

(4) WLL, B-WLL

① 1990년대부터 일시적으로 2.3GHz 대역을 이용 무선 가입자구간 WLL(Wireless Local Loop)를 사용하다 주파수를 회수한 기술방식으로 가입자 구간을 유선 대신 무선을 이용 구성하는 방식임

② CDMA 기반이며 기지국을 중심으로 2 ~ 6km 서비스 제공한 고정 무선통신망임

③ 구성도

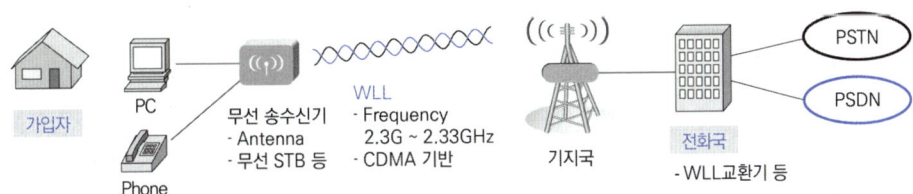

④ B - WLL

- B - WLL(Broadband Wireless Local Loop)은 WLL을 광대역화한 것으로 국내는 20G대역을 배정하고, 비대칭 구조로 고정 무선통신망임
- 상향 : 24.25 ~ 24.75GHz(500MHz 대역폭), 하향 : 25.50 ~ 26.70GHz(1,200MHz 대역폭)

### (5) WiBro 휴대인터넷

2018년 말 종료된 통신서비스로 회수한 WLL주파수 대역인 2.3G대역을 이용하고, 무선LAN 고정형과 이동통신의 이동형의 중간 형태로 저속이동 개념임

① 주파수 대역

| 2300MHz | | | 2327 | 2331.5 | | | 2358.5 | 2363 | | | 2390 | 2400MHz |
|---|---|---|---|---|---|---|---|---|---|---|---|---|
| 1CH | 2CH | 3CH | 4.5MHz | 1CH | 2CH | 3CH | 4.5MHz | 1CH | 2CH | 3CH | 10MHz | |
| ←──── 대역1 ────→ | | | Guard Band | ←──── 대역2 ────→ | | | Guard Band | ←──── 대역3 ────→ | | | Guard Band | 무선 LAN |

② WiBro 특징

| 특징 | • 총 대역폭 : 100MHz<br>• 총 할당 채널수 : 9채널<br>• 채널당 대역폭 : 9MHz<br>• 대역간 보호대역(Guard Band) : 4.5MHz<br>• 무선LAN과 보호대역(Guard Band) : 10MHz |
|---|---|

③ WiBro 기준 비교

| 구분 | 무선 LAN (IEEE 802.11b) | WiBro (휴대인터넷) | 이동통신 (2G) |
|---|---|---|---|
| 커버리지 | 협소 | 중간 | 광역 |
| 전송속도 | 빠름 | 빠름 | 중간 |
| 이동성 | 없음 | 우수 | 매우 우수 |
| 주파수(Hz) | 2.4G | 2.3G | 800M / 900M 등 |
| 요금 | 저렴 | 중간 | 고가 |

### (6) 비교

| 구분 | 무선 LAN (802.11n 등) | PAN (Bluetooth v1.0 등) | 이동통신 (4G LTE, LTE-A 등) |
|---|---|---|---|
| 범위 | ~ 100m | ~ 10m | 글로벌 |
| 속도 | ~ 54Mbps | 1 ~ 2Mbps | ~ 75Mbps |
| 전송 / 변조 등 | DSSS / OFDM 등 | FHSS / GFSK | OFDM / OFDMA<br>QPSK, 64QAM, 256QAM 등 |
| 이동성 / 휴대성 | 휴대성 | 휴대성 | 이동성 |
| 용도 | 기업 / 가정 무선인터넷 등 | PAN용 | 음성 / 멀티미디어 |

# 3 방송가입자망

## 3.1 개요

- 방송가입자망은 기존 케이블TV사업자의 HFC망과 지상파(KBS등)사업자의 지상파TV 수신을 위한 방송공동 수신설비와 통신사업자의 IPTV망이 있음
- 기존 IPTV 등 방송망 기반에 해외 및 국내 OTT사업자 방송서비스가 있음

## 3.2 방송가입자망

(1) HFC망

① 구성도

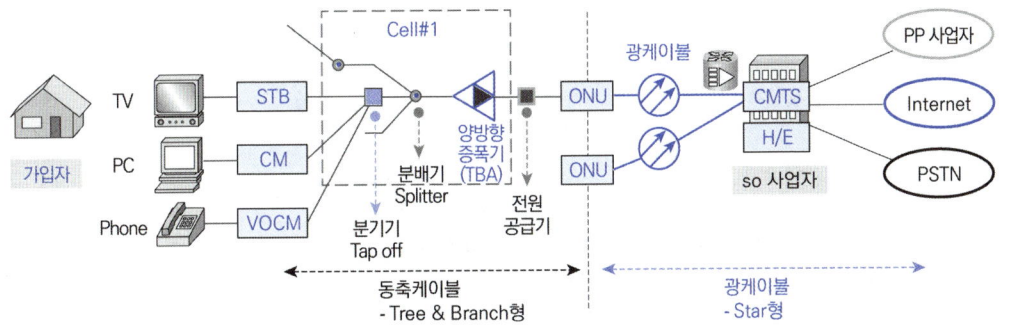

※ PP사업자 : Program Provider로 방송콘텐츠 제공사업자

② CATV 주파수대역

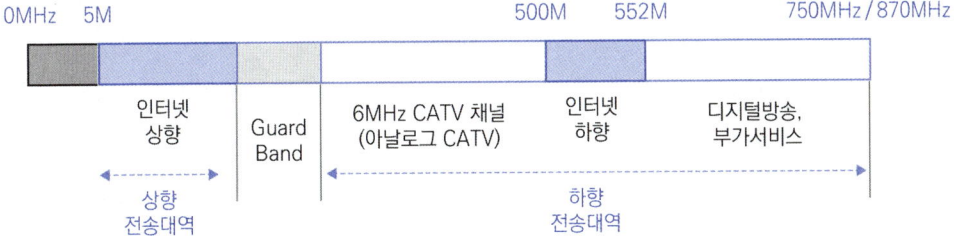

제1절 가입자망 구성하기 | 79

③ HFC망 구성요소

| 구성요소 | 세부내용 |
|---|---|
| Head End | • 분배센터 기능<br>• 장비 구성<br>  1) 영상장비 : MPEG-2 또는 H.264 / H.265 Encoder / Multiplexer 등<br>  2) Data장비 : CMTS, ATM-MUX 등<br>  3) 가입자 관리 : CAS(Conditional Access System) 방송제한 시스템 등<br>  4) 신호입력 및 분배용 장비 |
| 광전송장치 | • 광송신기 : H / E 전기신호 → 광신호 변환 ONU로 송신<br>• 광수신기 : ONU 광신호 → H / E 전기신호 변환<br>• 옥외 ONU : Cell의 중심으로 상·하향 광신호와 RF신호간 변환 |
| 광케이블 | • 분배센터에서 ONU까지 Star형 광전송로 |
| 동축전송장비 | • 증폭기 : 양방향증폭기(TBA), 동축케이블 선로손실보상, 능동소자<br>• 분배기 : Splitter, 1개 RF신호를 2개 이상으로 전송분배, 수동소자<br>• 분기기 : Tap Off, 가입자단말 신호를 균등분배하는 전송망의 최종소자 |
| 동축케이블 | • ONU에서 가입자 전송로 구간 |

④ CATV 특징

| 구분 | 세부내용 |
|---|---|
| CATV 특징 | • 기존 가설된 CATV망을 이용 투자비 저렴<br>• TPS(Triple Play Service) 가능 : 음성, Data, 영상<br>• 750MHz / 870MHz 광대역 네트워크<br>• 광대역, 다채널, 양방향서비스<br>• 방송과 통신의 융합<br>• Tree & Branch 구조로 가입자 증가에 따라 속도 저하<br>• 가입자 증가에 따라 셀(Cell) 분할 : Cell당 100~200 가입자 수용 |

## (2) IPTV망

### ① 구성도

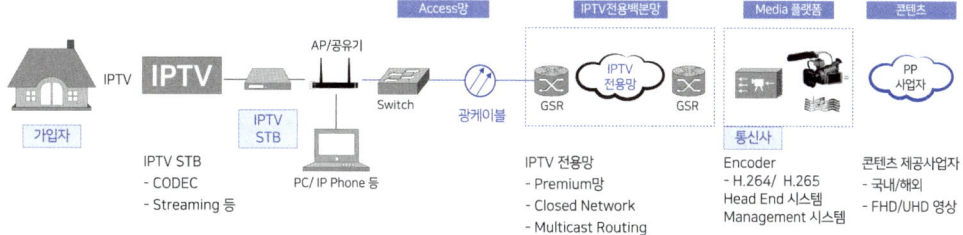

※ GSR : Giga Switch Router

- IPTV는 폐쇄망(Closed Network) 기반 통신사 자체 가입자 대상 IPTV 전용망을 이용 IP Multicast Routing 기반 VOD 서비스를 제공하고, 가입자측은 IP STB이 설치됨
- OTT사업자 제공 Netflix, WAVVE, WATCHA 등 OTT 서비스를 IPTV에 포함 제공

### ② IPTV 주요 특징

| 구분 | 세부 내용 |
|---|---|
| 구성요소 | 1. 콘텐츠 : PP사업자(국내 / 해외)<br>2. 미디어 플랫폼 : Head End System 등<br>3. 네트워크 : 프리미엄 초고속 인터넷망<br>4. IP STB |
| 영상 / 음성<br>압축기술 | 1. Video<br>• H.264 : MPEG-4 Part 10 AVC(Advanced Video Coding)<br>　　고정Block단위 움직임 보상 기반 영상압축 표준방식, HD급 영상처리<br>• H.265 : MPEG-H Part2, HEVC<br>　　가변Block단위 움직임 보상 기반 영상압축 표준방식, UHD급 영상처리<br>2. Audio<br>• AAC . MP4, MPEG-2 AAC(Advanced Audio Coding) 또는<br>　　　　MPEG-2 NBC(Non Backwards Compatibility)<br>• AC-3 : Dolby Digital, Dolby AC-3, Audio Coding 3<br>• MP3 : MPEG-1 Audio Layer 3 |
| 콘텐츠 보안 | • CAS : Conditional Access System<br>• DRM : Digital Right Management |
| 네트워크 | • IP Multicasting<br>• Closed Network 기반 프리미엄 Network |
| IP STB | • 가입자측 설치 IP기반 방송수신 및 재현장치 |

(3) 지상파 TV 수신용 방송공동수신설비
   ① 구성도

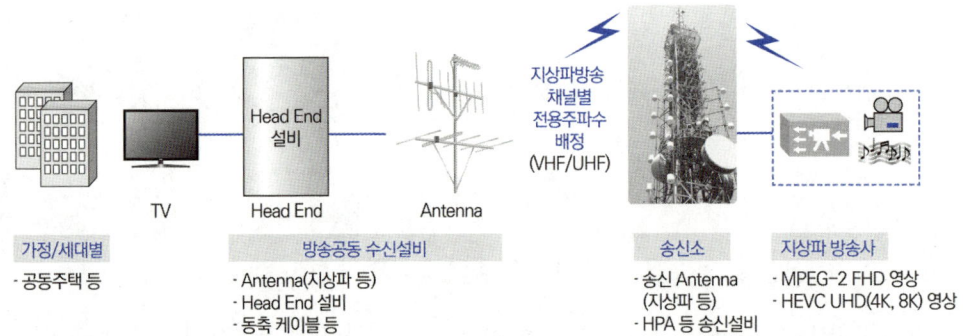

   ※ HPA : High Power Amplifier 고출력 증폭기

   ② 지상파TV 수신은 KBS등 지상파방송사의 채널을 송신소 이용 국가에서 지정한 방송채널별 전용 주파수대역을 이용하여 전파를 송신하고, 방송공동수신설비를 이용하여 수신한 전파를 각 가정 또는 세대별 무료시청이 가능

   ③ 국내 디지털 지상파방송 국가표준은 미국방식인 ATSC방식을 채택했음
   - ATSC : Advanced Television Systems Committee
   - ATSC 1.0 대비 ATSC 3.0은 이동성과 SFN(Single Frequency Network)등을 개선

   ④ 국내 지상파 TV 영상
   아날로그 TV방송은 2012년 12월 31일 송출이 종료되었으며, 디지털방송 FHD 및 UHD방송 및, FM, DMB방송도 송출하고 있음

| 구분 | 아날로그 방송 | 디지털 방송 FHD | 디지털 방송 UHD |
|---|---|---|---|
| 기술방식 | NTSC<br>(NTSC / PAL / SECAM) | ATSC 1.0<br>(ATSC / DVB / ISDB) | ATSC 3.0<br>(국내지상파 미국방식) |
| Bandwidth | 6MHz / 채널 | 6MHz / 채널 | 6MHz / 채널 |
| 해상도 | 525 Line | 1,920 × 1,080(FHD) | 3,840 × 2,160(4K)<br>7,680 × 4,320(8K) |
| 변조방식 /<br>영상압축 /<br>전송방식 | VSB<br>Video_AM<br>Audio_FM | 8VSB_ATSC 1.0 /<br>MPEG-2 /<br>MPEG-2 TS | OFDM_ATSC 3.0 /<br>HEVC /<br>IP 기반 MMT |

| 구분 | 아날로그 방송 | 디지털 방송 FHD | 디지털 방송 UHD |
|---|---|---|---|
| Audio | 2Stereo | Dolby AC3 5.1ch | MPEG-H 10.1 ~ 22.2ch |
| Frame | 30fps | 30fps / 60fps | 60fps / 300fps |

※ DMB방송은 이동멀티디미어방송

⑤ FHD와 UHD 비교

| 구분 | FHD | UHD_4K | UHD_8K | 비고 |
|---|---|---|---|---|
| VIDEO | 1,920 × 1,080 | 3,840 × 2,160 | 7,680 × 4,320 | 4K FHD의 4배<br>8K FHD의 16배 |
| AUDIO | 5.1CH | 10.1 ~ 22.2CH | 10.1 ~ 22.2CH | 2 ~ 4배 |
| 주사율 | 30Hz | 60Hz | 60Hz | |
| 화면비 | 16:9 | 16:9 | 16:9 | |
| 시야각 | 30° | 55° | 100° | 1.6 ~ 3.3배 |

# 2절 교환망(라우팅) 구성하기

## 1 교환기

### 1.1 개요

- 교환기는 전화국 PSTN 기반 Lagacy 교환기와 가입자측 시내전화용 일반 전화기, 전화국 Voice over IP(VoIP) 기반 Soft Switch와 가입자측 IP전화기로 구분됨
- 통신교환망은 회선교환(Circuit Switching) 기반에서 패킷교환(Packet Switching)으로 전환 추세로 모든 Network의 Packet화가 진행됨

### 1.2 교환기

(1) PSTN 공중전화(교환)망

① 구성도

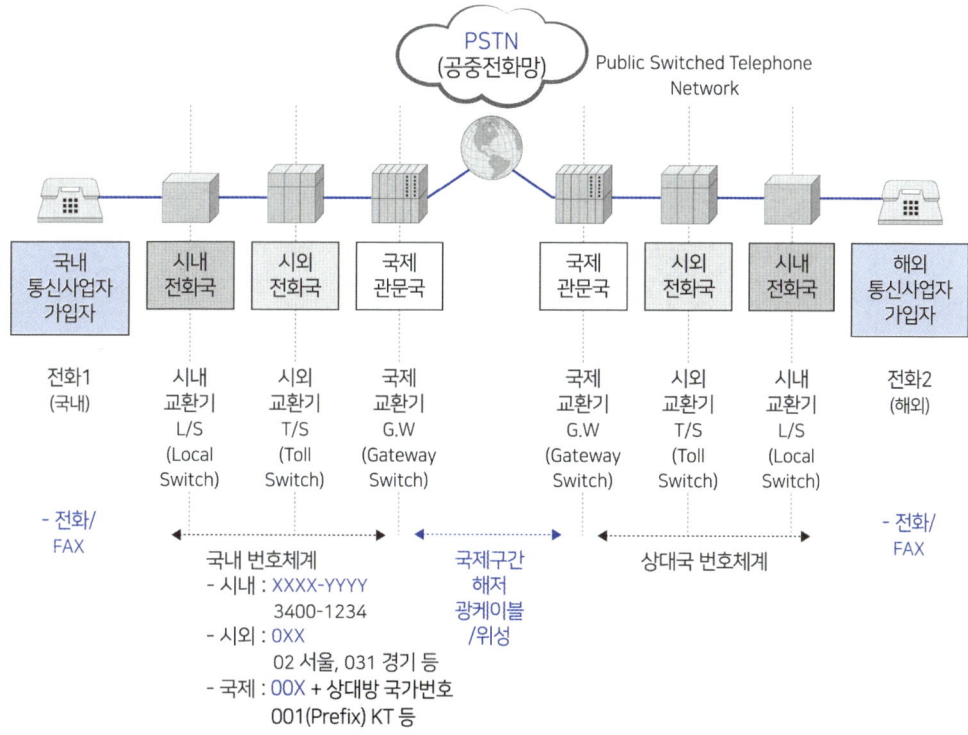

- 전화1 (국내)
- 전화/FAX
- 시내 교환기 L/S (Local Switch)
- 시외 교환기 T/S (Toll Switch)
- 국제 교환기 G.W (Gateway Switch)
- 국제 교환기 G.W (Gateway Switch)
- 시외 교환기 T/S (Toll Switch)
- 시내 교환기 L/S (Local Switch)
- 전화2 (해외)
- 전화/FAX

국내 번호체계
- 시내 : XXXX-YYYY
  3400-1234
- 시외 : 0XX
  02 서울, 031 경기 등
- 국제 : 00X + 상대방 국가번호
  001(Prefix) KT 등

국제구간 해저 광케이블/위성

상대국 번호체계

※ 과거부터 사용했던 음성통신 위주의 PSTN(공중전화교환망)으로 부가서비스가 없는 재래전화서비스 POTS(Plain Old Telephone Service) 형태이며, 좀더 발전하여 N0.7 기반 전국대표번호 (15XX-YYYY, 16XX-YYYY 등) 같은 지능망서비스(IN Intelligent Network)도 PSTN 기반서비스로 제공

② 교환기 발전

| 구분 | 세 부 내 용 |
|---|---|
| 교환기 발전<br>• 국내 | • 수동식 : 1896년 자석식, 1908년 공전식<br>• 기계식 : 1935년 스트로저, 1960년 : EMD<br>　※ 1994년말 기계식 철거<br>• 전자식 : 1979년 반전자식 M10CN, No.1A<br>　1983년 전전자식 시외 / 국제교환기 TDX-1A, TDX-1B<br>　1991년 ISDN TDX-10, TDX-100 등<br>　※ TDX 계열은 국산 교환기 |

| 구분 | 세부 내용 | | | | |
|---|---|---|---|---|---|
| 교환기 발전<br>• 국내 | 교환방식 | | 제어방식 | 통화로 구성 | 사례 |
| | 수동식 | | 교환원 | 잭 / 플러그 | 자석식 / 공전식 |
| | 기계식 | | 공통제어 | 계전기(Relay) | 스트로저, EMD |
| | 전자식 | 공간(Space)<br>분할 | 축적프로그램<br>제어(SPC) | 계전기<br>(Relay) | M10CN, No.1A |
| | | 시(Time)<br>분할 | 축적프로그램<br>제어(SPC) | IC, LSI | TDX계열 |

※ SPC : Stored Program Control, 스트로저 : Strowger
　EMD : Edelmetal Motor Drehwhler
　LSI : 대규모 집적회로 Large Scale Integration

### (2) PSTN 음성 호처리 절차

PSTN 호처리는 회선교환방식은 기본적으로 5단계 회로 접속, 회선(링크) 설정, 데이터(음성 / Data) 전송, 회선(링크) 해제, 회로 절단의 단계를 거침

• 음성 호처리 절차

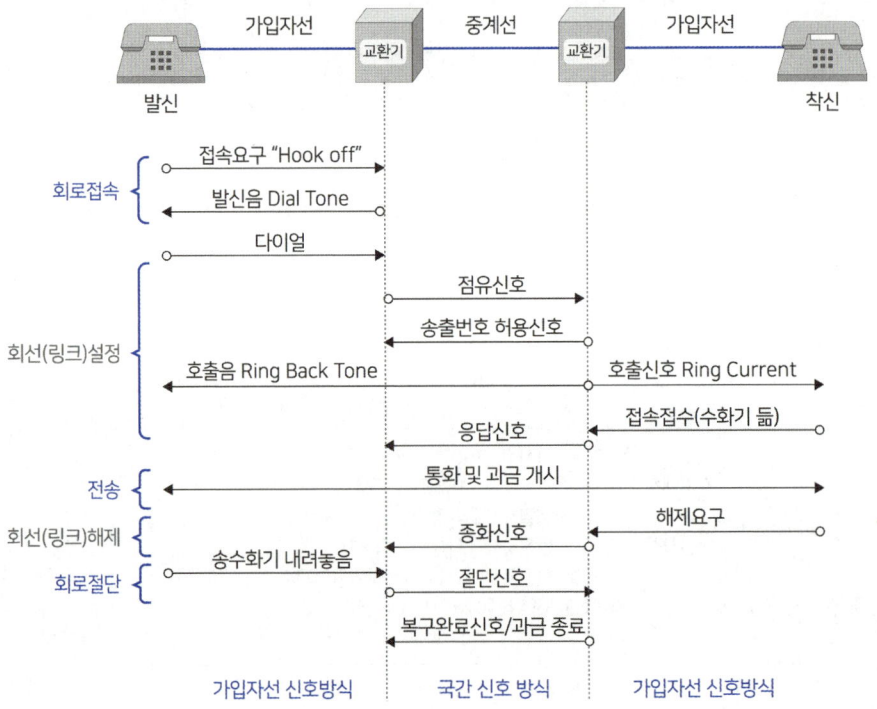

## (3) 교환기 분류

| 구분 | 세 부 내 용 |
|---|---|
| 교환기 분류 | 1. 권역별 구분<br>• 시내교환기(L / S, Local Switch)<br>　가입자가 직접 연결되어 있는 교환기로 교환계위 구조상 최하위 계위국<br>　Class 5 교환기<br>• 탄뎀교환기(T / D, Tandem Switch)<br>　가입자회선을 수용하지 않는 탄뎀교환기로 대도시 교환망에서 중계선 교환 기능을 갖는 교환기의 특수한 형태<br>　Class 4 교환기<br>• 시외교환기(T / S, Toll Switch)<br>　시외간 중계선들을 연결 기능을 하는 교환기<br>　Class 3 교환기<br>• 국제교환기(G / W, Gateway Switch)<br>　International Exchange 기능으로 국가 관문국 역할을 하는 교환기<br>　Class 1 교환기<br>2. 기능별<br>• 일반 교환기 : 자동 및 수동통화를 교환<br>• 지능망 교환기 : 고객정보를 수록하여 특수서비스 제공<br>• ISDN 교환기 : ISDN 회선을 교환 |
| 가입자<br>구내 교환기 | • PBX : Private Branch eXchange<br>　사설 구내교환기<br>　사업소내 또는 특정기업 내부 만의 통화(내선전화)를 주로하고, 내선전화와 외선전화와의 통화도 할 수 있는 교환기<br>　DID / DOD 구내자동착신 / 구내자동발신회선<br>　Direct Inward Dialing, Dial Outward Dialing<br>　내선 / 국선으로 분류<br>• VoIP 도입으로 H-PBX, IP-PBX로 변환 추세<br>　H-PBX(Hybrid-PBX) |

## 2 교환망 신호방식

### 2.1 개요

- 신호방식(Signaling)이란 교환기간, 가입자와 교환기간, Network장치간 신호정보 전송을 위한 프로토콜임
- 교환망 신호방식은 크게 가입자선 신호방식과 국간신호방식으로 구분하며, 국간신호방식은 개별선신호방식과 공통선신호방식으로 구분함

### 2.2 교환망 신호방식

(1) 교환망 신호 분류 및 종류

① 신호의 분류

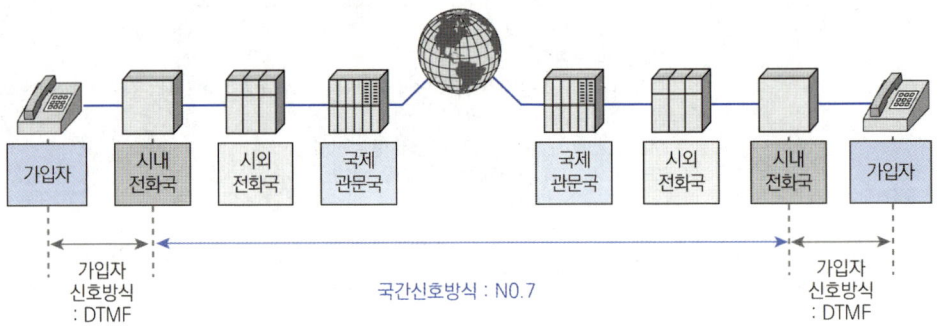

② 신호의 종류

| 구분 | | 국내구간 | 국제구간 | 비고 |
|---|---|---|---|---|
| 가입자구간 | | DP<br>DTMF | - | |
| 국간<br>신호방식 | 통화로방식(CAS) | LOOP, EMD, R2 MFC | CCITT No.1 ~ 5 | 아날로그망 |
| | 공통선방식(CCS) | CCITT No.7 | CCITT No.6 / No.7 | 아날로그망 / 디지털망 |

※ DP : Dial Pluse 과거 기계식 교환기에 연결된 가입자 사용 DTMF 대비 송출속도가 느림
　DTMF : Dual Tone Multi-Frequency
　CCITT : Consultative Committee on International Telegraphy and Telephony ITU-T 전신
　CAS : Channel Associated Signaling, CCS : Common Channel Signaling

③ 가입자선 신호 DTMF

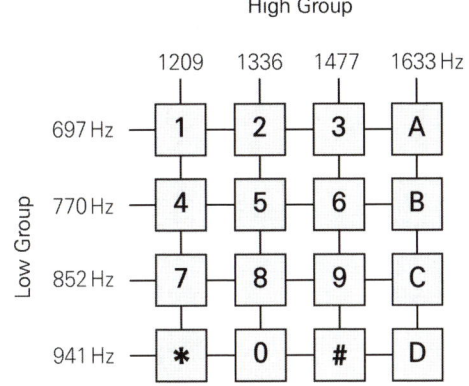

- 우측 A, B, C, D는 일반적 사용 안 함
  High Group 주파수(Hz) : 1209, 1336, 1477, 1633
  Low Group 주파수(Hz) : 697, 770, 852, 941

(2) 국간신호방식

국간신호방식에서 국간은 "전화국간"을 의미하며, PSTN에서 R2방식 대비 No.7 신호방식이 우수하여 No.7 신호방식을 주로 사용함

① R2와 NO.7 신호 비교

| 항목 | R2 | NO.7 | 비고 |
|---|---|---|---|
| 신호선 | CAS<br>개별선 방식 | CCS<br>공통선 방식 | NO.7 우수 |
| 호접속시간 PDD<br>• Post Dialing Delay | 길다 | 빠름 | |
| 융통성 | 신호용량 부족 | 신호용량 충분 | |
| 과금 / 유지보수 | 중앙집중 부적합 | 중앙집중 적합 | |

※ T1전송의 CAS방식은 매 6번째 프레임마다 각 채널 8번째 비트를 신호정보로 활용하며, E1전송의 CCS방식은 E1의 TS(Time Slot) 16번째 프레임을 신호채널 이용, CCS는 별개로 구성된 회선을 통해 신호를 전달하여 다수의 회선제어에 공통적 이용

제2절 교환망(라우팅) 구성하기 | 89

② CAS신호 개념

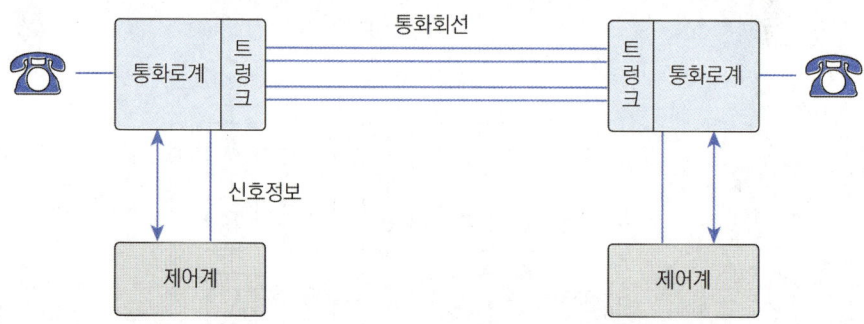

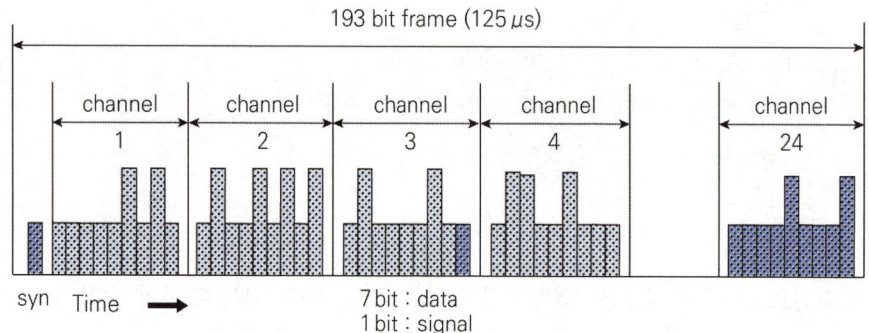

③ CCS 신호 개념

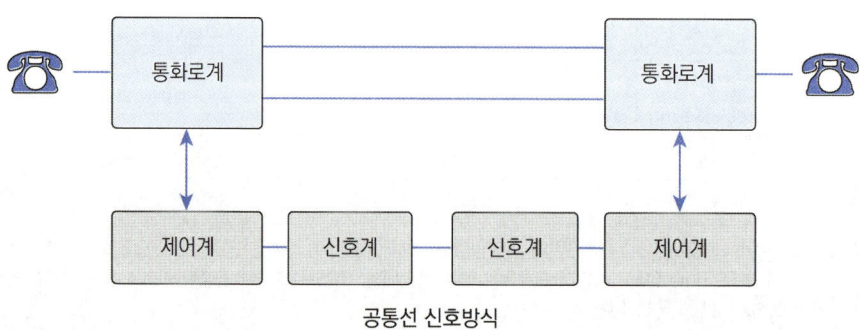

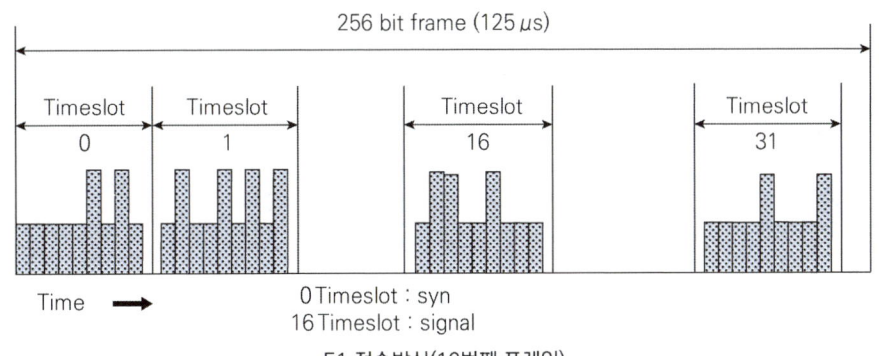

E1 전송방식(16번째 프레임)

④ No.7 신호 계층구조

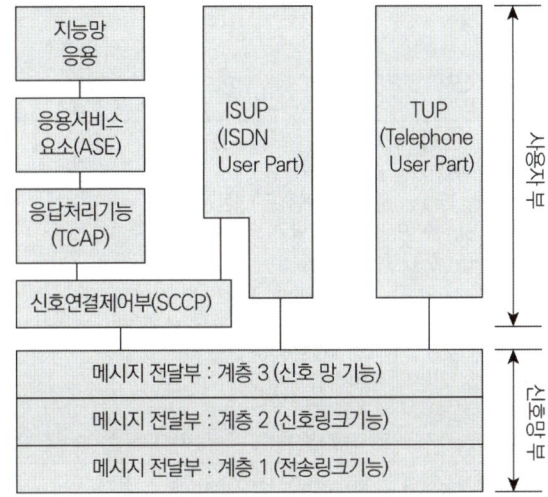

No.7 신호망 계층 구조

| NO.7 구조 | 세 부 내 용 |
|---|---|
| 망서비스부 | • MTP(Massage Transfer Part) : 메시지 전달부<br>• SCCP(Signaling Connection Control Part) : 신호연결 제어부 |
| 사용자부 | • TUP(Telephone User Part) : 전화 사용자부<br>• ISUP(ISDN User Part) : ISDN 사용자부<br>• TCAP(Transation Capability Application Part) : 응답처리기능 응용부<br>• ASE(Application Service Element) : 응용서비스 요소<br>• OMAP(Operation Maintenance Application Part) : 운용 및 유지보수 응용부 |

TUP와 ISUP은 교환기에 위치하며, MTP는 신호점에 위치하며 User Part로부터 MTP에 인도된 메시지를 상대신호국에 고신뢰도로 전송하는 것이며 추가적으로 망의 장애, 시스템 장애에 대해서도 전송에 지장이 없도록 대처함

## (3) 교환기 구성

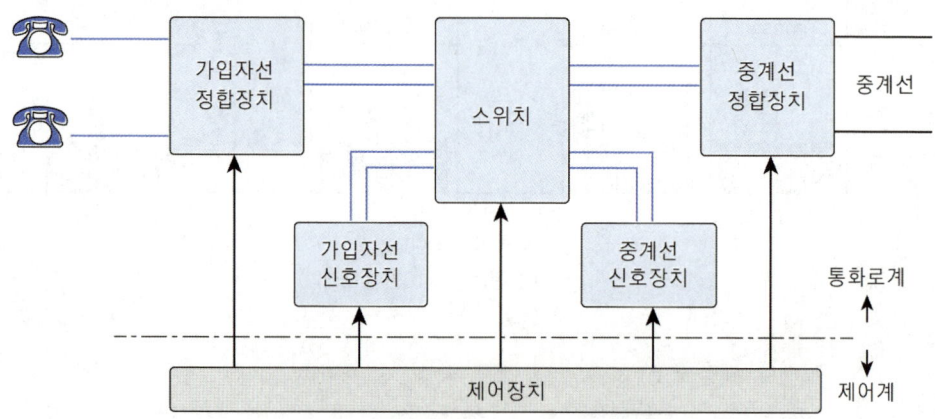

| 구분 | 세 부 내 용 |
|---|---|
| 가입자계 | • 가입자정합회로와 가입자선 집선장치로 구성<br>가입자정합회로 기능 BORSCHT<br>B : Battery Feed, 전화기에 통화용 직류전류공급<br>O : Overvoltage Protection 낙뢰나 전력선 유도로부터 보호<br>R : Ringing, 호출신호<br>S : Supervision, 가입자선의 Hook-On / Off 등 루프상태 감시<br>C : Codec Analog 음성신호 Digital 신호로 상호변환<br>H : Hybrid, 2W / 4W 상호변환<br>T : Testing, 가입자 선로시험<br>• 가입자선 집선장치<br>사용률이 낮은 가입자선들을 집선하여 자원 사용도를 높이는 장치로 Time Switch를 이용 구성 |
| 스위치계 | • 가입자 / 중계선계의 입출력 채널을 상호연결해주는 장치<br>• Time – Space – Time 형태로 구성 대용량 스위치 구성 |
| 중계선계 | • 디지털 중계선 정합회로와 망동기회로로 구성<br>• 국간전송로 : E1 32채널, T1 24채널<br>• 중계선정합장치 기능 GAZPACHO<br>G : Generation of Frame, 프레임 코드 발생<br>A : Alignment of Frame, 프레임 배열<br>Z : Zero String Suppression, 수신클럭 재생위해 제로 코드 억압<br>P : Polar Conversion, 극성 반전<br>A : Alarm Processing, 수신신호 경보 처리<br>C : Clock Recovery, 수신신호에서 클럭 재생<br>H : Hunt during Reframe, 수신신호 프레임 헌팅<br>O : Office Signaling, 국간신호 삽입 및 추출 신호처리 |

# 3  VoIP

### 3.1  개요

- VoIP는 Voice over IP로 인터넷상에서 Voice를 처리하는 기술로 음성신호를 디지털화하고 압축 후 IP 패킷화하여 실시간 전달함
- 관련 프로토콜은 ITU-T의 H.323, IETF의 SIP, ITU-T와 IETF 공동의 MEGACO 등이 있으며 SIP 프로토콜을 주로 사용함

### 3.2  VoIP

(1) VoIP 구성

- 구성도 : 유선망

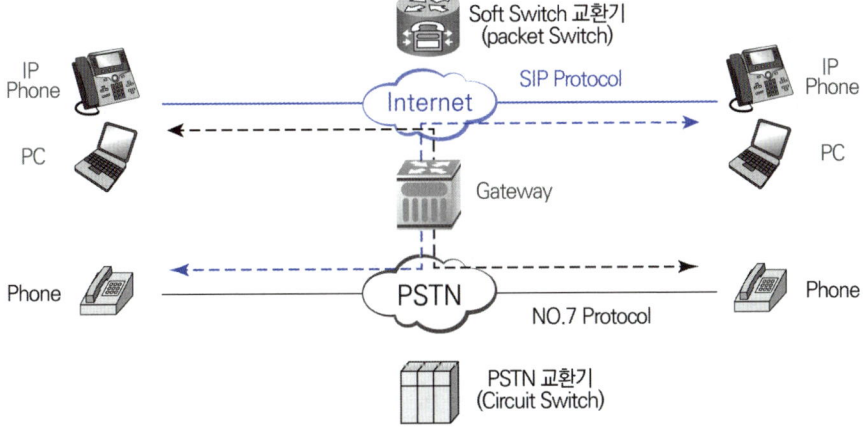

## (2) VoIP Protocol

- H.323, SIP Protocol 비교

| 구분 | H.323 | SIP |
|---|---|---|
| 표준화 | ITU-T | IETF |
| 구조 | 복잡 | 단순 |
| 사용 | 초기 사용 | 주로 사용 |
| 구성요소 | 1. 메인<br>• 게이트 키퍼 Gate Keeper<br>• 게이트 웨이 Gateway<br>• MCU Multipoint Control Unit<br>2. 단말<br>• H.323 단말 Terminal | 1. 메인<br>• SIP Server<br>• 위치 서버 Location Server<br>2. 단말<br>• 사용자 에이전트 User Agent |
| 특징 | 전화통신 기반<br>• 인터넷 확장성 낮음 | HTTP와 유사한 호처리 프로토콜<br>• Client / Server 구조 |

※ 게이트 키퍼는 H.323 단말과 게이트웨이의 등록, 자원관리 등 메인관리 기능 수행
  MCU는 다자간 회의 통화용 장치
  SIP Server는 메인관리 기능을 수행하며 Proxy Server와 Redirect 서버로 분류
  SIP User Agent는 호 발신시 User Agent Client, 호 착신시 User Agent Server 기능 수행
  이동통신에서는 IMS(IP Multimedia Subsystem )이 SIP Protocol 기반으로 호 제어를 수행함

# 3절 전송망 구성하기

## 1 PDH와 SDH

### 1.1 개요

- 전송 디지털 계위, PDH 비동기식 계위는 북미방식과 유럽방식으로 구분되며, 한국은 북미방식과 유럽방식을 혼합한 형태를 사용하며, 전세계가 단일화 되지 않음
- 광 통신망의 형태로 진화하면서 보다 고속의 전세계 단일화된 전송계위가 SDH 동기식 전송계위이며, 보다 발전된 광채널 위로 모든 형태의 디지털 통신채널을 실어 나를수 있는 디지털 수송 프레임(Digital Wrapper)이 OTN임

### 1.2 PDH와 SDH

(1) PDH

① PDH 북미식

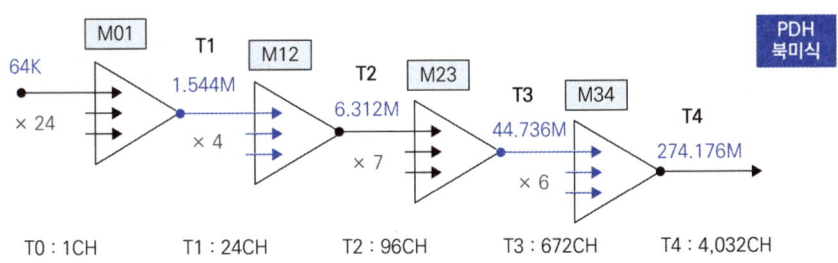

② PDH 유럽식

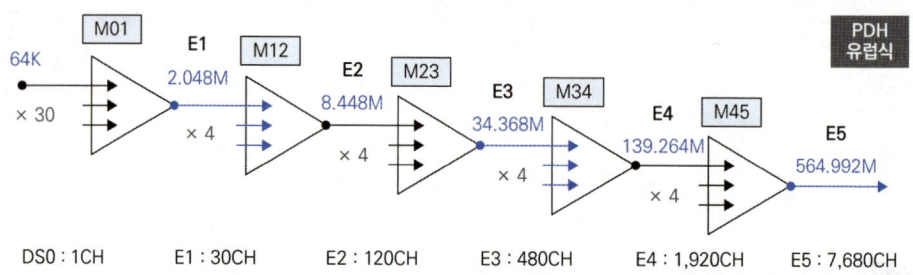

③ PDH 한국식

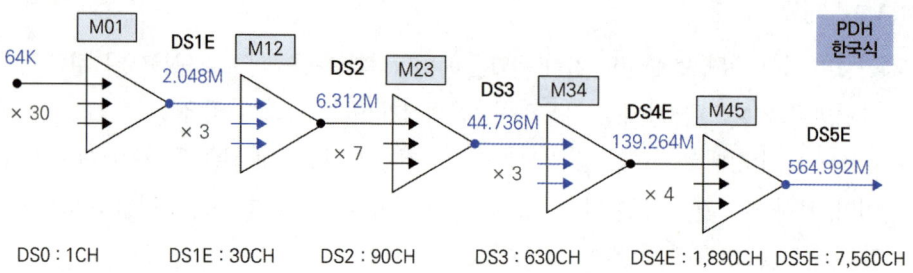

④ PDH 국내전송장치 구성

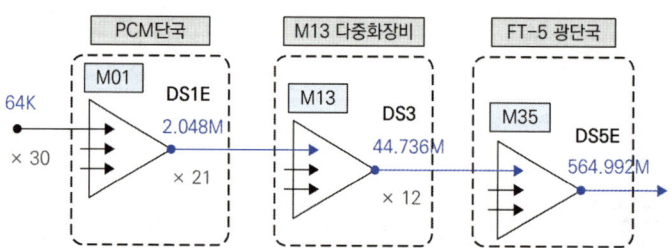

전송장비단에 신호를 Add / Drop시 많이 사용되는 신호는 E1, T1, DS3 신호임

⑤ T1 신호 Frame

**T1[1.544Mbps] FRAME**

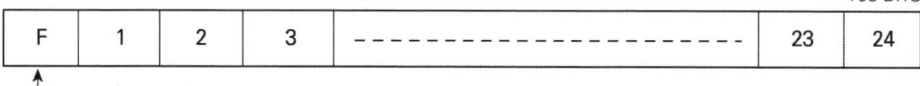

일반특성
- 8,000 FRAME PER SECOND
- 24 CHANNEL
- 8 BITS PER CHANNEL
- ADD 1 FRAMING BIT

1DS-1 FRAME
- 8 Bits per sample × 24 VF Channels = 192 Bits
- Add 1 Framing Bit + 1 Bit
- 193 Bits
- Multiple by the number of frame × 8,000 frames
- Equals the DS-1 rate 1.544 Mbps

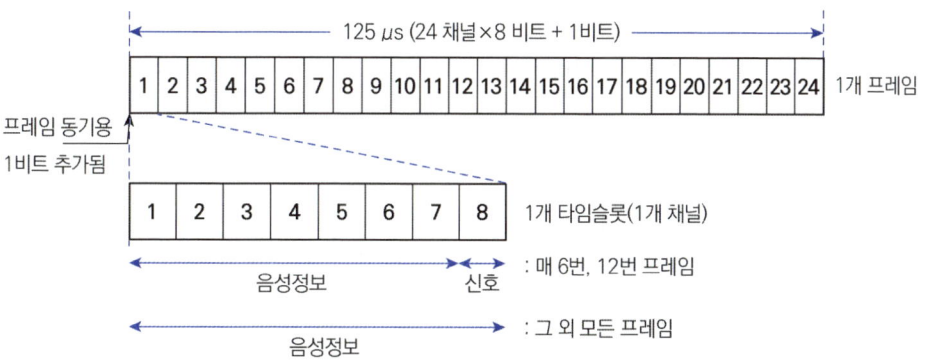

| 표본화 주파수 | 채널수 | 채널당 Bit수, 시간폭 | 1Bit 시간폭 | T1 Frame당 Bit수 | T1 속도 |
|---|---|---|---|---|---|
| 8000Hz (125μs 주기) | 24개 / T1 | 8 Bit / 채널, 125μs / 193 bit × 8 bit = 5.18μs | 125μs / 193 bit = 0.647μs | (8 비트 × 24 채널) +1 프레임동기용 비트 = 193 bits | [(8 × 24)+1] × 8,000Hz =1.544Mbps |

⑥ E1 신호 Frame

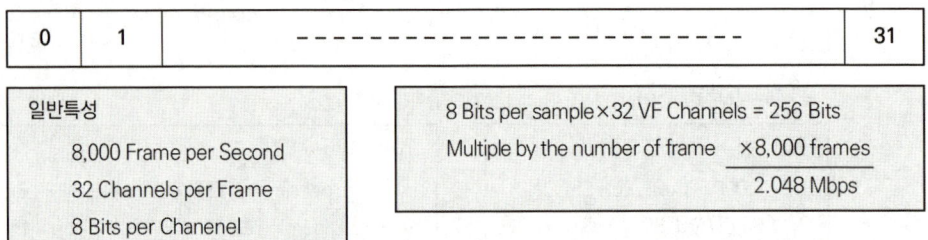

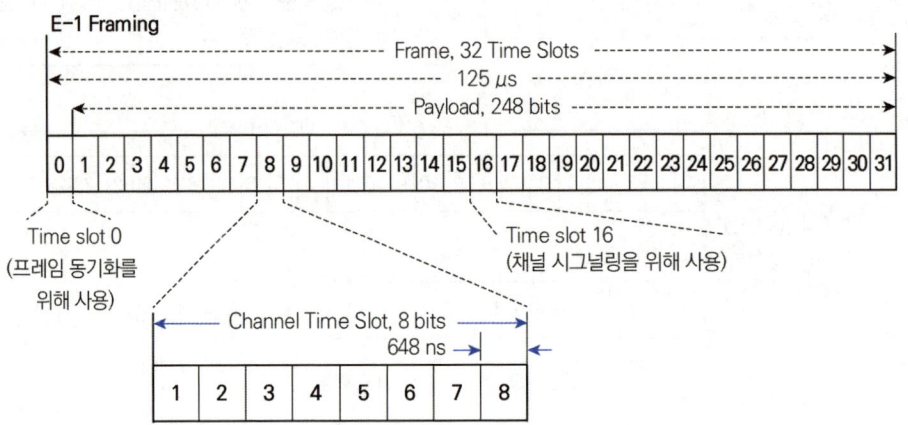

| 표본화 주파수 | 채널수 | 채널당 Bit수, 시간폭 | 1Bit 시간폭 | E1 Frame당 Bit수 | E1 속도 |
|---|---|---|---|---|---|
| 8000Hz (125μs 주기) | 30개 / E1 음성채널 : 30 동기 : 1(TS0) 신호 : 1(TS16) | 8 Bit 125μs / 256 bit × 8 bit = 3.90μs | 125μs / 256 bit =0.488μs | (8 bit / 채널 × 32 채널) = 256 bits | (256 bit) × 8,000Hz = 2.048Mbps |

※ E1신호는 TS(Time Slot)은 32개(0번 ~ 31번)이며, Payload 기준 음성채널수는 30개와 동기TS과 신호TS이 각각 1개로 구성되어 있음

⑦ PDH 전체 계위

| 구분 | | DS0 | DS1 | DS2 | DS3 | DS4 | DS5 |
|---|---|---|---|---|---|---|---|
| 비동기식 디지털 계위 PDH [단위 : bps] | 북미식 | 64K (1) | 1.544M (24) | 6.312M (96) | 44.736M (672) | 274.176M (4,032) | – |
| | 유럽식 | 64K (1) | 2.048M (30) | 8.448M (120) | 34.368M (480) | 139.264M (1,920) | 564.992M (7,680) |
| | 한국 | 64K (1) | 2.048M (30) | 6.312M (90) | 44.736M (630) | 139.264M (1,890) | 564.992M (7,560) |

※ PDH는 유사동기식 디지털계위 또는 비동기식 디지털계위 표현
  표( )는 DS0 기준 수용회선수

## (2) SDH

① SDH 다중화

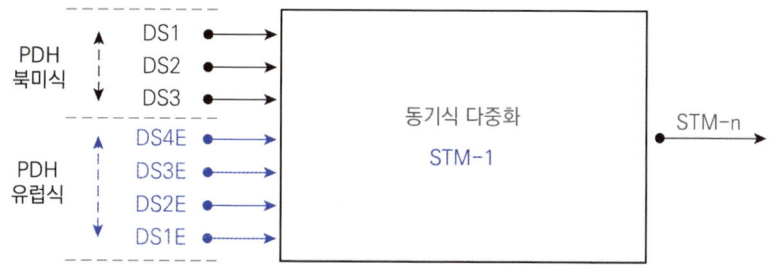

※ STM : Synchronous Transport Module 동기식전송모듈
  1단계 다중화로 PDH 북미식과 유럽식 수용하며, 상위계위는 X n
  STM-1 : 155.520Mbps, STM-4 : STM-1 × 4 = 622.08Mbps,
  STM-16 : STM-4 × 4 = 2,488.32Mbps

② SDH와 SONET 및 광단국 비교

| Bit율 | SONET | SDH | 광단국 |
|---|---|---|---|
| 51.84Mbps | STS-1 | STM-0 | – |
| 155.52Mbps | STS-3 | STM-1 | SMOT-1 155M |
| 622.08Mbps | STS-12 | STM-4 | SMOT-4 622M |
| 2,488.32Mbps | STS-48 | STM-16 | SMOT-16 2.5G |
| 9,953.28Mbps | STS-192 | STM-64 | SMOT-64 10G |
| 39,813.12Mbps | STS-768 | STM-256 | SMOT-256 40G |

※ SMOT : Synchronous Multiplexer & Optical Terminal 동기식 광전송장치

③ STM-1 동기식 다중화 구조

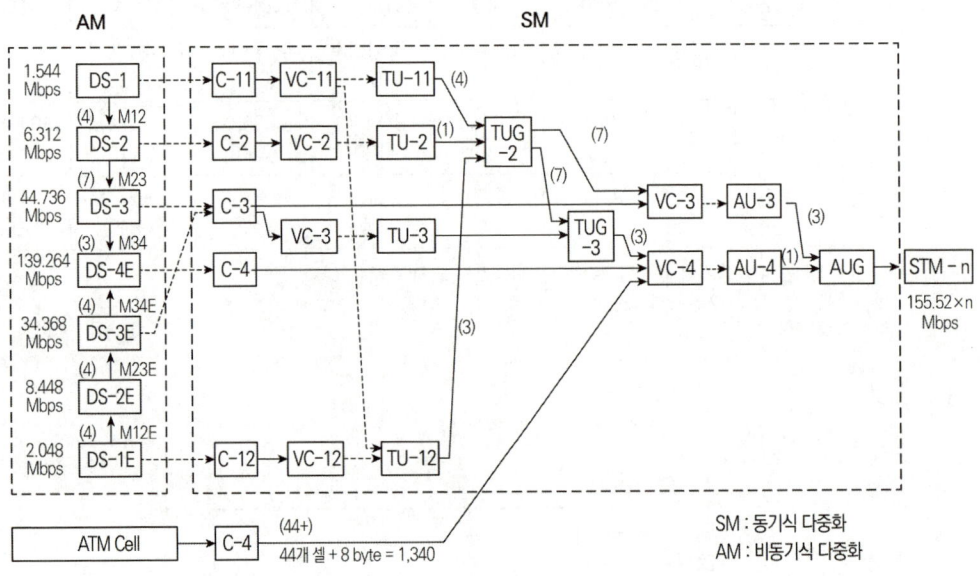

④ 동기식 전송의 특징

| 구분 | 세부 내용 |
| --- | --- |
| 특징 | 1. 125µs 프레임<br>2. 디지털 계층의 통합<br>3. 계층화 구조<br>4. 오버헤드의 체계적 활용<br>  • Frame 구조에서 오버헤드를 SOH(Section Overhead)와 POH(Path Overhead)로 구분<br>5. 포인터에 의한 동기화<br>6. 일단계 다중화<br>7. 범세계 통신망 |

⑤ STM-1 Frame 구조

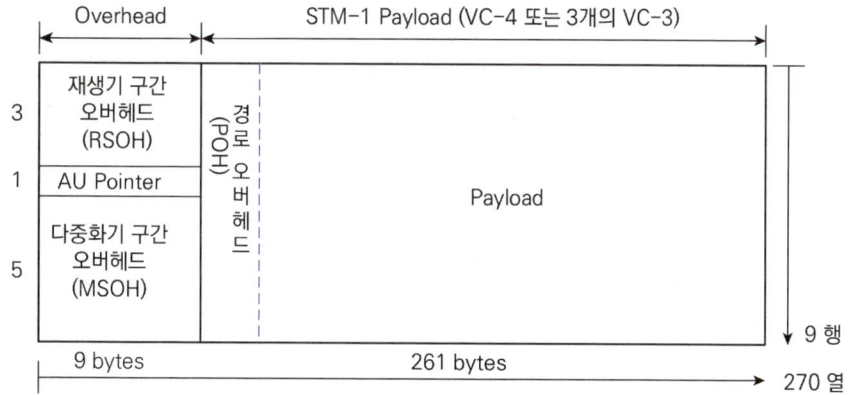

※ RSOH : Regenerator Section Overhead 재생기 구간 오버헤드
　MSOH : Multiplexer Section Overhead 다중화기 구간 오버헤드

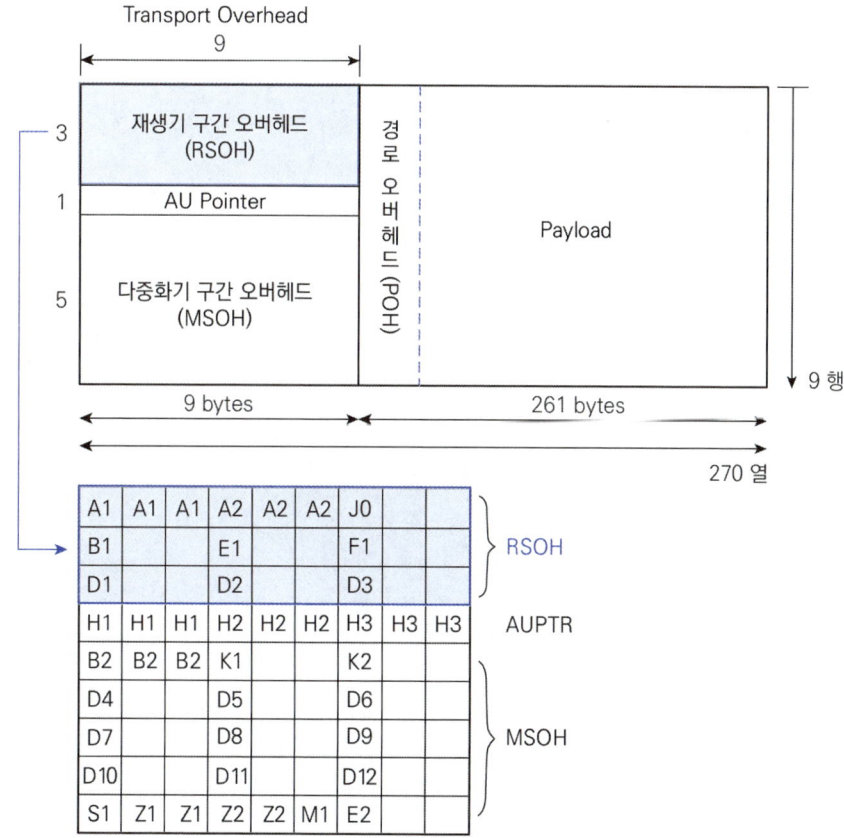

### (3) PDH SDH 비교

- PDH와 SDH 비교

| 구분 | PDH | SDH |
|---|---|---|
| 표준화 | 세계 단일표준 없음<br>북미식, 유럽식, 한국 등 다양 | 전세계 단일화 |
| 프레임 주기 | 일정하지 않음 | 125μsec로 일정 |
| 다중화단계 | 다단계 다중화 | 일단계 다중화 |
| 동기화 | Bit stuffing | Pointer |
| 최소동기화 단위 | Bit | Byte |
| 가시성 | 바로 아래신호만 가시적 | STM-1내 모든 하위신호 |
| Overhead 사용 | 매단위 새로운 오버헤드 추가 | STM-1 이후 오버헤드 추가없음 |
| 계층화 구조 | 비계층화 구조 | 계층화 구조 |

# 2 DWDM 광전송시스템

## 2.1 개요

- SDH 기반 광신호의 파장($\lambda$)을 다수의 광채널로 분리해 정보를 광학적으로 다중화해 하나의 광케이블로 전송하는 WDM 기반 광전송설비가 주로 이용됨
- 근거리며 저속전송은 CWDM 방식을, 장거리며 고속전송은 DWMD 방식을 적용함

## 2.2 DWDM 광전송시스템

(1) DWDM 시스템 구성

① 구성도

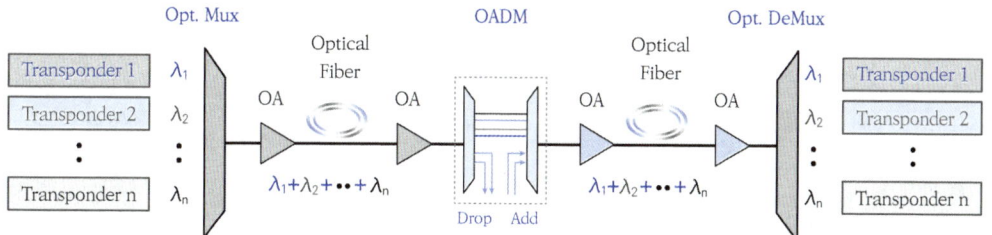

② 주요 장비

| Transponder | Opt. Mux / DeMux | Optical Amplifier | OADM | Optical Fiber |
|---|---|---|---|---|
| • Operating Wavelength<br>• Line Coding<br>• Modulation<br>• FEC | • Bandwidth<br>• Insertion Loss<br>• Return Loss | • Gain<br>• Total Power<br>• Low Noise<br>• Wideband Gain Flatness Control | • Channel Add / Drop<br>• Optical Switching<br>• Power Equalization | • Dispersion<br>• Noise<br>• FWM 등 |
| • 파장 / 주파수 변환<br>• 전광(TX) / 광전(RX) 변환 | • 8 / 16 / 32 / 48 / 64 채널 | • 광증폭기간 거리 40 ~ 120Km<br>• EDFA 등 | | • SMF<br>• DSF |

※ 1. FWM : Four Wave Mixing, DWDW 전송과정에서 여러 파장간의 간섭으로 원하지 않는 파장이 발생 또는 광신호의 세기 감쇠되는 현상
   2. EDFA : Erbium Doped Fiber Amplifier

3. BAND 구분 :
   - O Band (1260 ~ 1360nm) / E Band (1360 ~ 1460nm) / S Band (1460 ~ 1530nm)
   - C Band (1530 ~ 1565nm) / L Band (1565 ~ 1625nm) / U Band (1260 ~ 1360nm)
4. 광 Transponder : 파장 변환 또는 주파수 변환(수신 주파수를 또다른 반송주파수로 변환)하여 다른 파장 또는 주파수로 재전송(전달)하는 광 모듈
   - 광 Transceiver : 광 송신기 및 광 수신기를 하나로 모듈화시킨 것
5. OADM : Optical Add-Drop Multiplexer, DWDM망 중간에서 다른 파장($\lambda$)들은 통과시키고, 특정 파장($\lambda$)을 분기 / 결합하는 장치로 Fixed OADM과 Reconfigurable OADM으로 구분

(2) WDM 비교

| 구분 | CWDM (Coarse WDM) | DWMD (Dense WDM) | UDWMD (Ultra DWDM) |
|---|---|---|---|
| 채널($\lambda$) 간격 | 20nm | 0.4, 0.8, 1.6nm | 0.1 ~ 1nm |
| 채널수 | 수채널 ( 4 ~ 8채널 ) | 수10 ~ 수100채널 ( 16 ~ 80채널 ) | 수100채널 ( 160채널 ) |
| 전송속도 | 저속 ( 1.25Gbps ) | 고속 ( ~ 200Gbps ) | 초고속 ( ~ 수Tbps ) |
| 전송거리 | 단거리 | 중장거리 | 장거리 |
| 주 용도 | FTTH | MAN / WAN | WAN |

(3) 광통신 파장대역

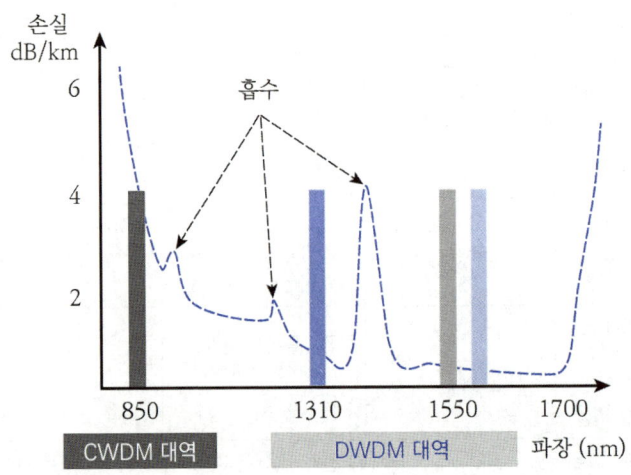

| 구분 | O-Band | E-Band | S-Band | C-Band | L-Band | U-Band |
|---|---|---|---|---|---|---|
| 개요 | Original | Extended | Short | Conventional | Long | Ultra-long |
| Range | 100nm | 100nm | 70nm | 35nm | 60nm | 50nm |
| 파장(λ) [nm] | 1260 ~ 1360 | 1360 ~ 1460 | 1460 ~ 1530 | 1530 ~ 1565 | 1565 ~ 1625 | 1625 ~ 1675 |
| 주파수(f) [THz] | 238.1 ~ 220.6 | 220.6 ~ 205.5 | 205.5 ~ 196.1 | 196.1 ~ 191.7 | 191.7 ~ 184.6 | 184.6 ~ 179.1 |
| 사용 | | | 새로운 전송대역 확장사용 | DWDM 중장거리 저손실대역 | DWDM 중장거리 - | |

※ ITU-T 기준

## (4) DWDM 전송용량 산정 예

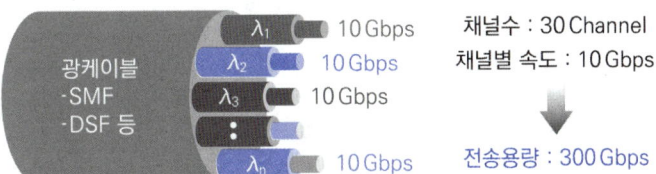

| 채널(λ)수 | 사용 파장대 | 채널별 전송속도 | 전송용량 | 비고 |
|---|---|---|---|---|
| 30채널 파장(λ) 간격 : 0.8nm | C-band 1530 ~ 1565nm | 10Gbps | 30채널 ×10Gbps / 채널 = 300Gbps | DWDM |

※ 채널수를 증가시키고 채널별 전송속도를 증가시키면 수Tbps 전송용량 제공되며, 관련 광케이블를 SMF(Single Mode Fiber)가 아닌 분산(Dispersion)값이 "0"인 DSF(Dispersion Shifted Fiber)을 이용 1550nm 파장대를 이용함
※ DSF : 광섬유의 분산(Dispersion) 값이 1550nm 파장대에서 최소가 되도록 영분산 파장을 1310nm에서 1550nm 파장대로 이동시킨 광섬유

# 3 OTN

## 3.1 개요

- 전송방식의 진화는 PDH 비(유사)동기식 전송방식에서 SDH 동기식 전송방식으로 발전하고, 보다 광기반이 확대되며 OTN 전송방식으로 발전하고 있음
- OTN은 Optical Transport Network으로 광 채널 위로 모든 형태의 디지털 통신채널을 실어 나를수 있는 디지털 수송 프레임(Digital Wrapper)임
- 전송프레임은 PDH, SDH, OTN으로 비교되며 OTN은 광채널(Och)계층, 광다중화구간(OMS), 광수송구간(OTS)로 구분되며, SDH와 유사한 형태임

## 3.2 OTN

(1) OTN Layer

① OTN Layer 구성

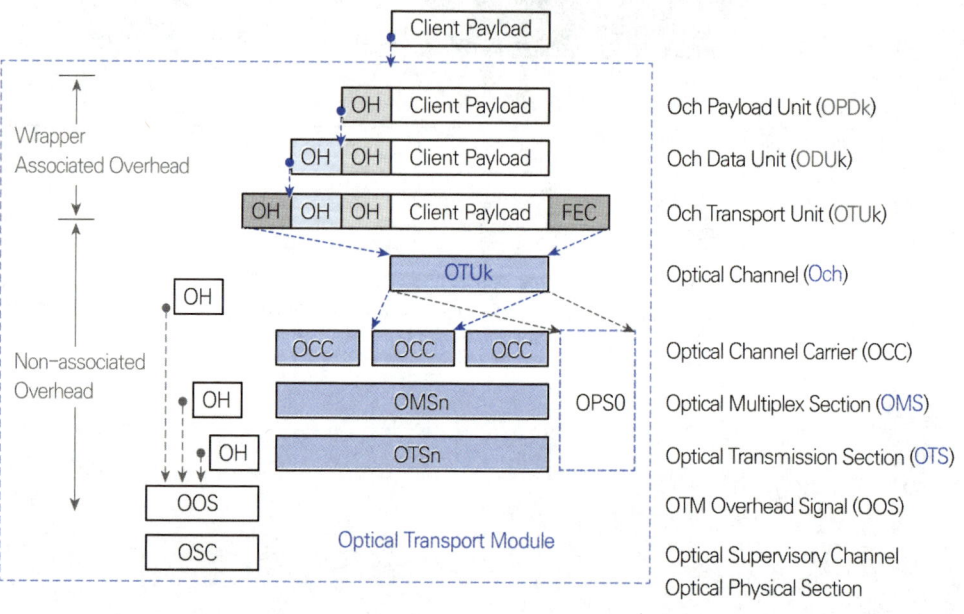

| Och 계층 | OMS 계층 | OTS 계층 |
|---|---|---|
| • PDH, SDH, IP 등과 같은 서로 다른 사용자 서비스를 투명하게 전달하는 기능<br>• OPU, ODU, OTU의 3개 부계층으로 나누어짐 | • 다중파장 광신호의 네트워킹을 위한 기능을 제공<br>• 광채널을 개개의 파장 매핑<br>• OADM 교차연결 등의 파장단위의 교환기능(OXC)을 제공하는 계층 | • 광전송 매체를 통하여 광신호를 전송하는 기능을 제공 |

② OTN Frame 구조

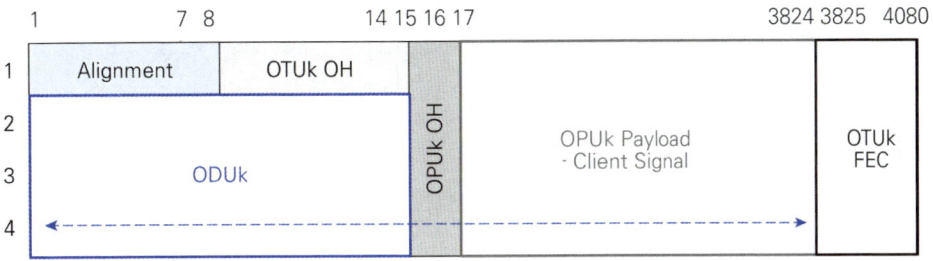

OTUk과 ODUk Frame Format

- 프레임 열 크기 : Header 및 Payload 3824개 + FEC, 프레임 행 크기 : 4개
- 프레임 반복주기 : 가변적임

# 4절 구내통신망 구성하기

## 1 통합배선설비

### 1.1 개요
- 구내통신망은 건물내 설치하는 통합배선설비를 이용 LAN과 구내교환기를 수용할 인프라를 구성하며, MDF과 IDF를 이용 건물 전체와 층별 인프라를 구성함
- 통합배선설비는 사용자가 건물내 정보통신 서비스를 이용하기 위한 인프라를 제공함

### 1.2 통합배선설비
(1) 통합배선설비 구성
  ① 전체 구성도

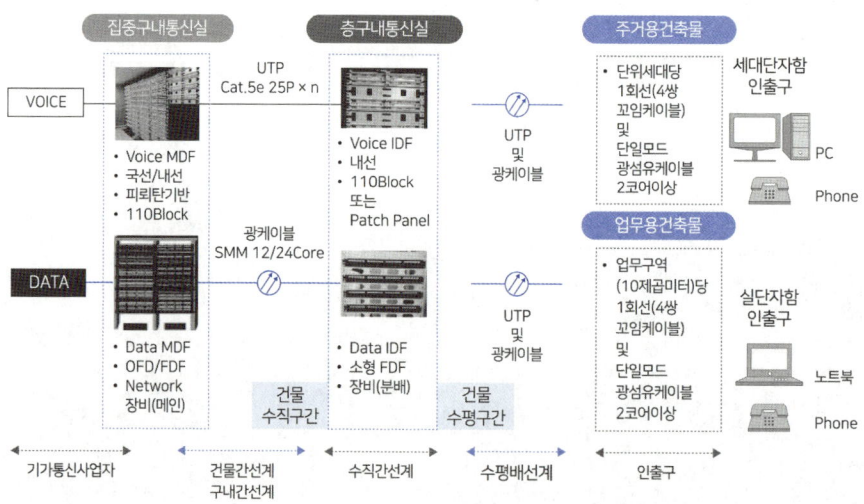

※ MDF : Main Distribution Frame, IDF : Intermediate Distribution Frame

건물 집중구내통신실(MDF실)은 통신사업자 통신설비를 수용하고 관련 설비를 수용하기 위한 Voice MDF, Data MDF설비가 있고, 층구내통신실은 IDF설비를 이용 해당층 정보통신 인프라를 제공함

② 옥외통신 인입구간

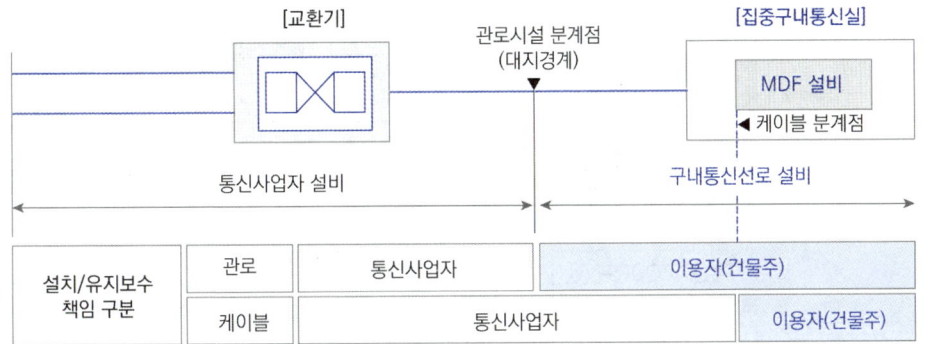

건물주와 통신사업자의 연결부는 관로는 대지경계점 기준, 케이블은 집중구내통신실(MDF실)을 기준으로 설치 및 유지보수를 함

### (2) 통합배선설비 구성요소

① 구성요소별 비교

| 구분 | 옥외인입 | 집중구내통신실 | 층구내통신실 | 사용자 |
|---|---|---|---|---|
| 구성<br>요소 | 1. 인입맨홀<br>• 수공3호 등<br>2. 인입배관<br>• COD배관 등 | 1. Voice MDF<br>• 110BLOCK<br>• 피뢰탄기반<br>• 구내교환기 등<br>2. DATA MDF<br>• FDF<br>• LAN 장비 등 | 1. Voice IDF<br>• 110BLOCK<br>• Patch Panel<br>2. DATA IDF<br>• FDF<br>• Patch Panel | 1. Voice 기기<br>• 일반전화기<br>• IP 전화기<br>2. DATA 기기<br>• PC<br>• 노트북 등 |

| 구분 | 옥외인입 | 집중구내통신실 | 층구내통신실 | 사용자 |
|---|---|---|---|---|
| 주요<br>특징 | • 통신인입은<br>광케이블 인입<br>추세 | • 집중구내통신실은 법적<br>면적 기준 적용<br>• 통신사업자설비와 연결<br>메인설비<br>• 장비류(LAN / 교환기)<br>건물별 특성 고려 | • 건물허가기준 층구내 통<br>신실법적면적 기준 적용<br>• 사용자 단말(PC, 전화<br>등)기기와 연결<br>• 장비류는 건물별 특성 고려 | • 사용자의 유무선 환경을<br>고려, 관련 인프라 반영 |
| 참조 | 수공 / COD배관 | 110BLOCK 등 | FDF | 통신수구 |

- 건물 수직구간 배관배선 : 배관은 케이블 트레이 등을 적용, 배선은 VOICE와 DATA의 사용형태를 고려하여 적정 광케이블 및 UTP(UTP 25P등)을 적용하며 MDF와 IDF 중간구간의 메인간선 역할하며, 점차 DATA에 VOICE를 포함하여 동일배선 및 동일패치 등을 적용하는 추세임
- 건물 수평구간 배관배선 : 배관은 케이블 트레이 등을 적용, 배선은 VOICE와 DATA의 사용형태를 고려하여 적정 광케이블 및 UTP(UTP 4P등) 케이블을 적용하며 IDF와 사용자간 분배역할을 함

② 집중구내통신실 구성 예

| 구분 | 집중구내통신실(MDF실) | | | | 비고 |
|---|---|---|---|---|---|
| | VOICE MDF | | DATA MDF | | |
| 용도 | VOICE 통신용 | | DATA 통신용 | | |
| 국선 | 110 Block<br>피뢰탄기반 | Pair | 사업자 | – | 사업자설비<br>수용 |
| 사선 | 110 Block<br>– | Pair | FDF | Core | 이용자(건물주)<br>설비수용 |
| 배선 | 동케이블류<br>• Balanced Cable<br>• UTP 등 | | 광케이블류<br>• Single Mode<br>• Multi Mode | | – |

# 2. 방송공동수신설비(CATV설비)

## 2.1 개요

- 건축물 허가기준 용도에 따라 지상파 TV, FM, 이동멀티미디어방송(DMB) 등의 방송신호를 수신할 수 있는 방송인프라를 건물주는 법적기준에 적합하게 구성함
- DMB수신은 지하층에서도 수신 가능하게 하여 국가재난방송 등 수신이 가능하게 구성
- 방송공동수신설비는 MATV(Master Antenna TV)이지만, CATV설비로 일반적 표기

## 2.2 방송공동수신설비(CATV설비)

(1) 방송공동수신설비

① 구성도

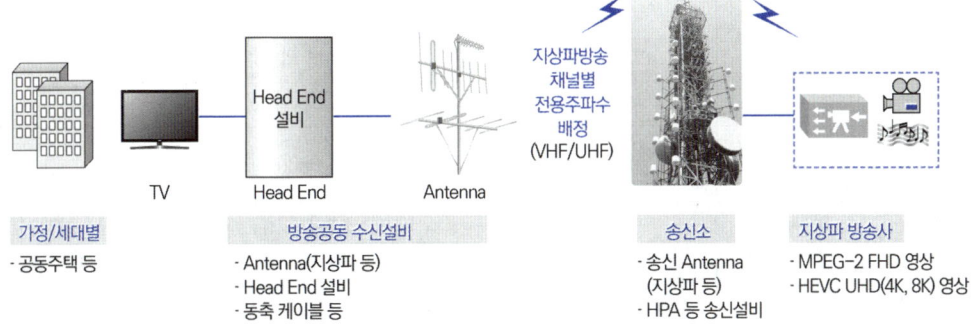

※ HPA : High Power Amplifier 고출력 증폭기

- 지상파TV 수신은 KBS 등 지상파방송사의 채널을 송신소 이용 국가에서 지정한 방송채널별 전용 주파수대역을 이용하여 전파를 송신하고, 방송공동수신설비를 이용하여 수신한 전파를 각 가정 또는 세대별 무료시청이 가능
- 국내 디지털 지상파방송 국가표준은 미국방식인 ATSC방식을 채택했음
  - ATSC : Advanced Television Systems Committee

② 국내 지상파 TV 영상

아날로그 TV방송은 2012년 12월 31일 송출이 종료되었으며, 디지털방송 FHD 및 UHD방송 및, FM, DMB방송도 송출하고 있음

③ FHD와 UHD 비교

| 구분 | FHD | UHD_4K | UHD_8K | 비고 |
|---|---|---|---|---|
| VIDEO | 1,920 × 1,080 | 3,840 × 2,160 | 7,680 × 4,320 | 4K FHD의 4배<br>8K FHD의 16배 |
| AUDIO | 5.1CH | 10.1 ~ 22.2CH | 10.1 ~ 22.2CH | 2 ~ 4배 |
| 주사율 | 30Hz | 60Hz | 60Hz | |
| 화면비 | 16:9 | 16:9 | 16:9 | |
| 시야각 | 30° | 55° | 100° | 1.6 ~ 3.3배 |

④ 국내 지상파 TV 기술 비교

| 구분 | 아날로그 방송 | 디지털 방송 FHD | 디지털 방송 UHD |
|---|---|---|---|
| 기술방식 | NTSC<br>(NTSC / PAL / SECAM) | ATSC 1.0<br>(ATSC / DVB / ISDB) | ATSC 3.0<br>(국내 지상파 미국방식) |
| Bandwidth | 6MHz / 채널 | 6MHz / 채널 | 6MHz / 채널 |
| 해상도 | 525 Line | 1,920 × 1,080(FHD) | 3,840 × 2,160(4K)<br>7,680 × 4,320(8K) |
| 변조방식 /<br>영상압축 /<br>전송방식 | VSB<br>Video_AM<br>Audio_FM | 8VSB_ATSC 1.0 /<br>MPEG-2 /<br>MPEG-2 TS | OFDM_ATSC 3.0 /<br>HEVC /<br>IP 기반 MMT |
| Audio | 2Stereo | Dolby AC3<br>5.1ch | MPEG-H<br>10.1 ~ 22.2ch |
| Frame | 30fps | 30fps / 60fps | 60fps / 300fps |

※ NTSC : National Television Standards Committee
　PAL : Phase Alternation by Line system, SECAM Sequential Color with Memory
　VSB : Vestigial Sideband
　ATSC : Advanced Television System Committee
　MPEG-2 TS : MPEG-2 Transport Stream
　HEVC(H.265) : High Efficiency Video Coding, MMT : MPEG media transport
　MMT : MPEG media transport

MEMO

# 4장 네트워크 구축공사

**1절** 네트워크 설치
1. 근거리통신망(LAN) 구축하기
2. 라우팅 프로토콜 활용하기
3. 네트워크 주소 부여하기
4. ACL / VLAN / VPN 설정하기

**2절** 망관리시스템 운용
1. 망관리시스템 운용하기
2. 망관리 프로토콜 활용하기

**3절** 보안 환경 구성
1. 방화벽 설치 및 설정하기
2. 방화벽 등 보안시스템 운용하기

# 1절 네트워크 설치

## 1 근거리통신망(LAN) 구축하기

### 1.1 개요

- Protocol의 RM(Reference Model)인 OSI 7 Layer와 TCP / IP 비교 및 Layer별 주요 기능, Encapsulation 및 Decapsulation 등 주요 기능을 확인
- LAN은 Ethernet Frame 기반 TCP / IP Protocol을 사용하며, 관련 Ethernet Frame, IP Header, TCP Header 등 TCP / IP 주요 구조를 확인

### 1.2 LAN 구축

(1) OSI 7 RM과 TCP / IP

① OSI 7 RM과 TCP / IP

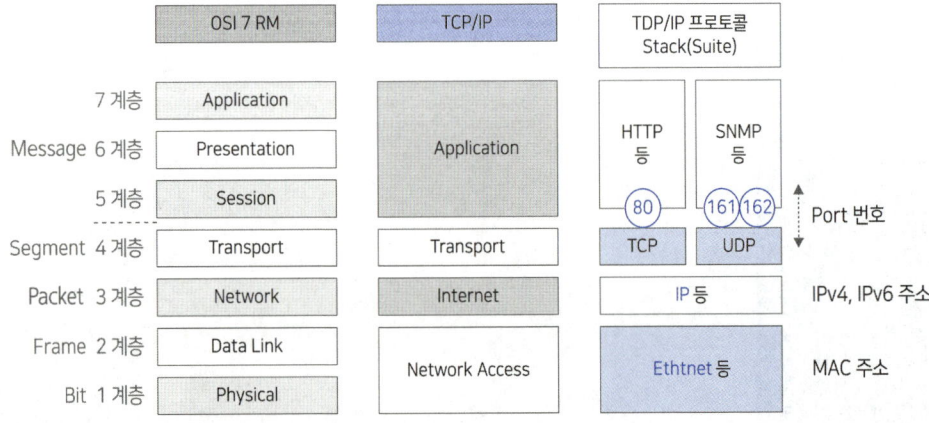

※ OSI RM Open System Interconnection Reference model

- OSI 7계층은 모든 프로토콜의 참조모델로 상위계층 5 ~ 7계층, 하위계층 1 ~ 4계층으로 구분하며, TCP / IP 프로토콜 스택(or 슈트)가 널리 쓰임

② 프로토콜 주요사항

| 프로토콜<br>기본구성요소 | OSI 7<br>기본구성요소 | 프로토콜<br>계층별 단위 | Service<br>Primitive |
|---|---|---|---|
| ① 구문(Syntax)<br>② 의미(Semantics)<br>③ 순서(Timing) | ① 개체(Entity)<br>② 접속(Connection)<br>③ 프로토콜(Protocol)<br>④ 서비스(Service)<br>⑤ 데이터단위(Data Unit) | ① Massege : 5 ~ 7<br>② Segment : 4<br>③ Packet : 3<br>④ Frame : 2<br>⑤ Bit : 1 | ① Request(요구)<br>② Indication(지시)<br>③ Response(응답)<br>④ Confirm(확인) |

※ Service Primitive : 인접한 두 계층간의 인터페이스를 표현하는 방법
  4계층 Segment 단위는 TCP 기준

(2) 계층별 주요기능

| 구분 | 주요 기능 | TCP / IP 기반 LAN | |
|---|---|---|---|
| 7계층<br>Application<br>(Message) | 응용서비스(Application) 구현 | 웹 : HTTP<br>• Client / Server<br>• Port 번호(80)<br>TCP / UDP<br>Network 장비 : SNMP<br>• Manager / Agent<br>• Port 번호(161, 162)<br>UDP | WAF<br>• Web Application<br>  Firewall |
| 6계층<br>Presentation<br>(Message) | 데이터 표현 형식의 제어<br>• 압축 / 암호화 / 전송구문 | | NGFW 등<br>• Next Generation<br>  Firewall |
| 5계층<br>Session<br>(Message) | 회화단위의 제어(대화제어)<br>응용 Process 간의 송신권 및 동기제어 | | ADC<br>• Application Delivery<br>  Controller |
| 4계층<br>Transport<br>(Segment, TCP)<br>(Datagram, UDP) | End to End(종단간) 신뢰성있고 투명한 전송제공<br>• Host 간 정보교환 및 관리 | TCP<br>• 연결형 Service<br>UDP<br>• 비연결형 Service | L4 Switch<br>• Port번호 기반<br>  Load Balancing<br>방화벽(Firewall) |
| 3계층<br>Network<br>(Packet) | Network간 경로제어(Routing)<br>• Error & Flow Control | 논리적 IP주소<br>IPv4 주소<br>• 32Bit(4Byte)<br>IPv6 주소<br>• 128Bit(16Byte) | Router,<br>L3 Switch 등 |

| 구분 | 주요 기능 | TCP / IP 기반 LAN | |
|---|---|---|---|
| 2계층<br>Data Link<br>(Frame) | Node간 링크상태 관리<br>• Error 제어 | Ethernet Frame 등<br>물리적 MAC 주소<br>• 48Bit (6Byte) | Switch, Bridge,<br>NIC카드(LAN카드) |
| 1계층<br>Physical<br>(Bit) | 링크상에서 신호전송<br>• Bit 정보 전달<br>• 기계 / 전기 / 기능 / 절차적 특성 | 매체 Access 방식<br>• 유선 CSMA / CD<br>• 무선 CSMA / CA | Hub, Repeater,<br>Modem, 케이블, Tap 등 |

※ NIC : Network Interface Card, 이더넷 카드 등
Router : IP주소를 사용 최적의 경로(Best Path)를 찾아주고, 패킷을 전송하며 Network를 구분
HTTP : HyperText Transfer Protocol 웹 상에서 웹 서버 및 웹브라우저 상호 간의 데이터 전송을 위한 응용계층
프로토콜
SNMP : Simple Network Management Protocol 네트워크 장비 요소 간에 네트워크 관리 및 전송을 위한
프로토콜
※ TCP 세그먼트는 연결 지향적이고 신뢰성 있는 전송을 위해 사용되며, 데이터를 세그먼트로 분할하여 전송, 반면에
UDP 데이터그램은 비연결형이며 신뢰성이 낮지만 빠른 전송을 제공하기 위해 사용되며, 데이터를 일정한 크기의
데이터그램으로 나누어 전송함

(3) TCP / IP 스택 MAC Frame 및 IP Header

① 2계층 MAC Frame : IEEE 802.3 / Ethernet (DIX 2.0)

- 유선기반 CSMA / CD Carrier Sense Multiple Access / Collision Detection
- DIX : Digital, Intel, Xerox사 Ethernet 공동 개발

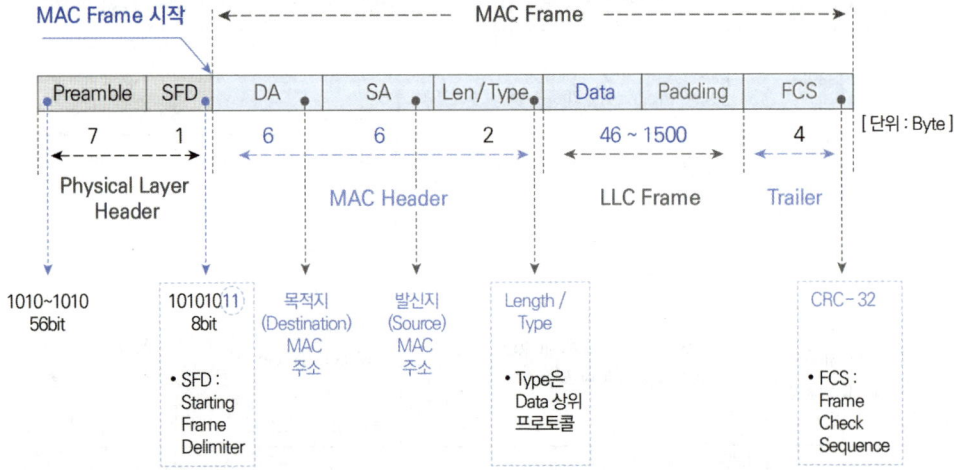

- Padding은 Collision Detection 하기 위해 이더넷 최소 프레임 사이즈 필요
  최소 Frame 사이즈 = DA(6) + SA(6) + Length / Type(2) + Padding(46) + CRC - 32(4) = 64 Bytes

최대 Frame 사이즈 = DA(6) + SA(6) + Length / Type(2) + Data / Padding(1500) + CRC-32(4) = 1518 Bytes
- 이더넷 프레임 사이즈 : 64 ~ 1518 Bytes

② MAC 프레임에서 상위계층으로 역 캡슐화 과정
- 2계층 MAC 프레임에서 상위계층으로 역 캡슐화(De Encapsulation) 과정을 거쳐서 Application Data 전달됨
- 상위계층 Application Data(Upper Layer Data)

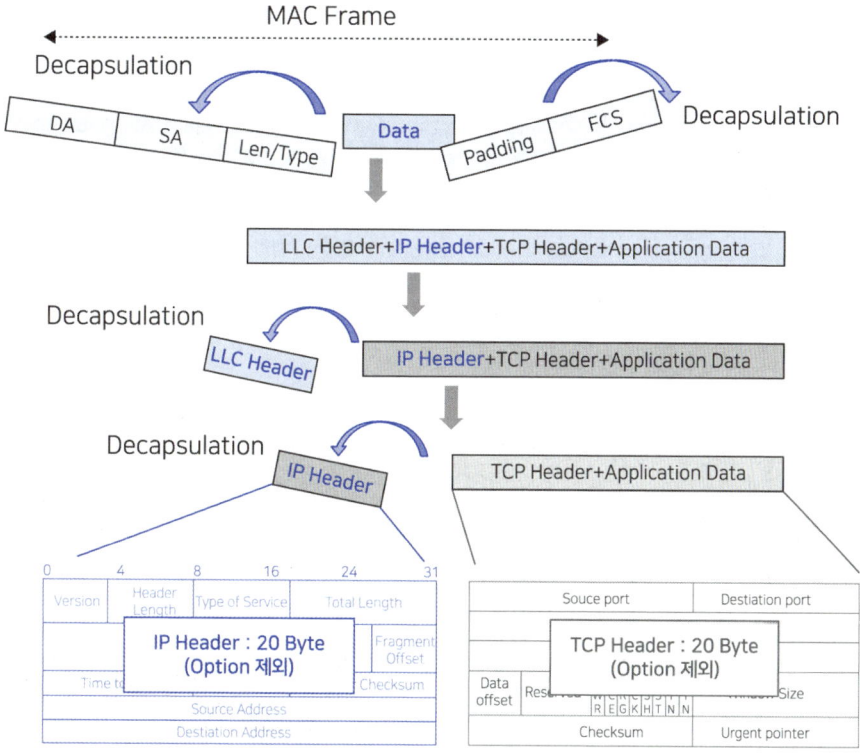

③ 3계층 IP Header : 20 Byte

- Option 제외

| 0 | 4 | 8 | 15 16 | 31bit |
|---|---|---|---|---|
| Version | H/L | TOS | \multicolumn{2}{c|}{Total Length} |
| \multicolumn{3}{c|}{Identification} | Flags | Flagment Offset |
| \multicolumn{2}{c|}{TTL} | Protocol | \multicolumn{2}{c|}{Header Checksum} |
| \multicolumn{5}{c|}{Source IP Address} |
| \multicolumn{5}{c|}{Destination IP Address} |

※ IP Address가 IP Header 4~5열에 있어 MAC Frame에서 MAC주소를 확인하고 IP주소를 확인하는데 일정 시간 소요됨

1. Version : IPv4
2. Header Length : IP Datagram의 헤더길이는 20~60Byte로 가변
3. Type Of Service : 라우터에서 처리되는 Type 정의, 요구되는 서비스 품질을 나타냄
4. Total Length : 전체 길이를 Byte 단위로 길이 표시
5. Fragment Identifier : 각 조각이 동일한 데이터그램에 속하면 같은 일련번호를 공유함
6. Fragmentation Flag : 분열의 특성을 나타내는 플래그
7. Fragmentation Offset : 조각나기 전 원래의 데이터그램의 8 바이트 단위의 위치
8. Time To Live : IP 패킷 수명, 라우터를 지날때마다 1씩 감소되고, 0이 되면 폐기
9. Protocol : IP 상위 프로토콜 번호 예) 1(ICMP), 2(IGMP), 6(TCP), 17(UDP) 등
10. Checksum : 헤더에 대한 오류검출
11. IP Address : 32bit IPv4 주소


(4) TCP / IP 스택 TCP 및 UDP Header

① 4계층 TCP Header : 20 Byte

- Option 제외

| 0 | 4 | 8 | 15 16 | 31bit |
|---|---|---|---|---|
| \multicolumn{3}{c|}{Source Port} | \multicolumn{2}{c|}{Destination Port} |
| \multicolumn{5}{c|}{Sequence Number} |
| \multicolumn{5}{c|}{Acknowledgement Number} |
| HLEN | Reserved | Flags | \multicolumn{2}{c|}{Window Size} |
| \multicolumn{3}{c|}{Checksum} | \multicolumn{2}{c|}{Urgent Point} |

※ UDP 헤더사이즈 8Byte 대비 연결형 서비스를 위해 20Byte로 큼

1. Source port : 발신지 포트주소 16bit
2. Destination port : 착신지 포트주소 16bit
3. Sequence Number : 신뢰성있는 전송을 위해 데이터의 모든 Byte마다 번호를 대응

4. Acknowledgement Number : 수신한 Segment의 확인응답을 위한 32Bit 필드
5. Header Length : TCP 헤더길이는 20 ~ 60Byte로 가변
6. Reserved : 향후 용도
7. Flags : Control 제어용 필드
8. Window Size : 윈도우의 크기를 Byte 단위로 최대 크기 65,535 Byte
9. Checksum : Header와 Data에 대한 검사합
10. Urgent pointer : TCP 세그먼트에 포함된 긴급 데이터의 마지막 바이트에 대한 일련번호

② 4계층 UDP Header : 8 Byte

| 0    4    8              15 16              31bit |
|---|
| Source Port | Destination Port |
| Length | Checksum |

※ TDP 헤더사이즈 20Byte 대비 비연결형 서비스를 위해 작음
  1. Source port : 발신지 포트주소 16bit
  2. Destination port : 착신지 포트주소 16bit
  3. Header Length : UDP 전체 길이
  4. Checksum : Header와 Data에 대한 검사합, 성능을 위해 에러검출 기능도 생략 가능

## 2 라우팅 프로토콜 활용하기

### 2.1 개요

- 계층별 주요장비의 기능을 확인하고 적정 장비로 LAN 구성
- 인터넷 계층에서 라우터의 역할 및 라우팅 프로토콜별 특징을 구분

### 2.2 라우팅 프로토콜 활용

(1) 계층별 장비

① HUB 장비

| 구분 | 개념 | 특징 |
|---|---|---|
| 1계층 장비 | 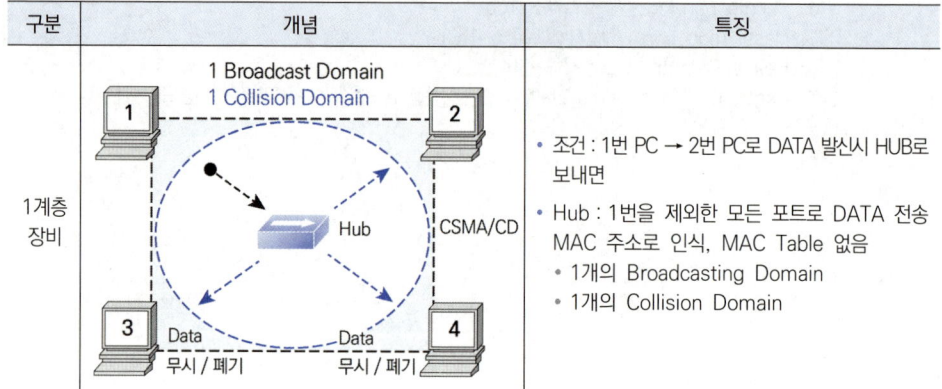 | • 조건 : 1번 PC → 2번 PC로 DATA 발신시 HUB로 보내면<br>• Hub : 1번을 제외한 모든 포트로 DATA 전송 MAC 주소로 인식, MAC Table 없음<br>  • 1개의 Broadcasting Domain<br>  • 1개의 Collision Domain |

- 허브는 Multi Port Repeater로 신호를 재생성하고 여러 장비를 연결해주는 기능으로 모든 단말이 경쟁하는 CSMA / CD 매체접속하며 MAC주소로 인식 네트워크 성능이 낮고, 패킷 무한루프와 같은 문제가 있어 현재 거의 사용 안함
- CSMA / CD는 경쟁방식이며 Half Duplex로 동작하므로 항상 이더넷 Frame의 충돌 가능성이 있음

② Switch 장비

| 구분 | 개념 | 특징 |
|------|------|------|
| 2계층 장비 | 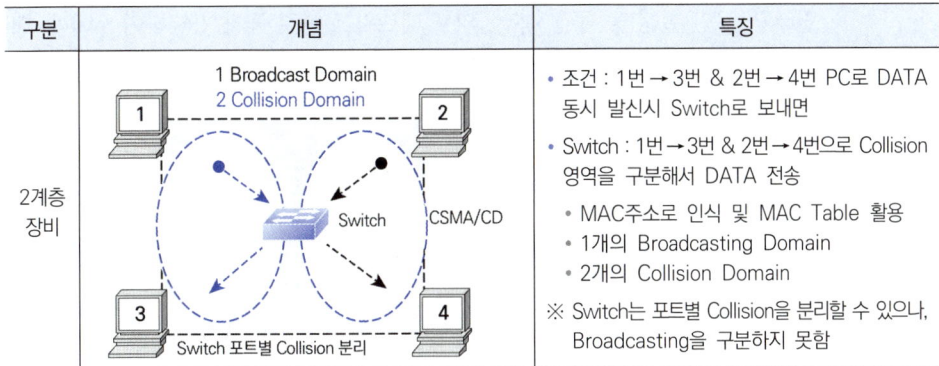<br>1 Broadcast Domain<br>2 Collision Domain<br>Switch 포트별 Collision 분리 | • 조건 : 1번→3번 & 2번→4번 PC로 DATA 동시 발신시 Switch로 보내면<br>• Switch : 1번→3번 & 2번→4번으로 Collision 영역을 구분해서 DATA 전송<br>　• MAC주소로 인식 및 MAC Table 활용<br>　• 1개의 Broadcasting Domain<br>　• 2개의 Collision Domain<br>※ Switch는 포트별 Collision을 분리할 수 있으나, Broadcasting을 구분하지 못함 |

- 스위치와 브리지를 비교하면 브리지는 SW 기반 스위칭으로 느리고 포트수가 적으며, 스위치는 HW 기반 스위칭으로 빠르고 포트수가 많아 널리 사용함
- 24 / 48포트 Switch 등 다양, 이더넷 네트워크가 성능이 보장된 효율적인 네트워크로 발전 역할
- 스위치는 MAC 주소기반 Learning, Forwarding, Filtering, Flooding, Aging 기능을 수행

| Learning | Forwarding | Filtering | Flooding | Aging |
|----------|-----------|-----------|----------|-------|
| • Source MAC 주소로 MAC Address Table을 만듦 | • 생성 MAC Address Table 이용 Destination MAC 주소로 연결된 포트로만 Frame 전달 | • Frame이 발신포트로 재전송 안함<br>• Frame을 Forwarding시 해당 포트로만 전송하고, 다른 포트로는 전송 안함 | • MAC Address Table에 등록 안된 Destination MAC 주소에 대해 모든 포트로 전송 | • switch MAC 주소는 일정시간 지나면 삭제(일반적 5분), MAC Table 효율적 관리 |

- MAC 주소형태 예 A3 - C6 - 87 - E2 - D3 - 0A

③ Router 장비

| 구분 | 개념 | 특징 |
|------|------|------|
| 3계층 장비 | 2 Broadcast Domain<br>2 Collision Domain<br>Router　CSMA/CD | • 조건 : 1번→3번 & 2번→4번 PC로 DATA 동시 발신시 Router로 보내면<br>• Router : 1번→3번 & 2번→4번으로 Collision / Broadcasting 영역을 구분해서 DATA 전송<br>　• 2개의 Broadcasting Domain<br>　• 2개의 Collision Domain<br>※ Router는 Broadcasting을 구분할 수 있음 |

- Router는 스위치 대비 IP주소 이용 Best Path를 찾는 라우팅, 스위칭, 네트워크 설정, 필터링, 보안 설정 등 구성 복잡, 외부 네트워크 연결 등이 가능하며 Switch 대비 고가임

④ Router 이용 네트워크 연결

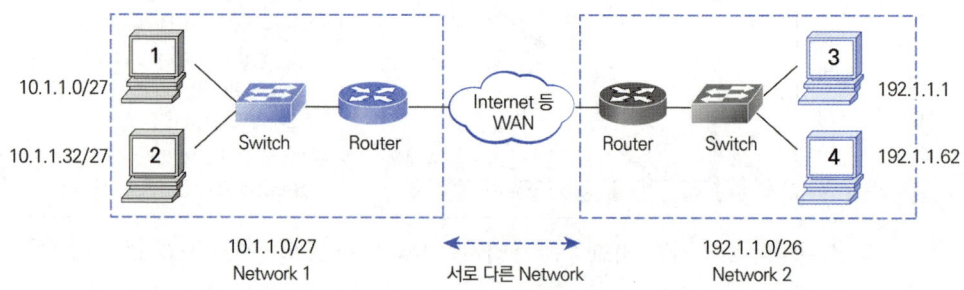

- 2개의 서로 다른 네트워크를 연결시킬 때 라우터(3계층 장비)를 이용하여 네트워크 1 (10.1.1.32 / 27)와 네트워크 2(192.1.1.0 / 26)를 연결 구성함

(2) 장비기준 네트워크 분리

소규모 네트워크이면 네트워크를 한 개로 이용해도 문제없지만 점차 네트워크가 커지면서 네트워크 분리가 필요하면 스위치와 라우터를 이용 적정하게 분리함

| 구분 | 구성 | 특징 |
|---|---|---|
| 2계층 장비 | 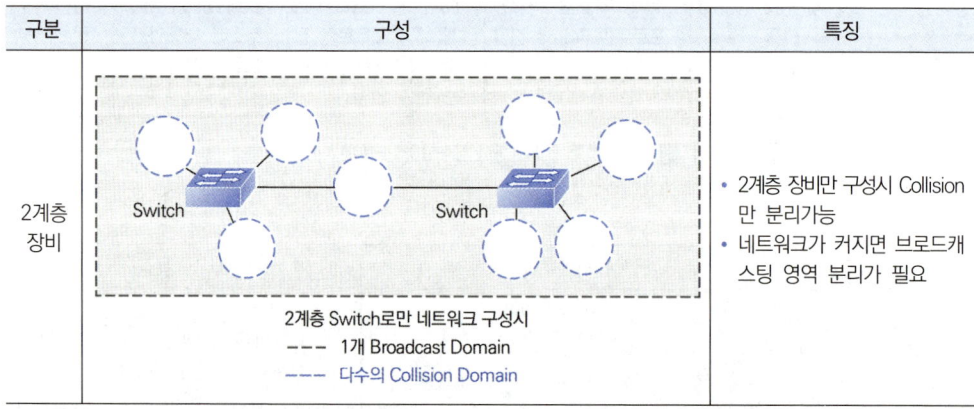<br>2계층 Switch로만 네트워크 구성시<br>--- 1개 Broadcast Domain<br>--- 다수의 Collision Domain | • 2계층 장비만 구성시 Collision만 분리가능<br>• 네트워크가 커지면 브로드캐스팅 영역 분리가 필요 |

| 구분 | 구성 | 특징 |
|---|---|---|
| 2계층 + 3계층 장비 | 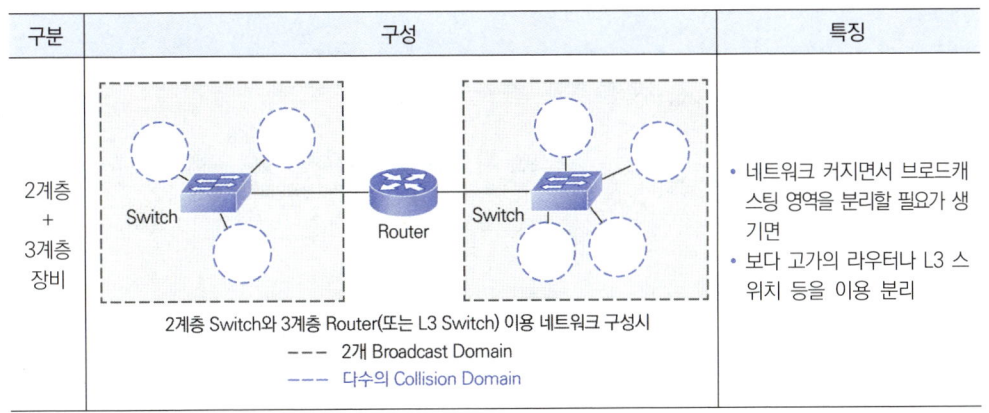<br>2계층 Switch와 3계층 Router(또는 L3 Switch) 이용 네트워크 구성시<br>--- 2개 Broadcast Domain<br>--- 다수의 Collision Domain | • 네트워크 커지면서 브로드캐스팅 영역을 분리할 필요가 생기면<br>• 보다 고가의 라우터나 L3 스위치 등을 이용 분리 |

(3) 라우팅 프로토콜
- 라우팅 프로토콜은 라우팅의 기본 기능인 수신한 IP Packet을 적절한 방향으로 내보내 Best Path를 찾아주는 Routing에 필요한 프로토콜이며, 라우팅에 관한 정보를 수록한 Routing Table 관리함
- 적정한 규모의 네트워크 관리를 위해 적정한 규모의 네트워크 집합인 자율시스템(AS, Autonomous System) 개념을 도입
- 라우팅 프로토콜은 크게 AS 내부용 IGP(Interior Gateway Protocol)와 수십만의 AS간용 EGP(Exterior Gateway Protocol)로 구분함

① AS번호
동일한 라우팅 정책으로 하나의 관리자에 의하여 운영되는 네트워크, 즉 한 회사나 단체에서 관리하는 라우터 집단을 자율 시스템(AS, Autonomous System)이라 하며, 각각의 자율 시스템을 식별하기 위한 인터넷 상의 고유한 숫자를 망식별번호(AS번호)라 하며, AS번호를 사용하면 인터넷상에서 독립적인 네트워크를 식별, 외부 네트워크와의 경로를 교환, 고유한 라우팅 정책을 구현하는 운영상의 장점이 있음

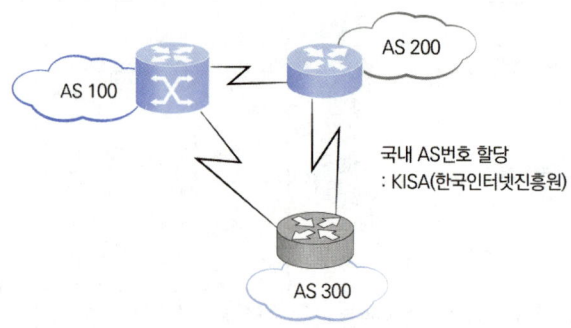

② 라우팅 프로토콜 분류

| 구분 | IGP | EGP |
|---|---|---|
| 표기 | Interior Gateway Protocol | Exterior Gateway Protocol |
| 의미 | 하나의 AS내 자체 사용 라우팅 프로토콜<br>• ISP사업자가 자체 적용 | 다수의 AS간 자체 라우팅 프로토콜<br>• 다수의 ISP사업자가 적용 |
| 특징 | 고속 라우팅<br>• Intradomain Routing | 안정적 라우팅<br>• Interdomain Routing |
| 종류 | RIP, EIGRP, OSPF, ISIS 등 | BGPv4 등 |

※ 유니캐스트용 라우팅 프로토콜의 예, 멀티캐스팅용은 MOSPF 등 별도
RIP : Routing Information Protocol
EIGRP : Enhanced IGRP(Interior Gateway Routing Protocol)
OSPF : Open Shortest Path First
ISIS : Intermediate System to Intermediate System
BGPv4 : Border Gateway Protocol

③ 라우팅 방식별 구분

| 구분 | 거리벡터 알고리즘 | 링크상태 알고리즘 |
|---|---|---|
| 표기 | Distance Vector | Link State |
| 라우팅정보 | 모든 라우터까지의 거리 정보 | 인접 라우터까지의 Link Cost |
| 전송대상 | 인접 라우터 | 모든 라우터 |
| 라우팅<br>정보전송시점 | 일정 주기(약 30초) | 변화 발생시에만 |
| 최단경로<br>알고리즘 | 벨만-포드(Bellman-Ford) 알고리즘 등 | 딕스트라(Dijkstra) 알고리즘 등 |
| 예 | RIP, EIGRP 등 | OSPF, ISIS 등 |

※ Direct Connected, Static, Dynamic 라우팅 방식을 라우터에서 설정 사용하며, 위의 예 RIP, EIGRP, OSPF, ISIS 등은 Dynamic 라우팅방식 임
※ Path Vector는 거리벡터 경로정보에 더하여 통과한 라우터 혹은 AS의 식별자가 추가된 것으로 BGP가 속함

④ Static Routing과 Dynamic Routing
- Router가 경로 정보를 얻는 방법은 다양하지만 3가지로 구분하면 Direct Connected, Static Routing, Dynamic Routing으로 구분

| 구분 | 내 용 |
|---|---|
| Direct Connected | • 라우터 인터페이스(Serial0, Serial1 등)에 IP주소 및 서브넷 마스크를 설정하면 해당 네트워크에 대한 라우팅 테이블을 만들고 이 경로정보를 다이렉트 컨넥티드라 부름<br>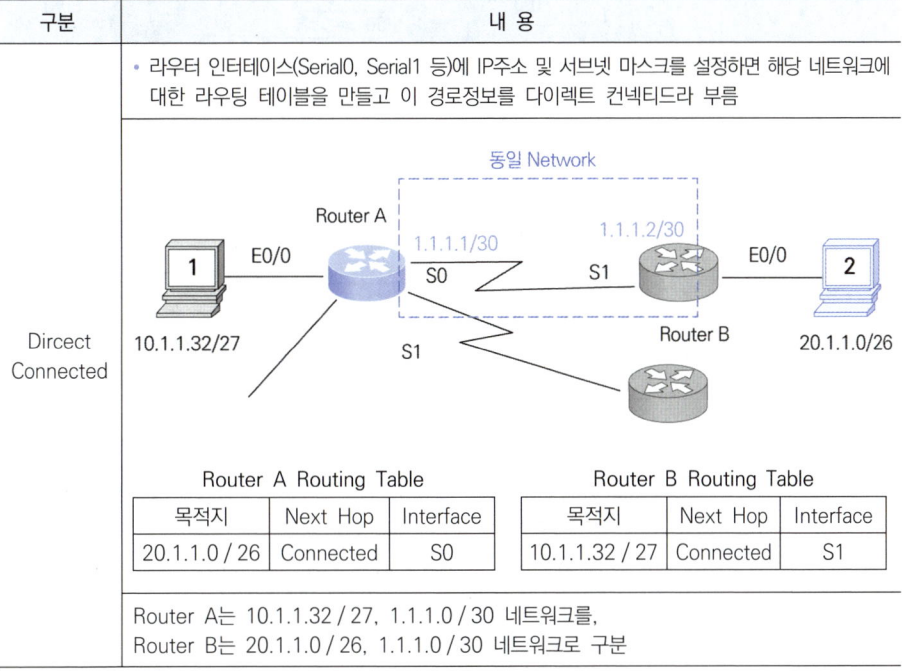<br><br>Router A는 10.1.1.32 / 27, 1.1.1.0 / 30 네트워크를,<br>Router B는 20.1.1.0 / 26, 1.1.1.0 / 30 네트워크로 구분 |

| 구분 | 내용 |
|---|---|
| Static Routing | • 네트워크 관리자가 목적지 네트워크와 넥스트홉을 라우터에 직접 지정해 경로 정보를 입력하는 것<br>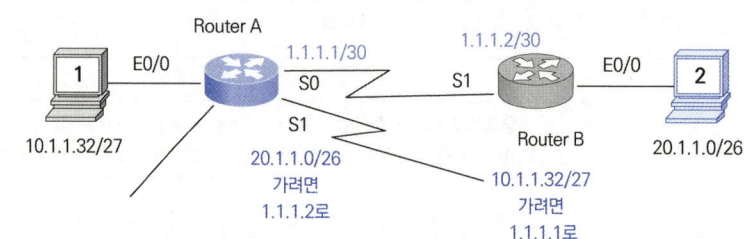<br><br>**Router A Routing Table**<br><br>| 목적지 | Next Hop | Interface |<br>|---|---|---|<br>| 20.1.1.0 /26 | Connected | S0 |<br>| 20.1.1.0 / 26 | 1.1.1.2 | S0 |<br><br>**Router B Routing Table**<br><br>| 목적지 | Next Hop | Interface |<br>|---|---|---|<br>| 10.1.1.32 / 27 | Connected | S1 |<br>| 10.1.1.32 / 27 | 1.1.1.1 | S1 |<br><br>스태틱 라우팅은 Router A 10.1.1.32 / 27 네트워크에서 Router B 20.1.1.0 / 26 네트워크와 통신하려면 넥스트홉을 1.1.1.2로 스태틱 라우팅 설정<br>**예** ip route NETWORK NETMASK NEXTHOP<br>    ip route 20.1.1.0 255.255.255.192 1.1.1.2<br>• 변화가 적은 네트워크에서 손쉽게 관리할 수 있는 방법이지만 큰 네트워크는 곤란 |
| Dynamic Routing | • 자신이 광고할 네트워크를 선언, 개별 Dynamic Routing Protocol에 따라 설정 방법이 다르지만 자신의 네트워크 선언은 동일<br>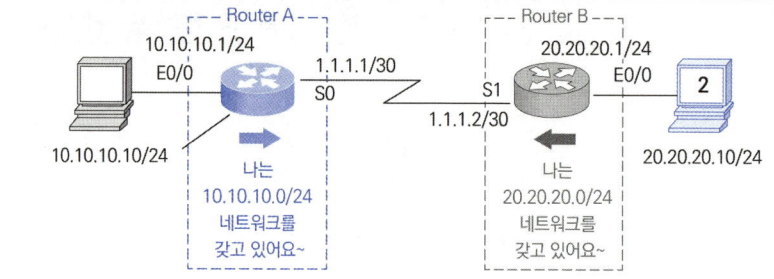<br><br>Router A Routing Table(sh ip route)<br>Codes: C-connected, S-static, R-RIP, D-EIGRP, O-OSPF, i-ISIS 등<br>C 1.1.1.0/30 is directly connected, GigabitEthernet0/1<br>C 10.10.10.0/24 is directly connected, GigabitEthernet0/0<br>S 20.20.20.0/24 [1/0] via 1.1.1.2<br>R 20.0.0.0/8 [120/1] via 1.1.1.2, 00:00:11, GigabitEthernet0/1 ~<br><br>Router B Routing Table(sh ip route)<br>Codes: C-connected, S-static, R-RIP, D-EIGRP, O-OSPF, i-ISIS 등<br>C 1.1.1.0/30 is directly connected, GigabitEthernet0/1<br>C 20.20.20.0/24 is directly connected, GigabitEthernet0/0<br>S 10.10.10.0/24 [1/0] via 1.1.1.1<br>R 10.0.0.0/8 [120/1] via 1.1.1.1, 00:00:20, GigabitEthernet0/1 ~<br><br>다이나믹 라우팅은 대부분 네트워크 사업자가 사용하며 경로 정보나 경로 상태(Link State) 정보를 교환해 전체 네트워크 정보를 학습, 주기적 또는 변경시 라우팅 정보를 전송함 |

⑤ RIP과 OSPF 비교

| 구분 | RIP | OSPF |
|---|---|---|
| 개념 | Distance Vector 개념으로 Hop수로 수치화하고 동적으로 라우팅 테이블 갱신 | Link State 개념으로 SPF 기반 대역폭, 지연, 거리 등 고려 최적 경로 설정 동적으로 라우팅 테이블 갱신 |
| 알고리즘 | Distance Vector | Link State |
| 라우팅정보 | 모든 라우터까지의 거리 정보 | 인접 라우터까지의 Link Cost |
| 전송대상 | 인접 라우터 | 모든 라우터 |
| Hop수 | 15개 | 255개 |
| 경로 Update | 일정 주기 (약 30초) | 변화 발생시에만 |
| 특징 | • 소규모 네트워크에 적합<br>• 초기 라우팅 프로토콜<br>• 외부 변화에 따른 경로설정이 아닌 30초주기 자동 경로설정<br>• 자주 경로설정을 하기에 에너지 소비가 많음 | • 대규모 네트워크에 사용<br>• 현재 사용 라우팅 프로토콜<br>• 라우터 변경 내용 있을때만 정보공유<br>• 구성 복잡하고 메모리 요구량이 증가 |

※ SPF : Shortest Path First

# 3 네트워크 주소 부여하기

## 3.1 개요

- 네트워크에 대한 IP주소를 부여하기 위해 IPv4, IPv6 주소체계 이해하기
- IPv4 주소에 대한 공인IP, 사설IP, 고정IP, 유동IP 개념과 개별 네트워크에 적정한 서브넷팅 등을 통한 네트워크 구성

## 3.2 IP주소

(1) IPv4 주소

[ A 클래스 ]

| 0 | Network | Host | Host | Host |
|---|---------|------|------|------|
|   | 0 ~ 127 | 0.0.0 ~ 255.255.255 | | |

첫비트가 "0"

주소범위 : 0.0.0.0 ~ 127.255.255.255  기본 서브넷 마스크 : 255.0.0.0( / 8)  IP주소수 : $2^{24}$

[ B 클래스 ]

| 1 | 0 | Network | Network | Host | Host |
|---|---|---------|---------|------|------|
|   |   | 128.0 ~ 191.255 | | 0.0 ~ 255.255 | |

처음 2비트가 "10"

주소범위 : 128.0.0.0 ~ 191.255.255.255  기본 서브넷 마스크 : 255.255.0.0( / 16)  IP주소수 : $2^{16}$

[ C 클래스 ]

| 1 | 1 | 0 | Network | Network | Network | Host |
|---|---|---|---------|---------|---------|------|
|   |   |   | 192.0.0 ~ 223.255.255 | | | 0 ~ 255 |

처음 3비트가 "110"

주소범위 : 192.0.0.0 ~ 223.255.255.255  기본 서브넷 마스크 : 255.255.255.0( / 24)  IP주소수 : $2^{8}$

[ D 클래스 ]

| 1 | 1 | 1 | 0 | Multicast Group |
|---|---|---|---|-----------------|

처음 4비트가 "1110"

주소범위 : 224.0.0.0 ~ 239.255.255.255

[ E 클래스 ]

| 1 | 1 | 1 | 1 | 예약 |
|---|---|---|---|---|

처음 4비트가 "1111"

주소범위 : 240.0.0.0 ~ 255.255.255.255

| 유니캐스트 | 멀티캐스트 | 사설IP대역 | 사용자 IP설정 불가주소 |
|---|---|---|---|
| A / B / C 클래스<br>• 서브넷 마스트 있음 | D 클래스<br>• 서브넷 마스트 없음 | • A 클래스<br>10.0.0.0 ~ 10.255.255.255<br>(10 / 8 Prefix)<br>• B 클래스<br>172.16.0.0 ~ 172.31.255.255<br>(172.16 / 12 Prefix)<br>• C 클래스<br>192.168.0.0 ~ 192.168.255.255<br>(192.168 / 16 Prefix) | • A 클래스<br>0.0.0.0 ~ 0.255.255.255<br>(0 / 8 Prefix)<br>127.0.0.0 ~ 127.255.255.255<br>(127 / 8 Prefix) Local Loopback<br>• Network id<br>• Subnet Broadcast 주소<br>• D 클래스<br>• E 클래스 |

- 사설IP : 외부에서 접속불가능한 IP주소, 내부 네트워크용 NAT(Network Address Translation) 이용 외부 연결
- 공인IP : 외부에서 접속가능한 IP주소, 외부 네트워크용

(2) IPv4 IPv6 비교

| 구분 | IPv4 | IPv6 |
|---|---|---|
| 주소 길이 | 32bit | 128bit |
| 표시 방법 | 8비트씩 4부분 점(.) 10진수 표기<br>예 202.30.64.32 | 16비트씩 8부분 콜론(;) 16진수 표기<br>예 2001;0230;ffff; ~ ;ffff |
| 주소 개수 | $2^{32}$ | $2^{128}$ |
| 주소 할당 | A,B,C,D,E 클래스 CIDR | CIDR 기반 계층적 할당(클래스) |
| 주소 종류 | 유니캐스트, 멀티캐스트, 브로드캐스트 | 유니캐스트, 애니캐스트, 멀티캐스트 |
| 보안 | IPsec 별도 설치 | 기본 제공 |

- CIDR 사이더 : classless inter-domain routing IP 주소 할당 방법의 하나로, 기존 8비트 단위로 네트워크부와 호스트부를 구획하지 않는 방법
- 애니캐스트 : 애니캐스트 주소로 지정된 패킷은 적절한 멀티캐스트 라우팅 토폴로지(topology)를 통해 주소로 식별되는 가장 가까운 인터페이스인 단일 인터페이스로 배달

### (3) 서브넷팅(Subnetting)

① 서브넷팅 / 24 ~ / 32 C클래스 주소(256개)

| Subnet | 1 | 2 | 4 | 8 | 16 | 32 | 64 | 128 | 256 |
|---|---|---|---|---|---|---|---|---|---|
| Host수 | 256 | 128 | 64 | 32 | 16 | 8 | 4 | 2 | 1 |
| | $2^8$ | $2^7$ | $2^6$ | $2^5$ | $2^4$ | $2^3$ | $2^2$ | $2^1$ | $2^0$ |
| SubnetMask | / 24 | / 25 | / 26 | / 27 | / 28 | / 29 | / 30 | / 31 | / 32 |

- 각 네트워크별 IP주소는 네트워크 ID용 IP주소 1개, 브로드캐스트용 IP주소 1개를 제외함으로 실제 배정가능한 Host수는 $2^n Host수 - 2$임
  - 외부 네트워크 연결용으로 Default Gateway IP주소 1개도 필요시 배정

② Case#1 : IP대역 192.168.0.0 / 24를 4개로 서브넷팅

네트워크 1개를 부서별 분리 서로 다른 4개 네트워크로 서브넷팅 과정이며 Subnet "4" 해당

| Subnet | 1 | 2 | 4 | 8 | 16 | 32 | 64 | 128 | 256 |
|---|---|---|---|---|---|---|---|---|---|
| Host수 | 256 | 128 | 64 | 32 | 16 | 8 | 4 | 2 | 1 |
| | $2^8$ | $2^7$ | $2^6$ | $2^5$ | $2^4$ | $2^3$ | $2^2$ | $2^1$ | $2^0$ |
| SubnetMask | / 24 | / 25 | / 26 | / 27 | / 28 | / 29 | / 30 | / 31 | / 32 |

1번 네트워크 191.168.0.0 / 26    2번 네트워크 191.168.0.64 / 26

3번 네트워크 191.168.0.128 / 26    4번 네트워크 191.168.0.192 / 26로 서브넷팅함

| Network | Network ID | Subnet Mask | 사용 IP수 | 사용 IP주소 | Broadcast ID |
|---|---|---|---|---|---|
| #1 | 192.168.0.0 | / 26 | 62 | 192.168.0.1 ~ 192.168.0.62 | 192.168.0.63 |
| #2 | 192.168.0.64 | / 26 | 62 | 192.168.0.65 ~ 192.168.0.126 | 192.168.0.127 |
| #3 | 192.168.0.128 | / 26 | 62 | 192.168.0.129 ~ 192.168.0.190 | 192.168.0.191 |
| #4 | 192.168.0.192 | / 26 | 62 | 192.168.0.193 ~ 192.168.0.254 | 192.168.0.255 |

※ 외부 네트워크 연결용으로 Default Gateway IP주소 1개 필요시 배정하면 사용IP수는 각각 61개임

③ Case#2 : IP대역 192.168.0.0 / 24를 8개로 서브넷팅

네트워크 1개를 부서별 분리 서로 다른 8개 네트워크로 서브넷팅 과정이며 Subnet "8" 해당

| Subnet | 1 | 2 | 4 | 8 | 16 | 32 | 64 | 128 | 256 |
|---|---|---|---|---|---|---|---|---|---|
| Host수 | 256 | 128 | 64 | 32 | 16 | 8 | 4 | 2 | 1 |
| | $2^8$ | $2^7$ | $2^6$ | $2^5$ | $2^4$ | $2^3$ | $2^2$ | $2^1$ | $2^0$ |
| SubnetMask | / 24 | / 25 | / 26 | / 27 | / 28 | / 29 | / 30 | / 31 | / 32 |

| Network | Network ID | Subnet Mask | 사용 IP수 | 사용 IP주소 | Broadcast ID |
|---|---|---|---|---|---|
| #1 | 192.168.0.0 | / 27 | 30 | 192.168.0.1 ~ 192.168.0.30 | 192.168.0.31 |
| #2 | 192.168.0.32 | / 27 | 30 | 192.168.0.33 ~ 192.168.0.62 | 192.168.0.63 |
| #3 | 192.168.0.64 | / 27 | 30 | 192.168.0.65 ~ 192.168.0.94 | 192.168.0.95 |
| #4 | 192.168.0.96 | / 27 | 30 | 192.168.0.97 ~ 192.168.0.126 | 192.168.0.127 |
| #5 | 192.168.0.128 | / 27 | 30 | 192.168.0.129 ~ 192.168.0.158 | 192.168.0.159 |
| #6 | 192.168.0.160 | / 27 | 30 | 192.168.0.161 ~ 192.168.0.190 | 192.168.0.191 |
| #7 | 192.168.0.192 | / 27 | 30 | 192.168.0.193 ~ 192.168.0.222 | 192.168.0.223 |
| #8 | 192.168.0.224 | / 27 | 30 | 192.168.0.193 ~ 192.168.0.254 | 192.168.0.255 |

④ 슈퍼넷팅 : 할당받은 C클래스를 합쳐서 네트워크를 구성

| Subnet | C*256 | C*128 | C*64 | C*32 | C*16 | C*8 | C*4 | C*2 | 256 |
|---|---|---|---|---|---|---|---|---|---|
| Host수 | 65536 | 32768 | 16384 | 8192 | 4096 | 2048 | 1024 | 512 | 1 |
| | $2^{16}$ | $2^{15}$ | $2^{14}$ | $2^{13}$ | $2^{12}$ | $2^{11}$ | $2^{10}$ | $2^{9}$ | $2^{0}$ |
| SubnetMask | / 16 | / 17 | / 18 | / 19 | / 20 | / 21 | / 22 | / 23 | / 24 |

⑤ VLSM 서브넷팅
- VLSM(Variable Length Subnet Mask) 서브넷팅으로 분할된 서브네트워크 크기가 다르게 배정하여 보다 효율적으로 서브넷팅을 함
- 각 서브넷이 각기 다른 크기의 호스트 수 또는 주소 배정을 갖을 수 있음

## 4  ACL / VLAN / VPN 설정하기

### 4.1  개요

- ACL(Access Control List)는 라우터 등 네트워크 장비에서 Packet 필터링, Packet 분류를 결정하는 일련의 규칙(Rules) 목록이며, Access List 설정 및 Wildcard Mask 등을 이해
- VLAN은 2계층 장비 스위치에 많이 적용하는 네트워크 가상화 기술로 관련 특징과 동작 과정을 이해
- IPv4 주소에 대한 공인IP, 사설IP, 고정IP, 유동IP 개념과 개별 네트워크에 적정한 서브넷팅 등을 통한 네트워크 구성

### 4.2  ACL 설정하기

(1) ACL 설정

- IP Traffic Management에 대한 IP ACL(Access Control List)로 Source Address, Destination Address, Packet 유형(Protocol), Port Number 등을 기반으로 Filtering함

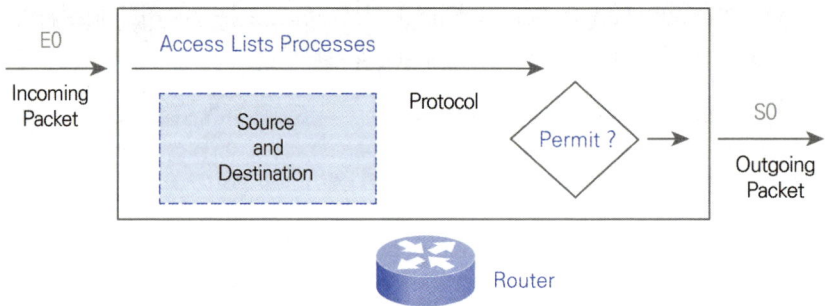

[ TCP / IP Packet Access Lists Filter ]

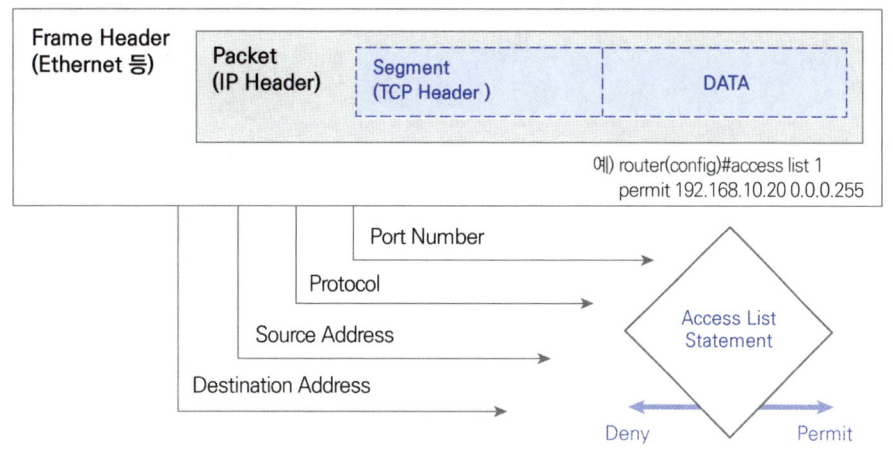

[ TCP / IP Packet Access Lists Filter ]

| Standard access lists | Extended access lists |
| --- | --- |
| • Filter Source Address only | • Filter Source Address and Destination Address, Source and Destination Port Number |
| • permit or deny entire TCP / IP protocol suite | • Specifies a certain IP Protocol and Port Number |
| • Range 1 ~ 99 | • Range 100 ~ 199 |

(2) Standard Access List Command
- access-list

  router(config)# access-list access-list number {permit | deny} source address [wildcard mask]

  access-group

  router(config)# interface 인터페이스 번호
  router(config-if)# {protocol} access-group access-list number {in | out}

  - access-list number : 1 ~ 99
- Standard Access List Command 설정 예

  [기준]
  192.168.10.0 네트워크와 192.168.20.0 네트워크는 허용, 172.16.10.0 네트워크는 거부하는 Access list

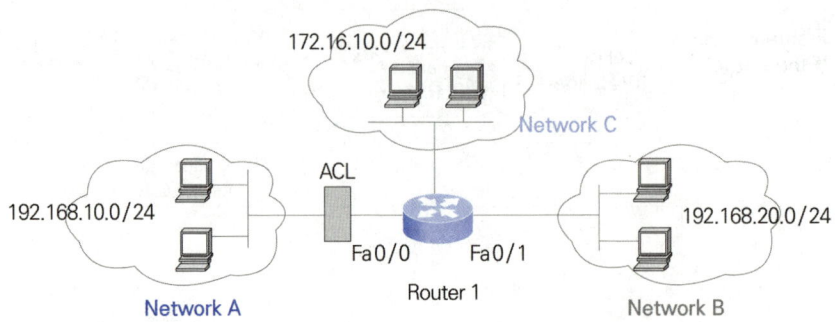

[설정]

Router1 > enable

Router1# configure terminal

Router1 router(config)#

Router1 (config)#access-list 1 permit 192.168.20.0 0.0.0.255

Router1 (config)#access-list 1 deny 172.16.10.0 0.0.0.255

Router1 (config)#interface fa 0/0

Router1 (config-if)#ip access-group 1 out

(3) ACL Wildcard Mask
- wildcard mask bit "0" 의미 : "check" the corresponding bit value
- wildcard mask bit "1" 의미 : "do not check(ignore)" the corresponding bit value
- wildcard bit

| 128 $2^7$ | 64 $2^6$ | 32 $2^5$ | 16 $2^4$ | 8 $2^3$ | 4 $2^2$ | 2 $2^1$ | 1 $2^0$ | 10진수 | 의미 |
|---|---|---|---|---|---|---|---|---|---|
| 0 | 0 | 0 | 0 | 0 | 0 | 0 | 0 | 0 | Check All |
| 0 | 0 | 0 | 0 | 1 | 1 | 1 | 1 | 15 | ignore last 4 address bit |
| 0 | 0 | 1 | 1 | 1 | 1 | 1 | 1 | 63 | ignore last 6 address bit |
| 1 | 1 | 1 | 1 | 1 | 1 | 1 | 1 | 255 | do not check |

- wildcard bitt 설정 예

    [기준] 192.168.16.0  0.0.15.255

    [해석] ip subnet 192.168.16.0/24 ~ 192.168.31.0/24에 대한 wildcard mask 임

    192.168.16.0  0.0.15.255

    nework . host

    192.168.16.0 / 24 ~ 192.168.31.0 / 24

| 128<br>$2^7$ | 64<br>$2^6$ | 32<br>$2^5$ | 16<br>$2^4$ | 8<br>$2^3$ | 4<br>$2^2$ | 2<br>$2^1$ | 1<br>$2^0$ | 10진수 | 의미 |
|---|---|---|---|---|---|---|---|---|---|
| 0 | 0 | 0 | 0 | 1 | 1 | 1 | 1 | 15 | ignore last 4 address bit |
| Match | | | | don't care | | | | | |
| 0 | 0 | 0 | 1 | 0 | 0 | 0 | 0 | 16 | |
| 0 | 0 | 0 | 1 | 0 | 0 | 0 | 1 | 17 | |
| . | . | . | . | . | . | . | . | . | |
| 0 | 0 | 0 | 1 | 1 | 1 | 1 | 1 | 31 | |

wildcard mask 0.0.15.255 의미는

첫번째 "0" : 최상위 바이트가 192 이어야 함

두번째 "0" : 두번째 바이트가 168 이어야 함

세번째 "15" : 세번째 바이트가 0001로 시작하는 앞쪽 4비트는 check하고 나머진 don't care임

네번째 "255" : 모두 don't care(ignore) 이므로

access list에서 제어하고자하는 ip주소의 범위 결과는 192.168.16.0/24 ~ 192.168.31.0/24임

### (4) Extended Access List Command

- access-list

    router(config)# access-list access-list number {permit | deny} protocol source-address source-wildcard [operator port] destination-address destination-wildcard [operator port] { estabilished } {log}

    ① access-list number : 100 ~ 199
    ② permit | deny
    ③ protocol : IP, TCP, UDP, ICMP 등

④ source address, destination address

⑤ source wildcard, destination wildcard

⑥ operator port : lt(less than), gt(greater than), eq(equal to), neq(not equal to)

⑦ established : use inbound TCP only

⑧ log : sends logging massage to the console

access-group

> router(config)# interface 인터페이스 번호
> router(config-if)# {protocol} access-group access-list number {in | out}

- access-llist number : 100 ~ 199

Extended Access List Command 설정 예

[기준]

192.168.20.0 네트워크에서 Web서버 192.168.10.10로의 접속을 거부, 다른 모든 PC들간 통신을 허용하는 Access list

[설정]

Router1 > enable

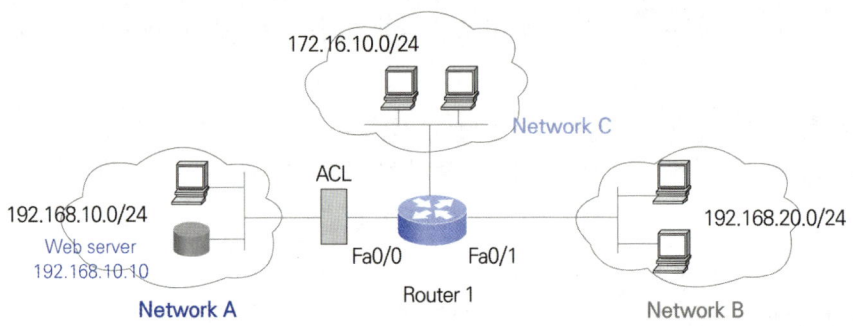

Router1# configure terminal

Router1 router(config)#

Router1 (config)#access-list 100 deny tcp 192.168.20.0 0.0.0.255 host 192.168.10.10 eq 80

Router1 (config)#access-list 100 permit ip any any

Router1 (config)#interface fa 0/0
Router1 (config-if)#ip access-group 100 out
any : 0.0.0.0 255.255.255.255와 같은 의미임

| weell known Port Number | IP protocol |
|---|---|
| 20(TCP) | File Transfer Protocol(FTP) data |
| 21(TCP) | FTP program |
| 23(TCP) | Telnet |
| 25(TCP) | SMTP |
| 53(TCP/UDP) | DNS |
| 80(TCP) | HTTP |

ACL를 설정한 내용을 보고 싶을 때의 명령어 : show ip access-list

### 4.3 VLAN 설정하기

(1) VLAN Frame
- Virtual LAN으로 물리적 배치와 상관없이 논리적으로 분할, 구성하는 가상 LAN으로 2계층에서, 논리적이고 유연한 망 구성 가능케 함
- 기업의 여러부서를 부서별로 네트워크를 분할할 때와 같이 스위치를 논리적으로 분할하여 VLAN간은 다른 네트워크임으로 3계층 장비(라우터, L3 스위치)를 이용하여 VLAN간 패킷을 주고받음
- VLAN Frame
  이더넷 프레임 대비 VLAN 프레임은 기존 이더넷 프레임에 VLAN 태그가 IEEE 802.1Q 기반 삽입됨

- IEEE 802.1Q : 4 Byte

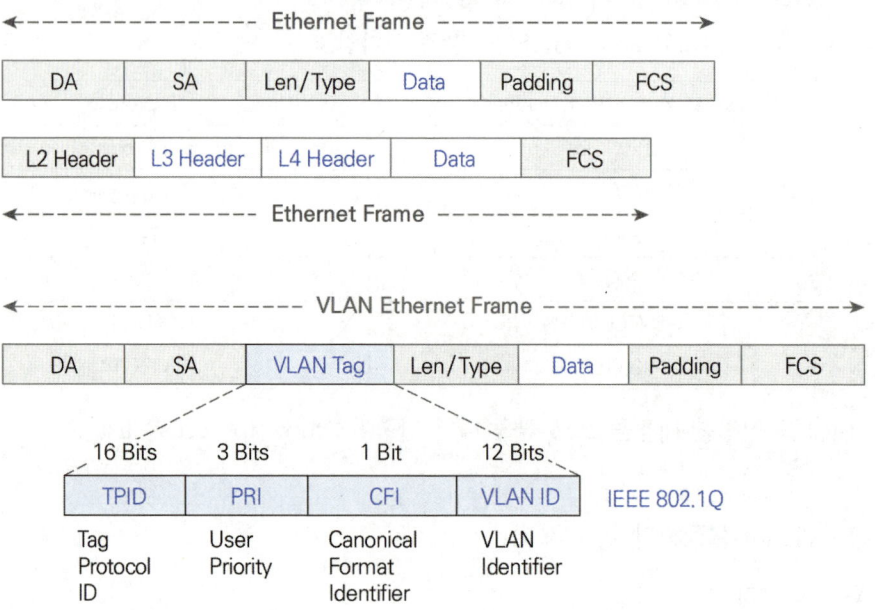

(2) Switch와 Router에서 VLAN 동작

① L2 Switch와 Router에서 VLAN 동작

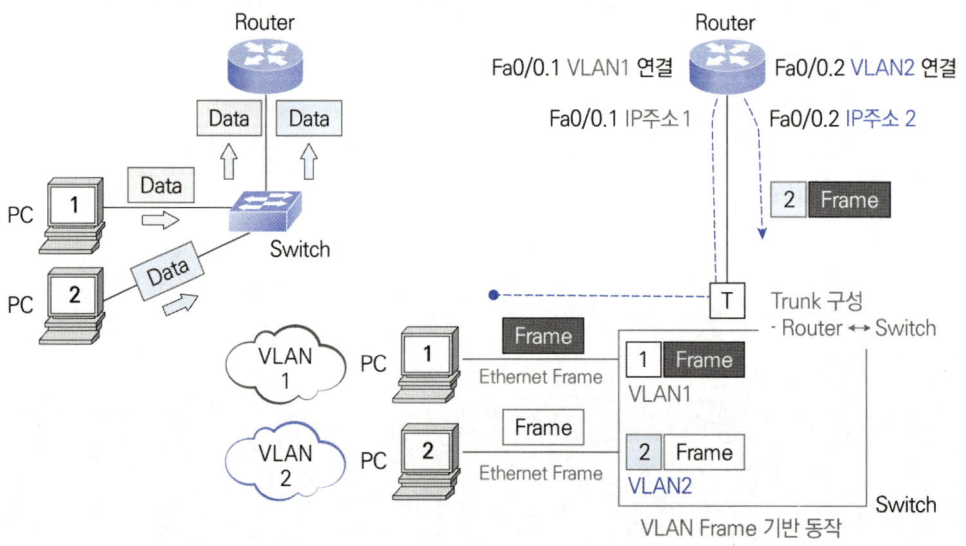

VLAN 1 네트워크 PC1가 VLAN2 네트워크 PC2 Data 전달시 동작과정

- 기본적으로 다른 네트워크간 프레임 전달을 하기 위해서는 3계층 장비 라우터 기능이 필요하며 3계층 장비가 없으면 물리적으로 같은 스위치에 있어도 서로 다른 VLAN간에 통신이 안됨

| 1 | PC1 → Switch | 2 | Switch 내부 | 3 | Switch → Router |
|---|---|---|---|---|---|
| | • Ethernet Frame을 Switch로 전달 | | • PC1은 VLAN1 네트워크로 1번 포트로 들어온 Frame에 대해 VLAN1 Tag 삽입된 VLAN 프레임을 갖음 | | • Switch와 Router간을 트렁크로 구성 가정<br>• 트렁크내 VLAN1을 위한 전용 인터페이스 Fa0 / 0.1을 통해 VLAN1 Tag를 달고 전달<br>• 트렁크 Fa0 / 0.1이용(IP주소1)<br>• 라우터는 IP기반 동작 |
| 4 | Router → Switch | 5 | Switch 내부 | 6 | Switch → PC2 |
| | • Router에서 VLAN1에서 VLAN2로 DATA 전송시<br>• VLAN1 Frame의 VLAN Tag를 변경 전송(VLAN1 → VLAN2)<br>• 트렁크 Fa0 / 0.2이용(IP주소2) | | • Router에서 온 Frame은 VALN 2번 Tag를 갖고 있기에 Switch 2번 포트로 전달 | | • Switch에서 PC2로 갈때는 VLAN Tag를 땐 Ethernet Frame을 PC2 전달 |

※ native VLAN은 해당구간은 특정 VLAN에 대해 VLAN Tag를 생략한 Untagged Frame을 전송

② VLAN Trunk

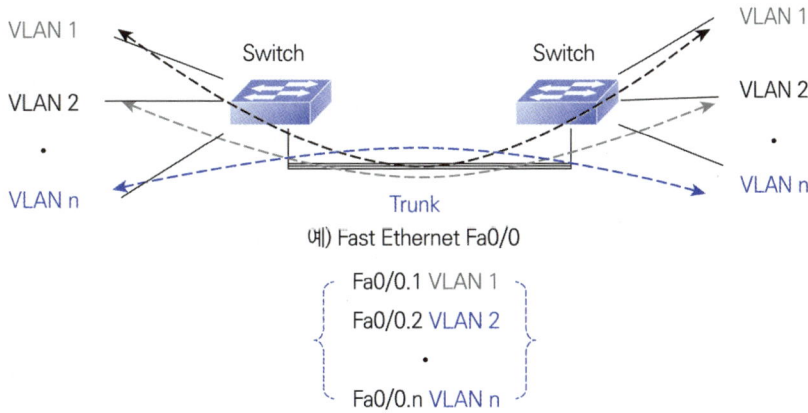

프레임 전달에 하나의 물리적 연결을 공유하여 하나의 묶음, 다발 형태이며, 제조사별 VLAN Trunk 또는 VLAN Tagged Frame으로 표기

- VLAN Tagged Frame : 태그된 VLAN 프레임
- VLAN Untagged Frame : 4 바이트 짜리 VLAN 태그가 없는 일반적인 프레임

③ VLAN 종류

VLAN 할당방식은 스위치 포트 기반 방식과 각각의 PC의 고유 MAC 주소 기반 방식이 있으며, 별도 인증과정을 통해서도 VLAN을 구분 할당이 가능함

## 4.4 VPN 설정하기

(1) VPN

인터넷과 같은 공중망(Public Network)에 터널링 기법 등을 적용, 암호화를 해서 가상으로 구현된 사설망(Private Network)으로 공중망을 통해 사설 트래픽을 안전하게 통과시켜 마치 전용회선처럼 이용하는 기술로 다양한 계층별 VPN 기술이 있으며, 인터넷 활성화로 기업의 사설 전용망을 대체하는 솔루션임

① VPN 개념

누구나 접속이 가능한 인터넷 구간을 보안기법(암호화)을 적용, VPN 구간을 터널링 형태로 사설 데이터를 전달하는 개념으로 전용회선 대비 비용이 낮음

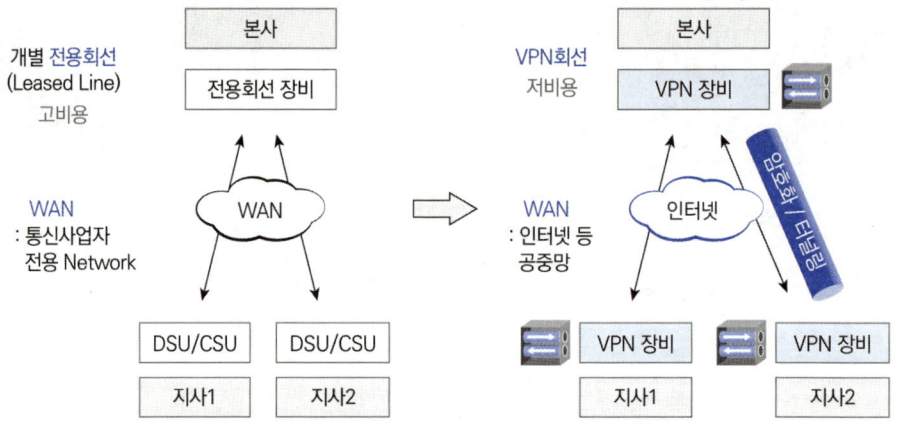

| 특징 및 장점 | 단점 |
| --- | --- |
| 1. 기존의 공중망을 통한 가상망 구성 가능<br>2. 전용회선(L / L)에 의한 사설망 구성 보다 구축비용 저렴<br>3. 터널링 기술적용으로 보안성 제공<br>4. 관리 구축비용 및 관리비용 절감<br>　• 유연성 있는 운영과 관리<br>5. 자유로운 사적인 주소지정 또는 번호계획 가능 | 1. 속도가 불안<br>2. 보안관련 서비스 품질에 대한 우려<br>3. 인터넷의 성능 불안정 영향 |

② VPN Tunneling 기법

터널링은 어떠한 페이로드라도 수용할 수 있으며 Encapsulation를 사용하여 여러 사용자가 동시에 다양한 형태의 페이로드를 접속할 수 있음

| L2 터널링 | L3 터널링 | L4 터널링 |
| --- | --- | --- |
| PPTP<br>L2TP<br>MPLS | IPSec<br>GRE | SSL / TLS<br>SSH<br>SOCKS v5 |

※ PPTP : Point to Point Tunneling Protocol   L2TP : Layer 2 Tunneling Protocol
　MPLS : MultiProtocol Label Switching   IPSec : IP Security
　GRE : Generic Routing Encapsulation
　SSL / TLS : Secure Socket Layer, Transport Layer Security   SSH : Secure Shell

③ VPN 분류

| 접속 범위에 따른 분류 | 서비스 제공 방식에 따른 분류 |
| --- | --- |
| 1. Intranet VPN : 인트라넷 접속<br>2. Extranet VPN : 익스트라넷 접속<br>3. Remote VPN : 기업과 원격 사용자 접속<br>4. 전용회선 기반 VPN : 전용회선 이용<br>5. 인터넷 기반 VPN : 인터넷 이용 | 1. 원격접속 VPN<br>　• 사용자 기반 VPN(CPE VPN)<br>　　RAS(Remote Access Service 기반<br>　　주로 PPTP, L2TP 등 구현 2계층 프로토콜<br>　• 네트워크 기반 VPN(사업자 MPLS VPN)<br>2. LAN to LAN VPN<br>　• 종단장치 기반 또는 네트워크 기반 VPN |

(2) MPLS VPN

- ISP Network 사업자가 직접 구현하는 망기반 VPN으로 연결 지향적인 MPLS 기술을 이용하여 가상의 VPN 기술을 구현하는 기술로 IP 백본망 위에서 VPN 라우팅 정보의 분배는 BGP를 사용하고 트래픽의 포워딩을 위해서는 MPLS을 사용하는 기술임
- 가입자의 네트워크 부담을 덜어주며 MPLS를 기반으로 하기 때문에 VPN의 확장성 및 유연성이 우수함

① MPLS

MPLS는 Multi Protocol Label Switching으로 Hop마다 느린 라우팅이 아닌 빠른 스위칭 기반 기술로 L2 라벨(Label) 교환기법을 활용하여 ISP 사업자 내 수많은 라우터를 통과할 때 IP Packet을 고속으로 전달하기 위한 기술임

- 주요 구성요소 : LSR, LER, LSP, LDP

| LSR | LER | LSP | LDP |
|---|---|---|---|
| Label Switch Router | Label Edge Router | Label Switched Path | Label Distribution Protocol |
| ISP사업자 망의 중심에 있는 라우터 | ISP사업자 망의 Edge에 있는 라우터 | MPLS 망 종단 양쪽의 MPLS 노드 간에 라벨이 스위칭(교환)되는 경로 | 라벨 분배 및 LSP 설정을 위한 protocol |

② VPN 구축시 주요 고려사항

상호운영성, 확장성, 가용성, 성능, 보안성 등

③ MPLS 헤더

MPLS Shim(작은 조각)을 L2 Header와 L3 Header 사이에 끼워 넣어 기존의 Hop by Hop Routing에 의해 처리되는 IP packet을 네트워크 입출시만 L3 Routing을 처리하고, 코어에서는 레이블을 이용한 L2 Switching에 의해 고속으로 패킷 전달이 가능함

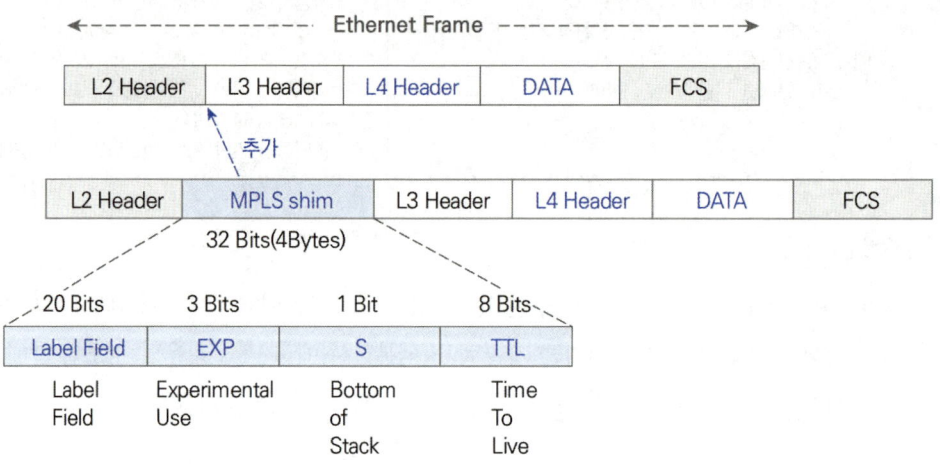

④ MPLS VPN 구성

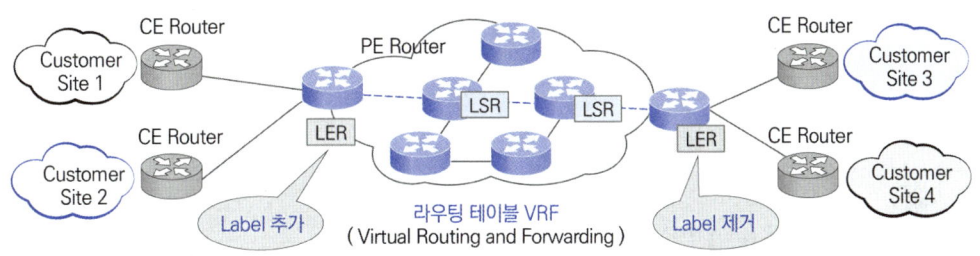

| CE Router | LER | LSR | LER | CE Router |
|---|---|---|---|---|
| MPLS VPN | | | | |
| · Customer Edge Router | · Label Edge Router | · Label Switch Router | · Label Edge Router | · Customer Edge Router |

- LER 입력시 Label이 추가되어 MPLS Domain에서 고속 Switching이 가능하고 LER 출력시 Label이 제거되어 가입자 Router로 IP Packet이 전달됨
- LER간에 LSP(Label Switched Path) 설정을 통해 L2 Tunnel이 구성되며, LSP(Label Switched Path)상에서의 라벨 값은 고정되어 있지 않고, LSR을 통과할 때마다 라벨값은 바뀜

# 2절 망관리시스템 운용

## 1 망관리시스템 운용하기

### 1.1 개요

- 망관리시스템은 NMS(Network Management System)으로 규모에 따라 기업 단위 네크워크 상의 전 장비들에 대한 중앙 감시 등을 목적으로 하는 소규모와 기간통신사업자의 대규모가 있으며 네트워크 시스템의 상태를 감시하여 장애를 조기에 발견하여 방지토록 하여 네트워크 운용에 중요한 업무를 수행 역할은 동일함
- NMS는 인터넷 기반의 네트워크 관리가 보편화되어 TCP / IP 기반의 기본 관리 프로토콜인 SNMP 프로토콜을 주로 사용하며, 네트워크 기본관리 항목은 구성 관리 등 5항목으로 분류하며 관리체계는 MIB(Management Information Base) 기반으로 관리하며, 관리도구는 PRTG, OpManager 등 다양하며 소규모는 무료, 일정규모는 전문업체 솔루션 또는 자체개발 관리도구를 사용함

### 1.2 NMS(Network Management System)

(1) NMS 개념

- NMS 개요
  구성되는 네트워크 주체(기업 / 통신사업자) 및 규모, 종류에 따라 다양하나, 기본적으로 관리하는 항목은 구성관리, 장애관리, 성능관리, 보안관리, 계정관리로 동일함

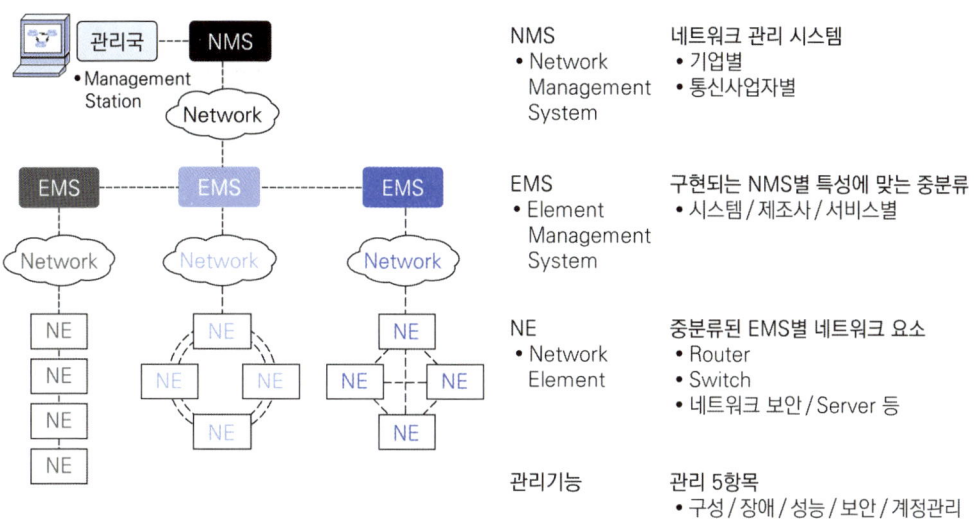

## (2) NMS 관리항목

- NMS 관리 기본항목

| 구성관리 | 장애관리 | 성능관리 | 보안관리 | 계정관리 |
|---|---|---|---|---|
| Configuration Management | Fault Management | Performance Management | Security Management | Accounting Management |
| 망관리자가 관리하는 네트워크에서, 자산별 / 설비별 / 장비별 하드웨어, 소프트웨어 구성 등에 대한 수정 / 삭제 / 추가 등의 관리 | 네트워크 상의 장애 (Failure / Fault) 검출 (Detection) 하고, 장애 조건들을 기록하고, 장애 요소로부터 네트워크 상의 트래픽을 분리 / 고립 (Isolation)시키고 복구하는 등 장애에 반응 | 서로 다른 네트워크 구성요소들의 성능 (이용률, 처리율, PUE 등)을, 측정하고, 보고하고, 분석하고, 제어하는 것 | 부당한 접근을 방지하거나, 사용자의 오남용 방지하여 사용자의 접근권한을 관리<br>• 물리적 보안 출입통제 등<br>• 네드워크 보인 등 정보보호 | 통신망 H/W 및 S/W 자원에 대해, 사용자별 망 자원 사용 현황, 권한 관리, 망 자원의 비용, 사용료 등 관련 정보의 수집 / 저장 / 제어 / 관리 |
| 네트워크 구성 기기와 서버등 접속상태, Application 정보를 DB화<br>• IP주소 등<br>• Dashboard 이용 시각화 | 네트워크 주요 장애관리 항목<br>• 물리적 장애 전원 / 케이블 / 공조 설비 등<br>• 네트워크 장애 지연 / 손실 등<br>• 서비스 장애 과부하 / 자원 등 | 네트워크 주요 성능 관리 항목<br>• 통신량 Packet수 Byte수 등<br>• Error 발생율 BER 등 | 네트워크 주요 보안관리 항목<br>• 물리적 보안 출입통제 / CCTV 설비 등<br>• 네트워크 보안 방화벽 등 주요 네트워크 보안 설비<br>• 암호화 | 네트워크 주요 계정관리 항목<br>• 사용자 ID / 패스워드 등<br>• 사용자별 자원사용에 대한 방법 / 절차로 과금, 감사, 리포팅 등에 활용 |

※ PUE : Power Usage Effectiveness

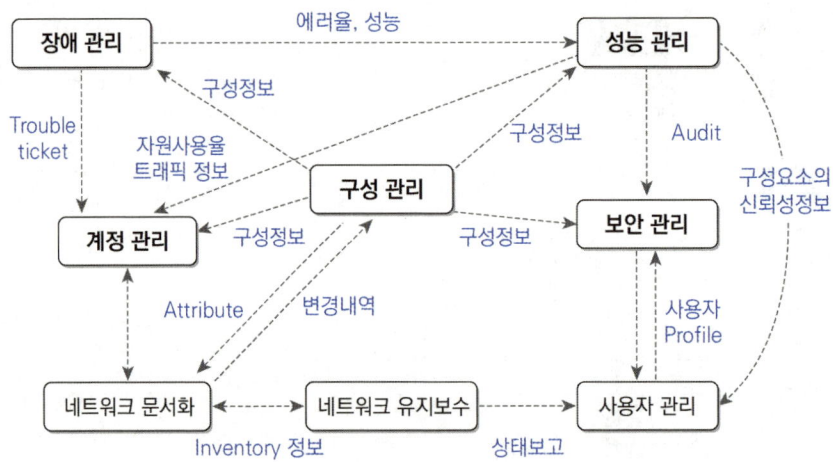

### (3) MIB
- 관리국이란 일반적으로 매니저 또는 NMS서버라 불리는 워크스테이션 또는 PC로 네트워크 관리자가 NMS시스템에 접근 할 수 있도록 인터페이스을 제공함
- 관리국은 SNMP 등 네트워크 관리 프로토콜을 이용하여 네트워크상의 관리대상 장비들과 통신함으로써 관리대상 장비의 MIB(Management Information Base)를 취득함
  - MIB Tree 구조

| 구분 | 세 부 내 용 |
|---|---|
| MIB | • 망관리를 위해 사용되는 체계화(Hierarchically)된 관리 정보(Management Information)<br>• MIB는 망관리용 프로토콜인 SNMP 등에 의해 읽혀짐 |
| MIB 객체 | • MIB은 관리정보의 구조에 의해 정해져 있는 계층적 트리 구조에 따라서 관리객체를 정의하고 있음<br>• 정의되는 객체는 객체 식별자(Object Idendifier)라 불리는 단일 이름을 가지고 있으며, 루트에서부터의 경로를 나타내는 숫자열로 표시 |

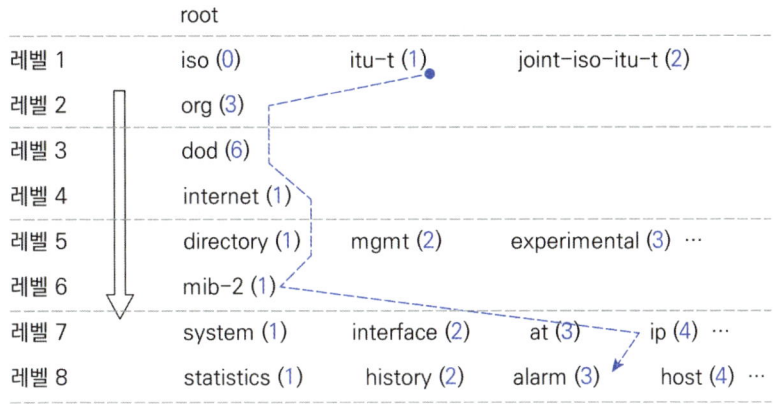

MIB Tree 구조

**예** system ∷ = { itu-t org dod internet directory mib-2 ip alarm···. }
system ∷ = 1.3.6.1.1.1.4.3....

## 2 망관리 프로토콜 활용하기

### 2.1 개요

- 망관리 프로토콜의 대표적인 SNMP 프로토콜 활용하며, SNMP 구성요소를 이해

### 2.2 망관리 프로토콜 활용

**(1) SNMP**

SNMP는 Simple Network Management Protocol로 네트워크 장비 요소 간에 네트워크 관리 및 전송을 위한 프로토콜로 UDP / IP 상에서 동작하는 비교적 단순한 형태의 메시지 교환형 네트워크 관리 프로토콜로 Manager / Agent(관리자 / 대리인) 형태로 동작함

① SNMP 동작

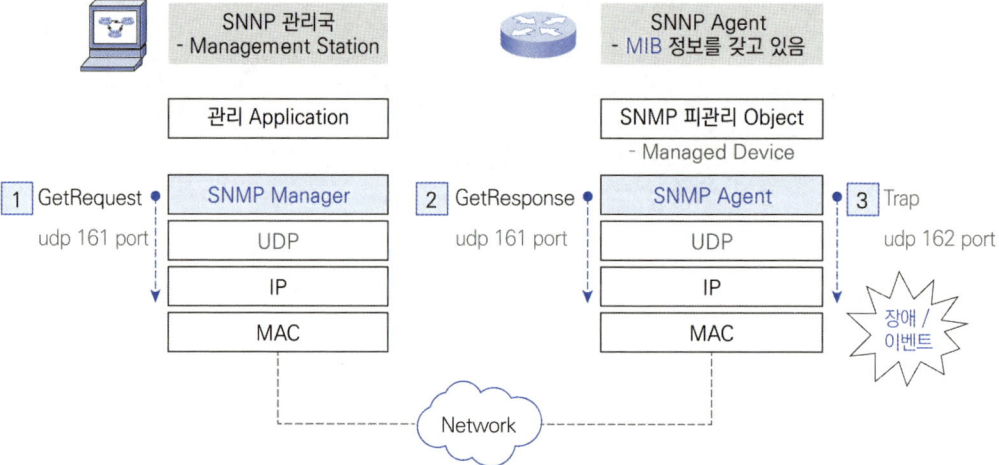

- 정상적인 Polling 과정에서는 관리국의 snmp manager의 메시지 GetRequest 요청에 대한 snmp agent의 메시지 GetResponse 응답이 UDP 161포트를 이용하여 이루어짐
- 긴급하게 snmp agent 자체의 장애등의 정보를 전달하기 위해 메시지 Trap를 이용 UDP 162포트를 이용하여 이루어짐

② SNMP 구성요소

| 구분 | 세부내용 |
|---|---|
| SNMP Manager | • 관리국(Management Statio)에서 SNMP Agent에 대응하여 상태정보 수집 및 분석 복구 |
| SNMP Agent | • 실제 NMS의 NE(Network Element)에 해당되는 라우터, 스위치 등에 해당되며 MIB 정보를 갖고 있으며, SNMP Manager에 대응 |
| MIB | • Management Information Base<br>• SNMP Agent가 갖고 있는 Object들의 모임 |
| Management Station | • 네트워크 관리자가 네트워크 관리시스템(NMS)에 접근 인터페이스 제공<br>• 데이터 분석, 에러 복구 등의 관리 Application의 집합 |

## (2) SNMP 메시지

• SNMP 메시지 타입

| GetRequest | GetNextRequest | SetRequest | GetResponse | Trap |
|---|---|---|---|---|
| 변수정보 취득요구 | 차기 변수정보 취득요구 | 변수정보 설정요구 | 변수정보 취득응답 | 이벤트 통지 |
| 특정 MIB변수의 값을 취득 요구 | 지정된 MIB 변수 다음에 정의되어 있는 변수값을 취득 요구 | 지정된 MIB 변수 값을 설정·변경 요구 | SNMP Manager의 요구에 대한 SNMP Agent의 응답 메시지 | SNMP Agent의 기기상의 이벤트 발생을 SNMP Manager에게 통지 |

※ Trap의 이벤트 종류는 coldstart(재기동), warmstart(재설정) 등이 있음

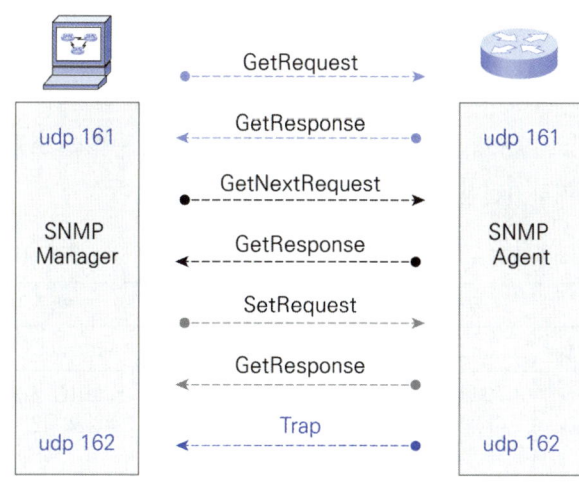

# 3절 보안 환경 구성

## 1 방화벽 설치 및 설정하기

### 1.1 개요
- 네트워크 보안은 통신망에 전송되는 자료의 보안으로 전송되는 패킷 형태의 DATA와 관련된 암호화이며, 외부 네트워크로부터 내부 네트워크를 보호하는 역학을 하여 신뢰할 수 있는 내부 네트워크의 스위치, OS, 응용프로그램, 서버 등을 외부의 불법적인 접근으로부터 보호함
- 네트워크 보안의 주요 시스템은 방화벽(Firewall), IPS, NGFW 등이 있으며, 보안시스템은 기본적으로 네트워크 보안에서 콘텐츠 보안, 단말기 보안, 암호기술 등 점차 확대되고 있음

### 1.2 방화벽 설치 및 설정하기

(1) 정보보호 개요

① 정보보호 의미

정보시스템의 안전성과 신뢰성을 확보하여 위험(Risk)를 줄이려는 일련의 노력이며 점차 개념이 확대되고 있으며, 정보의 수집, 가공, 저장, 검색, 송수신 도중에 정보의 훼손, 변조, 유출 등을 방지하기위한 관리적, 기술적 방법을 의미

② 정보보호 목표

| 기밀성 | 무결성 | 가용성 | 인증 | 책임추적성 |
|---|---|---|---|---|
| Confidentiality | Integrity | Availability | Authentication | Accountability |
| • 정보유출의 방지<br>• 암호화 등<br>(Encription) | • 정보의 변조 및 파괴를 예방하고 방지<br>• 전자서명 등 | • 해킹으로 인한 시스템 동작을 예방하는 것으로 가장 힘듦<br>• 필요시 권한을 부여받은자만이 정보와 자산으로 접근 | • 정당한 사용자임을 확인 | • 부인방지로 행위 부인하는 것을 봉쇄<br>• 전자서명 등 |

③ 네트워크보안 근본 원인

| 구분 | 원인 | 비고 |
|---|---|---|
| 1 | TCP / IP 프로토콜 Source 공개<br>• Open Protocol | 악의적 사용 가능 |
| 2 | 인터넷 접속이 용이 | 해킹 활동 증가 |
| 3 | 해킹 정보습득이 용이 | |
| 4 | 인터넷의 개방 지향적 특성 | 인터넷의 개방적인 구조 |
| 5 | 각종 프로그램의 버그(Bug) 존재 | 보안 패치 |

(2) 보안시스템 구성 및 정책

- 보안시스템 구성

  네트워크 보안시스템의 일반적인 구성 형태는 다음과 같다.

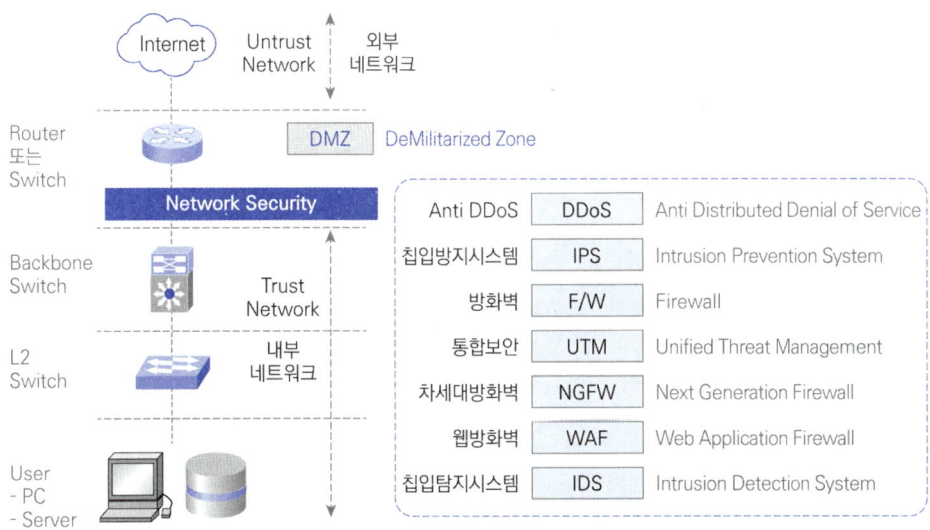

- 외부 네트워크의 Untrust 네트워크 패킷에 대한 내부 네트워크를 보호하기 위한 다양한 장비군들이 있으며, 신뢰할 수 없는 외부사용자에게 개방해야만 하는 서비스 네트워크인 경우 DMZ 네트워크에 배치함

| 구분 | 세 부 내 용 |
|---|---|
| Firewall | • 4계층에서 동작 Packet Filtering 장비<br>저수준 Filtering(IP주소, 포트번호 등)과 고수준 Filtering(사용자명, 내용 등)<br>• 3,4계층 정책을 세우고, 해당 정책에 따라 Packet을 허용 또는 거부<br>침입차단시스템<br>• NAT에 기반한 사설IP와 공인IP 변환 |
| NGFW<br>UTM | • Firewall 기능을 Application 영역까지 확장한 보안장비군 |
| IPS | • 침입방지시스템으로 칩입 공격이 발견되면 직접 차단하는 능력이 있으며, 다양하고 지능적인 칩입기술에 대해 보다 능동적으로 칩입이 일어나기 전에 실시간으로 칩입을 막고 알려지지 않은 방식의 칩입으로부터 보호<br>• 방화벽 기능 + 능동적 / 지능적 기능 |
| IDS | • 칩입탐지시스템<br>• 외부침입자가 시스템의 자원을 정당한 권한없이 불법적으로 사용하는 시도 또는 내부사용자가 자신의 권한을 오용, 남용하는 것을 탐지하고 대응하는 장비 |
| WAF | • 웹전용 방화벽으로 보통 DMZ영역에 배치 |
| DDoS | • DDos 공격을 차단하기 위한 장비로 네트워크 맨 앞단에 배치 |

## 2. 방화벽 등 보안시스템 운용하기

### 2.1 개요
- 보안시스템의 다양한 장비군에 대한 기본적인 보안관리자의 업무내용

### 2.2 방화벽 등 보안시스템 운용하기

(1) 보안시스템 운용

① 보안관리자의 운영 기본업무

| 구분 | 소구분 | 세부내용 |
|---|---|---|
| 운영보안 관리 | 법규 | 정보통신망법 동법 시행령, 동법 시행규칙 준수 |
| | 보안 매뉴얼 | 정보보안 운영·관리 세부지침 준수 |
| | 계정 관리 | 계정 및 패스워드 관리<br>• 시스템마다 다른 패스워드 요구<br>• 공동 ID 부여 금지<br>• 사용하지 않는 계정 삭제 등 지속 관리 |
| | 보고서 | 보안 보고서 관리 |
| 보안시스템 관리 | 네트워크 보안장비 관리 | 보안설정 및 이벤트 내역 관리<br>• 바이러스 방역<br>로그파일 설정 및 관리<br>주기적인 백업 및 패킷분석 관리 |
| | 정기적 보안 Patch 적용 | 정보보호 웹사이트 활용<br>• 운영체제별 주기적 / 비주기적 보안 Patch 관리 |
| | 시스템 적정화 작업 수행 | 보안장비별 적정 부하 관리<br>시스템 초기 설치시 네트워크와 물리적 고립 등 |
| 취약점 분석 | 취약점 분석 | 취약점 분석 및 대응방안 마련<br>• 최신 정보보호기술 수준 유지노력<br>• 정보보호 웹사이트 주기적 확인<br>  정보보호 권고문, 기술문서, 기술자료<br>외부 전문 취약점 진단 의뢰 |

② 보안시스템의 위험요소 및 대책

| 보호대상 | 데이터 저장장치 | 응용 프로그램 | 네트워크 장비 | 카드 |
|---|---|---|---|---|
| 위험요소 | 데이터 삭제, 복사, 수정 등 | OS 취약점 서비스 거부 바이러스 등 | 프로토콜 취약점 트래픽 폭주 등 | 신분위장 카드복제 등 |
| 보안대책 | 접근제어 Secure DBMS 등 | 사용자 인증 취약성 진단 바이러스 백신 Secure OS 등 | 취약성 진단 네트워크보안 장비 등 | 사용자 인증 Secure OS 등 |

③ 네트워크 보안정책

| 구분 | 세부 내용 |
|---|---|
| 화이트리스트 | • 방어에 문제없다고 명확히 판단되는 통신만 허용 방식<br>IP와 통신정보에 대해 명확히 아는 경우 사용<br>예 방화벽<br>정책에 필요한 서비스만 허용하는 화이트리스트 주로 사용 |
| 블랙리스트 | • 공격이라고 판단되는 IP리스트나 패킷리스트를 기반으로 DB를 만들고 그 정보를 이용 방어<br>예 IPS, 웹방화벽 등에 블랙리스트 기반 방어기법 사용 |

MEMO

# 5장 구내통신구축 공사관리

**1절** 설계보고서 작성
  1. 공사계획서 작성하기
  2. 설계도서 작성하기
  3. 인증제도 적용하기

**2절** 수송용량 산출하기
  1. 전송용량 산출
  2. 교환용량 산출

**3절** 설계단계의 감리업무 수행
  1. 정보통신공사 시공, 감리, 감독하기
  2. 정보통신공사 시공관리, 공정관리, 품질관리, 안전관리하기

# 1절 설계보고서 작성

## 1 공사계획서 작성하기

### 1.1 개요

- 정보통신설비공사에 대한 공사계획서 작성에 필요한 관련법규를 이해하고 공사계획서 주요 내용을 이해
- 시공분야 법규는 정보통신공사업법, 동법 시행령, 동법 시행규칙, 동법 시행에 관한 규정과 주요 기술기준을 정리

### 1.2 정보통신설비공사

(1) 정보통신 법규

① 국가법령정보센터(https://www.law.go.kr) 정보통신 관련 법규를 정리하였으며, 과학기술정보통신부가 주무기관임

| 법률 | 시행령 | 시행규칙 |
|---|---|---|
| 방송통신발전 기본법 | 동법 시행령 | - |
| | 방송통신설비의 기술기준에 관한 규정 (대통령령) | |
| 전기통신기본법 | 동법 시행령 | - |
| | 방송통신설비의 기술기준에 관한 규정 (대통령령) | |
| 전기통신사업법 | 동법 시행령 | - |
| | 방송통신설비의 기술기준에 관한 규정 (대통령령) | |
| | 전기통신사업 회계정리 및 보고에 관한 규정 (대통령령) | |
| 정보통신공사업법 | 동법 시행령 | 동법 시행규칙 |

| 법률 | 시행령 | 시행규칙 |
|---|---|---|
| 정보통신망 이용촉진 및 정보보호 등에 관한 법률(정보통신망법) | 동법 시행령 | 동법 시행규칙 |
| 전파법 | 동법 시행령 | 동법 시행규칙 |
| | 방송통신설비의 기술기준에 관한 규정 (대통령령) | 무선설비규칙 |
| 방송법 | 동법 시행령 | 동법 시행규칙 |
| 지능정보화 기본법 | 동법 시행령 | 동법 시행규칙 |
| 엔지니어링산업 진흥법 | 동법 시행령 | 동법 시행규칙 |

※ 정보통신 관련 각종 기술기준, 고시 및 정보통신공사업법 시행에 관한 규정도 있음

② 정보통신 법규별 목적

| 법률 | 내용 |
|---|---|
| 방송통신발전 기본법 | 제1조(목적) 이 법은 방송과 통신이 융합되는 새로운 커뮤니케이션 환경에 대응하여 방송통신의 공익성·공공성을 보장하고, 방송통신의 진흥 및 방송통신의 기술기준·재난관리 등에 관한 사항을 정함으로써 공공복리의 증진과 방송통신 발전에 이바지함을 목적으로 한다. |
| 전기통신기본법 | 제1조(목적) 이 법은 전기통신에 관한 기본적인 사항을 정하여 전기통신을 효율적으로 관리하고 그 발전을 촉진함으로써 공공복리의 증진에 이바지함을 목적으로 한다. |
| 전기통신사업법 | 제1조(목적) 이 법은 전기통신사업의 적절한 운영과 전기통신의 효율적 관리를 통하여 전기통신사업의 건전한 발전과 이용자의 편의를 도모함으로써 공공복리의 증진에 이바지함을 목적으로 한다. |
| 정보통신공사업법 | 제1조(목적) 이 법은 정보통신공사의 조사·설계·시공·감리(監理)·유지관리·기술관리 등에 관한 기본적인 사항과 정보통신공사업의 등록 및 정보통신공사의 도급(都給) 등에 필요한 사항을 규정함으로써 정보통신공사의 적절한 시공과 공사업의 건전한 발전을 도모함을 목적으로 한다. |
| 정보통신망 이용촉진 및 정보보호 등에 관한 법률 (정보통신망법) | 제1조(목적) 이 법은 정보통신망의 이용을 촉진하고 정보통신서비스를 이용하는 자를 보호함과 아울러 정보통신망을 건전하고 안전하게 이용할 수 있는 환경을 조성하여 국민생활의 향상과 공공복리의 증진에 이바지함을 목적으로 한다. |
| 전파법 | 제1조(목적) 이 법은 전파의 효율적이고 안전한 이용 및 관리에 관한 사항을 정하여 전파이용과 전파에 관한 기술의 개발을 촉진함으로써 전파 관련 분야의 진흥과 공공복리의 증진에 이바지함을 목적으로 한다. |
| 방송법 | 제1조(목적) 이 법은 방송의 자유와 독립을 보장하고 방송의 공적 책임을 높임으로써 시청자의 권익보호와 민주적 여론형성 및 국민문화의 향상을 도모하고 방송의 발전과 공공복리의 증진에 이바지함을 목적으로 한다. |
| 지능정보화 기본법 | 제1조(목적) 이 법은 지능정보화 관련 정책의 수립·추진에 필요한 사항을 규정함으로써 지능정보사회의 구현에 이바지하고 국가경쟁력을 확보하며 국민의 삶의 질을 높이는 것을 목적으로 한다. |
| 엔지니어링산업 진흥법 | 제1조(목적) 이 법은 엔지니어링산업의 진흥에 필요한 사항을 정하여 엔지니어링산업의 기반을 조성하고 경쟁력을 강화함으로써 관련 산업 간의 균형발전을 도모하고, 창의적인 지식기반사회의 실현과 국민경제의 발전에 이바지함을 목적으로 한다. |

### (2) 정보통신설비공사

정보통신 공사계획서 관련법규는 다음과 같으며, 이에 포함되는 것은 정보통신설비 공사에 해당됨

- 정보통신설비 관련법규

| 법규 | 내용 |
|---|---|
| 정보통신공사업법 제2조 "정보통신설비" | "정보통신설비"란 유선, 무선, 광선, 그 밖의 전자적 방식으로 부호·문자·음향 또는 영상 등의 정보를 저장·제어·처리하거나 송수신하기 위한 기계·기구(器具)·선로(線路) 및 그 밖에 필요한 설비를 말한다. |
| 정보통신공사업법 시행령 제2조(공사의 범위) | ① 「정보통신공사업법」(이하 "법"이라 한다) 제2조 제2호에 따른 정보통신설비의 설치 및 유지·보수에 관한 공사와 이에 따른 부대공사는 다음 각 호와 같다.<br>1. 전기통신관계법령 및 전파관계법령에 따른 통신설비공사<br>2. 「방송법」 등 방송관계법령에 따른 방송설비공사<br>3. 정보통신관계법령에 따라 정보통신설비를 이용하여 정보를 제어·저장 및 처리하는 정보설비공사<br>4. 수전설비를 제외한 정보통신전용 전기시설설비공사 등 그 밖의 설비공사<br>5. 제1호부터 제4호까지의 규정에 따른 공사의 부대공사<br>6. 제1호부터 제5호까지의 규정에 따른 공사의 유지·보수공사<br>② 제1항에 따른 공사의 종류는 별표 1과 같다. |
| 정보통신공사업법 시행령 별표1 | ■ 정보통신공사업법 시행령 [별표 1] |

■ 정보통신공사업법 시행령 [별표 1]

### 공사의 종류(제2조 제2항 관련)

| 구분 | 공사의 종류 | 공사의 예시 |
|---|---|---|
| 통신설비공사 | 통신선로 설비공사 | 통신구설비, 통신관로설비, 통신케이블(광섬유 및 동축케이블·전주·지지철물·케이블방재·철탑·배관·단자함 등을 포함한다)설비 등의 공사 |
| | 교환설비 공사 | 전자식교환(ISDN 및 전전자를 포함한다)설비, 자동식교환설비, 비동기식교환(ATM)설비, 가입자선로집중운용보전시스템설비, 집단전화교환설비, 자동호분배장치설비, 중앙과금장치설비, 신호망설비, 지능망설비, 통신처리장치설비, 사설교환(PBX·CBX)설비 등의 공사 |
| | 전송설비 공사 | 전송단국(FLC·PCM·PDH·SDH·DACS·SONET·WDM)설비, 송·수신설비, 중계설비, 다중화설비, 분배설비, 전력선반송설비, 종합유선방송(CATV)전송설비 등의 공사 |
| | 구내통신 설비공사 | 구내통신선로·이동통신구내선로·방송공동수신설비, 전화설비, 방범설비, 방송설비, 방재설비중 정보통신설비, 수직·수평배관 및 배선설비, 주장비실설비, 층장비실설비, 장애자용음향통신설비, 키폰전화설비 등의 공사 |
| | 이동통신 설비공사 | 개인이동통신(PCS)설비, 휴대용이동전화(셀룰라)설비, 주파수공용통신(TRS)설비, 무선데이터통신설비, 무선호출설비, 아이엠티2000(IMT-2000)설비, 위성이동휴대전화(GMPCS)설비, 시티폰설비 등의 공사 |

| 구분 | 공사의 종류 | 공사의 예시 |
|---|---|---|
| 통신 설비 공사 | 위성통신 설비공사 | 위성송·수신국설비, 위성체설비, 지상관제소설비, 발사체설비, 위성측위시스템(GPS)설비, 소형위성지구국(VSAT)설비, 위성뉴스중계(SNG)설비 등의 공사 |
| | 고정무선 통신설비 공사 | 무선CATV(MMDS·LMDS)설비, 방송통신융합시스템(LMCS)설비, 무선가입자망(WLL)설비, 마이크로웨이브(M/W)설비, 무선적외선설비 등의 공사 |
| 방송 설비 공사 | 방송국 설비공사 | 영상·음향설비, 송출설비, 방송관리시스템설비 등의 공사 |
| | 방송전송· 선로설비 공사 | 방송관로설비, 방송케이블(전주·철탑·배관·단자함 등을 포함한다)설비, 전송단국설비, 송·수신설비, 중계설비, 다중화설비, 분배설비, 구내전송선로설비, 위성방송수신설비 등의 공사 |
| 정보 설비 공사 | 정보제어· 보안설비 공사 | 인공지능빌딩시스템(IBS)설비, 관제(항공·교통·기상·주차)설비, 원격조정·자동제어(SCADA, TM/TC, 공장자동화 등의 정보통신설비를 포함한다)설비, 정보시스템관리설비, 방향탐지설비, 위치측정설비, 전자신호제어설비, 폐쇄회로텔레비전(CCTV)설비, 경비보안설비, 터널군관리(TGMS)설비, 수계통합자동제어설비, 수문제어설비, 홍수예경보설비, 민방공경보설비, 수도시설제어설비, 재해방지설비, 수처리(상수·하수 및 폐수 등을 포함한다)계측제어설비, 긴급구조시스템설비, 텔레메틱스(Telematics)설비 등의 공사 |
| | 정보망 설비공사 | 근거리통신망(이더넷LAN·ATM-LAN·기가비트LAN 등을 포함한다)설비, 부가가치통신망(VAN)설비, 광역통신망(WAN)설비, 정보시스템망관리(TMN)설비, 무선통신망설비, 전산시스템(CPU·C/S·제어장치 등을 포함한다)설비, 인터넷(인트라넷·엑스트라넷·방화벽 등을 포함한다)설비, 멀티미디어설비, 컴퓨터·통신통합(CTI)설비, 종합정보통신망(ISDN)설비, 초고속정보망(xDSL·케이블모뎀 등을 포함한다)설비, 판매시점관리시스템(POS), 유비쿼터스설비 등의 공사 |
| | 정보매체 설비공사 | 화상(영상)회의시스템설비, 홈뱅킹시스템설비, 원격의료시스템설비, 원격교육시스템설비, 주문대응형비디오시스템(VOD)설비, 홈오토메이션시스템설비, 전자식전광판설비, 지리정보시스템(GIS)설비, 원격자동검침(AMR)설비, 홈네트워크(디지털홈)시스템설비, 동시통역시스템설비, 도시정보체계(UIS)설비, 공간영상정보시스템(SIIS)설비, 객실관리시스템설비 등의 공사 |
| | 항공·항만 통신설비 공사 | 무지향표식(NDB)설비, 전방향표식(VOR)설비, 거리측정(DME)설비, 계기착륙(ILS)설비, 로란 및 레이다(ASDE·ASR·MSR)설비, 전술항행(TACAN)설비, 위성항행(CNS/ATM)설비, 위성항법시스템(GNSS)설비, 위성항법보정시스템(DGPS)설비, 항공운항정보(FIS)설비, 저고도돌풍경보장치(LLWAS), 소음측정시스템, 셀프이용안내(KIOSK)설비, 이동지역관리시스템(MAMS)설비, 종합정보통신시스템설비, 일반공중통신시스템설비, 통신자동화시스템설비, 통합경비보안시스템설비, 해안무선(VTS 및 해안지역 각종 통신시설)설비 등의 공사 |
| | 선박의 통신·항해· 어로설비 공사 | 선박통신설비(GMDSS, 조난구조장치, MF·HF·VHF·SSB의 송수신기, 전파수신기, 위성통신기, SSAS, 선내지령장치 등), 선박항해설비(RADAR, 기상수신기, GPS, 전자해도장치, RDF, 측심기, NAVTEX, AIS, VDR, 풍속계, 선속계, 콤파스, 자동조타장치 등), 선박어로설비(어군탐지장치, 어망감시장치, 수온측정장치, 조류계 등) 등의 공사 |
| | 철도통신· 신호설비 공사 | 역무자동화(AFC)설비, 토크백설비, 연선전화설비, 열차무선설비, 사령전화설비, 자동안내방송설비, 전자시계설비, 복합통신설비, 행선안내게시기설비, 도관전선관(HP)설비, 통신 및 신호용트로프설비, 자동열차정지장치설비, 열차집중제어장치설비, 전자식신호제어설비, 열차내이동무선공중전화설비, 여객자동안내장치설비 등의 공사 |

| 구분 | 공사의 종류 | 공사의 예시 |
|---|---|---|
| 기타 설비 공사 | 정보통신 전용전기 시설설비 공사 | 정보통신전기공급설비, 전기부식방지설비, 전력·전철유도방지설비, 무정전전원장치(UPS)설비, 충방전·전압조정설비, 전동발전기설비, 접지설비, 서지설비, 낙뢰방지설비, 잡음·전자파(EMI·EMC·EMS 등을 포함한다)방지설비 등의 공사 |

### (3) 도급계약

정보통신 공사계획서를 작성하기 이전에 발주자와 정보통신공사업자에게 공사 발주를 통해 도급 계약이 있어야 하며, 계약 후 공문으로 착공신고서를 감리를 경유하여 발주자에게 제출

① 계약단계 및 시공 착공단계

| 계약 단계 | 시공 단계 | |
|---|---|---|
| 발주 - 입찰 - 낙찰 | 착공단계 : 착공신고서 | 시공단계 : 시공계획서 |
| 발주 : 발주자 → 정보통신공사업자<br>입찰 : 정보통신공사업자 → 발주자<br>낙찰 : 발주자 → 정보통신공사업자 | 착공신고서 등 관련서류 공문 제출<br>[ 도급사 → 발주자 ] | 시공 초기단계 세부공사에 대한 시공계획서 제출<br>[ 도급사 → 발주자 ] |

② 도급계약 및 착공신고서

| 법규 | 내용 |
|---|---|
| 정보통신공사업법 제2조 "발주자" | "발주자"란 공사(용역을 포함한다. 이하 이 조에서 같다)를 공사업자(용역업자를 포함한다. 이하 이 조에서 같다)에게 도급하는 자를 말한다. 다만, 수급인(受給人)으로서 도급받은 공사를 하도급(下都給)하는 자는 제외한다. |
| 정보통신공사업법 제2조 "정보통신공사업자" | "정보통신공사업자"란 이 법에 따른 정보통신공사업(이하 "공사업"이라 한다)의 등록을 하고 공사업을 경영하는 자를 말한다. |
| 정보통신공사업법 제2조 "도급" | "도급"이란 원도급(原都給), 하도급, 위탁, 그 밖에 명칭이 무엇이든 공사를 완공할 것을 약정하고, 발주자가 그 일의 결과에 대하여 대가를 지급할 것을 약정하는 계약을 말한다. |
| 정보통신공사업법 제2조 "하도급" | "하도급"이란 도급받은 공사의 일부에 대하여 수급인이 제3자와 체결하는 계약을 말한다. |

| 법규 | 내용 |
|---|---|
| 정보통신공사업법 제2조 "수급인" | "수급인"이란 발주자로부터 공사를 도급받은 공사업자를 말한다. |
| 정보통신공사업법 제2조 "하수급인" | "하수급인"이란 수급인으로부터 공사를 하도급받은 공사업자를 말한다. |
| 정보통신공사업법 제2조 "정보통신기술자" | 「국가기술자격법」에 따라 정보통신 관련 분야의 기술자격을 취득한 사람과 정보통신설비에 관한 기술 또는 기능을 가진 사람으로서 제39조에 따라 과학기술정보통신부장관의 인정을 받은 사람을 말한다. |
| 정보통신공사업법 제26조 (공사도급의 원칙 등) | ① 공사도급의 당사자는 각각 대등한 입장에서 합의에 따라 공정하게 계약을 체결하고, 신의에 따라 성실하게 계약을 이행하여야 한다.<br>② 공사도급의 당사자는 그 계약을 체결할 때 도급금액, 공사기간, 그 밖에 대통령령으로 정하는 사항을 계약서에 명시하여야 하며, 서명·날인한 계약서를 서로 내주고 보관하여야 한다.<br>③ 수급인은 하수급인에게 하도급공사의 시공과 관련하여 자재구입처의 지정 등 하수급인에게 불리하다고 인정되는 행위를 강요하여서는 아니 된다.<br>④ 하도급에 관하여 이 법에서 규정하는 것을 제외하고는 「하도급거래 공정화에 관한 법률」의 해당 규정을 준용한다. |
| 정보통신공사업법 시행령 제26조 (공사도급계약서의 내용) | ① 법 제26조제2항에서 "대통령령으로 정하는 사항"이란 다음 각 호를 말한다.<br>　1. 공사내용<br>　2. 도급금액의 선급금이나 기성금의 지급에 관하여 약정한 경우에는 각각 그 지급의 시기·방법 및 금액<br>　3. 도급당사자인 일방으로부터 설계변경·공사중지 또는 도급해제의 요청이 있는 경우의 손해부담에 관한 사항<br>　4. 천재·지변, 그 밖의 불가항력으로 인한 면책의 범위에 관한 사항<br>　5. 설계변경·물가변동 등에 따른 도급금액 또는 공사내용의 변경에 관한 사항<br>　6. 도급목적물의 인도를 위한 검사 및 인도시기<br>　7. 공사완성 후의 도급금액의 지급시기<br>　8. 도급의 이행이 지체되는 경우 위약금·지연이자의 지급 등 손해배상에 관한 사항<br>　9. 하자담보책임기간 및 하자담보방법<br>　10. 해당 공사에서 발생된 폐기물의 처리방법과 재활용에 관한 사항<br>　11. 「산업안전보건법」 제72조에 따른 산업안전보건관리비의 지급에 관한 사항<br>　12. 「고용보험 및 산업재해보상보험의 보험료징수 등에 관한 법률」에 따른 보험료, 「국민연금법」에 따른 연금보험료, 「국민건강보험법」에 따른 보험료, 「노인장기요양보험법」에 따른 장기요양보험료 및 그 밖에 해당 공사와 관련하여 법령에 따라 부담하는 각종 부담금의 금액과 부담방법에 관한 사항<br>　13. 그 밖에 다른 법령 또는 쌍방의 합의에 따라 명시되는 사항<br>② 과학기술정보통신부장관은 계약당사자가 대등한 입장에서 공정하게 계약을 체결하도록 하기 위하여 정보통신공사의 도급 및 하도급에 관한 표준계약서(하도급의 경우는 「하도급거래 공정화에 관한 법률」에 따라 공정거래위원회가 권장하는 정보통신공사 표준도급계약서를 말한다)를 정하여 보급할 수 있다. |

| 법규 | 내용 |
|---|---|
| 정보통신공사업법 제33조<br>(정보통신기술자의 배치) | ① 공사업자는 공사의 시공관리와 그 밖의 기술상의 관리를 하기 위하여 대통령령으로 정하는 바에 따라 공사 현장에 정보통신기술자 1명 이상을 배치하고, 이를 그 공사의 발주자에게 알려야 한다.<br>② 제1항에 따라 배치된 정보통신기술자는 해당 공사의 발주자의 승낙을 받지 아니하고는 정당한 사유 없이 그 공사 현장을 이탈하여서는 아니 된다.<br>③ 발주자는 제1항에 따라 배치된 정보통신기술자가 업무수행의 능력이 현저히 부족하다고 인정되는 경우에는 수급인에게 정보통신기술자의 교체를 요청할 수 있다. 이 경우 수급인은 정당한 사유가 없으면 이에 따라야 한다. |
| 정보통신공사업법 시행령 제34조(정보통신기술자의 현장배치기준 등) | ① 법 제33조 제1항에 따라 공사의 현장에 배치하여야 하는 정보통신기술자는 해당 공사의 종류에 상응하는 정보통신기술자이어야 한다.<br>② 공사업자는 공사가 시공 중인 때에는 다음 각 호의 구분에 따라 정보통신기술자를 현장에 상주하게 하여 공사관리를 하여야 한다. 다만, 공사가 중단된 기간은 그러하지 아니하다.<br>　1. 도급금액이 5억원 이상의 공사 : 중급기술자 이상인 정보통신기술자<br>　2. 도급금액이 5천만원 이상 5억원 미만인 공사 : 초급기술자 이상인 정보통신기술자<br>③ 공사현장에 배치된 정보통신기술자는 공사에 따른 위험 및 장해가 발생하지 아니하도록 모든 안전조치를 강구하여야 하며, 관계법령에 따라 그 업무를 성실히 수행하여야 한다.<br>④ 공사업자는 다음 각 호의 어느 하나에 해당하는 경우에는 발주자의 승낙을 얻어 1명의 정보통신기술자에게 2개의 공사를 관리하게 할 수 있다.<br>　1. 도급금액이 1억원 미만의 공사로서 동일한 시(특별시·광역시 및 특별자치시를 포함한다)·군에서 행하여지는 동일한 종류의 공사<br>　2. 이미 시공 중에 있는 공사의 현장에서 새로이 행하여지는 동일한 종류의 공사 |

(4) 공사계획서

시공단계 도급사는 착공 신고서를 제출 이후 실제 시공에 대한 정보통신설비 공사계획서를 제출하고 시공을 진행함

① 시공단계 초기 주요업무

| 시공 단계 ||
|---|---|
| 착공단계 : 착공신고서 | 시공단계 ; 시공계획서 |
| 착공신고서 등 관련서류<br>공문 제출<br>[ 도급사 → 발주자 ] | 시공 초기단계 세부공사에 대한<br>시공계획서 제출<br>[ 도급사 → 발주자 ] |
| 발주자 ― 감리원 : 착공계 제출<br>(착공신고서 등 법적서류 위주 제출)<br>수급인 : 도급사<br>정보통신기술자 배치<br>(현장대리인) | 발주자 ― 감리원 : 시공계획서 제출<br>(실제 시공 세부 공사별 내용)<br>수급인 : 도급사<br>정보통신기술자 배치<br>(현장대리인) |
| 주요 내용<br>• 법적서류 위주, 개략적 시공내용 포함 | 주요 내용<br>• 세부통신 공사별 실제 시공위주사항 |
| 1. 공문 : 착공신고서<br>2. 공사계약서<br>3. 착공신고서<br>4. 직접시공계획서<br>5. 예정공정표<br>6. 정보통신기술자 보유확인서<br>7. 현장대리인 지정신고서<br>　• 기술지수첩<br>　• 재직증명서<br>　• 경력증명서(정보통신공사협회)<br>8. 공사내역서<br>9. 산재 고용가입증명원<br>10. 노무동원 및 장비투입계획서<br>11. 안전관리계획서<br>12. 품질관리계획서 등 | 1. 공문 : 시공계획서<br>2. 공사 개요<br>　• 착공 / 준공일<br>　• 예정 공정표<br>3. 세부 공사별 공사범위<br>4. 세부 공사별 구축방안 예<br>　4.1 통신선로설비공사 세부시공계획<br>　4.2 방송설비공사 세부시공계획<br>　4.3 네트워크설비공사 세부시공계획<br>　4.4 정보설비공사 세부시공계획 등<br>5. 현장운영계획<br>6. 품질관리계획<br>7. 안전관리계획<br>8. 주요자재수급계획 등 |

※ 준공단계에서는 설계변경 등 공사업무 및 해당시·구청에 정보통신 사용전검사, 인증기관에 초고속정보통신 건물인증 등 관련 업무를 완료하고 예비준공검사, 준공검사, 인수인계 등을 완료하고 준공계 제출 공사를 종료함

② 시공계획서 예

| 시공 계획서 ||
|---|---|
| 항목 | 주 요 내 용 |
| 개요 | • 공사 개요<br>　• 공사명 : ○○○○○○ 공사<br>　• 발주자 : ○○○<br>　• 설계자 : ○○○<br>　• 감리자 : ○○○<br>　• 시공자 : ○○○<br>　• 공사기간 : ○○○ ~ ○○○<br>　• 시설개요 / 설비개요 등 |
| 정보통신<br>설비공사 개요 | • 정보통신설비 공사 개요<br>• 공사 업무범위 등<br>• 납품, 설치, 시운전, 배관배선, 타공사 인터페이스 등 |
| 세부공사별<br>시공 계획 | • 정보통신설비 □ 공사 세부시공계획<br>　• □ 공사 시스템 개요<br>　• □ 공사 시스템 구성<br>　• □ 공사 시스템 특징<br>　• □ 공사 주요자재 리스트<br>　• □ 공사 시공방안, 장비동원 계획<br>　• □ 공사 시공 중점관리 계획, 타 간섭사항 / 협의사항<br>　• □ 공사 시운전 계획 등<br>• 정보통신설비 ▷ 공사 세부시공계획<br>　• ▷ 공사 시스템 개요<br>　• ▷ 공사 시스템 구성<br>　• ▷ 공사 시스템 특징<br>　• ▷ 공사 주요자재 리스트<br>　• ▷ 공사 시스템 화면구성 및 연동시나리오<br>　• ▷ 공사 시공 중점관리 계획, 타 간섭사항 / 협의사항<br>　• ▷ 공사 시운전 계획 등<br>　... |
| 현장운영<br>계획 | • 현장운영 개요<br>• 공정관리계획<br>• 현장 조직도<br>• 예정공정표<br>• 인력투입계획<br>• 주요자재 납품일정 등 |
| 품질관리<br>계획 | • 품질관리계획 세부내용<br>　• 품질활동 등 |
| 안전관리<br>계획 | • 안전관리계획 세부내용<br>　• 무재해 활동, 안전교육 실시, 안전관리자 등 |
| 환경관리<br>계획 | • 환경관리계획 세부내용<br>　• 환경관리 활동 등 |

# 2 설계도서 작성하기

## 2.1 개요

- 설계업무 주요 내용을 이해하고 관련 법규 및 설계업무 수행기준을 확인
- 설계 단계별 주요업무를 확인하고 최종 산출물인 설계도서 세부내용을 확인

## 2.2 설계도서 작성

(1) 설계 관련 법규

정보통신 설계 관련 법규는 정보통신공사업법에 있으며 세부내용은 다음과 같음

① 설계자 용역업자 관련 법규

설계는 발주자가 용역업자에게 발주하고 관련 설계업무는 용역업자가 수행함

| 법규 | 내용 |
|---|---|
| 정보통신공사업법 제2조 "설계" | "설계"란 공사에 관한 계획서, 설계도면, 설계설명서, 공사비명세서, 기술계산서 및 이와 관련된 서류(이하 "설계도서"라 한다)를 작성하는 행위를 말한다. |
| 정보통신공사업법 제2조 "용역" | "용역"이란 다른 사람의 위탁을 받아 공사에 관한 조사, 설계, 감리, 사업관리 및 유지관리 등의 역무를 하는 것을 말한다. |
| 정보통신공사업법 제2조 "용역업자" | "용역업자"란 다음 각 목의 어느 하나에 해당하는 자를 말한다.<br>가. 「엔지니어링산업 진흥법」 제21조제1항에 따라 엔지니어링사업자로 신고하거나 「기술사법」 제6조에 따라 기술사사무소의 개설자로 등록한 자로서 통신·전자·정보처리 등 대통령령으로 정하는 정보통신 관련 분야의 자격을 보유하고 용역업을 경영하는 자<br>나. 「건축사법」 제23조제1항에 따라 건축사사무소의 개설신고를 한 건축사. 다만, 「건축법」 제2조제1항제4호에 따른 선화 설비, 초고속 정보통신 설비, 지능형 홈네트워크 설비, 공동시청 안테나, 유선방송 수신시설에 관한 공사의 설계·감리 업무를 하는 경우로 한정한다. |
| 정보통신공사업법 제7조 (설계 등) | ① 발주자는 용역업자에게 공사의 설계를 발주하여야 한다.<br>② 제1항에 따라 설계도서를 작성한 자는 그 설계도서에 서명 또는 기명날인하여야 한다.<br>③ 제1항 및 제2항에 따른 설계 대상인 공사의 범위, 설계도서의 보관, 그 밖에 필요한 사항은 대통령령으로 정한다. |

※ 설계의 목적 : 존재하지 않는 추상적인 결과물을 산출하기 위해 관련법 및 기술기준을 준용하고 최적의 성과물 산출을 위한 기초작업

② 설계 업무내용 관련 법규

| 법규 | 내용 |
|---|---|
| 정보통신공사업법 제6조<br>(기술기준의 준수) | ① 공사를 설계하는 자는 대통령령으로 정하는 기술기준에 적합하게 설계하여야 한다.<br>② 감리원은 설계도서 및 관련 규정에 적합하게 공사를 감리하여야 한다.<br>③ 과학기술정보통신부장관은 다음 각 호의 구분에 따라 공사의 설계·시공 기준과 감리업무 수행기준을 마련하여 발주자, 용역업자 및 공사업자가 이용하도록 할 수 있다.<br>  1. 설계·시공 기준 : 공사의 품질 확보와 적정한 공사 관리를 위한 기준으로서 설계기준, 표준공법 및 표준시방서 등을 포함한다.<br>  2. 감리업무 수행기준 : 감리업무의 효율적인 수행을 위한 기준으로서 공사별 감리 소요인력, 감리비용 산정 기준 등을 포함한다. |
| 정보통신공사업법 시행령 제5조(설계에 있어서의 기술기준) | 법 제6조 제1항에서 "대통령령으로 정하는 기술기준"이란 다음 각 호의 기술기준을 말한다.<br>1. 「방송통신발전 기본법」 제28조 제1항에 따른 기술기준<br>1의2. 「전기통신사업법」 제61조, 제68조 제2항, 제69조 제2항 및 제69조의2 제2항에 따른 기술기준<br>2. 「전파법」 제37조 제1항, 제45조, 제47조, 제47조의2 제1항·제2항 및 제47조의3 제1항에 따른 기술기준<br>3. 「방송법」 제79조 제1항에 따른 기술기준<br>4. 「건축법 시행령」 제87조 제5항 및 「주택건설기준 등에 관한 규정」 제32조, 제32조의2, 제39조 및 제42조에 따른 기술기준<br>5. 다른 법령에서 공사의 설계 등과 관련하여 과학기술정보통신부장관이 정하도록 한 기술기준이나 표준 |
| 정보통신공사업법 시행령 제6조(설계대상인 공사의 범위) | ① 법 제7조에 따라 용역업자에게 설계를 발주하여야 하는 공사는 다음 각 호의 어느 하나에 해당하는 공사를 제외한 공사로 한다.<br>  1. 제4조에 따른 경미한 공사<br>  2. 천재·지변 또는 비상재해로 인한 긴급복구공사 및 그 부대공사<br>  3. 별표 1에 따른 통신구설비공사<br>  4. 기존 설비를 대·개체하는 공사로서 설계도면의 새로운 작성이 불필요한 공사<br>② 제1항에도 불구하고 다음 각 호의 어느 하나에 해당하는 공사로서 별표 6에 따른 기술계 정보통신기술자인 발주자의 소속직원이 관계법령에 따라 설계하는 공사의 경우에는 용역업자에게 발주하지 아니할 수 있되, 그 소속직원은 설계하려는 공사규모에 해당하는 제8조의3 제1항에 따른 적합한 기술등급을 보유하여야 한다. 이 경우 제8조의3 제1항 각 호 중 "특급감리원"은 "특급기술자"로, "고급감리원 이상의 감리원"은 "고급기술자 이상의 기술자"로, "중급감리원 이상의 감리원"은 "중급기술자 이상의 기술자"로, "초급감리원 이상의 감리원"은 "초급기술자 이상의 기술자"로 본다.<br>  1. 국방 및 국가안보 등과 관련하여 기밀유지가 요구되는 공사<br>  2. 다음 각 목의 어느 하나에 해당하는 기관이 시행하는 공사<br>    가. 국가 및 지방자치단체<br>    나. 「지방공기업법」에 따른 지방공사<br>    다. 그 밖에 정보통신 관련 공공기관으로서 과학기술정보통신부장관이 정하여 고시하는 기관<br>  3. 제1호 및 제2호에 따른 공사 외의 공사로서 총공사금액(도급금액에 발주자가 공급하는 자재비를 포함한 금액을 말한다. 이하 같다)이 1억원 미만인 공사 |

| 법규 | 내용 |
|---|---|
| 정보통신공사업법 시행령 제7조(설계도서의 보관 의무) | 법 제7조 제3항에 따라 공사의 설계도서는 다음 각 호의 기준에 따라 보관하여야 한다.<br>1. 공사의 목적물의 소유자는 공사에 대한 실시·준공설계도서를 공사의 목적물이 폐지될 때까지 보관할 것. 다만, 소유자가 보관하기 어려운 사유가 있을 때에는 관리주체가 보관하여야 하며, 시설교체 등으로 실시·준공설계도서가 변경된 경우에는 변경된 후의 실시·준공설계도서를 보관하여야 한다.<br>2. 공사를 설계한 용역업자는 그가 작성 또는 제공한 실시설계도서를 해당 공사가 준공된 후 5년간 보관할 것<br>3. 공사를 감리한 용역업자는 그가 감리한 공사의 준공설계도서를 하자담보책임기간이 종료될 때까지 보관할 것 |

③ 설계 업무일반 : 엔지니어링 산업진흥법 등

| 법규 | 내용 |
|---|---|
| 엔지니어링 산업진흥법 제30조(엔지니어링사업 시행과정) | ① 발주청은 엔지니어링사업을 효율적으로 시행하기 위하여 엔지니어링사업의 기획, 타당성 조사, 설계, 감리, 유지 또는 관리 등(이하 "엔지니어링사업 시행과정"이라 한다)이 상호 유기적으로 이루어지도록 하여야 한다. |
| 엔지니어링 산업진흥법 시행령 제41조(엔지니어링사업 시행과정의 내용 및 방법) | ① 발주청은 법 제30조에 따라 엔지니어링사업을 효율적으로 시행하기 위하여 다음 각 호의 시행과정에 따라 시행하여야 하며, 엔지니어링사업을 발주하려는 경우에는 엔지니어링사업자에게 발주하여야 한다.<br>1. 기획<br>2. 타당성 조사<br>3. 기본계획 수립<br>4. 기본설계 및 실시설계<br>5. 감리<br>6. 사업관리<br>7. 성과관리 |

## (2) 타당성 조사

### ① 사업수행 개요

해당사업의 최초 기획은 발주자가 하며, 그 이후 설계업무와 관련 타당성 조사와 기본설계, 실시설계 관련해서는 용역업자가 수행하며 설계 전 단계에 정보통신공사 용역업체 선정 등이 필요함

| 기획 | 타당성 조사 | 기본계획 | 기본설계 | 실시설계 | 감리 | 시공 | 유지보수 |
|---|---|---|---|---|---|---|---|
| 발주자 | 발주자<br>용역업자 | 발주자<br>용역업자 | 용역업자 | 용역업자 | 용역업자 | 공사업자 | 용역업자<br>공사업자 |
| 사업<br>기획 | 기술 / 환경 등<br>관련 요소 조사<br>· 검토(공사비<br>추정 등) | 기획단계의 개<br>념을 도면 및<br>문서화 | 설계조건을<br>조직화, 기본<br>을 나타내는<br>기본설계 | 기본설계를<br>구체화 실제<br>공사에 필요<br>설계도서 | 발주자를 대리<br>하여 사업관리 | 설계도서를<br>기준 시공 | 준공 이후 설비<br>유지관리 |

### ② 타당성 조사

타당성 조사는 발주자가 해당 정보통신공사 특성상 필요하다고 인정되는 경우에 할 수 있음

| 구분 | 개념 |
|---|---|
| 주요업무 | 정보통신공사로 공사되는 정보통신시설물 등의 설치 단계에서 철거 단계까지의 모든 과정을 대상으로 기술·환경·재정·용지·교통 등 필요한 요소를 고려 조사·검토<br>그 정보통신공사의 공사비 추정액과 공사의 타당성이 유지될 수 있는 공사비의 증가 한도 제시 등 |
| 조사시기 | 기본설계 전 |
| 조사범위 | 1) 기초조사<br>2) 현지조사 및 현황자료조사<br>3) 기술적 검토 : 대안제시를 포함<br>4) 비용산정<br>5) 편익추정<br>6) 종합분석 : 공사의 타당성이 유지될 수 있는 공사비 증가 한도 제시 등 |
| 조사보고서 | 1) 타당성 조사 요약문<br>2) 사업 현황 : 사업개요, 위치도 또는 현황도<br>3) 추진 경위<br>4) 조사범위에 따른 조사 및 분석결과<br>5) 부록<br>　• 참여자 및 참고자료 등 |
| 사후관리 | 발주자는 타당성 자료는 정보통신공사가 완료된 날로부터 10년간 보관 |

## (3) 기본설계

기본설계(Preliminary Design)란 실시설계에 앞서 행하여 지는 설계업무로, 발주자의 목적에 따라 정보통신공사의 설계 조건을 조직화하고, 그에 대응하는 공사에 필요한 기본을 나타내는 도서을 작성하는 업무임

발주자가 타당성 조사를 생략한 경우에는 용역업자는 기본설계가 설계업무의 시작임

- 기본설계

| 구분 | 내용 |
|---|---|
| 정의 | "기본설계"라 함은 예비타당성조사, 타당성조사 및 기본계획를 감안하여 시설물의 규모, 배치, 형태, 개략공사방법 및 기간, 개략 공사비 등에 관한 조사, 분석, 비교·검토를 거쳐 최적안을 선정하고 이를 설계도서로 표현하여 제시하는 설계업무로서 각종사업의 인·허가를 위한 설계를 포함하며, 설계기준 및 조건 등 실시설계용역에 필요한 기술자료를 작성하는 것을 말한다._기본설계 등에 관한 세부시행기준(국토교통부) |
| 개념 | 실시설계에 앞서 행하여 지는 설계업무로, 발주자의 목적에 따라 정보통신공사의 설계 조건을 조직화하고, 그에 대응하는 공사에 필요한 기본을 나타내는 도서를 작성하는 업무로, 기본설계에는 구조 계획 · 예비 설계 · 개략적 공사비의 산출 및 필요한 조사를 포함 |
| 주요업무 | 계약 및 착수 : • 착수계 제출 • 과업수행계획 제출 및 승인 • 착수보고회 |
| | 설계 제기준 검토 : • 설계개요 및 관련법령 등 기준 검토 • 과업지시서 검토 |
| | 선행 계획 검토 : • 예비 타당성 및 타당성 조사 및 기본계획 성과물 검토 |
| | 현장조사 및 자료수집 : • 현장조사 및 확인 • 기존 시스템 현황 및 자료 수집 |
| | 기술방안 검토 : • 기존 시스템 연계 검토 • 공사방법 및 기술적 최적안 및 대안 검토 |
| | 공법 및 공사비 검토 : • 주요자재 및 공법 선정 : 시스템 계획서 등 • 개략공사비 및 공사기간 산정 |
| | 기본설계 도서 작성 : • 기본설계도면 • 기본설계 보고서 • 기본설계 예산서 • 기본설계 설명서(필요시) • 기본설계 계산서 • 기본설계 계산서, 설계 참조자료 등 |
| | 기본설계 도서 검증 : • 설계보고회, 설계자문회의 / VE 등 |
| | 성과물 납품 : • 기본설계 도서 |

## (4) 실시설계

실시설계(Detailed Design)란 기본설계에 입각하여 공사의 실시와 시공자에 의한 공사비의 내역 명세를 작성할 수 있는 필요하고 충분한 설계도서를 작성하는 설계업무의 과정으로 기본설계를 구체화하며 설계자 최종 산출물임

① 실시설계

| 구분 | 내용 | |
|---|---|---|
| 정의 | "실시설계"라 함은 기본설계의 결과를 토대로 시설물의 규모, 배치, 형태, 공사방법과 기간, 공사비, 유지관리 등에 관하여 세부조사 및 분석, 비교·검토를 통하여 최적안을 선정하여 시공 및 유지관리에 필요한 설계도서, 도면, 시방서, 내역서, 구조 및 수리계산서 등을 작성하는 것을 말한다._기본설계 등에 관한 세부시행기준(국토교통부) | |
| 개념 | 기본설계에 입각하여 공사의 실시와 시공자에 의한 공사비의 내역 명세를 작성할 수 있는 필요하고 충분한 설계도서를 작성하는 설계업무의 과정으로, 실시설계는 목적물의 최적화된 시공을 위한 모든 요소를 결정하여 도면으로 작성하는 과정임 | |
| 주요업무 | 계약 및 착수 | • 착수계 제출<br>• 과업수행계획 제출 및 승인<br>• 착수보고회 |
| | 설계 제기준 검토 | • 설계개요 및 관련법령 등 기준 검토<br>• 기본설계 검토 |
| | 현장조사 및 자료수집 | • 현장조사 및 확인<br>• 기존 시스템 현황 및 자료 수집 |
| | 기술방안 검토 | • 설계기준 작성<br>• 기존 시스템 연계 검토<br>• 공사방법 및 기술적 최적안 및 대안 검토 |
| | 공법 및 공사비 검토 | • 주요자재 및 공법 선정<br>• 기자재 규격작성<br>• 상세공사비 및 공사기간 산정 |
| | 실시설계 도서 작성 | • 실시설계도면<br>  • 계통도, 구성도(Block Diagram), 배치도, 평면도, 상세도 등<br>• 실시설계 보고서<br>• 실시설계 예산서<br>  • 실시 내역서, 수량 / 단가 산출서 등<br>• 각종 계산서<br>  • 설비별 주요 계산서<br>• 설계설명서(시방서)<br>  • 일반시방서, 특기시방서 |
| | 실시설계 도서 검증 | • 설계보고회, 설계자문회의 / VE 등 |
| | 성과물 납품 | • 실시설계 도서 |

② 실시설계 산출물 예

| 설계 도서 ||
|---|---|
| 항목 | 주 요 내 용 |
| 설계도면 | 1) 도면 목록표<br>2) 범례<br>  • 배관, 배선, 통신기기, 통신수구 등<br>3) 정보통신기기 배치도, 각종 간선도, 계통도(Block Diagram), 설치상세도<br>  • 정보통신설비 Block Diagram<br>  • 방송설비 Block Diagram<br>  • LAN Block Diagram<br>  • 통합배선설비 전체 계통도<br>  • 주요실 장비 배치도 등<br>4) 정보통신설비의 평면도, 단면도, 구조물도, 입면도, 장비 배치도 등 기타 상세도<br>  • 각 층별 평면도<br>  • 각종 설비별 구성도<br>  • 각종 설비별 배치도<br>  • 각종 배관배선 상세 구성도(매립 등)<br>5) 각종 결선도 |
| 설계보고서 | 1) 공사 개요 : 위치, 설비규모, 공사기간, 공종별 공사비 등<br>2) 주요설비 사항 : 각종 설비<br>  • 통신, 예비 및 비상전원, 정보통신설비 구성과 설비방식 등<br>3) 본 설계에 적용한 설비기술기준, 시설물에 대한 설명내용 등<br>4) 총사업비 단계별 협의 내용 및 현황<br>  • 관련문서 등 근거자료 등 |
| 설계예산서 | 1) 단가산출서 : 일위대가, 단가조사표, 자재명세표, 인력(노무)산출 등<br>2) 수량산출서 : 설비 수량<br>3) 설계예산서 : 공종별 금액, 공사원가내역 등 |
| 설계설명서<br>(시방서) | 1) 일반 시방서<br>  • 공사 일반<br>  • 자재 관리<br>  • 품질 관리 등<br>2) 특별(특기) 시방서<br>  • 정보통신설비<br>  • 네트워크설비<br>  • 방송설비<br>  • 교환기설비<br>  • 통합배선설비<br>  • 통합SI설비<br>3) 자재설계설명서(자재시방서) : 필요시 |

| 설계 도서 ||
|---|---|
| 항목 | 주 요 내 용 |
| 계산서 | 1) 정보통신설비의 각종 계산에 적용한 계산 기준<br>2) 부하계산서<br>• VOICE / DATA 트래픽 용량계산서<br>• 배관배선 용량계산서<br>• 저장서버 용량계산서<br>• 방송 용량계산서 등<br>3) 비상전원 등 충전설비에 관한 용량 산출서<br>4) 손실계산서<br>• 방송공동수신설비, 소형기지국설비, CCTV 등 |

# 3 인증제도 적용하기

## 3.1 개요

- 건축물 인증제도 관련 초고속정보통신건물 인증제도 등에 대한 업무처리지침 등 확인

## 3.2 초고속정보통신건물인증

(1) 개요

| 구분 | | | 내용 |
|---|---|---|---|
| 목적 | | | 초고속정보통신 및 홈네트워크 서비스 등 다양한 서비스가 원활하게 지원되도록 일정기준 이상의 구내정보통신설비를 갖춘 건물에 대해 초고속정보통신건물 및 홈네트워크건물 인증을 부여함으로써 구내정보통신설비의 고도화를 촉진시키고 관련 서비스를 활성화하고자 시행함 |
| 적용 대상 | 초고속정보통신건물 | 공동주택 | 초고속정보통신건물 인증대상은 「건축법」 제2조 제2항 제2호의 공동주택 중 20세대 이상의 건축물 또는 같은 항 제14호의 업무시설 중 연면적 3,300㎡ 이상인 건축물을 대상으로 한다. |
| | | 업무시설 | |
| | 홈네트워크건물 | 공동주택 | 홈네트워크건물 인증대상은 「건축법」 제2조 제2항 제2호의 공동주택 중 20세대 이상의 건축물 또는 「주택법」 제2조 제4항 및 「주택법 시행령」 제4조 제4항에 따른 오피스텔(준주택)을 대상으로 한다. |
| | | 오피스텔 | |
| 등급 구분 | 초고속정보통신건물 | | 특등급, 1등급, 2등급 |
| | 홈네트워크건물 | | AAA(홈IoT), AA, A |
| 인증 구분 | 예비 인증 | 내용 | 설계도면에 대한 서류심사를 통해 예비인증여부 결정<br>• 주로 설계사 인증업무 수행 |
| | | 서류 | 1. 신청서<br>2. 구내정보통신설비 설계도면<br>3. 홈네트워크설비 설계도면(홈네트워크건물 인증 신청에 한함)<br>4. 건축허가서 |
| | 본인증 | 내용 | 실제 준공 기준 인증<br>• 최종설계도면과 실제 시공결과는 동일하여야 함<br>• 주로 시공사 인증업무 수행 |
| | | 서류 | 1. 신청서<br>2. 구내정보통신설비 설계도면 파일 및 출력물<br>3. 홈네트워크설비 설계도면 파일 및 출력물(홈네트워크건물 인증 신청에 한한다.)<br>4. 사용전검사 필증(감리를 실시한 공사의 경우 감리계약서 또는 감리결과 보고서 사본)<br>5. 해당 건물의 모든 인출구에서 측정한 구내배선 성능시험 결과(저장매체 또는 서면)<br>6. 건축허가서 |

※ 건축물 관련 인증제도는 지능형건축물 인증제도(IBS)도 있음

| 초고속정보통신 | | 초고속정보통신 + 홈네트워크 |
|---|---|---|
| 예비인증 | 본인증 | |
| 초고속정보통신특등급 | 초고속정보통신특등급 | 초고속정보통신특등급<br>홈네트워크AAA등급(홈IoT) |

(2) 초고속정보통신건물인증 공동주택, 준주택오피스텔 : 특등급

| 심사항목 | | | | 특 등 급 |
|---|---|---|---|---|
| 배선설비 | 배선방식(세대내) | | | 성형배선 |
| | 케이블 | 구내간선계 | | 광케이블(SMF) 12코어 이상 + 세대당 Cat3 4페어 이상 |
| | | 건물간선계 | | 세대당 광케이블(SMF) 4코아 이상 + 세대당 Cat5e 4페어 이상 |
| | | 수평배선계 | 세대인입 | 세대당 광케이블(SMF) 4코아 이상 + 세대당 Cat5e 4페어 이상 |
| | | | 댁내배선 | 실별 인출구 2구당 Cat6 4페어 이상 + Cat5e 4페어 이상,<br>거실 인출구까지 광 1구(SMF 1코어 이상) |
| | 접속자재 | | | 배선케이블 성능등급과 동등 이상으로 설치 |
| | 세대단자함 | | | • 광선로 종단장치(FDF)<br>• 디지털방송용 광수신기<br>• 접지형 전원시설이 있는 세대 단자함 설치<br>• 무선AP 수용시 전원콘센트 4구 이상 설치 |
| | 인출구 | 설치대상 | | 침실, 거실, 주방(식당) |
| | | 설치 개수 | 침실 및 거실 | 실별 4구 이상 [2구(Cat6 1구, Cat5e 1구)씩 2개소로 분리 설치],<br>거실 광인출구 1구 이상 단, 무선AP 수용시 거실을 제외한 실별<br>2구(Cat6 1구, Cat5e 1구) 이상 |
| | | | 주방(식당) | 2구(Cat6 1구, Cat5e 1구) 이상 |
| | | 형태 및 성능 | | 케이블 성능등급과 동등 이상의 8핀 모듈러잭(RJ45) 또는 광케이블용 커넥터 |
| | 무선AP | 단지공용부(필수) | | 단지내(주민공동시설, 놀이터 등) 1개소 이상, 무선AP까지 광케이블 또는<br>Cat6 4페어 이상 |
| | | 세대내(선택) | | 1개소 이상, 세대단자함에서 무선AP까지 Cat6 4페어 이상 |

| 심사항목 | | | 특 등 급 |
|---|---|---|---|
| 배관 설비 | 구조 | | 성형배선 가능 구조 |
| | 건물간선계 | | • 단면적 1.12㎡(깊이 80cm 이상) 이상의 TPS 또는 5.4㎡ 이상의 동별 통신실 확보<br>• 출입문에는 관계자외 출입통제 표시 부착 |
| | 예비 배관 | 설치구간 | 구내간선계, 건물간선계 |
| | | 수량 | 1공 이상 |
| | | 형태 및 규격 | 최대 배관 굵기 이상 |
| 집중구내 통신실 | 위치 | | 지상 |
| | 면적 | ~ 300세대 | 12㎡ 이상 |
| | | ~ 500세대 | 18㎡ 이상 |
| | | ~ 1,000세대 | 22㎡ 이상 |
| | | ~ 1,500세대 | 28㎡ 이상 |
| | | 1,501세대 ~ | 34㎡ 이상 |
| | 디지털방송 설비설치 시 | | 3㎡추가<br>(단, 방재실에 설치할 경우 제외) |
| | 출입문 | | 유효너비 0.9m, 유효높이 2m 이상의 잠금장치가 있는 방화문 설치 및 관계자외 출입통제 표시 부착 |
| | 환경·관리 | | • 통신장비 및 상온 / 상습장치 설치<br>• 전용의 전원설비 설치 |
| 구내 배선 성능 | 구내간선계 | | 광선로 채널성능 이상 |
| | 건물간선계 | | 광선로 채널성능 이상 |
| | 수평 배선계 | 세대인입 | 광선로 채널성능 이상 |
| | | 댁내배선 | 광선로 채널성능 이상 + 동선로 채널성능 이상 |
| 도면 관리 | | | 배선, 배관, 통신실 등 도면 및 선번장 |
| 디지털 방송 | 배선 | | 헤드엔드에서 세대단자함(또는 장치함)까지 광케이블 1코아 이상 설치(SMF 설치 권장) |

주1) 구내간선계 광케이블(SMF) 12코아 이상 중 최소 SMF 8코아 이상은 초고속 인터넷사업자가 사용할 수 있도록 확보하여야 한다.
주2) 디지털방송을 위한 전송선로는 구내간선계, 건물간선계, 수평배선계(세대인입)의 통신용 광케이블을 사용할 수 있다 (기존의 특등급 공동주택 및 오피스텔에서 예비 광케이블을 활용하여 디지털방송 수신환경 설치를 추가로 설치할 경우 재인증 가능).
주3) 세대단자함 내에 네트워크 기능을 갖는 세대용스위치를 설치하는 경우에는 1G/10Gbps이상 스위칭 허브 및 IGMP SNOOPING 기능을 지원하여야 하며, TTA 시험성적서를 제출하여야 한다.
주4) 무선 AP는 TTA로부터 IEEE 802.11ax이상의 성능과 WPA3 보안규격을 만족하는 시험성적서를 제출하여야 한다. 또한, PoE 방식일 경우에는 IEEE 802.3af 시험성적서를 제출하여야 한다.
주5) 세대 전용면적이 60㎡ 미만인 경우 디지털방송용 광케이블(광수신기)을 장치함에 설치할 수 있다.

## (3) 초고속정보통신건물인증 공동주택, 준주택오피스텔 : 1등급, 2등급

| 심사항목 | | | | 1 등 급 | 2 등 급 |
|---|---|---|---|---|---|
| 배선<br>설비 | 배선방식 | | | 성형배선 | |
| | 케이블 | 구내간선계 | | 광케이블(SMF) 12코아 이상<br>+ 세대당 Cat3 4페어 이상 | 광케이블(SMF) 12코아 이상<br>+ 세대당 Cat3 4페어 이상 |
| | | 건물간선계 | | 세대당 광케이블(SMF) 2코아 이상<br>+ 세대당 Cat5e 4페어 이상 | 세대당 광케이블(SMF) 2코아 이상<br>+ 세대당 Cat5e 4페어 이상 |
| | | 수평<br>배선계 | 세대<br>인입 | 세대당 광케이블(SMF) 2코아 이상<br>+ 세대당 Cat5e 4페어 이상 | 세대당 광케이블(SMF) 2코아 이상<br>+ 세대당 Cat5e 4페어 이상 |
| | | | 댁내<br>배선 | 인출구당 Cat5e 4페어 이상(거실 4구 중 2구는 Cat6 4페어 이상) | 인출구당 Cat5e 4페어 이상 |
| | 접속자재 | | | 배선케이블 성능등급과 동등 이상으로 설치 | |
| | 세대단자함 | | | 접지형 전원시설이 있는 세대 단자함 설치,<br>광케이블 인입시 광선로종단장치(FDF) 설치 | 접지형 전원시설이 있는 세대 단자함 설치 |
| | 인출구 | 설치대상 | | 침실, 거실, 주방(식당) | |
| | | 설치<br>개수 | 거실 | 4구 이상<br>[2구(Cat6 1구, Cat5e 1구)씩 2개소로 분리 설치] | 실별 2구(Cat5e 2구) 이상 |
| | | | 침실<br>및<br>주방<br>(실당) | 2구(Cat5e 2구) 이상 | |
| | | 형태 및 성능 | | 케이블 성능등급과 동등 이상의 8핀 모듈러잭(RJ45) 또는 광케이블용 커넥터 | |
| | 무선AP<br>(단지공용부) | | | 단지내(주민공동시설, 놀이터 등) 1개소 이상, 무선AP까지 광케이블 또는 Cat6 4페어 이상 | |
| 배관<br>설비 | 구조 | | | 성형배선 가능 구조 | |
| | 건물간선계 | | | • 트레이 형태인 경우 단면적 0.24㎡(깊이 30cm) 이상의 TPS 또는 5.4㎡ 이상의 동별 통신실 확보<br>• 배관 형태인 경우 통신장비 설치 공간 확보<br>• 출입문에는 관계자 외 출입금지 표시 부착 | |
| | 예비<br>배관 | 설치구간 | | 구내간선계 및 건물간선계 | |
| | | 수량 | | 1공 이상 | |
| | | 형태 및 규격 | | 최대 배관 굵기 이상 | |

| 심사항목 | | | 1 등급 | 2 등급 |
|---|---|---|---|---|
| 집중 구내 통신실 | 위치 | | 지상 | |
| | 면적 | ~ 300세대 | 10㎡ 이상 | 10㎡ 이상 |
| | | ~ 500세대 | 15㎡ 이상 | 10㎡ 이상 |
| | | ~ 1,000세대 | 20㎡ 이상 | 15㎡ 이상 |
| | | ~ 1,500세대 | 25㎡ 이상 | 20㎡ 이상 |
| | | 1,501세대 ~ | 30㎡ 이상 | 25㎡ 이상 |
| | 디지털방송 설비설치 시 | | 3㎡추가(단, 방재실에 설치할 경우 제외) | |
| | 출입문 | | 유효너비 0.9m, 유효높이 2m 이상의 잠금장치가 있는 방화문 설치 및 관계자외 출입통제 표시 부착 | |
| | 환경·관리 | | • 통신장비 및 상온 / 상습장치 설치<br>• 전용의 전원설비 설치 | |
| 구내 배선 성능 | 구내간선계 | | 광선로 채널성능 이상 | |
| | 건물간선계 | | 광선로 채널성능 이상 | 광선로 채널성능 이상 |
| | 수평 배선계 | 세대인입 | 광선로 채널성능 이상 | 광선로 채널성능 이상 |
| | | 댁내배선 | 동선로 채널성능 이상 | 동선로 채널성능 이상 |
| 도면 관리 | | | 배선, 배관, 통신실 등 도면 및 선번장 | |

주1) 구내간선계 광케이블(SMF) 12코어 이상 중 최소 SMF 8코어 이상은 초고속 인터넷사업자가 사용할 수 있도록 확보하여야 한다.
주2) 구내간선계를 건물간선계까지 확장한 경우 (세대당 광케이블 SMF 2코어이상 + 세대당 Cat5e 4페어 이상
→ 광케이블(SMF) 12코어 이상 + 세대당 Cat3 4페어), 건물간선계 구내배선성능 기준은 구내간선계 기준을 적용한다.
주3) 무선AP는 TTA로부터 IEEE 802.11ax이상의 성능과 WPA3 보안 규격을 만족하는 시험성적서를 제출하여야 한다. 또한, PoE 방식일 경우에는 IEEE 802.3af 이상의 시험성적서를 제출하여야 한다.
주4) 세대단자함 내에 네트워크 기능을 갖는 세대용스위치를 설치하는 경우에는 1G/10Gbps 이상 스위칭 허브 및 IGMP SNOOPING 기능을 지원하여야 하며, TTA 시험성적서를 제출하여야 한다.

## (4) 홈네트워크건물인증

| 심사항목 | | | 요건 | | |
|---|---|---|---|---|---|
| | | | AAA등급 (홈IoT) | AA등급 | A등급 |
| 등급 구분 기준 | | | 심사항목(1) + 심사항목(2) 중 16개 이상 + 심사항목(3) | 심사항목(1) + 심사항목(2) 중 16개 이상 | 심사항목(1) + 심사항목(2) 중 13개 이상 |
| 배선방식 | | | 성형배선 | | |
| 심사항목 (1) | 배선 | 세대단자함과 세대단말기 간 | Cat5e 4페어 이상 | | |
| | 예비배관 | 세대단자함과 세대단말기 간 | 16C 이상 (세대단자함과 세대단말기와의 배선 공유시 22C 이상) | | |
| | 설치공간 | 블로킹필터 | • 3상 4선식 : 150mm×200mm×60mm<br>• 단상 2선식 : 70mm×160mm×60mm | | |
| | 면적 | 집중구내통신실 면적 | 2㎡ | | |
| | | 통신배관실 (TPS) | • 출입문은 외부인으로부터 보안을 위하여 유효너비 0.7m, 유효높이 1.8m 이상 잠금장치가 있는 출입문으로 설치하고 관계자 외 출입통제 표시부착<br>• 외부 청소 등에 먼지, 물 등이 들어오지 않도록 50mm 이상의 문턱 설치. 다만, 차수관 또는 차수막을 설치하는 때에는 그러하지 아니함 | | |
| | | 단지서버실 | • 별도의 공간을 확보할 경우 3㎡ 이상<br>• 이중바닥 방식으로 설치하고, 출입문은 외부인으로부터 보안을 위하여 유효너비 0.9m, 유효높이 2m 이상의 잠금장치가 있는 방화문 설치 및 관계자 외 출입통제 표시 부착 | | |
| | | 예비전원장치 | • 정전을 대비하여 무정전전원장치 또는 발전기 또는 에너지저장시스템(ESS)를 통해 비상 전원이 자동 절체시스템에 의해 공급<br>• 공용부 : 단지 서버, 백본, 방화벽, 워크그룹 스위치<br>• 세대부 : 홈게이트웨이(세대단말기와 통합 가능), 세대단말기(무선망을 이용하는 휴대용 기기는 제외) | | |
| | | 영상정보처리기기 | 배선 | • 전선 : UTP Cat5e 4P*1 이상<br>• 구간 : CCTV의 DVR 또는 WEB 변환기에서 단지네트워크장비(워크그룹스위치)까지 | |
| | | | 기기 설치 | • 공용부에 CCTV 또는 Web 변환기가 설치되어 있고, 월패드에 CCTV를 볼 수 있는 사용자 인터페이스(UI) 기능이 있어야 함 | |

※ 추가 심사항목은 해당 심사기준 자료를 참조

# 2절 수송용량 산출하기

## 1 전송용량 산출

### 1.1 개요

- 가입자가 음성, 데이터, 영상 등의 DATA를 전송할 경우 관련 용량을 산출

### 1.2 전송용량

(1) PCM 기반 PDH 전송용량

① 가입자 1회선 음성 전송용량 : 64Kbps (DS0)

| 가입자 | 전화국 | Network | 산정 | 전송용량 |
|---|---|---|---|---|
| 1. 통신신호 : 음성전화<br>2. 단말 : 일반전화기<br>3. 사용자 : 1명<br>4. 가입자선<br>  : TP(2Wire) 동선 | PCM 단국 등<br>전송장비<br>및<br>TDX 계열<br>전전자교환기 | PSTN<br>전송(PDH)<br>/ 교환설비 | ① 사용자별 PCM 전송<br>• 표본화 Sampling :<br>  8,000Hz (125$\mu$sec)<br>• CH별 Bit : 8Bit<br>∴ 전송용량 [bps]<br>  = 8,000Hz × 8Bit<br>  = 64,000bps<br>  = 64Kbps | 64Kbps<br>• DS0신호 |

② 가입자 24회선 음성 전송용량 : 1.544Mbps (DS1)

| 가입자 | 전화국 | Network | 산정 | 전송용량 |
|---|---|---|---|---|
| 1. 통신신호 : 음성전화<br>2. 단말 : 일반전화기<br>3. 사용자 : 24명<br>4. 가입자선<br>　: TP(2Wire) 동선 | PCM 단국 등<br>전송장비<br>및<br>TDX 계열<br>전전자교환기 | PSTN<br>전송(PDH)<br>/ 교환설비 | ① 사용자별 PCM 전송<br>　• 표본화 Sampling :<br>　　8,000Hz (125μsec)<br>　• CH별 Bit : 8Bit<br>② 사용자수 : 24명<br>　• PCM / 24 T1은 24명 가능<br>　• PCM / 32 E1은 30명 가능<br>③ 소요 전송용량 [bps]<br>　= 1인 전송용량 × 24명<br>　= 64Kbps × 24<br>　= 1,536Kbps<br>　• 적정 전송계위는 T1<br>　∴ T1 1개 적용 | 1.544Mbps<br>(DS1) |

※ T1신호 전송장비 수용가능 조건

③ 가입자 30회선 음성 전송용량 : 2.048Mbps (DS1E)

| 가입자 | 전화국 | Network | 산정 | 전송용량 |
|---|---|---|---|---|
| 1. 통신신호 : 음성전화<br>2. 단말 : 일반전화기<br>3. 사용자 : 30명<br>4. 가입자선<br>　: TP(2Wire) 동선 | PCM 단국 등<br>전송장비<br>및<br>TDX 계열<br>전전자교환기 | PSTN<br>전송(PDH)<br>/ 교환설비 | ① 사용자별 PCM 전송<br>　• 표본화 Sampling :<br>　　8,000Hz (125μsec)<br>　• CH별 Bit : 8Bit<br>② 사용자수 : 30명<br>　• PCM / 24 T1은 24명 가능<br>　• PCM / 32 E1은 30명 가능<br>③ 소요 전송용량 [bps]<br>　= 1인 전송용량 × 30명<br>　= 64Kbps × 30<br>　= 1,920Kbps<br>　• 적정 전송계위는 T1 보다 E1<br>　　효율적임<br>　∴ E1 1개 적용 | 2.048Mbps<br>(DS1E) |

## (2) PCM 기반 SDH 전송용량

- 가입자 음성 및 DATA 150Mbps 소요 : STM-1신호 1회선

| 가입자 | 전화국 | Network | 산정 | 전송용량 |
|---|---|---|---|---|
| 1. 통신신호 : 음성 + DATA<br>2. 단말 : 일반전화기<br>3. 사용자 : -<br>4. 가입자선 : 광케이블<br>5. 가입자단 광단국 설치 가능 | PCM 단국 등 전송장비 및 TDX 계열 전전자교환기 | PSTN 전송 (PDH / SDH) / 교환설비 | ① 사용자 용량<br>• Voice + DATA<br>• 총용량 : 150Mbps<br>② 전송용량 검토<br>• 가입자측에 광단국 설치<br>  단국 : 155M 광단국 이상<br>  PDH광단국은 제외<br>  SDH광단국 적용<br>  SMOT 1~4급 적용<br>  (향후 증설분 고려)<br>③ 소요 전송용량 [bps]<br>  = 가입자 총용량 150Mbps<br>• 적정 전송계위 : STM-1 | STM-1 전송신호 1회선<br>• 가입자측광 단국 설치 |

## (3) 초고속인터넷 기반 전송용량

- 가입자 음성 및 인터넷 20Mbps 소요 : VDSL 1회선

| 가입자 | 전화국 | Network | 산정 | 전송용량 |
|---|---|---|---|---|
| 1. 통신신호 : 음성 + 인터넷<br>2. 단말 : 전화기 / PC<br>3. 사용자 : 1명<br>4. 가입자선 : TP(2Wire)<br>5. 가입자단 VDSL 모뎀 설치가능 | 초고속인터넷 메인전송장비 및 TDX 계열 전전자교환기 | 초고속 인터넷 전송 / 교환설비 | ① 사용자 용량<br>• Voice + 초고속인터넷<br>• 총용량 : 20Mbps<br>② 전송용량 검토<br>• 가입자측에 XDSL모뎀<br>• 가입자선 : TP(2Wire)<br>③ 소요 전송용량 [bps]<br>  = 가입자 총용량 200Mbps<br>• 적정 전송장비 : VDSL | VDSL 1회선 |

## 2 교환용량 산출

### 2.1 개요
- 가입자 용량과 망형태에 따라 적정 교환용량 산정

### 2.2 교환용량

(1) PSTN 교환용량 산정
- 가입자 300회선 음성 및 FAX 교환 수용용량 : E1 × 2회선

| 가입자 | 전화국 | Network | 산정 | 전송용량 |
|---|---|---|---|---|
| 1. 통신신호 : 전화 / FAX<br>2. 단말 : 전화기 / FAX / 중형PBX<br>3. 사용자 : 300명<br>4. 가입자선 : 광케이블 및 TP(2Wire) | PCM 단국 등 전송장비 및 TDX 계열 전전자교환기 | PSTN 전송(PDH) / 교환설비 | ① 사용자별 PCM 전송<br>• 표본화 Sampling : 8,000Hz (125μsec)<br>• CH별 Bit : 8Bit<br>② 사용자수 : 300명<br>③ 소요 전송용량 [bps]<br>= 1인 전송용량 × 300명<br>= 64Kbps × 300<br>= 19,200Kbps<br>≒ 20Mbps<br>④ 소요 교환용량<br>• 동시호 비율 5 : 1<br>집선비 : 20%<br>• 국선 용량<br>= 소요전송용량(20Mbps) × 20%<br>= 4Mbps<br>• 적정 용량 : E1 × 2 | E1 × 2회선<br>• PBX 국선용량 수용 |

※ 집선비 : 가입자 회선 수와 중계선 수의 비를 집선비

## (2) 얼랑(Erlang) 용량 산출

- 1시간 호가 100호, 호당 점유시간 3분(180초)인 경우 얼랑 / HCS(CCS)

| 얼랑공식 | 호 발생률 | 호당 점유시간 | 얼랑 / HCS | 결과값 |
|---|---|---|---|---|
| (평균 호 발생률) × (평균 서비스 시간) / 1시간 기준 | 100호 | 180초 | $\dfrac{100\text{호} \times \text{호점유}(180\text{초})}{1\text{시간}(3{,}600\text{초})} = \dfrac{100 \times 180}{3{,}600\text{초}} = 5$ | 5얼랑 |
| (평균 호 발생률) × (평균 서비스 시간) / 100초 기준 | 100호 | 180초 | $\dfrac{100\text{호} \times \text{호점유}(180\text{초})}{100\text{초}} = \dfrac{100 \times 180}{100} = 180$ | 180HCS |

※ 얼랑 = (시간당 발생 호수) × (시간당 평균 점유시간) = (평균 호 발생률) × (평균 서비스 시간) 1시간 기준
HCS = (시간당 발생 호수) × (시간당 평균 점유시간) = (평균 호 발생률) × (평균 서비스 시간) 100초 기준
HCS : Hundred Call Seconds, CCS : Centum Call Seconds

## (3) 교환망 중계회선수

- 교환국수 6개이며 MESH형 통신망

| 가입자 | 전화국 | Network | 산정 | 교환용량 |
|---|---|---|---|---|
| – | TDX 계열 전전자교환기 | Topology : MESH (망형, 그물형) 교환설비 | ① Topology : MESH형<br>• 모든 Node와 연결구성<br>• 가장 안정된 형태<br>② 교환국수 : N개<br>③ 중계 회선수<br>• 회선 N = 6인 경우 $\dfrac{N(N-1)}{2}$ 대입<br><br>\| 구분 \| 1 \| 2 \| 3 \| 4 \| 5 \| 6 \|<br>\| 중계 노드수 \| 5 \| 4 \| 3 \| 2 \| 1 \| 0 \|<br><br>소계 : N = 6 인 경우<br>총 중계노드수 = 15<br>공식 = N(N-1)/2 대입<br>= 6(6-1)/2<br>= 15 | 15개 중계 회선수 |

# 3절 설계단계의 감리업무 수행

## 1 정보통신공사 시공, 감리, 감독하기

### 1.1 개요
- 정보통신공사업자의 시공단계 업무에 대한 공사 현장에서 시공자, 감리자, 감독자 간의 업무에 대한 이해

### 1.2 정보통신공사 시공, 감리, 감독하기

(1) 공사현장 업무구분

공사 현장은 지도, 감독역할의 감독관을 중심으로 발주자의 권한을 대행하는 감리자와 시공 계약자인 시공자가 있음

- 개요

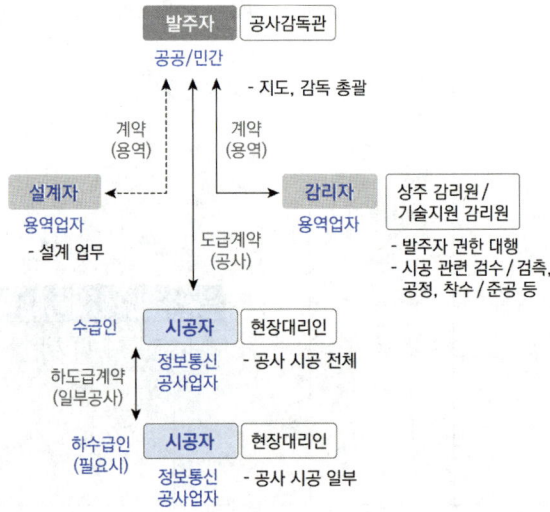

일반적으로 설계자는 시공단계 현장에 없으며, 중요한 설계하자 또는 설계변경 등 현안사항 위주 업무처리함

| 구분 | 발주자 | 감리자 | 시공자(수급인) | 시공자(하수급인) |
|---|---|---|---|---|
| 계약 | - | 발주자 ↔ 용역업자 (용역계약) | 발주자 ↔ 수급인 (도급계약) | 수급인 ↔ 하수급인 (하도급계약) |
| 대상 | 공공 / 민간 발주자 | 용역업자 | 정보통신공사업자 | 정보통신공사업자 |
| | 공사감독관 지원업무수행자 | 상주감리원 기술지원감리원 | 현장대리인 | 현장대리인 |
| 역할 | 공사 관련 발주 및 지도 / 감독 | 발주자 권한대행 공사관리 | 시공 책임 전체 | 시공 책임 일부 |
| 주요 업무 | 총괄 사업관리 | 공사관리 (착공 / 기성 / 준공) | 착공 - 시공 - 준공 | 착공 - 시공 - 준공 |

※ 시공사 경우 현장소장 용어를 사용하지만, 법적책임자는 해당회사를 대표해서 현장에 배치된 현장대리인이 법적 책임자임

(2) 정보통신공사 시공하기

시공자는 발주자와 공사 도급계약자로 해당공사에 대한 시공 책임있는 자로, 필요시 발주자(감리자)의 승인하에 일부 공사를 법적 범위 내 하도급사와 계약을 할 수 있음

① 도급 및 하도급 관련 법규

| 법규 | 내용 |
|---|---|
| 정보통신공사업법 제4조 (공사업자의 성실의무) | 공사업자는 정보통신설비의 품질과 안전이 확보되도록 공사 및 용역에 관한 법령을 준수하고 설계도서 등에 따라 성실하게 업무를 수행하여야 한다. |
| 정보통신공사업법 제14조 (공사업의 등록 등) | ① 공사업을 경영하려는 자는 대통령령으로 정하는 바에 따라 시·도지사에게 등록하여야 한다.<br>② 삭제<br>③ 시·도지사는 제1항에 따른 등록을 받았을 때에는 등록증과 등록수첩을 발급한다. |
| 정보통신공사업법 제15조 (등록기준) | 제14조제1항에 따른 등록의 신청을 받은 시·도지사는 다음 각 호의 어느 하나에 해당하는 경우를 제외하고는 등록을 해주어야 한다.<br>1. 대통령령으로 정하는 기술능력·자본금(개인인 경우에는 자산평가액을 말한다. 이하 같다)·사무실을 갖추지 아니한 경우<br>2. 과학기술정보통신부장관이 지정하는 금융회사 등 또는 제45조에 따른 정보통신공제조합이 대통령령으로 정하는 금액 이상의 현금 예치 또는 출자를 받은 사실을 증명하여 발행하는 확인서를 제출하지 아니한 경우<br>3. 등록을 신청한 자가 제16조 각 호의 어느 하나에 해당하는 경우<br>4. 그 밖에 이 법 또는 다른 법령에 따른 제한에 위반되는 경우 |

| 법규 | 내용 |
|---|---|
| 정보통신공사업법 제25조<br>(도급의 분리) | 공사는 「건설산업기본법」에 따른 건설공사 또는 「전기공사업법」에 따른 전기공사 등 다른 공사와 분리하여 도급하여야 한다. 다만, 공사의 성질상 또는 기술관리상 분리하여 도급하는 것이 곤란한 경우로서 대통령령으로 정하는 경우에는 그러하지 아니하다. |
| 정보통신공사업법 제26조<br>(공사도급의 원칙 등) | ① 공사도급의 당사자는 각각 대등한 입장에서 합의에 따라 공정하게 계약을 체결하고, 신의에 따라 성실하게 계약을 이행하여야 한다.<br>② 공사도급의 당사자는 그 계약을 체결할 때 도급금액, 공사기간, 그 밖에 대통령령으로 정하는 사항을 계약서에 명시하여야 하며, 서명·날인한 계약서를 서로 내주고 보관하여야 한다.<br>③ 수급인은 하도급인에게 하도급공사의 시공과 관련하여 자재구입처의 지정 등 하수급인에게 불리하다고 인정되는 행위를 강요하여서는 아니 된다.<br>④ 하도급에 관하여 이 법에서 규정하는 것을 제외하고는 「하도급거래 공정화에 관한 법률」의 해당 규정을 준용한다. |
| 정보통신공사업법 제29조<br>(공사의 도급 등) | ① 발주자는 공사를 공사업자에게 도급하여야 한다. 다만, 제3조 제2호 또는 제3호에 해당하는 경우에는 그러하지 아니하다.<br>② 수급인 또는 하수급인이 공사를 하도급 또는 다시 하도급을 하려는 경우에는 공사업자에게 하도급 또는 다시 하도급을 하여야 한다. 다만, 제3조 제2호 또는 제3호에 해당하는 경우에는 그러하지 아니하다 |
| 정보통신공사업법 제31조<br>(하도급의 제한 등) | ① 공사업자는 도급받은 공사의 100분의 50을 초과하여 다른 공사업자에게 하도급을 하여서는 아니 된다. 다만, 다음 각 호의 어느 하나에 해당하는 경우에는 공사의 전부를 하도급하지 아니하는 범위에서 100분의 50을 초과하여 하도급할 수 있다.<br>  1. 발주자가 공사의 품질이나 시공상의 능력을 높이기 위하여 필요하다고 인정하는 경우<br>  2. 공사에 사용되는 자재를 납품하는 공사업자가 그 납품한 자재를 설치하기 위하여 공사하는 경우<br>② 하수급인은 하도급받은 공사를 다른 공사업자에게 다시 하도급을 하여서는 아니 된다. 다만, 하도급금액의 100분의 50 미만에 해당하는 부분을 대통령령으로 정하는 범위에서 다시 하도급하는 경우에는 그러하지 아니하다.<br>③ 공사업자가 도급받은 공사 중 그 일부를 다른 공사업자에게 하도급하거나 하수급인이 하도급받은 공사 중 그 일부를 다른 공사업자에게 다시 하도급하려면 그 공사의 발주자로부터 서면으로 승낙을 받아야 한다.<br>④ 제1항에 따라 공사업자가 하도급할 수 있는 공사의 내용 및 범위 등은 대통령령으로 정한다. |
| 정보통신공사업법 제31조의2<br>(하수급인 등의 지위) | ① 하수급인은 하도급받은 공사를 시공할 경우 발주자에 대하여 수급인과 같은 의무를 진다.<br>② 제1항은 수급인과 하수급인 간의 법률관계에 영향을 미치지 아니한다. |

② 시공단계 초기업무

| 시공 단계 (초기) ||
|---|---|
| 시공단계 : 착공계 | 시공단계 : 시공계획서 |
| 착공신고서 등 관련서류<br>공문 제출<br>[ 도급사 → 발주자 ] | 시공 초기단계 세부공사에 대한<br>시공계획서 제출<br>[ 도급사 → 발주자 ] |
| **발주자**<br>감리원　착공계 제출<br>　　　　↑<br>　　착공신고서 등<br>　　법적서류 위주<br>　　　제출<br>**수급인**　도급사<br>정보통신기술자 배치<br>(현장대리인) | **발주자**<br>감리원　시공계획서 제출<br>　　　　↑<br>　　실제 시공<br>　　세부 공사별<br>　　　내용<br>**수급인**　도급사<br>정보통신기술자 배치<br>(현장대리인) |
| 주요 내용<br>• 법적서류 위주, 개략적 시공내용 포함 | 주요 내용<br>• 세부통신 공사별 실제 시공위주사항 |
| 1. 공문 : 착공신고서<br>2. 공사계약서<br>3. 착공신고서<br>4. 직접시공계획서<br>5. 예정공정표<br>6. 정보통신기술자 보유확인서<br>7. 현장대리인 지정신고서<br>8. 공사내역서<br>9. 산재 고용가입증명원<br>10. 노무동원 및 장비투입계획서<br>11. 안전관리계획서<br>12. 품질관리계획서 등 | 1. 공문 : 시공계획서<br>2. 공사 개요<br>　• 착공 / 준공일<br>　• 예정 공정표<br>3. 세부 공사별 공사범위<br>4. 세부 공사별 구축방안 예<br>　4.1 통신선로설비공사 세부시공계획<br>　4.2 방송설비공사 세부시공계획<br>　4.3 네트워크설비공사 세부시공계획<br>　4.4 정보설비공사 세부시공계획 등<br>5. 현장운영계획<br>6. 품질관리계획<br>7. 안전관리계획<br>8. 주요자재수급계획 등 |

③ 시공단계 준공업무

| 시공 단계 (준공) ||
|---|---|
| 시공단계 : 시공 및 기성 | 준공단계 : 기성검사 / 사용전검사 / 준공계 |
| 실시공 완료단계까지<br>• 설치 및 시험<br>• 각종 공사관련 업무처리 등 | 인증 / 사용 전 검사 / 준공계 제출<br>• 예비준공검사 / 준공검사<br>• 시·구청 사용 전 검사 승인(시공사 / 감리) |
| **발주자**<br>[감리원] ← 기성 서류 / 차수준공 서류 / 설계변경 서류 / 검수 / 검측 서류 / 주요 자재승인 서류 / 하도급 승인 서류 등 / 시공관련 주요 서류 / 제출 및 승인 후 시공<br><br>도급사 — **수급인** (현장대리인) — 자재 : 발주 / 입고 / 시공 / 인력 : 공종별 투입인력 관리 / 공정 : 타 공종과 협의<br><br>회의(주간공정 등) / 공사일보 / 투입인력<br>시공현장 안전 / 품질 / 환경 시공관리 등 | **발주자**<br>[감리원] ← 기성검사 / 예비준공검사 / 준공검사 / 설계변경 서류 / 인증서류 / 사용 전 검사 / 준공계 서류제출 / 승인 / - 시공완료 각종서류 / - 준공도면 / 내역서 등<br><br>도급사 — **수급인** (현장대리인) — 세부공사별 자체시험 / 인수인계서류<br><br>회의(주간공정 등) / 공사일보 / 투입인력<br>시공현장 안전 / 품질 / 환경 시공관리 등 |
| • 실시공 완료까지 각종 서류 및 시공관리 | 주요 내용<br>• 시험 및 인증, 시·구청 사용 전 검사 등 |
| 1. 시공 관련 제출 / 승인 서류<br>• 기성<br>• 차수준공(단계별 준공시)<br>• 설계변경(설계변경사항 발생시)<br>• 시공 검수 / 검측서류<br>• 주요자재 승인(주요 설비 / 자재 위주)<br>• 하도급 승인(하도급 계약시)<br>2. 공사 관리<br>• 자재 : 발주 및 입고, 설치 및 시험<br>• 인력 : 세부공종별 투입인력 관리<br>• 공정 : 주간공정회의 등<br>          타 공종과 인터페이스 회의 등<br>• 안전관리<br>• 품질관리<br>• 환경관리 등 | 1. 준공 관련<br>• 기성검사<br>• 예비준공검사<br>  발주자(감리자) 기준 준공 전 현장점검<br>• 준공검사<br>  현장준공검사<br>• 초고속정보통신건물인증 등 인증업무<br>• 사용전 검사<br>  해당시·구청에 서류 제출<br>• 준공계<br>2. 공사 서류 / 시공 마무리<br>• 설계변경서류(설계변경사항 발생시)<br>• 준공서류 / 시공<br>  준공단계 펀치리스트 시공완료<br>  준공도서(도면 / 내역서 등 시공 기준정리)<br>• 하자보증이행증권 등 하자서류<br>• 인수인계서류<br>3. 인증 업무<br>• 초고속정보통신건물인증 및 홈네트워크 인증 등 |

※ 준공계 제출 공사 종료

## (3) 정보통신공사 감리하기

감리자는 발주자와 감리용역계약자로 해당공사에 대한 시공 관리에 대한 책임자로, 설계도서 및 그 밖의 관련 규정대로 시공되는지 여부를 감독하고, 품질관리, 시공관리 등에 대한 기술지도를 하며 발주자의 권한을 대행함

① 감리원 관련 법규

| 법규 | 내용 |
|---|---|
| 정보통신공사업법 제2조 (정의) "감리" | "감리"란 공사에 대하여 발주자의 위탁을 받은 용역업자가 설계도서 및 관련 규정의 내용대로 시공되는지를 감독하고, 품질관리·시공관리 및 안전관리에 대한 지도 등에 관한 발주자의 권한을 대행하는 것을 말한다. |
| 정보통신공사업법 제2조 (정의) "감리원" | "감리원(監理員)"이란 공사의 감리에 관한 기술 또는 기능을 가진 사람으로서 제8조에 따라 과학기술정보통신부장관의 인정을 받은 사람을 말한다. |
| 정보통신공사업법 제2조 "용역" | "용역"이란 다른 사람의 위탁을 받아 공사에 관한 조사, 설계, 감리, 사업관리 및 유지관리 등의 역무를 하는 것을 말한다. |
| 정보통신공사업법 제2조 "용역업자" | "용역업자"란 다음 각 목의 어느 하나에 해당하는 자를 말한다.<br>가. 「엔지니어링산업 진흥법」 제21조 제1항에 따라 엔지니어링사업자로 신고하거나 「기술사법」 제6조에 따라 기술사사무소의 개설자로 등록한 자로서 통신·전자·정보처리 등 대통령령으로 정하는 정보통신 관련 분야의 자격을 보유하고 용역업을 경영하는 자<br>나. 「건축사법」 제23조 제1항에 따라 건축사사무소의 개설신고를 한 건축사. 다만 「건축사법」 제2조제1항제4호에 따른 전화 설비, 초고속 정보통신 설비, 지능형 홈네트워크 설비, 공동시청 안테나, 유선방송 수신시설에 관한 공사의 설계·감리 업무를 하는 경우로 한정한다. |
| 정보통신공사업 법제8조 (감리 등) | ① 발주자는 용역업자에게 공사의 감리를 발주하여야 한다.<br>② 제1항에 따라 공사의 감리를 발주 받은 용역업자는 감리원에게 그 공사에 대하여 감리를 하게 하여야 한다. 이 경우 감리원의 업무범위와 공사의 규모 및 종류 등을 고려한 배치 기준은 대통령령으로 정한다.<br>③ 제1항에 따라 공사의 감리를 발주 받은 용역업자가 감리원을 배치(배치된 감리원을 교체하는 경우를 포함한다. 이하 이 조에서 같다)하는 경우에는 발주자의 확인을 받아 그 배치현황을 특별시장·광역시장·특별자치시장·도지사 또는 특별자치도지사(이하 "시·도지사"라 한다)에게 신고하여야 한다.<br>④ 감리원으로 인정받으려는 사람은 대통령령으로 정하는 바에 따라 과학기술정보통신부장관에게 자격을 신청하여야 한다.<br>⑤ 과학기술정보통신부장관은 제4항에 따른 신청인이 대통령령으로 정하는 감리원의 자격에 해당하면 감리원으로 인정하여야 한다.<br>⑥ 과학기술정보통신부장관은 제4항에 따른 신청인을 감리원으로 인정하는 경우에는 감리원 자격증명서(이하 "자격증"이라 한다)를 그 감리원에게 발급하여야 한다.<br>⑦ 감리원은 자기의 성명을 사용하여 다른 사람에게 감리업무를 하게 하거나 자격증을 빌려 주어서는 아니 된다.<br>⑧ 제1항에 따른 감리 대상인 공사의 범위, 제3항에 따른 감리원의 배치현황 신고 방법·절차, 그 밖에 감리에 필요한 사항은 대통령령으로 정한다. |

| 법규 | 내용 |
|---|---|
| 정보통신공사업법 제9조 (감리원의 공사중지명령 등) | ① 감리원은 공사업자가 설계도서 및 관련 규정의 내용에 적합하지 아니하게 해당 공사를 시공하는 경우에는 발주자의 동의를 받아 재시공 또는 공사중지명령이나 그 밖에 필요한 조치를 할 수 있다.<br>② 제1항에 따라 감리원으로부터 재시공 또는 공사중지명령이나 그 밖에 필요한 조치에 관한 지시를 받은 공사업자는 특별한 사유가 없으면 이에 따라야 한다. |
| 정보통신공사업법 시행령 제8조(감리대상인 공사의 범위) | ① 법 제8조 제1항에 따라 용역업자에게 감리를 발주하여야 하는 공사는 제6조 제1항 각 호의 공사 및 다음 각 호의 어느 하나에 해당하는 공사를 제외한 공사로 한다.<br>  1. 「전기통신사업법」에 따른 전기통신사업자가 전기통신역무를 제공하기 위한 공사로서 총공사금액이 1억원 미만인 공사<br>  2. 철도, 도시철도, 도로, 방송, 항만, 항공, 송유관, 가스관, 상·하수도 설비의 정보제어 등 안전·재해예방 및 운용·관리를 위한 공사로서 총공사금액이 1억원 미만인 공사<br>  3. 6층 미만으로서 연면적 5천 제곱미터 미만의 건축물에 설치되는 정보통신설비의 설치공사. 다만, 「전기통신사업법」에 따른 전기통신사업자가 전기통신역무를 제공하기 위한 공사 또는 철도·도시철도·도로·방송·항만·항공·송유관·가스관·상하수도 설비의 정보제어 등 안전·재해예방 및 운용·관리를 위한 공사로서 총공사금액이 1억원 이상인 공사는 제외한다.<br>  4. 대·개체되는 기존 설비 외의 신설 부분이 제4조제1항에 따른 경미한 공사의 범위에 해당되는 공사<br>  5. 그 밖에 공중의 통신에 영향을 미치지 아니하는 정보통신설비의 설치공사로서 과학기술정보통신부장관이 정하여 고시하는 공사<br>② 제1항에도 불구하고 제6조 제2항 제1호 및 제2호에 따른 공사로서 별표 2에 따른 감리원 자격이 있는 발주자의 소속직원이 관계법령에 따라 감리하는 공사의 경우에는 용역업자에게 발주하지 아니할 수 있되, 그 소속직원은 감리하려는 공사규모에 해당하는 제8조의3 제1항에 따른 적합한 기술등급을 보유하여야 한다.<br>③ 정보통신설비가 설치되는 다음 각 호의 시설은 제1항 제3호에 따른 건축물의 층수 및 연면적의 계산에 포함한다.<br>  1. 지하층<br>  2. 축사<br>  3. 창고 및 차고<br>  4. 그 밖에 이와 유사한 공작물 또는 건축물 |
| 정보통신공사업법 시행령 제8조의2 (감리원의 업무범위) | 법 제8조 제2항 후단에 따른 감리원의 업무범위는 다음 각 호와 같다.<br>1. 공사계획 및 공정표의 검토<br>2. 공사업자가 작성한 시공상세도면의 검토·확인<br>3. 설계도서와 시공도면의 내용이 현장조건에 적합한지 여부와 시공가능성 등에 관한 사전검토<br>4. 공사가 설계도서 및 관련규정에 적합하게 행해지고 있는지에 대한 확인<br>5. 공사 진척부분에 대한 조사 및 검사<br>6. 사용자재의 규격 및 적합성에 관한 검토·확인<br>7. 재해예방대책 및 안전관리의 확인<br>8. 설계변경에 관한 사항의 검토·확인<br>9. 하도급에 대한 타당성 검토<br>10. 준공도서의 검토 및 준공확인 |

| 법규 | 내용 |
|---|---|
| 정보통신공사업법 시행령<br>제8조의3<br>(감리원의 배치기준 등) | ① 용역업자는 법 제8조 제2항 후단에 따라 다음 각 호의 기준에 따른 감리원을 공사가 시작하기 전에 1명 배치해야 한다. 이 경우 용역업자는 전체 공사기간 중 발주자와 합의한 기간(공사가 중단된 기간은 제외한다)에는 해당 감리원을 공사 현장에 상주하도록 배치해야 한다.<br>  1. 총공사금액 100억원 이상 공사 : 특급감리원(기술사 자격을 가진 자로 한정한다)<br>  2. 총공사금액 70억원 이상 100억원 미만인 공사 : 특급감리원<br>  3. 총공사금액 30억원 이상 70억원 미만인 공사 : 고급감리원 이상의 감리원<br>  4. 총공사금액 5억원 이상 30억원 미만인 공사 : 중급감리원 이상의 감리원<br>  5. 총공사금액 5억원 미만의 공사: 초급감리원 이상의 감리원<br>② 용역업자는 제1항에 따라 감리원을 배치한 때에는 그 배치내용을 해당 공사의 발주자에게 통지해야 하며, 배치된 감리원을 교체하려는 경우에는 미리 발주자의 승인을 받아야 한다.<br>③ 용역업자는 1명의 감리원에게 둘 이상의 공사를 감리하게 해서는 안 된다. 다만, 다음 각 호의 어느 하나에 해당하는 공사로서 발주자의 승낙을 얻은 경우에는 그렇지 않다.<br>  1. 총공사금액이 2억원 미만의 공사로서 다음 각 목의 어느 하나에 해당하는 공사<br>    가. 동일한 시(특별시·광역시 및 특별자치시를 포함한다)·군에서 행해지는 동일한 종류의 공사<br>    나. 공사 현장 간의 직선거리가 20킬로미터 이내인 지역에서 행해지는 동일한 종류의 공사<br>  2. 이미 시공 중에 있는 공사의 현장에서 새로이 행해지는 동일한 종류의 공사<br>④ 용역업자는 제1항 각 호 또는 제3항 제1호의 기준에 따라 감리원을 배치한 이후에 설계변경 또는 물가변동 등의 사유로 총공사금액이 변경되는 경우에는 변경된 총공사금액에 적합하게 감리원을 배치해야 한다. 다만, 최초 총공사금액의 100분의 10 미만의 범위에서 변경되는 경우에는 기존에 배치된 감리원에게 감리업무를 계속 수행하게 할 수 있다.<br>⑤ 용역업자는 감리원이 감리업무의 수행기간 중 관계법령에 따른 교육을 받거나 질병 또는 유급휴가로 현장을 이탈하게 되는 경우에는 감리업무에 지장이 없도록 필요한 조치를 해야 한다.<br>⑥ 용역업자는 제1항에 따라 감리원을 배치하려는 경우 발주자와 합의하여 감리원이 공사 현장에 상주해야 하는 기간 및 추가로 배치하려는 감리원 수를 산정할 때 법 제6조 제3항 제2호에 따른 감리업무 수행기준 또는 「엔지니어링산업 진흥법」 제31조 제2항에 따른 엔지니어링사업의 내가 산정기준(표준품셈 등을 말한다)을 이용할 수 있다. |

| 법규 | 내용 |
|---|---|
| 정보통신공사업법시행령 제8조의4 (감리원 배치현황의 신고 등) | ① 용역업자는 감리원을 배치(배치된 감리원을 교체하는 경우를 포함한다. 이하 이 조에서 같다)하는 경우에는 법 제8조 제3항에 따라 해당 공사를 시작한 날부터 30일 이내(해당 공사가 30일 이내에 완료되는 경우에는 해당 공사가 완료되기 전)에 감리원 배치현황 신고서(전자문서를 포함한다)에 다음 각 호의 서류(전자문서를 포함한다)를 첨부하여 특별시장·광역시장·특별자치시장·도지사 또는 특별자치도지사(이하 "시·도지사"라 한다)에게 제출해야 한다.<br>1. 감리원 배치계획서(발주자의 확인을 받은 것을 말한다)<br>2. 공사감리용역계약서 사본<br>3. 별표 2에 따른 감리원의 등급을 증명하는 서류<br>4. 공사 현장 간 거리도면(제8조의3 제3항 제1호나목에 따라 공사감리를 하는 경우로 한정한다)<br>② 제1항에 따라 신고를 받은 시·도지사는「전자정부법」제36조 제1항에 따른 행정정보의 공동이용을 통하여 다음 각 호의 서류를 확인해야 한다. 다만, 신청인이 각 호의 확인에 동의하지 않는 경우에는 해당 서류를 첨부하도록 해야 한다.<br>1. 감리원의 국민연금가입자 가입증명 또는 건강보험 자격득실 확인서(제8조 제2항에 따라 공사감리를 하는 경우로 한정한다)<br>2. 용역업자임을 증명하는 등록(신고)증<br>③ 시·도지사는 제1항에 따라 감리원 배치현황을 신고한 자가 감리원 배치확인서의 발급을 신청하는 경우에는 이를 발급해야 한다. |
| 정보통신공사업법시행령 제10조 (감리원의 자격기준 등) | ① 법 제8조 제5항에 따른 감리원의 자격기준은 등급으로 구분하여 정하며, 등급별 세부기준은 별표 2와 같다.<br>② 과학기술정보통신부장관은 법 제8조 제5항에 따라 감리원으로 인정한 자의 등급 및 경력 등에 관한 기록을 유지·관리하여야 한다. |
| 정보통신공사업법 제11조 (감리 결과의 통보) | 제8조 제1항에 따라 공사의 감리를 발주받은 용역업자는 공사에 대한 감리를 끝냈을 때에는 대통령령으로 정하는 바에 따라 그 감리 결과를 발주자에게 서면으로 알려야 한다. |
| 정보통신공사업법 제12조 (공사업자의 감리 제한) | 공사업자와 용역업자가 동일인이거나 다음 각 호의 어느 하나의 관계에 해당되면 해당 공사에 관하여 공사와 감리를 함께 할 수 없다.<br>1. 대통령령으로 정하는 모회사(母會社)와 자회사(子會社)의 관계인 경우<br>2. 법인과 그 법인의 임직원의 관계인 경우<br>3.「민법」제777조에 따른 친족관계인 경우 |
| 정보통신공사업법 제36조(공사의 사용전검사 등) | ① 대통령령으로 정하는 공사를 발주한 자(자신의 공사를 스스로 시공한 공사업자 및 제3조제2호에 따라 자신의 공사를 스스로 시공한 자를 포함하며, 이하 이 조에서 "발주자등"이라 한다)는 해당 공사를 시작하기 전에 설계도를 특별자치시장·특별자치도지사·시장·군수·구청장(자치구의 구청장을 말한다. 이하 같다)에게 제출하여 제6조에 따른 기술기준에 적합한지를 확인받아야 하며, 그 공사를 끝냈을 때에는 특별자치시장·특별자치도지사·시장·군수·구청장의 사용전검사를 받고 정보통신설비를 사용하여야 한다.<br>② 특별자치시장·특별자치도지사·시장·군수·구청장은 필요한 경우 발주자등, 용역업자, 그 밖에 정보통신공사 관계 기관에 제1항에 따른 착공 전 확인과 사용전검사에 관한 자료의 제출을 요구할 수 있다.<br>③ 제1항에 따른 착공 전 확인과 사용전검사의 절차 등은 대통령령으로 정한다. |

② 시공단계 감리업무 개요

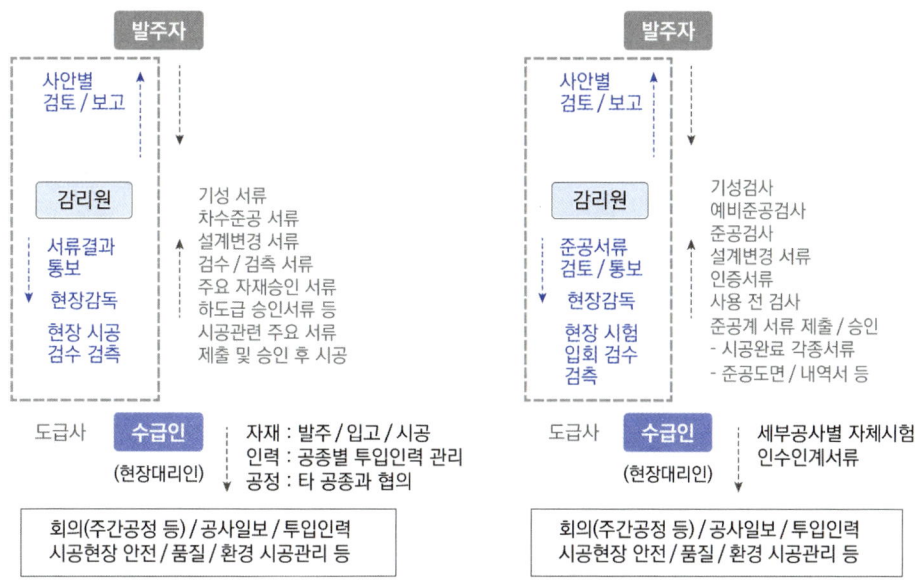

③ 시공단계 감리업무 예

| 구분 | | 주요업무 내용 | 발주자 | 감리원 | 시공자 |
|---|---|---|---|---|---|
| 공사착공 단계 | 감리계약 | 감리원 배치<br>감리업무 수행계획서<br>감리원 배치 | 승인 | | 작성 |
| | 설계도서 등의 검토 | | 확인 | 보고 | 검토<br>보고 |
| | 공시 착공신고시 | | 승인 | 검토 | 작성 |
| 공사시행 | 행정업무 | 발주자에 대한 정기 / 수시보고 | 접수 | 보고 | 작성 |
| | | 감리원 의견제시 | 요구 | 작성 /<br>보고 | 요구 |
| | | 정보통신기술자 등의 교체 | 요구 | | 시행 |
| | | 시공자에 대한 지시 | | 주관 | 시행 |
| | | 수명사항의 처리 | 지시 | 지시 /<br>보고 | 시행 |

| 구분 | | 주요업무 내용 | 발주자 | 감리원 | 시공자 |
|---|---|---|---|---|---|
| 공사시행 | 품질관리 | 품질관리계획 | 승인 | 검토/보고 | 작성 |
| | | 품질시험계획서 | | 검토/승인 | 작성 |
| | | 중점품질관리 | | 입회/확인 | 시행 |
| | | 외부기관 시험의뢰 | 주관 | 검토/확인 | 시행 |
| | 시공관리 | 시공계획서 | 승인 | 검토/보고 | 작성 |
| | | 시공상세도 | | 검토/승인 | 작성 |
| | | 금일작업실적 및 명일작업계획 | | 검토/확인 | 작성 |
| | | 시공확인 및 검사업무 | | 확인 | 요구 |
| | | 현장상황보고 | 지시 | 보고 | 작성 |
| | 공정관리 | 공정계획서 | | 검토/승인 | 작성 |
| | | 공사진도 관리 | 확인 | 검토/보고 | 작성 |
| | | 부진공정 만회대책 | 확인 | 검토/보고 | 작성 |
| | | 수정 공정계획 | 확인 | 검토/보고 | 요구/작성 |
| | 안전관리 | 안전관리 조직편성 및 임무부여 | | 검토/승인 | 작성 |
| | | 안전점검 | 주관 | 지도/확인 | 시행 |
| | | 안전관리 결과보고서 | | 지도 | 시행 |
| | | 사고보고 및 처리 | 확인 | 확인/보고 | 조치 |
| | 환경관리 | 환경 관리 | | 지도/확인 | 시행 |
| | | 제보고 사항 | 접수 | 검토/보고 | 작성 |

| 구분 | | 주요업무 내용 | 발주자 | 감리원 | 시공자 |
|---|---|---|---|---|---|
| 설계변경 등 | 설계변경 | 경미한 설계변경 | 확인 | 검토/승인/보고 | 작성 |
| | | 발주자 지시 설계변경 | 지시 | 검토/확인/보고 | 시행/보고 |
| | | 시공자 제안 설계변경 | 승인 | 검토/확인/보고 | 요구/작성 |
| 기성 및 준공검사 | 준공검사 | 시설물 시운전 계획 | 확인 | 검토/승인 | 작성 |
| | | 시설물 시운전 | 필요시 입회 | 검토/보고 | 시행 |
| | | 예비준공검사 | 입회 | 검사/지시 | 시행 |
| | | 준공검사 | 입회 | 검사/지시 | 시행 |
| | | 준공도서 검토·확인 | 확인 | 검토/확인 | 작성/제출 |
| | | 인증업무 | 확인 | 검토/보고 | 시행 |
| 인수인계 | 시설물 인수인계 | 시설물 인수인계 계획 | 접수/확인 | 검토/보고 | 작성 |
| | | 시설물 인수인계 | 주관 | 검토/입회 | 시행 |
| | | 부진공정 만회대책 | 확인 | 검토/보고 | 작성 |
| | | 수정 공정계획 | 확인 | 검토/보고 | 요구/작성 |
| | 유지관리 및 하자보수 | 시설물의 유지관리 지침서등 | 인수 | 검토/보고 | 작성/제출 |
| | | 하자보수 의견제시 | 요구 | 의견 제시 | 시행/보고 |
| | | 하자이행보증증권 등 | 접수 | 검토/보고 | 제출 |

### (4) 정보통신공사 감독하기

정보통신공사에 대한 공사의 기획 및 기본계획수립이후 설계용역, 감리용역, 도급에 대한 발주를 진행하며, 관련 법규를 준수에 대한 확인 등 전반적인 지도·감독업무를 수행함

① 공사 업무프로세스

발주자는 사업기획 및 유지보수 전단계에 대한 기획·지도·감독업무를 수행함

기획 〉 타당성 조사 〉 기본계획수립 〉 설계 〉 감리 〉 시공 〉 유지보수

| | 기획 | 타당성 조사 | 기본계획 | 설계 | 감리 | 시공 | 유지보수 |
|---|---|---|---|---|---|---|---|
| | 발주자 | 발주자<br>용역업자 | 발주자<br>용역업자 | 용역업자 | 용역업자 | 공사업자 | 용역업자<br>공사업자 |
| 사업기획 | | 기술/환경 등 관련 요소 조사·검토 공사비 추정 등 | 기획단계의 개념을 도면 및 문서화 | 설계조건을 조직화, 기본설계 실시설계산출물 | 발주자를 대리하여 사업관리 | 설계도서를 기준 시공 | 준공이후설비 유지관리 |

② 공사단계 감독관 주요업무

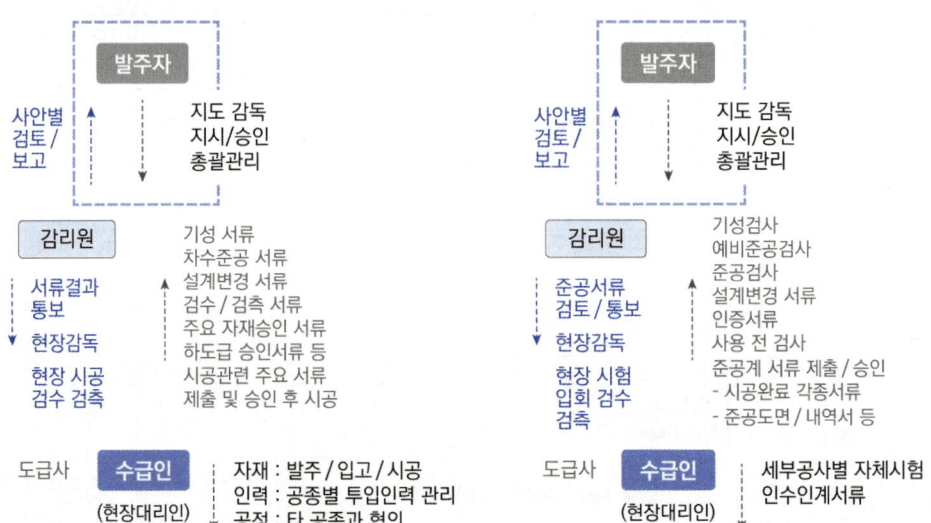

③ 시공단계 감독업무 예

| 구분 | | 주요업무 내용 | 감독관 | 감리원 | 시공자 |
|---|---|---|---|---|---|
| 공사착공 단계 | 감리계약 | 감리원 배치<br>감리업무 수행계획서<br>감리원 배치 | 승인 | 작성 | |
| | 설계도서 등의 검토 | | 확인 | 보고 | 검토<br>보고 |
| | 공사 착공신고서 | | 승인 | 검토 | 작성 |
| 공사시행 | 행정업무 | 발주자에 대한 정기 / 수시보고 | 접수 | 보고 | 작성 |
| | | 감리원 의견제시 | 요구 | 작성 /<br>보고 | 요구 |
| | | 정보통신기술자 등의 교체 | 요구 | | 시행 |
| | | 시공자에 대한 지시 | | 주관 | 시행 |
| | | 수명사항의 처리 | 지시 | 지시 /<br>보고 | 시행 |
| | 품질관리 | 품질관리계획 | 승인 | 검토 /<br>보고 | 작성 |
| | | 품질시험계획서 | | 검토 /<br>승인 | 작성 |
| | | 중점품질관리 | | 입회 /<br>확인 | 시행 |
| | | 외부기관 시험의뢰 | 주관 | 검토 /<br>확인 | 시행 |
| | 시공관리 | 시공계획서 | 승인 | 검토 /<br>보고 | 작성 |
| | | 시공상세도 | | 검토 /<br>승인 | 작성 |
| | | 금일작업실적 및 명일작업계획 | | 검토 /<br>확인 | 작성 |
| | | 시공확인 및 검사업무 | | 확인 | 요구 |
| | | 현장상황보고 | 지시 | 보고 | 작성 |

| 구분 | | 주요업무 내용 | 발주자 | 감리원 | 시공자 |
|---|---|---|---|---|---|
| 공사시행 | 공정관리 | 공정계획서 | | 검토/승인 | 작성 |
| | | 공사진도 관리 | 확인 | 검토/보고 | 작성 |
| | | 부진공정 만회대책 | 확인 | 검토/보고 | 작성 |
| | | 수정 공정계획 | 확인 | 검토/보고 | 요구/작성 |
| | 안전관리 | 안전관리 조직편성 및 임무부여 | | 검토/승인 | 작성 |
| | | 안전점검 | 주관 | 지도/확인 | 시행 |
| | | 안전관리 결과보고서 | | 지도 | 시행 |
| | | 사고보고 및 처리 | 확인 | 확인/보고 | 조치 |
| | 환경관리 | 환경 관리 | | 지도/확인 | 시행 |
| | | 제보고 사항 | 접수 | 검토/보고 | 작성 |
| 설계변경 등 | 설계변경 | 경미한 설계변경 | 확인 | 검토/승인/보고 | 작성 |
| | | 발주자 지시 설계변경 | 지시 | 검토/확인/보고 | 시행/보고 |
| | | 시공자 제안 설계변경 | 승인 | 검토/확인/보고 | 요구/작성 |

| 구분 | | 주요업무 내용 | 발주자 | 감리원 | 시공자 |
|---|---|---|---|---|---|
| 기성 및 준공검사 | 준공검사 | 시설물 시운전 계획 | 확인 | 검토/승인 | 작성 |
| | | 시설물 시운전 | 필요시 입회 | 검토/보고 | 시행 |
| | | 예비준공검사 | 입회 | 검사/지시 | 시행 |
| | | 준공검사 | 입회 | 검사/지시 | 시행 |
| | | 준공도서 검토·확인 | 확인 | 검토/확인 | 작성/제출 |
| | | 인증업무 | 확인 | 검토/보고 | 시행 |
| 인수인계 | 시설물 인수인계 | 시설물 인수인계 계획 | 접수/확인 | 검토/보고 | 작성 |
| | | 시설물 인수인계 | 주관 | 검토/입회 | 시행 |
| | | 부진공정 만회대책 | 확인 | 검토/보고 | 작성 |
| | | 수정 공정계획 | 확인 | 검토/보고 | 요구/작성 |
| | 유지관리 및 하자보수 | 시설물의 유지관리 지침서등 | 인수 | 검토/보고 | 작성/제출 |
| | | 하자보수 의견제시 | 요구 | 의견 제시 | 시행/보고 |
| | | 하자이행보증증권 등 | 접수 | 검토/보고 | 제출 |

정보통신기사 실기

## 2 정보통신공사 시공관리, 공정관리, 품질관리, 안전관리하기

### 2.1 개요
- 시공단계 정보통신공사 시공관리, 공정관리, 품질관리, 안전관리에 대한 내용을 확인

### 2.2 정보통신공사 시공관리

(1) 시공관리 개요

시공관리는 시공계획서, 시공상세도, 작업실적 및 계획, 시공 확인 / 검사 등의 업무임

| 구분 | 시공계획서 | 시공상세도 | 작업실적 / 계획 | 시공검사 |
|---|---|---|---|---|
| 주요내용 | • 현장조직표<br>• 공사 세부공정표<br>• 주요공정의 시공절차 및 방법<br>• 주요자재 계획<br>• 인력투입 계획 등 | • 설계도면 및 시방서 또는 관계규정에 적합 여부 확인<br>• 실제 시공이 가능여부 | 일일공사일보<br>• 금일작업<br>  공종 / 인력 등<br>• 명일작업 계획<br>  공종 / 인력 등 | • 시공자 검사요청서를 제출받아 시공상태를 확인<br>• 합격 / 불합격<br>• 재검사<br>• 공사중지 등 |
| 시공자 | 공사착공일로부터 30일안 제출 | 시공 전 | 작성 / 협의 | 요구 |
| 감리원 | 검토 / 확인 | 검토 / 승인 | 검토 / 확인 | 확인<br>재검사 / 공사중지 등 |
| 감독관 | 승인 | - | - | 보고 / 확인 |

(2) 시공관리 주요업무

① 시공관리 관련업무

| 구분 | 세부내용 | 비고 |
|---|---|---|
| 시공계획서 | 1. 현장조직표<br>2. 공사 세부공정표<br>3. 주요공정의 시공절차 및 방법<br>4. 시공일정<br>5. 주요장비 동원계획<br>6. 주요자재 및 인력투입계획<br>7. 주요설비<br>8. 품질관리계획<br>9. 안전관리계획<br>10. 환경관리계획 등 | 시공 :<br>착공일 30일 제출<br>감리 : 검토 / 보고<br>감독 : 승인 |

| 구분 | 세부 내용 | 비고 |
|---|---|---|
| 시공상세도<br>(Shop Drawing) | 1. 설계도면 및 시방서 또는 관계규정 일치여부<br>2. 현장기술자, 기능공이 명확하게 이해할 수 있는지 여부<br>3. 실제 시공 가능여부<br>4. 안전성 확보 여부<br>5. 계산의 정확성<br>6. 제도의 품질 및 선명성, 도면작성 표준 일치여부<br>7. 도면으로 곤란한 내용 시공시 유의사항으로 작성여부 | 시공상세도 검토 필요시 발주자 협의, 설계자 참여 |
| 금일작업실적 및<br>명일작업계획 | 1. 시공자 작업계획서 제출<br>2. 감리자 작업계획서 제출 받아 시공자와 시행상의 가능성 및 각자가 수행하여야 할 사항을 협의<br>3. 명일 작업계획인 공종, 위치에 따라 작업자 배치, 감리원 배치 등 확인<br>4. 작업계획 대비 실행여부 확인 | 시공 : 작성 / 협의<br>감리 : 검토 / 확인<br>감독 :　－ |
| 검사업무 | 1. 검사절차 : 적합시<br>　• 현장시공 → 시공자 점검 → 검사요청서 → 감리원 현장검측<br>　→ 검사결과 통보 → 다음단계 공종착수<br>2. 검사결과 부적합시<br>　가. 감리원의 공사중지명령(발주자 동의)<br>　나. 재시공<br>　다. 공사중지<br>　　• 부분 중지<br>　　• 전면 중지 | 정보통신공사업법 제9조<br>(감리원의 공사중지명령 등) |

## 2.3 정보통신공사 공정관리

### (1) 공정관리 개요

공정관리는 공정관리계획, 공정진도 관리, 수정공정계획, 공정현황 보고, 준공기한 연기 등의 업무인

| 구분 | 공정관리계획 | 공사진도 관리 | 수정공정계획 | 공정현황 보고 |
|---|---|---|---|---|
| 주요내용 | • 공정관리계획서 | • 공정율 목표 / 실적<br>예 40% / 30% | • 설계변경 등으로 인한 공법변경 등 불가항력에 의한 공사중지 등 공정계획 재검토 | • 주간공정현황<br>• 월간공정현황 |
| 시공자 | 공사착공일로부터 30일안 제출 | 매주 또는 매월 | 공사실적이 지속적 부진시 | 주간 또는 월간 |
| 감리원 | 검토 / 승인 | 검토 / 확인 | 검토 / 승인 | 검토 / 확인 |
| 감독관 | 제출 | － | 보고 | 보고 / 확인 |

## (2) 공정관리 주요업무

### ① 공정관리 관련업무

| 구분 | 세부 내용 | 비고 |
|---|---|---|
| 공정관리계획 | 1. 자재발주 일정<br>2. 현장 투입인력 수배<br>　• 전문인력 등<br>3. 공정 대비 공정진행실적 점검, 시운전 계획 등<br>4. 작성기법 : Gantt Chart, Bar Chart, S 커브 등 | 시공 :<br>　착공일 30일 제출<br>감리 : 검토 / 보고<br>감독 : 승인 |
| 공사진도관리 | 1. 전체 실시공정표 대한 월간, 주간 상세공정표을 제출받음<br>　• 월간 상세공정 : 작업 착수 1주 전 제출<br>　• 주간 상세공정 : 작업 착수 2일 전<br>2. 매주 또는 매월 정기적으로 공사진도 확인<br>3. 필요시 부진공정 만회대책 수립<br>　• 계획 대비 20% 이상 지연 등 | 시공 : 작성 / 협의<br>감리 : 검토 / 확인<br>감독 : - |
| 수정공정계획 | 1. 설계변경사항 발생<br>　• 공량의 증가, 공법변경, 공사중 재해, 천재지변 등<br>2. 시공자 요청 또는 감리원의 판단에 의해 수정공정계획 수립<br>3. 발주자 보고 | 시공 : 작성 / 협의<br>감리 : 검토 / 확인<br>감독 : 승인 |
| 공정현황 보고 | 1. 주간 또는 월간단위 공정현황 보고 | 시공 : 작성 / 협의<br>감리 : 검토 / 확인<br>감독 : 접수 |
| 준공기한 연기 | 1. 시공자의 준공기한 연기원 제출<br>2. 감리원 타당성 검토, 확인 후 검토의견서 첨부<br>3. 발주자 보고 | 시공 : 작성 / 협의<br>감리 : 검토 / 확인<br>감독 : 승인 |

### ② 공사 예정공정표 예

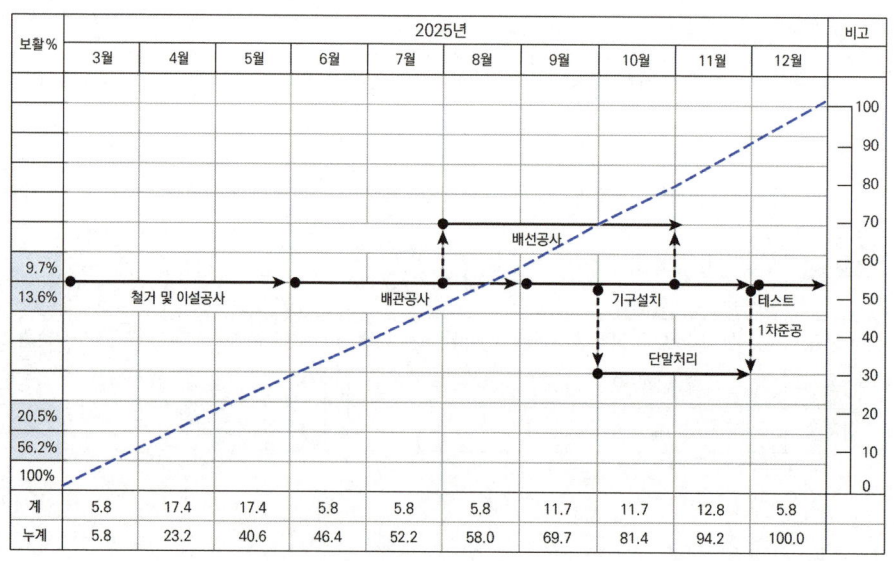

### 2.4 정보통신공사 품질관리

**(1) 품질관리 개요**

품질관리는 공사시 설계도서 및 관계규정에 적합하게 행하여지고 있는지에 대한 확인 업무임

| 구분 | 품질관리계획서 | 중점 품질관리 | 검사·시험 | 공사중지 |
|---|---|---|---|---|
| 주요내용 | 품질수준<br>• 현장품질 목표<br>품질관리 활동<br>• 각종 절차서<br>• 검사·시험계획 등 | 기술기준, 공법, 품셈, 설비시험, 신공법 등 | 검사·시험 계획ITP<br>• Inspection and Test Plan | 품질확보상 미흡 또는 중대한 결함 발생 우려시<br>• 부분 중지<br>• 전면 중지 |
| 시공자 | 공사착공일로부터 30일안 제출 | 수시 | 수시 | 시행 |
| 감리원 | 검토 / 보고 | 검토 / 보고 | 검토 / 보고 | 검토 / 지시 |
| 감독관 | 승인 | 승인 | 승인 | 동의 |

**(2) 품질관리 주요업무**

① 품질관리 관련업무

| 구분 | 세부 내용 | 비고 |
|---|---|---|
| 품질관리계획서 | 1. 현장품질 방침 및 목표<br>• 주요공정에 대한 시공지침 수립 및 표준화<br>• 공종별 체크리스트에 의한 점검 및 계획서<br>• 예상 문제점 파악 및 사전대책 수립 등<br>2. 조직 및 책임<br>• 현장대리인 책임과 권한<br>현장공사 시행계획 수립 및 집행 등<br>• 공무담당 책임과 권한<br>실정보고, 기성·준공관리, 현장 원가관리 등<br>• 공사담당 책임과 권한<br>시공관련 업무보고 및 작업지시서 발행 / 확인 등<br>• 품질관리 담당 책임과 권한<br>품질관련 업무 현장대리인에게 보고 등<br>3. 현장품질시스템<br>• 현장 품질시스템의 수립 및 유지방법을 규정 등<br>4. 품질기록 관리 등 | 시공 :<br>착공일 30일 제출<br>감리 : 검토 / 보고<br>감독 : 승인 |
| 중점 품질관리 | 1. 주요 작업별 시공품질관리계획<br>• 공종 / 내용 / 품질관리방법(점검기준 / 점검방법)<br>2. 수입 검사항목<br>• 품질보증 확인서류<br>• 자재시험 성적서<br>• 수량, 규격 등 | 시공 : 작성 / 협의<br>감리 : 검토 / 확인<br>감독 : 접수 |

| 구분 | 세부 내용 | 비고 |
|---|---|---|
| 검사·시험 | 1. 검사·시험계획(ITP / ITC)<br>• ITP(Inspection and Test Plan)<br>• ITP는 입회점(Witness)과 정지점(Hold)를 적정 설정<br>• ITC(Inspection and Test Checklist)<br>2. 검측요청서 및 검사계획서를 사용하여 검사<br>3. 공정중 검사 및 시험<br>• 불만족 검사 및 시험결과는 부적합 관리규정에 따름 | 시공 : 작성 / 협의<br>감리 : 검토 / 확인<br>감독 : 승인 |
| 공사중지 | 1. 시공된 공사가 품질확보상 미흡 또는 중대한 결함을 발생할 있다고 판단되거나 발견시 공사중지 지시<br>2. 공사중지<br>• 부분중지<br>재시공지시가 이행되지 않은상태에서 다음공정 진행됨으로써 하자가 발생된다고 판단시<br>• 전면중지<br>천재지변 등 불가항력적인 사태 등 | 시공 : 시행<br>감리 : 검토 / 지시<br>감독 : 동의 |

② 주요 작업별 시공품질관리계획 예

| 공정 | 세부 내용 | 품질 관리 방법 | | 비고 |
|---|---|---|---|---|
| | | 점검 기준 | 점검 방법 | |
| 지입 자재 검수 | • 지입자재 검수 | • 설계도서 | • 수량 및 외관 검사<br>• 규격 및 용도의 적정성 | |
| 케이블 포설 및 결선 | • 전원케이블 포설<br>• 접지케이블 포설<br>• 제어케이블 포설<br>• UTP케이블 포설 | • 특기 설계설명서 (시방서)<br>• 일반 설계설명서 (시방서)<br>• 정보통신표준공법 | • 적정 케이블 사용 여부<br>• 포설시 적정 장력 및 속도유지 상태<br>• 적정 곡율반경 유지<br>• 케이블 포설 상태<br>• 케이블 포박 상태<br>• PCM케이블 후랙시블내 포설 여부<br>• 결선시 적정 압착단자 및 공기구 사용<br>• 결선리스트 정확성 확인<br>• 결선 후 결선 상태 확인<br>• 라벨링 및 넘버링 등의 부착상태 확인 | |
| 기기취부 및 결선 | • 기기취부<br>• 결선 | • 특기 설계설명서 (시방서)<br>• 일반 설계설명서 (시방서)<br>• 정보통신표준공법 | • 장비 설치 상태<br>• 수직, 수평 및 기존설비와의 배치 여부<br>• 내진 설계 장소시 내진프레임에 설치 여부<br>• 결선시 결선 내역의 정확성<br>• 접지 결선 상태<br>• 전원 결선 상태(극성확인)<br>• 통신케이블 결선 상태<br>• 제어케이블 결선 상태<br>• UTP케이블 결선 상태 | |

## 2.5 정보통신공사 안전관리

(1) 안전관리 개요

안전관리는 재해예방대책 및 안전관리의 확인 업무로 안전관리의 목적은 생산성의 향상과 손실을 최소화시키기 위하여 비능률적 요소인 사고 및 재해로부터 인간의 생명과 재산을 보호하기 위한 계획적이고 체계적인 제반 활동이며, 공사비에 따라 안전관리자 선임 배치신고 또는 안전관리 기술지도 등이 필요함

| 구분 | 안전관리 조직 및 비상연락망 편성 | 안전관리 수행 | 안전교육 | 안전장구 등 |
|---|---|---|---|---|
| 주요내용 | 산업안전보건법 기준 안전보건관리책임자 등 조직 편성<br>• 비상연락망 편성 | 근로기준법, 산업안전보건법, 산업재해보상보험법 등 관계법규 준수 확인 | 정기안전교육 신규채용자 안전교육 수시 안전행사 등 | 안전표지판 개인보호구 등 |
| 시공자 | 공사착공일로부터 30일안 제출 | 수시 | 수시 | 시행 |
| 감리원 | 검토 / 보고 | 검토 / 보고 | 검토 / 보고 | 검토 / 지시 |
| 감독관 | 승인 | 승인 | 승인 | 동의 |

(2) 안전관리 주요업무

① 안전관리 조직편성 및 비상연락망 편성

예 안전관리 조직편성표

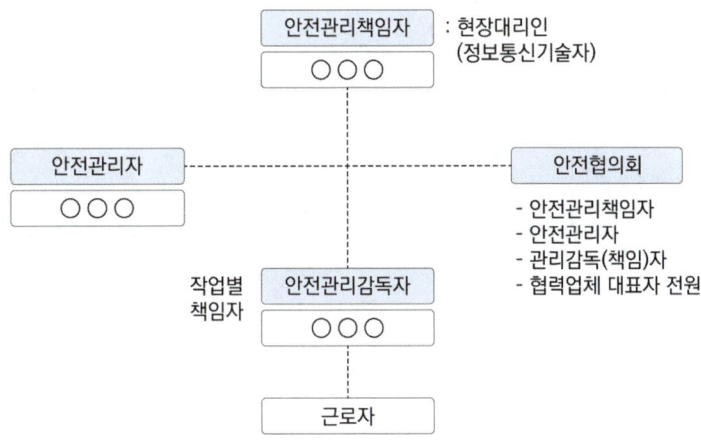

시공사 안전관리책임자는 현장대리인으로 하며, 비상연락망을 조직함

| 구분 | 세 부 내 용 | 비고 |
|---|---|---|
| 안전관리 수행 | 1. 안전관리계획서의 적정성 확인 및 보완사항 보완<br>　• 산업안전보건관리비 집행계획서<br>　• 항목별 사용내역 개인보호구 및 안전장구 구입비<br>　• 근로자의 건강진단비 등<br>　• 재해예방기술지도 계획서(필요시)<br>　• 산업재해보상보험 가입 증명원등 관련 서류<br>　• 안전관리 점검표<br>　• 작업공종별 안전대책 등<br>2. 산업안전보건관리비 사용실적 현황 확인 및 승인<br>3. 사고처리<br>　• 시공자 안전조치, 감리원 사고경위 발주자 보고 | 시공 : 작성 / 제출<br>감리 : 검토 / 승인<br>감독 : 접수 |
| 안전교육 | 1. 정기교육<br>　• 교육담당자 : 안전관리책임자<br>2. 신규채용자 안전교육 실시계획<br>　• 교육시간 : 1시간 이상<br>　• 산업안전 보건법령에 관한 사항 등<br>　• 안전장치 보호장구<br>　• 기계기구의 위험성 등<br>3. 작업 변경시 안전교육 실시계획<br>　• 교육시간 : 1시간 이상<br>4. 수시 안전행사 실시계획 등<br>　• 위험예지 활동<br>　　게시판 배치, 공구장 지적<br>　　현장순회 점검 및 교육 등 | 시공 : 시행<br>감리 : 현장 / 확인<br>감독 : 확인 |
| 안전장구 등 | 1. 안전표지판 설치 : 작업반경<br>　• 안전수칙판<br>　• 경고표시판<br>　• 안전구획띠<br>　• 교통안내판 등<br>2. 개인보호구 지급 : 작업자 전원<br>　• 안전모<br>　• 안전화<br>　• 안전벨트 등 | 시공 : 시행<br>감리 : 현장 / 확인<br>감독 : 확인 |

MEMO

# 6장 구내통신 공사품질관리

**1절** 단위시험
1. 성능 측정 및 시험방법
2. 측정결과 분석하기

**2절** 유지보수
1. 유지보수하기
2. 접지공사, 접지저항 측정하기

# 1절 단위시험

## 1 성능 측정 및 시험방법

### 1.1 개요

- 정보통신설비에 대한 오실로스코프, OTDR 등에 대한 기본적인 성능 측정 및 시험방법에 대한 이해

### 1.2 성능 측정 및 시험 방법

(1) 측정량 단위

① 측정 개요

| 구분 | 상대레벨 | 절대레벨 | |
|---|---|---|---|
| 대상 | dB | dBm | dBW |
| 내용 | 측정량에 10log를 걸어주는 것으로 상대레벨 표현<br><br>전력 $10\log\frac{P_2}{P_1} [dB]$<br><br>전압 $20\log\frac{V_2}{V_1} [dB]$<br><br>전류 $20\log\frac{I_2}{I_1} [dB]$ | 어떤 전력을 1[mW]를 기준으로 해서 데시벨로 절대레벨 표현<br><br>$dBm = 10\log\frac{P}{1mW}$ | 어떤 전력을 1[W]를 기준으로 해서 데시벨로 절대레벨 표현<br><br>$dBW = 10\log\frac{P}{1W}$ |

② dBm과 dBW 표기

| 구분 | dBm | dBW |
|---|---|---|
| 0.1μW | -40dBm | -70dBW |
| 0.001mW (1μW) | -30dBm | -60dBW |
| 0.01mW | -20dBm | -50dBW |
| 0.1mW | -10dBm | -40dBW |
| 1mW | 0dBm | -30dBW |
| 10mW | 10dBm | -20dBW |
| 100mW | 20dBm | -10dBW |
| 1,000mW (1W) | 30dBm | 0dBW |
| 10,000mW (10W) | 40dBm | 10dBW |
| 100,000mW (100W) | 50dBm | 20dBW |
| 1,000,000mW (1,000W) (1KW) | 60dBm | 30dBW |

③ 유선 0dBm

특성임피던스가 600[Ω]인 회로에 1.291[mA]가 흐르고 600[Ω]의 부하 양단에 0.775[V]가 걸릴 때 1[mW]가 공급되는 경우 0dBm

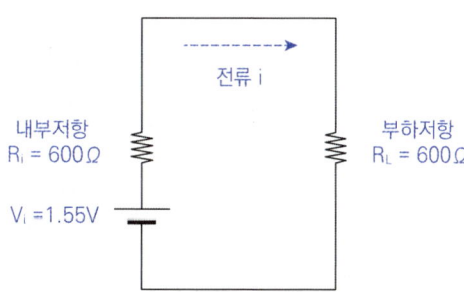

- $i = \dfrac{V}{R} = \dfrac{1.55\,V}{1200\,\Omega} = 1.291\text{mA}$
- $P = i^2 R = (1.291\,mA)^2 \times 600\,\Omega = 1\,mW$
- $V = iR = 1.291\text{mA} \times 600\,\Omega = 0.775\text{V}$

④ 무선 0dBm

특성임피던스가 50[Ω]인 회로에 4.472[mA]가 흐르고 50[Ω]의 부하 양단에 0.2236[V]가 걸릴 때 1[mW]가 공급되는 경우 0dBm

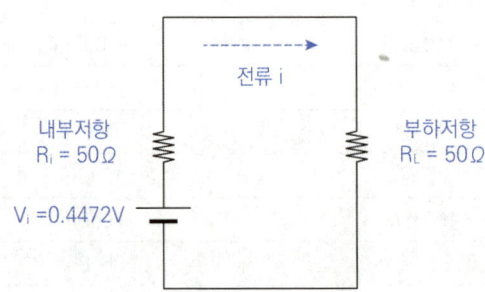

- $P = i^2 R$에서 $i = \sqrt{\dfrac{P}{R}} = \sqrt{\dfrac{1mW}{50\Omega}} = 4.472mA$
- V = iR = 4.472mA × 50Ω = 0.2236V

| 구분 | 유선 0dBm | 무선 0dBm |
|---|---|---|
| 공급전원 | 1.55V | 0.4472V |
| I | 1.291mA | 4.472mA |
| $R_L$ | 600Ω | 50Ω |
| V($R_L$) | 0.775V | 0.2236V |

## (2) 오실로스코프(Oscilloscope)

### ① 측정 개요

오실로스코프는 신호에 대해 시간영역(Time Domain)에서 신호의 크기인 전압, 주기, 주파수 등을 측정하는 계측기로 주파수영역(Frequency Domain)에서 측정하는 스펙트럼 아날라이저와 주로 비교됨

### ② 기본적인 시험 구성

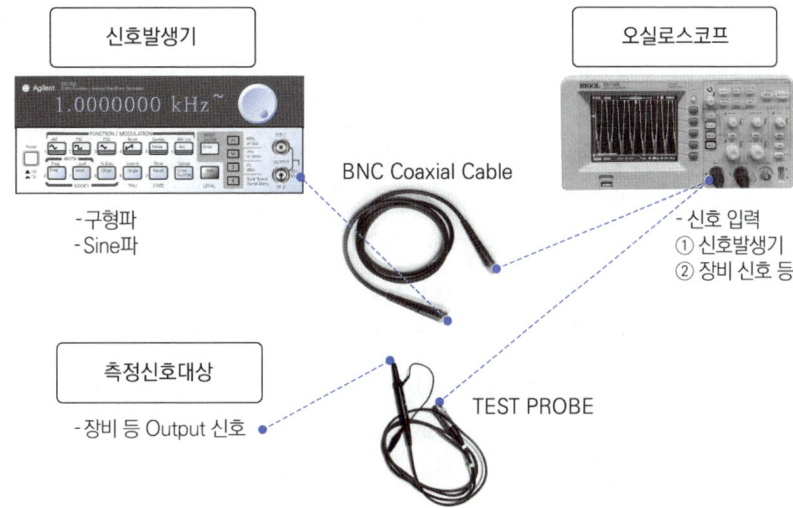

| 구분 | 신호 발생기 | 오실로스코프 |
|---|---|---|
| 기능 | 측정대상 신호발생원<br>• 구형파, 사인파, 삼각파 등 | 신호(Signal) 측정<br>• 시간영역 기준 |
| 측정 | 1. Freq 키 : 원하는 주파수 설정<br>　예 1KHz 구형파<br>2. Ampl 키 : 원하는 신호세기(전압)<br>　예 2Vp-p | 1. TEST PROBE를 신호발생기 연결<br>　• 필요시 BNC 케이블 사용<br>2. 오실로스코프 채널선택 측정<br>　• 신호 분석<br>3. 주요 측정 항목 : 시간영역 기반<br>　• 펄스 형태 관측<br>　• 주기 및 주파수<br>　• 위상차 등<br>　• 아이패턴(Eye Pattern), Jitter 등 |

③ 오실로스코프 측정1 : 구형파

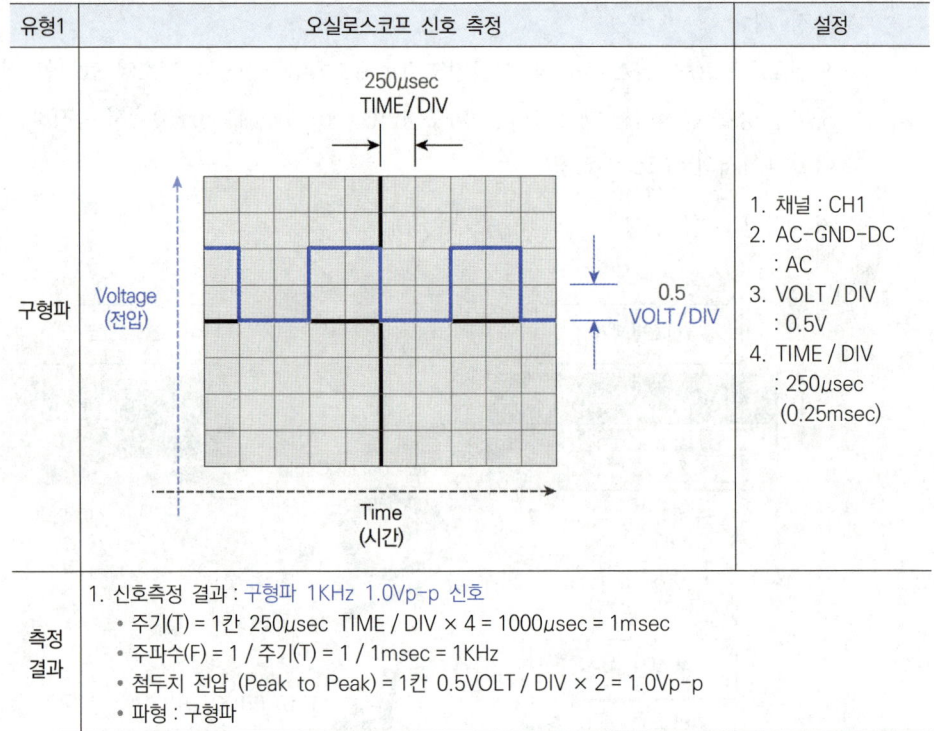

| 유형1 | 오실로스코프 신호 측정 | 설정 |
|---|---|---|
| 구형파 | Voltage(전압) / Time(시간), 250μsec TIME/DIV, 0.5 VOLT/DIV | 1. 채널 : CH1<br>2. AC-GND-DC : AC<br>3. VOLT / DIV : 0.5V<br>4. TIME / DIV : 250μsec (0.25msec) |
| 측정 결과 | 1. 신호측정 결과 : 구형파 1KHz 1.0Vp-p 신호<br>• 주기(T) = 1칸 250μsec TIME / DIV × 4 = 1000μsec = 1msec<br>• 주파수(F) = 1 / 주기(T) = 1 / 1msec = 1KHz<br>• 첨두치 전압 (Peak to Peak) = 1칸 0.5VOLT / DIV × 2 = 1.0Vp-p<br>• 파형 : 구형파 | |

※ 10 : 1 테스트 프르브 사용시는 실측정값 10배를 적용

④ 오실로스코프 측정2 : 사인파

| 유형2 | 오실로스코프 신호측정 |
|---|---|
| 사인파 | 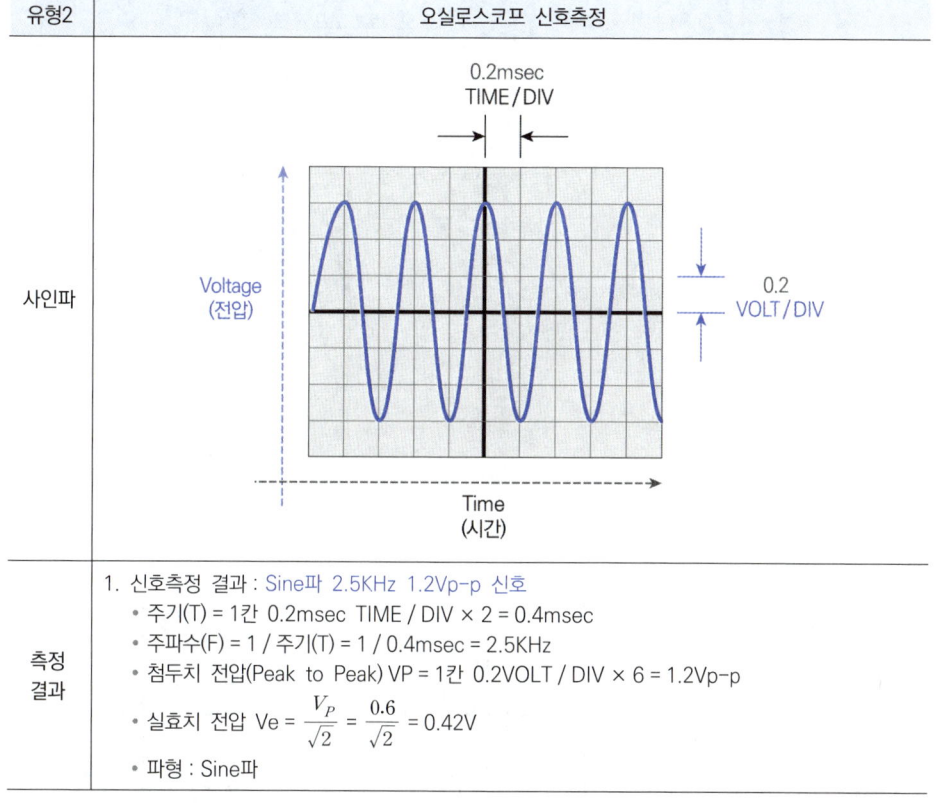 |
| 측정 결과 | 1. 신호측정 결과 : Sine파 2.5KHz 1.2Vp-p 신호<br>• 주기(T) = 1칸 0.2msec TIME / DIV × 2 = 0.4msec<br>• 주파수(F) = 1 / 주기(T) = 1 / 0.4msec = 2.5KHz<br>• 첨두치 전압(Peak to Peak) VP = 1칸 0.2VOLT / DIV × 6 = 1.2Vp-p<br>• 실효치 전압 Ve = $\dfrac{V_P}{\sqrt{2}} = \dfrac{0.6}{\sqrt{2}} = 0.42V$<br>• 파형 : Sine파 |

⑤ 오실로스코프 측정3 : 위상차

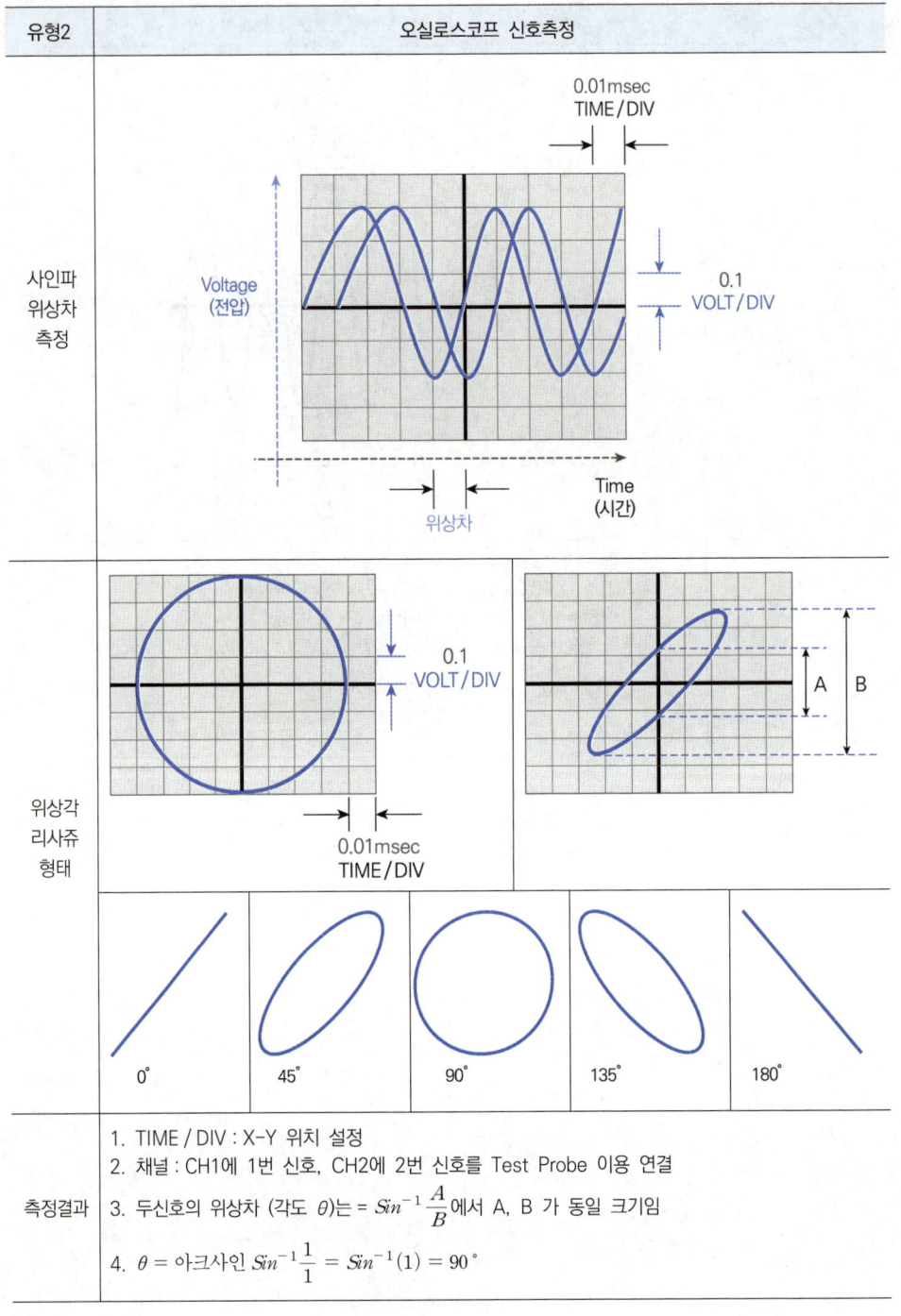

| 유형2 | 오실로스코프 신호측정 |
|---|---|
| 사인파 위상차 측정 | |
| 위상각 리사쥬 형태 | |
| 측정결과 | 1. TIME / DIV : X-Y 위치 설정<br>2. 채널 : CH1에 1번 신호, CH2에 2번 신호를 Test Probe 이용 연결<br>3. 두신호의 위상차 (각도 $\theta$)는 $= Sin^{-1}\dfrac{A}{B}$에서 A, B 가 동일 크기임<br>4. $\theta =$ 아크사인 $Sin^{-1}\dfrac{1}{1} = Sin^{-1}(1) = 90°$ |

(3) 스펙트럼 아날라이저

① 측정 개요

동일 신호에 대해 오실로스코프는 신호에 대해 시간영역(Time Domain)에서 신호의 크기인 전압, 주기, 주파수 등을 측정하는 하며, 동일 신호를 주파수영역(Frequency Domain)에서 측정하여 주파수 등을 측정하는 스펙트럼 아날라이저가 있음

② 기본적인 시험 구성

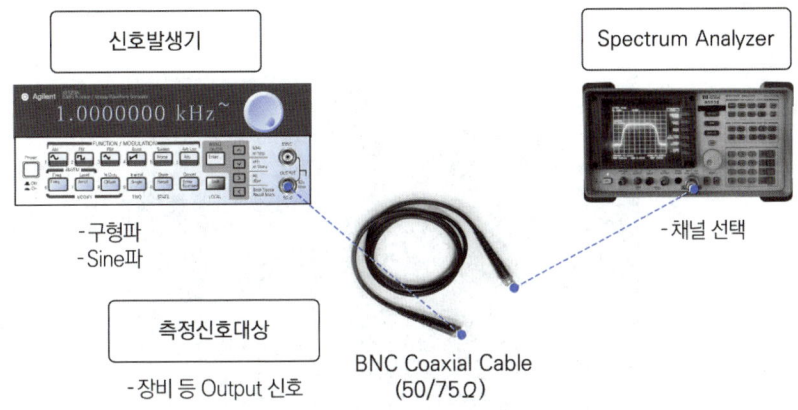

| 구분 | 오실로스코프 | 스펙트럼 아날라이저 |
|---|---|---|
| 기능 | 신호(Signal) 측정<br>• Time Domain 시간 영역 | 신호(Signal) 측정<br>• Frequency Domain 주파수 영역 |
| 신호<br>변환 | Inverse Fourier Transform<br>주파수신호 X(f)를 시간영역에서 분석시<br>$x(t) = \int_{-\infty}^{\infty} X(f) e^{j2\pi ft} df$ | Fourier Transform<br>시간신호 x(t)를 주파수영역에서 분석시<br>$X(f) = \int_{-\infty}^{\infty} x(t) e^{-j2\pi ft} dt$ |

| 구분 | 오실로스코프 | 스펙트럼 아날라이저 |
|------|--------------|---------------------|
| 신호 대상 | 파형 관측<br>주기(T)<br>주파수 = 1 / 주기(T)<br>다양한 신호 파형<br>• Digital, Analog, Impulse 등 | 주파수(F)<br>• 반송파(Carrier Frequency)<br>대역폭(Bandwidth)<br>신호 / 잡음 Power Level $C_0$ / $N_0$ 등<br>신호파 주변 Noise 및 Spurious 측정<br>안테나 패턴 측정 등 |

③ 스펙트럼 아날라이저 측정1 : 반송파 Carrier

| 유형1 | 스펙트럼 아날라이저 신호 측정 | 설정 |
|-------|-------------------------------|------|
| 반송파<br>Carrier | 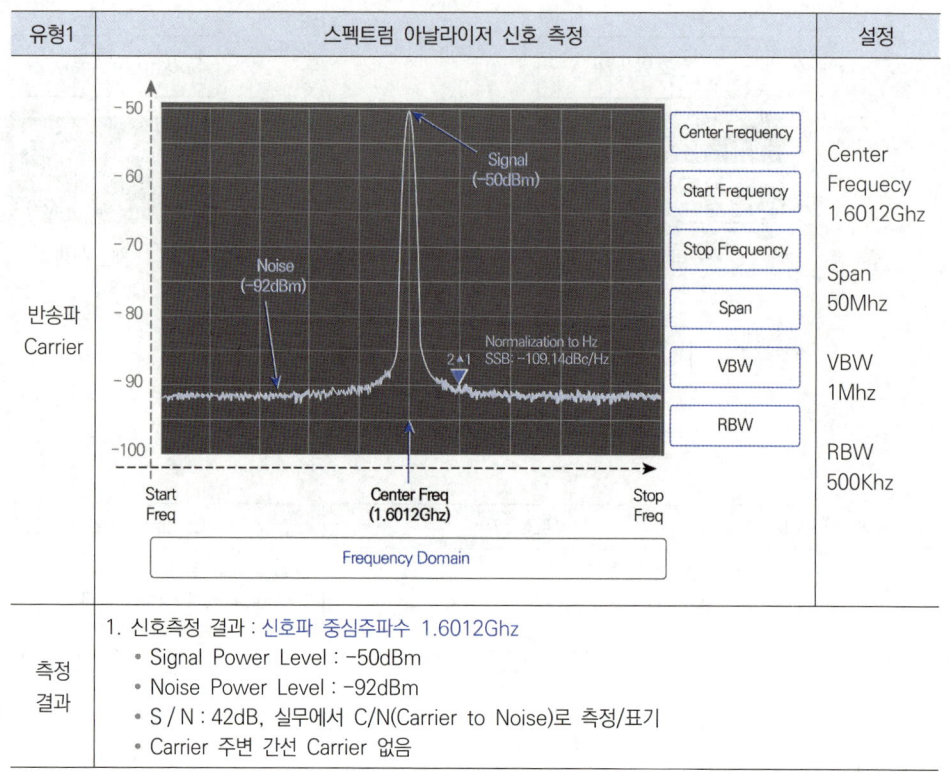 | Center Frequecy 1.6012Ghz<br>Span 50Mhz<br>VBW 1Mhz<br>RBW 500Khz |
| 측정 결과 | 1. 신호측정 결과 : 신호파 중심주파수 1.6012Ghz<br>• Signal Power Level : -50dBm<br>• Noise Power Level : -92dBm<br>• S / N : 42dB, 실무에서 C/N(Carrier to Noise)로 측정/표기<br>• Carrier 주변 간선 Carrier 없음 | |

※ 신호 소스 입력시 DC성분은 제거하고 스펙트럼 아날라이저 입력에 연결

④ 스펙트럼 아날라이저 측정2 : 반송파 주파수 및 대역폭

| 유형2 | 스펙트럼 아날라이저 신호 측정 |
|---|---|
| 사인파 | 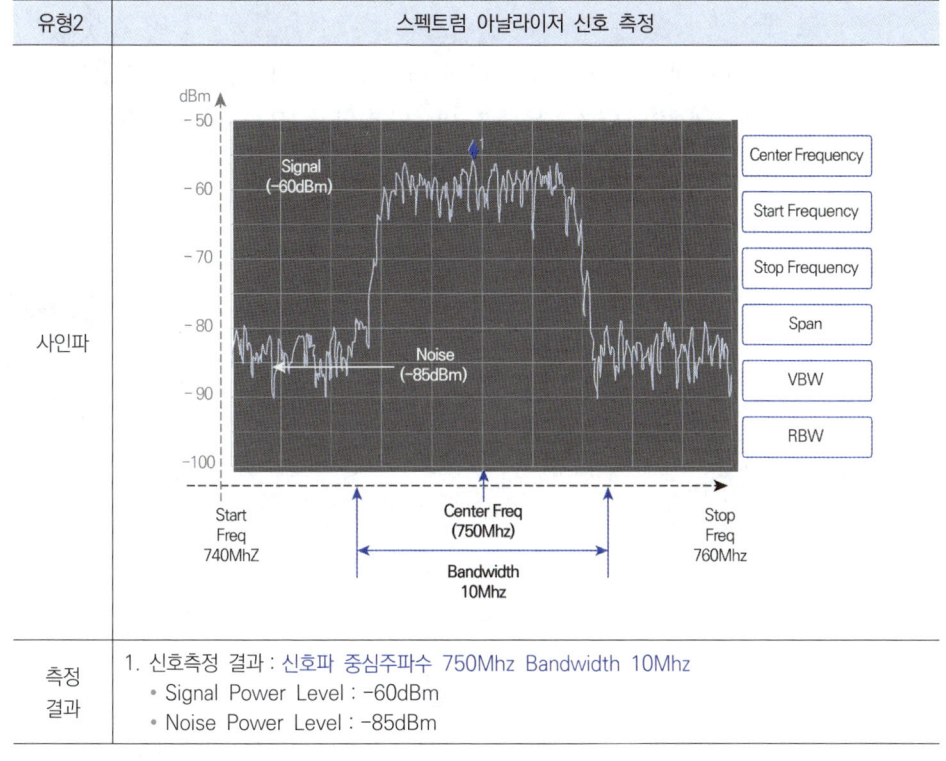 |
| 측정 결과 | 1. 신호측정 결과 : 신호파 중심주파수 750Mhz Bandwidth 10Mhz<br>• Signal Power Level : -60dBm<br>• Noise Power Level : -85dBm |

## (4) OTDR

① 측정 개요

OTDR은 Optical Time Domain Reflectometer로 광케이블의 특성 시험용으로 주로 사용하며 광섬유 내 전파하면서 광신호가 반사되어 되돌아오는 신호를 측정하는 계측기고 후방산란법을 주로 사용함

② 기본적인 시험 구성

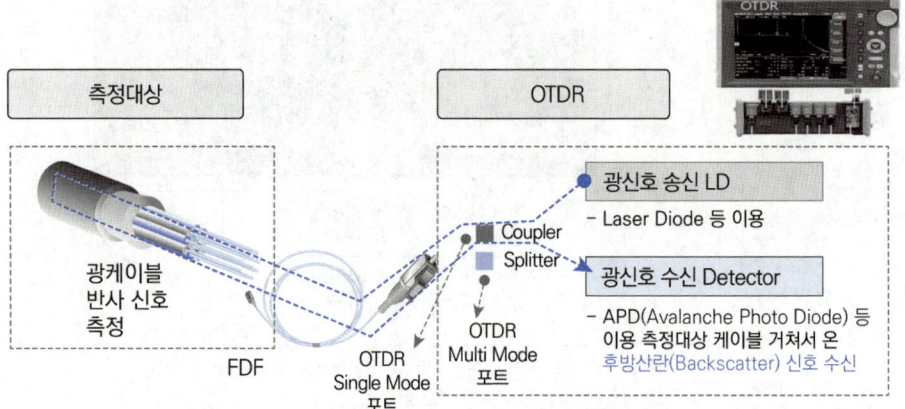

1. 시험대상 광케이블 연결시 Single Mode, Multi Mode 구분하여 OTDR 연결
2. 시험대상 광케이블 연결시 필요시 광패치코드 및 FDF 사용

[계측기 출처 : Anritsu]

- 피 측정대상 광케이블이 짧은 경우는 광런치 케이블을 중간에 연결하여 시험

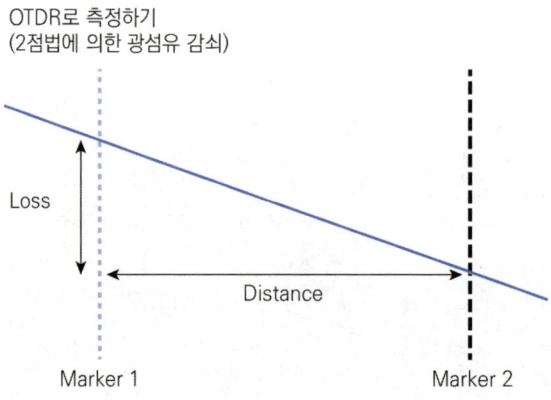

③ OTDR 측정 : Single Mode 광케이블

| 유형1 | OTDR 광신호 측정 |
|---|---|
| 광신호 | 설정<br>• OTDR 입력포트<br>  • OTDR SM 포트를 이용<br>• Wave length<br>• Distance range<br>• Return Loss<br>• Mode : Auto<br>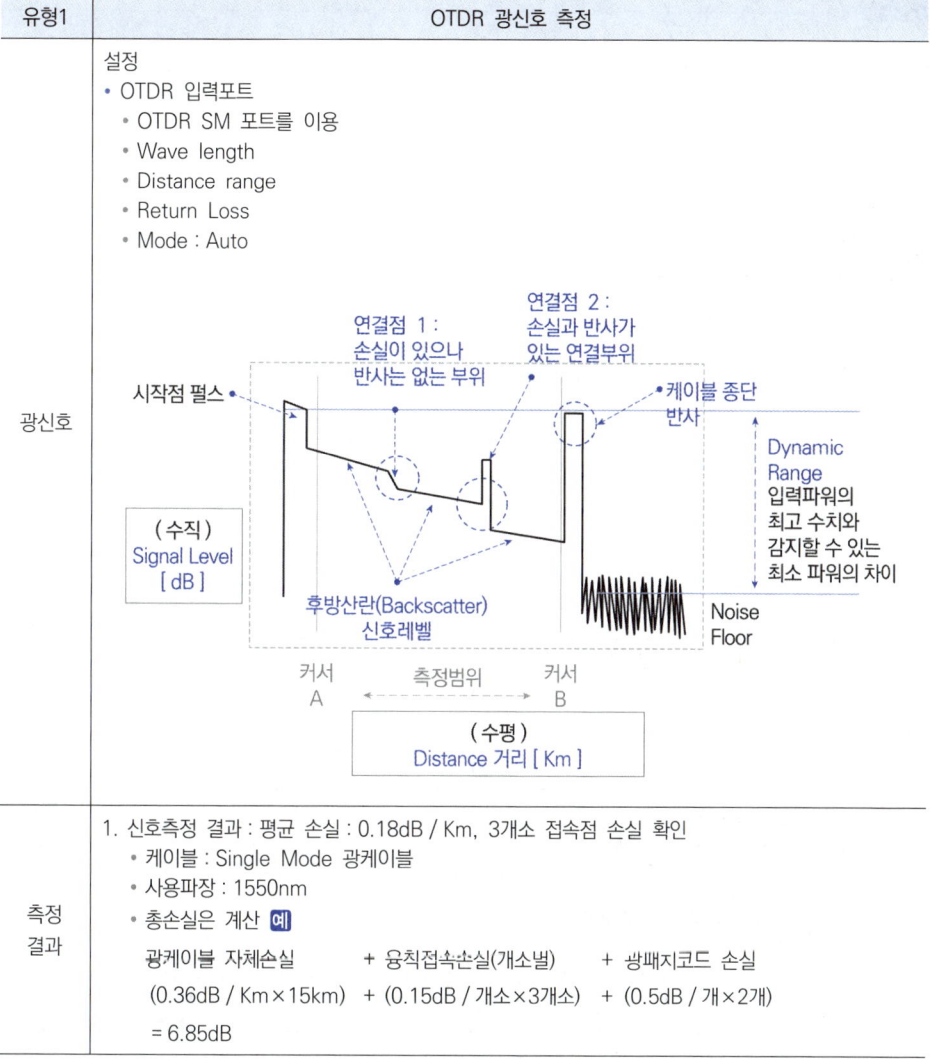 |
| 측정<br>결과 | 1. 신호측정 결과 : 평균 손실 : 0.18dB / Km, 3개소 접속점 손실 확인<br>  • 케이블 : Single Mode 광케이블<br>  • 사용파장 : 1550nm<br>  • 총손실은 계산 예<br><br>    광케이블 자체손실    + 융착접속손실(개소별)    + 광패치코드 손실<br>    (0.36dB / Km×15km)  + (0.15dB / 개소×3개소)  + (0.5dB / 개×2개)<br>    = 6.85dB |

# 2 측정결과 분석하기

### 2.1 개요
- 측정결과에 대한 적합여부를 판단하며 관련 참조기준 등을 확인

### 2.2 측정결과 분석하기

(1) 케이블 및 통신신호 분석

① 광케이블 측정결과 분석
- EIA / TIA 568 - B.3

Optical fiber cable transmission performance parameters

| Optical fiber cable type | Wavelength (nm) | Maximum attenuation (dB/km) | Minimum information transmission capacity for overfilled launch (MHz·km) |
|---|---|---|---|
| 50/125 ㎛ multimode | 850 | 3.5 | 500 |
| | 1300 | 1.5 | 500 |
| 62.5/125 ㎛ multimode | 850 | 3.5 | 160 |
| | 1300 | 1.5 | 500 |
| singlemode inside plant cable | 1310 | 1.0 | N/A |
| | 1550 | 1.0 | N/A |
| singlemode outside plant cable | 1310 | 0.5 | N/A |
| | 1550 | 0.5 | N/A |

NOTE – The information transmission capacity of the fiber, as measured by the fiber manufacturer, can be used by the cable manufacturer to demonstrate compliance with this requirement.

- 한국정보통신공사협회(KICA) 광선로구축표준공법

**광섬유심선의 접속손실 규정**

| 접속방법 | | 단위개소 접속손실(A) | 광섬유심선 평균접속손실(B) | 기준 접속손실 | 평가방법 |
|---|---|---|---|---|---|
| 융착접속 (Fusion Splice) | | 0.4dB 이하 | 0.14dB 이하 | A,B 만족 | 후방산란법 |
| 기계식접속 (Mechanical Splice) | | 0.4dB 이하 | 0.2dB 이하 | A,B 만족 | 기계식접속자 성능 (삽입법) |
| 국내성단부 (Termination) | 광점퍼코드 융착접속 | 0.5dB 이하(주1) | | A 만족 | 융착접속기 추정치 (코어직시법) |
| | UV현장조립 광커넥타접속 | 0.5dB 이하 | | A 만족 | 광커넥타 성능 (삽입법) |
| | 광커넥타접속 | 0.5dB 이하 | | A 만족 | 광커넥타 성능 (삽입법) |

〈주1〉 광섬유심선 및 리본심선에 동일 적용

② 계측기별 주요 측정결과 분석 기준

| 구분 | 판단기준 | 내용 |
|---|---|---|
| 오실로스코프<br>• 주기 / 주파수 | 송신전 원신호의 주기와 비교<br>• 변동 비율 | |
| 스펙트럼 아날라이저<br>• 주파수<br>• 대역폭 | 허가기준 주파수대역과 대역폭<br>• 주파수 허용편차<br>• 전계강도 허용치 등 | 법적기준<br>• 무선설비규칙 등 관련고시 |
| OTDR<br>• Attenuation<br>• 광접속 손실 | 광케이블 특성과 관련기준<br>• 광선로기준 표준공법 등 | |

(2) 주요 측정항목

| 구분 | 내용 |
|---|---|
| 잡음지수 | • 종합잡음지수 $NF_T = NF_1 + \dfrac{NF_2 - 1}{G_1} + \dfrac{NF_3 - 1}{G_1 \cdot G_2} + \cdots$ |
| 종합 증폭도 및 종합이득 | • 종합 증폭도(A) $A = A_1 \times A_2 \times A_3 \times \cdots$<br>• 종합 이득(G) $G = G_1 + G_2 + G_3 + \cdots$ |
| 전압변동율 | • 전압변동율<br>전압변동율(% Regulation) = $\dfrac{V_{무부하} - V_{전부하}}{V_{전부하}} \times 100\%$ |

# 2절 유지보수

## 1 유지보수하기

### 1.1 개요
- 정보통신설비에 대한 유지보수 업무를 수행함에 있어 관련 규정 및 대상을 확인

### 1.2 유지보수하기

(1) 유지보수

① 유지보수 개념

| 구분 | 내용 |
| --- | --- |
| CCITT M.20 | 1. Preventive Maintenance<br>  • predetermined interval<br>  • prescribed criteria<br>2. Corrective Maintenance<br>  • after fault<br>3. Controlled Maintenance<br>  • systematic application of supervision, testing in order to minimize preventive Maintenance and corrective Maintenance |
| 유지보수 | • 운용<br>  • 서비스 제공을 위해 시설을 가동하고, 관련 기록들을 관리하는 일련의 행위<br>• 보전<br>  • 요구 기능을 정상 수행할 수 있도록 유지 및 회복시키기 위한 제반 활동<br>  • 서비스의 생산과 제공이 만족스러운 상태로 유지되도록 하는 일련의 행위<br>  • 동작감시, 고장수리, 시설정비, 시험 등 |
| 유지보수 목표 | • QOS(서비스품질) 보장<br>• 경제성 추구 |

② 유지보수 형태별 구분

| 구분 | Preventive Maintenance | Corrective Maintenance | Controlled Maintenance |
|---|---|---|---|
| 개요 | 예방 보전<br>• 고장 발생이 쉬운 개소를 중심 사전 감시, 정비 등 | 사후 보전<br>• 고장발생이후 유지보수 긴급 / 사후 조치 | 관리 보전<br>• 예방보전과 사후보전을 최소화 |
| 세부 내용 | • 시간 점검<br>  • 정기 / 부정기 점검<br>• 상태 점검<br>  • 감시 / 검사 | • 고장 인식 후 취해지는 보전<br>  • 긴급 사후보전<br>  • 통한 사후보전<br>• 예비품리스트 | • 유지보수 전용 관리시스템 이용<br>  • NMS<br>  • FMS 등<br>  Facility Management System |

③ 유지보수 관련 법규 ('23.7.18 신설, '24.7.19 시행)

| 법규 | 내용 |
|---|---|
| 정보통신공사업법 제37조의2 (정보통신설비의 유지보수·관리기준) | ① 과학기술정보통신부장관은 건축물·시설물 등(이하 "건축물등"이라 한다)에 설치된 정보통신설비의 유지보수·관리 및 점검(이하 "유지보수등"이라 한다)을 위하여 필요한 기준(이하 "유지보수·관리기준"이라 한다)을 정하여 고시하여야 한다.<br>② 유지보수·관리기준의 내용, 방법, 절차 등에 필요한 사항은 과학기술정보통신부령으로 정한다. |
| 정보통신공사업법 제37조의3 (정보통신설비의 유지보수등에 대한 점검 및 확인 등) | ① 대통령령으로 정하는 일정 규모 이상의 건축물등에 설치된 정보통신설비의 소유자 또는 관리자(이하 "관리주체"라 한다)는 유지보수·관리기준을 준수하여야 한다.<br>② 관리주체는 유지보수·관리기준에 따라 정보통신설비의 유지보수등에 필요한 성능을 점검(이하 "성능점검"이라 한다)하고 그 점검기록을 작성하여야 한다. 이 경우 관리주체는 공사업자 등 대통령령으로 정하는 자에게 성능점검 및 점검기록의 작성을 대행하게 할 수 있다.<br>③ 관리주체는 제2항에 따라 작성한 점검기록을 대통령령으로 정하는 기간 동안 보존하여야 하며, 특별자치시장·특별자치도지사·시장·군수·구청장이 그 점검기록의 제출을 요청하는 경우 이에 따라야 한다. |
| 정보통신공사업법 제37조의4 (유지보수등의 위탁 및 유지보수·관리자 선임 등) | ① 관리주체는 공사업자에게 정보통신설비의 유지보수등의 업무를 위탁할 수 있다.<br>② 관리주체는 과학기술정보통신부령으로 정하는 바에 따라 정보통신설비 유지보수·관리자를 선임하여야 한다. 다만, 제1항에 따라 정보통신설비 유지보수등의 업무를 위탁한 경우에는 정보통신설비 유지보수·관리자를 선임한 것으로 본다.<br>③ 관리주체가 정보통신설비 유지보수·관리자를 선임 또는 해임한 경우 과학기술정보통신부령으로 정하는 바에 따라 지체 없이 그 사실을 특별자치시장·특별자치도지사·시장·군수·구청장에게 신고하여야 한다. 신고된 사항 중 과학기술정보통신부령으로 정하는 사항이 변경된 경우에도 또한 같다.<br>④ 특별자치시장·특별자치도지사·시장·군수·구청장은 제3항에 따라 정보통신설비 유지보수·관리자의 선임신고를 한 자가 선임신고증명서의 발급을 요구하는 경우에는 과학기술정보통신부령으로 정하는 바에 따라 선임신고증명서를 발급하여야 한다.<br>⑤ 제3항에 따라 정보통신설비 유지보수·관리자의 해임신고를 한 자는 해임한 날부터 30일 이내에 정보통신설비 유지보수·관리자를 새로 선임하여야 한다.<br>⑥ 정보통신설비 유지보수·관리자의 자격기준, 선임절차와 그 밖에 필요한 사항은 대통령령으로 정한다. |

## (2) 유지보수 활동

| 구분 | 내용 |
|---|---|
| 유지보수 계획수립 및 시행 | • 유지보수 계획 : 유지보수 담당자<br>　• 공공 / 민간기관<br>• 기준 정보관리 : 유지보수 담당자<br>• 유지보수 기록관리 : 유지보수 담당자<br>• 장애·사고 보고 및 기록유지 : 유지보수 담당자 |
| 통신설비의 내용연수 | • 내용연수 기준 : 고정자산 회계처리시행세칙<br>• 통신설비의 교체 및 관리 : 통신설비는 내용연수가 경과되지 않도록 관리 |
| 통신설비의 점검 및 보수 | • 점검종류 및 보수 : 점검은 점검주기에 의한 정기점검과 필요시 시행하는 비정기점검으로 구분하여 시행<br>• 정기점검<br>• 정기점검은 일정한 주기에 따라 다음과 같이 시행<br><table><tr><th>점검종류</th><th>점 검 방 법</th></tr><tr><td>상태점검</td><td>• 통신설비의 동작 및 표출 등의 외관상태 이상여부를 확인하기 위하여 시행하는 점검</td></tr><tr><td>동작점검</td><td>• 통신설비의 기능 이상여부를 확인하기 위하여 동작, 조작 등으로 시험하는 점검</td></tr><tr><td>계측점검</td><td>• 통신설비의 성능 이상여부를 확인하기 위하여 측정장비 등으로 계측하는 점검(각종 데이터 취득)</td></tr></table> |
| 통신설비의 점검 및 보수 | • 비정기점검<br>　통신설비의 신설, 개량, 이설 또는 통신설비의 정상기능 확보를 위하여 필요시 시행<br><table><tr><th>점검종류</th><th>점 검 방 법</th></tr><tr><td>초기점검</td><td>• 신설·증설·개량 및 개신한 통신설비의 성능 및 시설상태를 사용개시 전·후에 행하는 점검</td></tr><tr><td>특별점검</td><td>• 장애 및 설비 이상으로 사고 발생이 우려되는 통신설비 또는 장애 및 사고로 기능 상실된 동일 통신설비의 점검<br>• 장시간 사용하지 않던 통신설비의 사용을 위한 점검<br>• 특별행사 등을 위한 점검</td></tr><tr><td>안전진단</td><td>• 통신설비의 재해예방 및 안정성 확보를 위한 설비의 전문적인 기능진단이 필요할 때 구조적·기능적 점검</td></tr></table><br>• 통신설비별 점검 주기는 세부별표로 관리 |

## (3) 유지보수 보수기준 예

| 구분 | 내용 |
|---|---|
| 통신회선 보수기준 | • 표준저항<br>• 도체저항 및 불평형율<br>• 절연저항<br>• 접지저항<br>• 전송품질척도의 기준 |

### ① 표준저항 예

| 선종 | 선경(mm) | 표준저항치(Ω / Km) |
|---|---|---|
| 연동선 | 0.9 | 27.4 |
|  | 0.65 | 52.5 |
|  | 0.5 | 88.7 |

### ② 도체저항 및 불평형율

| 종 별 | 표준치에 대한 저항 증가율 | 왕복 양선의 저항 불평형율 |
|---|---|---|
| 동선 | 4% 이하 | 2% 이하 |
| 기타선 | 6% 이하 | 4% 이하 |

### ③ 접지저항

| 종 별 | 저항 기준치 | 비 고 |
|---|---|---|
| 가입자 보안기 | 50Ω 이하 |  |
| 통신회선(차폐케이블) | 10Ω 이하 / Km |  |
| 주배선반용 | 10Ω 이하 | 공동접지 |
| 반송중계기용 | 10Ω 이하 | 적용시 예외 |
| 반송단국용 | 3Ω 이하 |  |
| 연선전화기 | 50Ω 이하 |  |

④ 전송품질척도의 기준 예

| 구 분 | 품질척도 | | 기준치 | 비 고 |
|---|---|---|---|---|
| 음성급<br>(음성용) | 전송손실 | | 20 dB 이하 | |
| | 회선잡음 | | -55 dBmp 이하 | |
| 음성급<br>(데이터용) | 전송손실 | 1020Hz | 20 dB 이하 | |
| | 회선잡음 | 100Km이내 | 32 dB 이상 | |
| | 신호대잡음비 | | -55 dBmp 이하 | |
| | 위상지터 | | 최대 10° 이하 | |
| | 충격성잡음 | -21 dBm0 / 15분간 | 1개 이하 | |
| | 순간단선 | -10 dBm0 / 15분간 | 0 개 | |
| | | -10 dBm0 / 30분간 | 1개 이하 | |
| | 비트오율 | 9600 bps 이하 | $1 \times 10^{-9}$ 이하 | |
| | 오류초율 | 9600 bps 이하 | 4.8 이하 | |
| 부호급<br>(데이터용) | 비트오율 | 9600 bps 이하 | $1 \times 10^{-9}$ 이하 | 24 시간 측정 |
| | | n × 56,64 kbps | $1 \times 10^{-9}$ 이하 | 24 시간 측정 |
| | | 1.544, 2.048 Mbps | $1 \times 10^{-9}$ 이하 | 24 시간 측정 |
| | 오류초율 | 9600 bps 이하 | 0.5% 이하 | |
| | | n × 56,64 kbps | 1.3% 이하 | |
| | | 1.544, 2.048 Mbps | 2.5% 이하 | |
| | 과오류초율 | 2400 bps 이상 | 0 | |

⑤ 정보통신설비의 점검보수항목 및 주기 예

| 설비명 | 구 분 | 점검 항목 | 점검주기 | 비고 |
|---|---|---|---|---|
| 통신선로설비 | 점검 | 1. 교량 및 터널에 (광)관로취부상태 점검 | 월 1회 | |
| | | 2. 각종 관로노출 및 토사유실 유무 | 월 1회 | |
| | | 3. 각종표지(케이블매설, 접속, 지중도체매설) 훼손 유무 | 월 1회 | |
| | | 4. 홀 뚜껑 및 홀 내 침수·배수상태 이상 유무 | 월 1회 | |
| | | 5. 광분배함(접속함체 포함) 케이블 접속 및 접지상태 | 월 1회 | |
| | | 6. 광관로 내관 및 외관의 파손 여부 | 월 1회 | |
| | | 7. 광케이블 스파이럴 보호 이상 유무 | 월 1회 | |
| | | 8. 통신케이블, 외피 이상 유무 [가공, 트레이, 트라프, 동도내] | 월 1회 | |
| | 계측 | 1. 광 케이블 손실 측정 | 반기 1회 | |
| | | 2. 동 케이블 선조도체저항 및 불평형율 측정 | 반기 1회 | |
| | | 3. 동 케이블 회선도체 저항측정 | 반기 1회 | |
| | | 4. 절연저항 측정 | 반기 1회 | |
| | | 5. 접지저항 측정 | 년 1회 | |
| 광전송설비 | 점검 | 1. 각종 카드 삽입상태 및 기기 청소상태 | 분기 1회 | |
| | | 2. 케이블 커넥터 접속 상태 점검 | 분기 1회 | |
| | | 3. 각종 Fuse 및 OW(타합선) 점검 | 분기 1회 | |
| | | 4. 2차접지반 및 CDF 접지단자 점검 | 분기 1회 | |
| | | 5. 기기 운용이력 상태 확인 | 분기 1회 | |
| | 동작, 시험 | 1. 광선로 절체기능 확인 | 반기 1회 | |
| | | 2. 동기클럭 절체 시험 | 반기 1회 | |
| | | 3. 이중화부 동작, 절체시험 | 반기 1회 | |
| | | 4. 경보 및 DB 설정 상태 확인 | 반기 1회 | |
| | 계측 (프로그램) | 1. 입·출력 전압 확인 | 분기 1회 | |
| | | 2. 광 송수신 출력 측정 | 분기 1회 | |
| | | 3. BER 검출 시험 | 분기 1회 | |
| PCM설비 | 점검 | 1. 케이블 커넥터 접속 상태점검 | 분기 1회 | |
| | | 2. 각종 램프 및 Fuse 상태 점검 | 분기 1회 | |
| | | 3. 외관 및 LED 점등 상태 점검 | 분기 1회 | |
| | | 4. 기기 운용이력 상태 확인 | 반기 1회 | |

제2절 유지보수 | 233

| 설비명 | 구 분 | 점검 항목 | 점검주기 | 비고 |
|---|---|---|---|---|
| PCM설비 | 동작, 시험 | 1. 각종 경보 시험 | 반기 1회 | |
| | | 2. 각종 이중화부 절체 기능시험 | 반기 1회 | |
| | | 3. 경보 및 DB설정 상태 확인 | 반기 1회 | |
| | 계측 (프로그램) | 1. 오류시간 검출누적, 산출기능 | 반기 1회 | |
| | | 2. 출력 전압 및 리플 측정 | 반기 1회 | |
| 클럭공급설비 (DOTS) | 점검 | 1. 외관 및 LED 점등 상태점검 | 분기 1회 | |
| | | 2. 공급전원 점검 | 분기 1회 | |
| | | 3. 유니트 및 경보 유무 점검 | 분기 1회 | |
| | | 4. 기기 운용이력 상태확인 | 분기 1회 | |
| | 동작 | 1. 이중화부 동작, 절체시험 | 분기 1회 | |
| 회선분배설비 (DCS) | 점검 | 1. 외관 및 LED 점등 상태점검 | 분기 1회 | |
| | | 2. 공급전원 점검 | 분기 1회 | |
| | | 3. 각종 카드 및 경보 유무점검 | 분기 1회 | |
| | | 4. 기기 운용이력 상태확인 | 분기 1회 | |
| | 동작 | 1. 이중화부 동작, 절체시험 | 분기 1회 | |
| 교환설비 | 점검 | 1. 외관 및 LED 상태점검 | 월1 회 | |
| | | 2. 각종 카드삽입 상태 및 케이블 커넥터 접속 상태 점검 | 월 1회 | |
| | | 3. 시스템 전원점검 | 월 1회 | |
| | | 4. Clock 동기 상태 점검 | 월 1회 | |
| | | 5. 경보패널의 각부 동작 상태점검 | 월 1회 | |
| | | 6. 프로그램 변경 내역 확인 점검 | 월 1회 | |
| | 동작,시험 | 1. CPU 이중화 기능 및 자동 절체기능 | 분기 1회 | |
| | | 2. 중계선 시험 | 분기 1회 | |
| | | 3. 가입자 회선 시험 | 분기 1회 | |
| | | 4. 각 부 공급전압 측정 | 분기 1회 | |
| | 계측 (프로그램) | 1. 가입자 데이터 | 월 1회 | |
| | | 2. 중계선 관련 데이터 | 월 1회 | |
| | | 3. 시스템 유지보수 데이터 | 월 1회 | |

| 설비명 | 구 분 | 점검 항목 | 점검주기 | 비고 |
|---|---|---|---|---|
| 정보통신망설비 | 점검, 동작 (프로그램) | 1. Gigabit Ethernet Switch | 월 1회 | |
| | | 2. Switching HUB | 월 1회 | |
| | | 3. LAN switch | 월 1회 | |
| | | 4. NMS 서버 | 월 1회 | |
| 배선반 및 구내회선 | 점검 | 1. 단자함, 배선반, 기계대 청결상태 | 월 1회 | |
| | | 2. 단자판 및 탄기류 점검 | 월 1회 | |
| | | 3. 점퍼선 및 국내케이블 포선상태 등 | 월 1회 | |
| | | 4. 퓨즈, 피뢰기 점검 | 월 1회 | |
| | | 5. 인입선, 옥내배선 점검 | 월 1회 | |
| | 계측 | 1. 구내케이블 도체저항, 절연저항 | 년 1회 | |
| | | 2. 접지저항 측정 | 년 1회 | |
| 광케이블 감시장치 | 점검, 동작 | 1. 측정기능(자동, 수동) 상태점검 | 월 1회 | |
| | | 2. 설비별 동작상태 및 각종 배선상태점검 | 월 1회 | |
| | | 3. 고장정보 자동통보기능 상태점검 | 월 1회 | |
| | | 4. 성능 및 측정자료 DB백업(주서버, 지역 서버) | 분기 1회 | |

## 2. 접지공사, 접지저항 측정하기

### 2.1 개요
- 접지공사, 접지저항 측정에 대한 이해

### 2.2 접지공사, 접지저항 측정하기

(1) 접지공사 접지

① 접지의 개념

접지는 영국권에서는 Earthing, 미국권에서는 Grounding, 국내는 접지라 하며 역할에 따라 전기분야 강전용 접지는 보안용, 안전을 목적으로 하며, 통신분야는 Signal Ground 등 회로보호 등 기능용으로 사용함

② 접지의 역할
- 어떤 원인으로 고장 전류가 발생 흐르면 전위상승이 생기며, 이 전위상승을 억제하기 위해 접지가 필요하며, 접지란 지구상의 대지에 전기적 단자를 시설하는 것으로 이 전기적 단자 역할을 하는 것이 접지 전극이며, 전류가 접지전극을 통과하여 대지로 흘러 들어가는 경우, 이 통과의 난이성 기준이 접지저항이며 저항이 낮을수록 전류가 흐르기 쉬움으로 접지저항은 낮은것이 좋음
- 접지설비의 주요 구성은 1. 접지극 2. 접지도체 3. 주접지단자 4. 보호도체, 보조 보호등전위본딩, 보호등전위본등으로 구성함.

## (2) 접지종류 및 접지공사

### ① 접지공사별 분류

| 구분 | 개별접지 | 공통접지 | 통합접지 |
|---|---|---|---|
| 개요 | 분야별 개별접지<br>• 전기분야<br>  • 특고압 / 고압 / 저압접지<br>  • 피뢰접지<br>• 통신분야<br>  • 통신접지<br>• 전문분야<br>  • 의료접지 등 | 개별접지방식에서 전기분야<br>• 특고압 / 고압 / 저압분야를 공통으로 접지하는 방식 | 모든분야를 통합으로 접지구성 |
| 세부<br>내용 | • 분야별 접지분리<br>• 전기분야 분리<br>  • 제1종 접지<br>  • 제2종 접지<br>  • 제3종 접지<br>  • 특별 제3종 접지<br>  • 피뢰접지<br>• 통신접지 분리<br>  • 통신접지<br>• 전문분야 분리<br>  • 의료접지<br>• 기타분야<br>  • 건축 구조체 접지 등 | • 전기분야 공통접지<br>  • 특고압 / 고압 / 저압을<br>  • 공통으로 묶어 접지<br>• 전기분야 피뢰접지<br>• 통신접지<br>  • 통신접지<br>• 전문분야 분리<br>  • 의료접지<br>• 기타분야<br>  • 건축 구조체 접지 등 | • 통합접지 구성하여 모든 접지를 통합으로 사용<br>  • 전기분야 통합 접지 사용<br>  • 피뢰접지 통합 접지 사용<br>  • 통신분야 통합 접지 사용<br>• 전문분야 접지는 전문분야 의견 반영 수용 |

※ 통신설비 통합접지 여부는 통신사업자의 결정에 의할 수 있음

② 접지목적별 분류

| 구분 | 내용 |
|---|---|
| 계통 접지 | 전력계통 접지, 지락검출용 접지 |
| 기기 접지 | 유무선 통신설비 외함, 프레임에 접지 |
| 낙뢰방지 접지 | 뇌(雷)전류를 안전하게 대지로 방류하기 위한 접지<br>• 피뢰침 등 |
| 정전기 장해 방지용 접지 | 마찰 등으로 인한 정전기 축적하여 장해을 방지하기위해 정전기를 대지에 방류하기 위하 접지 |
| 등전위화 접지 | 모든 금속부분에 전위차가 발생하지 않도록 금속부분을 상호결합하여 접지 |
| 잡음대책용 접지 | 외래 잡음의 침입으로 전자기기 및 통신설비 오동작하거나 통신 품질이 저하하는 것을 방지하기 위해 접지<br>• 각종 쉴드(Shield)를 배관이나 케이블에 적용 차폐 기능 적용 |
| 기능용 접지 | 설비 기능상 필수 접지<br>• 장중파 안테나 $\frac{\lambda}{4}$ 수직 접지 안테나 접지 제공<br><br>λ/4 수직 접지 안테나<br><br>$L = \frac{\lambda}{4}$　　i 전류분포<br><br>접지<br>대지<br><br>• 단파 등 라디오 등 무선설비 안테나 접지 등<br>• 장중파안테나 접지방식<br>　1) 심굴접지(지중동판식)<br>　2) 방사상접지(지선망접지)<br>　3) 다중접지<br>　4) 카운터 포이즈(가상접지)<br>　5) 어스 스크린<br>• 전기방식용 접지 |

③ 접지공사 시 접지 전극의 종류

| 구분 | 일반접지봉접지(봉상접지) | 판상접지 | 매쉬접지 |
|---|---|---|---|
| 개요 | 접지봉 사용<br>• 가장 쉽게 시공 | 접지 동판을 사용 접지 | 대규모 접지에 시용<br>• MESH형으로 접지를 구성 |
| 내용 | 간단한 접지<br>• 기준 접지저항이 높음<br>  50Ω, 100Ω 등 | 접지봉 대신 접지 동판 사용<br>• 기준 접지저항이 중간<br>  50Ω 등 | 통합접지 등 대규모 접지 구성시<br>• 기준 접지저항이 낮음<br>  1Ω ~ 5Ω |

※ 대지조건에 따라 접지저항이 기준치에 미흡할 경우 접지저감제 등을 사용

(3) 접지측정
- 접지측정은 3점 전위강하법(3점 전위강하법, 61.8%법), 2극 측정법, 클램프온 미터법이 있으며, 소규모 접지극 봉상, 판상 등에 간단하게 측정하는 전위강하법 방식인 접지저항계 방식을 이용하여 측정함

| 구분 | 3점 전위강하법 | | 2극 측정법 | 클램프온 미터법 |
| | 3점 전위강하법 | 61.8%법 | | |
|---|---|---|---|---|
| 개요 | 개별접지 등 소규모 접지 측정시 사용하며, 가장 많이 사용하는 방식 | 공통·통합접지 등 대규모 접지 측정시 사용<br>• 전위강하법 방식 | 측정용 보조전극의 설치가 어려운 경우 | 다중접지된 시스템에 대해 접지 측정시 사용<br>• 클램프온 방식 |
| 구성 | 접지저항계<br>보조접지극 P, C<br>측정대상 접지극, E | 접지저항계<br>보조접지극 P, C<br>측정대상 접지극, E | 접지저항계<br>보조접지극 1<br>측정대상 접지극, E | 클램프온 미터 |
| 특징 | 접지극 일직선상<br>• 접지극 최소이격 간격<br>  E-P : 10M 이격<br>  P-C : 10M 이격 | 접지극 일직선상<br>• 접지극 최소이격 간격<br>  E-P : 50M 이격<br>  P-C : 30M 이격<br>• P의 위치가 E-C간 일직선의 61.8%<br>• 필요시<br>  측정 오류 확인을 위해 P의 위치 51.8%, 61.8%, 71.8% 3측정값을 적용 가능 | 보조접지극이 전위강하법 대비 2개가 아닌 1개임 | 빠르고 간편 측정<br>• 클램프온 미터 이용<br>• 측정 대상 접지선을 감아서 측정 |

## 1) 전위강하법

① 측정회로

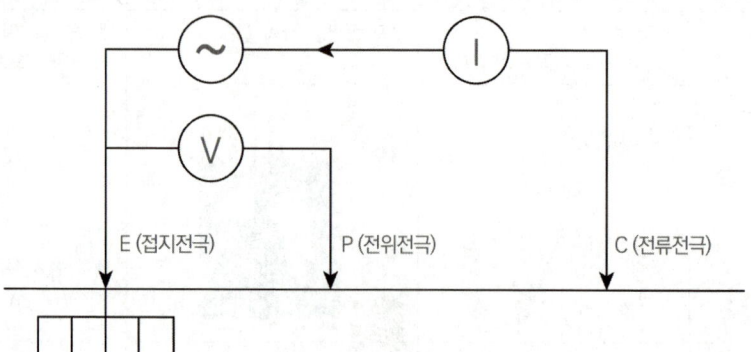

② 시험 측정

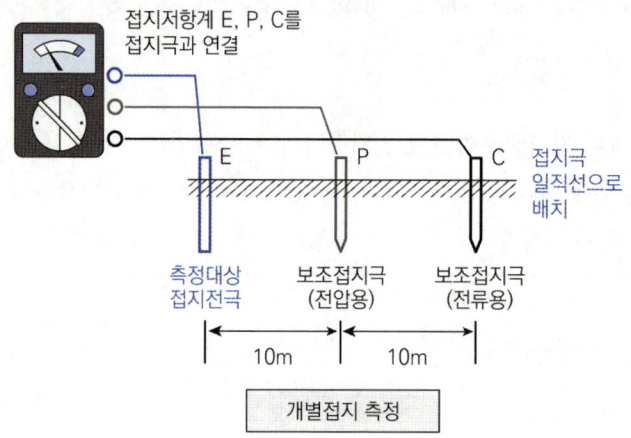

③ 측정방법

| 순서 | 항목 | 내용 |
| --- | --- | --- |
| 1 | P 전압용 보조접지극 설치 | 피 측정접지극 E에서 10m 떨어진 곳에 P 보조접지극을 대지에 박아서 설치 |
| 2 | C 전류용 보조접지극 설치 | P 보조접지극에서 10m 떨어진 곳에 C 보조접지극을 대지에 박아서 설치 |
| 3 | 접지저항계와 보조접지극 연결 | 피 측정접지극 E, P 보조접지극, C 보조접지극을 접지저항계와 케이블을 이용 연결 |
| 4 | 접지저항계 측정버튼 | 접지저항계 측정 버튼을 누름 |
| 5 | 측정값 기록 | 접지저항계 측정 버튼을 누름이후 측정값을 기록 정리 |

2) 3점 전위강하법 61.8%법

대규모 접지 측정 시 대저항이 균일한 장소에서 측정, 전위강하법을 이용하여 접지저항을 측정할 때 접류보조극의 거리를 접지체로부터 C로 하고 다른 P접지보조극의 거리를 C의 61.8%로 하여 측정된 접지저항값을 측정값으로 함

① 시험 측정

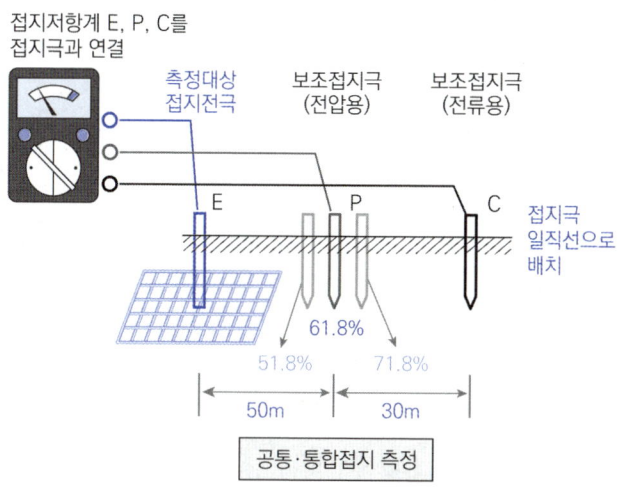

② 측정방법

| 순서 | 항목 | 내용 |
|---|---|---|
| 1 | P 전압용 보조접지극 설치 | 피 측정접지극 E에서 50m 떨어진 곳에 P 보조접지극을 대지에 박아서 설치 |
| 2 | C 전류용 보조접지극 설치 | P 보조접지극에서 30m 떨어진 곳에 C 보조접지극을 대지에 박아서 설치 |
| 3 | 접지저항계와 보조접지극 연결 | 피 측정접지극 E, P 보조접지극, C 보조접지극을 접지저항계와 케이블을 이용 연결 |
| 4 | 접지저항계 측정버튼 | 접지저항계 측정 버튼을 누름 |
| 5 | 측정값 기록 | 접지저항계 측정 버튼을 누름이후 측정값을 기록 정리 |

※ 접지극의 저항이 참값을 확인하기 위해 P를 C의 61.8%, 71.8%, 51.8% 지점에 설치하여 3 측정값의 오차가 ±5% 이하이면 3 측정값의 평균을 E의 접지저항값으로 정함

3) 2극 측정법

일반적으로 3점 전위 강하법으로 측정하여야 하나, 기술기준 적합 조사 시 측정용 보조 전극의 설치가 어려운 지역에서 3점 전위 강하법 대신 적용 가능한 측정법

① 측정회로

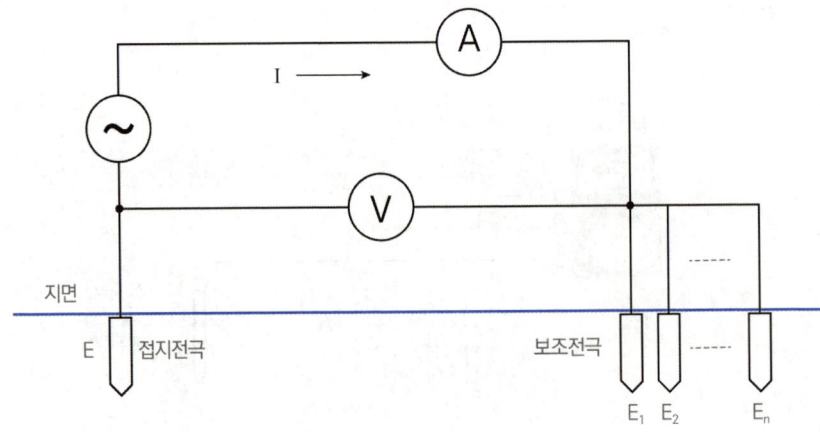

② 측정조건
- 접지 저항 측정기는 측정 방식에 따라 전류 또는 전압을 측정하는 기능을 가져야 한다.
- 보조 전극은 금속재로 된 수도관, 가로등, 보호난간 등 접지 저항값이 낮을 것으로 예상되는 대지 매립 시설물로써 하나 또는 다수가 연결된 것이어야 하며 측정값에 영향을 줄 수 있는 물질이 매설된 지역에 설치된 시설물은 피해야 한다.
- 시험 전류 또는 전압은 측정기(전류계, 전압계 또는 접지 저항 측정기)가 인지할 수 있는 충분한 양이 공급되어야 한다.
- 시험 전류 또는 전압의 주파수는 상용전원 주파수(60Hz)와 그 정수배 주파수를 피해서 선정한다.

③ 측정절차

| 순서 | 항목 | 내용 |
| --- | --- | --- |
| 1 | 보조전극 선정 | 적합한 보조 전극을 선정 |
| 2 | 측정단자 연결 | 측정회로와 같이 측정 단자를 연결한다. |
| 3 | 접지저항계와 보조접지극 연결 | 피 측정접지극 E, 보조접지극을 접지저항계와 케이블을 이용 연결 |
| 4 | 접지저항계 측정버튼 | 접지저항계 측정 버튼을 누름 |

| 5 | 측정값 기록 | • 접지 전극과 보조 전극 사이에 시험 전류 또는 전압을 인가한 후 전류계 또는 전압계의 측정값을 기록<br>• 정값과 시험 전류 또는 전압을 이용하여 접지 저항(R)을 계산하거나 접지 저항 측정기로 직접 접지저항 값을 측정 |
|---|---|---|

### 4) 클램프온 미터법

다중접지된 시스템의 경우 특수한 변류기를 사용 측정, 해당선을 클램프로 집고 스위치 버튼을 눌러 해당값을 기록

① 측정 원리

MGN(MultiGrounding Neutral) 전력시스템이나 통신케이블의 경우처럼 다중 접지된 시스템의 경우의 회로에 적용할 수 있으며, 이때 특수한 변류기를 사용하여 회로에 전압 V를 공급해 주면 전류 I가 흐르며, 다시 변류기를 사용하여 흐르는 전류를 측정할 때 전류와 전압과의 관계는 다음과 같음

$$\frac{V}{I} = R_X + \frac{1}{\sum_{K=1}^{n} \frac{1}{R_X}}, \text{ 일반적으로 } R_X \gg \frac{1}{\sum_{K=1}^{n} \frac{1}{R_X}} \text{ 이므로}$$

$$\cong R_X \text{ 로 간소화 가능함}$$

$$\frac{V}{I} = R_X$$

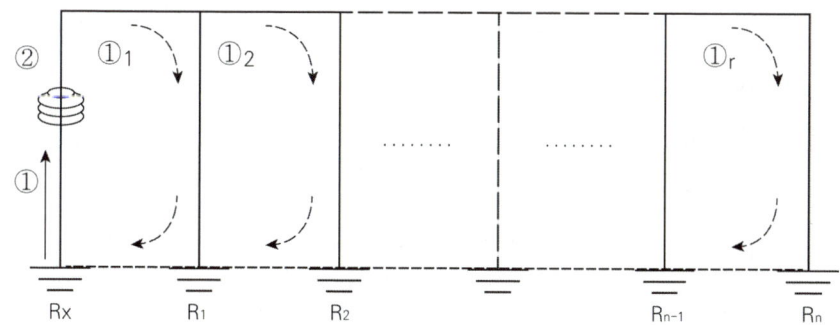

클램프-온-미터 방식의 접지저항 측정원리

② 측정방법

| 순서 | 항목 | 내용 |
|---|---|---|
| 1 | 클램프 온미터 | 클램프 온미터를 피 측정접지선을 감음 |
| 2 | 클램프 온미터 측정버튼 | 클램프 온미터 측정버튼을 누름 |
| 3 | 측정값 기록 | 클램프 온미터 측정값을 기록 정리 |

(4) 대지저항(률)
- 대지저항(률)을 측정하며, 단위는 $[\Omega \cdot m]$로 일반적 측정법은 Wenner 4전극법을 이용 4개 보조전극을 일직선상에 등간격을 유지하며 측정, 전극 간격을 변경시 일정 유지
- 대지저항(률)에 영향을 주는 요소는 ① 토양의 종류 및 깊이 ② 함유된 수분의 양 ③ 온도 ④ 계절의 변화 ⑤ 화학물질 ⑥ 해수 ⑦ 암석의 종류에 따라 영향을 줌

1) Wenner 4전극법
① 측정회로

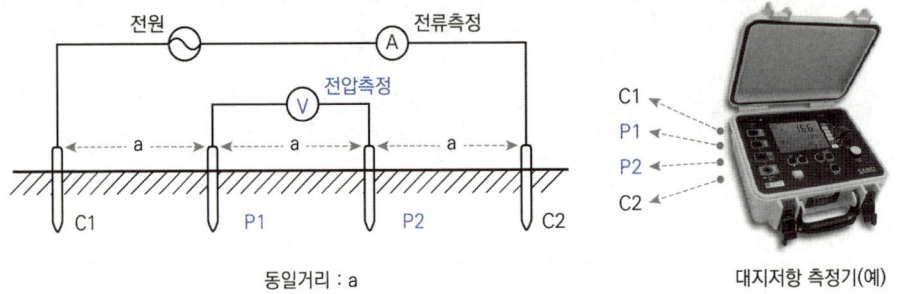

동일거리 : a                대지저항 측정기(예)

② 측정방법

| 순서 | 항목 | 내용 |
|---|---|---|
| 1 | 측정용 전극배치 | 직선상에 동일한 간격(a)으로 배치 |
| 2 | 전류값 측정 | 적당한 거리에 전류전극(C1, C2)를 박고, 저주파 교류전류를 흘려주고 전류값을 측정 |
| 3 | 전압값 측정 | 전류극 사이에 적당한 거리에 전압극(P1, P2)를 박고, 전압값을 측정 |
| 4 | 저항값 계산 | 측정된 전류값과 전압값을 이용 R=V/I, 저항값을 계산 |
| 5 | 대지저항률 $a_1$ | $\rho = 2\pi a_1 R [\Omega \cdot m]$  $\rho$ : 대지저항률, $a_1$ : 접지극간 간격, $R$ : 접지저항 |
| 6 | 대지저항률 $a_2$ | $\rho = 2\pi a_2 R [\Omega \cdot m]$ 접지극간 간격 $a_2$를 기준 동일 측정 |

MEMO

www.epasskorea.com

정보통신기사 실기

# 문제편

**1장** 과년도 기출문제
**2장** 예상문제풀이 서술형문제
**3장** 예상문제풀이 실무형문제

# 1장 과년도 기출문제

- **1절** 2024년도 기출풀이
- **2절** 2023년도 기출풀이
- **3절** 2022년도 기출풀이
- **4절** 2021년도 기출풀이
- **5절** 2020년도 기출풀이
- **6절** 2019년도 기출풀이
- **7절** 2018년도 기출풀이
- **8절** 2017년도 기출풀이
- **9절** 2016년도 기출풀이
- **10절** 2015년도 기출풀이
- **11절** 2014년도 기출풀이
- **12절** 2013년도 기출풀이
- **13절** 2012년도 기출풀이

※ 수록된 기출문제는 비공개로 인하여 실제 기출문제와 차이가 있을 수 있습니다

# 1절 2024년도 기출풀이

## 1  2024년도 1회

**01** 사용자의 원활한 통신을 위해서 네트워크(망)을 최초로 구축시에 상대방 기지국이나 헤드엔드를 통해서 최초로 회선을 테스트하여 타 기기와 조율, 통신 설정조정 등을 통하여 회선의 성능을 확인하는 시험을 쓰시오. (4점)   [기출] 24_1회

> **정답**
>
> 개통시험(회선개통시험)
> - BER테스트를 통해 회선의 성능(회선별 BER 기준치 등) 만족 여부를 확인
> - BER테스트는 루프백 테스트방식 등을 사용함

**02** 사용자가 숫자로 된 인터넷 프로토콜(IP) 주소 대신 인터넷 도메인 이름과 검색 가능한 URL을 사용하여 웹사이트에 접속하는 것을 가능하게 하여, 도메인 이름을 웹 브라우저에 입력할 때 최종 사용자를 어떤 서버에 연결할 것인지를 제어하는 도메인을 연결시켜주는 서버는 무엇인가? (3점)   [기출] 24_1회 / 22_2회(유사)

**정답**

DNS(Domain Name System)

**03** IP주소는 45.123.21.8 일때 서브넷 마스크는 255.192.0.0 이다. 네트워크 주소는 무엇인가? (4점)

[기출] 24_1회/ 21_4회(유사)/ 19_1회(유사)/ 14_4회

**정답**

45.64.0.0

| IP 주소 | 45 | 123 | 21 | 8 |
|---|---|---|---|---|
| | 00101101 | 01111011 | 00010101 | 00001000 |

| 네트워크 주소 "AND 연산" | 00101101 | 01000000 | 00000000 | 00000000 |
|---|---|---|---|---|
| | 45 | 64 | 0 | 0 |

| 서브넷 마스크 | 11111111 | 11000000 | 00000000 | 00000000 |
|---|---|---|---|---|
| | 255 | 192 | 0 | 0 |

| 1 | 1 | 1 | 1 | 1 | 1 | 1 | 1 |
|---|---|---|---|---|---|---|---|
| 128 | 64 | 32 | 16 | 8 | 4 | 2 | 1 |

**04** IP 네트워크상의 장치로부터 정보를 수집 및 관리하며, 또한 정보를 수정하여 장치의 동작을 변경하는 데에 사용되는 인터넷 표준 프로토콜로 SNMP는 국제 인터넷 표준화 기구(IETF)에 의해 정의된 인터넷 프로토콜의 일부분으로, UDP 기반 프로토콜로 간단한 메시지를 Manager-Agent 기반으로 동작하는 프로토콜에 대한 약어를 쓰시오. (4점)

[기출] 24_1회 / 23_2회토 / 21_2회 / 18_4회

**정답**

SNMP (Simple Network Management Protocol)

---

**05** 다음은 무엇을 설명하는 용어인지 서술하시오. (6점)  [기출] 24_1회

> ( 1 )란 공사에 관한 계획서, 설계도면, 설계설명서, 공사비명세서, 기술계산서 및 이와 관련된 서류(이하 "설계도서"라 한다)를 작성하는 행위를 말한다.
> ( 2 )란 공사에 대하여 발주자의 위탁을 받은 용역업자가 설계도서 및 관련 규정의 내용대로 시공되는지를 감독하고, 품질관리·시공관리 및 안전관리에 대한 지도 등에 관한 발주자의 권한을 대행하는 것을 말한다.

**정답**

1. 설계
2. 감리

---

**06** 통신망의 신뢰도를 위해 고려될 수 있는 사항 3가지를 쓰시오. (6점)

[기출] 24_2회 / 24_1회 / 15_1회 / 14_2회(유사)

**정답**

1) Full Mesh형 Topology 구성
2) 네트워크관리시스템(NMS, Network Management System) 구축
3) 고속의 이중링(Dual Ring)으로 Failover 대책

4) 정보의 기밀성, 무결성 확보
5) End to End(종단간) 에러제어 수행 등
6) 전원 UPS 이중화

**07** 통신 품질의 오류율과 관련하여 3가지 유형을 적고, 3가지 유형 중 디지털 통신 오류의 품질 척도는 무엇인지 쓰시오. (8점)  [기출] 24_1회 / 22_1회 / 16_4회

정답

1) 오류율

| 오류율 | 내 용 |
|---|---|
| BER | Bit Error Rate   비트 오류율 |
| FER | Frame Error Rate   프레임 오류율 |
| CER | Character Error Rate   캐릭터 오류율 |

2) BER (Bit Error Rate)

**08** 다음은 통신접지를 측정하는 방법으로 다음 숫자를 채우시오. (9점)  [기출] 24_1회

| ( ① )점 전위강하법 | ( ② )% | ( ③ )극 측정법 |
|---|---|---|

정답

① 3   ② 61.8   ③ 2

**09** 다음 SNMP 3가지 동작과정에 대해 방향을 채우시오. (6점)     [기출] 24_1회

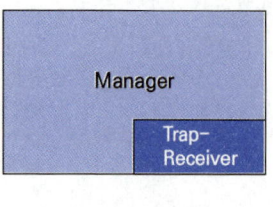
① Get Request
② Get Response
③ Trap

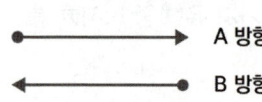
A 방향
B 방향

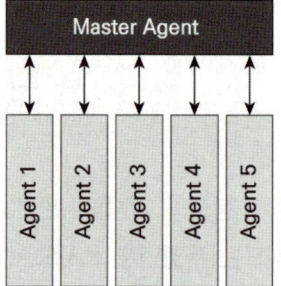

> 정답

① A ② B ③ B

---

**10** 다음은 공사진도관리 관련 정보통신 감리원은 시공자로부터 전체 실시공정표에 의거한 월간, 주간 상세공정표를 사전에 제출받아 검토 확인하여야 한다. 월간상세공정표와 주간상세공정표의 제출기한을 서술하시오. (6점)     [기출] 24_1회

> 정답

1. 월간상세공정표 : 작업착수 1주전 제출(7일)
2. 주간상세공정표 : 작업착수 2일전 제출(2일)

**11** TMN의 주요기능 5가지 중 4가지를 서술하시오. (8점)     [기출] 24_1회

> **정답**
>
> 1. 구성관리 2. 장애관리 3. 성능관리 4. 보안관리 5. 계정관리 [선택4]

**12** L2 스위칭 기능 중 다음 항목에 적합한 용어를 서술하시오. (6점)     [기출] 24_1회

| 항목 | 스위치 기능 |
| --- | --- |
| ( 1 ) | 출발지 주소를 모를 때 MAC 테이블에 저장하는 기능 |
| ( 2 ) | 목적지 주소를 모를 때 전체 포트에 전파하는 기능 |
| ( 3 ) | 일정 시간이 지나면 MAC 테이블을 삭제하는 기능 |

> **정답**
>
> 1. Learning
> 2. Flooding
> 3. Aging

**13** 캐리어 이더넷의 특징 4가지를 서술하시오. (4점) [기출] 24_1회

> 정답

1. 탄력성(resiliency)
2. 신뢰성(reliability)
3. 확장성(scalability)
4. 관리성(manageability)

또는 다른 컨셉으로 보면
1. 표준기반서비스
2. 확장성
3. 안전성
4. 서비스 품질
5. 서비스 관리 [선택4]

**14** 다음은 공사예정공정표이다 다음 빈칸에 적합한 말을 쓰시오. (6점) [기출] 24_1회 / 16_4회

| ( 1 ) | 수량 | ( 2 ) | ----- |
|---|---|---|---|
| 전선공사 | 1 | 식 | ----- |
| 케이블공사 | 1 | 식 | ----- |

> 정답

1. 공종(공사의 종류)
2. 단위

**15** VHF대역의 파장대역 범위를 계산하고 서술하시오. (7점)     [기출] 24_1회
1. 계산식
2. 정답

> **정답**
>
> 1. 계산식
>
> $$\lambda(파장) = \frac{c(빛의 속도)}{f(주파수대역)} = \frac{3 \times 10^8 m/\sec}{30 \sim 300 [MHz]}$$
>
> 1. $\lambda_1 = \dfrac{3 \times 10^8 m/\sec}{30 MHz} = 10m$
>
> 2. $\lambda_2 = \dfrac{3 \times 10^8 m/\sec}{300 MHz} = 1m$
>
> 2. 10 ~ 1[m]

**16** 다음과 같은 구성에서 괄호에 알맞은 것을 서술하시오. (6점)     [기출] 24_1회

IP : 192.168.200.1     IP : 192.168.150.1     IP : 192.168.100.1

| NMS | F/W | B/B |
| --- | --- | --- |
| NMS | 방화벽 | 백본망 |

| Source IP | Destination IP | TCP/UDP | Port | Allow/Deny |
| --- | --- | --- | --- | --- |
| 192.169.100.1 | 192.169.200.1 | UDP | ( ① ) ( ② ) | Allow |

> **정답**
>
> ① 161 ② 162

**17.** A전화국에서 B방면으로 포설된 0.4㎜ 1800P 케이블에 고장이 발생했고 길이는 1250m이다. A전화국 실험실에서 L3 시험기로 바레이법에 의해 측정할 때 고장위치는? (바레이 3법 저항 325Ω, 바레이 2법 저항 245Ω, 바레이 1법 저항 142Ω). (7점) [기출] 24_1회/19_2회

1. 계산식
2. 정답

---

**정답**

1. 계산식_문제에서 L3 시험기의 가변저항으로 검류계(Galvanometer)가 "0"이되는 점에서 측정한 값을 입력하면

$$L_M = \frac{(R3 - R2)}{(R3 - R1)} \times 케이블\,길이\,[L_C]$$

문제에서 주어진 값을 입력

$$\frac{(325\Omega - 245\Omega)}{(325\Omega - 142\Omega)} \times 1250[m] = \frac{80\Omega}{183\Omega} \times 1250[m] = 546.45[m]$$

2. 정답 : 546.45[m]

## 2 2024년도 2회

**01** IEEE 802.11 무선LAN에서 충돌회피를 위한 프로토콜은 무엇인지 쓰시오. (4점)

[기출] 24_2회

**정답**

CSMA/CA (Carrier Sense Multiple Access/Collision Avoidance)

**02** IPv4 C 클래스의 경우 사용 가능한 IP 주소 범위를 적으시오. (4점)  [기출] 24_2회
[예시 : 0.0.0.0 ~ 255.255.255.255]

**정답**

C 클래스 주소범위 : 192.0.0.0 ~ 223.255.255.255

**03** OSI 프로토콜 스택상에서 동작하는 대규모의 체계적인 망관리 프로토콜은? (5점)

[기출] 24_2회

**정답**

CMIP (Common Management Information Protocol)

**04** Linux Firewall에서 설정을 하는 Zone으로 내부에서 외부로는 모두 허용을 하나, 외부에서 내부로는 모두 거부하는 Zone은 무엇인지 쓰시오. (4점)  [기출] 24_2회

**정답**

Drop Zone
- Drop Zone은 수신되는 모든 패킷을 무시하고 응답도 하지 않기 때문에, 외부에서는 내부 네트워크가 존재하지 않는 것처럼 보이나, 내부에서 외부로 나가는 트래픽은 허용됨

| 구 분 | 내 용 |
|---|---|
| Public Zone | Firewall의 기본 영역 이며, 서비스를 제공하는 포트로 연결을 허용할 경우 사용됨 |
| Drop Zone | 들어오는(Inbound) 모든 패킷을 버리고 응답을 하지 않음 |
| Block Zone | 들어오는(Inbound) 모든 패킷을 거부하지만 응답 메세지를 전달 |
| External Zone | 라우터를 사용하여 내부 연결에 사용됨 |
| DMZ Zone | 내부 네트워크는 제한적으로 설정하고 외부 네트워크와 접근할 경우 사용됨 |
| Work Zone | 같은 네트워크 망에 있을지라도 신뢰하는 네트워크에만 허용할 경우 사용됨 |
| Trusted Zone | 모든 네트워크를 허용할 경우 사용됨 |
| Internal Zone | 내부 네트워크에 선택한 연결만 허용할 경우 사용됨 |
| * 공통 | 나가는(Outbound) 패킷은 모두 허용함 |

**05** 정보통신설비를 구성하기 위한 정보통신공사 설계 3단계를 서술하시오. (3점)

[기출] 24_2회 / 17_4회 / 13_1회

1단계 :

2단계 :

3단계 :

> 정답

1단계 계획설계
2단계 기본설계
3단계 실시설계

## 06 감리원 등급에 따라 공사금액을 구분 시 다음 빈칸을 채우시오. (8점)

[기출] 24_2회 / 23_4회(유사)

용역업자는 법 제8조 제2항 후단에 따라 다음 각 호의 기준에 따른 감리원을 공사가 시작하기 전에 1명 배치해야 한다. 이 경우 용역업자는 전체 공사기간 중 발주자와 합의한 기간(공사가 중단된 기간은 제외한다)에는 해당 감리원을 공사 현장에 상주하도록 배치해야 한다.
1. 총공사금액 ( 가 )억원 이상 공사 : 특급감리원(기술사 자격을 가진 자로 한정한다)
2. 총공사금액 ( 나 )억원 이상 ( 가 )억원 미만인 공사 : 특급감리원
3. 총공사금액 ( 다 )억원 이상 ( 나 )억원 미만인 공사 : 고급감리원 이상의 감리원
4. 총공사금액 ( 라 )억원 이상 ( 다 )억원 미만인 공사 : 중급감리원 이상의 감리원
5. 총공사금액 ( 라 )억원 미만의 공사 : 초급감리원 이상의 감리원

> 정답

가. 100
나. 70
다. 30
라. 5

**07** 프로토콜 분석기의 주요 기능 3가지를 서술하시오. (6점)  [기출] 24_2회 / 21_1회

> 정답
1. 데이터 패킷 캡쳐 : Data Packet Frame Capture
2. 데이터 패킷 디코딩 및 분석 : Data Packet Frame Decoding & Analysis
3. 네트워크 모니터링 및 장애처리 근거자료 수집 등
4. 네트워크 트래픽 통계자료 분석 : Protocol 유형별 등 [선택3]

**08** 광케이블 기본성질인 비굴절율차를 서술하시오. (5점)  [기출] 24_2회
Core 굴절율 $n_1$, Clad 굴절율 $n_2$

> 정답

비굴절율차$(\Delta) = \dfrac{n_1 - n_2}{n_1}$ ( $n_1 = Core$ 굴절률, $n_2 = Clad$ 굴절률 )

**09** ICMP 프로토콜에 관련 다음 질문에 대해 답하시오. (4점)
[기출] 24_2회 / 23_4회(유사) / 21_4회

1) IP 네트워크를 통해 특정한 호스트가 도달할 수 있는지, 응답시간이 얼마나 걸리는지 테스트 할때 쓰이는 유틸리티 프로그램 명령어는 무엇인가?
2) 호스트에 도달할 때까지 통과하는 경로의 정보와 각 경로에서의 지연 시간을 추적하는 ICMP 유틸리티 프로그램 명령어는 무엇인가?

> 정답

1) ping
2) tracert(윈도우), traceroute(리눅스)

---

**10** 광케이블이 가입자구간 확장된 광통신방식 중 PON 방식에 대해 OLT, 스플리터, ONU, ONT 이용하여 전체 개념도 작성하고 관련 설명하시오. (6점)

[기출] 24_2회 / 23_2회토(유사) / 23_1회(유사) / 19_1회(유사)]

> 정답

1) 전체 구성도

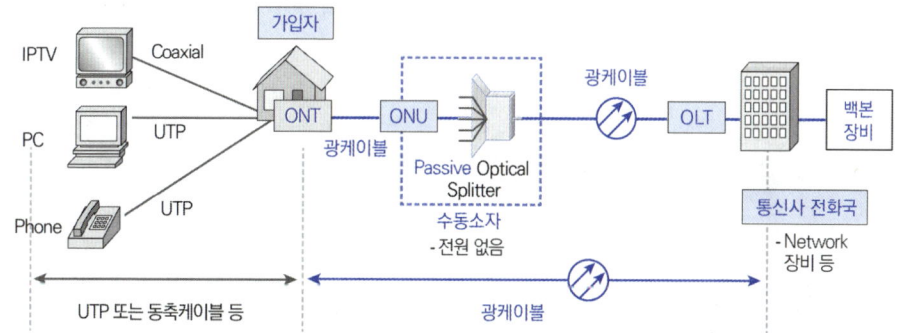

2) 주요 구성항목
- 수동소자로 구성하여 전원제공 불필요하며, Amplifier 불필요
- 통신사 전화국등 메인국사 1개 OLT ( Optical Line Terminal )
- 스필리터(Passive Optical Splitter)
- 가입자
  N개 ONU (Optical Network Unit)
  N개 ONT (Optical Network Terminal)

**11** 통신시설에 대한 접지선은 접지 저항이 10Ω이하인 경우에는 ( ① ) 이상, 접지 저항값이 100Ω이하인 경우에는 직경 ( ② ) 이상의 PVC 피복 동선 또는 그 이상의 절연효과가 있는 전선을 사용한다. (6점)

[기출] 24_2회 / 21_2회(유사)/ 20_1회(유사)/ 18_4회(유사)/ 18_2회(유사)/ 13_2회(유사)

> 정답
>
> ① 2.6mm 이상
> ② 1.6mm 이상

**12** 정보통신시스템의 신뢰도에 대한 계획 수립시 확보하기 위해 고려해야 할 사항 4가지를 서술하시오. (8점)

[기출] 24_2회 / 24_1회 / 15_1회 / 14_2회(유사)

> 정답
>
> 1) Full Mesh형 Topology 구성
> 2) 네트워크관리시스템(NMS, Network Management System) 구축
> 3) 고속의 이중링(Dual Ring)으로 Failover 대책
> 4) 정보의 기밀성, 무결성 확보
> 5) End to End(종단간) 에러제어 수행 등
> 6) 전원 UPS 이중화

**13** 3점 전위강하법을 적용하여 접지저항을 측정하려고 한다. 다음 기자재 전류원, 전압원, 보조접지극(P,C), 접지전극(E)를 이용해서 구성도를 완성하시오. (6점)

[기출] 24_2회 / 14_2회(유사)

> 정답

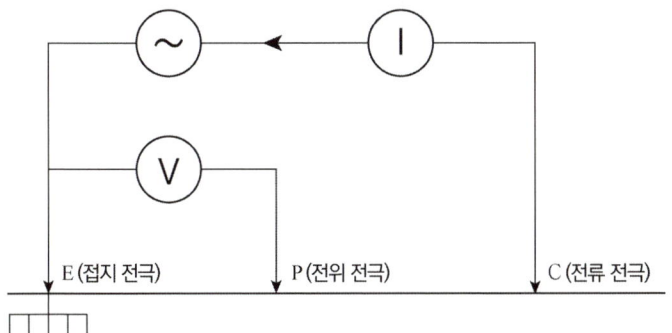

**14** 정보통신 설계단계에서 감리원의 역할 3가지를 서술하시오. (9점)   [기출] 24_2회

> 정답

1) 설계용역 성과검토 및 보고
   - 계획설계, 기본설계, 실시설계 단계별 설계사 산출물
   - 설계도서(도면, 내역서, 시방서, 계산서 등) 검토
2) 관련법령 및 시공기준 등 규정 준수, 적합성 검토
3) 사업기획 및 타당성 조사 등 전(이전)단계 용역수행 내용의 검토
4) 설계 경제성 검토 (VE : Value Engineering)
5) 설계이슈사항에 대한 검토보고서 등 [선택 3]

**15** 네크워크 관리시스템에서 MIB(Management Information Base)에 대해 설명하시오 (6점)

[기출] 24_2회 / 17_1회(유사) / 15_2회/(유사)

**정답**

1. MIB(Management Information Base)
   관리국은 SNMP 등 네트워크 관리 프로토콜을 이용하여 네트워크상의 관리대상 장비들과 통신함으로써 관리대상 장비의 MIB(Management Information Base)를 취득함
2. MIB 트리(Tree) 구조

[참조]

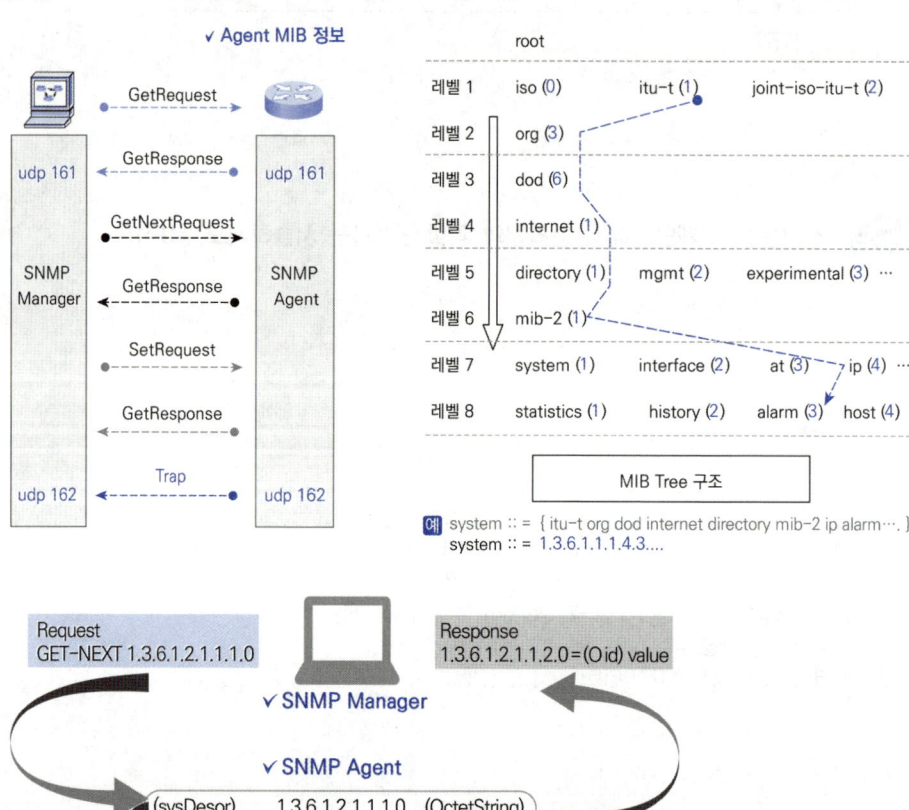

**16** 오실로스코프 이용 측정시 1mV/DIV이며 전압은 4DIV으로 4mV P to P 이며, 시간단위 1µsec/DIV이며 2DIV이 한주기이며,
1) 신호의 주파수
2) 신호 피크 전압을 서술하시오. (8점)

[기출] 24_2회 / 15_2회(유사) / 14_2회(유사) / 13_4회(유사)

> **정답**
>
> 1) 주파수 = 500khz
>    - 주기는 2칸이며, 한칸당 1µsec × 2 = 2µsec
>    - 주파수 = 1/주기 = 500khz
> 2) 신호최대치 전압 : 2mV
>    - 신호의 DC성분 무시(DC offset) 설정
>    - 신호의 파형을 미제공
>
> [참조]

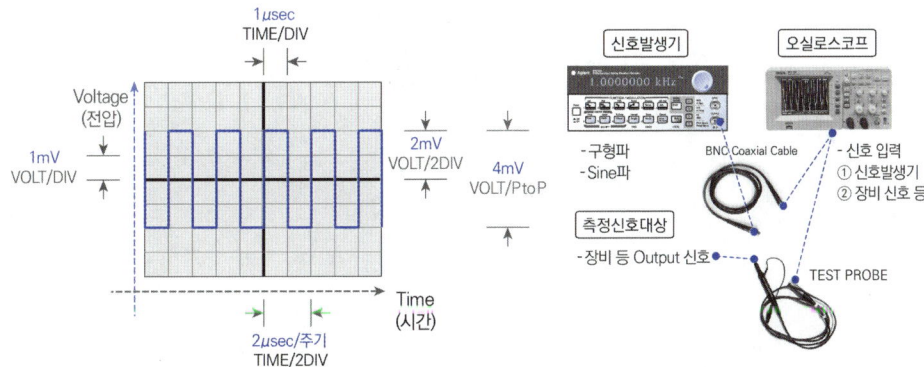

비트에러율(BER) $5 \times 10^{-5}$ 인 전송회선에 2,400[bps] 전송속도로 10분 동안 데이터를 전송하는경우 최대 블록에러율을 구하시오. (단, 한 블록의 크기는 511비트로 구성) (8점)

[기출] 24_2회 / 21_2회 / 16_2회 / 13_4회

### 정답

블록에러율 = $2.56 \times 10^{-2}$

계산식 : $BER = \dfrac{총에러비트수}{총전송비트수}$, 문제 기준에 따라 에러와 오류를 혼용

$5 \times 10^{-5} = \dfrac{총에러비트수}{2400bps \times 600\sec(10분)}$ 에서

총에러비트수 $= 5 \times 10^{-5} \times 2.4 \times 6 \times 10^{5} = 5 \times 2.4 \times 6 = 72\,bit$

총전송블록수 $= \dfrac{총전송비트수}{블록(511bit)} = \dfrac{2400bps \times 600\sec}{511}$
$= 2,818.0039 \simeq 2,819$ 블록 (큰 블록수로 수렴)

오류발생블록수 = 최대 72개 블록으로 가정
  (블록별 1개 $bit$ 에러 발생)

∴ 블록에러율 $= \dfrac{오류 발생블록수}{총전송블록수} = \dfrac{72}{2,819} = 0.02554 \simeq 2.56 \times 10^{-2}$

## 3  2024년도 4회

**01**  다음 빈칸을 채우시오. (6점)      [기출] 24_4회

| 기술규격 | 속도[bps] | 주파수[Hz] |
|---|---|---|
| ( 가 ) | 54Mbps | 5G |
| 802.11g | ( 나 ) | ( 다 ) |

**정답**

가. 802.11a 또는 IEEE 802.11a
나. 54Mbps
다. 2.4G

※ 무선LAN 기술별 비교

| 구분 | 802.11b | 802.11a | 802.11g | 802.11n | 802.11ac | 802.11ax |
|---|---|---|---|---|---|---|
| 주파수(Hz) | 2.4G | 5G | 2.4G | 2.4G / 5G | 5G | 2.4G / 5G |
| 전송방식 | DSSS | OFDM | OFDM | OFDM | OFDM | OFDMA |
| 대역폭(Hz) | 20M | 20M | 20M | 20M / 40M | 20M / 40M 80M / 160M | 20M / 40M 80M / 160M |
| Max Date Rate(bps) | ~11M | ~54M | ~54M | ~600M | ~3.5G | ~10G |
| 거리 | ~100m | ~35m | ~80m | ~120m | ~80m | ~80m |
| 특징 | 1999. 9월 표준화 | 5G대역 OFDM 무선랜 | 11b 대비 고속 2.4G | 고속 2.4G / 5G | G급 고속 WiFi 5 MU-MIMO (4×4) 5G ~256QAM | ac 후속표준 WiFi 6 MU-MIMO (8×8) 2.4G / 5G ~1024QAM |

※ Wifi 6는 2.4G+5G+6G대역을 적용하며, Wifi 7(802.11be)도 2.4G+5G+6G대역을 적용하여 최대 ~4096QAM 까지 적용 ~320MHz 대역폭 기반 30Gbps~를 제공

**02** 방화벽 내부와 인터넷 사이 영역으로 공개 웹서버, 프락시 서버 등이 위치하는 보안영역을 적으시오. (4점) [기출] 24_4회

**정답**

DMZ(Demilitarized Zone)

**03** "감리"란 공사에 대하여 발주자의 위탁을 받은 용역업자가 ( 가 ) 및 ( 나 )의 내용대로 시공되는지를 감독하고, 품질관리·시공관리 및 안전관리에 대한 지도 등에 관한 발주자의 권한을 대행하는 것을 말한다. 빈칸에 알맞은 용어를 적으시오. (4점) [기출] 24_4회 / 23_2회토(유사) / 20_4회(유사) / 18_2회(유사) / 16_1회(유사) / 15_2회(유사) / 13_1회(유사) / 12_2회(유사)

**정답**

가. 설계도서
나. 관련 규정
※ 정보통신공사업법 제2조(정의) "감리"

**04** 다음 설명에 적합한 측정법을 보기에서 찾아 쓰시오. (4점) [기출] 24_4회 / 20_2회

[보기] 투과측정법, 컷백법, 삽입법, 후방산란법, 주파수영역법

1) 다중모드 광섬유의 대역폭 특성 측정법의 하나로 RF 신호로 변조된 광펄스를 광섬유 속에 전파시키고 그 진폭변화에서 대역을 측정하는 방법
2) 광섬유 내를 전파하는 광의 일부가 프레스넬 반사 및 레일리산란에 의해 입사단으로 되돌아오는 현상을 이용하여 광섬유 손실 특성을 측정하는 방법

**정답**

1) 주파수영역법
2) 후방산란법

| 광섬유 | 측정항목 | 측정법 | 투과측정법 | | 후방산란법 | 반사손실측정법 | 주파수영역법 |
|---|---|---|---|---|---|---|---|
| | | | 컷백법 | 삽입법 | | | |
| 단일모드 다중모드 | 손실 (Loss) | 단위구간손실[dB] | ○ | | | | |
| | | 총손실[dB] | | ○ | | | |
| | | 접속손실[dB/개소] (융착, 기계식) | | | ○ | | |
| 다중모드 | 대역폭(Band width) [dB] | | | | | | ○ |
| 광커넥터 | 반사손실(Return loss) [dB] | | | | | ○ | |
| | 삽입손실(Insertion loss) [dB] | | ○ | ○ | | | |

**05** OTDR Dead 존 3가지 종류를 쓰시오. (6점)  [기출] 24_4회

( 가 ) Dead 존
( 나 ) Dead 존
( 다 ) Dead 존

**정답**

가. Initial
나. Event
다. Attenuation

※ 참조

| 구분 | 내용 |
|---|---|
| initial dead zone | • OTDR의 입사단 광커넥터에서 발생하는 반사광 및 그 반사광에서 발생하는 수신 파형이 꼬리를 남김으로써 측정 불능하게 되는 입사 거리 범위<br>• 입사단에서 OTDR 이 아무것도 검출/측정을 할 수 없는 구간 |
| event dead zone | • 이벤트 시작지점부터 이벤트 피크지점에서 1.5 dB 내려온 지점까지의 거리<br>• event dead zone은 작으면 작을수록 좋음 |
| attenuation dead zone | • 이벤트의 시작점부터 이벤트 후 선형화된 OTDR 직선을 가상으로 이벤트 구간까지 그려서 그 가상의 직선과 실제 OTDR 파형의 간격이 0.5dB되는 지점까지의 거리<br>• OTDR이 근접한 이벤트를 측정하지 못하는 거리로 작으면 작을수록 좋음 |

**06** 다음 인터페이스에 적합한 용어를 쓰시오. (6점)  [기출] 24_4회
1) ITU X.25 프로토콜 기반에서 권장하는 물리계층 인터페이스는?
2) 라우터, 스위치 장비 등을 광대역통신망의 고속회선장비와 서로 연결시 주로 사용되는 단거리 통신 인터페이스는?

**정답**

1) X.21 또는 X.21bis
2) 광대역통신망과의 인터페이스는 초기방식 V.35 → HSSI → Ethernet(GbE, Gigabit Ethernet 등)로 변화가 있어. 관점에 따라 인터페이스 규격은 상이함
   ① V.35 : SDH 동기식 광대역통신망 접속시, 초기 인터넷 회선시 라우터와 DSU/CSU 인터페이스, 최대 ~2Mbps
   ② HSSI : High-Speed Serial Interface, V.35 대체 고속 인터페이스, 최대 ~52Mbps
   ③ Ethernet(GbE, Gigabit Ethernet 등) : Ethernet(1GbE/10GbE/25GbE/100GbE 등), 최근 통신사업자 광대역통신망(Carrier Ethernet 등) Packet 기반 Giga급 Ethernet 인터페이스로 현재 라우터, 스위치 등의 WAN 인터페이스, 최대 ~100Gbps

※ 1)번 X.21bis(RS-232C용) 표기도 가능하며, X.21은 공중 데이터 네트워크에서 동기식전송을 위한 DTE와 DCE의 접속(Interface) 규격으로 권장함.
2)번은 광대역통신망과의 인터페이스는 초기 동기식 관점에서는 V.35 인터페이스, V.35의 개선된 대체인 HSSI 인터페이스, 최근 ALL IP 기반에서는 Ethernet(GbE, Gigabit Ethernet 등) 인터페이스로 시기에 따라 차이가 있음.

**07** 오류검출방식 3가지를 쓰시오. (6점)  [기출] 24_4회 / 19_4회

**정답**

1) 패리티(Parity) 방식
   - 전송비트에 1비트의 패리티 비트를 추가하여 에러발생 유무만 판별하는 방식
   - 문자단위의 1의 수가 짝수(even parity) 또는 홀수(odd parity)가 되도록 각 수직(열) 또는 수평(행)에 Parity Bit를 부가하는 방식
2) 정마크/정스페이스 방식
   - 송신측에서 각 문자를 부호화할 때 부호중 "1" 또는 "0"의 수가 항상 일정하도록 부호를 조립해서 송출함으로써 수신측에서 오류를 검출하는 방식

3) 군계수 검사방식
   - 각 행의 1의수(10진)를 2진(BCD코드)으로 계수한 다음, 아래 2자리의 결과를 Check Bit로 부가하는 방식
4) 체크섬(Checksum)
   - 군계수검사방식으로 분류하기도 함
   - 송신측에서, 전송할 모든 데이터를 16 비트 워드 단위로 구분하고, 1의 보수를 취하고, 그 합에 대한 결과를 전송하면, 수신측에서, 같은 합을 해보아서 오류를 검출하는 방식

※ 정답을 1) 패리티(Parity) 방식 2) 정마크 정스페이스 방식 3) 군계수 체크방식이 일반적 형태임

※ 오류제어기법 요약

| 전송에 중복성(Redundancy)을 부가하는 방식 | 정보에 중복성(Redundancy)을 부가하는 방식 | |
|---|---|---|
| | 오류검출방식 | 오류검출 및 정정방식 |
| • 반송전송<br>  정보를 궤한하는 방식<br>• 연송전송<br>  동일 정보를 연속전송 방식 | • 패리티(Parity) 방식<br>  수직, 수평, 수직/수평방식<br>• 정마크/정스페이스 방식<br>• 군계수검사 방식 | (BEC 방식)<br>• ARQ 방식<br>  Stop and wait ARQ<br>  Go Back N ARQ<br>  Selective Repeat ARQ<br>  등 | (FEC 방식)<br>• Hamming Code<br>• CRC Code<br>• BCH Code<br>• Reed Solomon Code<br>  등 |

## 08 오류검출 생성다항식에 대해 쓰시오. (6점)   [기출] 24_4회 / 19_4회(유사)

1) CRC-12
2) CRC-16 IBM

**정답**

1) CRC-12
   $G(x) = X^{12} + X^{11} + X^3 + X^2 + X^1 + 1$
   ( 1100 0000 0111 1 )
   비트 길이 : 12 + 1 = n − k + 1 bits

2) CRC-16
   $G(x) = X^{16} + X^{15} + X^2 + 1$ : IBM 및 ANSI 기준
   ( 1100 0000 0000 0010 1 )
   비트 길이 : 16 + 1 = n − k + 1 bits

**09** 네트워크 장비중에서 같은 세그먼트안에서 거리만 연장해주는 장비는 ( 가 )이며, 경로설정를 처리해주는 장비는 ( 나 )이다. (4점)

[기출] 24_4회 / 23_2회일(유사) / 22_1회(유사) / 12_2회(유사)

> **정답**
>
> 가. 리피터
> 나. 라우터

**10** 통신공사시에 통신케이블 포설장력의 뜻을 설명하시오. (4점)  [기출] 24_4회

> **정답**
>
> 1. 포설장력의 정의
>    케이블을 설치하거나 배치하는 과정에서 발생하는 당기는 힘으로, 케이블 자체의 물리적 손상을 방지하고 작업의 효율성과 안정성을 확보하기 위해 관리되는 항목임
> 2. 포설장력의 주요요소는
>    1) 케이블의 길이 및 무게 2) 케이블 포설 경로 3) 마찰력 4) 케이블의 재질 및 강도 등이 있음
> 3. 포설작업시 광섬유케이블 등 상대적으로 약한 통신케이블은 케이블별 최대허용인장강도가 있으며, 포설작업구간의 포설장력을 계산하여 허용인장력(강도) 이내의 포설거리로 선정해야 함

**11** 용역업자가 공사완료 후 7일 이내에 감리결과를 발주자에게 통보해야 한다. 이때 포함되어야 할 준공계 서류항목 3가지를 쓰시오. (12점)   [기출] 24_4회 / 22_4회 / 13_2회

> **정답**
>
> 정보통신공사업법 시행령 제14조(감리결과의 통보) 기준
>
> 용역업자는 법 제11조에 따라 공사에 대한 감리를 완료한 때에는 공사가 완료된 날부터 7일 이내에 다음 각 호의 사항이 포함된 감리결과를 발주자에게 통보하여야 한다.
> 1. 착공일 및 완공일
> 2. 공사업자의 성명
> 3. 시공 상태의 평가결과
> 4. 사용자재의 규격 및 적합성 평가결과
> 5. 정보통신기술자배치의 적정성 평가결과 [선택3]

**12** Token Passing 방식을 CSMA/CD와 비교하여 장단점을 쓰시오. (5점)   [기출] 24_4회 / 22_2회 / 16_2회

> **정답**
>
> Token Passing 장점
> 1) CSMA / CD 경쟁방식에 비해, 비경쟁 MAC방식으로 채널사용권을 균등부여
> 2) CSMA / CD는 충돌이 있으나, 충돌이 없음
> 3) 우선순위 부여 데이터 예측가능
>
> Token Passing 단점
> 1) 전송데이터가 없을시 전송채널 낭비
> 2) 해당노드가 토큰패스 받을때까지 수신대기시간
> 3) 해당노드가 토큰패스 보낼때까지 송신대기시간

## 13. 집중구내통신실의 심사방법을 쓰시오. (4점)

[기출] 24_4회

> **정답**
>
> 현장실측으로 유효면적 확인
> (집중구내통신실의 한쪽 벽면이 지표보다 높고 침수의 우려가 없으면 "지상 설치"로 인정)
>
> ※ 초고속정보통신건물인증 업무처리지침('23.6.7 개정 기준)

| 심사항목 | | | 요건 | | 심사방법 |
|---|---|---|---|---|---|
| | | | 1등급 | 2등급 | |
| 집중구내통신실 | 위치 | | 지상 | | 현장실측으로 유효면적 확인(집중구내통신실의 한쪽 벽면이 지표보다 높고 침수의 우려가 없으면 지상설치로 인정) |
| | 면적 | ~300세대 | 10m² 이상 | 10m² 이상 | |
| | | ~500세대 | 15m² 이상 | 10m² 이상 | |
| | | ~1,000세대 | 20m² 이상 | 15m² 이상 | |
| | | ~1,500세대 | 25m² 이상 | 20m² 이상 | |
| | | 1,501세대~ | 30m² 이상 | 25m² 이상 | |
| | | 디지털방송설비 설치 시 | 3m² 추가 (단, 방재실에 설치할 경우 제외) | | |
| | 출입문 | | 유효너비 0.9m, 유효높이 2m 이상의 잠금장치가 있는 방화문 설치 및 관계자외 출입통제 표시 부착 | | |
| | 환경·관리 | | • 통신장비 및 상온/상습 장치 설치<br>• 전용의 전원설비 설치 | | |

### 14 접지측정법 3가지를 쓰시오. (9점)

[기출] 24_4회 / 24_2회(유사) / 14_2회(유사)

**정답**

1) 3점 전위강하법
2) 2극 측정법
3) 클램프온 미터법

※ 접지측정법 비교

| 구분 | 3점 전위강하법 | | 2극 측정법 | 클램프온 미터법 |
|---|---|---|---|---|
| | 3점 전위강하법 | 61.8%법 | | |
| 개요 | • 개별접지 등 소규모 접지 측정시 사용<br>• 가장 많이 사용하는 측정방식 | • 공통·통합접지 등 대규모 접지 측정시 사용 | 측정용 보조전극의 설치가 어려운 경우 | 다중접지된 시스템에 대해 접지 측정시 사용<br>• 클램프온 방식 |
| 구성 | 접지저항계<br>보조접지극 P, C<br>측정대상 접지극, E | 접지저항계<br>보조접지극 P, C<br>측정대상 접지극, E | 접지저항계<br>보조접지극 1<br>측정대상 접지극, E | 클램프온 미터 |
| 특징 | 접지극 일직선상<br>• 접지극 최소이격 간격<br>  E-P : 10M 이격<br>  P-C : 10M 이격 | 접지극 일직선상<br>• 접지극 최소이격 간격<br>  E-P : 50M 이격<br>  P-C : 30M 이격<br>• P의 위치가 E-C간 일직선의 61.8%<br>• 필요시 측정 오류 확인을 위해 P의 위치 51.8%, 61.8%, 71.8% 3개 측정값을 적용 가능 | 보조접지극이 전위강하법 대비 2개가 아닌 1개임 | 빠르고 간편 측정<br>클램프온 미터 이용 측정 대상 접지선을 감아서 측정 |

**15.** 어떤 수신부호어의 최소 해밍거리 dmin=5이다. 다음 물음에 답하시오. (8점)

[기출] 24_4회 / 20_1회

1) 검출가능한 최대오류 개수를 계산하시오.
2) 정정가능한 최대오류 개수를 계산하시오.

**정답**

1) 검출가능 에러개수 : d − 1 = 5 − 1 = 4
2) 정정가능 에러개수 : $\dfrac{d-1}{2} = \dfrac{5-1}{2} = 2$

**16.** 총전송 비트수가 100,000 비트이고, 에러비트수가 10비트 일 때 BER를 계산하시오. (6점)

[기출] 24_4회 / 14_1회(유사)

**정답**

BER = $1 \times 10^{-4}$

계산식 : $BER = \dfrac{\text{에러비트수}}{\text{총전송 비트수}} = \dfrac{10}{100,000} = 1 \times 10^{-4}$

**17** 표준품셈 원가계산방식에서 다음과 같이 기술된 비목 및 산출금액을 이용 공사 재료비를 계산하시오. (6점)

[기출] 24_4회 / 23_2회토(유사) / 22_2회(유사) / 22_4회(유사) / 15_4회(유사) / 12_2회(유사)

직접공사비 : 4,000만원,    직접노무비 : 1,500만원,    직접경비 : 500만원

### 정답

(공사) 재료비 : 2,000만원
계산식 : 직접 공사비 = 직접 재료비 + 직접 노무비 + 직접 경비에서 주어진 값을 입력하면
        4,000만원 = 직접 재료비 + 1,500만원 + 500만원
        직접 재료비 = 4,000만원 - 1,500만원 - 500만원
        ∴ 직접 재료비 = 2,000만원

# 2절 2023년도 기출풀이

## 1. 2023년도 1회

**01** 회선교환방식의 논리적 연결(접속) 3단계를 서술하시오. (6점)    [기출] 23_2회 / 23_1회(유사)

> **정답**
>
> 1단계 : 회선 설정 Circuit Establishment
> 2단계 : 데이터 전송 Data Transfer
> 3단계 : 회선 해제 Circuit Disconnect
>
> [참조]
> - 회선(Circuit) : 경로를 구성하는 링크(Link)들의 집합
> - 데이터 회선교환방식은 3단계로 PSTN 호처리 5단계 중 (2) – (3) – (4) 단계만 필요
>   ∴ 데이터 회선교환방식은 회로접속(1), 회로절단(5)이 없음(불필요)

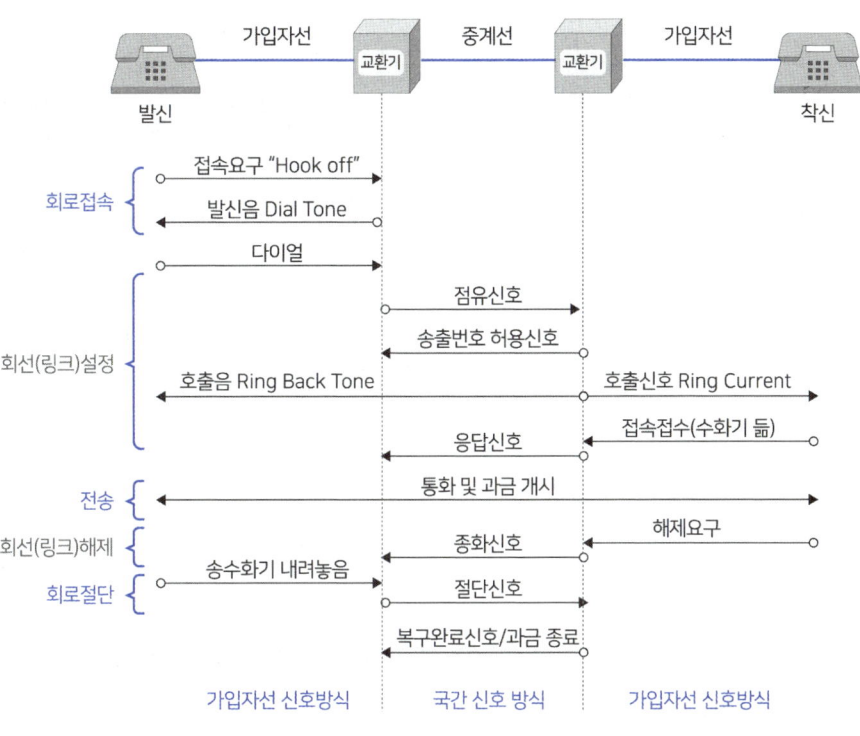

**02** 매체접근제어(MAC)방식을 경쟁방식과 비경쟁방식으로 구분하시오. (8점) [기출] 23_1회

[ 보기 ]   ① ALOHA   ② CSMA/CD   ③ Token Ring   ④ Token Bus

정답

1. 경쟁방식 : ① ALOHA, ② CSMA/CD
2. 비경쟁방식 : ③ Token Ring ④ Token Bus

[참조] MAC(Media Access Control)방식 경쟁/비경쟁으로 구분

| 구분 | 경쟁방식 | | | 비경쟁방식 | | | |
|---|---|---|---|---|---|---|---|
| | | | | [ 예약방식 ]<br>토큰제어방식 (Token Passing) | | [ 비예약방식 ]<br>집중제어방식 | |
| 종류 | ALOHA,<br>Slotted<br>ALOHA | CSMA/CD | CSMA/CA | Token<br>Bus | Token<br>Ring | Round<br>Robin | Polling/<br>Selection |
| 적용 | 초기방식<br>센싱 없음 | IEEE<br>802.3 | IEEE<br>802.11 | IEEE 802.4 | IEEE 802.5 | – | HDLC<br>등 |

※ 동기식 기법(FDMA, TDMA, CDMA 등)은 Station들의 요청을 예측 할 수 없으므로 LAN, MAN에 부적합하고, 동적인 통신 요청에 즉각적으로 반응하는 비동기적 방법인 라운드로빈(round robin), 경쟁(contention)이 보다 효율적임

**03** 정보통신 네트워크가 대형화 및 복잡화되면서 네트워크 관리의 중요성이 증가하고 있다. 다음 빈칸을 채우시오. (6점)     [기출] 23_1회 / 22_1회 / 17_1회 / 14_2회 / 13_4회(유사)

1. 통신망을 구성하는 기능요소 또는 개별장비를 (　　)한다.
2. 여러 장비로부터 정보를 수집, 제어, 관리 등을 통해 네트워크 운송을 지원하는 시스템을 (　　)이라 한다.
3. 네트워크 운영지원 및 시스템 총괄 감시/관리시스템을 (　　)한다.

정답

1. NE (Network Element)
2. EMS (Element Management System)
3. NMS (Network Management System)

**04** TCP / IP 4계층을 하위계층부터 쓰시오. (4점)

[기출] 23_1회/ 20_2회 / 18_4회/ 17_1회/ 16_2회

> 정답

① 네트워크액세스 계층
② 인터넷 계층
③ 전송(Transport) 계층
④ 응용(Application) 계층

**05** 초고속정보통신건물 공사를 진행할 때 준공검사단계 사용전검사를 진행하며, 법적 사용전검사 대상 공사 3가지를 쓰시오. (6점)

[기출] 23_1회

> 정답

1. 구내통신선로설비공사
2. 방송공동수신설비공사
3. 이동통신구내선로설비공사
※ 건축물 대상 업무시설 및 공동주택의 공통대상기준 산정

**06** 통신관련시설의 접지에 대한 다음 문장의 빈칸을 쓰시오. (4점)　　　　[기출] 23_1회

> 제5조(접지저항 등) ① 교환설비·전송설비 및 통신케이블과 금속으로 된 단자함(구내통신단자함, 옥외분배함 등)·장치함 및 지지물 등이 사람이나 방송통신설비에 피해를 줄 우려가 있을 때에는 접지단자를 설치하여 접지하여야 한다.
> ② 통신관련시설의 접지저항은 ( ① ) 이하를 기준으로 한다. 다만, 다음 각호의 경우는 ( ② )이하로 할 수 있다.
> 1. 선로설비중 선조·케이블에 대하여 일정 간격으로 시설하는 접지(단, 차폐케이블은 제외)
> 2. 국선 수용 회선이 100회선 이하인 주배선반 등

**정답**

① 10Ω
② 100Ω
※ 접지설비·구내통신설비·선로설비 및 통신공동구등에 대한 기술기준 제5조(접지저항 등)


**07** 직접재료비와 간접재료비에 대해 간단 서술하시오. (4점)　　　　[기출] 23_1회

**정답**

1. 직접재료비 : 계약목적물의 실체를 형성하는 물품의 가치로서 주요재료비와 부분품비를 말함
2. 간접재료비 : 계약목적물의 실체를 형성하지는 않으나 제조에 보조적으로 소비되는 물품의 가치로서 소모재료비, 소모공구, 기구, 비품비, 포장재료비로 구분함
※ 원가계산 관리지침 제3조(재료비 구성)
　① 재료비라 함은 제품의 제조를 위하여 소비되는 재료의 가치로서 직접재료비와 간접재료비로 구분한다.
　② 직접재료비는 계약목적물의 실체를 형성하는 물품의 가치로서 다음 각 호의 주요재료비와 부분품비를 말한다.
　　1. 주요재료비는 계약목적물의 기본적 구성형태를 이루는 물품의 가치로서 국내구입 주요재료비 및 수입 주요재료비로 구분한다.
　　2. 부분품비는 계약목적물에 원형대로 부착되어 그 조성부분이 되는 물품의 가치로서 국내구입부품비, 수입부품비로 구분한다.
　③ 간접재료비는 계약목적물의 실체를 형성하지는 않으나 제조에 보조적으로 소비되는 물품의 가치로서 다음 각 호의 소모재료비, 소모공구, 기구, 비품비, 포장재료비로 구분한다.

**08** 정보통신공사의 감리업무를 수행시 다음 업무의 내용을 확인하고 빈칸에 내용을 서술하시오. (4점)   [기출] 23_1회

> (시공계획서 또는 사업관리계획서의 검토·확인)
> 감리원은 공사업자가 작성·제출한 시공계획서 또는 사업관리계획서를 공사 착공일로부터 ( ① )일 이내에 제출받아 이를 검토·확인하여 ( ② )일 이내에 승인하여 시공하도록 하여야 하고, 시공계획서의 보완이 필요한 경우에는 그 내용과 사유를 문서로서 공사업자에게 통보하여야 한다.

**정답**

① 30, ② 7

※ 공정관리계획서 기준시 : ① 30일, ② 14일
감리원은 공사 착공일로부터 [ ① ]이전에 공사업자로부터 공정관리계획서를 제출받아 제출받은 날부터 [ ② ]이내에 검토하여 승인하고 발주자에게 제출하여야 하며 다음 각 호의 사항을 검토·확인하여야한다.

---

**09** 다음 보기에서 PCM 중 적응형 양자화방식을 모두 선택하시오. (4점)   [기출] 23_1회

[ 보기 ]   ① PCM   ② DPCM   ③ ADPCM   ④ DM   ⑤ ADM

**정답**

③ ADPCM  ⑤ ADM

## 10. 프로토콜의 기능 5가지를 서술하시오. (10점) [기출] 23_1회/ 21_4회/ 13_1회

**정답**

① 분리와 재합성(Fragmentation and Reassembly)
  데이터 작은 패킷(Packet)으로 나누는 과정과 적합 메시지로 재합성 기능
② 캡슐화(Encapsulation)
  계층별 이동시 헤더(Header)를 부착하여 상위계층의 정보를 Data로 처리
③ 연결제어(Connection Control)
  송수신간 연결 설정, 데이터 전송, 연결 해제 기능
④ 흐름제어(Flow Control)
  송수신간에 데이터 양과 전송속도를 조절 기능
⑤ 오류제어(Error Control)
  전송중 발생 가능한 오류를 검출 복원 기능
⑥ 동기화(Synchronization)
  송수신간 전송 시작과 종료 수행시 같은 상태 유지기능
⑦ 순서결정(Sequencing)
  연결 위주의 데이터를 전송할 때 송신측이 보내는 데이터단위 순서대로 수신측에 전달하는 기능
⑧ 주소지정(Addressing)
  송수신 주소를 표기 데이터 전달 기능
⑨ 다중화(Multiplexing)
  하나의 통신로를 다수 사용자 동시 사용기능

## 11. 잡음이 있는 통신채널에서 신호대 잡음비(S/N)가 30[dB]이고 대역폭이 3,400[Hz]일 때, 주어진 조건을 이용하여 채널의 통신용량을 구하시오. (3점) [기출] 23_1회

**정답**

33,888[bps]
샤논의 정리는 채널상에 백색잡음(White Noise)이 존재한다고 가정한 상태임
C : 통신채널용량 [bps], B : 채널의 대역폭(Bandwidth) [Hz], S/N : 신호대 잡음비

$$C = B\log_2\left(1+\frac{S}{N}\right)[bps] = 3400K\log_2(1+1000),$$
$B$(대역폭)은 $3,400[Hz]$, $S/N$은 $30dB = 1000$을 자연수로 변환입력

$$= 3400\log_2(1001) = 3400\frac{\log_{10}1001}{\log_{10}2}[bps] = 33.888[bps]$$

## 12. 다음 보기에서 오실로스코프로 측정 가능한 항목을 쓰시오. (6점) [기출] 23_1회

[ 보기 ]
① 심벌간 간섭(ISI)  ② Sampling Time  ③ Sensitivity to Timing Error
④ 잡음 여유도(Noise Margin)  ⑤ Maximum Distortion  ⑥ Timing Jitter
⑦ 눈열림의 폭(Opening Width)

**정답**

① 심벌간 간섭(ISI) ② Sampling Time ③ Sensitivity to Timing Error ④ 잡음 여유도(Noise Margin)
⑤ Maximum Distortion ⑥ Timing Jitter ⑦ 눈열림의 폭(Opening Width)

※ 아이패턴 측정항목

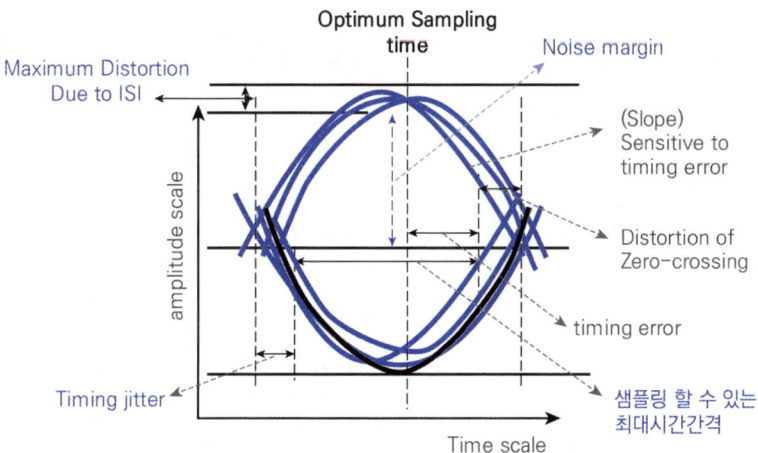

### 13. 다음 표에서 주어진 빈칸에 적합한 SNMP 명령어를 쓰시오. (6점) [기출] 23_1회

| ① | GetNextRequest | SetRequest | ② | ③ |
|---|---|---|---|---|
| 변수정보 취득요구 | 차기 변수정보 취득요구 | 변수정보 설정요구 | 변수정보 취득응답 | 이벤트 통지 |
| 특정 MIB변수의 값을 취득 요구 | 지정된 MIB 변수 다음에 정의되어 있는 변수값을 취득 요구 | 지정된 MIB 변수 값을 설정·변경 요구 | SNMP Manager의 요구에 대한 SNMP Agent의 응답 메시지 | SNMP Agent의 기기상의 이벤트 발생을 SNMP Manager에게 통지 |

**정답**

① GetRequest ② GetResponse ③ Trap

### 14. Wireshark로 본 ARP 패킷에 대해 다음 질문에 답하시오. (6점) [기출] 23_1회 / 15_1회(유사)

1) 패킷 송신자의 MAC 주소와 크기(bit단위)를 쓰시오.
2) 패킷의 전송형태 ? (유니캐스트, 멀티캐스트, 브로드캐스트 택 1)
3) 프로토콜 타입은 ?

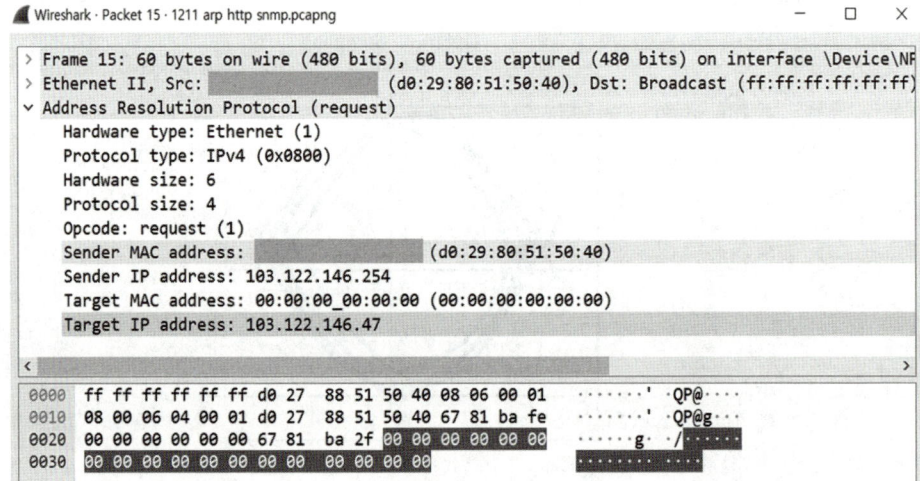

### 정답

1) ① MAC 주소 do;29:80:51:50:40  ② 48[bit]
2) 브로드캐스트
3) IPv4

## 15. 다음과 같은 노드 6개 기준 질문에 답하시오. (8점) [기출] 23_1회

1) 메쉬망(Mesh Topology) 기준 회선(링크)수와 포트수를 쓰시오. (2점)
2) 링망(Ring Topology) 단일링 기준 회선(링크)수와 포트수를 쓰시오. (2점)
3) 링망(Ring Topology) 기준 단일링의 문제점을 개선하기 위한 방법과 이를 개선할 경우 장점을 쓰시오. (4점)

### 정답

1) 15회선 전체 30포트, 각노드당 5포트
2) 6회선 전체 12포트, 각노드당 2포트
3) 단일링의 문제점은 Failover 대책이 미흡하며, 이를 개선하기 위해서는 이중링으로 적용하면 Failover 대책 가능함

| 구분 | 메쉬망(Mesh) | 단일링(Single Ring) | 이중링(Dual Ring) |
|---|---|---|---|
| 구성 | (그림) | (그림) | (그림) West Ring / Eest Ring |
| 회선수 (Link수) | • 15회선<br>• 회선 N = 6인 경우<br>$\frac{N(N-1)}{2} = \frac{6(6-1)}{2} = 15$ | • 6회선<br>• 전체 회선수(Link수)는 6개임<br>Node와 Node간 : 1회선<br>1회선×6Node = 6회선 | • 12회선<br>• 전체 회선수(Link수)는 12개임<br>Node와 Node간 : 2회선<br>2회선×6Node = 12회선 |
| 포트수 | • 전체 30포트<br>• Node당 연결 포트수 : 5포트<br>• 전체 포트수<br>5포트×6Node = 30포트 | • 전체 12포트<br>• Node당 연결 포트수 : 2포트<br>• 전체 포트수<br>2포트×6Node = 12포트 | • 전체 24포트<br>• Node당 연결 포트수 : 4포트<br>• 전체 포트수<br>4포트×6Node = 24포트 |

| 특징 | • 가장 안정적이며 가장 투자비 많음<br>• Failover 대책 가능 | • 회선수가 적어 투자비 가장 낮음<br>Failover대책 없음 | • 회선수 : 단일링 < 이중링 < 메쉬망 투자지 중간, Failover 대책 가능 |
|---|---|---|---|

- 3번 단일링의 문제점은 Failover 대책이 미흡하며, 이를 개선하기 위해서는 이중링으로 적용하면 Failover 대책 가능함
- East Ring(Active)과 West Ring(Active)을 이용 일부 Node 구간 장애를 복구할 수 있음
- 국내 전송망 DWDM 이중링의 경우 50msec내 일반적 절체 복구

 **50Ω 시스템과 75Ω 시스템을 접속했을 때 아래 질문에 답하시오.**
1) 반사계수 2) 정재파비(VSWR) 3) 반사전력은 입사전력의 몇 % 인가? (7점)

[기출] 23_1회 / 18_2회 / 17_2회 / 14_1회

### 정답

1) 반사계수($\Gamma$) : 0.2

계산식 : 반사계수$(\Gamma) = |\frac{Z_l - Z_0}{Z_l + Z_0}| = |\frac{75 - 50}{75 + 50}| = 0.2$

2) 정재파비(S, VSWR) : 1.5

계산식 : 정재파비$(S) = \frac{1+|\Gamma|}{1-|\Gamma|} = \frac{1+0.2}{1-0.2} = 1.5$

3) 반사전력은 입사전력의 몇 % : 4%

반사계수 = $\sqrt{\frac{P_{r(반사전력)}}{P_{i(입사전력)}}}$ = 반사계수$(\Gamma)$ 양변을 제곱하면

$\frac{P_r}{P_i} = (0.2)^2 = 0.04$에서 $P_r$(반사전력) $= 0.04P_i \times 100\,[\%] = 4P_i\,[\%]$

**17** 다음과 같은 문자 메시지(Symbol, 신호) A, B, C, D, E 에 대한 발생 확률이 A=1/2, B=1/4, C=1/8, D=1/16, E=1/16 일 때 각 문자에 의해 얻어지는 정보량을 구하고, 각 문자로 구성되는 메시지의 평균정보량(Entropy)과 정보율(Entropy율) 구하고, 정보량, 평균정보량(Entropy), 정보율(Entropy율)은 단위를 포함해서 답안을 쓰시오. 단 조건은 Symbol 평균지속시간을 1msec으로 한다. (8점)     [기출] 23_1회

[정답]

| 문자 | 확률(P) | 정보량(I) | 평균정보량(I) | 정보율 |
|---|---|---|---|---|
| A | 1/2 | 1bit | 1.875 [bit/symbol] | 1875 [bps] |
| B | 1/4 | 2bit | | |
| C | 1/8 | 3bit | | |
| D | 1/16 | 4bit | | |
| E | 1/16 | 4bit | | |

[풀이]
1) 정보량 계산

| 문자 | 확률(P) | 정보량(I) |
|---|---|---|
| A | 1/2 | $I_1 = \log_2(\frac{1}{P_1}) = \log_2(\frac{1}{1/2}) = 1$ |
| B | 1/4 | $I_2 = \log_2(\frac{1}{P_2}) = \log_2(\frac{1}{1/4}) = 2$ |
| C | 1/8 | $I_3 = \log_2(\frac{1}{P_3}) = \log_2(\frac{1}{1/8}) = 3$ |
| D | 1/16 | $I_4 = \log_2(\frac{1}{P_4}) = \log_2(\frac{1}{1/16}) = 4$ |
| E | 1/16 | $I_5 = \log_2(\frac{1}{P_5}) = \log_2(\frac{1}{1/16}) = 4$ |

2) 평균정보량 계산
- 평균 정보량 $H(m) = \Sigma P_i \log_2 \dfrac{1}{P_i}$

$$= \dfrac{1}{2}\log_2(\dfrac{1}{1/2}) + \dfrac{1}{4}\log_2(\dfrac{1}{1/4}) + \dfrac{1}{8}\log_2(\dfrac{1}{1/8}) + \dfrac{1}{16}\log_2(\dfrac{1}{1/16}) + \dfrac{1}{16}\log_2(\dfrac{1}{1/16})$$

$$= \dfrac{1}{2} + \dfrac{1}{2} + \dfrac{3}{8} + \dfrac{4}{16} + \dfrac{4}{16}$$

$$= 1.875\,[bit/symbol]$$

3) 정보율 계산 : 문제에서 주기(T)는 1msec
- 정보율 $R = r_s \cdot H$

$$= \dfrac{1}{1msec} \times 1.875\,[bit/symbol]$$

$$= 1875\,[bps]$$

# 2 2023년도 2회

**01** 다음 괄호의 빈칸을 채우시오. (4점)      [기출] 23_2회 / 17_1회

> 광섬유는 전파모드에 따라서 싱글모드(Single Mode)와 다중모드(Multi Mode)로 구분하며, 싱글모드는 ( ① )형 구분, 다중모드는 ( ② )형과 ( ③ )형으로 구분한다

**정답**

① 계단형(SMSI : Single Mode Step Index)
② 언덕형(MMGI : Multi Mode Graded Index)
③ 계단형(MMSI : Multi Mode Step Index)
※ 전파모드 기준 비교

| 광섬유 종류별 | | 입력광파 | 광섬유 | 출력광파 |
|---|---|---|---|---|
| Multi mode | Multimode step index | (펄스) T | 125 μm / 50~62.5 μm | 신호 퍼짐이 가장 많음 / T Δt |
| | Multimode graded index | (펄스) T | 125 μm / 50~62.5 μm | 신호 퍼짐이 Step index 대비 적음 / T Δt |
| Single mode step index | | (펄스) T | 125 μm / 8~10 μm | 신호 퍼짐이 가장 적음 / T Δt |

  베이스밴드(Baseband)와 브로드밴드(Broadband) 간단히 설명하시오. (6점)

[기출] 23_2회

### 정답

① Baseband : 디지털화된 Data 신호를 변조 안하고 Line Coding만 하고 그대로 보내는 전송방식
② Broadband : 디지털/아날로그 Data 신호를 변조해서 반송파(Carrier)의 진폭, 주파수, 위상 등을 변화시켜 전송하는 방식

※ 비교

| 구분 | Baseband 전송 | Broadband 전송 |
|---|---|---|
| 개요 | Original Frequency Range 사용<br>단거리(광은 장거리 가능), TDM 기반<br>단순기술, 저비용<br>소규모 데이터 전송 | Any type of signal transmission technique<br>장거리, FDM 기반<br>복잡, 고비용<br>대규모 멀티미디어 전송 |
|  | 모든 신호들이 전송 매체(Medium)를<br>독점적(exclusive) 사용<br>When I use, no one else could be able to use it | Share one medium<br>simultaneously |
|  | Carries only ONE data signal at a time<br>예 Giga Bit Ethernet | Share one medium<br>Like a multiple lane highway<br>예 XDSL, CATV, 디지털 변조 |
| 개념 | 디지털화된 Data 신호를 그대로 보냄<br>- Line Coding 처리, 변조 안함 | 디지털/아날로그 Data 신호를 반송파(Carrier)의<br>진폭, 주파수, 위상 등을 변화시켜 전송 |

## 03
OSI 7계층 중 1계층 물리계층에서 DCE와 DTE간 인터페이스 역할 기능적 특성 4가지를 서술하시오. (4점)

[기출] 23_2회 / 17_2회 / 16_1회 / 13_1회

### 정답

1) 전기적 조건 : 전압레벨, 임피던스등 전기신호에 대한 규정
2) 기계적 조건 : 접속 커넥터의 치수, 핀배열 등을 규정
3) 기능적 조건 : 각 신호의 의미 및 특성 등을 규정
4) 절차적 조건 : 데이터신호 상호교환절차 등을 규정

## 04
ARQ 3가지 방식을 서술하시오. (6점)

[기출] 23_2회

### 정답

① 정지대기(Stop and Wait) ARQ
② GO Back N ARQ
③ Selective ARQ

## 05
정보보호 관리체계 인증심사가 무엇인지 서술하시오. (6점)

[기출] 23_2회

> 정답

① ISMS(Information Security Management System)인증 또는
② ISMS-P(Personal information & Information Security Management System)인증
- ISMS-P 인증의 개요

정보보호및 개인정보보호 관리체계 인증
정보보호 및 개인정보보호를 위한 일련의 조치와 활동이 인증기준에 적합함을 인터넷진흥원 또는 인증기관이 증명하는 제도

정보보호및 관리체계 인증
정보보호를 위한 일련의 조치와 활동이 인증기준에 적합함을 인터넷진흥원 또는 인증기관이 증명하는 제도

## 06 정보통신공사업 기준 설계의 정의를 쓰시오. (5점)  [기출] 23_2회

> 정답

"설계"란 공사에 관한 계획서, 설계도면, 설계설명서, 공사비명세서, 기술계산서 및 이와 관련된 서류(이하 "설계도서"라 한다)를 작성하는 행위를 말한다.
- 정보통신공사업법 제2조 정의 : 시행일('24.7.19) 기준

**07** 기지국에서 무선통신의 용량을 높이기 위한 스마트 안테나 기술로 기지국과 단말기에 여러 안테나를 사용하여 안테나 수에 비례해 통신용량을 높이는 기법을 쓰시오. (5점)

[기출] 23_2회

**정답**

MIMO(Multiple-Input Multiple-Output)

**08** 아이패턴의 눈열림 최상위와 최하위 간격을 무엇이라 하는가? (6점)

[기출] 23_2회 / 23_1회(유사)

**정답**

잡음 여유도(Noise Margin)

**09** 1W를 dBm 단위로 변환시 얼마인지 계산하시오. (8점)

[기출] 23_2회

**정답**

30dBm

$$dBm \text{ 계산} = 10\log\frac{P}{1mW} = 10\log\frac{1W}{1mW} = 10\log 10^3 = 30[dBm]$$

**10** 다음 회선접속방식 5단계에서 2, 3, 4단계를 적으시오. (9점) [기출] 23_2회 / 23_1회(유사)

> 회선 접속 - ( ① ) - ( ② ) - ( ③ ) - 회선 절단

**정답**

① 회선 설정
② 데이터 전송
③ 회선 해제

**11** PCM과정 재생중계기는 3R기능을 수행하는데 3R 진행순서 기준 쓰시오. (6점)

[기출] 23_2회

**정답**

① Reshaping ② Regenerating ③ Retiming,

**12** 스펙트럼 분석기(Spectrum Analyzer)와 더불어 RF엔지니어링 영역의 필수 장비 중 하나인 네트워크 분석기(Network Analyzer)는 미리 알고 있는 기준신호를 고주파 시스템 회로에 인가하여 그 응답 특성을 주파수 영역에서 분석하는 측정기이다. 네트워크 분석기를 이용하여 측정할 수 있는 항목 4가지를 쓰시오. (6점)  [기출] 23_2회 / 20_1회

> 정답

1) S-파라메터 측정 : S-Parameter magnitude, Phase
   - S11 : Forward Reflection Coefficient (Input match)
   - S22 : Reverse Reflection Coefficient (Output match)
   - S21 : Forward Transmission Coefficient (Gain or Loss)
   - S12 : Reverse Transmission Coefficient (Isolation)
2) 임피던스 측정 : 입/출력 임피던스
3) Reflection & Transmission 측정 (주파수응답 특성 분석)
   - 반사 특성 : VSWR, 반사계수, Return Loss 등 분석
   - 전달 특성 : 전달상수(Transmission Coefficient), 이득(Gain), Insertion Loss 등 분석
4) Timing Delay

※ 비교

| 구분 | 스펙트럼 분석기 | 네트워크 분석기 |
|---|---|---|
| 개요 | Spectrum Analyzer<br>주파수 도메인에서 신호를 분석/시각화 | Network Analyzer<br>주파수 도메인에서 전기적인 신호와 회로의 특성을 측정 분석 |
| 기능 | 주파수 영역에서 신호의 강도를 분석 주파수 구성요소를 분석 | 주파수 영역에서 전기적인 특성을 특정, S파라메터를 사용 전달성능 및 임피던스를 분석 |
| 특징 | 입력신호를 주파수별로 분해하고, 각 주파수 성분의 강도를 측정, 스펙트럼(주파수대역)을 시각화 | 주파수 영역에서 전기적인 특성을 특정, S파라메터를 사용 전달성능 및 임피던스를 분석<br>- Scalar/Vector Network Analyzer |

**13** 상대방의 MAC주소를 알고 상대방의 IP주소를 모를 경우 사용하는 프로토콜은 무엇인지 서술하시오. (5점)  [기출] 23_2회 / 22_1회(유사) / 19_4회(유사) / 15_1회(유사) / 12_2회(유사)

> 정답

RARP (Reverse Address Resolution Protocol)

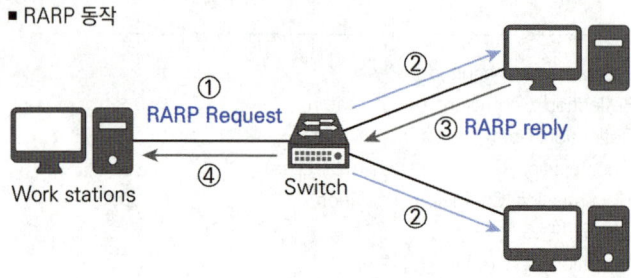

■ RARP 동작

**14** 다음과 같은 망구축 단계가 있을 때 다음 빈칸을 채우시오. (6점)  [기출] 23_2회

기본설계 - 현장조사 - (     ) 설계 - 물리망 구축 - 논리망 구축

정답

실시

**15** 변조속도가 2400Baud, QPSK 변조방식 일 때 신호속도를 구하시오. (6점)

[기출] 23_2회 / 16_1회(유사) / 15_4회(유사) / 12_2회(유사)

정답

4,800 [bps]

데이터신호 전송속도 $C[bps] = nB = \log_2 M \times B$, $B = 2,400\,[Baud]$, $M$은 $QPSK$에서 $M = 4$
$= \log_2 4 \times B = \log_2 2^2 \times B = 2 \times 2,400 = 4,800\,[bps]$

**16** 전송속도가 1000bps, 16QAM 변조방식 일 때 변조속도를 구하시오. (6점)

[기출] 23_2회 / 20_4회(유사) / 18_2회(유사) / 16_4회(유사) / 14_1회(유사) / 12_2회(유사)

정답

250 [Baud]

데이터신호 전송속도 $C[bps] = nB = \log_2 M \times B$, $M$은 16QAM에서 $M = 16$, $C = 1000[bps]$
$= \log_2 16 \times B = \log_2 2^4 \times B = 4 \times B$

$\therefore B = \dfrac{1000}{4} = 250[Baud]$

**17** 대역폭이 3100Hz, S/N 20dB일 때 채널용량을 구하시오. (만약 계산과정에서 소수점이 발생하면 버림 처리함) (6점)

[기출] 23_2회

정답

20,640 [bps]

$C = B\log_2(1 + S/N)[bps]$ 에서

B = 3,100Hz, S/N 20dB는 공식 적용시 반드시 자연수 100로 변환 입력

$20dB = 10\log_{10} X$ 에서 $X = 100$

$C = 3,100 \log_2(1 + 100) = 3100 \log_2 101$

$= 3100 \dfrac{\log_{10} 101}{\log_{10} 2} = 3100 \dfrac{2.00432}{0.3010} = 3100 \times 6.658 = 20,640.45[bps]$ 에서

[소수점 제외]

$= 20,640[bps]$

# 3  2023년도 2회추가 (토)

### 01 광케이블 접속방식의 종류를 쓰시오. (6점)
[기출] 23_2회토

**정답**

1. 융착접속 : 영구접속, Fusion Splicing
2. 기계적접속 : 영구접속, Mechanical Splicing
3. 커넥터접속
   ① 광커넥터 : 광섬유~광섬유 간에 2개의 광커넥터를 하나의 어댑터로 연결
   ② 광커넥터 + 트랜시버 일체형 등

### 02 ATM 프레임사이즈를 Byte 단위로 설명하시오. (6점)
[기출] 23_2회토 / 19_1회(유사) / 17_4회(유사) / 15_4회(유사) / 12_2회(유사)

**정답**

ATM 프레임(53Byte) = Header(5Byte) + Payload(48Byte)

## 03 FTP는 TCP 기반으로 동작하며 관련 포트번호를 쓰시오. (6점)

[기출] 23_2회토

**정답**

① 20번 Data  ② 21번 Command(제어)

## 04 망관리프로토콜로 Manager-Agnet 기반으로 동작하는 프로토콜을 서술하시오. (5점)

[기출] 23_2회토 / 18_4회(유사) / 14_2회(유사)

**정답**

SNMP(Simple Network Management Protocol)

## 05 IDS 종류를 3가지로 서술하시오. (6점)

[기출] 23_2회토/ 22_4회(유사)

**정답**

데이터 수집원 기반 분류
① 네트워크기반 IDS(Network Based IDS)
② 호스트기반 IDS(Host Based IDS)
③ 하이브리드 IDS(Hybrid Based IDS)

**06** 통신 공동구를 설치할 때 유지보수 관리에 필요한 부대설비 5가지를 쓰시오. (5점)

[기출] 23_2회토 / 19_4회 / 18_2회 / 16_4회

> **정답**
>
> 조명·배수·소방·환기·접지
> ※ 접지설비·구내통신설비·선로설비 및 통신공동구등에 대한 기술기준 제46조(통신공동구의 설치기준)
> ① 통신공동구는 통신케이블의 수용에 필요한 공간과 통신케이블의 설치 및 유지·보수등의 작업시 필요한 공간을 충분히 확보할 수 있는 구조로 설계하여야 한다.
> ② 통신공동구를 설치하는 때에는 조명·배수·소방·환기 및 접지시설 등 통신케이블의 유지·관리에 필요한 부대설비를 설치하여야 한다.
> ③ 통신공동구와 관로가 접속되는 지점에는 통신케이블의 분기를 위한 분기구를 설치하여야 하며, 한 지점에서 여러 개의 관로로 분기될 경우에는 작업이 용이하도록 분기구간에는 일정거리이상의 간격을 유지하여야 한다.

**07** 오실로스코프의 용도 5가지를 쓰시오. (5점)

[기출] 23_2회토 / 20_1회 / 18_1회 / 12_2회

> **정답**
>
> ① 주기측정 ② 전압측정 ③ 주파수측정 ④ 파형측정 ⑤ 리사주측정(주파수와 위상비교)

**08** 정보통신 설계에 대한 설명으로 다음 빈칸을 채우시오. (6점)

[기출] 23_2회토 / 22_4회

> 기본설계란 예비타당성조사, 기본계획 및 타당성조사를 감안하여 시설물의 규모, 배치, 형태, 개략공사방법 및 기간, 개략 공사비 등에 관한 조사, 분석, 비교, 검토를 거쳐 이를 (       )로 표현하여 제시하는 설계업무로서 각종사업의 인허가를 위한 설계를 포함하며, 설계기준 및 조건 등 실시설계용역에 필요한 기술자료를 작성하는 것을 말한다.

> 정답

설계도서

※ 기본설계 등에 대한 세부시행기준 : 국토교통부
  제3조(용어의 정의) 이 지침에서 사용하는 용어의 정의는 다음 각 호와 같다.
  1. "기본설계"라 함은 예비타당성조사, 타당성조사 및 기본계획를 감안하여 시설물의 규모, 배치, 형태, 개략공사방법 및 기간, 개략 공사비 등에 관한 조사, 분석, 비교·검토를 거쳐 최적안을 선정하고 이를 설계도서로 표현하여 제시하는 설계업무로서 각종사업의 인·허가를 위한 설계를 포함하며, 설계기준 및 조건 등 실시설계용역에 필요한 기술자료를 작성하는 것을 말한다.
  2. "실시설계"라 함은 기본설계의 결과를 토대로 시설물의 규모, 배치, 형태, 공사방법과 기간, 공사비, 유지관리 등에 관하여 세부조사 및 분석, 비교·검토를 통하여 최적안을 선정하여 시공 및 유지관리에 필요한 설계도서, 도면, 시방서, 내역서, 구조 및 수리계산서 등을 작성하는 것을 말한다.

## 09 통신네트워크 QOS 기능에 대해 설명하시오. (5점)   [기출] 23_2회토

> 정답

QoS(Quality of Service)는 네트워크 트래픽의 우선순위를 설정하고, 대역폭, 지연, 지터, 패킷 손실 등의 성능 지표를 관리하여, 특정 애플리케이션이나 서비스가 필요한 수준의 네트워크 성능을 유지할 수 있도록 함

주요기법은
1. 패킷 스케줄링 (Packet Scheduling)
   - 네트워크 장비가 전송할 패킷을 선택하고 순서를 지정하는 방법
   - FIFO(First-In, First-Out), Priority Queuing 등
2. 트래픽 쉐이핑 (Traffic Shaping)
   - 네트워크에 진입하는 트래픽의 속도를 조절하여, 네트워크 대역폭을 효율적으로 사용하고 과부하를 방지
3. 트래픽 관리 (Traffic Policing)
   - 트래픽 쉐이핑과 유사하지만, 트래픽이 허용된 한도를 초과하면 초과 트래픽을 폐기하거나 우선순위를 낮추는 방식
   - 네트워크의 과부하를 막기 위해 특정 트래픽의 속도를 조절

**10** 공동주택의 구내 광통신망 설계에 적용되는 전송방식으로 AON(Active Optical Network) 방식과 PON(Passive Optical Network)방식의 개요 및 특징을 적으시오. (8점)

[기출] 24_2회 / 23_2회토(유사) / 23_1회(유사) / 19_1회(유사) / 13_1회

### 정답

1. AON(Active Optical Network), PON(Passive Optical Network)
2. AON 특징
   ① 전원 필요한 능동소자기반
   ② 이더넷 기반 스위치 등 사용
   ③ 외부환경에 설치 관리비용 발생
3. PON 특징
   ① 전원 불필요한 수동소자기반
   ② 하나의 OLT-수동소자(Splitter)-ONU 형태 또는 하나의 OLT-수동소자(Splitter)- ONU-ONT 또는 하나의 OLT-수동소자(Splitter)-ONT 형태로 구성(1 : 32, 1 : 64등)
   ③ 초기 가설비용이 상대적 높음

[참조]

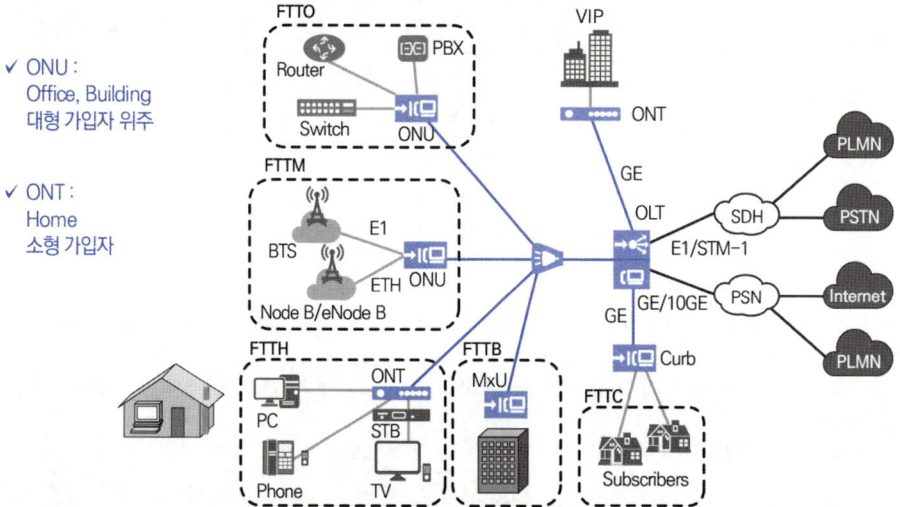

✓ The difference is that an ONT is an optical network terminal and is located at the user end.
✓ An ONU is an optical network unit, and there may be another network between the ONU and the user end. For example, a gateway device with an xDSL or Ethernet port can be connected to an ONU, and then connected to a network terminal.

| 구분 | AON (Active Optical Network) | PON (Passive Optical Network) |
|---|---|---|
| 개요 | • 구성소자가 능동소자로 구성하여 전원 제공 형태<br>• Amplifier 필요 | • 구성소자가 수동소자로 구성하여 전원 제공 불필요<br>• Amplifier 불필요 |
| 구성 요소 | 전화국 : 대형 Switch / Router<br>가입자 : 소형 Switch<br>• Active<br>　광(Optic) - 전(Electric) - 광(Optic) 변환 | 전화국 : 1개 OLT<br>• Optical Line Terminal<br>가입자 : N개 ONU<br>• Optical Network Unit<br>N개 ONT<br>• Optical Network Terminal |
| 특징 | 일반적인 Network 구성 형태<br>상향 / 하향 대칭 경쟁방식<br>• CSMA / CD Ethernet 기반 Baseband 전송, Unicast 등 | 상향 / 하향 비대칭 경쟁방식<br>• 하향 : Braodcast 전송<br>　TDM : ATM-PON, Ethernet-PON<br>　WDM : WDM-PON<br>• 상향 : 구성방식에 따름<br>　TDMA : ATM-PON, Ethernet-PON<br>　WDM : WDM-PON |
| 구성 형태 | 1 : 1 Point to Point | 1 : N Point to Multi Point (1 : 32 등) |
| 투자비 | 1 : 1 기본으로 상대적으로 공사비 / 유지보수 비용 높음(High Cost) | 1 : N 기본으로 상대적으로 공사비 / 유지보수 비용 낮음(Low Cost) |

**11** 같은 네트워크의 장비들 간에 통신방식을 종류별로 간단히 설명하시오. (6점)

[기출] 23_2회토 / 20_4회(유사) / 18_2회(유사)

> **정답**

1. 유니캐스트(Unicast)는 1 : 1 통신방식
   - 송신노드 하나가 수신노드 하나에게 데이터를 전송
2. 애니캐스트(Anycast)는 1 : 1 통신방식
   - 송신노드 하나가 네트워크에 연결된 수신 가능한 노드중 어느 하나의 노드에만 데이터 전송
3. 멀티캐스트(Multicast)는 1 : N(다수) 통신방식
   - 송신노드 하나가 하나이상의 수신노드에게 데이터를 전송
4. 브로드캐스트(Broadcast)는 1 : ALL 통신방식
   - 송신노드 하나가 네트워크의 모든 노드에게 데이터를 전송

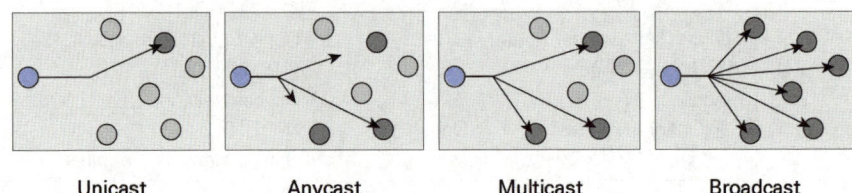

Unicast     Anycast     Multicast     Broadcast

**12** 정보통신공사 설계시 원가를 구성하는 순공사비(공사원가), 총원가(총공사원가)를 구성하는 항목에 대해 쓰시오. (6점)    [기출] 24_4회(유사) / 23_2회토 / 22_4회(유사) / 15_4회 / 12_2회

> **정답**

표준품셈 기반 원가계산 기준
1) 순공사비(공사원가) : 재료비+노무비+경비
2) 총원가(총공사원가) : 재료비+노무비+경비+일반관리비+이윤
※ 일반관리비 : 순공사비(재료비+노무비+경비)×요율(~6%)

| 총공사비 | 총원가<br>(총공사원가) | 순공사비<br>(공사원가) | 재료비 |
|---|---|---|---|
| | | | 노무비 |
| | | | 경비 |
| | | 일반관리비 | |
| | | 이윤 | |
| | 보험료 등 | | |
| | 부가가치세(VAT) | | |

**13** 지터(Jitter)에 대해 간단 설명하시오. (5점)  [기출] 23_2회토

> 정답

1. 지터(Jitter)는 디지털통신시스템에서 디지털 신호파형이 시간축상으로 흔들리는 현상으로 주로 동작 순간을 주는 타이밍 상의 편차인 Timing Jitter를 의미함
2. 개선방법
   ① 통신 Network 마스터 클럭(Clock)을 보다 안정적인 클럭원을 제공
   ② 관련 통신장비 개별 발진기 및 자체 클럭의 안정적 제공 등

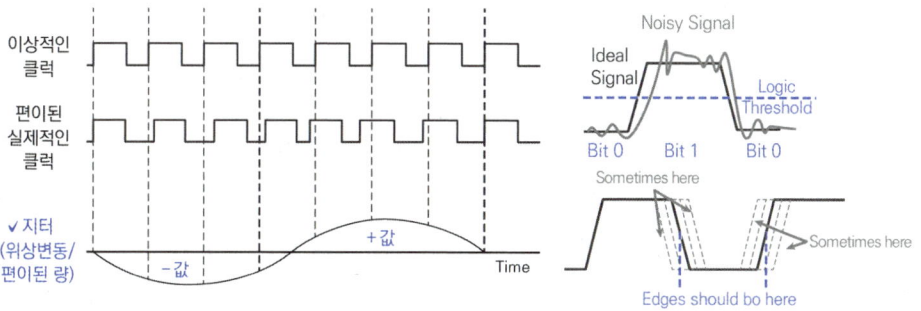

**14** 정보통신공사업법에서 규정한 "감리"에 대한 설명으로 감리원의 주요 3가지 관리업무로 다음 괄호안에 알맞은 말을 쓰시오. (6점)

[기출] 23_2회토 / 20_4회 / 18_2회 / 16_1회 / 15_2회 / 13_1회 / 12_2회

> "감리란 공사에 대하여 발주자의 위탁을 받은 용역업자가 설계도서 및 관련규정의 내용대로 시공되는 지를 감독하고, ( 가 ), ( 나 ) 및 ( 다 )에 대한 지도 등에 대한 발주자의 권한을 대행하는 것을 의미한다."

> 정답

가. 품질관리   나. 시공관리   다. 안전관리
• 정보통신공사업법 제2조(정의) 9.감리

## 15. 구내간선계, 건물간선계의 정의를 쓰시오. (6점)

[기출] 23_2회토 / 22_2회

**정답**

| 구분 | 내용 |
|---|---|
| 구내<br>간선계 | 구내에 2개 이상의 건물(동)이 있는 경우 국선단자함에서 각 건물(동)의 동단자함또는 동단자함에서 동단자함까지의 건물간 구간을 연결하는 배선체계를 말함<br>• 하나의 건물(동)로 구성된 경우에는 구내간선계가 존재하지 않음 |
| 건물<br>간선계 | 동일 건물내의 국선단자함이나 동단자함에서 층단자함까지 또는 층단자함에서 층단자함까지의 구간을 연결하는 배선체계를 말함 |

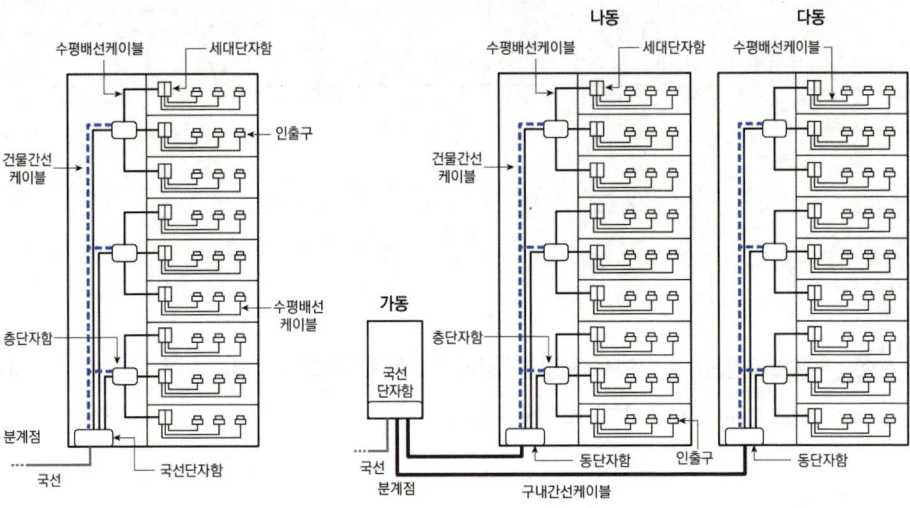

**16** 다음 IP주소에 대해 Class별 구분하시오. (8점)     [기출] 23_2회토

> ① 10.1.1.0    ② 128.1.1.0    ③ 192.168.1.0    ④ 224.1.1.0

**정답**

① 10.1.1.0 : A 클래스
② 128.1.1.0 : B 클래스
③ 192.168.1.0 : C 클래스
④ 224.1.1.0 : D 클래스

※ 정리

| Class | 주소구분 (8Bit) | | | | Subnet Mask | | 구분 상위비트 | | 주소범위 |
|---|---|---|---|---|---|---|---|---|---|
| A | N | H | H | H | 255.0.0.0 | / 8 | 첫비트 | "0" | 0.0.0.0 ~ 127.255.255.255 |
| B | N | N | H | H | 255.255.0.0 | / 16 | 처음2비트 | "10" | 128.0.0.0 ~ 191.255.255.255 |
| C | N | N | N | H | 255.255.255.0 | / 24 | 처음3비트 | "110" | 192.0.0.0 ~ 223.255.255.255 |
| D | 멀티캐스트 | | | | -없음 | | 처음4비트 | "1110" | 224.0.0.0 ~ 239.255.255.255 |
| E | 실험, 미래 | | | | -없음 | | 처음4비트 | "1111" | 240.0.0.0 ~ 255.255.255.255 |

**17** 16상 위상변조방식에서 변조속도가 1200[Baud]인 신호의 전송속도는 얼마인가? (5점)

[기출] 23_2회토

**정답**

4,800 bps

데이터신호 전송속도 $C[bps] = nB = \log_2 M \times B$, $B[Baud]$ $M$은 16PSK에서 $M = 16$
$\qquad\qquad\qquad\quad = \log_2 16 \times B = \log_2 2^4 \times B = 4 \times B$, $B = 1,200[Baud]$ 입력하면
$\qquad\qquad\qquad\quad = 4 \times 1,200$
$\qquad\qquad \therefore C = 4,800[bps]$

# 4  2023년도 2회 추가(일)

**01** 광가입자망 종류 4가지를 쓰시오. (4점)  [기출] 23_2회일

> 정답
>
> 1. FTTH (Fiber To The Home)
> 2. FTTN (Fiber To The Node)
> 3. FTTC (Fiber To The Curb)
> 4. FTTB (Fiber To The Building)

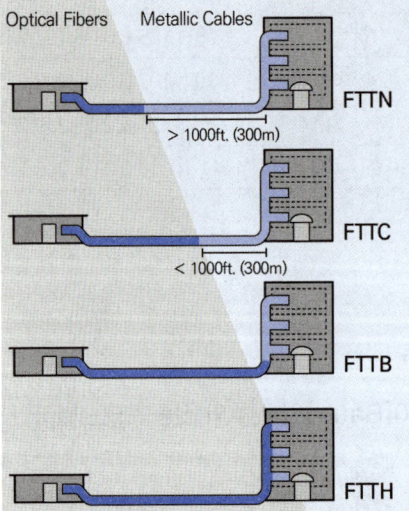

## 02  엔지니어링기술자 등급 5가지를 서술하시오. (10점)

[기출] 23_2회일

**정답**

기술사, 특급기술자, 고급기술자, 중급기술자, 초급기술자

※ 엔지니어링산업 진흥법 시행령 제4조(엔지니어링기술자)
- 기술계 엔지니어링기술자 : 기술사, 특급기술자, 고급기술자, 중급기술자, 초급기술자
- 숙련기술계 엔지니어링기술자 : 고급숙련기술자, 중급숙련기술자, 초급숙련기술자

## 03  통신접지, 전기접지, 피뢰접지 등을 하나로 묶어서 시공하는 접지방식을 서술하시오. (4점)

[기출] 23_2회일

**정답**

통합접지

## 04  Network 토폴로지 5가지를 서술하시오. (5점)

[기출] 23_2회일

**정답**

링형, 성형, 버스형, 트리형, 메쉬형

**05** 다음 신호2에 대한 S/N을 데시벨로 계산하시오. (3점)     [기출] 23_2회일

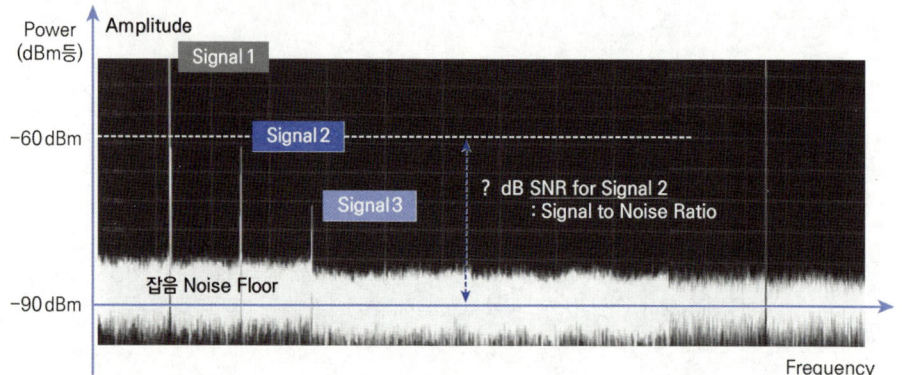

> 정답

30dB

**06** EMI(Electromagnetic Interference)는 전자파간섭이라 하며, ( 가 ) 또는 ( 나 )되는 전자파가 다른 기기의 기능에 장해를 주는 것으로 회로기능을 약화시키고, 기기가 오동작을 일으킬 수 있는 불필요한 신호를 의미한다. 다음 빈칸을 채우시오. (6점)

[기출] 23_2회일 / 19_1회(유사)

> 정답

가. CE(Conducted Emission) 전도방출
나. RE(Radiated Emission) 방사방출(복사방출)

※ EMI(Electromagnetic Interference)
  ① CE(Conducted Emission) 전도방출
    • 주로 30MHz이하에서 발생, 전자파가 신호선 또는 전원선 같은 매질을 통해서 전달되는 전자파 잡음
  ② RE(Radiated Emission) 방사방출(복사방출)
    • 주로 30MHz이상에서 발생, 전자파가 공기중으로 방사되어 전달되는 전자파 잡음

**07** 리피터, 브릿지, 라우터, 게이트웨이에 대해 간단히 설명하시오. (4점)

[기출] 23_2회일 / 22_1회(유사) / 12_2회(유사)

> 정답

1. 리피터(Repeater)
   - 1계층 장비로 물리적 신호를 증폭하거나 재생하여 데이터 전송 거리를 연장해주는 장비임
2. 브릿지(Bridge)
   - 2계층 장비로 여러 개의 네트워크 세그먼트를 연결하여 하나의 네트워크처럼 동작하게 만드는 장비로 같은 네트워크 내의 충돌 도메인을 분리하여 네트워크 성능을 향상시키는 데 사용함
3. 라우터(Router)
   - 3계층 장비로 서로 다른 네트워크 간에 데이터를 전송하는 장비로, IP 주소를 기반으로 최적의 경로를 찾아 데이터를 라우팅하며, 서로 다른 네트워크를 연결 및 데이터가 올바른 네트워크로 전송되도록 경로를 설정함
4. 게이트웨이(Gateway)
   - 7계층 장비로 서로 다른 프로토콜을 사용하는 네트워크 간의 통신을 가능하게 하는 장비로, 네트워크 간의 서로 다른 프로토콜을 변환하여 호환되지 않는 네트워크 간의 데이터 교환을 가능하게 함

**08** 감리원의 업무범위 5가지를 서술하시오. (10점)

[기출] 23_4회 / 23_2회일 / 17_2회 / 15_2회 / 14_1회(유사)

> 정답

1. 공사계획 및 공정표의 검토
2. 공사업자가 작성한 시공상세도면의 검토·확인
3. 설계변경에 관한 사항의 검토·확인
4. 하도급에 대한 타당성 검토
5. 준공도서의 검토 및 준공확인

※ 정보통신공사업법 시행령 제8조의2(감리원의 업무범위)
   1. 공사계획 및 공정표의 검토
   2. 공사업자가 작성한 시공상세도면의 검토·확인

3. 설계도서와 시공도면의 내용이 현장조건에 적합한지 여부와 시공가능성 등에 관한 사전검토
4. 공사가 설계도서 및 관련규정에 적합하게 행해지고 있는지에 대한 확인
5. 공사 진척부분에 대한 조사 및 검사
6. 사용자재의 규격 및 적합성에 관한 검토 · 확인
7. 재해예방대책 및 안전관리의 확인
8. 설계변경에 관한 사항의 검토 · 확인
9. 하도급에 대한 타당성 검토
10. 준공도서의 검토 및 준공확인

## 09 IPS 적용 용법의 종류 2가지를 서술하시오. (6점) [기출] 23_2회일 / 22_2회

**정답**

① 네트워크 기반 IPS(NIPS, Network-based IPS)
② 호스트 기반 IPS(HIPS, Host-based IPS)

## 10 웹 브라우저 이용하여 html 기반의 문서를 전송시 사용하는 Protocol의 명칭과 이때 사용하는 Transport 계층의 포트(Port)번호를 서술하시오. (6점) [기출] 23_2회일

**정답**

① HTTP 프로토콜
② 포트번호 : HTTP 사용시 80포트, HTTPS 사용시 443포트

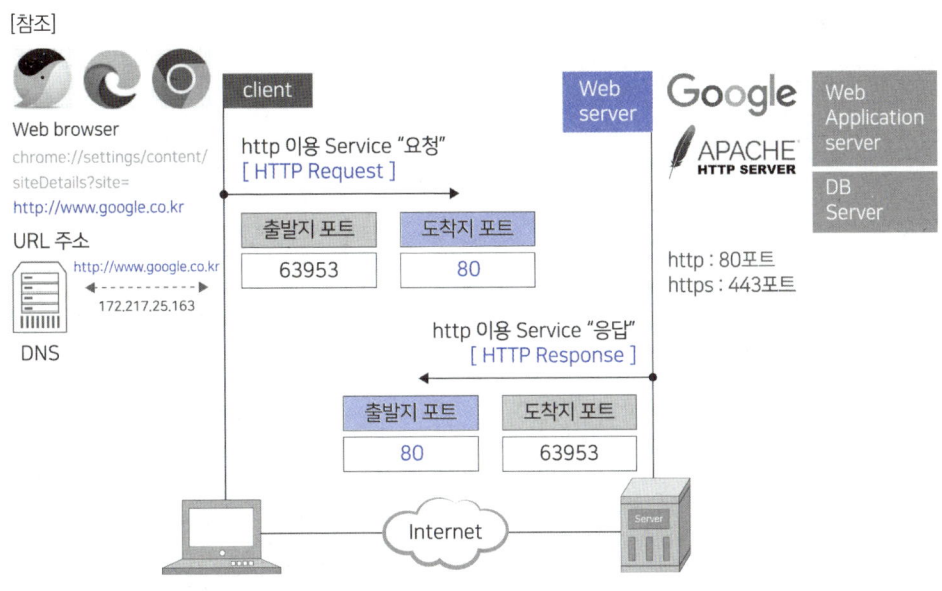

**11** 초고속 정보통신 건물 인증등급과 홈네트워크 건물 인증시 등급을 서술하시오. (6점)

[기출] 23_2회일 / 19_1회

정답

① 초고속정보통신건물 인증 : 특등급, 1등급, 2등급
② 홈네트워크건물 인증 : AAA(홈IoT)등급, AA등급, A등급

**12** IP대역 192.168.0.0 / 24를 4개로 서브넷팅시 네트워크별 호스트 수는 얼마인가? (6점)

[기출] 23_2회일

> 정답

62

※ 서브넷팅

| Subnet | 1 | 2 | 4 | 8 | 16 | 32 | 64 | 128 | 256 |
|---|---|---|---|---|---|---|---|---|---|
| Host수 | 256 | 128 | 64 | 32 | 16 | 8 | 4 | 2 | 1 |
|  | $2^8$ | $2^7$ | $2^6$ | $2^5$ | $2^4$ | $2^3$ | $2^2$ | $2^1$ | $2^0$ |
| SubnetMask | / 24 | / 25 | / 26 | / 27 | / 28 | / 29 | / 30 | / 31 | / 32 |

※ 호스트수 계산

| Network | Network ID | Subnet Mask | 사용 IP수 | 사용 IP주소 | Broadcast ID |
|---|---|---|---|---|---|
| #1 | 192.168.0.0 | / 26 | 62 | 192.168.0.1 ~ 192.168.0.62 | 192.168.0.63 |
| #2 | 192.168.0.64 | / 26 | 62 | 192.168.0.65 ~ 192.168.0.126 | 192.168.0.127 |
| #3 | 192.168.0.128 | / 26 | 62 | 192.168.0.129 ~ 192.168.0.190 | 192.168.0.191 |
| #4 | 192.168.0.192 | / 26 | 62 | 192.168.0.193 ~ 192.168.0.254 | 192.168.0.255 |

**13** 안전관리 결과 보고서 서류 3가지를 서술하시오. (6점)   [기출] 23_2회일

> 정답

1. 안전관리 조직표
2. 안전보건 관리체제
3. 재해 발생현황

※ 안전관리서류 목록
   1. 안전관리 조직표
   2. 안전보건 관리체제
   3. 재해 발생현황
   4. 안전교육 실적표
   5. 기타 필요한 서류 : 산재 요양신청서 사본 등

**14** 비동기 방식과 동기방식 차이점 빈칸 채우기. (6점)  [기출] 23_2회일

| 구분 | STM | ATM |
|---|---|---|
| 정의 | 동기식 시분할 다중화<br>Synchronous Time Division Multiplexing | 비동기식 시분할 다중화<br>Asynchronous Time Division Multiplexing |
| 채널타임<br>슬롯할당 | ( 가 ) 할당 | ( 나 ) 할당 |
| 할당방식 | 입력과출력 타임슬롯 1 : 1 대응<br>데이터 유무에 무관 타임슬롯 고정할당 | 실제 보낼 데이터가 있는 장치에<br>타임슬롯 동적할당 |
| 제어절차 | ( 다 ) | ( 라 ) |
| 예 | 전통적 전화교환망(PSTN) 기반<br>PDH, SDH 전송설비 | ATM(Asynchronous Transfer Mode)<br>ATM 데이터 전용회선설비 등 |

> 정답

가. 정적(Static)
나. 동적(Dynamic)
다. 간단
라. 복잡

※ 교환개념

| 구분 | STM | ATM |
|---|---|---|
| 개요 | Synchronous Transfer Mode<br>동기전달모드 | Asynchronous Transfer Mode<br>비동기전달모드 |
| 어드레싱 | 호설정시 결정<br>• Time Slot 번호 | 셀헤더내의 VCI<br>(Virtual Channel Identifier) 값 |
| 라우팅 | 중앙제어 | 분산제어<br>• 하드웨어 기반 |
| 점유대역폭 | 정보량 무관 고정대역폭<br>정적(Static) 할당 | 정보량에 따른 가변대역폭<br>동적(Dynamic) 할당 |
| 동기 | 타임슬롯(Time Slot) | 셀단위 블록(Cell Block) |
| 연결형태 | 전용 가상회로 | 공유 가상회로 |

### 15. HDLC 프레임 구조를 서술하시오. (6점)
[기출] 23_2회일 / 17_1회(유사) / 12_4회(유사)

**정답**

| Flag | 주소부 | 제어부 | 정보부 | FCS | Flag |
|---|---|---|---|---|---|
| 01111110 | 8bit | 8bit | 임의 Bit | 16bit | 01111110 |

※ Information Frame 기준

### 16. 다음과 같은 서브넷팅 255.255.255.224에 대한 호스트 수를 계산하시오. (6점)
[기출] 23_2회일

**정답**

호스트 수 : 30개
계산식 : 서브넷 /27에 해당함, 224(128+64+32=224)는 2진수 표기하면 11100000로 5비트를 호스트로 배정할 수 있으며, 네트워크 ID와 브로드캐스트 ID를 제외하고 배정
∴ 호스트수 = $2^5 - 2 = 32 - 2 = 30$

**17** 24명의 가입자를 위한 T1 반송시스템을 통하여 음성신호를 PCM으로 전송하고자 할 때 다음 각항에 대하여 설명하시오. (6점) [기출] 23_2회일

① 표본화주파수/주기   ② 채널수   ③ 채널당 Bit수
④ 1Bit 시간폭   ⑤ 프레임당 bit수   ⑥ 프레임 속도

### 정답

① 표본화주파수/주기 : 8,000[Hz], 125[μsec]
② 채널수 : 24채널/T1
③ 채널당 Bit수 : 8bit/채널
④ 1Bit 시간폭 : 0.647[μsec]
⑤ 프레임당 bit수 : 193bit/ T1
⑥ 프레임 속도 : 1.544Mbps

## 5  2023년도 4회

**01** 다음 10G Ethernet 광섬유케이블에 적합한 광모듈 종류를 서술하시오 (6점)

[기출] 23_4회 / 15_2회(유사) / 13_4회(유사)

1) 10G 다중모드 광섬유(850nm), 300m
2) 10G 단일모드 광섬유(1310nm), 10Km
3) 10G 단일모드 광섬유(1550nm), 40Km

**정답**

① 10GBase-SR (Short Reach)
② 10GBase-LR (Long Reach)
③ 10GBase-ER (Extended Reach) 등

**02** 홈네트워크 무선기반 기술 4가지를 서술하시오. (8점)

[기출] 23_4회

**정답**

① 무선랜  ② Bluetooth  ③ ZigBee  ④ UWB 등 기타 (무선 IEEE 1394)
※ 문제가 유선기반 기술이면 : ① 이더넷(과거 Home PNA) ② IEEE 1394 ③ USB ④ PLC(Power Line Communication) 등

**03** 자신에게 연결된 소규모 회선 또는 네트워크로부터 데이터를 모아 고속의 대용량으로 전송할 수 있는 대규모 전송회선 및 통신망을 지칭하여 (     )이라고 한다. (6점)

[기출] 23_4회 / 17_4회 / 15_1회 / 13_4회

### 정답

백본망 (Backbone Network)

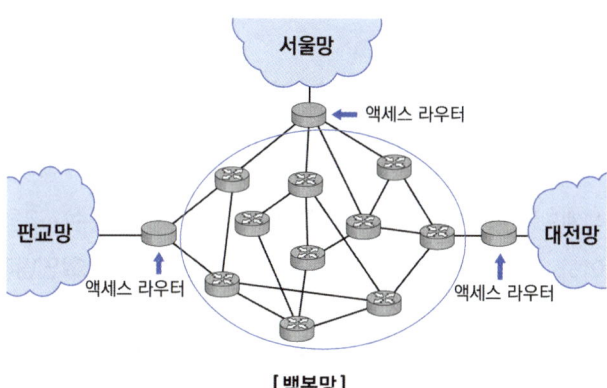

[백본망]

**04** 방송 통신시설의 기술기준에서 통신 관련 시설 접지저항은 몇 옴 이하로 하는가? (5점)

[기출] 23_4회 / 19_4회

### 정답

10Ω
※ 접지설비·구내통신설비·선로설비 및 통신공동구등에 대한 기술기준 제5조(접지저항 등)
② 통신관련시설의 접지저항은 10Ω 이하를 기준으로 한다. 다만, 다음 각호의 경우는 100Ω 이하로 할 수 있다.

**05** 하나의 장비에 여러 보안솔루션 기능을 통합적으로 제공하고 다양하고 복잡한 보안 위협에 대응할 수 있고 관리 편의성과 비용절감이 가능한 보안시스템은 무엇인가? (4점)

[기출] 23_4회 / 22_1회 / 19_1회

**정답**

UTM(Unified Threat Management)

**06** 공사를 시작하기 전에 설계도를 특별자치시장·특별자치도지사·시장·군수·구청장(자치구의 구청장을 말한다. 이하 같다)에게 제출하여 기술기준에 적합한지를 확인받아야 하며, 그 공사를 끝냈을 때에는 특별자치시장·특별자치도지사·시장·군수·구청장의 (   )를 받고 정보통신설비를 사용하여야 한다. 위의 빈칸을 채우시오 (5점)  [기출] 23_4회

**정답**

사용전검사

※ 정보통신공사업법 제36조(공사의 사용전검사 등)
① 대통령령으로 정하는 ~ 시장·군수·구청장의 <u>사용전검사를 받고 정보통신설비를 사용하여야</u> 한다.

**07** 다음 감리원의 배치기준에 적합하게 다음 빈칸을 쓰시오. (8점)

[기출] 24_2회 / 23_4회(유사)

1. 총공사금액 100억원 이상 공사 : 기술사
2. 총공사금액 70억원 이상 100억원 미만인 공사 : ( 가 )
3. 총공사금액 30억원 이상 70억원 미만인 공사 : 고급감리원 이상의 감리원
4. 총공사금액 5억원 이상 30억원 미만인 공사 : ( 나 ) 이상의 감리원
5. 총공사금액 5억원 미만의 공사 : 초급감리원 이상의 감리원

**정답**

가. 특급감리원   나. 중급감리원

※ 정보통신공사업법 시행령 제8조의3(감리원의 배치기준 등)
1. 총공사금액 100억원 이상 공사 : 특급감리원(기술사 자격을 가진 자로 한정한다)
2. 총공사금액 70억원 이상 100억원 미만인 공사 : 특급감리원
3. 총공사금액 30억원 이상 70억원 미만인 공사 : 고급감리원 이상의 감리원
4. 총공사금액 5억원 이상 30억원 미만인 공사 : 중급감리원 이상의 감리원
5. 총공사금액 5억원 미만의 공사 : 초급감리원 이상의 감리원

**08** 다음 질문에 대해서 서술하시오. (6점)   [기출] 23_4회(유사) / 22_4회(유사) / 22_2회(유사) / 15_1회

1) OTDR 원어
2) OTDR 용도
3) 광섬유케이블 접속지점에 대한 결과 측정방법 2가지

정답

| 항목 | 내용 |
|---|---|
| 1) OTDR | Optical Time Domain Reflectometer<br>• 시간대역 광반사측정기, 광펄스측정기 |
| 2) OTDR 용도 | • 광선로의 특성, 접점 손실, 손실 발생지점 등을 측정하고 고장점을 찾는 장비<br>• 광섬유 내의 후방산란 (Back Scattering) 특성을 이용하여 측정<br>• 측정항목 : 광섬유케이블에 대한<br>① 케이블 자체 전송손실(감쇠) (예 0.3dB~0.4dB/Km)<br>② 단위개소 접속손실 (예 0.2dB~0.3dB/광LC컨넥터)<br>③ 거리측정(단선등 장애구간, 컨텍터 위치확인) (예 국사에서 5Km 구간 단선 등)<br>④ 전체 케이블구간 총손실 (예 총 광케이블 50Km 구간에 대한 총손실 계산) |
| 3) 측정 방법 | ① 후방산란법 (Back Scattering Method)<br>② 투과측정법 |

**09** ASK와 PSK을 혼합한 디지털변조 방식을 쓰시오. (5점)  [기출] 23_4회

정답

QAM (Quadrature Amplitude Modulation)

**10** 물리계층과 LLC 계층 사이에 있는 계층을 쓰고 역할을 설명하시오. (8점)

[기출] 23_4회 / 17_1회 / 16_1회 / 15_4회 / 14_2회

| 네트워크 계층 |
|---|
| LLC 계층 |
| ( 1 ) |
| 물리(Physical) 계층 |

> 정답

1. MAC(Media Access Control) 계층
2. 역할
    1) MAC 프레임(Frame) 구성
    2) 매체(media) 액세스(Access) 접근제어관리
    3) MAC주소 처리

※ 정리

| 데이터링크 계층 | 상위계층 | | | | | |
|---|---|---|---|---|---|---|
| | LLC 부계층 | Logical Link Control Sub Layer | | | | |
| | MAC 부계층 | 802.3 CSMA/CD | 802.4 Token Bus | 802.5 Token Ring | ... | 802.11 CSMA/CA | ... |
| 물리(Physical) 계층 | | | | | | |

**11** 정보통신공사업법에서 규정하는 감리원의 업무범위 5가지를 서술하시오. (5점)

[기출] 23_4회 / 23_2회일 / 17_2회 / 15_2회 / 14_1회(유사)

> 정답

1. 공사계획 및 공정표의 검토
2. 공사업자가 작성한 시공상세도면의 검토·확인
3. 설계도서와 시공도면의 내용이 현장조건에 적합한지 여부와 시공가능성 등에 관한 사전검토
4. 공사가 설계도서 및 관련규정에 적합하게 행하여지고 있는지에 대한 확인
5. 공사 진척부분에 대한 조사 및 검사
6. 사용자재의 규격 및 적합성에 관한 검토·확인
7. 재해예방대책 및 안전관리의 확인
8. 설계변경에 관한 사항의 검토·확인
9. 하도급에 대한 타당성 검토
10. 준공도서의 검토 및 준공확인 [선택5]

※ 정보통신공사업법 시행령 제12조(감리원의 업무범위) 기준

**12** Command 명령어에 대해 간단 서술하시오. (6점) [기출] 24_4회 / 23_2회(유사) / 21_4회

1) netstat
2) ping
3) route print

> **정답**
>
> 1) netstat : 해당 프로토콜별 네트워크 상태 확인
> 2) ping : 해당 IP별 네트워크 연결상태 확인
> 3) route print : 해당 라우팅 테이블의 Route별 네트워크 마스크, 인터페이스등 확인

**13** LAN TTA 기준 EIA-568A 또는 EIA-568B 형태의 케이블 대해 답하시오. [6점]

[기출] 24_4회

1) 통신 가능 케이블 최대거리?
2) 시공여장 케이블 거리? 전력선 케이블? *복원 미흡

> **정답**
>
> 1) 100m(UTP 기준 최대 100m 가능, 실제 적용은 90m 기준 시공, 10m는 여장 길이)
> 2) 10m

**14** 다음 프로토콜은 OSI 7계층 중 어디에 해당하는가? (4점)

[기출] 23_4회/ 16_1회/ 15_4회(유사)

| 가. TCP, UDP    나. RS-232C    다. HDLC    라. IP |

**정답**

가. 4계층, 전송(Transport) 계층
나. 1계층, 물리(Physical) 계층
다. 2계층, 데이터링크(Data Link) 계층
라. 3계층, 네트워크(Network) 계층

**15** Client가 traceroute(리눅스기준) 할 때 해당 라우터로부터 ICMP Time Exceeded 메시지를 받으면 ( 가 )값이 "0"에 도달했다는 의미로 경로를 추적 및 확인이 가능하다. (4점)

[기출] 23_4회

**정답**

가. TTL(Time To Live)

**16** 공사원가 관련 다음 빈칸을 채우시오. (6점)[기출] 23_4회 / 23_2회(유사)

재료비 1000만원, 노무비 500만원, 경비 100만원
일반관리비 = ( ① )원 5%로 계산
이윤 = ( ② )원
총(공사)원가 = ( ③ )원, 총공사비는 VAT는 10%

정답

① 일반관리비 = 80만원
② 이윤 = 68만원
③ 총(공사)원가 = 1748만원, 총공사비 = 1922.8만원

[풀이]
① 일반관리비 = (재료비 + 노무비 + 경비) × 5% = (1000만원 + 500만원 + 100만원) × 5% = 80만원
② 이윤 = (노무비 + 경비 + 일반관리비) × 10% = (500만원 + 100만원 + 80만원) × 10% = 68만원
③ 총(공사)원가 = 순공사비(재료비 + 노무비 + 경비) + 일반관리비 + 이윤
             = 1600만원 + 80만원 + 68만원 + 1748만원
∴ 총공사비 = 1748만원 + 174.8만원(VAT 10%) = 1922.8만원

| | | | 재료비 |
|---|---|---|---|
| 총공사비 | 총원가 (총공사원가) | 순공사비 (공사원가) | 노무비 |
| | | | 경비 |
| | | 일반관리비 | |
| | | 이윤 | |
| | 보험료 등 | | |
| | 부가가치세(VAT) | | |

**17** 다음 메쉬형(MESH)에 대한 질문에 답하시오. (8점)  [기출] 23_4회 / 19_2회 / 15_4회

1) 회선수 산정식 ?
2) 노드가 100인 경우 중계회선수 ?
3) 장점에 대해 서술하시오.
4) 단점에 대해 서술하시오.

**정답**

1) $\dfrac{N(N-1)}{2}$

2) 4,950회선

계산식 : $\dfrac{N(N-1)}{2} = \dfrac{100(100-1)}{2} = 4,950$

3) Network(망) 안정성에 다른 토폴로지에 비해 가장 안정적임
4) 사업자 기준 투자비가 높음

# 3절 2022년도 기출풀이

## 1  2022년도 1회

**01** 전송회선에서 DCE 기능에 대하여 설명하시오. (6점)     [기출] 22_1회

**정답**

1. DCE(Data Communication Equipment)는 데이터 회선종단장치
2. DTE(Data Terminal Equipment, 데이터 단말장치)와 전송로(전송회선, 통신망)간 인터페이스 역할의 신호변환장치
   - 신호변환 및 회선접속기능 등을 수행
   - 데이터 전송을 담당하는 장치, 가입자 구간 설치
3. DCE 종류는 아날로그 회선은 MODEM, 디지털 회선은 DSU를 사용

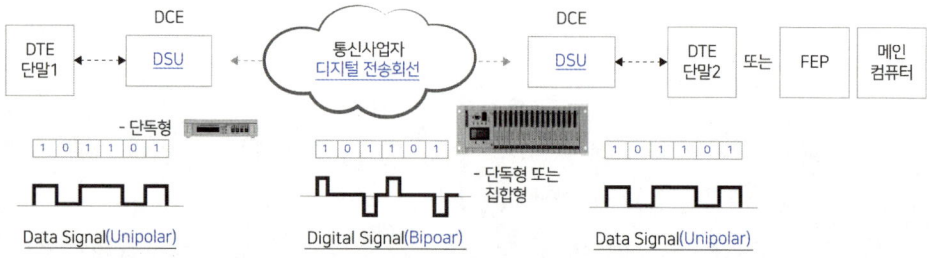

**02** 200MHz 주파수를 사용하는 안테나(Antenna)로 파장의 1/4 안테나(Antenna)를 이용한다면 안테나(Antenna) 길이(높이)는 얼마인지 계산하시오. (6점) [기출] 22_1회

**정답**

안테나 길이 : 0.375m

계산식 : 파장($\lambda$) = $\dfrac{c}{f} = \dfrac{3 \times 10^8 m/\sec}{200 \times 10^6 Hz} = 1.5m$

- 안테나 길이 = 1.5m/4 = 0.375m ( $\lambda$/4 수직접지 안테나 경우 )

**03** 광섬유의 절단방법 순서를 아래 보기에서 순서대로 적으시오. (4점) [기출] 22_1회 / 12_4회

| |
|---|
| 가. 광섬유를 절단 |
| 나. 광섬유 절단기를 청소 |
| 다. 광섬유 코팅을 제거 |
| 라. 광섬유를 알콜로 닦음 |

**정답**

다. 광섬유 코팅을 제거 → 라. 광섬유를 알콜로 청소 → 가. 광섬유를 절단 → 나. 광섬유 절단기를 청소

### 04. 변조속도 4800[Baud]이고, 변조방식 128QAM일 때 신호의 전송속도는 얼마인가? (6점)

[기출] 22_1회

**정답**

33,600 bps

데이터신호 전송속도 $C[bps] = nB = \log_2 M \times B$, $B[Baud]$ $M$은 $128QAM$에서 $M = 128$

$$= \log_2 128 \times B = \log_2 2^7 \times B = 7 \times B, B = 4,800[Baud] \text{ 입력하면}$$
$$= 7 \times 4,800$$
$$\therefore C = 33,600 [bps]$$

### 05. STM, ATM에 대해 정의하고 차이점을 간략히 서술하시오. (6점)

[기출] 23_2회일 / 22_1회 / 19_1회(유사) / 17_2회

**정답**

| 구분 | STM | ATM |
|---|---|---|
| 정의 | 동기식 시분할 다중화<br>Synchronous Time Division Multiplexing | 비동기식 시분할 다중화<br>Asynchronous Time Division Multiplexing |
| 채널타임<br>슬롯할당 | 정적(Static) 할당 | 동적(Dynamic) 할당 |
| 할당방식 | 입력과출력 타임슬롯 1 : 1 대응<br>데이터 유무에 무관 타임슬롯 고정할당 | 실제 보낼 데이터가 있는 장치에 타임슬롯<br>동적할당 |
| 제어절차 | 간단 | 복잡 |
| 예 | 전통적 전화교환망(PSTN) 기반<br>PDH, SDH 전송설비 | ATM (Asynchronous Transfer Mode)<br>ATM 데이터 전용회선설비 등 |

1) STM(Synchronous Time Division Multiplexing) 동기식 시분할 다중화
   - 송신(다중화기), 수신(역다중화기) 간에 시간간격을 일치시킨 동기식 TDM 방식
   - 하나의 채널(타임슬롯)을 하나의 사용자에게 고정 할당함으로써, 채널 상에 사용자 데이터의 존재여부에 상관없이 항상 일정한 고정 대역폭 점유
   - 자기 차례에 있는 시간이 보낼 정보를 가지고 있지 못하면 유휴 상태가되어버려 낭비적일 수 있음

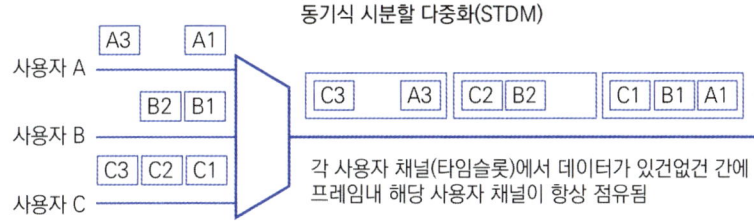

2) ATM (Asynchronous Time Division Multiplexing) 비동기식 시분할 다중화
   - ATDM은 기존의 STDM과 비교하여 채널 사용효율이 높음
   - 통계적인 방법에 의해 동적으로 타임 슬롯을 할당하여 효율성을 높임
   - 입력되는 저속 서비스 신호들을 각각의 버퍼에 우선 저장했다가, 다중화 시스템의 우선순위 처리방침에 따라서 하나씩 꺼내어 다중화 슬롯에 삽입시키는 다중화 방식

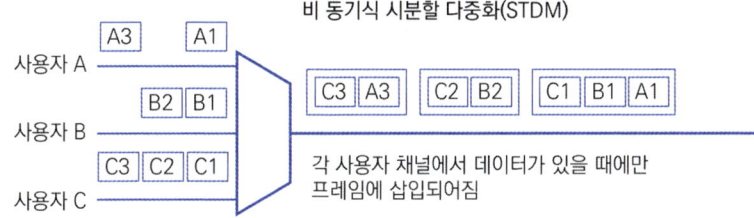

## 06  PCM-24(북미)와 PCM-32(유럽)의 비교표이다. 빈칸을 채우시오. (4점)

[기출] 22_1회(유사) / 16_1회

| 구분 | 북미방식(PCM-24, T1) | 유럽방식(PCM-32, E1) |
|---|---|---|
| 표본화주파수[Hz] | ( 가 ) | 8KHz |
| 프레임당 비트수[bit] | 193 | ( 나 ) |
| 전송속도[bps] | 1.544Mbps | ( 다 ) |
| 압신방식 | ( 라 ) | A-law |
| 통화채널수[가입자Channel/전체] | 24/24 | 30/32 |

> **정답**

가. 8KHz  나. 256  다. 2.048Mbps  라. μ-law

**07** 인터네트워킹(Internetworking)에 사용되는 장비 4가지를 간단히 설명하시오. (4점)

[기출] 23_2회일 / 22_1회(유사) / 12_2회(유사)

> **정답**

1) 허브(Hub) : 1계층 장비로 멀티포트 리피터(Repeater) 단순 신호재생
   허브는 동일 Broadcasting Domain 및 동일 Collision Domain
2) 스위치(Switch) : 2계층 장비로 MAC주소 인식, 빠른 스위칭
   스위치는 동일 Broadcasting Domain이나 Collision Domain을 분리 가능
3) 라우터(Router) : 3계층 장비로 IP주소 인식, 다른 네트워크 연결
   라우터는 Broadcasting Domain 및 Collision Domain을 분리 가능
4) 게이트웨이(Gateway) : 7계층 장비로 이기종 프로토콜 연결

**08** LAN에서 자주 쓰이는 전송부호방식으로 음과 양으로만 표현되며, 0값은 사용하지 않는다. "1" 표현시 T / 2는 음의 부호, T / 2는 양의 부호, "0" 표현시 T / 2는 양의 부호, T / 2는 음의 부호를 표현하는 방식은? (6점)

[기출] 22_1회 / 20_4회

> **정답**

맨체스터 코드(Manchester Code)

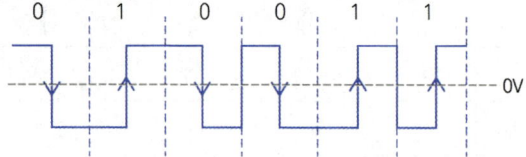

**09** 호스트 IP 주소를 호스트와 연결된 MAC 주소로 변환하기 위해 사용하는 프로토콜과 반대로 MAC 주소를 IP 주소로 변환할 때 사용되는 프로토콜의 명칭을 각각 쓰시오. (6점)

[기출] 23_2회 / 22_1회(유사) / 19_4회(유사) / 15_1회(유사) / 12_2회(유사)

> 정답
>
> 1. ARP(Address Resolution Protocol)
> 2. RARP(Reverse Address Resolution Protocol)

## 10  북미(T1계열)방식의 Multiframe구성과 유럽(E1계열)방식의 Multiframe 구성을 비교 설명하시오. (8점)

[기출] 22_1회 / 16_1회

### 정답

1) T1 Multiframe : 12개의 T1 Frame이 하나의 멀티프레임 구성, 주기 1.5msec

| ← | | | | | T1 멀티 프레임 | | | | | | → |
|---|---|---|---|---|---|---|---|---|---|---|---|
| 1 | 2 | 3 | 4 | 5 | 6 | 7 | 8 | 9 | 10 | 11 | 12 |

※ T1 Frame : 193비트, 125μsec

| F | 1 | 2 | 3 | 4 | 5 | 6 | 7 | 8 | 9 | 10 | 11 | 12 | 13 | 14 | 15 | 16 | 17 | 18 | 19 | 20 | 21 | 22 | 23 | 24 |

←──────────────── T1 프레임 ────────────────→

※ F : Frame bit (1비트 동기비트) T1 Frame : 193비트, 125μsec

| 멀티프레임 번호 | 프레임 동기신호 | 멀티프레임 동기신호 | Signaling |
|---|---|---|---|
| 1 | 1 | | |
| 2 | | 0 | |
| 3 | 0 | | |
| 4 | | 0 | |
| 5 | 1 | | |
| 6 | | 1 | A(8번 bit) |
| 7 | 0 | | |
| 8 | | 1 | |
| 9 | 1 | | |
| 10 | | 1 | |
| 11 | 0 | | |
| 12 | | 0 | B(8번 bit) |

| 1 | 2 | 3 | 4 | 5 | 6 | 7 | 8 |

←── 1개 Channel (Time Slot) ──→

※ D4 : 멀티 프레임 비트 "1000 1101 1100"

2) E1 Multiframe : 16개의 E1 Frame, 주기 2msec

| 0 | 1 | 2 | 3 | 4 | 5 | 6 | 7 | 8 | 9 | 10 | 11 | 12 | 13 | 14 | 15 |

• E1 Frame : 256 비트, 125μsec

| 0 | 1 | 2 | 3 | 4 | 5 | 6 | 7 | 8 | 9 | 10 | 11 | 12 | 13 | 14 | 15 | 16 | 17 | 18 | 19 | 20 | 21 | 22 | 23 | 24 | 25 | 26 | 27 | 28 | 29 | 30 | 31 |

**11** 정보통신 네트워크가 대형화 및 복잡화되면서 네트워크 관리의 중요성이 증가하고 있다. 다음 빈칸을 채우시오. (3점)  [기출] 23_1회 / 22_1회 / 17_1회 / 14_2회 / 13_4회(유사)

1) 통신망을 구성하는 기능요소 또는 개별장비를 (    )한다.
2) 여러 장비로부터 정보를 수집, 제어, 관리 등을 통해 네트워크 운송을 지원하는 시스템을 (    )이라 한다.
3) 네트워크 운영지원 및 시스템 총괄 감시/관리시스템을 (    )한다.

> 정답

1) NE (Network Element)
2) EMS (Element Management System)
3) NMS (Network Management System)

**12** 하나의 장비에 여러 보안솔루션 기능을 통합적으로 제공하고 다양하고 복잡한 보안 위협에 대응할 수 있고 관리 편의성과 비용절감이 가능한 보안시스템은 무엇인가? (4점)  [기출] 23_4회 / 22_1회 / 19_1회

> 정답

UTM (Unified Threat Management)

**13** 공사계획서 작성시 기본적으로 들어가야하는 내용으로 적합한 것을 보기에서 골라 5가지 쓰시오. (5점)  [기출] 22_1회 / 20_1회 / 14_4회

[ 보 기 ]
공사개요, 감리수행계획, 공정관리계획, 유지보수계획, 안전관리계획, 하자보수계획, 설계변경계획, 공사비조달계획, 공사예정공정표, 환경관리계획

**정답**

공사계획서는 현장에서 시공계획서라 하며 실무차원의 공사계획서를 말함
1) 공사개요
2) 공정관리계획
3) 안전관리계획
4) 공사예정공정표
5) 환경관리계획

**14** 다음 설명의 빈칸에 알맞은 용어를 쓰시오. (6점)  [기출] 22_1회

( )는 직접 건설공사에 종사하지는 않으나 작업 현장에서 보조작업에 종사하는 노무자, 종업원, 현장감독자 또는 품질시험관리인 등에게 지급하는 급료를 말한다.

**정답**

간접노무비

**15** 정보통신설비를 설계할 때 공사 설계도서에 적용되는 원가의 종류 3가지를 쓰시오. (6점)

[기출] 22_1회 / 20_2회 / 15_1회 / 14_1회

**정답**

표준품셈 기반 원가계산 기준으로 공사원가 (순공사비원가)
1) 재료비
2) 노무비
3) 경비


**16** 정보통신공사업법에서 규정하는 공사의 범위 4가지를 쓰시오. (4점)

[기출] 22_1회 / 18_2회 / 12_4회

**정답**

1. 통신설비공사
2. 방송설비공사
3. 정보설비공사
4. 기타설비공사 (전보통신전용전기시설설비공사)

※ 정보통신공사업법 시행령 [별표1] 공사의 종류

| 구분 | 공사의 종류 |
|---|---|
| 통신설비공사 | 통신선로설비공사<br>교환설비공사<br>전송설비공사<br>구내통신설비공사<br>이동통신설비공사<br>위성통신설비공사<br>고정무선통신설비공사 |
| 방송설비공사 | 방송국설비공사<br>방송전송·선로설비공사 |

| | |
|---|---|
| 정보설비공사 | 정보제어 · 보안설비공사<br>정보망설비공사<br>정보매체설비공사<br>항공 · 항만통신설비공사<br>선박의 통신 · 항 해 · 어로설비공사<br>철도통신 · 신호 설비공사 |
| 기타설비공사 | 정보통신전용전기시설설비공사 |

**17** 통신 품질의 오류율과 관련하여 3가지 유형을 적고, 3가지 유형 중 디지털 통신 오류의 품질 척도는 무엇인지 쓰시오.(4점)   [기출] 24_1회 / 22_1회 / 16_4회

> **정답**

1) 오류율

| 오류율 | 내 용 |
|---|---|
| BER | Bit Error Rate  비트 오류율 |
| FER | Frame Error Rate  프레임 오류율 |
| CER | Character Error Rate  캐릭터 오류율 |

2) BER (Bit Error Rate)

※ 참조 : 디지털 전송품질

| 오류율 | 내용 |
|---|---|
| BER | Bit Error Rate  비트 오류율<br>• 전송된 총 비트 당 오류 비트 비율 |
| ES | Errored Second 오류 초<br>• 1개 이상의 비트 오류가 발생된 초의 수 |
| SES | Severely Errored Second 심각한 착오초<br>• BER(Bit Error Ratio)이 10-3 보다 크거나, LOS(Loss of Signal),AIS(Alarm Indication Signal)가 검출되는 초의 수 |
| UAS | Unavailable Seconds 비가용 시간<br>• 10개의 연속적인 SES(Severely Errored Second)가 발생했을 때부터 10개의 non-SES가 나타날 때까지 초의 수 |

**18** 첨두전력이 200KW, 평균전력이 120W이고 주파수가 1KHz일 때 펄스 폭을 구하시오. (5점)

[기출] 22_1회

**정답**

펄스폭 : 1.67[sec]
계산식 :

펄스폭과 첨두전력, 평균전력, 주파수(주기)와의 관계는 펄스폭 = $\frac{첨두전력}{평균전력} \times 주기$의 관계가 있으며,

주파수 $1KHz$에 대응하는 주기 = $\frac{1}{1KHz}$ = $0.001$ [sec]

∴ 펄스폭 = $\frac{200\,KW}{120\,W} \times 0.001$ [sec] = $1.67$ [sec]

**19** 가동률 0.92이고, MTBF 23시간이면, MTTR값을 서술하시오. (3점)

[기출] 22_1회 / 19_1회

**정답**

MTTR : 2

계산식 : 가동률 = $\frac{MTBF}{MTBF + MTTR}$ 에서 $0.92 = \frac{23}{23 + MTTR}$

∴ $MTTR = 2$

**20** 방송통신설비의 기술기준에 관한 규정에 따라 선로설비의 회선 상호 간 회선과 대지간 및 회선의 심선 상호간의 절연저항은 직류 (가) 볼트 절연저항계로 측정하여 (나) 옴 이상이어야 한다. (4점)

[기출] 22_1회 / 19_1회

---

**정답**

(가) 500
(나) 10메가

※ 방송통신설비의 기술기준에 관한 규정 제12조(절연저항)
    제12조(절연저항) 선로설비의 회선 상호 간, 회선과 대지 간 및 회선의 심선 상호 간의 절연저항은 직류 <u>500볼트</u> 절연저항계로 측정하여 <u>10메가옴</u> 이상이어야 한다.

# 2  2022년도 2회

## 01. 프로토콜 X.20, X.21, X.24, X.25, X.75를 설명하시오. (8점) [기출] 22_2회

**정답**

| 구분 | 내용 |
|---|---|
| X.20 | • 공중 데이터 네트워크에서 비동기식전송을 위한 DTE와 DCE의 접속 규격 |
| X.21 | • 공중 데이터 네트워크에서 동기식전송을 위한 DTE와 DCE의 접속 규격 |
| X.24 | • 공중 데이터 네트워크에서 사용되는 DTE와 DCE 사이의 인터체인지 회로에 대한 정의 |
| X.25 | • 공중 데이터 네트워크에서 전송을 위한 DTE와 DCE 접속 규격, 패킷교환용 |
| X.75 | • 패킷 교환 공중 데이터 네트워크(X.25) 상호간의 접속을 위한 노드 사이의 프로토콜 |

※ X 시리즈 : 공중 데이터 통신망, V 시리즈 : 전화망을 통한 데이터 통신망

## 02. HDLC, SDLC의 대칭전송시 선로부호화 할 경우 전송방식은 2Bit 4단계 진폭변조한다. 이러한 전송방식이 무엇인지 쓰시오. (5점) [기출] 22_2회 / 20_2회 / 14_1회

**정답**

2B1Q 2 Binary 1 Quaternary
• 2진 데이타 4개(00, 01, 11, 10)를 1개의 4진 심볼(-3, -1, +1, +3)로 변환하는 선로부호화 방식

## 03. PCM전송방식에서 첫 단계로 PAM 신호로 변환하는 과정은 무엇인가? (4점)

[기출] 22_2회

**정답**

표본화

## 04. EMI, LTE, DNS 원어를 쓰시오. (6점)

[기출] 22_2회

**정답**

1. EMI : Electro Magnetic Interference 전자파 간섭(장해)
2. LTE : Long Term Evolution 이동통신 3GPP 4G 기술
3. DNS : Domain Name System 도메인 네임 시스템

## 05. Token Passing 방식을 CSMA/CD와 비교하여 장단점을 쓰시오. (6점)

[기출] 24_4회 / 22_2회 / 16_2회

**정답**

Token Passing 장점
1) CSMA / CD 경쟁방식에 비해, 비경쟁 MAC방식으로 채널사용권을 균등부여
2) CSMA / CD는 충돌이 있으나, 충돌이 없음
3) 우선순위 부여 데이터 예측가능

Token Passing 단점
1) 전송데이터가 없을시 전송채널 낭비
2) 해당노드가 토큰패스 받을때까지 수신대기시간
3) 해당노드가 토큰패스 보낼때까지 송신대기시간

**06** 인터넷 계층에서 기밀성, 무결성, 가용성을 지원하고, VPN 구현에 널리 사용되는 프로토콜은?
(5점)

[기출] 22_2회

> 정답

IPsec

※ IPsec 모드별 비교

- ESP 기준 터널모드
  - Gateway – Gateway 간 전송경로 보호, IP Packet 전체를 암호화

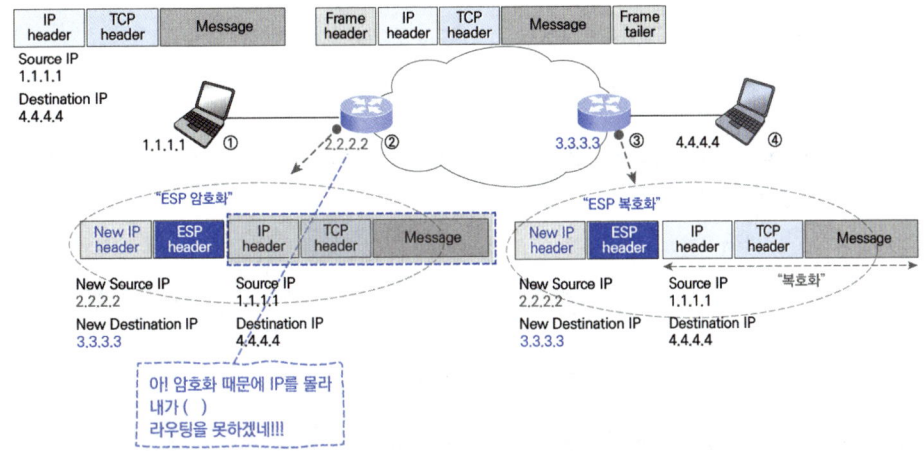

| 구분 | 전송모드 | 터널모드 |
|---|---|---|
| AH Authentication Header | • IP 헤더와 IP 페이로드 사이 AH/ESP 헤더 삽입해 전송<br>• 변경가능한 필드 제외한 나머지 패킷 전체를 인증 | • IP 헤더와 IP 페이로드 사이 새로운 IP헤더+AH/ESP 헤더로 캡슐화 해 전송<br>• New IP header를 제외한 전체 패킷을 인증 |
| | IP header / AH header / TCP header / Message | New IP header / AH header / IP header / TCP header / Message |
| ESP Encapsulating Security Payload | • IP 헤더와 IP 페이로드 사이 AH/ESP 헤더 삽입해 전송<br>• ESP header와 암호화 구간을 인증<br>　- 암호화구간 : IP Payload/ESP Trailer<br>　- 인증구간 : ESP header/IP Payload/ESP Trailer | • IP 패킷 전체를 새로운 IP 패킷의 페이로드로 삽입해 원본 패킷 자체 암호화<br>　- AH 터널모드와 달리 IP Packet 전체를 보호<br>• ESP header와 암호화 구간을 인증<br>　- 암호화구간 : IP header/IP Payload/ESP Trailer<br>　- 인증구간 : ESP header/IP header/IP Payload/ESP Trailer |
| | IP header / ESP header / TCP header / Message | New IP header / ESP header / IP header / TCP header / Message |
| 기본 Packet | IP header / TCP header / Message | |

**07** 재료비 1,200만원, 경비 300만원, 순공사비 원가 3,500만원 일 경우 노무비는 얼마이며, 풀이과정도 쓰시오. (5점)　　　　　　　　　　　　　　　　　　　　　　　　[기출] 22_2회

> **정답**

노무비 2,000만원
계산식 : 순공사원가 = 재료비 + 노무비 + 경비
　　　　3,500만원 = 1,200만원 + 노무비 + 300만원
　　　　∴ 노무비 = 2,000만원

**08** 아래와 같이 전송로를 구성하였다. 전송로 손실은 몇 dB인지 소수점 둘째자리까지 계산하시오. (4점)　　　　　　　　　　　　　　　　　　　　　　[기출] 22_2회 / 13_4회

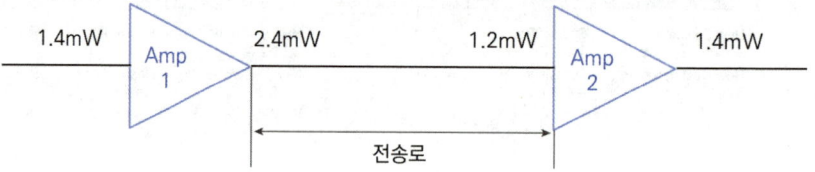

> **정답**

손실 3.01dB

[풀이]
전송로 손실 = AMP1 출력 − AMP2 입력 = 3.80 − 0.79 = 3.01[dB]
$10\log\dfrac{2.4mW}{1.2mW} = 10 \times 0.301 = 3.01[dB]$

| AMP1 입력 | AMP1 Gain | AMP1 출력 | 전송손실 | AMP2 입력 | AMP2 Gain | AMP2 출력 |
|---|---|---|---|---|---|---|
| 1.46dBm | 2.34dB | 3.80dBm | 3.01dB | 0.79dBm | 0.68dB | 1.46dBm |
| 1.4mW | − | 2.4mW | | 1.2mW | − | 1.4mW |

**09** 노이즈가 없는 20KHz 대역폭을 갖는 채널을 사용하며, 280Kbps의 속도로 데이터를 전송한다. (6점)  [기출] 22_2회 / 19_2회 / 13_1회

1) 필요한 신호준위개수 M을 구하시오.
2) 2MHz대역폭을 갖는 채널이 있다. 이 채널의 신호대 잡음비(SNR)이 63이라고 할 때 채널용량 C를 구하라.

**정답**

1) M = 128
   - 280Kbps = 2 × 20KHz × $\log_2 M$에서 M = 128 = $2^7$에서
   Nyquist 공식 $C = 2B\log_2 M [bps]$
   C : 통신채널용량 [bps], B : 채널의 대역폭(Bandwidth) [Hz], M : 진수

2) 12Mbps
   샤논의 정리는 채널상에 백색잡음(White Noise)이 존재한다고 가정한 상태임
   $C = B\log_2(1 + \frac{S}{N})[bps] = 2M\log_2(1+63) = 2M\log_2(64) = 2M\log_2 2^6 = 12Mbps$
   C : 통신채널용량 [bps], B : 채널의 대역폭(Bandwidth) [Hz], S / N : 신호대 잡음비

**10** 다음 질문에 대해서 설명하시오. (6점)  [기출] 23_4회 / 22_4회(유사) / 22_2회 / 15_1회

1) OTDR 원어
2) OTDR 용도
3) 광섬유케이블 접속지점에 대한 결과 측정방법 2가지

정답

| 항목 | 내용 |
|---|---|
| 1) OTDR | Optical Time Domain Reflectometer<br>• 시간대역 광반사측정기, 광펄스측정기 |
| 2) OTDR 용도 | • 광선로의 특성, 접점 손실, 손실 발생지점 등을 측정하고 고장점을 찾는 장비<br>• 광섬유 내의 후방산란 (Back Scattering) 특성을 이용하여 측정<br>• 측정항목 : 광섬유케이블에 대한<br>① 케이블 자체 전송손실(감쇠) ( 예 : 0.3dB~0.4dB/Km )<br>② 단위개소 접속손실 ( 예 : 0.2dB~0.3dB/광LC컨넥터 )<br>③ 거리측정(단선등 장애구간, 컨텍터 위치확인) ( 예 : 국사에서 5Km 구간 단선 등 )<br>④ 전체 케이블구간 총손실 (예 : 총 광케이블 50Km 구간에 대한 총손실 계산 ) |
| 3) 측정 방법 | ① 후방산란법 (Back Scattering Method)<br>② 투과측정법 |

### 11  프로토콜 분석기 BERT의 TEST모드 중 CONTINUE, R-BIT, RUN TIME 설명하시오. (6점)

[기출] 22_4회 / 22_2회

정답

| TEST | 내용 |
|---|---|
| CONTINUE | • TEST 측정을 계속 |
| R-BIT | • 지정된 값을 초과하는 비트수(값)을 받을 때 까지 TEST 측정을 계속 |
| RUN TIME | • 지정된 값을 초과하는 측정시간을 받을 때 까지 TEST 측정을 계속 |

**12** 구내간선계, 건물간선계의 정의를 쓰시오. (6점)  [기출] 23_2회토 / 22_2회

정답

| 구분 | 내용 |
|---|---|
| 구내 간선계 | 구내에 2개 이상의 건물(동)이 있는 경우 국선단자함에서 각 건물(동)의 동단자함 또는 동단자함에서 동단자함까지의 건물간 구간을 연결하는 배선체계를 말함<br>• 하나의 건물(동)로 구성된 경우에는 구내간선계가 존재하지 않음 |
| 건물 간선계 | 동일 건물내의 국선단자함이나 동단자함에서 층단자함까지 또는 층단자함에서 층단자함까지의 구간을 연결하는 배선체계를 말함 |

**13** 다음 물음의 답을 쓰시오. (4점)  [기출] 22_2회 / 20_1회

1) 공사에 쓰이는 재료, 설비, 시공체계, 시공기준 및 시공 기술에 대한 기술설명서에 적용되는 행정명세서로써 설계도면에 대한 설명이나 설계도면에 기재하기 어려운 기술적인 사항을 표시해 놓은 도서를 말한다.
2) 설계, 공사시 도면으로 나타낼 수 업는 사항(시공방법, 상세규격, 사양, 수치 등) 및 설계, 공사 업무의 수행에 관련된 제반 규정, 요구사항 등을 명시한 문서

정답

(1) 공사시방서  (2) 시방서
※ 정보통신공사업법 기준 시방서는 설계설명서로 언어 순화(2019.12월)

**14** NMS 또는 TMN의 주요 망관리시스템 수행기능 5가지를 쓰고, 각각의 기능에 대하여 간략 서술하시오. (5점)　　　　　　　　　　　　　　　　[기출] 22_2회 / 21_1회 / 16_1회 / 13_4회

**정답**

1) 구성(Configuration) 관리 : 네트워크 구성요소 추가, 삭제등 상태관리
2) 장애(Fault) 관리 : 네트워크 장애 검출 및 조치, 이력관리
3) 성능(Performance) 관리 : 네트워크 구성요소 성능관리
4) 보안(Security) 관리 : 네트워크 사용자 접근권한 관리
5) 계정(Account) 관리 : 네트워크 사용자 자원사용 현황 및 권한관리
※ TMN은 NMS 대비 기간통신사업자 망관리로 과금기능이 보강되어 있으며, 나머지 기능은 동일함

**15** 입찰참가자가 입찰가격의 결정 및 시공에 필요한 정보를 제공하고 서면으로 설명하는 자료이다. (　　)는 입찰하기 전에 공사가 진행될 현장에서 현장상황 도면과 시방서에 표시하기 어려운 사항을 나타내는 것 (4점)　　　　　　　　　　　　　[기출] 22_2회 / 20_1회

**정답**

현장설명서
※ (계약예규) 공사계약 일반조건 제2조(정의)
　"현장설명서"라 함은 시행령 제14조의2에 의한 현장설명 시 교부하는 도서로서 시공에 필요한 현장상태 등에 관한 정보 또는 단가에 관한 설명서 등을 포함한 입찰가격 결정에 필요한 사항을 제공하는 도서를 말한다.
　현장설명서란 입찰전에 공사가 진행될 현장에서 현장상황, 도면 및 시방서에 표시하기 어려운 사항 등 입찰참가자가 입찰가격의 결정 및 시공에 필요한 정보를 제공, 설명하는 서면을 말한다.

**16** 정보통신공사업법 중에서 통신설비공사의 종류 4가지만 쓰시오. (4점)　　[기출] 22_2회

> **정답**

| 구분 | 공사의 종류 |
|---|---|
| 통신설비공사 | 통신선로설비공사<br>교환설비공사<br>전송설비공사<br>구내통신설비공사<br>이동통신설비공사<br>위성통신설비공사<br>고정무선통신설비공사 |

**17** IPS 적용법을 2가지로 구분하여 서술하시오. (6점)　　[기출] 23_2회일 / 22_2회

> **정답**

1. 네트워크 기반 IPS : Network based IPS
2. 호스트 기반 IPS : Host based IPS

**18** 다음 와이파이 규격을 쓰시오. (5점)  [기출] 22_2회/ 17_4회(유사)

> 2003년 6월에 제정된 2.4GHz 전용 규격으로 전송방식은 OFDM을 사용하며, 최고속도는 54Mbps를 제공한다.

**정답**

IEEE 802.11g

**19** 방송 통신설비의 기술기준에 관한 규정에 따르면 방송 통신설비의 접지저항 측정은 일반적으로 3점 전위 강하법으로 측정하여야 하나, 기술기준 적합 조사 시 측정용 보조 전극의 설치가 어려운 지역에서 3점 전위 강하법 대신 적용 가능한 측정법은 무엇인가? (5점)

[기출] 22_2회/ 17_1회

**정답**

2극 측정법

※ 참조

2극 측정법 측정회로

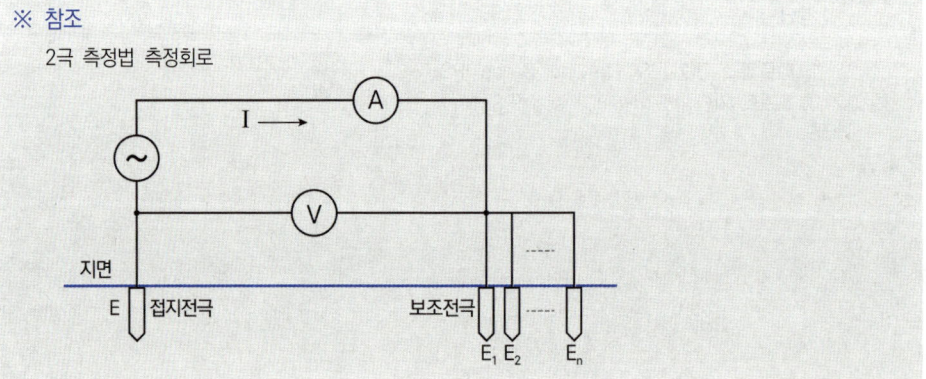

# 3. 2022년도 4회

## 01. 알파벳 26개가 있다. 2진코드를 결정하고 그에 대한 10진코드로 효율성을 비교하시오. (8점)

[기출] 22_4회(유사)

**정답**

1. 2진코드는 컴퓨터가 처리에 효율적, 10진코드는 인간이 처리에 효율적임
2. ASCII코드는 대부분의 컴퓨터에 적용되어 처리속도와 메모리 사용이 효율적으로 평가되며, EBCDIC코드는 일반적 환경에서 호환성과 효율적인 면에서 덜 우수하다고 평가
3. ASCII 코드 적용 기준
   - 7bit로 총 $2^7 = 128$개 표현 : Zone 3bit + 숫자 4bit

| 알파벳 | 2진코드 | 10진코드 | 2진 → 10진 |
|---|---|---|---|
| A | 1000001 | 65 | $2^6 + 2^0 = 64 + 1 = 65$ |
| B | 1000010 | 65 | $2^6 + 2^1 = 64 + 2 = 66$ |
| ~ | - | - | - |
| Y | 1011001 | 89 | $2^6 + 2^4 + 2^3 + 2^0 = 64 + 16 + 8 + 1 = 89$ |
| Z | 1011010 | 90 | $2^6 + 2^4 + 2^3 + 2^1 = 64 + 16 + 8 + 2 = 90$ |

4. EBCDIC 코드 적용 기준
   - 8bit로 총 $2^8 = 256$개 표현 : Zone 4bit + 숫자 4bit

| 알파벳 | 2진코드 | 10진코드 | 2진 → 10진 |
|---|---|---|---|
| A | 11000001 | 193 | $2^7 + 2^6 + 2^0 = 128 + 64 + 1 = 193$ |
| B | 11000010 | 194 | $2^7 + 2^6 + 2^1 = 128 + 64 + 2 = 194$ |
| ~ | - | - | - |
| Y | 11101000 | 232 | $2^7 + 2^6 + 2^5 + 2^3 = 128 + 64 + 32 + 8 = 232$ |
| Z | 11101001 | 233 | $2^7 + 2^6 + 2^5 + 2^3 + 2^0 = 128 + 64 + 32 + 8 + 1 = 233$ |

**02** 다음 용어에 대해 간단히 설명하시오. (4점)  [기출] 22_4회

> 가. 반송파   나. 프로토콜   다. 전용회선   라. 논리채널   마. 데이터링크

**정답**

가. 반송파 : 데이터 신호를 변조하기 위해 사용되는 기준 파형. 이는 데이터 신호보다 훨씬 높은 주파수를 사용하는 것이 일반적이며 캐리어(carrier)라고도 함
나. 프로토콜 : 통신을 하기 위해 기능 단위의 수행을 제어하는 규칙의 집합을 통신시스템 간의 상호작용을 제어하는 협정이나 규칙의 집합임
다. 전용회선 : 인터넷 서비스 업체와 직접 연결한 통신회선으로, 회선을 전용으로 임대해 사용하므로 전용회선, 전용라인 또는 임대라인(Leased Line)이라고도 함
라. 논리채널 : 하나의 물리적인 선로를 통하여 다수의 상대방과 통신할 수 있는 여러 개의 채널을 구성하는 각각의 채널을 logical channel이라 함
마. 데이터링크 : 두개 이상의 단말장치 간에 데이터전송을 위한 통신로이며, 송신장치로부터 수신장치에 이르는 물리적인 전송로와 논리적으로 설정된 데이터 전송제어의 대응관계를 총칭함

**03** 시분할 다중화기법에 대하여 서술하시오. (4점)  [기출] 22_4회

**정답**

TDM(Time Division Multiplexing)은 시분할 다중화기법으로
- 하나의 전송로로 점유하는 시간(Time)으로 분할하여 다중화하는 기법
- 전송설비에서 주로 사용하는 다중화방식으로 PDH, SDH방식은 기본적으로 TDM기반임

**04** IDS 적용법을 HIDS, NIDS로 비교 설명하시오 (6점)   [기출] 23_2회토 / 22_4회(유사)

### 정답

| 구분 | HIDS | NIDS |
|---|---|---|
| 개요 | • Host Based IDS<br>• 호스트(서버) 위치에 설치됨<br>• 호스트시스템으로부터 생성되고 수집된 감사(Audit)자료를 침입탐지에 사용하는 시스템 | • Network Based IDS<br>• 네트워크 위치에 설치됨<br>• 네트워크를 통해 전송되는 패킷 정보를 수집·분석하여 침입을 탐지하는 기법 |
| 장점 | • 정확한 탐지가 가능하며, 다양한 대응책을 수행할 수 있음<br>• 암호화 및 스위칭 환경에 적합 | • OS에 독립적으로 구현 및 관리가 쉬움<br>• 설치가 용이 및 초기 구축비용이 저렴<br>• 캡쳐된 트래픽에 대해 침입자 흔적 제거 어려움 |
| 단점 | • 각각의 시스템마마 설치해야 함으로 다양한 OS를 지원해야 함<br>• HIDS로 인한 추가적인 부하가 걸림<br>• 구현이 용이하지 않음 | • 암호화된 패킷을 분석할 수 없음<br>• 스위칭 환경에서는 비용이 많이 발생<br>• 고속 네트워크 환경에서는 패킷 손실로 인한 탐지율이 떨어질 수 있음 |

**05** RIP은 ( ① )를 이용하는 가장 대표적인 라우팅 프로토콜로 ( ① )라는 그것은 ( ② )수를 모아놓은 정보를 근거로 ( ③ )테이블을 작성하는 것이다. (6점)

[기출] 22_4회/ 21_1회(유사)/ 13_2회(유시)

### 정답

① 거리벡터(Distance Vector) ② 홉(Hop) ③ 동적 라우팅(Dynamic Routing)

**06** VPN 관련 다음 질문에 대해 서술하시오. (8점) [기출] 22_4회

1) VPN 원어를 쓰시오
2) 계층별 주요 기술을 서술하시오
3) 기밀성, 가용성, 무결성 제공하는 기술은?

> 정답

1) Virtual Private Network
2) 계층별 주요 기술

| 2계층 | 3계층 | 4계층 |
|---|---|---|
| • MPLS<br>Multi Protocol Label Switching | • IPsec<br>IP Security | • SSL/TLS<br>Secure Socket Layer/<br>Transport Layer Security |

3) IPsec 기준 ESP(Encapsulating Security Payload) : 기밀성, 가용성, 무결성 제공

---

**07** FEC와 ARQ를 비교 설명하시오. (8점) [기출] 22_4회

> 정답

| 구분 | FEC 오류제어 | ARQ 오류제어 |
|---|---|---|
| 개요 | • Forward Error Correction<br>전진 오류 수정<br>• 송신시 데이터 패킷에 추가적인 오류 수정 코드를 적용하여, 수신단에서 자체적으로 에러를 감지하고 수정하는 방식으로 Backward Channel이 불요 | • Automatic Repeat Request<br>자동 반복 요청<br>• 수신단에서 에러를 감지하고 수정하기 위해 수신자가 송신자에게 Backward Channel을 이용 재전송을 요청하는 방식 |
| 특징 | • Backward Channel이 없음(불필요)<br>• 손상된 패킷을 재전송 필요가 없음<br>• 송신시 추가 오버헤더가 필요<br>• 무선통신에서 선호하는 기술<br>예) FEC 3/4 :<br>　　Data 3/(Data 3 + Over header 1) | • Backward Channel이있음(반드시 필요)<br>• 손상된 패킷을 재전송 필요<br>• 송신시 추가 오버헤더가 불필요<br>• 유선통신에서 적용하는 기술 |

| 구분 | FEC 오류제어 | ARQ 오류제어 |
|---|---|---|
| 예 | • Hamming Code<br>• Parity Code<br>• Reed-Solomon Code(RS Code) | • Stop-and-Wait ARQ<br>• Go-Back-N ARQ<br>• Selective Repeat ARQ 등 |

## 08 통신공동구 설치조건 3가지를 쓰시오. (6점)    [기출] 22_4회

**정답**

접지설비·구내통신설비·선로설비 및 통신공동구등에 대한 기술기준 제46조(통신공동구의 설치기준)
① 통신공동구는 통신케이블의 수용에 필요한 공간과 통신케이블의 설치 및 유지·보수등의 작업시 필요한 공간을 충분히 확보할 수 있는 구조로 설계하여야 한다.
② 통신공동구를 설치하는 때에는 조명·배수·소방·환기 및 접지시설 등 통신케이블의 유지·관리에 필요한 부대설비를 설치하여야 한다.
③ 통신공동구와 관로가 접속되는 지점에는 통신케이블의 분기를 위한 분기구를 설치하여야 하며, 한 지점에서 여러 개의 관로로 분기될 경우에는 작업이 용이하도록 분기구간에는 일정거리이상의 간격을 유지하여야 한다.

## 09 공사원가 관련 다음 빈칸을 채우시오. (6점)    [기출] 23_4회/ 22_4회

재료비 1000만원, 노무비 500만원, 경비 100만원
일반관리비 = ( ① )원 5%로 계산
이윤 = ( ② )원
총(공사)원가 = ( ③ )원, 총공사비는 VAT는 10%

> **정답**

① 일반관리비 = 80만원
② 이윤 = 68만원
③ 총(공사)원가 = 1748만원, 총공사비 = 1922.8만원

[풀이]
① 일반관리비 = (재료비 + 노무비 + 경비)×5% = (1000만원 + 500만원 + 100만원)×5% = 80만원
② 이윤 = (노무비 + 경비 + 일반관리비)×10% = (500만원 + 100만원 + 80만원)×10% = 68만원
③ 총(공사)원가 = 순공사비(재료비+노무비+경비) + 일반관리비 + 이윤
              = 1600만원 + 80만원 + 68만원 = 1748만원
∴ 총공사비 = 1748만원 + 174.8만원(VAT 10%) = 1922.8만원

---

**10** 정보통신 설계에 대한 설명으로 다음 빈칸을 채우시오. (6점) [기출] 23_2회토(유사)/ 22_4회

> ( 가 )란 예비타당성조사, 기본계획 및 타당성조사를 감안하여 시설물의 규모, 배치, 형태, 개략공사방법 및 기간, 개략 공사비 등에 관한 조사, 분석, 비교, 검토를 거쳐 이를 설계도서로 표현하여 제시하는 설계업무로서 각종사업의 인허가를 위한 설계를 포함하며, 설계기준 및 조건 등 실시설계용역에 필요한 기술자료를 작성하는 것을 말한다.
>
> ( 나 )라 함은 기본설계의 결과를 토대로 시설물의 규모, 배치, 형태, 공사방법과 기간, 공사비, 유지관리 등에 관하여 세부조사 및 분석, 비교·검토를 통하여 최적안을 선정하여 시공 및 유지관리에 필요한 설계도서, 도면, 시방서, 내역서, 구조 및 수리계산서 등을 작성하는 것을 말한다.

> **정답**

가. 기본설계  나. 실시설계

※ 기본설계 등에 대한 세부시행기준 : 국토교통부
제3조(용어의 정의) 이 지침에서 사용하는 용어의 정의는 다음 각 호와 같다.
1. "기본설계"라 함은 예비타당성조사, 타당성조사 및 기본계획를 감안하여 시설물의 규모, 배치, 형태, 개략공사방법 및 기간, 개략 공사비 등에 관한 조사, 분석, 비교·검토를 거쳐 최적안을 선정하고 이를 설계도서로 표현하여 제시하는 설계업무로서 각종사업의 인·허가를 위한 설계를 포함하며, 설계기준 및 조건 등 실시설계용역에 필요한 기술자료를 작성하는 것을 말한다.
2. "실시설계"라 함은 기본설계의 결과를 토대로 시설물의 규모, 배치, 형태, 공사방법과 기간, 공사비, 유지관리 등에 관하여 세부조사 및 분석, 비교·검토를 통하여 최적안을 선정하여 시공 및 유지관리에 필요한 설계도서, 도면, 시방서, 내역서, 구조 및 수리계산서 등을 작성하는 것을 말한다.

**11** 프로토콜 분석기의 주요기능 3가지를 서술하시오. (6점)     [기출] 22_4회 / 21_1회

**정답**

1. 데이터 패킷 캡쳐 : Data Packet Frame Capture
2. 데이터 패킷 디코딩 및 분석 : Data Packet Frame Decoding & Analysis
3. 네트워크 모니터링 및 장애처리 근거자료 수집 등
4. 네트워크 트래픽 통계자료 분석 : Protocol 유형별 등

**12** 대지저항률에 영향을 주는 요소 3항목을 쓰시오. (6점)     [기출] 22_4회 / 19_1회

**정답**

① 토양의 종류 및 깊이 ② 함유된 수분의 양 ③ 온도

※ 대지저항률에 영향을 주는 요소
    ① 토양의 종류 및 깊이 ② 함유된 수분의 양 ③ 온도 ④ 계절의 변화 ⑤ 화학물질 ⑥ 해수 ⑦ 암석의 종류에 따라 영향을 줌

**13** 다음 질문에 대해서 설명하시오. (6점)     [기출] 23_4회 / 22_4회 / 22_2회 / 15_1회(유사)
1) OTDR 원어
2) OTDR 용도
3) 광섬유케이블 접속지점에 대한 결과 측정방법 2가지

**정답**

| 항목 | 내용 |
|---|---|
| 1) OTDR | Optical Time Domain Reflectometer<br>• 시간대역 광반사측정기, 광펄스측정기 |
| 2) OTDR 용도 | • 광선로의 특성, 접점 손실, 손실 발생지점 등을 측정하고 고장점을 찾는 장비<br>• 광섬유 내의 후방산란 (Back Scattering) 특성을 이용하여 측정<br>• 측정항목 : 광섬유케이블에 대한<br>① 케이블 자체 전송손실(감쇠) (예) 0.3dB~0.4dB/Km)<br>② 단위개소 접속손실 (예) 0.2dB~0.3dB/광LC컨넥터)<br>③ 거리측정(단선등 장애구간, 컨텍터 위치확인) (예) 국사에서 5Km 구간 단선 등)<br>④ 전체 케이블구간 총손실 (예) 총 광케이블 50Km 구간에 대한 총손실 계산) |
| 3) 측정 방법 | ① 후방산란법 (Back Scattering Method)<br>② 투과측정법 |

### 14. 그물형 토폴로지 노드가 60개 일때 필요한 회선수는? (5점)  [기출] 22_4회

1) 계산과정
2) 정답

**정답**

1) 계산 : 노드수 = $\dfrac{N \times (N-1)}{2} = \dfrac{60 \times (60-1)}{2}$ = 1,770
2) 정답 : 1,770

**15** 용역업자가 공사완료 후 7일 이내에 감리결과를 발주자에게 통보해야 한다. 이때 포함되어야 할 준공계 서류항목 3가지를 쓰시오. (9점)   [기출] 24_4회 / 22_4회 / 13_2회

### 정답

정보통신공사업법 시행령 제14조(감리결과의 통보) 기준
용역업자는 법 제11조에 따라 공사에 대한 감리를 완료한 때에는 공사가 완료된 날부터 7일 이내에 다음 각 호의 사항이 포함된 감리결과를 발주자에게 통보하여야 한다.
1. 착공일 및 완공일
2. 공사업자의 성명
3. 시공 상태의 평가결과
4. 사용자재의 규격 및 적합성 평가결과
5. 정보통신기술자배치의 적정성 평가결과

**16** 전자파 양립성 기반의 방송통신기자재등의 전자파 적합성 평가를 위한 시험방법에서 전자기파 장해실험(EMI) 관련 시험 항목을 적으시오. (6점)   [기출] 22_4회 / 19_1회

### 정답

1) 전도장해(CE, Conducted Emmision)
    - 전력선이나 신호선을 따라 전달되는 전자기 방출
2) 방사장해(RE, Radiated Emmision)
    - 전도성 이외의 발생원으로부터 공간으로 전파되는 신호 또는 방해파
3) 불연속 전도장해
4) 잡음전력
5) 자기장 유도전류

# 4절 2021년도 기출풀이

## 1  2021년도 1회

**01** 통신신호의 전송품질을 저하시키는 잡음 3가지를 쓰시오. (6점)      [기출] 21_1회

> **정답**

열잡음, 유도잡음, 충격성잡음

1. 전송로의 불완전성 요인

| 구분 | 내용 |
|---|---|
| 정적인 불완전성 | ① 진폭감쇠왜곡 ② 지연왜곡 ③ 특성왜곡 ④ 하모닉왜곡 ⑤ 손실 ⑥ 주파수편이 |
| 동적인 불완전성 | ① 열잡음(백색잡음) ② 유도잡음(상호변조잡음) ③ 충격성잡음 ④ 페이딩 ⑤ 에코 ⑥ 진폭및위상변화 ⑦위상지터 ⑧선로의 일시고장 ⑨혼선 |

2. 잡음의 종류

| 구분 | 내용 |
|---|---|
| 내부잡음 | ① 열잡음(백색잡음) ② 플리커(Flicker)잡음 ③양자화(Quantization)잡음 ④ 상호간섭(Intermodulation)잡음 ⑤ 충격성잡음 등 |
| 외부잡음 | ① 자연잡음 : 우주잡음, 공전 ② 인공잡음 |

**02** 광섬유 케이블에 관한 다음의 질문에 답하시오. (8점)     [기출] 21_1회 / 16_1회

1) 광전송과 관련된 법칙은 무엇인가?
2) 발광소자 2개를 쓰시오.
3) 수광소자 2개를 쓰시오.
4) 재료분산과 구조분산이 서로 상쇄되어 분산이 0이 되는 레이저 파장대역을 쓰시오.

**정답**

1) 스넬의 법칙
   - $n1\sin\theta_1 = n2\sin\theta_2$, $n$ : 매질(1,2) 굴절률, $\theta$ : 매질(1,2) 입사각
   - 광선이 서로 다른 매질의 경계면에 비스듬히 입사할 때, 입사각, 반사각, 굴절각과의 관계를 나타내는 법칙
2) 발광소자 : ① LED(Light Emitting Diode) ② LD(Laser Diode)
3) 수광소자 : ① PD(Photo Diode) ② APD(Avalanche Photo Diode)
4) 1310nm
   - 영분산점은 1310nm 부근대로 재료분산과 구조분산이 서로 상쇄되도록 설계됨

**03** 다음 용어에 대해 원어를 쓰시오. (4점)     [기출] 21_1회

1) DSSS
2) FHSS

**정답**

1) DSSS : Direct Sequence Spread Spectrum 직접 시퀀스 확산 스펙트럼
2) FHSS : Frequency Hopping Spread Spectrum 주파수 도약 확산 스펙트럼

**04** 광섬유의 기본성질을 표시하는 광학적 파라미터 4가지를 적으시오. (4점)

[기출] 21_1회 / 12_4회

> 정답

| 광학적 파라메터 | 내용 |
|---|---|
| 1) 수광각<br>(Acceptance angle) | 광원으로부터 광섬유의 코어에 입사할 수 있는 입사각의 범위를 나타내며 최대수광각의 값은 코어의 중심축을 기준 2배 $\theta_{max}$ |
| 2) 비굴절률차<br>(Refraction ratio) | 비굴절률차<br>$\Delta = \dfrac{n_1 - n_2}{n_1}$ ( $n_1$ = Core 굴절률, $n_2$ = Clad 굴절률 ) |
| 3) 개구수(NA)<br>(Numerical Aperture) | 광원이 광섬유로 입사할 때 광섬유를 원통으로 볼수 있기 때문에 수광각 범위의 조건을 만족하는 원뿔형의 입체를 개구임<br>$N.A = \sqrt{n_1^2 - n_2^2} \cong n_1\sqrt{2\Delta}$ |
| 4) 정규화(규격화) 주파수 | 정규화 주파수(V)는 광섬유내의 전파모드수를 나타내는 파라메터 |

**05** 100mW 입력신호가 전송선로를 통과 후 1mW 출력신호로 측정되었을 때 전송선로의 감쇠를 dB단위로 구하시오. (4점)

[기출] 21_1회 / 19_1회

> 정답

"– 20dB" 또는 "20dB 감쇠" 표현도 동일하게 사용

| 입력 신호 | 출력 신호 |
|---|---|
| 100mW = 20dBm | 1mW = 0dBm |

계산식 : $dB = 10\log\dfrac{P_{출력}}{P_{입력}}$

$= 10\log\dfrac{1mW}{100mW} = 10\log\dfrac{1\times10^{-3}W}{1\times10^{-1}W} = 10\log10^{-2} = -20dB$

**06** ISDN에서 사용되는 채널 중에 ( ① )은 채널속도 64Kbps이며 정보전송용으로 사용되며 ( ② )는 채널속도 16Kbps로 신호전송용으로 사용한다. [기출] 21_1회 / 16_2회

> **정답**

① B ② D

※ ISDN 채널 종류 및 기능

| 채널 종류 | 전송속도 | 용도 |
|---|---|---|
| B | 64Kbps | 정보용 채널 |
| D | $D_{16}$ : 16Kbps, $D_{64}$ : 64Kbps | 신호용 채널 |
| H | $H_0$ : 384Kbps, $H_{11}$ : 1,536Kbps, $H_{12}$ : 1,920Kbps | 정보용 채널 |

**07** 송신측에서 우수 패리티(Even Parity)를 가진 해밍코드가 전송되어 수신하였을 때 다음 각 물음에 답하시오. (9점) [기출] 21_1회 / 18_2회 / 16_4회

| 비트번호 | 1 | 2 | 3 | 4 | 5 | 6 | 7 | 8 | 9 |
|---|---|---|---|---|---|---|---|---|---|
| 해밍코드 | 0 | 0 | 1 | 0 | 1 | 0 | 0 | 0 | 0 |

1) 수신코드에서 패리티 비트는 몇 개가 포함되어 있는가?
2) 만약 수신된 코드에 1비트 에러(Error)가 발생하였다면 몇 번째에서 일어나는가?
3) 송신측에서 보낸 원래의 정보비트를 10진수로 나타내시오.

> **정답**

1) 4개 패리티 비트
- $2^p \geq m+p+1, m=5$ 대입하면 $2^p \geq 5+p+1 = 6+p$ 에서 $p=4$

2) 6번째
- "1"숫자 3번째와 5번째이며 관련 이진수로 표현하고, EX OR로 계산후 10진수로 표기
  3 → 0011(2진수), 5 → 0101(2진수)
  
                0011
  Exclusive OR  0101
                0110 → 6(10진수)

3) 28(10진수)
- 수신단 에러수정된 정보비트는 "11100" (2진수) → $2^4+2^3+2^2=16+8+4=28\,(10진수)$

| 비트번호 | 1 | 2 | 3 | 4 | 5 | 6 | 7 | 8 | 9 |
|---|---|---|---|---|---|---|---|---|---|
| 해밍코드 | 0(P1) | 0(P2) | 1 | 0(P4) | 1 | 1 | 0 | 0(P8) | 0 |

## 08

RIP은 ( ① )를 이용하는 가장 대표적인 라우팅 프로토콜로 ( ① )라는 그것은 ( ② )수를 모아놓은 정보를 근거로 ( ③ )테이블을 작성하는 것이다. (6점)

[기출] 22_4회(유사) / 21_1회 / 13_2회

### 정답

① 거리벡터(Distance Vector) ② 홉(Hop) ③ 동적 라우팅(Dynamic Routing)

## 09

프로토콜의 기능 중 순서결정의 의미를 설명하시오. (5점)   [기출] 21_1회 / 15_4회 / 13_1회

### 정답

연결 위주의 데이터를 전송할 때 송신측이 보내는 데이터단위 순서대로 수신측에 전달하는 기능

연결제어(Sequence Control)은 송신측이 보내는 데이터단위 순서대로 수신측에 전달하는 기능으로 프로토콜 데이터 단위가 전송될 때 순서를 명시하는 기능
- 연결지향형 TCP 프로토콜은 Sequence Number와 Acknowledgement Number 이용함
- 순서를 지정하는 이유는 흐름제어, 혼잡제어, 오류제어를 위해서이며, 순서제어에 의해서 정해진 PDU를 수신측에 보내면 순서에 맞게 데이터를 재구성함

**10** 회선의 접속 형태에 따라 통신망 토폴로지 5가지 분류방법을 서술하시오. (5점)

[기출] 21_2회 / 21_1회 / 17_4회

**정답**

| 1) 링형 (Ring Topology) | 2) 성형 (Star Topology) | 3) 망형 (Mesh Topology) | 4) 버스형 (Bus Topology) | 5) 트리형 (Tree Topology) |
|---|---|---|---|---|
| 각 링크가 단방향이어서 데이타는 한 방향으로만 전송 | 중앙집중식 구조로 중앙의 교환장비가 경로를 개설 / 유도 | 네트워크상의 모든 노드를 상호 연결<br>• 가장 안정적 | 모든 노드(node)들은 간선을 공유 | 지역과 거리에 따라 연결하므로 통신선로의 총경로가 가장 짧음 |

**11** 대칭키 암호화와 공개키 암호화 방법을 서술하시오. (4점)

[기출] 21_1회

**정답**

비교

| 구분 | 대칭키 암호화 | 공개키 암호화 |
|---|---|---|
| 키 개수 | 한 개의 키를 사용(비밀키)<br>$\frac{n(n-1)}{2}$ | 2개의 키를 사용(공개키, 비밀키)<br>2n |
| 키 보관 | 비밀키(개인키)는 비밀리에 보관 | 비밀키(개인키)는 비밀리에 보관<br>공개키는 어디든지 배포 |
| 키 교환 | 키 교환이 어려우며 위험함 | 공개키로 교환이 매우 쉬움 |
| 키 길이 | 주로 64, 128비트로 작은길이 | 주로 512, 1024, 2048비트로 큰길이 |

| 암호화 속도 | 빠름 | 늦음 |
| 평문 길이 | 제한없음 | 제한있음 |
| 기밀성 | 가능 | 가능 |
| 인증 | 부분 가능 | 가능 |
| 무결성 | 부분 가능 | 가능 |

### 12. OSI 7계층 중 표현계층의 기능 4가지를 서술하시오. (4점) [기출] 21_1회

**정답**

① 데이터 표현방식 관리
- 응용계층 엔티티(Entity) 간에 정보(데이터)를 표현방식(Syntex)이 다를 경우 하나의 공통된 방식으로 통일

② 데이터 암호화
- 암호화 및 복호화

③ 데이터 압축
- 예) 동영상을 MPEG 기술로 Encoding 과정의 데이터 압축과 Decoding 과정의 역과정

④ 데이터 변환
- 예) 유니코드(Unicode)가 UTF-8 이용 Encoding 되어있는 문서를 ASCII로 인코딩 된 문서로 변환 등

### 13. 정보통신공사 계약 체결 후 시공사는 발주자에 공사 착공계를 공문으로 제출한다. 착공계 서류의 주요 4가지 항목에 대해서 서술하시오. [기출] 21_1회 / 15_2회

**정답**

주요 착공계 서류 : 공사계약서 사본, 정보통신공사업 등록증, 현장대리인 선임계, 안전관리자 선임계, 현장조직도, 공사예정공정표 등

| 서류 | 내용 |
|---|---|
| 착공신고서 | 공사명, 공사금액, 계약년월일, 착공년월일, 준공년월일 |
| 공사계약서 | 공사계약서 등 계약서 |
| 현장대리인 지정신고서 (현장대리인계) | 현장대리인 선임계 서류<br>1) 정보통신기술자 자격증<br>2) 정보통신기술자 경력확인서 (한국정보통신공사협회 등)<br>3) 재직증명서 |
| 시공사 서류 | 1) 정보통신공사업 등록증<br>2) 정보통신기술자 보유확인서 (한국정보통신공사협회) |
| 시공 서류 | 1) 직접시공계획서<br>2) 현장조직도<br>3) 공사예정공정표<br>4) 공사내역서<br>5) 안전관리자 선임계등 안전관리계획서<br>6) 품질관리계획서 등 |

**14** 데이터 "1010100"을 복류 RZ, 복류 NRZ 파형을 그리고 각각의 특징을 설명하시오. (4점)

[기출] 21_1회

**정답**

1. 파형

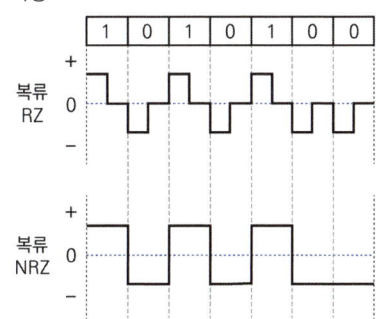

2. 각각의 특징
   1) 복류 RZ
      - 복류 Return to Zero 방식
      - 1의 신호를 양의신호와 음의신호가 교변적으로 처리하며 특정비트펄스와 다음비트펄스 사이에 반드시 전압 "0V"의 상태로 일정시간동안 유지한 후 다음신호를 보내는 방식
      - NRZ 대비 주파수대역이 넓, 전력소모가 적으며, 상대적으로 잡음에 약함, 타이밍 추출이 쉬움
   2) 복류 NRZ
      - 복류 Non-Return to Zero 방식
      - 1의 신호를 양의신호와 음의신호가 교변적으로 처리하며 각 비트펄스사이에 전압 "0V"를 유지하지않고 계속 펄스를 전송하는 방식
      - 신호 "0", 신호 "1"의 판정의 기준치를 "0V"로 설정
      - RZ 대비 주파수대역이 좁으며, 전력소모가 많으며, 상대적으로 잡음에 강함
3. NRZ, RZ 비교

| 구분 | NRZ | RZ |
| --- | --- | --- |
| 잡음의 강인성 | 강함 | 약함 |
| 동기화 | 어려움 | 용이 |
| 전송대역폭 | 좁음 | 넓음 |
| 회로구성 | 간단 | 복잡 |
| 전력소모 | 많음 | 적음 |

**15** 비동기식 전송방식으로 한 개의 문자(Character) 구성을 ASCII 코드가 "1000001" 7bit 정보비트와 1bit Parity비트로 구성된 8bit 문자를 1bit Start 비트와 1bit Stop 비트방식으로 4,800bps 속도로 전송시 다음 효율[%]을 계산하시오.(4점) [기출] 21_1회

1) 코드 효율
2) 전송 효율
3) 유효 속도

**정답**

1) 코드 효율 : 87.5%

$$\frac{정보bit}{총정보bit} \times 100\% = \frac{7bit}{8bit} \times 100\% = 87.5\%$$

2) 전송 효율 : 80%

$$\frac{\text{총정보}bit}{\text{전체전송}bit} \times 100\% = \frac{8bit}{10bit} \times 100\% = 80\%$$

3) 유효 속도 : 3,360[bps]
   유효 속도 = 시스템 효율 (코드효율 × 전송효율) × 데이터 속도
   　　　　　= 0.875 × 0.8 × 4,800[bps]
   　　　　　= 3,360[bps]

### 16. 프로토콜 분석기의 주요기능 3가지를 서술하시오. (3점)   [기출] 21_1회

**정답**

1. 네트워크 모니터링 : 장애처리 관련 근거자료 수집 등
2. 데이터 트래픽 캡쳐 및 저장 : Data(Packet Frame) Traffic Capture & Store
3. 프로토콜 디코딩 및 분석 : Protocol(Data Packet Frame) Decoding & Analysis
   - 네트워크 트래픽 통계자료 분석 : Protocol 유형별 등

### 17. NMS 또는 TMN의 주요 망관리시스템 수행기능 5가지를 쓰고, 각각의 기능에 대하여 간략 서술하시오. (5점)   [기출] 22_2회 / 21_1회 / 16_1회 / 13_4회

**정답**

1) 구성(Configuration) 관리 : 네트워크 구성요소 추가, 삭제등 상태관리
2) 장애(Fault) 관리 : 네트워크 장애 검출 및 조치, 이력관리
3) 성능(Performance) 관리 : 네트워크 구성요소 성능관리
4) 보안(Security) 관리 : 네트워크 사용자 접근권한 관리
5) 계정(Account) 관리 : 네트워크 사용자 자원사용 현황 및 권한관리
※ TMN은 NMS 대비 기간통신사업자 망관리로 과금기능이 보강되어 있으며, 나머지 기능은 동일함

### 18. 구내이동통신설비 설치기준 중 인입배관 기준에 대해 서술하시오. (6점) [기출] 21_1회

**정답**

[구내이동통신설비 인입배관] _ RAPA 구내이동통신 구축지원센터
1. 옥외안테나((옥상 또는 지상에 설치하는 안테나)에서 중계장치까지의 급전선 또는 광케이블을 설치하기 위한 시설은 배관, 덕트 또는 트레이로 설치한다.
2. 옥외안테나에서 중계장치 등까지 설치하는 배관은 다음 각 목에 적합하여야 하며, 건물 내 통신배관실을 이용하여 설치하는 경우에는 그러하지 아니한다.
   가. 급전선을 수용하는 배관의 내경은 36mm 이상 또는 급전선 외경(다조인 경우에는 그 전체 외경)의 2배 이상이 되어야 하며, 3공 이상을 설치하여야 한다.
   나. 광케이블을 수용하는 배관의 내경은 22mm 이상이어야 하며, 예비공 1공 이상을 포함하여 2공 이상을 설치하여야 한다.
3. 배관 및 덕트는 구내통신선로설비의 배관에 여유가 있고 통신소통에 지장이 없는 경우에는 공동으로 사용할 수 있다.
4. 중계장치 등에서 옥외 안테나(또는 종단장치)까지의 급전선은 소방시설 중 무선통신보조설비와 상호기능에 지장이 없는 경우 공용 할 수 있다.
※ 구내이동통신설비 관련업무처리는 (설계)구내이동통신 설치합의서 – 시공 – (준공) 구내이동통신 설치확인서

### 19. 정전압 회로의 전기적 특성을 나타내는 파라메터 3가지를 서술하시오. (3점) [기출] 21_1회

**정답**

1. 전력변환효율 2. 입력전압 3. 주파수 4. 회로구성 등
※ 정전압회로방식 구분

| 구분 | 리니어 레귤레이터 | 스위칭 레귤레이터 |
| --- | --- | --- |
| 전력변환효율 | 나쁨(20 ~ 50%) | 좋음(60 ~ 90%) |
| 주파수 | 낮음(50 ~ 60Hz) | 높음(수백KHz) |
| 입력전압 | 좁음 | 넓음 |

| 구분 | 리니어 레귤레이터 | 스위칭 레귤레이터 |
|---|---|---|
| 크기 형상 | 크고 무거움 | 작고 가벼움 |
| 전해콘덴서 | 대용량 | 소용량 |
| 회로구성 | 단순 | 복잡 |

※ 정전압회로 안정도 파라메터 : ① 전압안정계수 ② 출력저항 ③ 온도안정계수
※ 정류회로 파라메터 : ① 평균치 ② 실효치 ③ PIV ④ 맥동율 ⑤ 정류효율 ⑥ 주파수

**20** 다음 코올라시 브리지회로에서 X값을 구하는 계산식을 포함하여 쓰시오. [기출] 21_1회

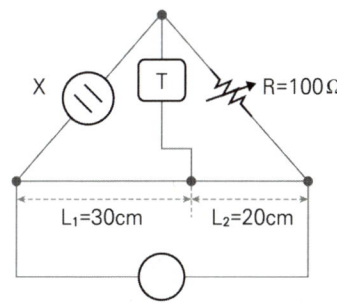

### 정답

X = 150Ω
[계산식]
$X = \dfrac{L_1}{L_2} \times R = \dfrac{20cm}{30cm} \times 100Ω = 150Ω$

※ 일반적 브리지(Bridge)회로는 가변저항을 적당히 조정하면 T(검류계, Galvanometer 등)에서의 전류가 "0"이 되며. 이것을 브리지회로가 평형(Balance)이 되었다고 하며, 저항 R의 특성은 전선의 길이에 일반적으로 비례하며 "마주보는 저항의 곱은 같으며" 문제의 코올라시 브리지(Kohlraush Bridge)도 브리지회로 특성을 이용함

$R = \rho \dfrac{L}{A}$, $\rho$ : 전선의 고유저항, $L$ : 전선의 길이, $A$ : 전선의 단면적

※ 휘트스톤 브리지(Wheatstone Bridge) 예

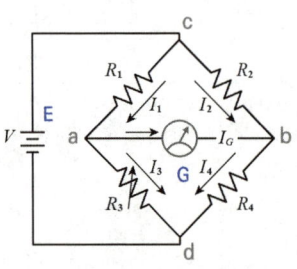

Kirchhoff's first law is used to find the currents in junctions a and b

a점에서 $I_1 - I_G - I_0 = 0$  b점에서 $I_2 - I_G - I_4 = 0$

Kirchhoff's second law is used for finding the voltage in the loops cba(#1) and bda(#2)

Loop1에서 $I_2R_2 - I_GR_G - I_1R_1 = 0$
Loop2에서 $I_4R_4 - I_3R_3 + I_GR_G = 0$
Balance인 경우 $I_G = 0$ 이므로
$I_2R_2 - I_1R_1 = 0$, $I_4R_4 - I_3R_3 = 0$로, $I_4 = I_3$, $I_2 = I_1$

$$\therefore R_4 = \frac{I_3R_3}{I_4} = \frac{I_3R_3I_2R_2}{I_4I_1R_1} = \frac{R_3R_3}{R_4}$$

- a-b간에는 검류계 G를, c-d간에는 전지 E를 접속한 것
- $R_3$의 적당한 조정하면 a-b간의 전위는 Zero가 되어 검류계에는 전류가 흐르지 않으며, 이것을 브리지(Bridge)가 평형상태가 되었다고 함

**21** 접지시공 방식으로 단순한 강봉에 동피막을 입히고 나동선을 슬리브에 접속하는 간단한 접지방식과 그물 모양 구조로 접지 나동선을 일정한 간격으로 포설하여 접지전극으로 이용하는 접지방식이 각각 무엇인지 서술하시오. (4점)   [기출] 21_1회

> 정답

1. 일반접지봉 접지방식
2. 메시(Mesh) 접지방식 : 망상접지

# 2 2021년도 2회

## 01. USB 원어와 장·단점을 서술하시오. (3점) [기출] 21_2회

**정답**

USB : Universal Serial Bus

| USB 장점 | USB 단점 |
|---|---|
| 작고 가벼워 휴대가 용이 | 덮어쓰기 저장횟수의 제한<br>• 플래시 메모리 특성 |
| 최대 40Gbps 고속연결 _ USB Type-C<br>• USB 1.1(1998년) : 12Mbit/s<br>• USB 2.0(2000년) : 480Mbit/s<br>• USB 3.0(2008년) : 6Gbit/s<br>• USB 4.0(2019년) : 40Gbit/s | 저장기간의 제약<br>• 플래시 메모리의 데이터는 보존기간에 제한 |
| 핫(Hot) Plug & Play 기능을 지원<br>• 컴퓨터의 전원이 켜진 상태에서 곧장 기기의 접속과 제거가 가능 | IEEE1394에 비해 속도가 느림 |
| 마우스등 매우 다양한 기기(Device)를 지원 | 직렬 포트로 이론상 한 PC에 127개 까지만 인 |
| 저렴한 가격 | 근거리 연결만 지원 : 최대 5m 정도 |

**02** 잡음이 있는 통신채널에서 신호대 잡음비(S/N)가 20[dB]이고 대역폭이 1,000[Hz]일 때, 채널용량의 의미를 간단히 서술하고, 채널용량값을 계산하시오. (5점)     [기출] 21_2회

> **정답**
>
> 1. 채널용량 의미
>    1) 채널의 용량은 대역폭(B)을 늘리고 신호와 잡음비(S/N)비를 크게하면 채널용량이 늘어난다는 것으로
>    2) 샤논의 정리는 잡음이 있는 채널상에 백색잡음(White Noise)가 존재한다고 가정함
>
>    샤논의 정리 : $C = B\log_2(1 + \frac{S}{N})\,[bps]$
>
> 2. 채널용량 값 : 6,658[bps]
>
>    $C = B\log_2(1 + \frac{S}{N})\,[bps]$
>
>    대역폭$(B) = 1000[Hz]$와 $S/N = 20dB = 100$ 자연수로 변환 입력
>    $= 1000\log_2(1+100) = 1,000\,\frac{\log_{10}101}{\log_{10}2}[bps] = 1,000\,\frac{2.0043}{0.3010}$
>    $= 1,000 \times 6.6588\,[bps]$
>    $\cong 6,658[bps]$

**03** PSK방식에서 8개 위상을 사용하면 하나의 변조신호에 몇 비트 정보를 전달할 수 있는지 계산하시오. (3점)     [기출] 21_2회

> **정답**
>
> 3bit
> $C[bps] = nB = \log_2 M \times B,\ B[Baud]$ M은 8PSK에서 M= 8
> $n = \log_2 8 = \log_2 2^3 = 3$ 으로 $3bit/Symbol$ 처리
> $\therefore 3bit$

**04** 통화중인 이동국이 현재 셀에서 벗어나 동일 사업자의 다른 셀로 진입해도 통화를 계속할 수 있게 하는 일련의 처리과정을 무엇이라 하는가? [기출] 21_2회

**정답**

핸드오버(Handover) 또는 핸드오프(Handoff)

**05** 부가가치통신망(VAN) 계층구조 중 네트워크계층과 통신처리계층의 주요 기능을 서술하시오. (4점) [기출] 21_2회

**정답**

1. VAN 계층구조
   ① 네트워크계층
      교환기능으로 가입된 사용자들을 서로 연결시켜 사용자간의 정보 전송이 가능하도록 제공하는 서비스이며 패킷교환방식을 이용
   ② 통신처리계층
      축적교환기능과 변환기능을 이용하여 서로 다른기종 간에 또는 다른시간 대에 통신이 가능하도록 제공하는 서비스

※ VAN 계층구조
   1) 기본통신계층
      전송기능으로 사용자가 단순히 정보를 전송할 수 있도록 물리적 회선을 제공하는 VAN의 기본적인 기능
   2) 네트워크계층
      교환기능으로 가입된 사용자들을 서로 연결시켜 사용자간의 정보 전송이 가능하도록 제공하는 서비스이며 패킷교환방식을 이용
   3) 통신처리계층
      축적교환기능과 변환기능을 이용하여 서로 다른기종 간에 또는 다른시간 대에 통신이 가능하도록 제공하는 서비스
   4) 정보처리계층
      온라인 실시간처리, 원격일괄처리, 시분할시스템 등을 이용하여 급여관리, 판매관리 데이터베이스 구축, 정보검색, 소프트웨어 개발등의 응용소프트웨어를 처리하는 기능

무선랜 IEEE 802.11a, IEEE 802.11g 전송방식으로 채택한 기술방식으로 고속의 송신신호를 다수의 직교하는 협대역 부반송파로 다중화시키는 변조방식을 서술하시오. (4점)

[기출] 21_2회 / 17_4회 / 12_4회

**정답**

OFDM (Orthogonal Frequency Division Multiplexing)

 다음은 회선 교환에서 메시지가 전송되기 전에 경과되는 시간에 대한 설명으로 다음 물음에 답하시오.

[기출] 21_2회

1) 신호가 한 노드에서 다음 노드로 전송시 걸리는 시간으로 $2 \times 10^{-8} [\sec]$ 의 지연을 무엇이라고 하는가?
2) DTE가 데이터 한 블록을 보내는데 소요되는 시간은?
3) 10Kbps로 10,000bit 블록 전송시 소요시간을 구하시오.
4) 한 노드가 데이터 교환 시 필요한 처리를 수행하는데 소요되는 시간은?

**정답**

1) 전파지연(Propagation Delay)
   : 물리적 전송매체를 지나가는 데 필요한 필수적으로 발생하는 지연시간
2) 전송지연(Transmission Delay) 또는 전송시간(Transmission time)
   : 전송 패킷을 전송하는데 필요한 지연시간
3) 1[sec]
   $$전송시간(t) = \frac{전송블록길이}{전송속도} = \frac{10,000[bit]}{10,000[bps]} = 1[\sec]$$
4) 처리지연(Processing Delay)
   : 해당 노드(Node)가 패킷내 데이터의 에러체크와 라우팅을 처리를 위해 발생하는 지연시간
※ 패킷을 전달하는데 발생하는 지연(Delay)의 종류에는 ①전파지연(Propagation Delay) ②전송지연(Transmission Delay) ③처리지연(Processing Delay) 등이 있음

**08** 회선의 접속 형태에 따라 통신망 토폴로지 5가지 분류방법을 서술하시오. (5점)

[기출] 21_2회 / 21_1회 / 17_4회

### 정답

| 1) 링형<br>(Ring Topology) | 2) 성형<br>(Star Topology) | 3) 망형<br>(Mesh Topology) | 4) 버스형<br>(Bus Topology) | 5) 트리형<br>(Tree Topology) |
|---|---|---|---|---|
| 각 링크가 단방향이어서 데이터는 한 방향으로만 전송 | 중앙집중식 구조로 중앙의 교환장비가 경로를 개설 / 유도 | 네트워크상의 모든 노드를 상호 연결<br>• 가장 안정적 | 모든 노드(node)들은 간선을 공유 | 지역과 거리에 따라 연결하므로 통신선로의 총경로가 가장 짧음 |

**09** 통신망의 각 말단을 구현하는 데에 필요한 번호의 구성방법과 부여방법을 번호계획 이라고 한다. 번호부여 방식에 대해 2가지를 서술하시오. (3점)

[기출] 21_2회

### 정답

기준 : 전기통신번호관리세칙_과학기술정보통신부

1) 전화망 번호체계

| 구성요소 | 통신망번호 | 지역번호 | 가입자번호 | |
|---|---|---|---|---|
| | | | 국번호 | 가입자 개별번호 |
| 자리수 | 2~4 | 1~2 | 1~6 | 4 |

- 국제번호는 국가번호와 국내번호로 구성되며 그 자리수는 최대 15자리를 초과하여 사용할 수 없다.
- 국내번호의 구성요소 및 자리수는 다음과 같으며, 전체 구성요소별 자리수를 합하여 최대 13자리를 초과하여 사용할 수 없다.
- 번호의 구성요소 및 자리수에는 프리픽스는 포함되지않는다.

2) 데이터망 번호체계

| 구성요소 | 통신망번호 | 데이터망내번호 | |
|---|---|---|---|
| | | 데이터국번호 | 가입자 단말번호 |
| 자리수 | 4 | 3 | 4~7 |

- 데이터망의 번호는 통신망번호와 데이터망내번호로 구성되며, 데이터망내번호는 데이터국번호와 가입자단말 번호로 구성된다
- 전체 자리수를 합하여 최대 14자리를 초과하여 사용할 수 없다
- 번호의 구성요소 및 자리수에는 프리픽스는 포함되지 않는다.

※ 참조 ITU-T E.164 번호체계
E.164 The international public telecommunication Numbering Plan
CC + NDC + SN : 각 국가에서 관리하는 번호로 15 디지트를 넘지 않음
1. CC(Country Code) : 길이가 일정하지 않음
2. NDC(National Destination Code)
3. SN(Subscriber Number) : 일반 가입자 번호

## 10  SNMP 원어를 적고 SNMP에 대해 간단히 서술하시오.   [기출] 21_2회

### 정답

1. SNMP (Simple Network Management Protocol)
2. SNMP는 네트워크 장비 요소 간에 네트워크 관리 및 전송을 위한 프로토콜로 UDP / IP 상에서 동작하는 비교적 단순한 형태의 메시지 교환형 네트워크 관리 프로토콜로 Agent의 정보를 수집하거나 실시간 모니터링에 활용하며, Manager/Agent(관리자 / 대리인) 형태로 동작함

**11** 웹(Web) 보안 위협 중 XSS(Cross Site Scripting) 공격을 방어하기 위한 입력검증 방법 2가지를 서술하시오.

[기출] 21_2회

> **정답**
>
> 1. 입력값 제한
>    먼저 사용자의 입력값을 제한하여 스크립트를 삽입하지 못하도록 함
> 2. 입력값 치환
>    XSS 공격은 기본적으로 〈script〉 태그를 사용하기 때문에 XSS 공격을 차단하기 위해 태그 문자(〈, 〉) 등 위험한 문자 입력 시 문자 참조(HTML entity)로 필터링하고, 서버에서 브라우저로 전송시 문자를 인코딩 함
>
> ※ XSS(Cross Site Scripting) : 웹 어플리케이션에서 일어나는 취약점으로 관리자가 아닌 권한이 없는 사용자가 웹사이트에 스크립트를 삽입하는 공격기법으로, 웹 응용프로그램에 존재하는 취약점을 기반으로 웹 서버와 클라이언트 간 통신 방식인 HTTP 프로토콜 동작과정 중에 발생하며, XSS 공격은 웹사이트 관리자가 아닌 이가 웹페이지에 악성 스크립트를 삽입할 수 있는 취약점을 이용함

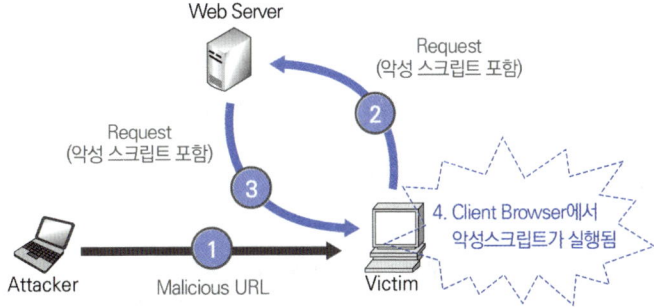

XSS의 공격 순서
1. 해커가 사전에 만든 웹페이지에 사용자가 브라우저로 엑세스를 시도
2. XSS공격 link가 포함된 웹페이지가 브라우저에 표시
3. 사용자가 link를 클릭
4. 사용자가 느끼지 못하는 사이 취약한 사이트에 있는 해커의 스크립트에 엑세스 됨
5. 사용자의 웹브라우저 상에서 해커의 스크립트가 실행

**12** Network Backup 정의 및 Network Backup 구축 전 고려해야 할 사항 3가지를 서술하시오.

[기출] 21_2회

> 정답

1) Network Backup 정의
   한 컴퓨터에서 만든 백업 자료를 같은 네트워크의 다른 컴퓨터에 저장하는 백업. 파일서버나 공유폴더에 백업하는 것이 가장 쉬운 네트워크 백업 방법임
2) Network Backup 구축전 고려사항
   ① 네트워크 환경 : 네트워크 형태, 규모, 속도 및 부하를 고려
   ② 백업스토리지 형태 : DAS, NAS, SAN 등
   ③ 백업방식 : 서버전체를 백업 또는 변화된 증분에 대해서만 백업 여부 등

**13** 다음 MPLS 네트워크 구성도에서 아래 보기에서 올바른 것을 A, B에 모두 쓰시오.

[기출] 21_2회

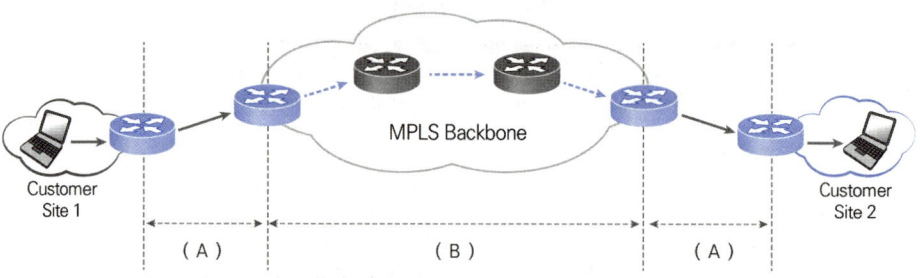

[ 보기 ]
LSR(Lable Switch Router), LER(Lable Edge Router), Label Binding 기능, Label Switching 기능, 기존 라우터 기능 불필요, 기존 라우터 기능 제공

> 정답

1) A : LER(Label Edge Router), Label Binding 기능, 기존 라우터 기능 제공
2) B : LSR(Label Switch Router), Label Switching 기능, 기존 라우터 기능 불필요

※ MPLS는 LER에서만 라우팅을 수행하고 MPLS 백본구간의 LSR은 Label을 이용 연결지향적 경로를 설정(LSP, Label Switched Path) 고속의 스위칭으로 사용자 패킷 처리함

**14** 다음은 공사의 착공부터 완성까지의 관련 일정, 작업량, 공사명, 계약금액 등 시공계획을 미리 정하여 나타낸 관리 도표 서식이다. 이것은 무엇인지 쓰시오. (5점)  [기출] 21_2회

```
                  ○ ○ 정보통신공사
1. 공사개요
   - 공사명, 발주자, 계약금액, 계약기간 등
2. 현장조직도
   - 현장대리인 및 안전관리자 등
3. 공사예정공정표
4. 안전관리계획
5. 주요자재 및 인력투입계획 등
```

> 정답

시공계획서

### 15. 다음 괄호에 알맞은 용어를 쓰시오. (4점) [기출] 21_2회

> 가입자 신호의 전송손실은 600Ω이며, 순저항 종단에서 ( ① ) Hz 주파수 측정 시 ( ② ) dB 이내 단극 대 단극 최대 전송손실은 ( ③ ) dB 이내여야 한다.

**정답**

① 800Hz
② 2
③ 4

### 16. 인터넷 품질 측정요소 중 4가지를 서술하시오. (4점) [기출] 21_2회

**정답**

1. Throughput 전송속도 : 해당노드 장비에서 물리적 전송속도
2. 가용성 : 사용자가 인터넷망에 접근하여 사용할 때 관련노드가 정상 동작하는 확률
3. 패킷 손실 : BER, TTL(Time To Live) Loss, Queuing Loss 등
4. 전송지연 : 인터넷망의 특정 노드간 전달되는 시간
    - Propagation Delay, Transmission Delay, Queuing Delay 등

※ 인터넷 구간을 가입자구간과 백본구간별 측정요소는 다를수 있으며, 위의 기준은 인터넷 서비스 품질항목으로 백본구간 위주의 품질 측정요소임

**17** 비트에러율(BER) $5 \times 10^{-5}$ 인 전송회선에 2,400[bps] 전송속도로 10분 동안 데이터를 전송하는경우 최대 블록에러율을 구하시오. (8점) (단, 한 블록의 크기는 511비트로 구성)

[기출] 24_2회 / 21_2회 / 16_2회 / 13_4회

> 정답

블록에러율 = $2.56 \times 10^{-2}$

계산식 : $BER = \dfrac{\text{총에러비트수}}{\text{총전송 비트수}}$, 문제 기준에 따라 에러와 오류를 혼용

$5 \times 10^{-5} = \dfrac{\text{총에러비트수}}{2400bps \times 600\sec(10\text{분})}$ 에서

총에러비트수 $= 5 \times 10^{-5} \times 2.4 \times 6 \times 10^{5} = 5 \times 2.4 \times 6 = 72\,bit$

총전송블록수 $= \dfrac{\text{총전송비트수}}{\text{블록}(511bit)} = \dfrac{2400bps \times 600\sec}{511}$
$= 2,818.0039 \simeq 2,819$ 블록(큰 블록수로 수렴)

오류발생블록수 = 최대 72개 블록으로 가정
 (블록별 1개 $bit$ 에러 발생)

∴ 블록에러율 $= \dfrac{\text{오류 발생블록수}}{\text{총전송블록수}} = \dfrac{72}{2,819} = 0.02554 \simeq 2.56 \times 10^{-2}$

**18** 다음 메시지를 보고 라우터가 사용하는 데이터링크 프로토콜 이름을 쓰시오. (6점)

[기출] 21_2회

```
router#show interface serial 0/0/0
Serial 0/0/0 is administratively down, line protocol is down
Hardware is HD64570
MTU 1500 bytes, BW 1544 KBit, DLY 20000 μsec.
reliability 255/255, txload 1/255, rxload 1/255
Encapsulation HDLC, loopback not set, keepalive set (10sec)
```

### 정답

HDLC

※ router 명령어_ sh int 예 (cisco router 기준)

```
Router# show interfaces
Ethernet 0 is up, line protocol is up
   Hardware is MCI Ethernet, address is 0000.0c00.750c (bia 0000.0c00.750c)
   Internet address is 131.108.28.8, subnet mask is 255.255.255.0
   MTU 1500 bytes, BW 10000 Kbit, DLY 100000 usec, rely 255/255, load 1/255
   ~ 이하 생략
   ---More---

Router1>en
Router1#sh ip int
FastEthernet0/0 is up, line protocol is up (connected)
   Internet address is 10.1.1.1/24
   Broadcast address is 255.255.255.255
   ~ 이하 생략

Router#
%SYS-5-CONFIG_I: Configured from console by console
sh ip route
Codes: C - connected, S - static, I - IGRP, R - RIP, M - mobile, B - BGP
       D - EIGRP, EX - EIGRP external, O - OSPF, IA - OSPF inter area
       N1 - OSPF NSSA external type 1, N2 - OSPF NSSA external type 2
       E1 - OSPF external type 1, E2 - OSPF external type 2, E - EGP
       i - IS-IS, L1 - IS-IS level-1, L2 - IS-IS level-2, ia - IS-IS inter area
~ 이하 생략
C    1.0.0.0/8 is directly connected, FastEthernet0/0
C    3.0.0.0/8 is directly connected, FastEthernet0/1
R    4.0.0.0/8 [120/1] via 3.1.1.1, 00:00:01, FastEthernet0/1
   ~ 이하 생략
```

**19**  접지선은 접지 저항이 ( ① )이하인 경우에는 2.6mm이상, 접지 저항값이 100Ω이하인 경우에는 직경 ( ② )이상의 PVC 피복 동선 또는 그 이상의 절연효과가 있는 전선을 사용하고 접지극은 부식이나 토양오염 방지를 고려한 도전성 재료를 사용한다. 단, 외부에 노출되지 않는 접지선의 경우에는 피복을 아니 할 수 있다. (6점)

[기출] 24_2회 / 21_2회(유사)/ 20_1회(유사)/ 18_4회(유사)/ 18_2회(유사)/ 13_2회(유사)

### 정답

① 10Ω
② 1.6mm

※ 접지설비·구내통신설비·선로설비 및 통신공동구등에 대한 기술기준 제5조(접지저항 등)
  ① 교환설비·전송설비 및 통신케이블과 금속으로 된 단자함(구내통신단자함, 옥외분배함 등)·장치함 및 지지물 등이 사람이나 방송통신설비에 피해를 줄 우려가 있을 때에는 접지단자를 설치하여 접지하여야 한다.
  ② 통신관련시설의 접지저항은 10Ω 이하를 기준으로 한다. 다만, 다음 각호의 경우는 100Ω 이하로 할 수 있다.
    1. 선로설비중 선조·케이블에 대하여 일정 간격으로 시설하는 접지(단, 차폐케이블은 제외)
    2. 국선 수용 회선이 100회선 이하인 주배선반
    3. 보호기를 설치하지 않는 구내통신단자함
    4. 구내통신선로설비에 있어서 전송 또는 제어신호용 케이블의 쉴드 접지
    5. 철탑이외 전주 등에 시설하는 이동통신용 중계기
    6. 암반 지역 또는 산악지역에서의 암반 지층을 포함하는 경우등 특수 지형에의 시설이 불가피한 경우로서 기준 저항값 10Ω을 얻기 곤란한 경우
    7. 기타 설비 및 장치의 특성에 따라 시설 및 인명 안전에 영향을 미치지 않는 경우
  ③ 통신회선 이용자의 건축물, 전주 또는 맨홀 등의 시설에 설치된 통신설비로서 통신용 접지시공이 곤란한 경우에는 그 시설물의 접지를 이용할 수 있으며, 이 경우 접지저항은 해당 시설물의 접지기준에 따른다. 다만, 전파법시행령 제24조의 규정에 의하여 신고하지 아니하고 시설할 수 있는 소출력중계기 또는 무선국의 경우, 설치된 시설물의 접지를 이용할 수 없을 시 접지하지 아니할 수 있다.
  ④ 접지선은 접지 저항값이 10Ω이하인 경우에는 2.6mm이상, 접지 저항값이 100Ω이하인 경우에는 직경 1.6mm이상의 피·브이·씨 피복 동선 또는 그 이상의 절연효과가 있는 전선을 사용하고 접지극은 부식이나 토양오염 방지를 고려한 도전성 재료를 사용한다. 단, 외부에 노출되지 않는 접지선의 경우에는 피복을 아니할 수 있다.
  ⑤ 접지체는 가스, 산 등에 의한 부식의 우려가 없는 곳에 매설하여야 하며, 접지체 상단이 지표로부터 수직 깊이 75cm 이상되도록 매설하되 동결심도보다 깊도록 하여야 한다.
  ⑥ 사업용방송통신설비와 전기통신사업법 제64조의 규정에 의한 자가전기통신설비 설치자는 접지저항을 정해진 기준치를 유지하도록 관리하여야 한다.
  ⑦ 다음 각 호에 해당하는 방송통신관련 설비의 경우에는 접지를 아니할 수 있다.
    1. 전도성이 없는 인장선을 사용하는 광섬유케이블의 경우
    2. 금속성 함체이나 광섬유 접속등과 같이 내부에 전기적 접속이 없는 경우

**20** 다음은 직류전원회로의 교류입력단에서 직류부하단 까지의 기본 구성을 나타내고 있다. 보기에서 알맞은 것을 찾아 빈칸을 채우시오. (4점) [기출] 21_2회

[보기] : 정전압회로, 평활회로, 변압기, 정류회로

교류입력단 → [ 1 ] → [ 2 ] → [ 3 ] → [ 4 ] → 직류부하단

### 정답

1. 변압기  2. 정류회로  3. 평활회로  4. 정전압회로 등

※ 직류전원공급장치 구성
정보통신전용 전기시설설비 직류전원공급장치는 변압기(Transformer), 정류회로(Recifier), 평활회로(Smoothing Circuit), 정전압회로(Regulator)로 구성됨

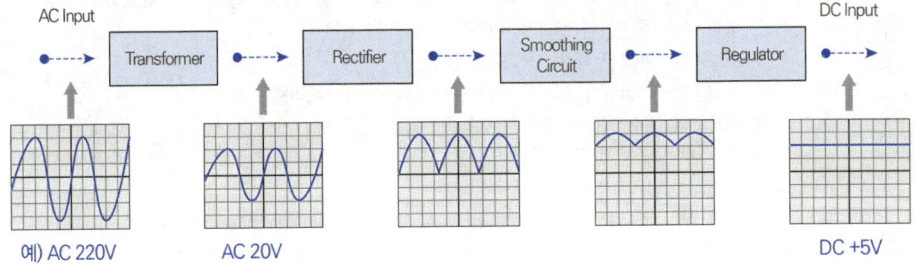

[ 측정 : Oscilloscope ]

# 3  2021년도 4회

**01** 광케이블에서 발생하는 자체손실 유형 3가지만 쓰시오. (6점)

[기출] 21_4회 / 19_4회 / 19_1회

**정답**

1) 산란손실 : 레일리(Rayleigh) 산란손실 등
2) 흡수손실 : 빛 에너지 일부가 열에너지로 변환
3) 구조 불안전에 의한 손실

**02** 다음은 신호대 잡음비(SNR)에 관한 문제로 다음 질문에 답하시오. (6점)

[기출] 21_4회 / 13_1회

1) 신호전력이 100[mW]이고, 잡음전력이 1[$\mu W$]일 때 잡음비를 데시벨로 표시하시오.
2) 잡음이 없는 이상적 채널의 경우 신호대 잡음비를 데시벨로 표시하시오.

**정답**

1) 50dB

계산식 : $dB = 10\log \dfrac{P_{신호}}{P_{잡음}}$

$= 10\log \dfrac{100mW}{1\mu W} = 10\log \dfrac{1\times 10^{-1}\,W}{1\times 10^{-6}\,W} = 10\log 10^5 = 50dB$

2) 60dB

**03** 광통신시스템에서 사용하는 대표적인 수광소자 2가지를 쓰시오. (4점)

[기출] 21_4회 / 19_4회 / 13_2회

> 정답

1) PD (Photo Diode)
2) APD (Avalanche Photo Diode)

**04** 단일 동(copper)선로에서 전이중통신(Full Duplex) 3가지를 서술하시오. (5점)

[기출] 21_4회

> 정답

1. ADSL : Asymmetric Digital Subscriber Line
2. VDSL : Very High Bit Rate Digital Subscriber Line
3. 이더넷(Ethernet) 통신 : 1GBase-T, 10GBase-T 등

**05** IPv6주소 자동설정 구현방법 2개와 IPv4와 연동방법 3가지를 적으시오. (5점)

[기출] 21_4회 / 19_1회

**정답**

1. IPv6주소 자동설정 구현방법
    1) 상태보존형 주소 자동설정(Stateful Address Auto-configuration)
    2) 상태비보존형 주소 자동설정(Stateless Address Auto-configuration, SLAAC)
2. IPv4와 연동방법 3가지
    1) 듀얼 IP 스택(Dual IP Stack)
       호스트 라우터 관점, 동일장비에 2 프로토콜 모듈(IPv6/IPv4)을 모두 구현
    2) 터널링(Tunneling) : Network 관점
       Network 관점, IPv6 데이터그램을 IPv4 패킷에 캡슐화하여 IPv4 라우팅 토폴로지 영역을 터널링
    3) 주소 변환(Translation)
       게이트웨이 관점, 송신자 IPv6, 수신자 IPv4 사용시 IPv6/IPv4 주소변환방식

**06** 다음은 무엇에 대한 설명인지 서술하시오. (5점)

[기출] 21_4회

> 수 많은 개인 컴퓨터에 악성 코드 또는 해킹들과 같은 것들을 유포하여 이들의 컴퓨터를 좀비PC로 만들고 좀비PC화 된 컴퓨터들을 통해 특정 서버에 동시에 대량의 트래픽을 유발시켜 서버의 기능이 마비되도록 만드는 공격

**정답**

DDoS (Distributed Denial of Service)

### 07. 다음 파라미터를 이용하여 다음 질문에 서술하시오. (5점)   [기출] 21_4회

> 광송신기 LD의 출력이 -3.5dBm이고 광수신기 PD의 수신감도가 -34dBm이며, 광케이블 전송 손실이 0.42dB / Km이며, 광컨넥터 손실이 4dB, 시스템 마진이 3dB인 광케이블 선로를 설치하고자 한다.

1) 광중계기의 설치 간격을 구하는 식과 간격을 쓰시오.
2) 광케이블 간격이 70km일 때 중계기를 설치할 수 있는지 여부와 그 이유를 쓰시오.

**정답**

1) L = 55.952[Km]

$$L[km] = \frac{(P_s \text{광원출력} - P_d \text{수신감도}) - (\text{커넥터손실} + \text{시스템마진})}{L_0(\text{광섬유손실})}$$

$$= \frac{-3.5dBm - (-34dBm) - (4dB + 3dB)}{0.42dB/Km}$$

$$= 55.952[Km]$$

2) 중계기 설치 여부 : 불가능
  이유 : 수신감도 -39.9dBm으로 광수신감도 Threshold level(-34dBm) 보다 낮음으로 통신이 불가능함
  [계산식]
  ① 광케이블 70km에 대한 전송손실값 : $70Km \times 0.42dB/Km = 29.4[dB]$
  ② 70km 기준 수신레벨값 손실값 계산 : 36.4[dB]
    $29.4dB(70km \text{광손실}) + 4dB(\text{광커넥터 접속손실}) + 3dB(\text{시스템마진}) = 36.4[dB]$
  ③ 광송신 출력 - ② = -3.5dBm - 36.4dB = -39.9[dBm]

### 08. 전송 손상(Transmission Impairment)에 대한 다음 질문에 대하여 설명하시오. (3점)   [기출] 21_4회

1) 신호감쇠
2) 지연왜곡
3) 잡음

정답

1) 신호감쇠(Attenuation)
   전송매체(Transmission Media)를 통과하면서 신호가 작아지는 전송신호 감쇠(Attenuation)로 인한 전송손상
2) 지연왜곡(Distortion)
   전송신호에 포함된 주파수 성분 각각에서 시간이 일정하지 않아 출력에 나타나는 전송신호 왜곡(Distortion)으로 인한 전송손상
3) 잡음(Noise)
   전송하고자하는 전송신호에 이외의 모든 잡음성분(열잡음, 충격성잡음 등)으로 인한 전송신호 잡음(Noise)으로 인한 전송손상

**09** 다음 그림의 콘덴서 용량, 전압, 허용오차에 대해 답하시오. (6점)    [기출] 21_4회

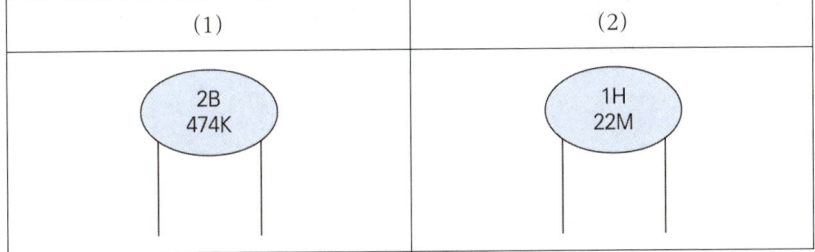

정답

1) 2B474K
   - 내압 : 125V,
   - 용량 : 0.47μF
   - 허용오차 : ±10 [%]

| 첫째자리 숫자 | 둘째자리 문자 | 셋째자리 숫자 | 넷째자리 숫자 | 다섯째자리 숫자 | 여섯째자리 문자 |
|---|---|---|---|---|---|
| 내압 | | 용량 | | 승수 | 오차 |
| 2 | B | 4 | 7 | 4 | K |

2) 32M
   - 내압 : 50V (기본값 적용)
   - 용량 : 32pF

- 허용오차 : ±20 [%]

| 첫째자리 숫자 | 둘째자리 문자 | 셋째자리 숫자 | 넷째자리 숫자 | 다섯째자리 숫자 | 여섯째자리 문자 |
|---|---|---|---|---|---|
| 내압 | | 용량 | | 승수 | 오차 |
| | | 3 | 2 | 0 | M |

### 10  ICMP 프로토콜에 관련 다음 질문에 대해 답하시오. (6점)

[기출] 24_2회 / 23_4회(유사) / 21_4회

1) IP 네트워크를 통해 특정한 호스트가 도달할 수 있는지, 응답시간이 얼마나 걸리는지 테스트 할때 쓰이는 명령어는 무엇인가?
2) 호스트에 도달할 때까지 통과하는 경로의 정보와 각 경로에서의 지연 시간을 추적하는 명령어는 무엇인가?

### 정답

1) ping
2) tracert(윈도우), traceroute(리눅스)

※ 참조 : 네트워크 기본 명령어

| 구분 | 내용 |
|---|---|
| ping | • 연결테스트<br>• 인터넷으로 접속하려는 원격 호스트가 정상적으로 운영되고 있는지를 확인하는 진단목적으로 사용 |
| traceroute | • 목적지까지의 데이터 도달여부를 확인하는 도구<br>• tracert(윈도우), traceroute(리눅스) |
| ipconfig | • 네트워크 인터페이스의 설정정보를 알아보거나 IP주소나 서브넷마스크 등의 설정을 확인 |
| route | • 라우팅 테이블에 라우팅 경로를 추가하거나 삭제 |
| nslookup | • 널리 쓰이는 DNS 진단 유틸리티 중의 하나로 특정한 호스트 이름을 주소로 또는 그 반대로 빠르게 변환하고 싶을 때 사용 |
| tcpdump | • 네트워크 인터페이스를 거치는 패킷의 내용을 출력할 때 사용 |

**11** 전자교환기 입력측 하이웨이상의 timeslot 순서와 출력측 순서를 교환하기위한 timeswitch 동작방법 3가지를 쓰시오. (6점)     [기출] 21_4회

> **정답**
>
> 1. SWRR(Sequential Write Random Read)
> 2. RWSR(Random Write Sequential Read)
> 3. RWRR(Random Write Random Read)

**12** 8위상 변조방식을 설정한 모뎀에서 다음과 같은 질문에 답하시오. (6점)     [기출] 21_4회
1) 한번에 전송할 수 있는 비트수는 얼마인가?
2) 2,400[Baud]일 때 전송속도는 얼마인가?

> **정답**
>
> 1) 3bit
> $C[bps] = nB = \log_2 M \times B$, $B[Baud]$ $M$은 8PSK에서 $M = 8$
> $n = \log_2 8 = \log_2 2^3 = 3$ 으로 $3bit/Symbol$ 처리
> ∴ $3bit$
>
> 2) 7,200[bps]
> 데이터신호 전송속도 $C[bps] = nB = \log_2 M \times B$, $B[Baud]$ $M$은 8PSK에서 $M = 8$
> $= \log_2 8 \times B = \log_2 2^3 \times B = 3 \times B$, $B = 2,400[Baud]$ 입력하면
> $= 3 \times 2,400$
> ∴ $C = 7,200[bps]$

**13** IP주소 165.243.10.54 서브넷 마스크 255.255.255.0 이다. (6점)

[기출] 24_1회(유사)/ 21_4회 / 19_1회

1) Subnet Masking은 몇 비트인가?
2) Network Address는?
3) 사용가능 Host IP 개수는?

> 정답

1) Subnet Mask : 24비트
2) Network Address : 165.243.10.0
   IP주소 165.243.10.54와 서브넷 마스크 255.255.255.0을 AND 연산 ∴ 165.243.10.0
3) 사용가능 Host IP : $2^8 - 2 = 254$
   전체 Host 주소($2^8 = 256$)에서 Network Address(165.243.10.0)와 Broadcast Address (165.243.10.255) 2개 제외하면, $2^8 - 2 = 254$개

**14** 감리원 안전관리 수행중 안전관리 수행방법 3가지를 서술하시오. (3점) [기출] 21_4회

> 정답

1. 안전관리 수행
   - 산업안전보건법 기준에 적합한 안전관리자 적합 선임 여부등 검토
   - 안전관리계획서 상에 설계단계에서 넘겨받거나 시공단계에서 검토한 위험요소, 위험성, 저감대책에 관한 사항들이 반영되어 있는지 검토·확인
   - 사고처리
2. 안전교육 실시여부 확인 : 시공사 자체안전점검, 정기안전점검, 정밀안전점검 등
3. 안전관리비 적정 집행 및 현장점검 확인
   - 산업안전보건관리비 적정 집행
   - 현장점검 및 주요공사 위험성 사전검토 등

## 15. 가공통신선과 고압 가공 강전류 전선간의 이격거리는 얼마인가? (3점)  [기출] 21_4회

### 정답

60cm 이상

※ 접지설비·구내통신설비·선로설비 및 통신공동구등에 대한 기술기준
제7조(가공통신선의 지지물과 가공강전류전선간의 이격거리)
① 가공통신선의 지지물은 가공강전류전선사이에 끼우거나 통과하여서는 아니된다. 다만, 인체 또는 물건에 손상을 줄 우려가 없을 경우에는 예외로 할 수 있다.
② 가공통신선의 지지물과 가공강전류전선간의 이격거리는 다음 각호와 같다.
  1. 가공강전류전선의 사용전압이 저압 또는 고압일 경우의 이격거리는 다음 표와 같다.

| 가공강전류전선의 사용전압 및 종별 | | 이격거리 |
| --- | --- | --- |
| 저압 | | 30cm 이상 |
| 고압 | 강전류케이블 | 30cm 이상 |
| | 기타 강전류전선 | 60cm 이상 |

  2. 가공강전류전선의 사용전압이 특고압일 경우의 이격거리는 다음 표와 같다.

| 가공강전류전선의 사용전압 및 종별 | | 이격거리 |
| --- | --- | --- |
| 35,000V 이하의 것 | 강전류케이블 | 50cm 이상 |
| | 특고압 강전류절연전선 | 1m 이상 |
| | 기타 강전류전선 | 2m 이상 |
| 3,5000V를 초과하고 60,000V이하의 것 | | 2m 이상 |
| 60,000V를 초과하는 것 | | 2m에 사용전압이 60,000V를 초과하는 10,000V마다 12cm를 더한 값 이상 |

**16** 디지털 신호는 시간이 흐름에 따라 단계적인 레벨을 이동하면서 파형을 그리게 되며 이러한 단계적인 레벨 이동의 흐름을 특정 시간단위 내에서 중첩하여 보여준 파형이 바로 눈 패턴(Eye Pattern)이다. 오실로스코프에서 측정된 파라미터 값으로 알 수 있는 3가지를 쓰시오. (6점)

[기출] 21_4회 / 15_4회

> **정답**
>
> 1) 눈의 개구도(Eye Opening)
>    눈 패턴의 중심에서 수평으로 열린 부분을 의미하며, 신호 간 간섭이나 잡음 없이 데이터를 인식할 수 있는 시간 범위를 나타내며, 눈의 개구도가 클수록 신호 품질이 좋다고 봄.
> 2) 상승 시간(Rise Time)
>    신호가 낮은 레벨에서 높은 레벨로 전환될 때 걸리는 시간을 의미하며, 상승시간은 신호의 응답 속도를 평가할 수 있는 중요한 지표임.
> 3) 지터(Jitter)
>    신호의 이상적인 타이밍에서의 시간적 변동을 의미하며, 지터는 신호 간의 시간 정밀도를 나타내며, 과도한 지터는 신호 오류를 유발할 수 있음.

**17** 디지털 계측기가 아날로그 계측기에 비해 우수한 점 5가지를 쓰시오. (5점)

[기출] 21_4회 / 15_4회

> **정답**
>
> 1) 높은 신뢰도
> 2) 높은 정확도
> 3) 우수한 분해능
> 4) 자료처리 우수
> 5) 취급 및 사용편함
>
> ※ 다른 컨셉의 답안
> 1) 측정이 용이 : 아날로그 계측기는 잘못 읽을수 있으나, 디지털 계측기는 측정값을 그대로 읽으며, 취급 용이함
> 2) 낮은 측정오차 : 분해능 및 정확도가 디지털 계측기가 우수하여 고정밀 측정 가능
> 3) 넓은 동작범위 : 디지털 계측기의 동작범위가 우수함
> 4) 데이터처리 간편성 : 측정 데이터를 계측기에 저장/복사가 간편함
> 5) 데이터처리 일관성 : 자동교정과 검증을 통한 데이터의 일관성 향상

**18** 이더넷 프레임에서 타입과 CRC에 대해 다음 질문에 답하시오. (4점) [기출] 21_4회

1) 타입의 기능과 타입은 몇 Byte인가?
2) CRC의 기능과 CRC는 몇 Byte인가?

**정답**

1) 타입의 기능 및 바이트수
   ① Type의 기능 : 이더넷 프레임 내의 페이로드 데이터 형식을 식별하는 필드로, 상위계층 프로토콜(예 IPv4, IPv6)의 종류를 알려줌
   ② 타입의 바이트수 : 2[Byte]
2) CRC 기능 및 바이트수
   ① CRC의 기능 : 이더넷 프레임의 무결성(DA + SA + Length + Data)을 확인하기 위한 오류검출 코드로, 수신측에서 프레임의 오류를 검출하는데 사용되며, 수신측은 CRC를 체크하여 에러 프레임은 버림/폐기
   ② CRC의 바이트수 : 4[Byte]

**19** 컴퓨터의 5대 장치에 대한 다음 물음에 답하시오. (4점) [기출] 21_4회

제어장치 - 입력장치 - 기억장치 - (　　) - 출력장치

1) 빈칸에 적합한 용어는?
2) 기억장치에 8개 비트로 저장되었을 때 양의 값이라면 표현할 수 있는 개수를 10진수로 표현하시오.

**정답**

1) 연산장치
2) 255 : $2^8 = 256$

**20** 프로토콜의 기능 6가지를 서술하시오. (6점)  [기출] 23_1회 / 21_4회 / 13_1회

> **정답**
>
> ① 분리와 재합성(Fragmentation and Reassembly)
>   데이터 작은 패킷(Packet)으로 나누는 과정과 적합 메시지로 재합성 기능
> ② 캡슐화(Encapsulation)
>   계층별 이동시 헤더(Header)를 부착하여 상위계층의 정보를 Data로 처리
> ③ 연결제어(Connection Control)
>   송수신간 연결 설정, 데이터 전송, 연결 해제 기능
> ④ 흐름제어(Flow Control)
>   송수신간에 데이터 양과 전송속도를 조절 기능
> ⑤ 오류제어(Error Control)
>   전송중 발생 가능한 오류를 검출 복원 기능
> ⑥ 동기화(Synchronization)
>   송수신간 전송 시작과 종료 수행시 같은 상태 유지기능
> ⑦ 순서결정(Sequencing)
>   연결 위주의 데이터를 전송할 때 송신측이 보내는 데이터단위 순서대로 수신측에 전달하는 기능
> ⑧ 주소지정(Addressing)
>   송수신 주소를 표기 데이터 전달 기능
> ⑨ 다중화(Multiplexing)
>   하나의 통신로를 다수 사용자 동시 사용기능

# 5절 2020년도 기출풀이

## 1  2020년도 1회

**01** 잡음이 전혀없는 이상적인 통신채널에서 이산신호의 채널용량(통신용량)을 구하시오. (6점)

[기출] 20_1회

**정답**

$C = 2B \log_2 M [bps]$

C : 통신채널용량 [bps], B : 채널의 대역폭(Bandwidth) [Hz], M : 진수

- Nyquist 공식은 잡음이 없는 채널을 가정하고, 지연왜곡에 의한 ISI 에 근거하여 최대 용량을 산출한 공식으로 단위는 [bps]

**02** 어떤 수신부호어의 최소 해밍거리 dmin =5 이다. 다음 물음에 답하시오. (6점)

[기출] 24_4회 / 20_1회

1) 검출가능한 최대오류 개수를 계산하시오.
2) 정정가능한 최대오류 개수를 계산하시오.

**정답**

1) 검출가능 에러개수 : d − 1 = 5 − 1 = 4
2) 정정가능 에러개수 : $\dfrac{d-1}{2} = \dfrac{5-1}{2} = 2$

---

**03** 4상 PSK 변조파를 100Msymbols/s로 전송할 경우 정보비트의 전송속도는 얼마인가? (4점)

[기출] 20_1회

**정답**

200Mbps

데이터신호 전송속도 $C[bps] = nB = \log_2 M \times B$, $B[Baud]$ $M$은 4PSK에서 $M = 4$
$\quad = \log_2 4 \times B = \log_2 2^2 \times B = 2 \times B$, $B = 100M[Symbols/s, Baud]$ 입력하면
$\quad = 2 \times 100M[Baud]$
$\therefore C = 200M[bps]$

---

**04** 신호의 변조과정에서 반송파가 누설되는 원인 3가지를 쓰시오. (3점)

[기출] 20_1회 / 17_2회 / 15_1회

**정답**

1) 수정발진기의 온도변화
2) 부하변화에 따른 수정발진기의 발진주파수 변동
3) 전원 전압의 변동

**05** 다음 교환망의 정의 및 특징을 쓰시오 (8점) [기출] 20_1회
1) 회선교환망
2) 패킷교환망

> **정답**

1) 회선교환망
   - 전용의 전송로를 이용 회선을 독점 데이터 연속, 실시간 전송이 가능하며
   - 사전 회선설정단계인 회선 접속, 링크 설정, 데이터 전송, 링크 해제, 회선 절단의 과정을 거치며
   - 기존 음성통신망이 주로 이용하던 전통적인 교환방식임
2) 패킷교환망
   - 전용의 전송로가 없이 데이터를 정해진 크기의 분할된 데이터 블록인 패킷(Packet) 단위로 전송하며, 경로배정하는 라우팅(Routing)이 필요함
   - 전체의 전송경로가 설정되는 가상회선(Virtual Circuit) 패킷교환과 각 패킷마다 경로가 설정되는 데이터그램(Datagram) 패킷교환으로 구분되며,
   - 현재 인터넷 등 대부분 적용하는 방식임

※ 데이터 교환방식 비교

| 회선교환<br>(Circuit Switching) | 메시지 교환<br>(Message Switching) | 가상회선 패킷 교환<br>(Virtual Circuit<br>Packet Switching) | 데이터그램 패킷교환<br>(Datagram<br>Packet Switching)) |
|---|---|---|---|
| 전용전송로 | 전용로가 없음 | 전용로가 없음 | 전용로가 없음 |
| 전체의 전송을 위해 전송로가 설립 | 각 메시지 마다 경로가 설립 | 전체의 전송을 위해 경로가 설립 | 각 패킷마다 경로가 설립 |
| 데이터 연속전송 | 메시지 전송 | 패킷 전송 | 패킷 전송 |
| 대화식 사용 가능 | 대화식 사용 불가능 | 대화식 사용 가능할 정도로 빠름 | 대화식 사용 가능할 정도로 빠름 |
| 메시지 저장 않음 | 메시지 저장 | 패킷 저장 | 패킷 저장 |
| 속도변환, 코드 변환 없음 | 속도와 코드 변환 있음 | 속도와 코드 변환 있음 | 속도와 코드 변환 있음 |
| 고정 대역폭 사용 | 대역폭 동적 사용 | 대역폭 동적 사용 | 대역폭 동적 사용 |

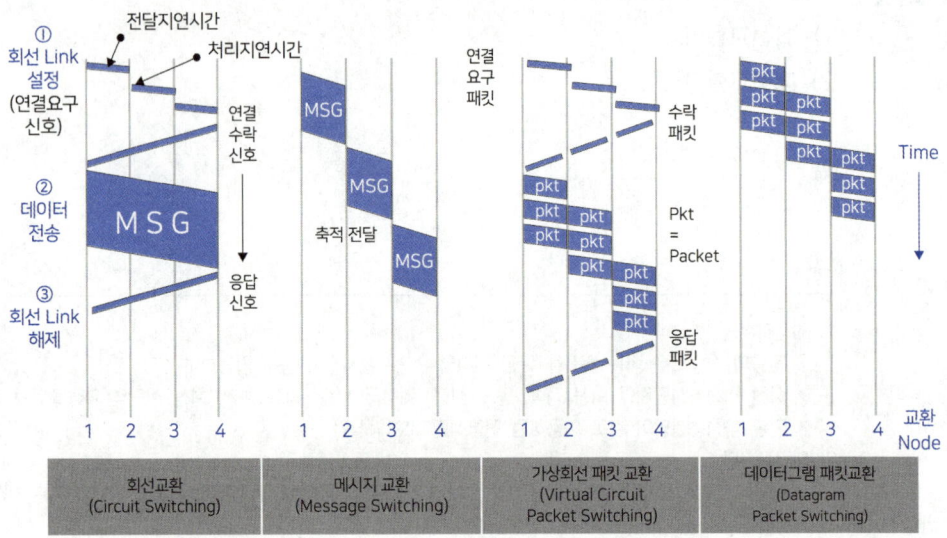

※ 데이터 교환방식 비교_Time 기준

**06** 위성통신에서 사용하는 다원접속방법을 회선할당 측면에서 3가지를 쓰고 간단히 설명하시오. (6점)

[기출] 20_1회 / 13_2회 / 12_1회

> 정답

1) PAMA(Pre Assignment Multiple Access) 사전할당방식
   - 각 지구국(E/S, Earth Station)에 고정슬롯을 사전할당해주는 방식
2) DAMA(Demand Assignment Multiple Access) 요구할당방식
   - 각 지구국의 채널요구에 따라 중앙지구국이 채널을 할당해주는 방식
3) RAMA(Random Assignment Multiple Access) 임의할당방식
   - 각 지구국의 전송정보 발생시, 즉시 임의슬롯을 할당하는 방식

## 07. 다음과 같은 특징을 갖는 패킷교환방식의 종류를 쓰시오. (4점) [기출] 20_1회

> "송신노드와 수신노드 간에 데이터를 전달하기 위하여 패킷 스위치는 현상태의 패킷 전송 부하에 따라서 패킷의 경로를 동적으로 설정하고, 일련의 데이터를 패킷단위로 분할하여 전송하고, 목적지 노드에서는 패킷의 재순서화와 조립과정이 필요한 방식이다"
> - 통신 당사자간 물리적 및 논리적 전송로를 설정하지 않으므로 호지연 없음
> - 패킷이나 독립적인 라우팅을 실행함으로 패킷순서가 어긋날 수 있으며 수신측에서 순서제어 기능 필요
> - 교환노드에서 각 패킷에 대한 경로를 결정하므로 속도 및 코드변환 가능
> - 목적지 단말이 부재중이라도 통신이 가능하고, 짧은 데이터 전달에 효율적
> - 교환노드가 고장 발생하더라도 대체 경로를 이용하여 전송 가능

### 정답

데이터그램(Datagram) 패킷교환

## 08. 데이터전송시스템에서 이루어지는 전송제어에 대해 4가지를 쓰고 설명하시오. (4점) [기출] 20_1회

### 정답

1) 전송제어 : 회선 접속의 확인, 상대방의 확인, 데이터가 올바르게 전송되었는가의 확인 등을 하는 일련의 절차
2) 동기제어 : 송수신 양단간의 데이터 전송시 동기식 전송(Synchronous Transmission)과 비동기식 전송(Asynchronous Transmission) 여부를 확인하는 일련의 절차
3) 오류제어 : 송수신 양단간의 데이터 전송중의 에러의 검출 및 정정 여부를 확인하는 일련의 절차
4) 흐름제어 : 송수신 양단간의 데이터 전송중의 데이터 흐름을 확인하는 일련의 절차

## 09
LAN을 분류할 때 프레임 교환방식에 따라 Shared LAN, Switched LAN으로 구분할 때 이들의 특징을 각각 3가지씩 서술하시오. (6점)  [기출] 20_1회 / 16_2회 / 14_1회

### 정답

1. Shared LAN
    - 초기 LAN 형태로 공유매체 접근제어(Media Access Control, MAC) 절차 요구됨
    - 송신 단말이 전송한 프레임은 모든 단말로 전달, 방송됨(Flooding)
    - 자신과 일치하는 주소를 갖는 프레임만 수신, 선택적 수신
2. Switched LAN
    - 프레임(Frame) 교환장치인 LAN Switch를 사용하여 LAN 구성
    - Forwarding : 송신단말이 전송한 프레임은 LAN Switch에 의해 해당 목적지로만 전달
    - Dedicated LAN : 각 단말에 연결되는 매체는 그 단말만 사용

## 10
프로토콜이란 데이터통신에 있어서 신뢰성 및 효율적이고, 안정하게 정보를 주고받기 위하여 정보의 송·수신측 또한 네트워크 내에서 사전에 약속된 규약 또는 규범을 말한다. 이에 프로토콜을 구성하는 3대 요소는 ( ① ), ( ② ), ( ③ ) 이다. (3점)  [기출] 20_1회 / 15_2회

### 정답

① 구문(Syntax) ② 의미(Semantics) ③ 순서(Timing)

**11** 네트워크상에서 IP주소를 이용 목적지까지 체계적으로 경로를 찾는 과정을 ( ① ) 라고 하며, OSI 7계층의 네트워크 계층에서 라우팅 테이블에 의해 이 과정을 능동적으로 수행하는 장치를 ( ② )라고 한다. (6점) [기출] 20_1회

> 정답
> ① 라우팅(Routing)  ② 라우터(Router)

**12** 다음 IP 주소별 Class를 적으시오. (4점) [기출] 20_1회

- 10011101 -------- -------- -------- :
- 11011101 -------- -------- -------- :
- 01111011 -------- -------- -------- :
- 11101011 -------- -------- -------- :

> 정답
> - B Class
> - C Class
> - A Class
> - D Class

**13** 공사계획서 작성시 기본적으로 들어가야하는 내용으로 적합한 것을 보기에서 골라 5가지 쓰시오. (5점)   [기출] 22_1회 / 20_1회 / 14_4회

[ 보 기 ]
공사개요, 감리수행계획, 공정관리계획, 유지보수계획, 안전관리계획, 하자보수계획, 설계변경계획, 공사비조달계획, 공사예정공정표, 환경관리계획

**정답**

공사계획서는 현장에서 시공계획서라 하며 실무차원의 공사계획서를 말함
1) 공사개요
2) 공정관리계획
3) 안전관리계획
4) 공사예정공정표
5) 환경관리계획

**14** 입찰참가자가 입찰가격의 결정 및 시공에 필요한 정보를 제공하고 서면으로 설명하는 자료이다. ( )는 입찰하기 전에 공사가 진행될 현장에서 현장상황 도면과 시방서에 표시하기 어려운 사항을 나타내는 것 (4점)   [기출] 22_2회 / 20_1회

**정답**

현장설명서

(계약예규) 공사계약일반조건 제2조(정의)
"현장설명서"라 함은 시행령 제14조의2에 의한 현장설명 시 교부하는 도서로서 시공에 필요한 현장상태 등에 관한 정보 또는 단가에 관한 설명서 등을 포함한 입찰가격 결정에 필요한 사항을 제공하는 도서를 말한다.
현장설명서란 입찰전에 공사가 진행될 현장에서 현장상황, 도면 및 시방서에 표시하기 어려운 사항 등 입찰참가자가 입찰가격의 결정 및 시공에 필요한 정보를 제공, 설명하는 서면을 말한다.

**15** 오실로스코프의 용도 4가지를 쓰시오.(4점)     [기출] 23_2회토/ 20_1회 / 18_1회 / 12_2회

> **정답**
>
> ① 주기측정 ② 전압측정 ③ 주파수측정 ④ 파형측정 ⑤ 리사주측정(주파수와 위상비교)

**16** 광통신 시스템에서 분산을 이용하여 시스템의 대역폭을 추정하는 식을 다음과 같다. (6점)

[기출] 20_1회 / 17_1회 / 15_1회

1) 대역폭(bandwidth) = $\dfrac{1}{2 \times \Delta t}$ (여기서 $\Delta t$는 분산)

   1.5ns / Km의 분산을 갖는 경사형 굴절률 분포의 광케이블을 8km 설치하였을 때 광통신 시스템의 대역폭을 계산하시오.

2) 광통신 시스템에서 광케이블 1km에 대한 광대역폭과 전기대역폭을 구하시오.
   - 광대역폭 계산과정 :     • 답 :
   - 전기대역폭 계산과정 :     • 답 :

> **정답**
>
> 1) 대역폭(Bandwidth) = 41.67MHz
>
>     계산식 : $\dfrac{1}{2 \times \Delta t} = \dfrac{1}{2 \times 1.5ns \times S} = \dfrac{1}{2 \times 1.5 \times 10^{-9} \times 8} = \dfrac{1}{24} \times 10^9 = 41.67\,MHz$
>
> 2) ① 광대역폭 : 166 MHz
>    ② 전기대역폭 : 235 MHz
>        계산식 : 광케이블 1Km 일 때
>        대역폭(Bandwidth) = 333 MHz
>        계산식 : $\dfrac{1}{2 \times \Delta t} = \dfrac{1}{2 \times 1.5ns \times S} = \dfrac{1}{2 \times 1.5 \times 10^{-9} \times 1} = \dfrac{1}{3} \times 10^9 = 333\,MHz$
>    ① 광대역폭 : 166 MHz
>        최대치의 0.5 감쇠되는 대역폭
>    ② 전기대역폭 : 235 MHz
>        최대치의 3dB(0.707) 감쇠되는 대역폭

**17** 스펙트럼 분석기(Spectrum Analyzer)와 더불어 RF엔지니어링 영역의 필수 장비 중 하나인 네트워크 분석기(Network Analyzer)는 미리 알고 있는 기준신호를 고주파 시스템 회로에 인가하여 그 응답 특성을 주파수 영역에서 분석하는 측정기이다. 네트워크 분석기를 이용하여 측정할 수 있는 항목 4가지를 쓰시오. (4점)     [기출] 23_2회 / 20_1회

> **정답**
>
> 1) S-파라메터 측정 : S-Parameter magnitude, Phase
>    - S11 : Forward Reflection Coefficient (Input match)
>    - S22 : Reverse Reflection Coefficient (Output match)
>    - S21 : Forward Transmission Coefficient (Gain or Loss)
>    - S12 : Reverse Transmission Coefficient (Isolation)
> 2) 임피던스 측정 : 입/출력 임피던스
> 3) Reflection & Transmission 측정 (주파수응답 특성 분석)
>    - 반사 특성 : VSWR, 반사계수, Return Loss 등 분석
>    - 전달 특성 : 전달상수(Transmission Coefficient), 이득(Gain), Insertion Loss 등 분석
> 4) Timing Delay
>
> ※ 비교
>
> | 구분 | 스펙트럼 분석기 | 네트워크 분석기 |
> | --- | --- | --- |
> | 개요 | Spectrum Analyzer<br>주파수 도메인에서 신호를 분석/시각화 | Network Analyzer<br>주파수 도메인에서 전기적인 신호와 회로의 특성을 측정 분석 |
> | 기능 | 주파수 영역에서 신호의 강도를 분석 주파수 구성요소를 분석 | 주파수 영역에서 전기적인 특성을 특정, S파라메터를 사용 전달성능 및 임피던스를 분석 |
> | 특징 | 입력신호를 주파수별로 분해하고, 각 주파수 성분의 강도를 측정, 스펙트럼(주파수대역)을 시각화 | 주파수 영역에서 전기적인 특성을 특정, S파라메터를 사용 전달성능 및 임피던스를 분석<br>- Scalar/Vector Network Analyzer |

**18** 현장실무에서 PCB, 장비와 기기 등에서 노이즈 분리 제거 및 감소는 중요한 문제 중 하나이다. 노이즈를 제거 및 감소 시키기 위해 노이즈 대책 부품들을 사용하는데 노이즈 대책 부품은 크게 다음과 같이 분류 할 수 있다. [가, 나, 다]에 해당하는 부품을 각각 1개씩 쓰시오. (6점)

[기출] 20_1회 / 15_2회

> 가. 신호와 노이즈의 주파수 차이를 이용하여 노이즈를 분리, 제거, 감소시키는 노이즈 대책 부품
> 나. 신호와 노이즈의 전송모드 차이를 이용하여 노이즈를 분리, 제거, 감소시키는 노이즈 대책 부품
> 다. 신호와 노이즈의 전위수 차이를 이용하여 노이즈를 분리, 제거, 감소시키는 노이즈 대책 부품

**정답**

가. L(인덕터), C(콘덴서), BPF(BAND PASS FILTER)
나. 공통모드 초크코일, 포토 커플러
다. 다이오드, 방전소자, 배리스터(Varistor)

---

**19** 접지선은 접지 저항이 ( ① )이하인 경우에는 2.6mm이상, 접지 저항값이 100Ω이하인 경우에 는 직경 ( ② )이상의 PVC 피복 동선 또는 그 이상의 절연효과가 있는 전선을 사용하고 접지극은 부식이나 토양오염 방지를 고려한 도전성 재료를 사용한다. 단, 외부에 노출되지 않는 접지선의 경우에는 피복을 아니 할 수 있다. (6점)

[기출] 24_2회 / 21_2회(유사) / 20_1회(유사) / 18_4회(유사) / 18_2회(유사) / 13_2회(유사)

**정답**

① 10Ω
② 1.6mm

※ 접지설비·구내통신설비·선로설비 및 통신공동구등에 대한 기술기준 제5조(접지저항 등)
　① 교환설비·전송설비 및 통신케이블과 금속으로 된 단자함(구내통신단자함, 옥외분배함 등)·장치함 및 지지물 등이 사람이나 방송통신설비에 피해를 줄 우려가 있을 때에는 접지단자를 설치하여 접지하여야 한다.

② 통신관련시설의 접지저항은 10Ω 이하를 기준으로 한다. 다만, 다음 각호의 경우는 100Ω 이하로 할 수 있다.
  1. 선로설비중 선조·케이블에 대하여 일정 간격으로 시설하는 접지(단, 차폐케이블은 제외)
  2. 국선 수용 회선이 100회선 이하인 주배선반
  3. 보호기를 설치하지 않는 구내통신단자함
  4. 구내통신선로설비에 있어서 전송 또는 제어신호용 케이블의 쉴드 접지
  5. 철탑이외 전주 등에 시설하는 이동통신용 중계기
  6. 암반 지역 또는 산악지역에서의 암반 지층을 포함하는 경우등 특수 지형에의 시설이 불가피한 경우로서 기준 저항값 10Ω을 얻기 곤란한 경우
  7. 기타 설비 및 장치의 특성에 따라 시설 및 인명 안전에 영향을 미치지 않는 경우
③ 통신회선 이용자의 건축물, 전주 또는 맨홀 등의 시설에 설치된 통신설비로서 통신용 접지시공이 곤란한 경우에는 그 시설물의 접지를 이용할 수 있으며, 이 경우 접지저항은 해당 시설물의 접지기준에 따른다. 다만, 전파법시행령 제24조의 규정에 의하여 신고하지 아니하고 시설할 수 있는 소출력중계기 또는 무선국의 경우, 설치된 시설물의 접지를 이용할 수 없을 시 접지하지 아니할 수 있다.
④ 접지선은 접지 저항값이 10Ω 이하인 경우에는 2.6mm이상, 접지 저항값이 100Ω 이하인 경우에는 직경 1.6mm이상의 피·브이·씨 피복 동선 또는 그 이상의 절연효과가 있는 전선을 사용하고 접지극은 부식이나 토양오염 방지를 고려한 도전성 재료를 사용한다. 단, 외부에 노출되지 않는 접지선의 경우에는 피복을 아니할 수 있다.
⑤ 접지체는 가스, 산 등에 의한 부식의 우려가 없는 곳에 매설하여야 하며, 접지체 상단이 지표로부터 수직 깊이 75cm 이상되도록 매설하되 동결심도보다 깊도록 하여야 한다.
⑥ 사업용방송통신설비와 전기통신사업법 제64조의 규정에 의한 자가전기통신설비 설치자는 접지저항을 정해진 기준치를 유지하도록 관리하여야 한다.
⑦ 다음 각 호에 해당하는 방송통신관련 설비의 경우에는 접지를 아니할 수 있다.
  1. 전도성이 없는 인장선을 사용하는 광섬유케이블의 경우
  2. 금속성 함체이나 광섬유 접속등과 같이 내부에 전기적 접속이 없는 경우

### 20

접지전극의 시공방법으로는 일반 접지봉 접지, 메시(망상)접지, 동판접지, 화학 저감재 접지 등이 있다. 다음의 설명은 위 시공방식 중 어떤 시공방법을 설명한 것인지 쓰시오. (4점)

[기출] 20_1회 / 14_4회

(1) 시공지역 전체를 1[m]길이의 설계된 면적으로 구덩이를 판다.
(2) 나동선을 정해진 간격으로 그물형태로 포설한다.
(3) 그물모양의 각 연결점을 압착 슬리브 접합 혹은 발열 용접으로 접속한다.
(4) 외부 접지도선을 연결하여 인출한다.
(5) 시공지의 전체를 메우고 마무리한다.

**정답**

메시접지 (Mesh접지, 망상접지)

## 2   2020년도 2회

**01**   24명의 가입자를 위한 T1 반송시스템을 통하여 음성신호를 PCM으로 전송하고자 할 때 다음 각항에 대하여 설명하시오. (12점)
[기출] 20_2회

> **정답**
>
> 1) T1 프레임(frame)
>    - 24개의 가입자 채널과 하나의 F비트로 1개 T1 프레임을 구성하며 12개 프레임이 하나의 멀티프레임을 구성
>    - T1 주기(T) : 125$\mu$sec
>    - T1 전송속도 : 1.544Mbps
>    - 193Bit / 프레임 × 8,000프레임 / sec = 1.544Mbps
>    - 양자화 압신법칙 : $\mu$ – law
>    - F비트는 프레임 및 멀티프레임 동기용으로 사용되는데 홀수 프레임의 F비트는 프레임 동기용, 짝수 프레임의 F비트는 멀티프레임 동기용을 각각 사용됨
>    - 매6번째과 12번째 프레임에서 각 채널의 마지막 비트(8번째 비트)는 신호정보를 표시
> 2) T1 멀티프레임(Multiframe)

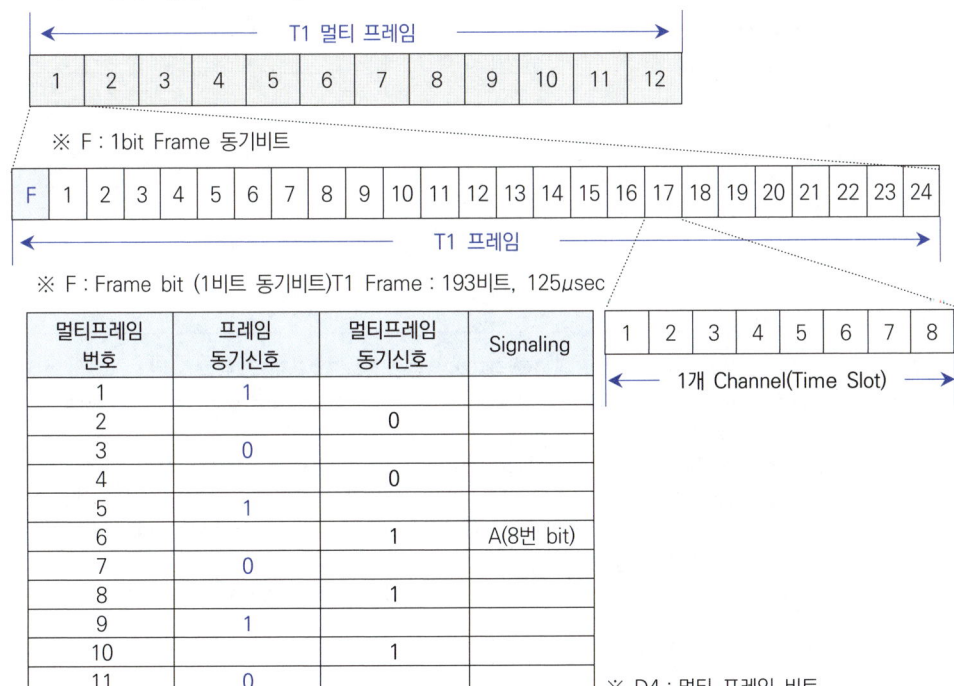

**02** HDLC, SDLC의 대칭전송시 선로부호화 할 경우 전송방식은 2Bit 4단계 진폭변조한다. 이러한 전송방식이 무엇인지 쓰시오. (3점)  [기출] 22_2회 / 20_2회 / 14_1회

> 정답

2B1Q  2 Binary 1 Quaternary
- 2진 데이타 4개(00, 01, 11, 10)를 1개의 4진 심볼(-3, -1, +1, +3)로 변환하는 선로부호화 방식

**03** 다음 용어를 설명하시오. (10점)  [기출] 20_2회 / 17_4회
1) 프로토콜
2) 반송파
3) 논리채널
4) 데이터링크
5) 전용회선

> 정답

1) 프로토콜 : 통신시스템간 정보(Data)를 주고받기 위한 통신 절차, 규약, 규칙
2) 반송파 : 정보(Data)를 장거리 전송하기위해 높은주파수에 정보(Data)를 실어 보내는 변조과정에서 높은주파수가 반송파(Carrier Wave)
3) 논리채널 : 물리계층의 물리채널(Physical Channel)를 통하여 하나의 물리적인 선로를 통하여 다수의 상대방과 통신할 수 있는 여러개의 채널을 구성하는 각각의 상위 데이터링크 계층의 논리적 채널(Logical Channel)
4) 데이터링크 : OSI 2계층에 해당되며 장치 간에 정보(Data) 전송을 위한 통신로이며, 물리적인 전송로와 논리적으로 설정된 데이터 전송제어를 총칭
5) 전용회선 : 이용자 두지점 간을 직통연결, 항상 접속되어 정보(Data) 전송하는 독점적 전용회선(leased line)

## 04. AC Level Meter의 다음 질문에 대하여 답하시오. (6점) [기출] 20_2회 / 15_1회 / 14_1회

1) 600Ω 일 경우에 0dBm 전류값을 구하시오.
2) 5W는 몇 dBm인가? (소수점 셋째자리에서 반올림)

**정답**

1) 전류 $i = \dfrac{V}{R} = \dfrac{1.55[V]}{1200[\Omega]} = 1.291mA$

- 유선 0dBm
  특성임피던스가 600[Ω]인 회로에 1.291[mA]가 흐르고 600[Ω]의 부하 양단에 0.775[V]가 걸릴 때 1[mW]가 공급되는 경우 0dBm임
- $P = i^2 R = (1.291mA)^2 \times 600\Omega = 1mW$
- $V = iR = 1.291mA \times 600\Omega = 0.775V$

2) 36.99 dBm

- $10\log\dfrac{5W}{1mW} = 10 \times 3.69897 = 36.9897$, 셋째자리 반올림 $= 36.99$

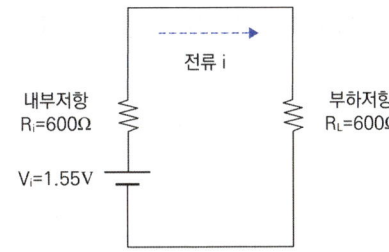

## 05. 다중경로에 의한 페이딩으로 반사파가 주로 높은 건물이나 다른 간섭요인(장애물) 등으로 인해 전계강도가 빠르게 변화가 일어나는 페이딩을 쓰시오. (3점)

[기출] 20_2회 / 18_4회(유사) / 17_1회(유사)

**정답**

Short Term Fading

**06** 무선LAN 802.11에서 프레임의 종류 3가지를 쓰시오. (6점)

[기출] 20_2회 / 17_4회 / 13_1회

**정답**

1) 802.11 관리프레임 (유형 type : 00)
2) 802.11 제어프레임 (유형 type : 01)
3) 802.11 데이터프레임 (유형 type : 10)

**07** 인터넷에서 크기가 10Mbyte인 MP3 파일을 내려받을 경우 사용 중인 인터넷 회선의 다운로드 속도가 2Mbps이면 파일을 모두 내려받는 데 걸리는 시간[sec]를 계산식과 답을 쓰시오. (4점)

[기출] 20_2회 / 14_4회

**정답**

40sec
1) 속도 : 2Mbps [bit per second]
2) 용량 : 10Mbyte = 80Mbit, 1Byte = 8Bit
3) 시간 = $\dfrac{80 Mbit(\text{다운용량})}{2 Mbps(\text{속도})} = 40\text{sec}$

**08** 전송 길이가 1,000[Km]인 전송로에 신호전파속도가 200,000[Km/sec]라면 전파지연 시간은 얼마인가? (5점)

[기출] 20_2회 / 13_1회

**정답**

5[msec]

계산식 : 거리$(S)$ = 속도$(V)$ × 시간$(t)$,

$$S = 1,000[Km] = 10^3[Km], \text{ 속도 } V = 200,000[Km/\text{sec}] = 2 \times 10^5[Km/\text{sec}]$$

$$\text{시간}(t) = \frac{1 \times 10^3 Km}{2 \times 10^5 Km/\text{sec}} = 0.5 \times 10^{-2}[\text{sec}] = 5 \times 10^{-3}[\text{sec}] = 5[msec]$$

**09** PCM 반송시스템에서 북미방식과 유럽방식을 비교한 것이다. 빈칸을 채우시오. (4점)

[기출] 20_2회

| 구 분 | 북미방식(T1) | 유럽방식(E1) |
|---|---|---|
| 전송속도 | 1.544Mbps | ( 1 ) |
| 프레임당 비트수 | ( 2 ) | ( 3 ) |
| 압신특성 | ( 4 ) | A - law |
| 프레임당 채널수 / 통화로수 | 24 / 24 | ( 5 ) |

**정답**

(1) 2.048Mbps (2) 193 (3) 256 (4) $\mu$-law (5) 32/30

**10** 정보통신 네트워크가 대형화 및 복잡화되면서 네트워크 관리의 중요성이 증가하고 있다. 다음 빈칸을 채우시오. (3점)   [기출] 23_1회 / 22_1회 / 20_2회 / 17_1회 / 14_2회 / 13_4회(유사)

1) 통신망을 구성하는 기능요소 또는 개별장비를 (   )한다.
2) 여러 장비로부터 정보를 수집, 제어, 관리 등을 통해 네트워크 운송을 지원하는 시스템을 (   )이라 한다.
3) 네트워크 운영지원 및 시스템 총괄 감시/관리시스템을 (   )한다.

> **정답**
>
> 1) NE (Network Element)
> 2) EMS (Element Management System)
> 3) NMS (Network Management System)

**11** 전송제어장치의 구성요소 3가지를 쓰시오. (4점)   [기출] 20_2회

> **정답**
>
> 1) 회선접속부
> 2) 회선제어부
> 3) 입출력제어부

**12** 정보통신공사업법에서 규정하는 감리원의 업무범위 5가지를 서술하시오. (5점)

[기출] 23_4회 / 23_2회일/ 17_2회 / 15_2회 / 14_1회(유사)

**정답**

정보통신공사업법 시행령 제12조(감리원의 업무범위) 기준
1. 공사계획 및 공정표의 검토
2. 공사업자가 작성한 시공상세도면의 검토·확인
3. 설계도서와 시공도면의 내용이 현장조건에 적합한지 여부와 시공가능성 등에 관한 사전검토
4. 공사가 설계도서 및 관련규정에 적합하게 행하여지고 있는지에 대한 확인
5. 공사 진척부분에 대한 조사 및 검사
6. 사용자재의 규격 및 적합성에 관한 검토·확인
7. 재해예방대책 및 안전관리의 확인
8. 설계변경에 관한 사항의 검토·확인
9. 하도급에 대한 타당성 검토
10. 준공도서의 검토 및 준공확인

**13** 일반적으로 네트워크를 지나다니는 패킷들을 캡처하여 이를 세밀하게 분석하는 소프트웨어 또는 소프트웨어와 하드웨어의 조합을 말한다, 이를 무엇이라 하는지 쓰시오. (2점)

[기출] 20_2회

**정답**

프로토콜 분석기(Protocol Analyzer)
- 명칭 다양 (Packet Analyzer, Protocol Analyzer, Packet Network Analyzer, Packet Sniffer 프로토콜 애널라이저, 프로토콜 분석기, 패킷 스니퍼, 패킷 분석기)
- 예 와이어샤크 등

## [유사] 13

하드웨어적이 아닌 문제를 점검하는 것으로 네트워크상에서 흐르는 데이터 프레임(Data Frame)을 캡처하고 디코딩하여 분석하며, LAN의 병목현상, 응용프로그램 실행오류, 프로토콜 설정오류, 네트워크 카드의 충돌오류 등을 분석하는 장비는? (4점)

[기출] 20_2회(유사) / 19_2회 / 18_4회 / 16_2회 / 13_4회

### 정답

프로토콜 분석기(Protocol Analyzer)
- 명칭 다양 (Packet Analyzer, Protocol Analyzer, Packet Network Analyzer, Packet Sniffer 프로토콜 애널라이저, 프로토콜 분석기, 패킷 스니퍼, 패킷 분석기)
- 예 와이어샤크 등

## 14

TCP / IP 4계층을 하위계층부터 쓰시오. (4점)

[기출] 23_1회 / 20_2회 / 18_4회 / 17_1회 / 16_2회

### 정답

① 네트워크액세스 계층
② 인터넷 계층
③ 전송(Transport) 계층
④ 응용(Application) 계층

**15** 지능형 교통체계(ITS)를 구축하기 위해 사용되는 무선통신기술 2가지를 쓰시오. (5점)

[기출] 20_2회

> **정답**

1) WAVE (Wireless Access for Vehicle Environment)
2) C-V2X (Cellure-vehicle to everything)

| WAVE | C-V2X |
| --- | --- |
| Wireless Access for Vehicle Environment | Cellure-vehicle to everything |
| 근거리 전용 고속패킷 통신시스템 (DSRC)을 기반 기술<br>• DSRC(Dedicated Short Range Communication) | 5G와 같은 이동통신망 기반기술 |

※ DSRC는 현재 하이패스시스템에 적용되어 있으며 도로변 기지국 RSE(Road Side Equipment)와 차량내 단말기 OBU(On Board Unit)로 구성되어 있음

---

**16** 다음 설명에 적합한 측정법을 보기에서 찾아 쓰시오. (5점)

[기출] 24_4회 / 20_2회

[ 보기 ]
투과측정법, 컷백법, 삽입법, 후방산란법, 주파수영역법

1) 다중모드 광섬유의 대역폭 특성 측정법의 하나로 RF 신호로 변조된 광펄스를 광섬유 속에 전파시키고 그 진폭변화에서 대역을 측정하는 방법
2) 광섬유 내를 전파하는 광의 일부가 프레스넬 반사 및 레일리산란에 의해 입사단으로 되돌아오는 현상을 이용하여 광섬유 손실 특성을 측정하는 방법

> 정답

1) 주파수영역법
2) 후방산란법

| 광섬유 | 측정항목 | 측정법 | 투과측정법 | | 후방 산란법 | 반사손실 측정법 | 주파수 영역법 |
|---|---|---|---|---|---|---|---|
| | | | 컷백법 | 삽입법 | | | |
| 단일모드 다중모드 | 손실 (Loss) | 단위구간손실[dB] | ○ | | | | |
| | | 총손실[dB] | | ○ | | | |
| | | 접속손실[dB/개소] (융착, 기계식) | | | ○ | | |
| 다중모드 | | 대역폭(Band width) [dB] | | | | | ○ |
| 광커넥터 | | 반사손실(Return loss) [dB] | | | | ○ | |
| | | 삽입손실(Insertion loss) [dB] | ○ | ○ | | | |

**17** 정보통신설비를 설계할 때 공사 설계도서에 적용되는 원가의 종류 3가지를 쓰시오.

[기출] 22_1회 / 20_2회 / 15_1회 / 14_1회

> 정답

표준품셈 기반 원가계산 기준으로 공사원가 (순공사비원가)
1) 재료비
2) 노무비
3) 경비

**18** 방송통신 설비의 기술기준에 관한 규정 중 특고압의 정의에서 괄호 안에 들어갈 알맞은 값을 쓰시오. (3점)　　　　　　　　　　　　　　　　　　　　　　　　　　　　[기출] 20_2회

> 특고압이란 (　　) 볼트를 초과하는 전압을 말한다.

**정답**

7,000

---

**19** 정보통신시스템의 설계시 고려되는 가동률(%)을 나타내는 식을 쓰고 MTBF, MTTR 원어 및 설명하시오. (6점)　　　　　　　　　　　　　　　　　　　　　[기출] 20_2회 / 14_2회

**정답**

가동률 = (MTBF) / (MTBF + MTTR)
　　　 = (평균고장간격) / (평균고장간격 + 평균수리시간)
　　　 = (실질 가동 시간) / (총 운용 시간)
1) MTBF(Mean Time Between Failures) 평균고장간격
2) MTTR(Mean Time to Repair) 평균수리시간

**20** 낙뢰 또는 강전류 전선과의 접촉 등으로 이상 전류 또는 이상 전압이 유입될 우려가 있는 방송통신설비에 설치하는 것으로 과전류 또는 과전압을 방전시키거나 이를 제한 또는 차단하는 장치를 쓰시오. (5점)

[기출] 20_2회 / 18_2회

> 정답

보호기

- 서지보호기 SPD(surge protector device)
  방송통신설비의 기술기준에 관한 규정 제7조(보호기 및 접지)
  제7조(보호기 및 접지) ① 벼락 또는 강전류전선과의 접촉 등으로 이상전류 또는 이상전압이 유입될 우려가 있는 방송통신설비에는 과전류 또는 과전압을 방전시키거나 이를 제한 또는 차단하는 보호기가 설치되어야 한다.

# 3. 2020년도 4회

**01** 75Ω, 200Ω 동축케이블 연결 시 연결지점에서 무슨 현상이 나타나는지 쓰시오. (3점)

[기출] 20_4회

**정답**

고스트 효과 (Ghost effect)가 발생
1) 임피던스 매칭(Impedance Matching) 구간으로 양쪽 임피던스 부정합으로 인한 송신 TV신호의 경우 크로스토크 (crosstalk)에 의해 발생하는 잔상효과인 (Ghost effect)가 발생할 수 있음.
2) 진행파 신호의 경우 VSWR값이 나빠짐(즉 수치가 오름)으로 인한 송신측으로 반사파의 강도가 증가하여 송신출력의 효율이 낮아지고, 시스템의 불안정을 유발할 수도 있음.

**02** U = 111101, V = 101011 일 때 해밍거리D (U, V)를 구하시오. (4점)

[기출] 20_4회

**정답**

3 (U, V)

해밍거리(Hamming Distance) : 같은 거리의 2개의 문자열에서 같은 위치에 있지만 서로다른 문자의 개수

| U | 1 | 1 | 1 | 1 | 0 | 1 |
|---|---|---|---|---|---|---|
| V | 1 | 0 | 1 | 0 | 1 | 1 |
| 동일(=), 상이(≠) | = | ≠ | = | ≠ | ≠ | = |

**03** OSI 7계층 중에서 중계시스템과 관련된 계층 3가지를 쓰시오. (6점) [기출] 20_4회 / 19_1회

> **정답**
>
> ① 물리계층 ② 데이터링크계층 ③ 네트워크계층

**04** 다음 보기는 어떤 종류의 디지털변조 방식을 설명한 것인지 알맞은 용어를 쓰시오. (3점)

[기출] 20_4회 / 16_1회

```
A : 진폭(Amplitude)     Fc : 주파수(Frequency)     π : 위상(Phase)
1 : A sin(2πF_c t)      0 : A sin(2πF_c t + π)
```

> **정답**
>
> BPSK(Binary Phase Shift Keying) 2진 위상변조

**05** FDDI는 어떤계층에서 동작하는지와 2차링의 주요 목적을 서술하시오. (4점)

[기출] 20_4회 / 16_1회

1) FDDI는 어떤 계층에서 동작하는가?
2) FDDI 2차링의 주요 목적

> **정답**
>
> 1) 데이터링크 계층
> 2) 1차링(Primary Ring) 장애시 Protection 기능으로 Failover(장애조치) 위한 2차링(Secondary Ring)임

**06** 반송파의 진폭과 위상을 이용하여 데이터를 전송하는 변조방식을 쓰시오. (3점)

[기출] 20_4회 / 17_4회 / 13_4회

> **정답**
>
> QAM (Quadrature Amplitude Modulation)

**07** 다음 용어에 대해 풀네임을 쓰시오.

[기출] 20_4회 / 17_2회

1) DSU :
2) ADSL :
3) MPEG :
4) TCP / IP :
5) IETF :
6) TTA :

> **정답**
>
> 1) DSU : Data Service Unit 데이타 서비스 장치
> 2) ADSL : Asymmetric Digital Subscriber Line 비대칭디지털가입자전송장치
> 3) MPEG : Moving Picture Expert Group 동영상 국제표준
> 4) TCP / IP : Transmission Control Protocol / Internet Protocol  TCP / IP 프로토콜군
> 5) IETF : Internet Engineering Task Force 인터넷기술표준화위원회
> 6) TTA : Telecommunications Technology Association 한국정보통신기술협회

**08** 유니캐스트, 멀티캐스트, 브로드캐스트에 대해 간단히 서술하시오. (6점)

[기출] 23_2회토 / 20_4회(유사) / 18_2회(유사)

**정답**

1. 유니캐스트(Unicast) : 데이터 송신주소와 수신주소가 1 : 1 관계
2. 멀티캐스트(Multicast) : 데이터 송신주소와 수신주소가 1 : N(특정한 다수) 관계
3. 브로드캐스트(Broadcast) : 데이터 송신주소와 수신주소가 1 : N(불특정 다수) 관계

 **09** 다음 항목의 측정과 관련한 단위를 각각 설명하고, 또한 로그를 이용하여 수식 표현을 하도록 하시오. (9점)

[기출] 20_4회 / 18_2회

1) dBm
2) dBW
3) dBmV

**정답**

1) $dBm = 10\log\dfrac{P}{1mW}$
   - 어떤 전력을 1[mW]를 기준으로 해서 데시벨로 절대레벨 표현
2) $dBW = 10\log\dfrac{P}{1W}$
   - 어떤 전력을 1[W]를 기준으로 해서 데시벨로 절대레벨 표현
3) $dBmV = 20\log\dfrac{V}{1mV}$
   - 어떤 전압을 1[mV]를 기준으로 해서 데시벨로 절대레벨 표현

**10** 오실로스코프 기능에 관해서 서술하시오. (8점)      [기출] 20_4회 / 12_2회
1) Volt / DIV 버튼 용도
2) Time / DIV 버튼 용도
3) 기능 4가지

> 정답

1) Volt / DIV 버튼
   - 수직(Vertical) 편향감도를 선택하는 단계별 감쇠기로서 신호전압 크기에 맞춰서 적정 조정단자
2) Time / DIV 버튼
   - 수평(Horizontal) 편향감도를 선택하는 단계별 감쇠기로서 신호주기 간격에 맞춰서 적정 조정단자
   - 오실로스코프는 Time Domain 기반의 계측기임
3) 기능 4가지
   ① 주기측정 ② 전압측정 ③ 주파수측정 ④ 파형측정 ⑤ 리사주(주파수와 위상 비교)

**11** 4PSK변조방식을 적용하는 시스템의 전송속도가 4800bps일 때, 변조속도 Baud는 얼마인지 구하시오. (5점) [기출] 23_2회 / 20_4회(유사) / 18_2회(유사) / 16_4회(유사) / 14_1회(유사) / 12_2회(유사)

> 정답

2,400 Baud
데이터신호 전송속도 $C[bps] = nB = \log_2 M \times B$, $B[Baud]$ $M$은 4PSK에서 $M = 4$
$4,800[bps] = \log_2 4 \times B = \log_2 2^2 \times B = 2 \times B$
$\therefore B = 2,400[Baud]$

**12** BER 오류율이 $10^{-8}$ 일 때 10[Mbps]로 1시간 전송 시 최대 오류 비트수를 구하시오. (4점)

[기출] 20_4회 / 17_2회 / 15_4회

> **정답**

360

계산식 : $BER = \dfrac{총오류비트수}{총전송비트수}$

$1 \times 10^{-8} = \dfrac{최대오류비트수}{10Mbps \times 3600\sec(1시간)}$ 에서

∴ 최대오류비트수 $= 1 \times 10^{-8} \times 10 \times 10^6 \times 3600 = 360$

**13** 다음 설명에 적합한 용어를 서술하시오. (3점)

[기출] 20_4회

> 일반적인 기업 단위의 네트워크 기반의 모든 장비들에 대한 중앙감시 등을 목적으로 Monitoring, Planning 및 분석이 가능하고, 관련 데이터를 보관하며, 필요 즉시 활용하는 망감시 및 망성능 관리용 시스템을 말한다

> **정답**

NMS (Network Management System)

**14** 다음 괄호안에 알맞은 말을 넣으시오. (3점)     [기출] 20_4회

> 네트워크 장비중에 ( 1 )는 하나의 네트워크 세그먼트안에서 크기를 확장하기 위해 사용되는 장비인 반면, ( 2 )는 네트워크 세그먼트 간을 연결하여 전체 네트워크의 크기를 확장하는데 이용된다.

**정답**

1. 리피터(Repeater)
2. 브리지(Bridge) 또는 스위치(Switch)

---

**15** 통신속도를 나타내는 방법 중에 변조속도가 있다. 1비트를 변조하여 전송하는데 2ms가 소요되었을 경우 변조속도[Baud]를 구하시오. (5점)     [기출] 20_4회 / 14_4회

**정답**

500Baud

$$Baud = \frac{1}{T} = \frac{1}{2ms} = 500\ Baud$$

### 16. 정보통신공사업법에서 규정한 "감리"에 대한 설명으로 다음 괄호안에 알맞은 말을 넣으시오. (5점)
[기출] 23_2회토 / 20_4회 / 18_2회 / 16_1회 / 13_1회 / 12_2회

"감리란 공사에 대하여 발주자의 위탁을 받은 용역업자가 ( 1 ) 및 ( 2 )의 내용대로 시공되는지를 ( 3 )하고, ( 4 ), ( 5 ) 및 안전관리에 대한 지도 등에 대한 발주자의 권한을 대행하는 것을 의미한다."

**정답**

1. 설계도서
2. 관련규정
3. 감독
4. 품질관리
5. 시공관리

### 17. 한 전송로에서 입력 신호가 10[mW]일 때, 일정 거리에서 신호를 측정하였더니 10[dB] 감쇠가 발생했다. 이때 전력을 구하시오. (4점)
[기출] 20_4회

**정답**

1mW (0dBm)

| 입력 전력 | 전송선로 | 출력 전력 |
|---|---|---|
| 10mW = 10dBm | 10dB 감쇠 | 0dBm = 1mW (10dBm - 10dB = 0dBm) |

**18** LAN에서 자주 쓰이는 전송부호방식으로 음과 양으로만 표현되며, 0값은 사용하지 않는다. "1" 표현시 T/2는 음의 부호, T/2는 양의 부호, "0" 표현시 T/2는 양의 부호, T/2는 음의 부호를 표현하는 방식은?  [기출] 22_1회 / 20_4회

> **정답**
>
> 맨체스터 코드(Manchester Code)
>
>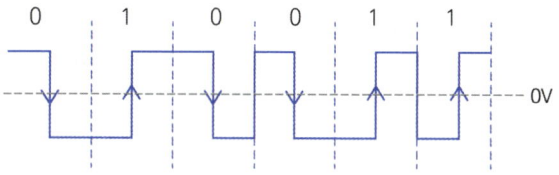

**19** 공사원가 산정방식인 표준품셈과 표준시장 단가제도를 비교 서술하시오.  [기출] 20_4회

> **정답**
>
> | 구분 | 표준품셈 | 표준시장단가 |
> |---|---|---|
> | 내역서 작성 | 설계자 및 발주기관에 따라 상이 | 수량산출기준에 의해 통일 |
> | 단가산술방법 | 표준품셈을 기초로 원가계산 | 공종별 표준시장단가에 의해 산출 |
> | 직접공사비 | 재료비·노무비·경비 분리 | 재료비·직접노무비·직접경비 포함 |
> | 간접공사비 | 비목(노무비 등)별 기준 | 직접공사비 기준 |

## ※ 정리

| 원가계산 | 정보통신공사 시공시 사용되는 재화의 수량과 가액을 계산하는 것으로 일반적으로 재료비·노무비·경비 등의 비용을 집계하여 이를 생산량으로 나누어 산출 |
|---|---|
| 원가계산 방식 | 표준품셈 기반 원가계산<br>표준시장단가 기반 원가계산 |
| 표준품셈 | 시설공사의 대표적이고 보편적인 공종, 공법을 기준으로 작업당 소요되는 노무량, 장비사용시간 등을 수치로 표시한 표준적인 기준<br>예 정보통신공사 표준품셈 |

| 구분 | 정부부처 | 관리기관 |
|---|---|---|
| 정보통신 | 과학기술정보통신부 | 한국정보통신산업연구원 |

| 표준 시장단가 | 표준시장단가방식은 과거 수행된 공사(계약단가, 입찰단가, 시공단가)로부터 축적된 공종별 단가를 기초로 매년의 인건비, 물가상승률 그리고 시간, 규모, 지역차 등에 대한 보정을 실시하여 차기 공사의 예정가격 산출에 활용하는 방식 |
|---|---|

| 구분 | 정부부처 | 관리기관 |
|---|---|---|
| 정보통신 | 과학기술정보통신부 | 한국정보통신산업연구원 |

**20** CRC-12, CRC-16에서 사용되는 각각의 오류검출코드 다항식에 관해서 서술하시오. (6점)

1) CRC-12
2) CRC-16

[기출] 24_4회(유사) / 20_4회

### 정답

1) CRC-12
   $G(x) = X^{12} + X^{11} + X^3 + X^2 + X^1 + 1$
   ( 1100 0000 0111 1 )
   비트 길이 : 12 + 1 = n - k + 1 bits

2) CRC-16
   $G(x) = X^{16} + X^{15} + X^2 + 1$ : ANSI 및 IBM 기준
   (1100 0000 0000 0010 1)
   $G(x) = X^{16} + X^{12} + X^5 + 1$ : CCITT 기준
   (1000 1000 0001 0000 1)
   비트 길이 : 16 + 1 = n - k + 1 bits

# 6절 2019년도 기출풀이

## 1  2019년도 1회

**01** 데이터통신에서 사용하는 통신속도 4가지를 적으시오. (8점)  [기출] 19_1회

**정답**

| 구분 | 명칭 | 기능 |
|---|---|---|
| 1) CBR | Constant Bit Rate | 고정비트율<br>• 실시간 오디오, 비디오에 대해 일정 비트율을 보장, 기존 전화통신 트래픽, 화상 회의 등에 적합 |
| 2) ABR | Available Bit Rate | 가용 비트율<br>• 비트율 기반(Rate-based) 흐름 제어 제공 파일 전송, 전자우편 등 버스트성(Bursty) 데이터에 적합한 서비스 |
| 3) VBR | Variable Bit Rate | 가변 비트율<br>• 데이터 전송률이 시간에 따라 변동 가능<br>• 대화형 압축 비디오와 같은 실시간 응용 또는 멀티미디어 형태의 비실시간적인 이메일 응용 |
| 4) UBR | Unspecified Bit Rate | 이메일, 뉴스그룹과 같은 비대화식 비보장성 서비스 |

**02** 광케이블에서 발생하는 자체손실 유형 3가지만 쓰시오. (6점)

[기출] 21_4회 / 19_4회 / 19_1회

> **정답**
>
> 1) 산란손실 : 레일리(Rayleigh) 산란손실 등
> 2) 흡수손실 : 빛 에너지 일부가 열에너지로 변환
> 3) 구조 불안전에 의한 손실

**03** XDSL 종류를 열거하고 대칭인지 비대칭인지 적으시오. (6점)

[기출] 19_1회 / 17_1회 / 14_4회 / 13_2회(유사)

> **정답**
>
> | 종류 | 하향 / 상향 전송속도 | 대칭 / 비대칭 등 |
> | --- | --- | --- |
> | ADSL | 하향 : ~ 2Mbps<br>상향 : ~ 1.3Mbps | 비대칭 |
> | RADSL | 하향 : 700K ~ 2Mbps<br>상향 : 128kbps ~ 1Mbps | 비대칭<br>전화선전송품질과 거리에따라 속도조정 |
> | SDSL | 하 / 상향 : ~ 2Mbps | 대칭<br>제공거리 : ~ 6Km |
> | HDSL | 하 / 상향 : 1.5 ~ 2Mbps | 대칭<br>제공거리 : ~ 4.6Km |
> | VDSL | 1) 대칭<br>　하 / 상향 : 13M 또는 26Mbps<br>2) 비대칭<br>　하향 : ~ 52Mbps<br>　상향 : ~ 6.4Mbps | 대칭 / 비대칭<br>제공거리 : 0.3Km ~ 1.5Km |
>
> ※ RADSL : Rate-adaptive digital subscriber line

**04** ONU가 주택지 인근에 설치되고 ONU에서 가입자까지는 이중나선이나 동축케이블 사용하는 광가입자망의 명칭과 원어를 쓰시오. (6점)

[기출] 24_2회 / 23_2회토(유사) / 23_1회(유사) / 19_1회(유사)

### 정답

HFC Hybrid Fiber / Coaxial
- ONU 인급 주택지는 이중나선 / 동축케이블 사용 광가입자망으로 FTTH 대비 전력사용량이 높음

**05** 입력전력이 100mW이고, 반사전력 1mW일 때 몇 [dB]인지 구하시오. (5점)

[기출] 19_1회

### 정답

1) -20dB

| 입력 전력 | 반사전력 |
|---|---|
| 100mW = 20dBm | 1mW = 0dBm |

계산식 : $dB = 10\log\dfrac{P_{출력}}{P_{입력}}$

$= 10\log\dfrac{1mW}{100mW} = 10\log\dfrac{1\times 10^{-3}\ W}{1\times 10^{-1}\ W} = 10\log 10^{-2} = -20dB$

## 06. STM, ATM에 대해 정의하고 차이점을 간략히 서술하시오. (6점)

[기출] 23_2회일 / 22_1회 / 19_1회(유사) / 17_2회

**정답**

| 구분 | STM | ATM |
|---|---|---|
| 정의 | 동기식 시분할 다중화<br>Synchronous Time Division Multiplexing | 비동기식 시분할 다중화<br>Asynchronous Time Division Multiplexing |
| 채널타임<br>슬롯할당 | 정적(Static) 할당 | 동적(Dynamic) 할당 |
| 할당방식 | 입력과출력 타임슬롯 1:1 대응<br>데이터 유무에 무관 타임슬롯 고정할당 | 실제 보낼 데이터가 있는 장치에 타임슬롯 동적할당 |
| 제어절차 | 간단 | 복잡 |
| 예 | 전통적 전화교환망(PSTN) 기반<br>PDH, SDH 전송설비 | ATM (Asynchronous Transfer Mode)<br>ATM 데이터 전용회선설비 등 |

1) STM (Synchronous Time Division Multiplexing) 동기식 시분할 다중화
   - 송신(다중화기), 수신(역다중화기) 간에 시간간격을 일치시킨 동기식 TDM 방식
   - 하나의 채널(타임슬롯)을 하나의 사용자에게 고정 할당함으로써, 채널 상에 사용자 데이터의 존재여부에 상관없이 항상 일정한 고정 대역폭 점유
   - 자기 차례에 있는 시간이 보낼 정보를 가지고 있지 못하면 유휴 상태가되어버려 낭비적일 수 있음

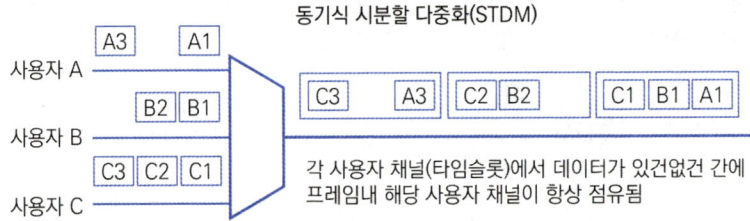

동기식 시분할 다중화(STDM)

2) ATM (Asynchronous Time Division Multiplexing) 비동기식 시분할 다중화
   - ATDM은 기존의 STDM과 비교하여 채널 사용효율이 높음
   - 통계적인 방법에 의해 동적으로 타임 슬롯을 할당하여 효율성을 높임
   - 입력되는 저속 서비스 신호들을 각각의 버퍼에 우선 저장했다가, 다중화 시스템의 우선순위 처리방침에 따라서 하나씩 꺼내어 다중화 슬롯에 삽입시키는 다중화 방식

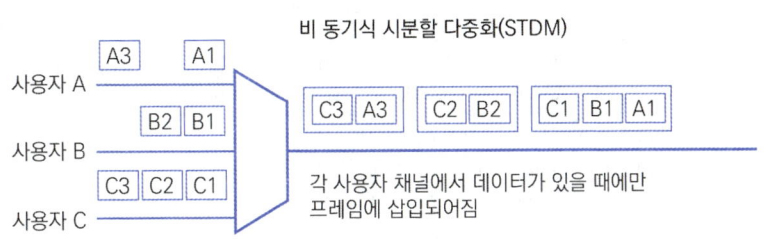

**07** 해밍코드의 성립조건을 적으시오. (단 m : 데이터 비트수, p : 패리티 비트수) (4점)

[기출] 19_1회 / 12_4회

> 정답

$2^p \geq m + p + 1$

**08** ATM 셀 구조를 나타내시오. (4점)

[기출] 23_2회토 / 19_1회(유사) / 17_4회(유사) / 15_4회(유사) / 12_2회(유사)

> 정답

1) ATM셀 = 53 Byte이며, 5 Byte헤더와 48 Byte 유료부하(Pay Load)로 구성

| Header<br>(5 Byte) | Pay Load<br>(48 Byte) |
|---|---|

2) UNI (User-Network Interface)에서의 구성

| GFC (4bit) | VPI (8bit) | VCI (16bit) | type (3bit) | CLP (1bit) | HEC (8bit) | Pay Load (48Byte) |
|---|---|---|---|---|---|---|

- GFC (Generic Flow Control, 4 bit)
- VPI (Virtual Path Identifier : UNI에서는 8 bit)
- VCI (Virtual Channel Identifier, 16 bit)
- Type (PT, Payload Type) (3 bit)
- CLP (Cell Loss Priority, 1 bit)
- HEC (Header Error Control, 8 bit)

3) NNI (Network Node Interface)에서의 구성

| VPI (12bit) | VCI (16bit) | type (3bit) | CLP (1bit) | HEC (8bit) | Pay Load (48Byte) |
|---|---|---|---|---|---|

- VPI (Virtual Path Identifier : 12 bit )
- VCI (Virtual Channel Identifier, 16 bit)
- Type (PT, Payload Type) (3 bit)
- CLP (Cell Loss Priority, 1 bit)
- HEC (Header Error Control, 8 bit)

## 09 OSI 7계층 중에서 중계시스템과 관련된 계층 3가지를 쓰시오. (6점)

[기출] 20_4회 / 19_1회

**정답**

① 물리계층 ② 데이터링크계층 ③ 네트워크계층

## 10 IPv6주소 자동설정 구현방법 2개와 IPv4와 연동방법 3가지를 적으시오. (5점)

[기출] 21_4회 / 19_1회

> 정답

1. IPv6주소 자동설정 구현방법
    1) 상태보존형 주소 자동설정(Stateful Address Auto-configuration)
    2) 상태비보존형 주소 자동설정(Stateless Address Auto-configuration, SLAAC)
2. IPv4와 연동방법 3가지
    1) 듀얼 IP 스택(Dual IP Stack)
        호스트 라우터 관점, 동일장비에 2 프로토콜 모듈(IPv6/IPv4)을 모두 구현
    2) 터널링(Tunneling) : Network 관점
        Network 관점, IPv6 데이터그램을 IPv4 패킷에 캡슐화하여 IPv4 라우팅 토폴로지 영역을 터널링
    3) 주소 변환(Translation)
        게이트웨이 관점, 송신자 IPv6, 수신자 IPv4 사용시 IPv6/IPv4 주소변환방식

**11** 하나의 장비에 여러 보안솔루션 기능을 통합적으로 제공하고 다양하고 복잡한 보안 위협에 대응할 수 있고 관리 편의성과 비용절감이 가능한 보안시스템은 무엇인가? (4점)

[기출] 23_4회 / 22_1회 / 19_1회

> 정답

UTM (Unified Threat Management)

**12** IP주소 165.243.10.54 서브넷 마스크 255.255.255.0 이다. (6점)

1) Subnet Masking은 몇 비트인가 ?   [기출] 24_1회(유사)/ 21_4회 / 19_1회
2) Network Address는?
3) 사용가능 Host IP 개수는?

> 정답

1) Subnet Mask : 24비트
2) Network Address : 165.243.10.0
   IP주소 165.243.10.54와 서브넷 마스크 255.255.255.0을 AND 연산 ∴ 165.243.10.0
3) 사용가능 Host IP : $2^8 - 2 = 254$
   전체 Host 주소($2^8 = 256$)에서 Network Address(165.243.10.0)와 Broadcast Address (165.243.10.255) 2개 제외하면, $2^8 - 2 = 254$개

**13** 근거리통신망(LAN) 구축하고자 할 때 검토할 기술사항 4개를 쓰시오. (8점)

[기출] 19_1회

> 정답

1. 토폴로지(Topology), 2. 전송매체, 3. 전송속도, 4. 전송시스템

**14** 건물인증제도 적용하기 (6점)  [기출] 23_2회일/ 19_1회

1) 초고속정보통신 건물의 인증등급 3가지를 쓰시오.
2) 홈네트워크 건물의 인증등급 3가지를 쓰시오.

> 정답

1) 초고속정보통신 건물인증 : 특등급, 1등급, 2등급
2) 홈네트워크 건물인증 : AAA등급(홈IoT), AA등급, A등급

**15** 가동률 0.92이고, MTBF 23시간이면, MTTR값을 서술하시오. (2점)

[기출] 22_1회 / 19_1회

> **정답**

MTTR : 2

계산식: 가동률 $= \dfrac{MTBF}{MTBF+MTTR}$ 에서 $0.92 = \dfrac{23}{23+MTTR}$

$$\therefore MTTR = 2$$

**16** LAN 크로스 케이블 기준으로 EIA-567A, EIA-568B 배선 순서를 작성하시오. (8점)
EIA-568A  EIA-568B

[기출] 19_1회

> **정답**

1) UTP EIA-568A Crossed Wiring

| PIN 1 | Pair 2 | | | | | R+ | R+ | | | | Pair 2 | PIN 1 |
|---|---|---|---|---|---|---|---|---|---|---|---|---|
| PIN 2 | Pair 2 | | | | | R- | R- | | | | Pair 2 | PIN 2 |
| PIN 3 | Pair 3 | | | | | T+ | T+ | | | | Pair 3 | PIN 3 |
| PIN 4 | Pair 1 | | | | | ● | | | | | Pair 1 | PIN 4 |
| PIN 5 | Pair 1 | | | | | ● | | | | | Pair 1 | PIN 5 |
| PIN 6 | Pair 3 | | | | | T- | T- | | | | Pair 3 | PIN 6 |
| PIN 7 | Pair 4 | | | | | | ● | | | | Pair 4 | PIN 7 |
| PIN 8 | Pair 4 | | | | | | ● | | | | Pair 4 | PIN 8 |

## 2) UTP EIA-568B Crossed Wiring

| PIN 1 | Pair 2 |  |  |  | R+ | R+ |  |  |  | Pair 2 | PIN 1 |
|---|---|---|---|---|---|---|---|---|---|---|---|
| PIN 2 | Pair 2 |  |  |  | R- | R- |  |  |  | Pair 2 | PIN 2 |
| PIN 3 | Pair 3 |  |  |  | T+ | T+ |  |  |  | Pair 3 | PIN 3 |
| PIN 4 | Pair 1 |  |  |  |  |  |  |  |  | Pair 1 | PIN 4 |
| PIN 5 | Pair 1 |  |  |  |  |  |  |  |  | Pair 1 | PIN 5 |
| PIN 6 | Pair 3 |  |  |  | T- | T- |  |  |  | Pair 3 | PIN 6 |
| PIN 7 | Pair 4 |  |  |  |  |  |  |  |  | Pair 4 | PIN 7 |
| PIN 8 | Pair 4 |  |  |  |  |  |  |  |  | Pair 4 | PIN 8 |

※ Crossover는 동일장비간 연결 - 예 Switch - Switch, Router - Router, PC - PC

### ※ 참고

#### 1) UTP EIA-568A

| PIN 1 | Pair 2 | White / Green |  |  |  |  | TX + (Tip) |
|---|---|---|---|---|---|---|---|
| PIN 2 | Pair 2 | Green |  |  |  |  | TX - (Ring) |
| PIN 3 | Pair 3 | White / Orange |  |  |  |  | RX + (Tip) |
| PIN 4 | Pair 1 | Blue |  |  |  |  | - |
| PIN 5 | Pair 1 | White / Blue |  |  |  |  | - |
| PIN 6 | Pair 3 | Orange |  |  |  |  | RX + (Ring) |
| PIN 7 | Pair 4 | White / Brown |  |  |  |  | - |
| PIN 8 | Pair 4 | Brown |  |  |  |  | - |

#### 2) UTP EIA-568B

| PIN 1 | Pair 2 | White / Orange |  |  |  |  | TX + (Tip) |
|---|---|---|---|---|---|---|---|
| PIN 2 | Pair 2 | Orange |  |  |  |  | TX - (Ring) |
| PIN 3 | Pair 3 | White / Green |  |  |  |  | RX + (Tip) |
| PIN 4 | Pair 1 | Blue |  |  |  |  | - |
| PIN 5 | Pair 1 | White / Blue |  |  |  |  | - |
| PIN 6 | Pair 3 | Green |  |  |  |  | RX + (Ring) |
| PIN 7 | Pair 4 | White / Brown |  |  |  |  | - |
| PIN 8 | Pair 4 | Brown |  |  |  |  | - |

**17** 방송통신설비의 기술기준에 관한 규정에 따라 선로설비의 회선 상호 간 회선과 대지간 및 회선의 심선 상호간의 절연저항은 직류 ( 가 ) 볼트 절연저항계로 측정하여 ( 나 ) 옴 이상이어야 한다. (4점)

[기출] 22_1회 / 19_1회

**정답**

(가) 500
(나) 10메가

방송통신설비의 기술기준에 관한 규정 제12조(절연저항)
제12조(절연저항) 선로설비의 회선 상호 간, 회선과 대지 간 및 회선의 심선 상호 간의 절연저항은 직류 500볼트 절연저항계로 측정하여 10메가옴 이상이어야 한다.

**18** 전자파 양립성 기반의 방송통신기자재등의 전자파 적합성 평가를 위한 시험방법에서 전자기파 장해실험(EMI) 관련 시험 항목을 적으시오. (6점)

[기출] 22_4회 / 19_1회

**정답**

1) 전도장해(CE, Conducted Emmision)
   - 전력선이나 신호선을 따라 전달되는 전자기 방출
2) 방사장해(RE, Radiated Emmision)
   - 전도성 이외의 발생원으로부터 공간으로 전파되는 신호 또는 방해파
3) 불연속 전도장해
4) 잡음전력
5) 자기장 유도전류

**19** 다음 조건에서 최대 수광각을 구하시오. (5점)  [기출] 19_1회 / 17_2회
광케이블의 코어 굴절률 $n_1 = 1.45$, 클래드 굴절률 $n_2 = 1.4$

> **정답**
>
> 1. 최대 수광각 $\theta_A = 2\theta_{max} = 44.36°$
>    1) 개구수 $N.A = \sin\theta_{max} = \sqrt{n_1^2 - n_2^2} = \sqrt{1.45^2 - 1.4^2}$
>       $= \sqrt{0.1425} \cong 0.3775$
>    2) $\theta_{max} = \sin^{-1}\sqrt{1.45^2 - 1.4^2} = \sin^{-1}(0.3775) = 22.1789° \cong 22.18°$
>    3) $\theta_{max}$와 최대수광각의 관계는 최대수광각 $= 2\theta_{max}$을 이용
>    ∴ 최대수광각 $= 2\theta_{max} = 2 \times 22.18° = 44.36°$

**20** 대지저항률에 영향을 주는 요소 3항목을 쓰시오. (6점)  [기출] 22_4회 / 19_1회

> **정답**
>
> ① 토양의 종류 및 깊이
> ② 함유된 수분의 양
> ③ 온도
>
> ※ 대지저항률에 영향을 주는 요소
>   ① 토양의 종류 및 깊이
>   ② 함유된 수분의 양
>   ③ 온도
>   ④ 계절의 변화
>   ⑤ 화학물질
>   ⑥ 해수
>   ⑦ 암석의 종류에 따라 영향을 줌

## 2  2019년도 2회

**01** UTP는 동축케이블과 비교시 (　　)가 없으므로 전기적 잡신호와 전자기 장애에 약한 특성을 가진다. 미국이나 캐나다는 이 문제를 크게 고려하지 않지만, 유럽의 경우 전자기 장애의 유해성 논란으로 적절한 차폐가 필요하다고 한다. 또한 외부의 보호(　　)가 없어서 햇빛 및 습기에 약하여 실외 사용이 불가능하다. (3점)　　　　　　　　　　　　　[기출] 19_2회

**정답**

1) 쉴드(Shield) 차폐
2) 외피, 피복

**02** 케이블 TV 또는 IPTV에서 서비스 수신자격을 갖춘 가입자에게만 서비스를 제공하기 위해 주기적으로 키를 생성, 가입자에게 전달하는 기능을 수행하는 것은? (3점)　[기출] 19_2회

**정답**

CAS (Conditional Access System)

**03** DMB, RFID, BcN을 약어 및 개념 중심으로 서술하시오. (6점)     [기출] 19_2회

**정답**

1) DMB : Digital Multimedia Broadcasting
   - 디지털 기반 이동멀티미디어방송으로 음성, 영상 등 다양한 멀티미디어 신호를 디지털 방식으로 고정·휴대·차량용 수신기에 제공하는 방송 서비스로
   - 국내 지상파DMB(T-DMB)는 유럽방식의 Eureka-147 기술기반임
2) RFID : Radio Frequency IDentification
   - 근거리 무선통신방식의 전파식별로 RF전파 신호를 통해 비접촉식으로 사물에 부착된 태그(Tag)를 RFID 리더(Reader)로 식별하여 정보를 처리하는 시스템으로
   - 기존의 물류 / 유통분야 바코드를 대체하며 확대되고 있음
3) BcN : Broadband Convergence Network
   - 광대역 통합망, 차세대 통신망으로 불리며
   - 서로 다른 망(PSTN, IP, 이동통신망 등)을 하나의 통합된 망으로 구조를 단순화하여, 통합 네트워크에서의 음성, 영상, 데이터 통합의 품질보장형 광대역 멀티서비스를 제공하는 망에 대한 개념

**04** 1956년 창설된 CCITT의 새 명칭으로 전화전송과 전화교환, 잡음등에 대한 표준권고하는 통신프로토콜 재정기관은? (3점)     [기출] 19_2회

**정답**

ITU-T

**05** 다음과 같은 TCP/IP 프로토콜에 관한 설명에 대해 원어로 쓰시오. (6점)

1) 하이퍼 전달 프로토콜      [기출] 19_2회 / 16_2회 / 15_2회
2) 전자우편 전송 프로토콜
3) 파일 전송 프로토콜

**정답**

1) HTTP(HyperText Transfer Protocol)
    HyperText를 전달하기 위한 TCP/IP 상위레벨의 프로토콜로 클라이언트가 서버에서 보내는 요청 메시지(Request Message), 반대로 서버가 클라이언트에게 보내는 응답 메시지(Reply Message)가 있음, 전송(Transport) 계층 TCP/80포트
2) SMTP(Simple Mail Transfer Protocol)
    인터넷에서 전자우편을 전송할 때 이용되는 표준 프로토콜로 기본 동작은 메일을 전송하는 SMTP 클라이언트의 명령 전송과 이에 대한 메일을 수신하는 SMTP 서버의 응답으로 이루어짐, 전송(Transport) 계층 TCP / 25포트
3) FTP(File Transfer Protocol)
    인터넷상에서 한 컴퓨터에서 다른 컴퓨터로 파일전송을 지원하는 통신규약, 전송(Transport) 계층 TCP / 21 제어 포트, TCP / 20 데이터 포트

**06** VAN 정의와 광의의 VAN 계층구조 4가지를 서술하시오. (10점)      [기출] 19_2회

**정답**

1. Value-Added Network 부가가치통신망
    - 단순한 통신기능 이외에 통신처리, 나아가 내용 변경을 통한 부가가치를 창출하는 정보처리까지도 포함하는 서비스
    - 광의의 VAN은 기본통신계층, 네트워크계층, 통신처리계층, 정보처리계층으로 4계층을 구분함
2. VAN 계층구조
    1) 기본통신계층
        전송기능으로 사용자가 단순히 정보를 전송할 수 있도록 물리적 회선을 제공하는 VAN의 기본적인 기능

2) 네트워크계층
   교환기능으로 가입된 사용자들을 서로 연결시켜 사용자간의 정보 전송이 가능하도록 제공하는 서비스이며 패킷교환방식을 이용
3) 통신처리계층
   축적교환기능과 변환기능을 이용하여 서로 다른기종 간에 또는 다른시간 대에 통신이 가능하도록 제공하는 서비스
4) 정보처리계층
   온라인 실시간처리, 원격일괄처리, 시분할시스템 등을 이용하여 급여관리, 판매관리 데이터베이스 구축, 정보검색, 소프트웨어 개발등의 응용소프트웨어를 처리하는 기능

**07** ( )는 미국규격협회(ANSI)에서 1987년 표준화된 LAN이고, 100Mbps의 전송속도를 제공하며, 두개의 링으로 구성된다. 두개의 카운터 회전링을 사용하여 이중링 구조이며, 외부링은 1차링, 내부링을 2차링으로 부르며, 두개의 링이 모두 작동하며, 노드는 미리 정해진 규칙에 따라 두 개중 한 개로 전송된다. 전송매체는 광케이블을 사용하는 이중링 구조로 2Km 떨어진 단말기 사이에서 작동할 수 있다. (3점)  [기출] 19_2회

**정답**

FDDI (Fiber Distributed Digital Interface)

**08** 다음 메쉬형(MESH)에 대한 질문에 답하시오.  [기출] 23_4회 / 19_2회 / 15_4회
1) 회선수 산정식 ?
2) 노드가 100인 경우 중계회선수 ?
3) 장점에 대해 서술하시오.
4) 단점에 대해 서술하시오.

> 정답

1) $\dfrac{N(N-1)}{2}$
2) 4,950회선

   계산식 : $\dfrac{N(N-1)}{2} = \dfrac{100(100-1)}{2} = 4,950$
3) Network(망) 안정성에 다른 토폴로지에 비해 가장 안정적임
4) 사업자 기준 투자비가 높음

**09** 인터넷 표준 프로토콜이라 할 수 있으며 다른 기종 컴퓨터간의 데이터 전송을 위해 규약을 체계적으로 관리 및 정리한 것을 무엇이라 하는가? (3점)  [기출] 19_2회

> 정답

TCP / IP 프로토콜 스택

**10** 다음 괄호 안에 알맞은 용어를 쓰시오. (3점)

[기출] 19_2회 / 18_4회 / 17_4회 / 16_2회 / 12_2회 / 12_1회

( )는 비연결형 데이터그램 전달서비스를 제공하는 프로토콜로 메시지를 세그먼트로 나누지 않고 블록의 형태로 전송하며 재전송이나 흐름제어를 제어하기 위한 피드백을 제공하지 않는다.

> 정답

UDP(User Datagram Protocol)

**11** IPv6 주요형태 3가지를 쓰고 간단히 설명하시오. (9점)  [기출] 19_2회

**정답**

1. 유니캐스트(Unicast) : 데이터 송신주소와 수신주소가 1 : 1 관계
2. 멀티캐스트(Multicast) : 데이터 송신주소와 수신주소가 1 : N(특정한 다수) 관계, 브로드캐스트 포함
3. 애니캐스트(Anycast) : 데이터 송신주소와 수신주소가 근접 누구나

**12** 생존하는 개인에 관한 정보로서 성명, 주민등록번호 등에 의해 당해 개인을 알아볼 수 있는 부호, 문자, 음성, 음향..." 이런 내용을 설명하는 용어는 무엇인가?  [기출] 19_2회 / 15_1회

**정답**

개인정보

※ 개인정보보호법 제2조(정의)
1. "개인정보"란 살아 있는 개인에 관한 정보로서 다음 각 목의 어느 하나에 해당하는 정보를 말한다.
    가. 성명, 주민등록번호 및 영상 등을 통하여 개인을 알아볼 수 있는 정보
    나. 해당 정보만으로는 특정 개인을 알아볼 수 없더라도 다른 정보와 쉽게 결합하여 알아볼 수 있는 정보. 이 경우 쉽게 결합할 수 있는지 여부는 다른 정보의 입수 가능성 등 개인을 알아보는 데 소요되는 시간, 비용, 기술 등을 합리적으로 고려하여야 한다.
    다. 가목 또는 나목을 제1호의2에 따라 가명처리함으로써 원래의 상태로 복원하기 위한 추가 정보의 사용·결합 없이는 특정 개인을 알아볼 수 없는 정보(이하 "가명정보"라 한다)
1의2. "가명처리"란 개인정보의 일부를 삭제하거나 일부 또는 전부를 대체하는 등의 방법으로 추가 정보가 없이는 특정 개인을 알아볼 수 없도록 처리하는 것을 말한다.
2. "처리"란 개인정보의 수집, 생성, 연계, 연동, 기록, 저장, 보유, 가공, 편집, 검색, 출력, 정정(訂正), 복구, 이용, 제공, 공개, 파기(破棄), 그 밖에 이와 유사한 행위를 말한다.

**13** 정보통신공사 착수단계에서 검토되어야 할 설계도서 3가지는 무엇인지 쓰시오.

[기출] 19_2회 / 18_4회 / 15_1회 / 13_4회 / 13_1회 / 12_1회

**정답**

1) 공사 계획서
2) 공사 설계도면[계통도, 배관도, 배선도, 접속도(시공상세도) 등]
3) 공사 설계설명서(시방서)
4) 공사비 명세서(설계 예산서, 정보통신공사 내역서)
5) 공사 기술계산서(정보통신 계산서) 및 이와 관련된 서류

※ "설계"란 공사에 관한 계획서, 설계도면, 설계설명서, 공사비명세서, 기술계산서 및 이와 관련된 서류(이하 "설계도서"라 한다)를 작성하는 행위를 말한다. - 정보통신공사업법 제2조 정의

**14** 정보통신공사업법에서 규정하는 감리원의 업무범위 5가지를 서술하시오. (5점)

[기출] 23_4회 / 23_2회일/ 17_2회 / 15_2회 / 14_1회(유사)

**정답**

정보통신공사업법 시행령 제12조(감리원의 업무범위) 기준
1. 공사계획 및 공정표의 검토
2. 공사업자가 작성한 시공상세도면의 검토·확인
3. 설계도서와 시공도면의 내용이 현장조건에 적합한지 여부와 시공가능성 등에 관한 사전검토
4. 공사가 설계도서 및 관련규정에 적합하게 행하여지고 있는지에 대한 확인
5. 공사 진척부분에 대한 조사 및 검사
6. 사용자재의 규격 및 적합성에 관한 검토·확인
7. 재해예방대책 및 안전관리의 확인
8. 설계변경에 관한 사항의 검토·확인
9. 하도급에 대한 타당성 검토
10. 준공도서의 검토 및 준공확인

**15** 하드웨어적이 아닌 문제를 점검하는 것으로 네트워크상에서 흐르는 데이터 프레임(Data Frame)을 캡처하고 디코딩하여 분석하며, LAN의 병목현상, 응용프로그램 실행오류, 프로토콜 설정오류, 네트워크 카드의 충돌오류 등을 분석하는 장비는? (4점)

[기출] 20_2회(유사) / 19_2회 / 18_4회 / 16_2회 / 13_4회

**정답**

프로토콜 분석기(Protocol Analyzer)
- 명칭 다양 (Packet Analyzer, Protocol Analyzer, Packet Network Analyzer, Packet Sniffer 프로토콜 애널라이저, 프로토콜 분석기, 패킷 스니퍼, 패킷 분석기)
    예 와이어샤크 등

**16** 다음과 같은 전송제어문자별 명칭과 기능을 설명하시오. (5점)    [기출] 19_2회 / 16_1회
1) SOH :
2) ETX :
3) EOT :
4) DLE :
5) ACK :

**정답**

| 구분 | 명칭 | 기능 |
|---|---|---|
| 1) SOH | Start Of Heading | 헤딩 시작을 나타냄 |
| 2) ETX | End Of Text | Text의 끝 |
| 3) EOT | End Of Transmission | 전송 끝 및 데이터링크 초기화 |
| 4) DLE | Data Link Escape | 뒤따르는 연속된 글자들의 의미를 바꾸기 위해 사용, 주로 보조적 전송제어기능을 제공 |
| 5) ACK | Acknowledge | 수신한 정보메시지에 대한 긍정응답 |

**17** A전화국에서 B방면으로 포설된 0.4mm 1800P 케이블에 고장이 발생했고 길이는 1250m이다. A전화국 실험실에서 L3 시험기로 바레이법에 의해 측정할 때 고장위치는? (바레이 3법 저항 325Ω, 바레이 2법 저항 245Ω, 바레이 1법 저항 142Ω). (7점) [기출] 24_1회/19_2회
1) 계산식
2) 정답

**정답**

1) 계산식 : 문제에서 L3 시험기의 가변저항으로 검류계(Galvanometer)가 "0"이 되는 점에서 측정한 값을 입력하면

$$L_M = \frac{(R3 - R2)}{(R3 - R1)} \times 케이블길이\,[L_C]$$

문제에서 주어진값을 입력하면

$$\frac{(325\Omega - 245\Omega)}{(325\Omega - 142\Omega)} \times 1250[m] = \frac{80\Omega}{183\Omega} \times 1250[m] = 546.45[m]$$

2) 정답 : 546.45[m]

**18** 노이즈가 없는 20KHz 대역폭을 갖는 채널을 사용하며, 280Kbps의 속도로 데이터를 전송한다. (6점) [기출] 22_2회 / 19_2회 / 13_1회
1) 필요한 신호준위개수 M을 구하시오.
2) 2MHz 대역폭을 갖는 채널이 있다. 이 채널의 신호대 잡음비(SNR)이 63이라고 할 때 채널용량 C를 구하라.

**정답**

1) M = 128
- 280Kbps = 2 × 20KHz × $\log_2 M$ 에서 M = 128 = $2^7$ 에서
  Nyquist 공식  $C = 2B \log_2 M\,[bps]$
  C : 통신채널용량 [bps], B : 채널의 대역폭(Bandwidth) [Hz], M : 진수

2) 12Mbps
샤논의 정리는 채널상에 백색잡음(White Noise)이 존재한다고 가정한 상태임

$$C = B\log_2\left(1 + \frac{S}{N}\right)[bps] = 2M\log_2(1+63) = 2M\log_2(64) = 2M\log_2 2^6 = 12Mbps|$$

C : 통신채널용량 [bps], B : 채널의 대역폭(Bandwidth) [Hz], S / N : 신호대 잡음비

### 19
안테나에 대한 사용전 검사에서 요구되는 정재파비를 1.5라 가정을 하고, 방향성 결합기를 이용하여 진행파 전력측정을 하였더니 16W이다. 반사파 전력은 몇 W인가? (6점)

[기출] 19_2회

**정답**

반사파 전력 : 0.6W
계산식
1) 정재파비(S) 1.5
2) 방향성 결합기 이용 진행파 전력 측정값 : 16W 제공
3) 반사계수($\Gamma$) $= \frac{S-1}{S+1} = \frac{1.5-1}{1.5+1} = 0.2$
4) 반사전력은 입사전력의 몇% : 4%

$$반사계수 = \sqrt{\frac{P_{r(반사전력)}}{P_{i(입사전력)}}} = 반사계수(\Gamma) \text{ 양변을 제곱하면}$$

$$\frac{P_r}{P_i} = (0.2)^2 = 0.04 \text{에서 } P_r(반사전력) = 0.04P_i \times 100[\%] = 4P_i[\%]$$

- 문제는 진행파를 주고 입사파를 유도하게 하였으며, 입사파 전력과 진행파 전력비로 입사파 전력을 구하면
  100 : 96 = x : 16에서, 입사파 전력=16.6W를 유도하고
- 입사파 전력과 반사파 전력비로 반사파 전력을 구하면
  100 : 4 = 16.6 : y에서, 반사파 전력 = 0.6W

**20** 국선 접속 설비를 제외한 구내 상호 간 및 구내 외관의 통신을 위하여 구내에 설치하는 케이블, 선로, 이 상전압 및 이상 전류에 대한 보호장치 및 전주와 이를 수용하는 관로, 통신 터널, 배관, 배선반, 단자 등 과 그 부대설비로 정의되는 용어를 쓰시오. (3점)

[기출] 19_2회 / 18_4회

### 정답

구내통신선로설비

※ 방송통신설비의 기술기준에 관한 규정 제3조(정의)
"구내통신선로설비"란 국선접속설비를 제외한 구내 상호간 및 구내·외간의 통신을 위하여 구내에 설치하는 케이블, 선조(線條), 이상전압전류에 대한 보호장치 및 전주와 이를 수용하는 관로, 통신터널, 배관, 배선반, 단자 등과 그 부대설비를 말한다.

# 3  2019년도 4회

**01** 정보량은 확률함수와 관계된다. 정보원의 확률이 1 / 2, 1 / 4, 1 / 4로 각각 주어질 때 정보량을 구하시오. (4점)     [기출] 19_4회

**정답**

1.5

- 평균 정보량 $H(m) = \Sigma P_i \log_2 \dfrac{1}{P_i}$,  $P_i$ = 확률

$$P_1 \log_2 \dfrac{1}{P_1} + P_2 \log_2 \dfrac{1}{P_2} + P_3 \log_2 \dfrac{1}{P_3} = \dfrac{1}{2} \times \log_2 \dfrac{1}{(\dfrac{1}{2})} + \dfrac{1}{4} \times \log_2 \dfrac{1}{(\dfrac{1}{4})} + \dfrac{1}{4} \times \log_2 \dfrac{1}{(\dfrac{1}{4})}$$

$$= \dfrac{1}{2} + \dfrac{1}{2} + \dfrac{1}{2} = 1.5$$

**02** 다음은 발진회로이다. 물음에 답하시오. (4점)     [기출] 19_4회 / 18_1회

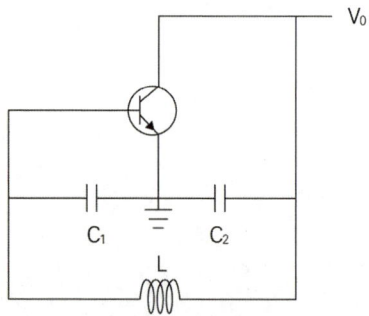

1) 발진회로 명칭
2) 발진회로에서 35KHz의 발진을 얻고자 한다. 인덕턴스 L이 3mH이고 $C_1 = C_2 = C$ 일 때 C값을 μF단위로 소수점 넷째자리까지 구하시오.

> 정답

1) 콜피츠 발진기(Colpitts oscillator)
2) $0.0137\mu F$

$f = \dfrac{1}{2\pi\sqrt{L\dfrac{C_1 C_2}{C_1+C_2}}}\ [Hz]$ 에서

$35KHz = \dfrac{1}{2\pi\sqrt{L\times\dfrac{CC}{2C}}} = \dfrac{1}{2\pi\sqrt{3\times 10^{-3}\times\dfrac{C}{2}}}$ , $35\times 10^3\times 2\pi = \dfrac{1}{\sqrt{3\times 10^{-3}\times\dfrac{C}{2}}}$ 에서

$\sqrt{3\times 10^{-3}\times\dfrac{C}{2}} = \dfrac{1}{35\times 10^3\times 2\pi}$ 에서 양변 제곱하면, $3\times 10^{-3}\times\dfrac{C}{2} = (\dfrac{1}{35\times 10^3\times 2\pi})^2$

$C = 2\times\dfrac{1}{3\times 10^{-3}}\times(\dfrac{1}{35\times 10^3\times 2\pi})^2 = \dfrac{2}{3}\times\dfrac{1}{35^2\times(2\pi)^2}\times 10^{-3}$

$= 0.6666\times(0.8163\times 10^{-3})\times 0.0253\times 10^{-3}$

$= 0.6666\times 0.8163\times 0.0253\times 10^{-6} = 0.013766\times 10^{-6}$

$= 0.0137\times 10^{-6}\ [F] = 0.0137\ \mu F$

## 03 변조의 필요성에 대하여 3가지만 설명하시오. (6점) [기출] 19_4회

> 정답

1) 안테나 길이 감소
   - 변조시는 고주파로 송신하므로 안테나 길이 감소 가능
   - $\lambda(파장) = \dfrac{c(광속)}{f(주파수)}$
   - $f(주파수)$가 저주파 → 고주파로 변화면 $\lambda(파장)$길이는 감소함
2) 장거리 및 효과적 전송
   - Baseband 신호는 전달과정 주위 환경에 흡수, 반사, 감쇠로 장거리 전송이 불가능하지만, 고주파로 송신하므로 간섭이 적게 발생하는 전송대역으로 장거리 전송 가능
3) 주파수분할다중화(FDM)
   - 하나의 매체를 통해 여러신호로 다중화하여 고속전송 가능
4) S/N비 개선
   - 변조과정에서 Baseband 대비 전송대역폭을 증가함으로 S/N비 증가

### 04. 광통신시스템에서 사용하는 대표적인 수광소자 2가지를 쓰시오. (4점)

[기출] 21_4회 / 19_4회 / 13_2회

**정답**

1) PD (Photo Diode)
2) APD (Avalanche Photo Diode)

### 05. 광섬유케이블을 이용한 통신의 장점 3가지를 열거하시오. (6점)

[기출] 19_4회

**정답**

1) 저손실 장거리전송  2) 광대역성  3) 무유도성
4) 세심 경량  5) 자원 풍부

### 06. 광케이블에서 발생하는 자체손실 유형 3가지만 쓰시오. (6점)

[기출] 21_4회 / 19_4회 / 19_1회

**정답**

1) 산란손실 : 레일리(Rayleigh) 산란손실 등
2) 흡수손실 : 빛 에너지 일부가 열에너지로 변환
3) 구조 불안전에 의한 손실

**07** 통신로의 채널대역폭이 3000Hz이고 채널의 신호대 잡음비가 30dB일 경우 채널 용량을 구하는 식을 쓰시오. (5점)

[기출] 19_4회

**정답**

$$C = B\log_2\left(1 + \frac{S}{N}\right)[bps] = 29,901[bps]$$

샤논의 정리

C : 통신채널용량 [bps], B : 채널의 대역폭(Bandwidth) [Hz], S/N : 신호대 잡음비

$C = 3000\log_2(1 + 1000)[bps]$, $S/N$는 $30dB = 1000$ 대입

$= 3000\log_2 1001 = 3000 \times \dfrac{\log 1001}{\log 2} = 3000 \times \dfrac{3.00043}{0.3010}$

$= 29,901[bps]$

**08** 호스트 IP 주소를 호스트와 연결된 MAC 주소로 변환하기 위해 사용하는 프로토콜과 반대로 MAC 주소를 IP 주소로 변환할 때 사용되는 프로토콜의 명칭을 각각 쓰시오. (6점)

[기출] 23_2회 / 22_1회(유사) / 19_4회(유사) / 15_1회(유사) / 12_2회(유사)

**정답**

1. ARP(Address Resolution Protocol)
2. RARP(Reverse Address Resolution Protocol)

**09** 네트워크관리 구성모델에서 Manager 프로토콜 구조이다. A B C D E에 해당되는 요소를 상위계층부터 보기에서 찾아 완성하시오. (5점)  [기출] 19_4회 / 16_1회 / 12_2회

| A |
|---|
| B |
| C |
| D |
| E |

[보기] : SNMP, IP, TCP, UDP, PHYSICAL, MAC

> 정답

| SNMP |
|---|
| UDP |
| IP |
| MAC |
| PHYSICAL |

**10** OSI 7계층에서 TCP와 IP는 각각 어느 계층에 속하는지 계층이름을 쓰시오. (4점)  [기출] 19_4회 / 17_4회 / 14_4회

> 정답

① TCP : 4계층, 전송(Transport) 계층
② IP : 3계층, 네트워크 계층

**11** 오류검출방식 3가지를 쓰시오. (6점)     [기출] 24_4회 / 19_4회

> 정답

1) 패리티(Parity) 방식
   - 전송비트에 1비트의 패리티 비트를 추가하여 에러발생 유무만 판별하는 방식
   - 문자단위의 1의 수가 짝수(even parity) 또는 홀수(odd parity)가 되도록 각 수직(열) 또는 수평(행)에 Parity Bit를 부가하는 방식
2) 정마크/정스페이스 방식
   - 송신측에서 각 문자를 부호화할 때 부호중 "1" 또는 "0"의 수가 항상 일정하도록 부호를 조립해서 송출함으로써 수신측에서 오류를 검출하는 방식
3) 군계수 검사방식
   - 각 행의 1의수(10진)를 2진(BCD코드)으로 계수한 다음, 아래 2자리의 결과를 Check Bit로 부가하는 방식
4) 체크섬(Checksum)
   - 군계수검사방식으로 분류하기도 함
   - 송신측에서, 전송할 모든 데이터를 16 비트 워드 단위로 구분하고, 1의 보수를 취하고, 그 합에 대한 결과를 전송하면, 수신측에서, 같은 합을 해보아서 오류를 검출하는 방식

※ 정답을 1) 패리티(Parity) 방식 2) 정마크 정스페이스 방식 3) 군계수 체크방식을 일반적 형태임

※ 오류제어기법 요약

| 전송에 중복성(Redundancy)을 부가하는 방식 | 정보에 중복성(Redundancy)을 부가하는 방식 | |
|---|---|---|
| | 오류검출방식 | 오류검출 및 정정방식 |
| • 반송전송<br>정보를 궤한하는 방식<br>• 연송전송<br>동일 정보를 연속전송 방식 | • 패리티(Parity) 방식<br>  수직, 수평, 수직/수평방식<br>• 정마크/정스페이스 방식<br>• 군계수검사 방식 | (BEC 방식)<br>• ARQ 방식<br>  Stop and wait ARQ<br>  Go Back N ARQ<br>  Selective Repeat ARQ<br>  등 | (FEC 방식)<br>• Hamming Code<br>• CRC Code<br>• BCH Code<br>• Reed Solomon Code<br>  등 |

**12** 다음은 "OOO 정보통신공사"에 대한 착공계 양식의 일부이다. ( 가 )와 ( 나 )에 들어갈 내용을 순서대로 적으시오. (4점)

[기출] 19_4회

> 착공계 : 서울 광역시 정보통신 광케이블 공사
> 공사명 : 서울 광역시 정보통신 광케이블 공사
> 도급금액 : 200억원
> 계약년월일 : 2020년 2월 21일
> ( 가 ) 년월일 : 2020년 5월 1일
> ( 나 ) 년월일 : 2020년 12월 30일

**정답**

가. 착공  나. 준공

---

**13** 정보통신 공사원가 계산서 작성시 경비에 해당하는 항목 5가지를 쓰시오. (5점)

[기출] 19_4회 / 18_1회 / 16_2회

**정답**

경비 5항목 : 운반비, 안전관리비, 품질관리비, 지급임차료, 보험료 등

### 표준품셈 기반 원가계산 기준

경비는 공사의 시공을 위하여 소요되는 공사원가중 재료비, 노무비를 제외한 원가를 말하며, 기업의 유지를 위한 관리활동 부문에서 발생하는 일반관리비과 구분됨

| 구분 | 경비 세비목 | 내용 |
|---|---|---|
| 경비 | 전력비 | 계약 목적물을 시공하는데 소요되는 비용 |
| | 수도광열비 | 계약 목적물을 시공하는데 소요되는 비용 |
| | 운반비 | 재료비에 포함되지 않은 운반비 |
| | 기계경비 | 표준품셈상의 건설기계의 경비산정기준에 의한 비용 |
| 경비 | 품질관리비 | 계약 목적물의 품질관리 |
| | 안전관리비 | 건설공사의 안전을 위하여 관계법령에 의하여 요구되는 비용 |
| | 가설비 | 현장사무소, 창고, 식당, 화장실 등 동 시공을 위해 필요한 가설물 |
| | 지급임차료 | 계약 목적물을 시공하는데 직접 사용되거나 제공되는 토지, 건물, 기계기구(건설기계 제외)의 사용료 |
| | 보험료 | 산업재해보험, 고용보험, 국민건강보험 및 국민연금보험 등 |
| | 복리후생비 | 계약 목적물을 시공하는데 종사하는 노무자·종업원·현장사무소 직원 등의 의료위생약품대, 지급피복비, 건강진단비, 급식비 등 |
| | 보관비 | 계약 목적물 시공하는데 소요되는 재료, 기자재 등의 창고 사용료 |
| | 외주가공비 | 재료를 외부에 가공시키는 실가공비용 |
| | 산업안전보건관리비 | 작업현장에서 산업재해 및 건강장해예방을 위하여 법령 요구비용 |
| | 소모품비 | 작업현장에서 발생되는 소모용품 구입비용 |
| | 여비·교통비·통신비 | 시공현장에서 직접 소요되는 여비 및 차량유지비와 통신사용료 |
| | 세금과 공과 | 시공현장에서 해당공사와 직접 부담해야할 재산세, 차량세 등 |
| | 폐기물처리비 | 시공과 관련하여 발생되는 폐기물 처리위해 소요되는 비용 |
| | 도서인쇄비 | 계약 목적물을 시공을 위한 참고서적구입비, 각종 인쇄비 등 |
| | 지급수수료 | 공사이행보증서 발급수수료, 건설하도급대금 지급보증서 수수료등 |
| | 환경보전비 | 계약 목적물의 시공을 위한 제반환경오염 방지시설을 위한것 |
| | 기타 법정경비 | 기타 법적경비 |

**14** 정보통신 기본설계서 작성시 성과물 내용에 포함되는 사항을 5가지만 쓰시오. (5점)

[기출] 19_4회 / 12_4회

> **정답**

1) 기본설계 보고서(정보통신공사 계획서)
2) 기본설계 도면
3) 기본설계 공사비 명세서(설계 예산서, 정보통신공사 내역서)
4) 기본설계 기술계산서(정보통신 계산서)
5) 기본설계 설계설명서(시방서) : 일반시방서, 특기시방서

※ 기본설계 등에 관한 세부시행기준_국토교통부
제4조(기본설계의 내용)
① 기본설계는 예비타당성조사, 타당성조사 및 기본계획 결과를 감안하여 다음 각 호의 업무를 수행하는 것을 말한다.
1. 설계 개요 및 법령 등 제기준의 검토
2. 예비타당성조사, 타당성조사 및 기본계획 결과의 검토
3. 공사지역의 문화재 등에 대한 문화재지표조사 및 설계반영 필요성 검토
4. 기본적인 구조물 형식의 비교·검토
5. 구조물 형식별 적용 공법의 비교·검토
6. 기술적 대안 비교·검토
7. 대안별 시설물의 규모의 검토
8. 대안별 시설물의 경제성 및 현장적용타당성 검토
9. 시설물의 기능별 배치 검토
10. 개략 공사비 및 공기 산정
11. 측량, 지반, 지장물, 수리, 수문, 지질, 기상, 기후, 용지조사
12. 주요 자재·장비 사용성 검토
13. 설계도서 및 개략 공사시방서 작성
14. 설계설명서 및 계산서 작성
15. 관계법령 등의 규정에 따라 기본설계시 검토하여야 할 사항
16. 기타 발주청이 계약서 또는 과업지시서에서 정하는 사항

**15** 다음 파라미터를 이용하여 광중계기의 설치간격(L)을 구하는식을 쓰시오. (단, 커넥터 손실, 접속 손실은 n개라 한다.) (5점)        [기출] 19_4회 / 16_1회

Ps(광원출력) Pd(수신감도) Lc(커넥터손실) Ls(접속손실) Lo(광섬유손실)
Lm(시스템마진) Le(환경마진)

> **정답**
>
> 광중계기 설치간격 (L)
> $$= \left[ \frac{(P_{s(광원출력)} - P_{d(수신감도)}) - (nL_{c(커넥터손실)} + nL_{s(접속손실)} + L_{m(시스템마진)} + L_{e(환경마진)})}{L_{0(광섬유손실)}} \right]$$
>
> Lo(광섬유손실)은 단위길이당 손실로 [dB/km] 단위

**16** 길이가 2,500m인 10Base5 케이블이 있다. 만약 굵은 이더넷 케이블에서 전파속도가 200,000,000m / s라면 네트워크의 송신장비에서 수신장비까지 비트가 전파되는 시간을 계산하시오. (송수신장비의 전파지연 합은 10μs임을 고려하시오.) (4점)    [기출] 19_4회

> **정답**
>
> 22.5μsec (추정)
>
> 계산식#1 : 문제 제공기준
> 1) 전파시간 = $\frac{전송길이}{전파시간}$ = $\frac{2500m}{200,000,000m/sec}$ = $12.5 \times 10^{-6}$ sec = $12.5\mu sec$
> 2) 장비자체 전파지연 = 10μsec
> 3) 전파시간 = 1) + 2) = 12.5μsec + 10μsec = 22.5μsec
>
> 계산식#2 : 10Base5 굵은 동축케이블 기준
> 1) 10Base5 기준 굵은 동축케이블은 500m당 2.8μsec 이며, 2500m일 경우는 2.8μsec × 5 = 14μsec
> 2) 장비자체 전파지연 = 10μsec
> 3) 전파시간 = 1) + 2) = 14μsec + 10μsec = 24μsec

**17** 통신 공동구를 설치할 때 유지보수 관리에 필요한 부대설비 5가지를 쓰시오. (5점)

[기출] 23_2회토 / 19_4회 / 18_2회 / 16_4회

> **정답**
>
> 조명·배수·소방·환기·접지
>
> [참조] 접지설비·구내통신설비·선로설비 및 통신공동구등에 대한 기술기준 제46조(통신공동구의 설치기준)
> ① 통신공동구는 통신케이블의 수용에 필요한 공간과 통신케이블의 설치 및 유지·보수등의 작업시 필요한 공간을 충분히 확보할 수 있는 구조로 설계하여야 한다.
> ② 통신공동구를 설치하는 때에는 조명·배수·소방·환기 및 접지시설 등 통신케이블의 유지·관리에 필요한 부대설비를 설치하여야 한다.
> ③ 통신공동구와 관로가 접속되는 지점에는 통신케이블의 분기를 위한 분기구를 설치하여야 하며, 한 지점에서 여러 개의 관로로 분기될 경우에는 작업이 용이하도록 분기구간에는 일정거리이상의 간격을 유지하여야 한다

**18** 3점 전위강하법을 적용하여 접지 저항을 측정하려고 한다. 다음 기자재들을 활용하여 접지 저항을 측정할 수 있는 회로를 그리시오. (6점)

[기출] 19_4회

> **정답**
>
> 1. 측정회로 구성
>    1) 전류원
>    2) 전압원
>    3) 접지전극 E
>    4) 보조전극 P, C

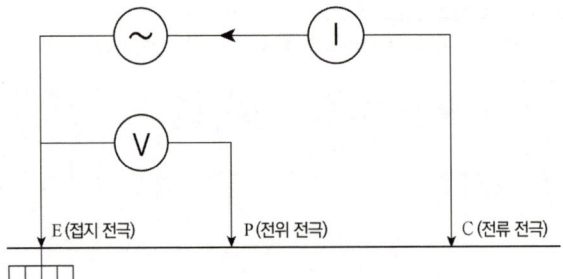

**19** 방송 통신시설의 기술기준에서 통신 관련 시설 접지저항은 몇 옴 이하로 하는가? (5점)

[기출] 23_4회 / 19_4회

**정답**

10Ω
※ 접지설비 · 구내통신설비 · 선로설비 및 통신공동구등에 대한 기술기준 제5조(접지저항 등)


**20** 다음 설명에 해당하는 접지전극 시공방법을 쓰시오. (5점)

[기출] 19_4회 / 18_2회 / 17_4회 / 17_1회 / 14_1회

(1) 현재 접지 분야에서 가장 많이 시공되고 있는 방법
(2) 시공면적이 넓고 대지 저항률이 낮은 지역에서 우수한 성능 발휘
(3) 재료비가 비교적 저렴한 편
(4) 추가시공이 쉬우며 다른 접지 시스템과의 연계성이 매우 좋음
(5) 부식에 의한 접지전극 손상이 빠르게 진행되어 수명이 짧음
(6) 접지봉의 구조가 단순하며 시공이 간단함

**정답**

일반접지봉접지(봉상접지)

# 7절 2018년도 기출풀이

## 1. 2018년도 1회

**01.** ATM에 대해 다음 각 물음에 답하시오. (7점)  [기출] 18_1회 / 16_4회
1) ATM 참조모델의 3가지 평면(Plane)
2) AAL에서 서비스 클래스를 지원하기 위한 AAL type 4가지

> 정답

1) 평면
   ① 관리평면 (Management Plane)
      - 계층관리기능과 평면(Plane)관리기능으로 구분
      - 계층관리 : 프로토콜 내부 사용 파라메터나 자원들을 관리
      - 평면(Plane)관리 : 전체 시스템관리 기능수행
   ② 제어평면 (Control Plane)
      호 제어나 연결제어 등을 수행하는 신호기능 제공
   ③ 사용자평면 (User Plane)
      사용자 데이터를 전송하는 기능
2) 클래스 지원 AAL

| 구분 | Class A | Class B | Class C | Class D |
|---|---|---|---|---|
| 비트율 | CBR | VBR | VBR | VBR |
| 연결모드 | 연결형 | 연결형 | 연결형 | 비연결형 |
| 실시간성 | 실시간 | 실시간 | 비실시간 | 비실시간 |

| 기본서비스 | 고정속도 음성 | 비디오 / 오디오 서비스 | 연결형 데이터서비스 | 비연결형 데이터서비스 |
|---|---|---|---|---|
| | | 가변속도 영상 / 음성 | 가상회선 패킷전송 | 데이터그램 패킷전송 |
| AAL Type | AAL1 | AAL2 | AAL-3 / 4<br>AAL-5 | AAL-3 / 4<br>AAL-5 |

* CBR : Constant Bit Rate  VBR : Variable Bit Rate

**02** 인터넷 전송계층에 속하는 프로토콜로 종단간 연결을 설정하지 않고 데이터를 전송하는 비연결형방식을 쓰시오. (4점)

[기출] 18_1회

**정답**

UDP (User Datagram Protocol)

**03** 다음과 같은 OSI 7 RM(Reference Model) 관련 계층을 쓰시오 (3점)

[기출] 18_1회 / 16_4회

1) 전자우편 및 파일전송과 같은 사용자 서비스 제공
2) 기계적, 전기적, 기능적, 절차적 인터페이스 제공
3) 로그인 및 로그아웃 절차 제공

**정답**

1) 7계층 : 응용(Application) 계층
2) 1계층 : 물리(Physical) 계층
3) 5계층 : 세션(Session) 계층

## 04  회선제어방식에서 폴링은 터미널에서 전송할 데이터가 있는지를 묻는 과정인데 구현하기 위한 2가지 폴링방식을 서술하시오. (4점)
[기출] 18_1회

### 정답

1) 롤 - 콜 폴링(roll - call Polling)
   - 주국이 차례대로 각 보조 국에게 전송할 데이터가 있는지 문의하는 방식으로 폴링하기 전에 중앙국으로 전송하는 방식
   - 하나의 중앙국이 정의된 순서에 따라 각 원격 국에게 전송할 데이터가 있는지 없는지를 물어보는 것이다. 만약에 전송할 데이터가 없으면 전송할 데이터가 없음을 의미하는 코드(NAK)로 응답하 게 되고 전송할 데이터가 있으면 다음 국 폴링하기 전에 중앙국으로 전송함
2) 허브고 - 어헤드 폴링 (hub - go - ahead Polling)
   - 채널을 통하여 중앙국에 전송한 다음 폴링 메시지를 중앙국에 가까운 터미널로 보내는 방식
   - 폴링메시지(Token)를 보조 국에게 전달하고, 보조 국에서 다른 보조 국으로 차례로 이동하는 방식으로 roll-call의 오버헤더를 줄일 수 있음

## 05  다중화장비와 집중화장비에 관해 설명하고, 차이점을 쓰시오. (12점)
[기출] 18_1회 / 17_4회 / 14_1회 / 13_1회

### 정답

1) 다중화장비(Multiplexer)
   - 다중화(Multiplexing)란 복수개의 신호를 중복시켜서 하나의 신호로 만들어내는 것을 의미하며 통신시스템 사용한 장비를 다중화장비임
   - <u>다중화기는 정적(Static)으로 공동이용하는 방식</u>
   - <u>입출력 속도의 합이 동일 : 입력 = 출력</u>
   - 정적인 선로이용은 소프트웨어에 의한 부채널(Subchannel)의 제어가 필요없게 되어 <u>구성이 비교적 간단하며</u>, 버퍼가 없고 저가이며 지연발생이 상대적으로 적음
   - 다중화방식은 FDM(Frequency Division Multiplexing), TDM(Time Division Multiplexing), CDM(Code Division Multiplexing)등이 있음
   - 복수개의 단말장치에서 전송할 데이터신호를 다중화시켜 하나의 신호로 만들고, 역으로 다중화신호를 분리하여 복수개의 단말장치에 보내는 역다중화 기능이 있음

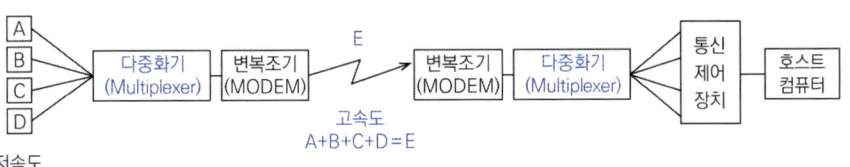

2) 집중화장비(Concentrator)
- 집중기는 동적(Dynamic)으로 공동이용하는 방식
- 입출력 속도의 합이 동일하지 않음 : 입력 ≥ 출력
- 동적인 선로이용은 소프트웨어에 의한 부채널(Subchannel)의 제어가 필요하게 되어 구성이 복잡하며, 버퍼가 있고 고가이며 지연발생이 있음
- 집중화기는 연결된 단말기가 보낼 데이터가 있을 경우에만 각 부채널을 할당하기 때문에 효율적으로 통신회선을 관리함

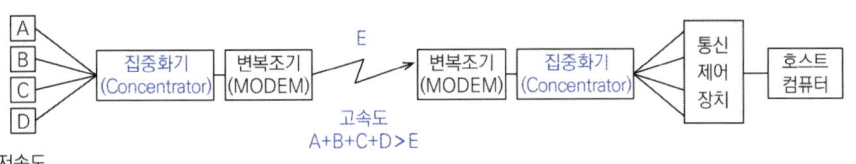

## 06. 16상 위상변조방식에서 변조속도가 1800[Baud]인 신호의 전송속도는 얼마인가? (5점)

[기출] 18_1회

### 정답

7,200 bps

데이터신호 전송속도 $C[bps] = nB = \log_2 M \times B$, $B[Baud]$  $M$은 16PSK에서 $M = 16$

$= \log_2 16 \times B = \log_2 2^4 \times B = 4 \times B$, $B = 1,800[Baud]$ 입력하면

$= 4 \times 1,800$

$\therefore C = 7,200 [bps]$

**07** 다음 특징을 갖는 패킷 교환방식의 종류는? (4점)  [기출] 18_1회

- 통신 당사자 간 물리적 및 논리적 전송로를 설정하지 않으므로 호 설정 지연이 없다.
- 패킷마다 독립적인 라우팅하므로 패킷순서가 어긋날 수 있다.
- 교환 노드가 고장이 발생하여도 대체경로를 이용하여 전송 가능하다.

**정답**

데이터그램 패킷교환(Datagram Packet Switching)


**08** 정보통신망의 3대 동작기능을 설명하시오. (3점)  [기출] 18_1회

**정답**

1) 전달 기능
   음성, 데이터 등의 정보를 실제로 교환 및 전송하는 기능
2) 신호 기능
   전기 통신망에서 접속의 설정, 제어 및 관리에 관한 정보의 교환기능
3) 제어 기능
   단말과 교환 설비 간, 네트워크 간의 접속에 필요한 수단들을 제어하는 기능

**09** 데이터 단말장치(DTE)의 4가지 기능과 설명을 하시오. (8점)  [기출] 18_1회

> **정답**

입·출력기능과 전송제어기능으로 크게 구분되며 전송제어기능은 입·출력제어기능, 에러제어기능, 송수신제어기능이 있음며, 전송제어기능은 Protocol에 따라 정확한 데이터의 송·수신을 수행함
1) 입·출력기능
   사람이 식별 가능한 데이터를 통신장비가 처리가능한 2진신호로 변환 및 역변환 기능
2) 입·출력제어기능
   입력되는 신호를 검출하여 데이터를 입력하거나 출력하는 기능
3) 에러제어기능
   통신 장비간의 약속된 부호를 송수신하여 에러를 검출 및 정정기능
4) 송·수신제어기능
   데이터 송·수신 접속관련 설정/해제 기능

**10** PCM 회선에 20만 비트를 전송하니 10비트 오류가 발생했다면 회선의 BER은 얼마인가? (4점)  [기출] 14_1회

> **정답**

BER = $5 \times 10^{-5}$

계산식 : $BER = \dfrac{\text{에러비트수}}{\text{총전송 비트수}} = \dfrac{10}{200,000} = 5 \times 10^{-5}$

**11** 다음 발진회로 질문에 답하시오. (4점)  [기출] 19_4회 / 18_1회

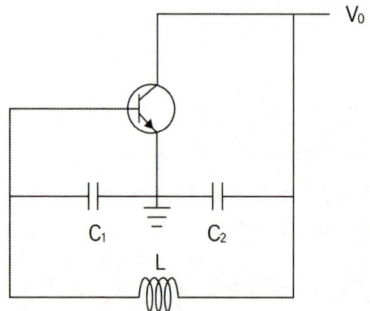

1) 발진회로 명칭
2) 발진회로에서 35KHz의 발진을 얻고자 한다. 인덕턴스 L이 3mH이고 $C_1 = C_2 = C$ 일 때 C값을 μF단위로 소수점 넷째자리까지 구하시오.

> **정답**

1) 콜피츠 발진기(Colpitts oscillator)
2) 0.0137μF

$$f = \frac{1}{2\pi\sqrt{L\frac{C_1 C_2}{C_1 + C_2}}} [Hz] \text{에서}$$

$$35KHz = \frac{1}{2\pi\sqrt{L \times \frac{CC}{2C}}} = \frac{1}{2\pi\sqrt{3 \times 10^{-3} \times \frac{C}{2}}}, \; 35 \times 10^3 \times 2\pi = \frac{1}{\sqrt{3 \times 10^{-3} \times \frac{C}{2}}} \text{에서}$$

$$\sqrt{3 \times 10^{-3} \times \frac{C}{2}} = \frac{1}{35 \times 10^3 \times 2\pi} \text{에서 양변 제곱하면, } 3 \times 10^{-3} \times \frac{C}{2} = (\frac{1}{35 \times 10^3 \times 2\pi})^2$$

$$C = 2 \times \frac{1}{3 \times 10^{-3}} \times (\frac{1}{35 \times 10^3 \times 2\pi})^2 = \frac{2}{3} \times \frac{1}{35^2 \times (2\pi)^2} \times 10^{-3}$$

$$= 0.6666 \times (0.8163 \times 10^{-3}) \times 0.0253 \times 10^{-3}$$

$$= 0.6666 \times 0.8163 \times 0.0253 \times 10^{-6} = 0.013766 \times 10^{-6}$$

$$= 0.0137 \times 10^{-6} [F] = 0.0137 \, \mu F$$

**12** 기술기준적합 조사 시 측정용 보조전극의 설치가 어려운 지역에서 3점 전위 강하법 대신 적용가능한 측정법은 무엇인가? (5점)  [기출] 18_1회

정답

2극 측정법

**13** 접지는 기능을 위한 접지와 안전을 위한 접지로 구분된다. 다음 보기중 기능을 위한 접지 2가지를 고르시오. (8점)  [기출] 18_1회

[ 보기 ]
외함의 접지, 안테나 접지, 피뢰침 접지, 변압기 2차 단자 접지, 전원중성점 접지

정답

안테나 접지, 전원중성점 접지

**14** 포설된 동축케이블 임피던스 측정시 선로 개방임피던스 100Ω, 단락임피던스 25Ω일 때 특성임피던스를 계산하시오. (5점)  [기출] 18_2회 / 18_1회 / 16_1회 / 14_1회

정답

특성임피던스 : 50Ω

계산식 : 특성임피던스$(Z_0) = \sqrt{Z_{단락} \cdot Z_{개방}} = \sqrt{25 \times 100} = 50\,[\Omega]$

**15** 오실로스코프의 용도 4가지를 쓰시오.(4점)  [기출] 23_2회토/ 20_1회 / 18_1회 / 12_2회

**정답**

① 주기측정 ② 전압측정 ③ 주파수측정 ④ 파형측정 ⑤ 리사주측정(주파수와 위상비교)

**16** 정보통신시설공사를 위한 설계도서의 종류에 대하여 5가지를 쓰시오. (5점)

[기출] 19_2회 / 18_4회 / 15_1회 / 13_4회 / 13_1회 / 12_1회

**정답**

1) 공사 계획서
2) 공사 설계도면[계통도, 배관도, 배선도, 접속도(시공상세도) 등]
3) 공사 설계설명서(시방서)
4) 공사비 명세서(설계 예산서, 정보통신공사 내역서)
5) 공사 기술계산서(정보통신 계산서) 및 이와 관련된 서류

※ "설계"란 공사에 관한 계획서, 설계도면, 설계설명서, 공사비명세서, 기술계산서 및 이와 관련된 서류(이하 "설계도서"라 한다)를 작성하는 행위를 말한다. - 정보통신공사업법 제2조 정의

정보통신 공사원가 계산서 작성시 경비에 해당하는 항목 5가지를 쓰시오. (5점)

[기출] 19_4회 / 18_1회 / 16_2회

> 정답

경비 5항목 : 운반비, 안전관리비, 품질관리비, 지급임차료, 보험료 등

표준품셈 기반 원가계산 기준
경비는 공사의 시공을 위하여 소요되는 공사원가중 재료비, 노무비를 제외한 원가를 말하며, 기업의 유지를 위한 관리활동 부문에서 발생하는 일반관리비와 구분됨

| 구분 | 경비 세비목 | 내용 |
|---|---|---|
| 경비 | 전력비 | 계약 목적물을 시공하는데 소요되는 비용 |
| | 수도광열비 | 계약 목적물을 시공하는데 소요되는 비용 |
| | 운반비 | 재료비에 포함되지 않은 운반비 |
| | 기계경비 | 표준품셈상의 건설기계의 경비산정기준에 의한 비용 |
| 경비 | 품질관리비 | 계약 목적물의 품질관리 |
| | 안전관리비 | 건설공사의 안전을 위하여 관계법령에 의하여 요구되는 비용 |
| | 가설비 | 현장사무소, 창고, 식당, 화장실 등 동 시공을 위해 필요한 가설물 |
| | 지급임차료 | 계약 목적물을 시공하는데 직접 사용되거나 제공되는 토지, 건물, 기계기구(건설기계 제외)의 사용료 |
| | 보험료 | 산업재해보험, 고용보험, 국민건강보험 및 국민연금보험 등 |
| | 복리후생비 | 계약 목적물을 시공하는데 종사하는 노무자·종업원·현장사무소 직원 등의 의료위생약품대, 지급피복비, 건강진단비, 급식비 등 |
| | 보관비 | 계약 목적물 시공하는데 소요되는 재료, 기자재 등의 창고 사용료 |
| | 외주가공비 | 재료를 외부에 가공시키는 실가공비용 |
| | 산업안전보건관리비 | 작업현장에서 산업재해 및 건강장해예방을 위하여 법령 요구비용 |
| | 소모품비 | 작업현장에서 발생되는 소모용품 구입비용 |
| | 여비·교통비·통신비 | 시공현장에서 직접 소요되는 여비 및 차량유지비와 통신사용료 |
| | 세금과 공과 | 시공현장에서 해당공사와 직접 부담해야할 재산세, 차량세 등 |
| | 폐기물처리비 | 시공과 관련하여 발생되는 폐기물 처리위해 소요되는 비용 |
| | 도서인쇄비 | 계약 목적물을 시공을 위한 참고서적구입비, 각종 인쇄비 등 |
| | 지급수수료 | 공사이행보증서 발급수수료, 건설하도급대금 지급보증서 수수료등 |
| | 환경보전비 | 계약 목적물의 시공을 위한 제반환경오염 방지시설을 위한것 |
| | 기타 법정경비 | 기타 법적경비 |

**18** 착공계 제출시 현장대리인의 적합성을 증빙하기 위해 기본적으로 첨부해야하는 서류 2가지를 쓰시오. (10점)

[기출] 18_1회 / 14_2회

> **정답**
>
> 1) 정보통신기술자 자격증
> 2) 정보통신기술자 경력확인서(한국정보통신공사협회 등)

## 2  2018년도 2회

**01**  50Ω 시스템과 75Ω 시스템을 접속했을 때 아래 질문에 답하시오. (7점)

[기출] 23_1회 / 18_2회 / 17_2회 / 14_1회

1) 반사계수
2) 정재파비(VSWR)
3) 반사전력은 입사전력의 몇 % 인가?

**정답**

1) 반사계수($\Gamma$) : 0.2

   계산식 : 반사계수($\Gamma$) = $|\dfrac{Z_l - Z_0}{Z_l + Z_0}| = |\dfrac{75 - 50}{75 + 50}| = 0.2$

2) 정재파비(S, VSWR) : 1.5

   계산식 : 정재파비($S$) = $\dfrac{1+|\Gamma|}{1-|\Gamma|} = \dfrac{1+0.2}{1-0.2} = 1.5$

3) 반사전력은 입사전력의 몇 % : 4%

   반사계수 = $\sqrt{\dfrac{P_{r(반사전력)}}{P_{i(입사전력)}}}$ = 반사계수($\Gamma$) 양변을 제곱하면

   $\dfrac{P_r}{P_i} = (0.2)^2 = 0.04$ 에서 $P_r$(반사전력) = $0.04 P_i \times 100 [\%] = 4P_i [\%]$

**02**  특정대역폭을 갖는 전송매체는 그 매체의 대역폭보다 좁은 대역폭을 갖는 디지털신호만을 전송할 수 있다. 다음 물음에 답하시오. (6점)

[기출] 18_2회

1) 전송매체의 채널용량에 관해 설명하시오.
2) 신호대 잡음비가 100dB이고 대역폭이 1000Hz일 때 채널용량을 계산하시오. (소수점이 하는 제외하며 단위는 반드시 표시)

> **정답**
>
> 1) 전송할 수 있는 최대전송용량으로 샤논의 정리가 있음
>
> $C = B\log_2\left(1 + \dfrac{S}{N}\right) [bps]$
>
> C : 통신채널용량 [bps], B : 채널의 대역폭(Bandwidth) [Hz], S/N : 신호대 잡음비
>
> 2) 33,219 [bps]
>
> $C = 1000\log_2(1 + 10,000,000,000) [bps]$, S/N은 $100dB = 10,000,000,000$ 대입
>
> $= 1000\log_2 10,000,000,001 = 1000 \times \dfrac{\log 10,000,000,001}{\log 2} = 1000 \times \dfrac{10}{0.3010}$
>
> $= 1000 \times 33.2192 = 33,219 [bps]$

**03** 위성통신에서 위성통신방식(궤도조건 및 배치상황)에 따른 분류 3가지를 적으시오. (3점)

[기출] 18_2회 / 13_2회(유사)

> **정답**
>
> | 분류 | 위성고도 [Km] | 주요 서비스 |
> |---|---|---|
> | 저궤도 위성<br>LEO (Low Earth Orbit) | 300 ~ 1,500 | 이동통신 등 |
> | 중궤도 위성<br>MEO (Middle Earth Orbit) | 1,500 ~ 10,000 | 이동통신, 고정통신 등 |
> | 정지궤도 위성<br>GEO (Geostationary Earth Orbit) | 36,000 | 위성방송 등 |

**04** 가상회선방식의 대표적인 예로 공중데이터망(PSDN)에 사용되며, DTE와 DCE간을 정의하는 ITU-T 표준 프로토콜은? (3점)  [기출] 18_2회

> **정답**

X.25

**05** BISDN의 ATM Protocol Reference Model은 계층과 평면의 구조로 되어있다. 이들에 해당하는 하위계층과 평면은 각각 무엇인가? (6점)  [기출] 18_2회
1) 계층 3가지를 쓰시오
2) 평면 3가지를 쓰시오

> **정답**

1) 계층
   ① AAL계층 (ATM Adaption Layer)
   ② ATM계층 (ATM Layer)
   ③ 물리계층 (Physical Layer)
2) 평면
   ① 관리평면 (Management Plane)
   ② 제어평면 (Control Plane)
   ③ 사용자평면 (User Plane)

**06** 유니캐스트, 멀티캐스트, 브로드캐스트에 대해 간단히 서술하시오. (6점)

[기출] 23_2회토 / 20_4회(유사) / 18_2회(유사)

**정답**

1. 유니캐스트(Unicast) : 데이터 송신주소와 수신주소가 1 : 1 관계
2. 멀티캐스트(Multicast) : 데이터 송신주소와 수신주소가 1 : N(특정한 다수) 관계
3. 브로드캐스트(Broadcast) : 데이터 송신주소와 수신주소가 1 : N(불특정 다수) 관계

**07** PCM기록장치에서 최고주파수 15KHz까지 녹음을 위해서는 1초에 몇 비트의 정보량을 기록해야 하는가? (단, 샘플당 8[bit] 부호화로 한다.) (4점)

[기출] 18_2회

**정답**

240,000 [bps]
2 × 최고주파수 × 샘플당 부호화 비트 = 2 × 15,000 × 8 = 240,000 [bps]

**08** 송신측에서 우수 패리티(Even Parity)를 가진 해밍코드가 전송되어 수신하였을 때 다음 각 물음에 답하시오. (6점)

[기출] 21_1회 / 18_2회 / 16_4회

| 비트번호 | 1 | 2 | 3 | 4 | 5 | 6 | 7 | 8 | 9 |
|---|---|---|---|---|---|---|---|---|---|
| 해밍코드 | 0 | 0 | 1 | 0 | 1 | 0 | 0 | 0 | 0 |

1) 수신코드에서 패리티 비트는 몇 개가 포함되어 있는가?
2) 만약 수신된 코드에 1비트 에러(Error)가 발생하였다면 몇 번째에서 일어나는가?
3) 송신측에서 보낸 원래의 정보비트를 10진수로 나타내시오.

> 정답

1) 4개 패리티 비트
   $2^p \geq m+p+1, m=5$ 대입하면 $2^p \geq 5+p+1 = 6+p$ 에서 $p=4$
2) 6번째
   "1"숫자 3번째와 5번째이며 관련 이진수로 표현하고, EX OR로 계산후 10진수로 표기
   3 → 0011(2진수), 5 → 0101(2진수)
   　　　　　　　　0011
   Exclusive OR　　0101
   　　　　　　　　0110 → 6(10진수)
3) 28(10진수)
   수신단 에러수정된 정보비트는 "11100" (2진수) → $2^4 + 2^3 + 2^2 = 16+8+4 = 28$ (10진수)

| 비트번호 | 1 | 2 | 3 | 4 | 5 | 6 | 7 | 8 | 9 |
|---|---|---|---|---|---|---|---|---|---|
| 해밍코드 | 0(P1) | 0(P2) | 1 | 0(P4) | 1 | 1 | 0 | 0(P8) | 0 |

**09** LAN의 구성 형태로 모든 단말장치가 각각 독립성을 유지하면서 공통회선을 통해 통신하는 방식으로 한 노드의 고장으로 다른 부분에 영향을 미치지 않는 구성방식을 쓰시오. (3점)

[기출] 18_2회

> 정답

버스(BUS)형

**10** 다음 질문에 답하시오. (10점)   [기출] 18_2회

1) TCP / IP 모델에서 TCP가 동작하는 계층은?
2) TCP / IP 데이터링크 계층의 데이터단위는?
3) TCP 프로토콜의 기능 3가지를 쓰시오.
4) IP의 특징 3가지를 쓰시오.

> 정답
>
> 1) 4계층 : 전송(Transport) 계층
> 2) 프레임(Frame)
> 3) ① 신뢰성(Reliable) 보장 ② 연결 지향(connection oriented) ③ 흐름 제어
> 4) ① 비신뢰성 ② 비연결성 ③ 논리적 주소 제공

**11** 정보통신공사업법에서 규정하는 감리원의 업무범위 5가지를 서술하시오. (5점)

[기출] 23_4회 / 23_2회일 / 18_2회 / 17_2회 / 15_2회 / 14_1회(유사)

> 정답
>
> 정보통신공사업법 시행령 제12조(감리원의 업무범위) 기준
> 1. 공사계획 및 공정표의 검토
> 2. 공사업자가 작성한 시공상세도면의 검토·확인
> 3. 설계도서와 시공도면의 내용이 현장조건에 적합한지 여부와 시공가능성 등에 관한 사전검토
> 4. 공사가 설계도서 및 관련규정에 적합하게 행하여지고 있는지에 대한 확인
> 5. 공사 진척부분에 대한 조사 및 검사
> 6. 사용자재의 규격 및 적합성에 관한 검토·확인
> 7. 재해예방대책 및 안전관리의 확인
> 8. 설계변경에 관한 사항의 검토·확인
> 9. 하도급에 대한 타당성 검토
> 10. 준공도서의 검토 및 준공확인

**12** 정보통신공사업법에서 규정하는 공사의 범위 4가지를 쓰시오. (4점)

[기출] 22_1회 / 18_2회 / 12_4회

> **정답**

정보통신공사업법 시행령 [별표1] 공사의 종류
1. 통신설비공사
2. 방송설비공사
3. 정보설비공사
4. 기타설비공사 (정보통신전용전기시설설비공사)

| 구분 | 공사의 종류 |
|---|---|
| 통신설비공사 | 통신선로설비공사<br>교환설비공사<br>전송설비공사<br>구내통신설비공사<br>이동통신설비공사<br>위성통신설비공사<br>고정무선통신설비공사 |
| 방송설비공사 | 방송국설비공사<br>방송전송·선로설비공사 |
| 정보설비공사 | 정보제어·보안설비공사<br>정보망설비공사<br>정보매체설비공사<br>항공·항만통신설비공사<br>선박의 통신·항해·어로설비공사<br>철도통신·신호 설비공사 |
| 기타설비공사 | 정보통신전용전기시설설비공사 |

**13** 다음 항목의 측정과 관련한 단위를 각각 설명하고, 또한 로그를 이용하여 수식 표현을 하도록 하시오. (9점)  [기출] 20_4회 / 18_2회
1) dBm
2) dBW
3) dBmV

정답

1) $dBm = 10\log\dfrac{P}{1mW}$
   어떤 전력을 1[mW]를 기준으로 해서 데시벨로 절대레벨 표현
2) $dBW = 10\log\dfrac{P}{1W}$
   어떤 전력을 1[W]를 기준으로 해서 데시벨로 절대레벨 표현
3) $dBmV = 20\log\dfrac{V}{1mV}$
   어떤 전압을 1[mV]를 기준으로 해서 데시벨로 절대레벨 표현

**14** 10mW 전력의 입력신호가 적용된 전송선로에서 10dB의 감쇠가 발생했다. 이때 전력은 얼마인지 구하시오. (4점)  [기출] 18_2회 / 17_1회 / 14_1회

정답

1mW (0dBm)

| 입력 전력 | 전송선로 | 출력 전력 |
| --- | --- | --- |
| 10mW = 10dBm | 10dB 감쇠 | 0dBm = 1mW (10dBm-10dB = 0dBm) |

**15** 통신 공동구를 설치할 때 유지보수 관리에 필요한 부대설비 5가지를 쓰시오. (5점)

[기출] 23_2회토 / 19_4회 / 18_2회 / 16_4회

**정답**

조명 · 배수 · 소방 · 환기 · 접지

※ 접지설비·구내통신설비·선로설비 및 통신공동구등에 대한 기술기준 제46조(통신공동구의 설치기준)
① 통신공동구는 통신케이블의 수용에 필요한 공간과 통신케이블의 설치 및 유지 · 보수등의 작업시 필요한 공간을 충분히 확보할 수 있는 구조로 설계하여야 한다.
② 통신공동구를 설치하는 때에는 조명 · 배수 · 소방 · 환기 및 접지시설 등 통신케이블의 유지 · 관리에 필요한 부대설비를 설치하여야 한다.
③ 통신공동구와 관로가 접속되는 지점에는 통신케이블의 분기를 위한 분기구를 설치하여야 하며, 한 지점에서 여러 개의 관로로 분기될 경우에는 작업이 용이하도록 분기구간에는 일정거리이상의 간격을 유지하여야 한다.

**16** 한 전송신호가 4상 PSK 변조 방식을 사용하는 시스템의 전송속도가 4800[bps]일 때 변조속도[Baud]를 구하시오. (3점)

[기출] 23_2회 / 20_4회(유사) / 18_2회(유사) / 16_4회(유사) / 14_1회(유사) / 12_2회(유사)

**정답**

2,400 Baud

데이터신호 전송속도 $C[bps] = nB = \log_2 M \times B$, $B[Baud]$ $M$은 4PSK에서 $M = 4$

$$4,800\,[bps] = \log_2 4 \times B = \log_2 2^2 \times B = 2 \times B$$

$$\therefore B = 2,400\,[Baud]$$

**17** 접지선은 접지 저항이 ( ① )이하인 경우에는 2.6mm이상, 접지 저항값이 100Ω 이하인 경우에 는 직경 ( ② )이상의 PVC 피복 동선 또는 그 이상의 절연효과가 있는 전선을 사용하고 접지극은 부식이나 토양오염 방지를 고려한 도전성 재료를 사용한다. 단, 외부에 노출되지 않는 접지선의 경우에는 피복을 아니 할 수 있다. (6점)

[기출] 24_2회 / 21_2회(유사) / 20_1회(유사) / 18_4회(유사) / 18_2회(유사) / 13_2회(유사)

### 정답

① 10Ω
② 1.6mm

※ 접지설비·구내통신설비·선로설비 및 통신공동구등에 대한 기술기준 제5조(접지저항 등)
  ① 교환설비·전송설비 및 통신케이블과 금속으로 된 단자함(구내통신단자함, 옥외분배함 등)·장치함 및 지지물 등이 사람이나 방송통신설비에 피해를 줄 우려가 있을 때에는 접지단자를 설치하여 접지하여야 한다.
  ② 통신관련시설의 접지저항은 10Ω 이하를 기준으로 한다. 다만, 다음 각호의 경우는 100Ω 이하로 할 수 있다.
    1. 선로설비중 선조·케이블에 대하여 일정 간격으로 시설하는 접지(단, 차폐케이블은 제외)
    2. 국선 수용 회선이 100회선 이하인 주배선반
    3. 보호기를 설치하지 않는 구내통신단자함
    4. 구내통신선로설비에 있어서 전송 또는 제어신호용 케이블의 쉴드 접지
    5. 철탑이외 전주 등에 시설하는 이동통신용 중계기
    6. 암반 지역 또는 산악지역에서의 암반 지층을 포함하는 경우등 특수 지형에의 시설이 불가피한 경우로서 기준 저항값 10Ω을 얻기 곤란한 경우
    7. 기타 설비 및 장치의 특성에 따라 시설 및 인명 안전에 영향을 미치지 않는 경우
  ③ 통신회선 이용자의 건축물, 전주 또는 맨홀 등의 시설에 설치된 통신설비로서 통신용 접지시공이 곤란한 경우에는 그 시설물의 접지를 이용할 수 있으며, 이 경우 접지저항은 해당 시설물의 접지기준에 따른다. 다만, 전파법시행령 제24조의 규정에 의하여 신고하지 아니하고 시설할 수 있는 소출력중계기 또는 무선국의 경우, 설치된 시설물의 접지를 이용할 수 없을 시 접지하지 아니할 수 있다.
  ④ 접지선은 접지 저항값이 10Ω 이하인 경우에는 2.6mm이상, 접지 저항값이 100Ω 이하인 경우에는 직경 1.6mm이상 의 피·브이·씨 피복 동선 또는 그 이상의 절연효과가 있는 전선을 사용하고 접지극은 부식이나 토양오염 방지를 고려한 도전성 재료를 사용한다. 단, 외부에 노출되지 않는 접지선의 경우에는 피복을 아니할 수 있다.
  ⑤ 접지체는 가스, 산 등에 의한 부식의 우려가 없는 곳에 매설하여야 하며, 접지체 상단이 지표로부터 수직 깊이 75cm 이상되도록 매설하되 동결심도보다 깊도록 하여야 한다.
  ⑥ 사업용방송통신설비와 전기통신사업법 제64조의 규정에 의한 자가전기통신설비 설치자는 접지저항을 정해진 기준치를 유지하도록 관리하여야 한다.
  ⑦ 다음 각 호에 해당하는 방송통신관련 설비의 경우에는 접지를 아니할 수 있다.
    1. 전도성이 없는 인장선을 사용하는 광섬유케이블의 경우
    2. 금속성 함체이나 광섬유 접속등과 같이 내부에 전기적 접속이 없는 경우

**18** 낙뢰 또는 강전류 전선과의 접촉 등으로 이상 전류 또는 이상 전압이 유입될 우려가 있는 방송통신설비에 설치하는 것으로 과전류 또는 과전압을 방전시키거나 이를 제한 또는 차단하는 장치를 쓰시오. (5점)

[기출] 20_2회 / 18_2회

정답

보호기
- 서지보호기 SPD(surge protector device)
  방송통신설비의 기술기준에 관한 규정 제7조(보호기 및 접지)
  제7조(보호기 및 접지) ① 벼락 또는 강전류전선과의 접촉 등으로 이상전류 또는 이상전압이 유입될 우려가 있는 방송통신설비에는 과전류 또는 과전압을 방전시키거나 이를 제한 또는 차단하는 보호기가 설치되어야 한다.

**19** 다음 설명에 해당하는 접지전극 시공방법을 쓰시오. (5점)

[기출] 19_4회 / 18_2회 / 17_4회 / 17_1회 / 14_1회

(1) 현재 접지 분야에서 가장 많이 시공되고 있는 방법
(2) 시공면적이 넓고 대지 저항률이 낮은 지역에서 우수한 성능 발휘
(3) 재료비가 비교적 저렴한 편
(4) 추가시공이 쉬우며 다른 접지 시스템과의 연계성이 매우 좋음
(5) 부식에 의한 접지전극 손상이 빠르게 진행되어 수명이 짧음
(6) 접지봉의 구조가 단순하며 시공이 간단함

정답

일반접지봉접지(봉상접지)

# 3  2018년도 4회

**01** 다음과 같이 주어진 그림을 이용해 종합잡음지수를 식으로 작성하시오. (4점)

[기출] 18_4회 / 15_1회

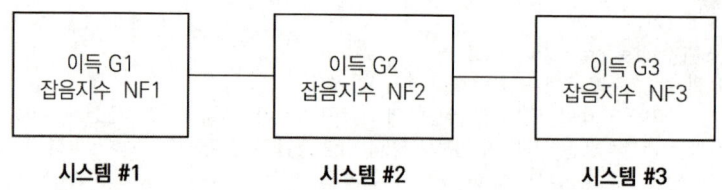

정답

$$NF_T = NF_1 + \frac{NF_2 - 1}{G_1} + \frac{NF_3 - 1}{G_1 \cdot G_2}$$

**02** 페이딩 원인, 느린 페이딩, 빠른 페이딩, 라이시안 페이딩에 대해 서술하시오. (8점)

[기출] 18_4회 / 17_1회

정답

1) 페이딩(Fading) 원인
   전파매질 변동, 방해물 등에 의한 경로가 <u>다른 2이상의 전파가 상호간섭하여 수신전계강도가 시간적으로 불규칙하게 변동하는 현상</u>
2) 느린 페이딩(Long Term Fading)
   산, 언덕등 큰 지형의 변화로 인하여 발생하는 페이딩으로 수신전계강도가 느린 변화

3) 빠른 페이딩(Short Term Fading)
Multipath 페이딩이라고도 부르며 도심의 높은 건물 등과 같은 장애물로 인한 전자파의 반사등의 영향 또는 이동국의 빠른 이동 등으로 발생

4) 라이시안 페이딩(Rician Fading)
라이시안 분포는 레일리 분포에 추가적인 강한 신호 성분을 포함하는 분포로, 다중경로 환경에서의 단기 페이딩을 모델링하는 데 사용하며 LOS( Line Of Sight)와 NLOS(Non Line Of Sight)가 함께 존재하는 환경으로 실외환경 예 탁트인 야외공간"과 같이 직접파가 반사파보다 우세한 환경에서 라이시안 분포가 더 적합함

※ 레일리 페이딩(Rayleigh Fading)
레일리 분포는 단일 경로를 통한 신호의 강도를 설명하며, 단기 페이딩 모델링에 사용하며 주로 NLOS(Non Line Of Sight) 만 존재하는 환경으로 주로 무선통신의 "실내환경 또는 실외이지만 건물이 많은 도심"과 같은 직접파보다 반사파가 우세한 환경에서 신호의 페이딩을 설명하는 데 사용

- 라이시안 페이딩(Rician Fading)
  - LOS 포함

- 레일리 페이딩(Rayleigh Fading)
  - Only NLOS

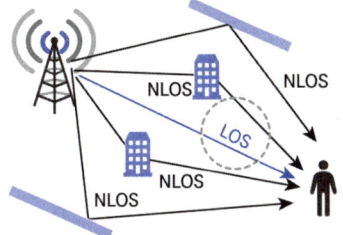
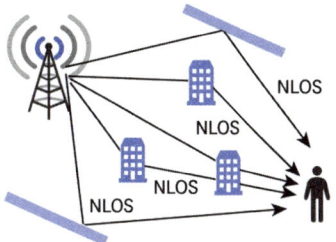

✓ NLOS : Non Line Of Sight, LOS : Line Of Sight

### 03 다음 괄호 안에 알맞은 용어를 쓰시오. (3점)  [기출] 18_4회

각 패킷을 전송 전 사전경로(Route) 구성없이 독립적, 무순차적으로 전달하는 (   )방식은 사전경로 구축시간이 불필요하고 데드락(Deadlock)시 융통성이 있어 신속한 대처가 가능한 비연결형 패킷교환방식이다.

**정답**

UDP(User Datagram Protocol)

**04** 폴링과 셀렉션에 대해 설명하시오. (4점)  [기출] 18_4회 / 17_1회
1) 폴링(Polling)
2) 셀렉션(Selection)

> 정답

1) 폴링(Polling)
   종국(Slave Station / 2차국)이 주국(Master Station / 1차국) 방향으로 데이터를 전송하고자 할 때, 주국이 종국에게 데이터 전송유무를 폴링(Polling)하고 데이터를 종국으로부터 받는 과정
2) 셀렉션(Selection)
   주국(Master Station / 1차국)이 종국(Slave Station / 2차국) 방향으로 데이터를 전송하고자 할 때, 주국이 종국을 셀렉션(Selection)하여 데이터를 받을 준비유무를 확인하고 종국으로 데이터를 보내는 과정

**05** OSI 7계층에 대한 다음 물음에 답하시오. (6점)  [기출] 18_4회 / 14_4회
1) 암호화, 데이터 압축, 전송구문 등 데이터표현 형식에 대한 제어를 담당하는 계층을 쓰시오.
2) 데이터 압축을 하는 목적과 압축하는 두가지 방법의 차이점을 서술하시오.

> 정답

1) 6계층, 표현(Presentation) 계층
2) 데이터 압축 목적 : 송신단 신호의 전송 데이터량을 줄여서 보내도, 수신단 신호 복원시 품질저하가 없도록 하며, 방법의 차이점은 손실압축방식과 무손실압축방식임
   ① 손실압축방식 : MPEG, JPEG 등
   ② 무손실압축방식 : RLC(Run-length coding) 등

**06** 다음 괄호 안에 알맞은 용어를 쓰시오. (3점)

[기출] 19_2회 / 18_4회 / 17_4회 / 16_2회 / 12_2회 / 12_1회

( )는 비연결형 데이터그램 전달서비스를 제공하는 프로토콜로 메시지를 세그먼트로 나누지 않고 블록의 형태로 전송하며 재전송이나 흐름제어를 제어하기 위한 피드백을 제공하지 않는다.

**정답**

UDP (User Datagram Protocol)

---

**07** TCP / IP IETF 망관리 프로토콜 중 1개의 약어와 원어를 쓰시오. (4점)

[기출] 23_2회토 / 18_4회(유사) / 14_2회(유사)

**정답**

SNMP (Simple Network Management Protocol)

---

**08** TCP / IP 4계층을 하위계층부터 쓰시오. (4점)

[기출] 23_1회 / 20_2회 / 18_4회 / 17_1회 / 16_2회

**정답**

① 네트워크액세스 계층 ② 인터넷 계층 ③ 전송(Transport) 계층 ④ 응용(Application) 계층

**09** IPv4 프로토콜의 특징 5가지를 쓰시오. (10점)  [기출] 18_4회 / 15_4회 / 13_2회

> 정답

1. 32bit 주소길이를 갖고 8비트씩 4부분 10진수로 표시
2. 주소할당 Class(A,B,C,D,E)로 할당, 네트워크 주소와 호스트 주소로 구분
3. 사용가능 주소가 $2^{32}$ = 43억개로 부족
4. QoS가 곤란하며, 보안성 미흡함 IPSec 별도설치
5. IPv4는 유니캐스트, 멀티캐스트, 브로드캐스트로 구분하며, IPv6는 유니캐스트, 멀티캐스트, 애니캐스트로 구분

**10** TCP/IP 상위계층 응용계층 프로토콜의 하나로 컴퓨터간에 전자우편을 전송하기 위한 프로토콜을 쓰시오. (4점)  [기출] 18_4회 / 16_2회 / 13_4회

> 정답

SMTP(Simple Mail Transfer Protocol)

**11** 통신제어장치 기능 4가지를 서술하시오. (8점)  [기출] 18_4회 / 15_1회(유사)

### 정답

1) 전송제어
   통신접속을 위한 다중접속제어, 교환접속제어, 통신방식제어, 경로설정 등
2) 동기제어
   컴퓨터 처리속도와 통신회선 전송속도 차이 조정
3) 오류제어(검출)
   통신회선에서 발생하는 오류를 제어(검출)
4) 회선제어
   통신회선 접속과 절단제어 등
5) 흐름제어

※ 다른 컨셉으로 볼때
1) 중앙처리장치와 데이터 전송회선간 데이터 송수신제어
2) 데이터신호의 직병렬 변환
   전송회선구간의 직렬(Serial) 데이터를 중앙처리장치 적합한 병렬(Parallel) 데이터로 변환
3) 통신회선 시분할제어
   통신회선 접속과 절단제어 등
4) 문자 및 메시지의 조립 및 분해
   전송정보를 패킷 등의 적당한 길이단위로 분할 또는 결합
5) 전송 오류제어(검출)

**12** 정보통신공사 착수단계에서 검토되어야 할 설계도서 3가지는 무엇인지 쓰시오.

[기출] 19_2회 / 18_4회 / 15_1회 / 13_4회 / 13_1회 / 12_1회

### 정답

1) 공사 계획서
2) 공사 설계도면[계통도, 배관도, 배선도, 접속도(시공상세도) 등]
3) 공사 설계설명서(시방서)
4) 공사비 명세서(설계 예산서, 정보통신공사 내역서)
5) 공사 기술계산서(정보통신 계산서) 및 이와 관련된 서류

※ "설계"란 공사에 관한 계획서, 설계도면, 설계설명서, 공사비명세서, 기술계산서 및 이와 관련된 서류(이하 "설계도서"라 한다)를 작성하는 행위를 말한다. – 정보통신공사업법 제2조 정의

**13** 통신설계 도면에 관한 내용이다. 해당 용어의 의미를 설명하시오. (6점) [기출] 18_4회
  1) MDF
  2) UPS
  3) TM

> 정답

1) MDF : Main Distribution Frame 건물내 외부와 내부회선을 연결하는 주배선반
   - MDF를 사업자와 가입자간의 접속분계점 역할
   - MDF(Voice MDF, Data MDF)설비를 수용하는 집중구내통신실이 있음
2) UPS : Uninterruptible Power Supply 무정전 전원공급장치
   - 상용 전원의 이상발생시 부하측 AC 전원 안정적 보호
   - 동작방식에 따라 On Line, Off Line, Interactive 방식으로 구분
3) TM : Telecommunication Manhole 통신맨홀
   - 인공과 수공으로 구분
   - 수공은 수공1호, 수공2호, 수공3호로 분류하며, 때로는 수공은 TH(Telecommunication Handhole)로 별도 표기하기도 함

**14** 정보통신공사업법에서 규정하는 감리원의 업무범위 5가지를 서술하시오. (5점)
[기출] 23_4회 / 23_2회일 / 17_2회 / 15_2회 / 14_1회(유사)

> 정답

정보통신공사업법 시행령 제12조(감리원의 업무범위) 기준
1. 공사계획 및 공정표의 검토
2. 공사업자가 작성한 시공상세도면의 검토·확인
3. 설계도서와 시공도면의 내용이 현장조건에 적합한지 여부와 시공가능성 등에 관한 사전검토
4. 공사가 설계도서 및 관련규정에 적합하게 행하여지고 있는지에 대한 확인
5. 공사 진척부분에 대한 조사 및 검사
6. 사용자재의 규격 및 적합성에 관한 검토·확인
7. 재해예방대책 및 안전관리의 확인
8. 설계변경에 관한 사항의 검토·확인
9. 하도급에 대한 타당성 검토
10. 준공도서의 검토 및 준공확인

**15** 하드웨어적이 아닌 문제를 점검하는 것으로 네트워크상에서 흐르는 데이터 프레임(Data Frame)을 캡처하고 디코딩하여 분석하며, LAN의 병목현상, 응용프로그램 실행오류, 프로토콜 설정오류, 네트워크 카드의 충돌오류 등을 분석하는 장비는? (4점)

[기출] 20_2회(유사) / 19_2회 / 18_4회 / 16_2회 / 13_4회

**정답**

프로토콜 분석기(Protocol Analyzer)
- 명칭 다양 (Packet Analyzer, Protocol Analyzer, Packet Network Analyzer, Packet Sniffer 프로토콜 애널라이저, 프로토콜 분석기, 패킷 스니퍼, 패킷 분석기)
  예 와이어샤크 등

**16** 다음 조건에서의 반사계수를 구하시오. (6점)

[기출] 18_4회

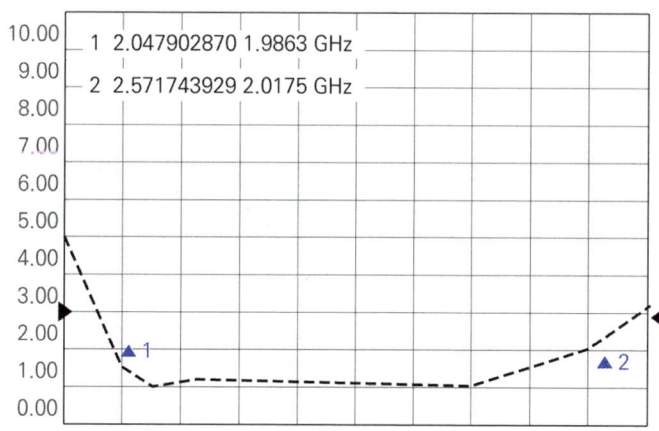

> 정답

0.34
반사계수 : 0.3438
계산식 : ▲1 주파수 대역에서 반사계수를 계산하면
1) S(VSWR) : 2.047802879
2) 반사계수($\Gamma$) = $\dfrac{S-1}{S+1}$ = $\dfrac{2.047902870-1}{2.047902870+1}$ ≅ 0.3438

※ 정리 : [ 정재파, 반사계수, 임피던스 공식 ]

| 항 목 | 공 식 |
|---|---|
| 정재파비(S) (VSWR) | $S = \dfrac{V_{\max}}{V_{\min}} = \dfrac{V_f + V_r}{V_f + V_r} = \dfrac{1-|\Gamma|}{1+|\Gamma|}$<br>$V_f$ : 진행파 전압, $V_r$ : 반사파 전압, $\Gamma$ : 반사계수 |
| 반사계수 ($\Gamma$) | $\Gamma = \left\lvert\dfrac{V_r}{V_i}\right\rvert = \left\lvert\dfrac{Z_l - Z_0}{Z_l + Z_0}\right\rvert = \dfrac{S-1}{S+1} = \sqrt{\dfrac{P_r}{P_i}} = \dfrac{Z_n - 1}{Z_n + 1}$<br>$Z_l$ : 부하 임피던스, $Z_0$ : 특성 임피던스,<br>$Z_n$ : 정규화 임피던스($Smith\ Chart$ 작업시 주로 사용) |
| 특성임피던스 ($Z_0$) | $Z_0 = \sqrt{Z_{sc} \cdot Z_{oc}}$<br>$Z_{sc}$ : 단락선로 입력임피던스, $Z_{oc}$ : 개방선로 입력임피던스 |

**17** 주파수 1KHz, 위상이 90° 차이 날 경우, 몇 초의 시간 차이인가? [기출] 18_4회 / 16_2회

> 정답

0.25msec
계산식 : 주기 = $\dfrac{1}{1KHz}$ = $1msec$ 의 90° 차이는 주기의 1 / 4 = 0.25msec

**18** 국선 접속 설비를 제외한 구내 상호 간 및 구내 외관의 통신을 위하여 구내에 설치하는 케이블, 선로, 이 상전압 및 이상 전류에 대한 보호장치 및 전주와 이를 수용하는 관로, 통신 터널, 배관, 배선반, 단자 등 과 그 부대설비로 정의되는 용어를 쓰시오. (3점)

[기출] 19_2회 / 18_4회

### 정답

구내통신선로설비

방송통신설비의 기술기준에 관한 규정 제3조(정의)
"구내통신선로설비"란 국선접속설비를 제외한 구내 상호간 및 구내·외간의 통신을 위하여 구내에 설치하는 케이블, 선조(線條), 이상전압전류에 대한 보호장치 및 전주와 이를 수용하는 관로, 통신터널, 배관, 배선반, 단자 등과 그 부대설비를 말한다.

**19** 접지선은 접지 저항이 ( ① )이하인 경우에는 2.6mm이상, 접지 저항값이 100Ω 이하인 경우에 는 직경 ( ② ) 이상의 PVC 피복 동선 또는 그 이상의 절연효과가 있는 전선을 사용하고 접지극은 부식이나 토양오염 방지를 고려한 도전성 재료를 사용한다. 단, 외부에 노출되지 않는 접지선의 경우에는 피복을 아니 할 수 있다. (6점)

[기출] 24_2회 / 21_2회(유사) / 20_1회(유사) / 18_4회(유사) / 18_2회(유사) / 13_2회(유사)

### 정답

① 10Ω
② 1.6mm

※ 접지설비·구내통신설비·선로설비 및 통신공동구등에 대한 기술기준 제5조(접지저항 등)
  ① 교환설비·전송설비 및 통신케이블과 금속으로 된 단자함(구내통신단자함, 옥외분배함 등)·장치함 및 지지물 등이 사람이나 방송통신설비에 피해를 줄 우려가 있을 때에는 접지단자를 설치하여 접지하여야 한다.
  ② 통신관련시설의 접지저항은 10Ω 이하를 기준으로 한다. 다만, 다음 각호의 경우는 100Ω 이하로 할 수 있다.
    1. 선로설비중 선조·케이블에 대하여 일정 간격으로 시설하는 접지(단, 차폐케이블은 제외)
    2. 국선 수용 회선이 100회선 이하인 주배선반
    3. 보호기를 설치하지 않는 구내통신단자함
    4. 구내통신선로설비에 있어서 전송 또는 제어신호용 케이블의 쉴드 접지
    5. 철탑이외 전주 등에 시설하는 이동통신용 중계기

6. 암반 지역 또는 산악지역에서의 암반 지층을 포함하는 경우등 특수 지형에의 시설이 불가피한 경우로서 기준 저항값 10Ω을 얻기 곤란한 경우
7. 기타 설비 및 장치의 특성에 따라 시설 및 인명 안전에 영향을 미치지 않는 경우

③ 통신회선 이용자의 건축물, 전주 또는 맨홀 등의 시설에 설치된 통신설비로서 통신용 접지시공이 곤란한 경우에는 그 시설물의 접지를 이용할 수 있으며, 이 경우 접지저항은 해당 시설물의 접지기준에 따른다. 다만, 전파법시행령 제24조의 규정에 의하여 신고하지 아니하고 시설할 수 있는 소출력중계기 또는 무선국의 경우, 설치된 시설물의 접지를 이용할 수 없을 시 접지하지 아니할 수 있다.

④ 접지선은 접지 저항값이 10Ω 이하인 경우에는 2.6mm이상, 접지 저항값이 100Ω 이하인 경우에는 직경 1.6mm이상의 피·브이·씨 피복 동선 또는 그 이상의 절연효과가 있는 전선을 사용하고 접지극은 부식이나 토양오염 방지를 고려한 도전성 재료를 사용한다. 단, 외부에 노출되지 않는 접지선의 경우에는 피복을 아니할 수 있다.

⑤ 접지체는 가스, 산 등에 의한 부식의 우려가 없는 곳에 매설하여야 하며, 접지체 상단이 지표로부터 수직 깊이 75cm 이상되도록 매설하되 동결심도보다 깊도록 하여야 한다.

⑥ 사업용방송통신설비와 전기통신사업법 제64조의 규정에 의한 자가전기통신설비 설치자는 접지저항을 정해진 기준치를 유지하도록 관리하여야 한다.

⑦ 다음 각 호에 해당하는 방송통신관련 설비의 경우에는 접지를 아니할 수 있다.
1. 전도성이 없는 인장선을 사용하는 광섬유케이블의 경우
2. 금속성 함체이나 광섬유 접속등과 같이 내부에 전기적 접속이 없는 경우

## 20  다음 그림과 같은 평활회로에서 출력맥동율을 최소화하기 위한 방법 3가지를 쓰시오.
[기출] 무선필기18_2회

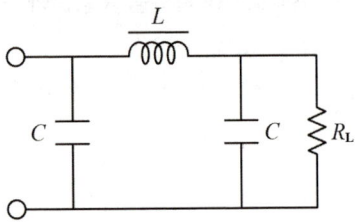

**정답**

1. 정류파형의 주파수를 높인다.
2. L값을 크게 한다.
3. C값을 크게 한다.

※ 단파전파정류회로의 맥동율($\Gamma$) = $\frac{\sqrt{2}}{3}\frac{1}{4\omega^2 LC}$ 에서 $\omega = 2\pi f$ 에서 주파수(f),L,C를 크게하면 맥동율은 감소함

※ 일반적으로 정류파형의 주파수를 높이면 리플함유량이 감소, L값을 높이면 DC성분 증가 AC성분을 Choke시키고, C값을 높이면 접지로 연결된 C로 AC성분이 빠져나가 DC성분이 증가, 부하 $R_L$은 출력부하를 담당하며 맥동율과 관련 없음.

# 8절 2017년도 기출풀이

## 1  2017년도 1회

**01**  표본화주파수 48KHz, PCM펄스에서 신호주파수가 8KHz일 때, 표본화펄스수 N(개), 주기를 구하고, 재생가능 최대주파수 $f_p$를 구하시오. (4점)  [기출] 17_1회 / 14_2회

### 정답

1. 표본화 펄스수(샘플링수) : 48,000개(샘플링)
    - 일반적 PCM은 8,000번 샘플링과 8비트 부호화(PCM)로 64Kbps 구성되며, 문제는 48,000번 샘플링과 8비트 부호화(PCM)로 384Kbps임
    - $M = 2^n$ 에서 $PCM$은 $n = 8$ 사용, $2^8 = 256$ 개 양자화 Step
2. 주기 : $20.83\mu sec$
    주기는 샘플링의 역수로 일반적 PCM은 주기 = $\dfrac{1}{8000Hz} = 125\mu sec$, 본 문제의 주기 = $\dfrac{1}{48000Hz} = 20.83\mu sec$
3. 재생가능 최대주파수 $f_p$ : 24kHz
    표본화주파수(Sampling) $f_s = 2 \times$ 재생가능 최대주파수 $f_p$ 에서 $48KHz = 2 \times f_p$
    $\therefore f_p = \dfrac{48kHz}{2} = 24[kHz]$

## 02. 다음과 같은 설명에 대해 빈칸을 채우시오. (3점)    [기출] 17_1회 / 14_1회

> HDSL(High bit Digital Subscriber Line), SDSL, CSU 등 송수신 속도가 대칭인 전송장비에 사용되는 선로 부호화 기술로 사용되는 (　　)은(는) 한 번에 2bit의 값을 4 단계의 진폭으로 구현하여 전송하는 방식이다.

**정답**

2B1Q 2 Binary 1 Quaternary
- 2진 데이타 4개(00, 01, 11, 10)를 1개의 4진 심볼(-3, -1, +1, +3)로 변환하는 선로부호화 방식

## 03. 무선LAN IEEE 802.11에서 사용되는 DSSS와 FHSS Full Name을 쓰시오. (4점)

[기출] 17_1회

**정답**

1) DSSS : Direct Sequence Spread Spectrum 직접확산 스펙트럼
2) FHSS : Frequency Hopping Spread Spectrum 주파수도약 스펙트럼

**04** 페이딩 원인, 느린 페이딩, 빠른 페이딩, 라이시안 페이딩에 대해 서술하시오. (8점)

[기출] 18_4회 / 17_1회

### 정답

1) 페이딩(Fading) 원인
   전파매질 변동, 방해물 등에 의한 경로가 다른 2이상의 전파가 상호간섭하여 수신전계강도가 시간적으로 불규칙하게 변동하는 현상
2) 느린 페이딩(Long Term Fading)
   산, 언덕등 큰 지형의 변화로 인하여 발생하는 페이딩으로 수신전계강도가 느린 변화
3) 빠른 페이딩(Short Term Fading)
   Multipath 페이딩이라고도 부르며 도심의 높은 건물 등과 같은 장애물로 인한 전자파의 반사등의 영향 또는 이동국의 빠른 이동 등으로 발생
4) 라이시안 페이딩(Rician Fading)
   라이시안 분포는 레일리 분포에 추가적인 강한 신호 성분을 포함하는 분포로, 다중경로 환경에서의 단기 페이딩을 모델링하는 데 사용하며 LOS(Line Of Sight)와 NLOS(Non Line Of Sight)가 함께 존재하는 환경으로 실외환경 예 택트인 야외공간"과 같이 직접파가 반사파보다 우세한 환경에서 라이시안 분포가 더 적합함

※ 레일리 페이딩(Rayleigh Fading)
   레일리 분포는 단일 경로를 통한 신호의 강도를 설명하며, 단기 페이딩 모델링에 사용하며 주로 NLOS(Non Line Of Sight) 만 존재하는 환경으로 주로 무선통신의 "실내환경 또는 실외이지만 건물이 많은 도심"과 같은 직접파보다 반사파가 우세한 환경에서 신호의 페이딩을 설명하는 데 사용

■ 라이시안 페이딩(Rician Fading)
 - LOS 포함

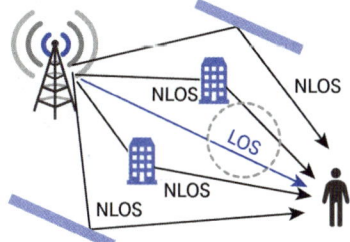

■ 레일리 페이딩(Rayleigh Fading)
 - Only NLOS

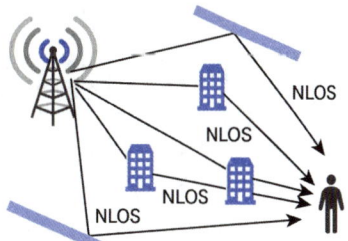

✓ NLOS : Non Line Of Sight, LOS : Line Of Sight

**05** 다음 괄호의 빈칸을 채우시오. (4점)  [기출] 23_2회(유사) / 17_1회

> 광섬유는 전파모드에 따라서 싱글모드(Single Mode)와 다중모드(Multi Mode)로 구분하며, 싱글모드는 ( ① )형 구분, 다중모드는 ( ② )형과 ( ③ )형으로 구분한다

**정답**

① 계단형(SMSI : Single Mode Step Index)
② 언덕형(MMGI : Multi Mode Graded Index)
③ 계단형(MMSI : Multi Mode Step Index)

---

**06** XDSL 종류를 열거하고 대칭인지 비대칭인지 적으시오. (6점)  [기출] 19_1회 / 17_1회 / 14_4회 / 13_2회(유사)

**정답**

| 종류 | 하향 / 상향 전송속도 | 대칭 / 비대칭 등 |
| --- | --- | --- |
| ADSL | 하향 : ~ 2Mbps<br>상향 : ~ 1.3Mbps | 비대칭 |
| RADSL | 하향 : 700K ~ 2Mbps<br>상향 : 128kbps ~ 1Mbps | 비대칭<br>전화선전송품질과 거리에따라 속도조정 |
| SDSL | 하 / 상향 : ~ 2Mbps | 대칭<br>제공거리 : ~ 6Km |
| HDSL | 하 / 상향 : 1.5 ~ 2Mbps | 대칭<br>제공거리 : ~ 4.6Km |
| VDSL | 1) 대칭<br>　하 / 상향 : 13M 또는 26Mbps<br>2) 비대칭<br>　하향 : ~ 52Mbps<br>　상향 : ~ 6.4Mbps | 대칭 / 비대칭<br>제공거리 : 0.3Km ~ 1.5Km |

※ RADSL : Rate-adaptive digital subscriber line

**07** 폴링과 셀렉션에 대해 설명하시오. (4점)  [기출] 18_4회 / 17_1회
1) 폴링(Polling)
2) 셀렉션(Selection)

> 정답

1) 폴링(Polling)
   종국(Slave Station / 2차국)이 주국(Master Station / 1차국) 방향으로 데이터를 전송하고자 할 때, 주국이 종국에게 데이터 전송유무를 폴링(Polling)하고 데이터를 종국으로부터 받는 과정
2) 셀렉션(Selection)
   주국(Master Station / 1차국)이 종국(Slave Station / 2차국) 방향으로 데이터를 전송하고자 할 때, 주국이 종국을 셀렉션(Selection)하여 데이터를 받을 준비유무를 확인하고 종국으로 데이터를 보내는 과정

**08** HDLC 제어필드 프레임의 종류 3가지를 쓰고 서술하시오. (6점)  [기출] 23_2회일 / 17_1회(유사) / 12_4회(유사)

> 정답

HDLC Frame

| Flag | 주소부 | 제어부 | 정보부 | FCS | Flag |
|---|---|---|---|---|---|
| 01111110 | 8bit | 8bit | 임의 | 16bit | 01111110 |

FCS : Frame Check Sequence로 CRC를 사용

1) 정보 프레임(I Frame) : Information Frame
   - 정보부를 갖는 정보전송용 Frame

| Flag | 주소부 | 제어부 | 정보부 | CRC | Flag |
|---|---|---|---|---|---|
| 01111110 | 8bit | 8bit | 임의 | 16bit | 01111110 |

| 0 | | | | P / F | | | |
|---|---|---|---|---|---|---|---|

N(S) : Sequence Number Of Frame Sent  
Poll / Final Bit  
N(R) : Sequence Number Of Next Frame expected

2) 감시 프레임(S Frame) : Supervision Frame
   - I Frame 제어와 에러제어 등과 같은 제어정보 Frame으로 정보부가 없음

| Flag | 주소부 | 제어부 | CRC | Flag |
|---|---|---|---|---|
| 01111110 | 8bit | 8bit | 16bit | 01111110 |

| 1 | 0 | | | P / F | | | |
|---|---|---|---|---|---|---|---|

Code  
Poll / Final Bit  
N(R) : Sequence Number Of Next Frame expected

① Code ( "00" ) : RR(Receive Ready)
② Code ( "01" ) : REJ(Reject)
③ Code ( "10" ) : RNR(Receive Not Ready)
④ Code ( "11" ) : SREJ(Selective Reject)

3) 비번호 프레임(U Frame) : Unnumbered Frame
   - 데이터링크 상태의 초기설정 등 서로 연결된 장치들 간 세션관리와 제어정보 교환

| Flag | 주소부 | 제어부 | 정보부 | CRC | Flag |
|---|---|---|---|---|---|
| 01111110 | 8bit | 8bit | Management Infomation | 16bit | 01111110 |

| 1 | 1 | | | P / F | | | |
|---|---|---|---|---|---|---|---|

Code for Unnumbered frame  
Poll / Final Bit  
Code for Unnumbered frame

**09** TCP / IP 프로토콜 중 Internet 계층에서 사용하는 프로토콜 4가지를 쓰시오. (4점)

[기출] 17_1회

**정답**

① IP(Internet Protocol)
② ARP(Address Resolution Protocol)
③ RARP(Reverse Address Resolution Protocol)
④ ICMP(Internet Control Message Protocol)
⑤ IGMP(Internet Group Management Protocol)

**10** 다음 괄호 안에 알맞은 용어를 서술하시오. (3점)    [기출] 24_2회 / 17_1회(유사)/ 15_2회

( 1 )란 네트워크 자원(서버, 라우터, 스위치 등)을 제어 감시하는 기능을 말하며, ( 2 )는 TCP / IP 기반에서 망관리를 위한 애플리케이션계층 Protocol을 말하며 관리대상과 관리시스템 간 MIB(Management Information Base)을 주고받기 위한 규정이다.

**정답**

1. NMS (Network Management System)
2. SNMP (Simple Network Management Protocol)

**11** 정보통신 네트워크가 대형화 및 복잡화되면서 네트워크 관리의 중요성이 증가하고 있다. 다음 빈칸을 채우시오. (3점)  [기출] 23_1회 / 22_1회 / 17_1회 / 14_2회 / 13_4회(유사)

1) 통신망을 구성하는 기능요소 또는 개별장비를 (   )한다.
2) 여러 장비로부터 정보를 수집, 제어, 관리 등을 통해 네트워크 운송을 지원하는 시스템을 (   )이라 한다.
3) 네트워크 운영지원 및 시스템 총괄 감시/관리시스템을 (   )한다.

**정답**

1) NE(Network Element)
2) EMS(Element Management System)
3) NMS(Network Management System)

**12** 물리계층과 LLC 계층 사이에 있는 계층을 쓰고 역할을 설명하시오. (8점)  [기출] 23_4회 / 17_1회 / 16_1회 / 15_4회 / 14_2회

| 네트워크 계층 |
| :---: |
| LLC 계층 |
| (  1  ) |
| 물리(Physical) 계층 |

**정답**

1. MAC(Media Access Control) 계층
2. 역할
   1) MAC 프레임(Frame) 구성
   2) 매체(media) 액세스(Access) 접근제어관리
   3) MAC주소 처리

※ 정리

| 데이터링크 계층 | LLC 부계층 | Logical Link Control Sub Layer | | | | | |
|---|---|---|---|---|---|---|---|
| | | 상위계층 | | | | | |
| | MAC 부계층 | 802.3 CSMA / CD | 802.4 Token Bus | 802.5 Token Ring | ... | 802.11 CSMA / CA | ... |
| 물리(Physical) 계층 | | | | | | | |

13  다음은 공사계획서의 안전관리 조직도 예시이다. 공사현장에 상주하며 공사에 따른 위험 및 장애 발생 예방업무를 수행하는 ( ① )안에 안전관리책임자를 쓰세요. (5점)

[기출] 17_1회

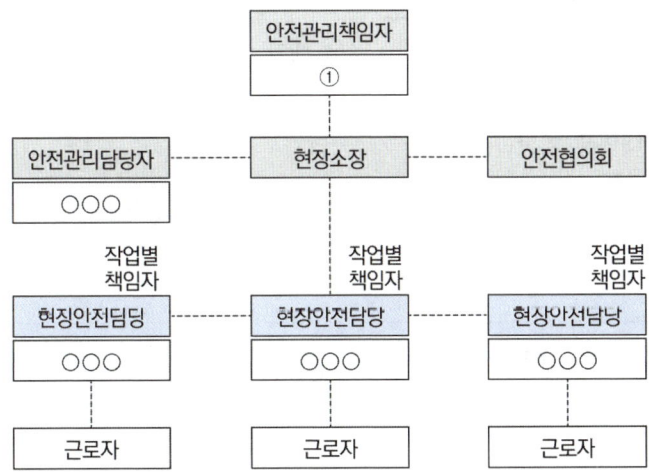

### 정답

정보통신기술자(현장대리인)
- 현장대리인은 시공사를 대표해서 현장에 배치된 시공사의 법적책임자이며 정보통신기술자임

### 14. 정보통신공사업법령의 기술계 정보통신기술자 4등급을 쓰시오. (8점)

[기출] 17_1회 / 13_2회

> **정답**
>
> 정보통신 기술자격자 4등급 : 특급기술자, 고급기술자, 중급기술자, 초급기술자
> ※ 정보통신공사업법 시행령 [별표6] 정보통신기술자의 자격

### 15. 광통신 시스템에서 분산을 이용하여 시스템의 대역폭을 추정하는 식을 다음과 같다. (6점)

[기출] 20_1회 / 17_1회 / 15_1회

1) 대역폭(bandwidth) = $\dfrac{1}{2 \times \Delta t}$ (여기서 $\Delta t$는 분산)

1.5ns / Km의 분산을 갖는 경사형 굴절률 분포의 광케이블을 8km 설치하였을 때 광통신 시스템의 대역폭을 계산하시오.

2) 광통신 시스템에서 광케이블 1km에 대한 광대역폭과 전기대역폭을 구하시오.
   - 광대역폭 계산과정 :          • 답 :
   - 전기대역폭 계산과정 :         • 답 :

> **정답**
>
> 1) 대역폭(Bandwidth) = 41.67MHz
>
>    계산식 : $\dfrac{1}{2 \times \Delta t} = \dfrac{1}{2 \times 1.5ns \times S} = \dfrac{1}{2 \times 1.5 \times 10^{-9} \times 8} = \dfrac{1}{24} \times 10^9 = 41.67\,MHz$
>
> 2) ① 광대역폭 : 166 MHz
>    ② 전기대역폭 : 235 MHz
>
>    계산식 : 광케이블 1Km 일 때
>    대역폭(Bandwidth) = 333 MHz
>
>    계산식 : $\dfrac{1}{2 \times \Delta t} = \dfrac{1}{2 \times 1.5ns \times S} = \dfrac{1}{2 \times 1.5 \times 10^{-9} \times 1} = \dfrac{1}{3} \times 10^9 = 333\,MHz$
>
>    ① 광대역폭 : 166 MHz
>       최대치의 0.5 감쇠되는 대역폭
>    ② 전기대역폭 : 235 MHz
>       최대치의 3dB(0.707) 감쇠되는 대역폭

**16** 다음 프로토콜 분석기의 내용을 보고 빈칸에 알맞은 답을 서술하시오. (6점)

[기출] 17_1회 / 14_4회

◀ CONFIGURATION ▶

PROTOCOL : ASYNC
R-SPEED : 9600
S-SPEED : 9600
CODE : ASCII
CHAR BIT : 8
PARITY : NONE

* SELECT *
0 : ASYNC
1 : ASYNC 〈PPP〉

| 항 목 | 내 용 |
|---|---|
| 프로토콜 | |
| 송신속도 | |
| 수신속도 | |
| 패리티 사용여부 | |
| 문자 비트수 | |
| 부호방식 | |

**정답**

| 항 목 | 내 용 |
|---|---|
| 프로토콜 | 비동기방식 (ASYNC) |
| 송신속도 | 9600bps |
| 수신속도 | 9600bps |
| 패리티 사용여부 | 미사용 (NONE) |
| 문자 비트수 | 8비트 |
| 부호방식 | ASCII CODE |

**17** 10mW 전력의 입력신호가 적용된 전송선로에서 10dB의 감쇠가 발생했다. 이때 전력은 얼마인지 구하시오. (4점)    [기출] 18_2회 / 17_1회 / 14_1회

**정답**

1mW (0dBm)

| 입력 전력 | 전송선로 | 출력 전력 |
|---|---|---|
| 10mW = 10dBm | 10dB<br>감쇠 | 0dBm = 1mW<br>(10dBm−10dB = 0dBm) |

**18** 100V 상용전원의 교류 파형을 측정한 결과 다음과 같이 측정되었을 때 다음 항목을 계산하시오. (6점)    [기출] 17_1회

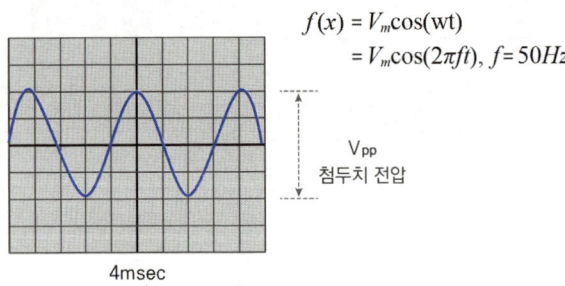

1) 주기
2) 첨두치전압 (소수점 둘째자리까지 계산)

**정답**

1) 주기 : 20msec
   - 수평 5칸 × 4msec / 1칸 = 20msec
   - 또는 주기(T) = $\dfrac{1}{주파수(f)} = \dfrac{1}{50[Hz]} = 0.02[\text{sec}] = 20[msec]$

2) 첨두치전압 = 282.42[V]
   - $V_{p-p} = 2 \cdot \sqrt{2} \cdot 실효치(V_s)$, 문제에서 실효치 = $AC100[V]$
     $= 2 \cdot 1.41421 \cdot 100[V] = 282.842 \approx 282.42[V]$

**19** 방송 통신설비의 기술기준에 관한 규정에 따르면 방송 통신설비의 접지저항 측정은 일반적으로 3점 전위 강하법으로 측정하여야 하나, 기술기준 적합 조사 시 측정용 보조 전극의 설치가 어려운 지역에서 3점 전위 강하법 대신 적용 가능한 측정법은 무엇인가? (5점)

[기출] 22_2회 / 17_1회

### 정답

2극 측정법

※ 참조

2극 측정법 측정회로

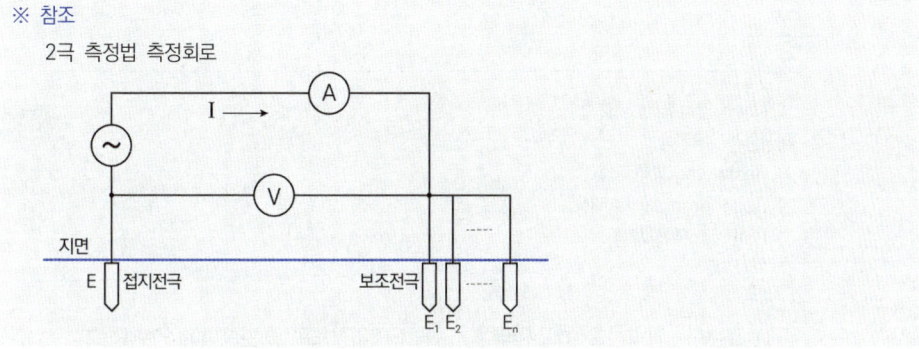

**20** 다음 설명에 해당하는 접지전극 시공방법을 쓰시오. (5점)

[기출] 19_4회 / 18_2회 / 17_4회 / 17_1회 / 14_1회

(1) 현재 접지 분야에서 가장 많이 시공되고 있는 방법
(2) 시공면적이 넓고 대지 저항률이 낮은 지역에서 우수한 성능 발휘
(3) 재료비가 비교적 저렴한 편
(4) 추가시공이 쉬우며 다른 접지 시스템과의 연계성이 매우 좋음
(5) 부식에 의한 접지전극 손상이 빠르게 진행되어 수명이 짧음
(6) 접지봉의 구조가 단순하며 시공이 간단함

### 정답

일반접지봉접지(봉상접지)

## 2 2017년도 2회

**01** PCM 과정에서 A/D 변환과정 3단계 과정과 재생중계기 기능 3가지를 쓰시오.

[기출] 17_2회

**정답**

1. 표본화 – 양자화 – 부호화
2. 재생중계 3R기능
   1) Reshaping(파형재생)
   2) Regeneration(식별재생)
   3) Retiming(위상재생)

※ 정리
   1) 표본화 : 입력신호 최고주파수($f_m$)의 2배이상으로 표본화하여 PAM신호
   2) 양자화 : 표본화 PAM신호를 이산적인(Discrete) 값으로 변환시키는 과정, PCM 8비트 사용 256 양자화 Step
   3) 부호화 : 양자화된 신호를 1과 0의 조합으로 변환하는 과정

**02** 신호의 변조과정에서 반송파가 누설되는 원인 3가지를 쓰시오. (3점)

[기출] 20_1회 / 17_2회 / 15_1회

**정답**

1) 수정발진기의 온도변화
2) 부하변화에 따른 수정발진기의 발진주파수 변동
3) 전원 전압의 변동

**03** DTE-DCE 간의 국제표준규격인 인터페이스 규격의 일반적 특성조건 4가지를 쓰시오.

[기출] 23_2회 / 17_2회 / 16_1회 / 13_1회

> **정답**
>
> 1) 전기적 조건 : 전압레벨, 임피던스등 전기신호에 대한 규정
> 2) 기계적 조건 : 접속 커넥터의 치수, 핀배열 등을 규정
> 3) 기능적 조건 : 각 신호의 의미 및 특성 등을 규정
> 4) 절차적 조건 : 데이터신호 상호교환절차 등을 규정

**04** IPv4, IPv6에 대한 비교표이다. 다음 괄호 안에 알맞은 말을 넣어 완성하시오. (10점)

[기출] 17_2회 / 15_2회 / 13_1회(유사)

| 항목 | IPv4 | IPv6 |
|---|---|---|
| 주소길이 | ( ) | ( ) |
| 표시방법 | 8비트씩 4부분 10진수 | 16비트씩 8부분 16진수 |
| 사용가능주소 | ( ) | ( ) |
| 주소할당 | A,B,C,D,E Class 단위 비순차적 할당(비효율적) | 네트워크 규모 및 단말기수에 따른 순차적 할당(효율적) |
| 브로드캐스트 주소 | 사용 | 미사용(멀티캐스트 포함) |
| Mobile IP | 곤란(비효율적) | 용이(효율적) |
| 헤더구조 | 복잡 | 단순 |
| 보안성 | 미흡(IPSec 별도설치) | IPSec 기본제공 |
| QoS | 곤란 Best Effort 방식 | 용이 등급별, 서비스별 패킷구분 |
| 라우팅 | 규모조정 불가능 | 규모조정 가능 |
| Plug & Play | 없음 | 있음 |
| 자동주소설정 | DHCP서버 필요 | 가능(Stateful/Stateless) |
| 웹캐스팅 | 곤란 | 용이 |

> 정답

1. 주소길이 : IPv4 ( 32비트 ), IPv6 ( 128비트 )
2. 사용가능주소 : IPv4 ($2^{32}$ = 43억), IPv6 ($2^{128}$ = 거의무한)

 **05** 50Ω 시스템과 75Ω 시스템을 접속했을 때 아래 질문에 답하시오. (7점)

[기출] 23_1회 / 18_2회 / 17_2회 / 14_1회

1) 반사계수
2) 정재파비(VSWR)
3) 반사전력은 입사전력의 몇 % 인가?

> 정답

1) 반사계수($\Gamma$) : 0.2

계산식 : 반사계수$(\Gamma) = |\dfrac{Z_l - Z_0}{Z_l + Z_0}| = |\dfrac{75-50}{75+50}| = 0.2$

2) 정재파비(S, VSWR) : 1.5

계산식 : 정재파비$(S) = \dfrac{1+|\Gamma|}{1-|\Gamma|} = \dfrac{1+0.2}{1-0.2} = 1.5$

3) 반사전력은 입사전력의 몇 % : 4%

반사계수 = $\sqrt{\dfrac{P_{r(반사전력)}}{P_{i(입사전력)}}}$ = 반사계수($\Gamma$) 양변을 제곱하면

$\dfrac{P_r}{P_i} = (0.2)^2 = 0.04$에서 $P_r$(반사전력) $= 0.04 P_i \times 100\,[\%] = 4P_i\,[\%]$

**06** 다음 용어에 대해 풀네임을 쓰시오.  [기출] 20_4회 / 17_2회

1) DSU :
2) ADSL :
3) MPEG :
4) TCP / IP :
5) IETF :
6) TTA :

**정답**

1) DSU : Data Service Unit 데이타 서비스 장치
2) ADSL : Asymmetric Digital Subscriber Line 비대칭디지털가입자전송장치
3) MPEG : Moving Picture Expert Group 동영상 국제표준
4) TCP / IP : Transmission Control Protocol / Internet Protocol  TCP / IP 프로토콜군
5) IETF : Internet Engineering Task Force 인터넷기술표준화위원회
6) TTA : Telecommunications Technology Association 한국정보통신기술협회

**07** 정보통신공사업법에서 규정하는 감리원의 업무범위 5가지를 서술하시오. (5점)

[기출] 23_4회 / 23_2회일 / 17_2회 / 15_2회 / 14_1회(유사)

**정답**

정보통신공사업법 시행령 제12조(감리원의 업무범위) 기준
1. 공사계획 및 공정표의 검토
2. 공사업자가 작성한 시공상세도면의 검토·확인
3. 설계도서와 시공도면의 내용이 현장조건에 적합한지 여부와 시공가능성 등에 관한 사전검토
4. 공사가 설계도서 및 관련규정에 적합하게 행하여지고 있는지에 대한 확인
5. 공사 진척부분에 대한 조사 및 검사
6. 사용자재의 규격 및 적합성에 관한 검토·확인

7. 재해예방대책 및 안전관리의 확인
8. 설계변경에 관한 사항의 검토·확인
9. 하도급에 대한 타당성 검토
10. 준공도서의 검토 및 준공확인

### 08 전송 장애형태의 종류 3가지에 관해 설명하시오. (3점) [기출] 17_2회

1) 신호 감쇠
2) 지연 왜곡
3) 잡음

**정답**

| 항 목 | 내 용 |
|---|---|
| 신호 감쇠 | 이득(Gain)의 반대 개념으로, 떨어진 두 지점 사이에 신호를 전송할 때 신호의 전압, 전류, 전력이 감소하는 것. 그 결과는 송신 측과 수신 측 신호의 진폭 차이로 나타나며 보통 데시벨(dB)이나 네퍼(neper)로 나타낸다.<br>Attenuation, Loss, Damping, Decay로 표현 다양 |
| 지연 왜곡 | 왜곡(Distortion) 원 신호 파형의 찌그러짐으로, 신호의 진폭 및 위상 스펙트럼이 원신호 스펙트럼으로부터 변화로 시간분산으로 인한 심볼간 간섭(ISI) 등이 발생<br>• 지연왜곡 : 주파수 성분 마다 다른 시간지연으로 나타나는 왜곡<br>• 진폭왜곡 : 주파수 성분에 따른 진폭 이득이 일정치 못하여 나타나는 왜곡 |
| 잡음 | 잡음(Noise) 보내려는 신호이외 모든 전송 및 처리를 방해하는 전기적 신호가 잡음이며, 신호의 존재 유무와 상관없이 인공이든 자연적이든 거의 항상 존재하는 경향이 있으며, 이러한 잡음은 통신 시스템의 성능에 제한을 주는 중요한 요소 중의 하나임<br>잡음은 다양하며<br>1) 열잡음 : 도체 내의 전자의 열교란<br>2) 상호변조 잡음 : 동일 전송 매체를 공유하는 서로 다른 주파수를 갖는 신호 사이의 상호변조 잡음<br>3) 누화 : 케이블 사이에서 의 전기적 유도에 의해 일어나는 누화 등과 같은 정상적 잡음<br>4) 임펄스잡음 : 짧은 기간에 동안에 큰 진폭을 갖는 비정상적인 잡음 |

**09** 접지저항 측정법에서 3점 전위 강하법의 측정절차를 쓰시오. [기출] 17_2회

> 정답

측정절차
1. 측정회로 구성
    1) 전류원
    2) 전압원
    3) 접지전극 E
    4) 보조전극 P, C

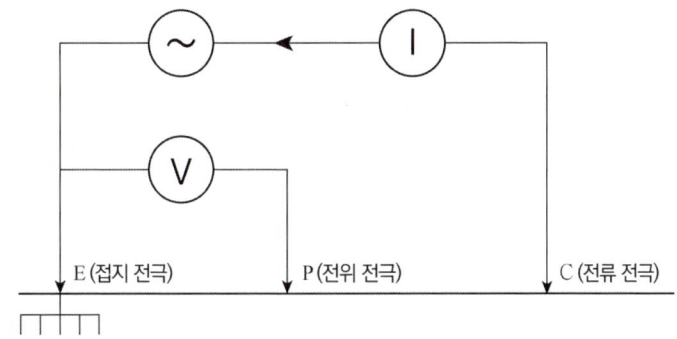

2. 측정조건
    1) 측정회로는 측정값에 영향을 줄 수 있는 물질이 매설된 지역을 피해 구성한다.
    2) 접지저항 측정기는 최소한 접지전극(E), 전위전극(P), 전류전극(C)의 세 가지 기능을 가져야 한다.
    3) 전류전극의 설치 위치는 접지전극에 영향(커플링 등)이 미치지 않도록 충분한 거리(단일 봉 접지인 경우 최소 50m 이상)를 두어야 한다.
    4) 보조전극(전류전극, 전위전극)과 대지와의 접촉저항은 측정값에 영향을 미치지 않도록 낮아야 한다.
    5) 시험전류는 측정기(전압계 또는 접지저항 측정기)가 인지할 수 있는 충분한 양이 공급되어야 한다.
    6) 시험전류의 주파수는 상용전원 주파수 (60Hz)와 그 정수배 주파수를 피해서 선정한다.
    7) 이외의 세부적인 측정조건에 관한 사항은 방송통신단체표준(TTAS _KO-04_0026_R2)을 적용할 수 있다.
3. 측정절차
    1) "전류전극의 설치 위치는 접지전극에 영향(커플링 등)이 미치지 않도록 충분한 거리(단일 봉 접지인 경우 최소 50m 이상)를 두어야 한다" 에 맞도록 전류전극을 설치한다.
    2) 접지전극과 전류전극 사이에 시험전류를 인가한 후 전류계의 전류값을 기록한다.
    3) 전위전극을 접지전극으로부터 전류전극 방향으로 일정한 간격 이동하며 측정했을 때, 전압계로 측정된 전압(또는 접지저항측정기로 측정된 저항값)의 상승곡선이 거리에 대해 평탄한 지점을 확인하고 측정한다.
        • 토양이 균일한 경우 별도의 평탄한 지점을 확인할 필요없이 E와 C의 61.8% 지점 (X=0.618d)에서 측정한다.

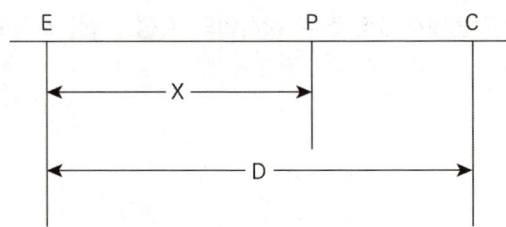

4) 3)의 절차에서 확인한 평탄한 지점 또는 E와 C의 61.8% 지점의 전압값(V)과 시험전류(I)로부터 접지저항(R)을 계산하거나 접지저항측정기로부터 저항 값을 읽는다.
$R = V(측정전압)/I(시험전류)$ [$\Omega$]

### 10   셀룰러 시스템에서 단위면적당 채널 수를 증가시키는 방법의 하나로 하나의 주파수를 동시에 여러 지역에서 사용하여 가입자 용량을 증가시키는 방식을 무엇이라 하는가?

[기출] 17_2회

#### 정답

주파수 재사용 (Frequency Reuse)
- 아날로그 셀룰러 AMPS 방식 : 주파수 재사용 계수 = 1 / 7 ≒ 0.14

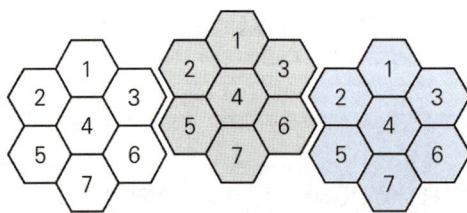

**11** AAL 4가지 버전을 쓰시오. (8점)  [기출] 18_1회(유사) / 17_2회

1) 비디오와 음성과 같은 고정 비트율 스트림을 위한 용도
2) 가변 전송률로 짧은 패킷을 위한 용도
3) 고속 전송에 적합하며 순서제어가 없고 오류제어 메커니즘이 필요하지 않은 패킷을 위한 용도
4) 가상회선 방식이나 데이터 그램과 같은 기존의 패킷교환을 위한 용도

**정답**

1) AAL1
2) AAL2
3) AAL-5
4) AAL-3 / 4

※ 클래스 지원 AAL

| 구분 | Class A | Class B | Class C | Class D |
|---|---|---|---|---|
| 비트율 | CBR | VBR | VBR | VBR |
| 연결모드 | 연결형 | 연결형 | 연결형 | 비연결형 |
| 실시간성 | 실시간 | 실시간 | 비실시간 | 비실시간 |
| 기본서비스 | 고정속도 음성 | 비디오 / 오디오 서비스 | 연결형 데이터서비스 | 비연결형 데이터서비스 |
| | | 가변속도 영상 / 음성 | 가상회선 패킷전송 | 데이터그램 패킷전송 |
| AAL Type | AAL1 | AAL2 | AAL-3 / 4<br>AAL-5 | AAL-3 / 4<br>AAL-5 |

* CBR : Constant Bit Rate  VBR : Variable Bit Rate

**12.** 다음 괄호안에 알맞은 말을 넣어 완성하시오. (3점)  [기출] 17_2회 / 12_2회

> IP주소(Address)체계에서 C클래스는 네트워크 주소를 첫 번째, 두 번째, 세 번째 비트가 각각 ( 가 ), ( 나 ), ( 다 )인 주소이며 네트워크 주소범위는 192.0.0.0 ~ 223.255.255.255 이고 호스트 주소는 0 ~ 255이다.

**정답**

(가) 1, (나) 1, (다) 0


**13.** 전자서명법에서 "( ) 기관으로부터 전자서명 생성정보를 인정받은 자"를 가입자라고 한다.  [기출] 17_2회 / 14_4회

**정답**

전자서명인증사업자

※ 전자서명법 제2조(정의)
　9. "가입자"란 전자서명생성정보에 대하여 전자서명인증사업자로부터 전자서명인증을 받은 자를 말한다.


**14.** 설계 명세서에서 계산되는 공사원가, 총원가 산출내역서를 무엇이라하는가? (5점)  [기출] 17_2회

**정답**

공사원가계산서  예 표준품셈 기반 원가계산 기준

## [공 사 원 가 계 산 서]

공사명 : 00 정보통신공사  공사기간 : 0000.01.01. ~ 0000.12.31

| 비목 | | | 금액 | 구성비 |
|---|---|---|---|---|
| 순공사비 / 공사원가 | 재료비 | 직접재료비 | | |
| | | 간접재료비 | | |
| | | 작업설·부산물(△) | | 감 |
| | | 소계 | | |
| | 노무비 | 직접노무비 | | |
| | | 간접노무비 | | 직접노무비×(7.2)% |
| | | 소계 | | |
| | 경비 | 기계경비 | | |
| | | 산재보험료 | | 노무비×(3.75)% |
| | | 고용보험료 | | 노무비×(1.39)% |
| | | 건강보험료 | | 직접노무비×( )% |
| | | 연금보험료 | | 직접노무비×( )% |
| | | 노인장기요양보험료 | | 건강보험료×( )% |
| | | 퇴직공제부금비 | | 직접노무비×( )% |
| | | 산업안전관리비 | | (재료비 + 직노 + 관급자재)×( )% |
| | | 기타경비 | | (재료비 + 노무비)×( )% |
| | | 환경보전비 | | (재료비 + 직노 + 기계경비)×( )% |
| | | 공사이행보증수수료 | | |
| | | 하도급대금지급보증수수료 | | (재료비 + 직노 + 기계경비)×( )% |
| | | 소계 | | |
| 공사원가(순공사비) 계 | | | | 공사원가=재료비+노무비+경비 |
| 일반관리비 | | | | 공사원가(재료비 + 노무비 + 경비)×(~ 6)% |
| 이윤 | | | | (노무비 + 경비 + 일반관리비)×(~15)% |
| 총원가(공급가액) | | | | 순공사비+일반관리비+이윤 |
| 부가가치세 | | | | 공급가액×(10)% |
| 기타(한전불입금 등) | | | | |
| 총공사비 | | | | 총원가+VAT+기타 |

※ 구성비의 ( ) 숫자는 표준품셈 관련기관에서 고시하는 적용요율 참조

**15** 다음 조건에서 최대 수광각를 구하시오. (5점)  [기출] 19_1회 / 17_2회
광케이블의 코어 굴절률 $n_1 = 1.45$, 클래드 굴절률 $n_2 = 1.4$

> **정답**

1. 최대 수광각 $\theta_A = 2\theta_{max} = 44.36°$
   1) 개구수 $N.A = \sin\theta_{max} = \sqrt{n_1^2 - n_2^2} = \sqrt{1.45^2 - 1.4^2}$
      $= \sqrt{0.1425} \cong 0.3775$
   2) $\theta_{max} = \sin^{-1}\sqrt{1.45^2 - 1.4^2} = \sin^{-1}(0.3775) = 22.1789° \cong 22.18°$
   3) $\theta_{max}$와 최대수광각의 관계는 최대수광각 $= 2\theta_{max}$을 이용
   ∴ 최대수광각 $= 2\theta_{max} = 2 \times 22.18° = 44.36°$

**16** BER 오류율이 $10^{-8}$ 일 때 10[Mbps]로 1시간 전송 시 최대 오류 비트수를 구하시오. (4점)
[기출] 20_4회 / 17_2회 / 15_4회

> **정답**

360

계산식 : $BER = \dfrac{\text{총오류비트수}}{\text{총전송비트수}}$

$1 \times 10^{-8} = \dfrac{\text{최대오류비트수}}{10 Mbps \times 3600 \sec(1\text{시간})}$ 에서

∴ 최대오류비트수 $= 1 \times 10^{-8} \times 10 \times 10^6 \times 3600 = 360$

## 17. STM, ATM에 대해 정의하고 차이점을 간략히 서술하시오. (6점)

[기출] 22_1회 / 19_1회(유사) / 17_2회

**정답**

| 구분 | STM | ATM |
|---|---|---|
| 정의 | 동기식 시분할 다중화<br>Synchronous Time Division Multiplexing | 비동기식 시분할 다중화<br>Asynchronous Time Division Multiplexing |
| 채널타임<br>슬롯할당 | 정적(Static) 할당 | 동적(Dynamic) 할당 |
| 할당방식 | 입력과출력 타임슬롯 1:1 대응<br>데이터 유무에 무관 타임슬롯 고정할당 | 실제 보낼 데이터가 있는 장치에 타임슬롯<br>동적할당 |
| 제어절차 | 간단 | 복잡 |
| 예 | 전통적 전화교환망(PSTN) 기반<br>PDH, SDH 전송설비 | ATM (Asynchronous Transfer Mode)<br>ATM 데이터 전용회선설비 등 |

1) STM (Synchronous Time Division Multiplexing) 동기식 시분할 다중화
   - 송신(다중화기), 수신(역다중화기) 간에 시간간격을 일치시킨 동기식 TDM 방식
   - 하나의 채널(타임슬롯)을 하나의 사용자에게 고정 할당함으로써, 채널 상에 사용자 데이터의 존재여부에 상관없이 항상 일정한 고정 대역폭 점유
   - 자기 차례에 있는 시간이 보낼 정보를 가지고 있지 못하면 유휴 상태가되어버려 낭비적일 수 있음

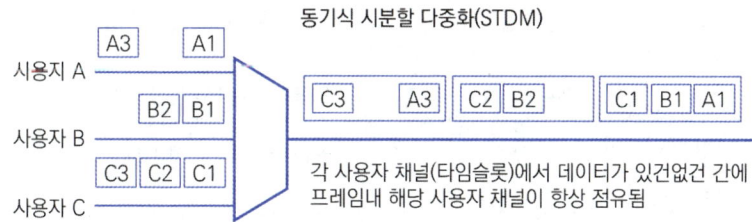

동기식 시분할 다중화(STDM)

2) ATM (Asynchronous Time Division Multiplexing) 비동기식 시분할 다중화
   - ATDM은 기존의 STDM과 비교하여 채널 사용효율이 높음
   - 통계적인 방법에 의해 동적으로 타임 슬롯을 할당하여 효율성을 높임
   - 입력되는 저속 서비스 신호들을 각각의 버퍼에 우선 저장했다가, 다중화 시스템의 우선순위 처리방침에 따라서 하나씩 꺼내어 다중화 슬롯에 삽입시키는 다중화 방식

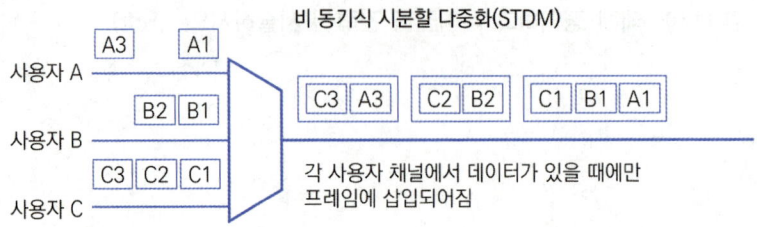

### 18. Home Network 기술 중에서 전력선 통신기술의 단점 3가지는 무엇인가? (3점)

[기출] 17_2회 / 12_1회

**정답**

| 항 목 | 내 용 |
|---|---|
| 블로킹 필터 필요 | 전력선 방식을 적용할 경우에만 블로킹필터 설치공간을 확보 필요<br>• 3상 4선식: 150mm × 200mm × 60mm<br>• 단상 2선식: 70mm × 160mm × 60mm |
| 부하간섭 영향 | 기존 건물에 배선된 전력공급선을 이용하여 통신구현 기술로 사용하는 부하(에어콘, 냉장고, TV 등) 변동에 따라 통신용량 영향 |
| 신호감쇠 (Attenuation) | 기존 건물에 배선된 전력공급선을 통하여 전기와 통신 Data를 공용 이용하여 부하변동에 따라 통신신호의 높은 감쇠 영향<br>• 통신신호의 변압기(TR, Transformer) 통과 등 제한적임 |
| 잡음(Noise) 영향이 큼 | 부하내 전동기나 모터 등에 의한 부하변동에 따라 잡음 영향 |

※ 전력선통신은 전력공급선을 매체로 이용하여 행하는 통신을 말하며, 표준화 미흡함
※ 블로킹 필터 : 세대내 전력선통신 신호가 다른 세대로 넘어가지 않도록 하는 필터 장치로서 세대분전반, 전력량계함 또는 별도의 공간에 설치되는 기기로써 세대분기차단기 이전에 설치됨

**19** 다음 용어에 대해 풀네임을 쓰시오. [기출] 17_2회 / 16_4회(유사) / 15_1회
1) FWHM :
2) IoT :

> 정답

1) FWHM : Full Width at Half Maximun 반치(전)폭
  • 반치전폭, 주파수 스펙트럼상에서 전력 최대값의 3dB(1/2) 줄어든 두지점 사이의 대역폭값
2) IoT : Internet of Things 사물 인터넷

**20** FM 신호 $V(t) = 10\cos(2\times 10^7 \pi t + 20\sin 1000\pi t)$의 대역폭을 구하시오.
[기출] 17_2회

> 정답

대역폭 : 21,000Hz
계산식 FM신호 $V(t) = 10\cos(2\times 10^7 \pi t + 20\sin 1000\pi t)$는
1) FM신호 $V_{FM} = A_C \cos[2\pi f_c t + \beta_f \sin 2\pi f_m t]$ 와
2) 카슨의 법칙 $B = 2f_m(1+\beta)$에서 $f_m = \dfrac{1000}{2} = 500Hz, \beta = 20$을 대입하면
$\quad\quad\quad = 2\times 500(1+20) = 21,000\,[Hz]$

# 3  2017년도 4회

**01** 다음 용어를 설명하시오. (10점)  [기출] 20_2회 / 17_4회
1) 프로토콜
2) 반송파
3) 논리채널
4) 데이터링크
5) 전용회선

**정답**

1) 프로토콜 : 통신시스템간 정보(Data)를 주고받기 위한 통신 절차, 규약, 규칙
2) 반송파 : 정보(Data)를 장거리 전송하기위해 높은주파수에 정보(Data)를 실어 보내는 변조과정에서 높은주파수가 반송파(Carrier Wave)
3) 논리채널 : 물리계층의 물리채널(Physical Channel)를 통하여 하나의 물리적인 선로를 통하여 다수의 상대방과 통신할 수 있는 여러개의 채널을 구성하는 각각의 상위 데이터링크 계층의 논리적 채널(Logical Channel)
4) 데이터링크 : OSI 2계층에 해당되며 장치 간에 정보(Data) 전송을 위한 통신로이며, 물리적인 전송로와 논리적으로 설정된 데이터 전송제어를 총칭
5) 전용회선 : 이용자 두지점 간을 직통연결, 항상 접속되어 정보(Data) 전송하는 독점적 전용회선(leased line)

**02** 반송파의 진폭과 위상을 이용하여 데이터를 전송하는 변조방식을 쓰시오. (3점)  [기출] 20_4회 / 17_4회 / 13_4회

**정답**

QAM (Quadrature Amplitude Modulation)

**03** 무선LAN 802.11에서 프레임의 종류 3가지를 쓰시오. (6점) [기출] 20_2회 / 17_4회 / 13_1회

> **정답**

1) 802.11 관리프레임 (유형 type : 00)
2) 802.11 제어프레임 (유형 type : 01)
3) 802.11 데이터프레임 (유형 type : 10)

**04** 다음과 같은 표의 빈칸을 채우시오. (3점) [기출] 24_4회(유사) / 17_4회

| 프로토콜 구분 | 대역폭(Bandwidth) (MHz) | 주파수(Frequency) (GHz) |
|---|---|---|
| ( 가 ) | 40 | 5 |
| 802.11g | ( 나 ) | ( 다 ) |

> **정답**

가. 802.11n  나. 20  다. 2.4

**05** 무선랜 IEEE 802.11a, IEEE 802.11g 전송방식으로 채택한 기술방식으로 고속의 송신 신호를 다수의 직교하는 협대역 부반송파로 다중화시키는 변조방식을 서술하시오. (4점)

[기출] 21_2회 / 17_4회 / 12_4회

> **정답**

OFDM (Orthogonal Frequency Division Multiplexing)

## 06 다중화장비와 집중화장비에 관해 설명하고, 차이점을 쓰시오. (12점)

[기출] 18_1회 / 17_4회 / 14_1회 / 13_1회

> 정답

1) 다중화장비(Multiplexer)
   - 다중화(Multiplexing)란 복수개의 신호를 중복시켜서 하나의 신호로 만들어내는 것을 의미하며 통신시스템 사용한 장비를 다중화장비임
   - 다중화기는 정적(Static)으로 공동이용하는 방식
   - 입출력 속도의 합이 동일 : 입력 = 출력
   - 정적인 선로이용은 소프트웨어에 의한 부채널(Subchannel)의 제어가 필요없게 되어 구성이 비교적 간단하며, 버퍼가 없고 저가이며 지연발생이 상대적으로 적음
   - 다중화방식은 FDM(Frequency Division Multiplexing), TDM(Time Division Multiplexing), CDM(Code Division Multiplexing)등이 있음
   - 복수개의 단말장치에서 전송할 데이터신호를 다중화시켜 하나의 신호로 만들고, 역으로 다중화신호를 분리하여 복수개의 단말장치에 보내는 역다중화 기능이 있음

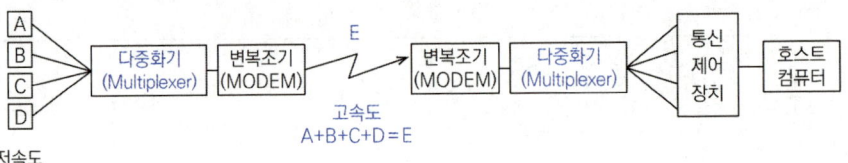

2) 집중화장비(Concentrator)
   - 집중화기는 동적(Dynamic)으로 공동이용하는 방식
   - 입출력 속도의 합이 동일하지 않음 : 입력 ≥ 출력
   - 동적인 선로이용은 소프트웨어에 의한 부채널(Subchannel)의 제어가 필요하게 되어 구성이 복잡하며, 버퍼가 있고 고가이며 지연발생이 있음
   - 집중화기는 연결된 단말기가 보낼 데이터가 있을 경우에만 각 부채널을 할당하기 때문에 효율적으로 통신회선을 관리함

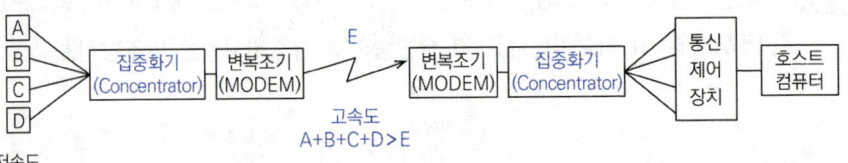

## 07 ATM 셀 구조를 나타내시오. (4점)

[기출] 23_2회토 / 19_1회(유사) / 17_4회(유사) / 15_4회(유사) / 12_2회(유사)

### 정답

1) ATM셀 = 53 Byte이며, 5 Byte헤더와 48 Byte 유료부하(Pay Load)로 구성

| Header (5 Byte) | Pay Load (48 Byte) |
|---|---|

2) UNI (User-Network Interface)에서의 구성

| GFC (4bit) | VPI (8bit) | VCI (16bit) | type (3bit) | CLP (1bit) | HEC (8bit) | Pay Load (48Byte) |
|---|---|---|---|---|---|---|

- GFC (Generic Flow Control, 4 bit)
- VPI (Virtual Path Identifier : UNI에서는 8 bit)
- VCI (Virtual Channel Identifier, 16 bit)
- Type (PT, Payload Type) (3 bit)
- CLP (Cell Loss Priority, 1 bit)
- HEC (Header Error Control, 8 bit)

3) NNI (Network Node Interface)에서의 구성

| VPI (12bit) | VCI (16bit) | type (3bit) | CLP (1bit) | HEC (8bit) | Pay Load (48Byte) |
|---|---|---|---|---|---|

- VPI (Virtual Path Identifier : 12 bit )
- VCI (Virtual Channel Identifier, 16 bit)
- Type (PT, Payload Type) (3 bit)
- CLP (Cell Loss Priority, 1 bit)
- HEC (Header Error Control, 8 bit)

## 08. 16위상변조시 변조속도가 8400[Baud]인 신호의 전송속도는 얼마인가? (5점)

[기출] 17_4회

**정답**

33,600 [bps]

데이터신호 전송속도 $C[bps] = nB = \log_2 M \times B$, $B[Baud]$ $M$은 $16PSK$에서 $M = 16$
$= \log_2 16 \times B = \log_2 2^4 \times B = 4 \times B$, $B = 8,400[Baud]$ 입력하면
$= 4 \times 8,400$
$\therefore C = 33,600 [bps]$

## 09. 회선의 접속 형태에 따라 통신망 토폴로지 5가지 분류방법을 서술하시오. (5점)

[기출] 21_2회 / 21_1회 / 17_4회

**정답**

| 1) 링형 (Ring Topology) | 2) 성형 (Star Topology) | 3) 망형 (Mesh Topology) | 4) 버스형 (Bus Topology) | 5) 트리형 (Tree Topology) |
|---|---|---|---|---|
| 각 링크가 단방향이어서 데이터는 한 방향으로만 전송 | 중앙집중식 구조로 중앙의 교환장비가 경로를 개설 / 유도 | 네트워크상의 모든 노드를 상호 연결<br>• 가장 안정적 | 모든 노드(node)들은 간선을 공유 | 지역과 거리에 따라 연결하므로 통신선로의 총경로가 가장 짧음 |

**10** 다음 괄호 안에 알맞은 용어를 쓰시오. (3점)

[기출] 19_2회 / 18_4회 / 17_4회 / 16_2회 / 12_2회 / 12_1회

> (     )는 비연결형 데이터그램 전달서비스를 제공하는 프로토콜로 메시지를 세그먼트로 나누지 않고 블록의 형태로 전송하며 재전송이나 흐름제어를 제어하기 위한 피드백을 제공하지 않는다.

**정답**

UDP(User Datagram Protocol)

**11** 자신에게 연결된 소규모 회선 또는 네트워크로부터 데이터를 모아 고속의 대용량으로 전송할 수 있는 대규모 전송회선 및 통신망을 지칭하여 (     )이라고 한다. (6점)

[기출] 23_4회 / 17_4회 / 15_1회 / 13_4회

**정답**

백본망 (Backbone Network)

**12** 7계층에서 TCP와 IP는 각각 어느 계층에 속하는지 계층이름을 쓰시오. (4점)

[기출] 19_4회 / 17_4회 / 14_4회

**정답**

① TCP : 4계층, 전송(Transport) 계층  ② IP : 3계층, 네트워크 계층

### 13. 정보통신설비를 구성하기 위한 정보통신공사 설계 3단계를 서술하시오. [3점]

[기출] 24_2회 / 17_4회 / 15_4회 / 13_1회

1 단계 :
2 단계 :
3 단계 :

#### 정답

1단계 : 계획설계
2단계 : 기본설계
3단계 : 실시설계

---

### 14. 통신망의 신뢰도를 위해 고려될 수 있는 사항 3가지를 쓰시오.

[기출] 24_2회 / 24_1회 / 17_4회/15_1회 / 14_2회(유사)

#### 정답

1) Full Mesh형 Topology 구성
2) 네트워크관리시스템(NMS, Network Management System) 구축
3) 고속의 이중링(Dual Ring)으로 Failover 대책
4) 정보의 기밀성, 무결성 확보
5) End to End(종단간) 에러제어 수행
6) 전원 UPS 이중화

다른 컨셉의 예시

| 항목 | 내용 |
|---|---|
| 신뢰성 (Reliability) | 통신 네트워크 각 구성요소들이 정해진 조건대로 동작이 잘되는지를 말하는 요소 $\lambda(t) = -\dfrac{\dfrac{dR(t)}{dt}}{R(t)}$, $\lambda(t)$ : 고장률, $R(t)$ : 신뢰도 <br> 예) 고속의 이중링(Dual Ring)으로 Failover 대책<br>Full Mesh형 Topology 구성<br>장비별 주·예비를 1:1 구성 등 |

| 가용성<br>(Availability) | 어떤 일정한 서비스 및 시험에서 기능을 완수하고 있는 비율이며 그 확률은 가동률임<br>가동률 $= \dfrac{MTBF}{MTBF+MTTR}$<br>**예** 장비별 주·예비를 1:1 구성<br>UPS설비 / 항온항습기 이중화<br>장비 구성방식을 직렬 / 병렬 구성 등 |
|---|---|
| 보전성<br>(Serviceability) | 시스템 사용 도중 장애가 발생 하였을 시 복구를 위한 수리의 간편도, 정기적인 점검, 대책의 간편성을 의미<br>**예** 네트워크관리시스템(NMS, Network Management System) 적용 관리 등 |

**15** 다음 그림의 콘덴서 용량, 전압, 허용오차에 대해 답하시오. (12점)

[기출] 17_4회 / 14_2회

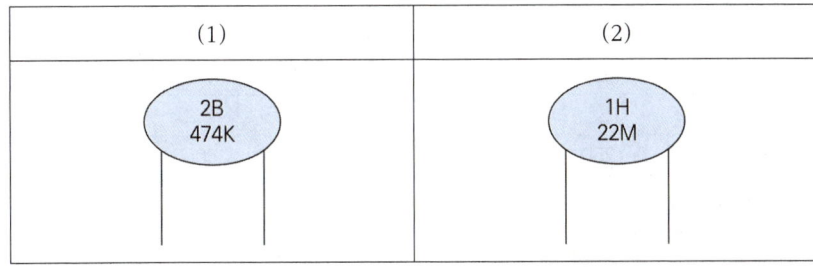

**정답**

1) 2B474K
- 내압 : 125V,
- 용량 : 0.47$\mu$F
- 허용오차 : ±10 [%]

| 첫째자리 숫자 | 둘째자리 문자 | 셋째자리 숫자 | 넷째자리 숫자 | 다섯째자리 숫자 | 여섯째자리 문자 |
|---|---|---|---|---|---|
| 내압 | | 용량 | | 승수 | 오차 |
| 2 | B | 4 | 7 | 4 | K |

2) 1H220M
- 내압 : 50V
- 용량 : 22pF
- 허용오차 : ±20 [%]

| 첫째자리 숫자 | 둘째자리 문자 | 셋째자리 숫자 | 넷째자리 숫자 | 다섯째자리 숫자 | 여섯째자리 문자 |
|---|---|---|---|---|---|
| 내압 | | 용량 | | 승수 | 오차 |
| 1 | H | 2 | 2 | 0 | M |

[ 콘덴서 용량표기 ]

| 첫째자리 숫자 | 둘째자리 문자 | 셋째자리 숫자 | 넷째자리 숫자 | 다섯째자리 숫자 | 여섯째자리 문자 |
|---|---|---|---|---|---|
| 내압 | | 용량 | | 승수 | 오차 |
| 2 | B | 4 | 7 | 4 | K |

① 내압 : 2B는 125V

| 구분 | A | B | C | D | E | F | G | H | J | K |
|---|---|---|---|---|---|---|---|---|---|---|
| 0 | 1 | 1.25 | 1.6 | 2.0 | 2.5 | 3.15 | 4.0 | 5.0 | 6.3 | 8.0 |
| 1 | 10 | 12.5 | 16 | 20 | 25 | 31.5 | 40 | 50 | 63 | 80 |
| 2 | 100 | 125 | 160 | 200 | 250 | 315 | 400 | 500 | 630 | 800 |
| 3 | 1000 | 1250 | 1600 | 2000 | 2500 | 3150 | 4000 | 5000 | 6300 | 8000 |

② 용량 : 474K = $47 \times 10^4$ [pF] = 0.47μF
　허용오차 : K = ±10 [%]

| 제1자리 수 | 제2자리 수 | 제3자리 수 | 문자 | 허용오차 [%] |
|---|---|---|---|---|
| 1 ~ 9 | 0 ~ 9 | $1 = 10^0$ | B | ± 0.1 |
| | | | C | ± 0.25 |
| | | | D | ± 0.5 |
| | | $10 = 10^1$ | F | ±1 |
| | | | G | ± 2 |
| | | | J | ± 5 |
| | | $100 = 10^2$ | K | ± 10 |
| | | | M | ± 20 |
| | | | N | ± 30 |
| | | $1000 = 10^3$ | V | +20 −10 |
| | | | X | +40 −10 |
| | | $10000 = 10^4$ | Z | +80 −20 |
| | | | P | +100 −0 |

- pico $10^{-12}$, nano $10^{-9}$, micro $10^{-6}$

**16** 양극 직류 전압이 2KV이며, 양극 직류 전류가 400mA이고 효율이 50%일 때 출력 전력은 얼마인가? (6점)

[기출] 17_4회

**정답**

400W
계산식 : 전력(P) = VI × 효율 = 2KV × 0.4A × 50% = 400W

**17** 다음 설명에 해당하는 접지전극 시공방법을 쓰시오. (5점)

[기출] 19_4회 / 18_2회 / 17_4회 / 17_1회

(1) 현재 접지 분야에서 가장 많이 시공되고 있는 방법
(2) 시공면적이 넓고 대지 저항률이 낮은 지역에서 우수한 성능 발휘
(3) 재료비가 비교적 저렴한 편
(4) 추가시공이 쉬우며 다른 접지 시스템과의 연계성이 매우 좋음
(5) 부식에 의한 접지전극 손상이 빠르게 진행되어 수명이 짧음
(6) 접지봉의 구조가 단순하며 시공이 간단함

**정답**

일반접지봉접지(봉상접지)

**18.** 통신 관련 시설 접지저항은 (　　)Ω이하를 기준으로 한다. (3점)

[기출] 17_4회 / 16_2회 / 14_2회

### 정답

10Ω

※ 접지설비·구내통신설비·선로설비 및 통신공동구등에 대한 기술기준 제5조(접지저항 등)

# 9절 2016년도 기출풀이

## 1  2016년도 1회

**01**  8상 2진폭 변조시 전송속도가 4800[Baud]일 때 신호속도는 얼마인가?

[기출] 23_2회 / 16_1회(유사) / 15_4회(유사) / 12_2회(유사)

**정답**

19,200 [bps]

데이터신호 전송속도 $C[bps] = nB = \log_2 M \times B$, $B[Baud]$  $M$은 $16QAM$(8위상2진폭)에서 $M=16$
$= \log_2 16 \times B = \log_2 2^4 \times B = 4 \times B$, $B = 4,800[Baud]$ 입력하면
$= 4 \times 4,800$
$\therefore C = 19,200 [bps]$

**02**  지상파 DMB에서 한 채널의 대역폭은 6MHz이고, 이는 ( 가 )MHz의 대역폭을 갖는 ( 나 )개의 블록으로 구성된다.

[기출] 16_1회

### 정답

(가) 1.536  (나) 3

1) 채널 대역폭 (Channel Bandwidth) : 1.536MHz
2) 3개 블록
   - 지상파 디지털방송 한 채널의 대역폭 6MHz를 3개 지상파DMB 사업자 할당

   ❖ VHF TV 채널
   - 수도권 : Ch.8 / Ch.12
   - 지  방 : 주파수 재배치 중(권역별 서비스)

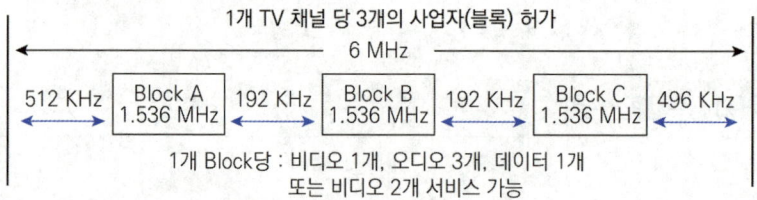

---

**03** 다음 보기는 어떤 종류의 디지털변조 방식을 설명한 것인지 알맞은 용어를 쓰시오. (3점)

[기출] 20_4회 / 16_1회

> A : 진폭(Amplitude)   Fc : 주파수(Frequency)   π : 위상(Phase)
> 1 : $A\sin(2\pi F_c t)$   0 : $A\sin(2\pi F_c t + \pi)$

### 정답

BPSK (Binary Phase Shift Keying) 2진 위상변조

**04** 광섬유 케이블에 관한 다음의 질문에 답하시오. (8점)     [기출] 21_1회 / 16_1회

1) 광전송과 관련된 법칙은 무엇인가?
2) 발광소자 2개를 쓰시오.
3) 수광소자 2개를 쓰시오.
4) 재료분산과 구조분산이 서로 상쇄되어 분산이 0이 되는 레이저 파장대역을 쓰시오.

**정답**

1) 스넬의 법칙
   - $n1\sin\theta_1 = n2\sin\theta_2$, $n$ : 매질(1,2) 굴절률, $\theta$ : 매질(1,2) 입사각
   - 광선이 서로 다른 매질의 경계면에 비스듬히 입사할 때, 입사각, 반사각, 굴절각과의 관계를 나타내는 법칙
2) 발광소자 : ① LED(Light Emitting Diode) ② LD(Laser Diode)
3) 수광소자 : ① PD(Photo Diode) ② APD(Avalanche Photo Diode)
4) 1310nm
   - 영분산점은 1310nm 부근대로 재료분산과 구조분산이 서로 상쇄되도록 설계됨

**05** DTE-DCE 간의 국제표준규격인 인터페이스 규격의 일반적 특성조건 4가지를 쓰시오.

[기출] 23_2회 / 17_2회 / 16_1회 / 13_1회

**정답**

1) 전기적 조건 : 전압레벨, 임피던스등 전기신호에 대한 규정
2) 기계적 조건 : 접속 커넥터의 치수, 핀배열 등을 규정
3) 기능적 조건 : 각 신호의 의미 및 특성 등을 규정
4) 절차적 조건 : 데이터신호 상호교환절차 등을 규정

**06** 패킷교환망(PSDN)의 기능을 3가지 쓰시오. [기출] 16_1회

> 정답

1. 패킷 교환기능 2. 패킷 다중화기능 3. 패킷 분해/조립기능

다른 컨셉의 답안 1. 패킷 다중화 2. 경로선택제어 3. 논리채널 4. 순서제어 5. 트래픽제어 6. 오류제어 등

※ PSDN(Packet Switched Data Network) 구성
- X.25기반 과거 HiNET-P 모뎀기반 접속 등 공중데이터통신망 기반 기준

| 계층 | 기능 | 비고 |
| --- | --- | --- |
| 패킷 계층 | Packet switching<br>• 다중화된 논리적 채널 기반 흐름제어 | 3계층 |
| 링크 엑세스 계층 | Packet 다중화된 논리채널<br>• LAPD (Link Access Procedure, D Channel)<br>• 프레임 에러제어 | 2계층 |
| 물리 계층 | Packet Assembly Disassembly (PAD) | 1계층 |

**07** FDDI는 어떤계층에서 동작하는지와 2차링의 주요 목적을 서술하시오. (4점)
1) FDDI는 어떤 계층에서 동작하는가? [기출] 20_4회 / 16_1회
2) FDDI 2차링의 주요 목적

> 정답

1) 데이터링크 계층
2) 1차링(Primary Ring) 장애시 Protection 기능으로 Failover(장애조치) 위한 2차링(Secondary Ring)임

**08** PCM-24(북미)와 PCM-32(유럽)의 비교표이다. 빈칸을 채우시오. (6점)

[기출] 22_1회(유사)/ 16_1회

| 구 분 | 북미방식(PCM-24, T1) | 유럽방식(PCM-32, E1) |
|---|---|---|
| 표본화주파수 | ( 1 ) | ( 4 ) |
| 프레임당 비트수 | ( 2 ) | ( 5 ) |
| 전송속도 | ( 3 ) | ( 6 ) |

**정답**

(1) 8KHz (2) 193 (3) 1.544Mbps (4) 8KHz (5) 256 (6) 2.048Mbps

**09** NGN 관련 다음과 같은 물음에 답하시오.

[기출] 16_1회

1) NGN의 3가지 계층을 쓰시오.
2) NGN의 구성요소 2가지를 쓰시오.

**정답**

1) NGN 3계층은 수평적 개방형 구조임
  ① 서비스계층 : 다양한 응용서비스
  ② 제어계층 : 유무선통합 Soft Switch 플랫폼
  ③ 전송계층 : 유무선통합 패킷망, 전달망 / 접속망
2) NGN의 구성요소
  ① Soft Switch : 소프트웨어 기반 스위칭기술로 패킷기반 스위칭
  ② Media Gateway : 회선교환 자원과 패킷네트워크 사이에서 매체변환 기능으로 배치되는 위치에 따라, 액세스 미디어 게이트웨이(Access Media Gateway), 트렁크 미디어 게이트웨이(Trunk Media Gateway), 레지던셜 게이트웨이(Residential Gateway) 등으로 분류

**10** 네트워크관리 구성모델에서 Manager 프로토콜 구조이다. A B C D E에 해당되는 요소를 상위계층부터 보기에서 찾아 완성하시오. (5점)  [기출] 19_4회 / 16_1회 / 12_2회

| A |
|---|
| B |
| C |
| D |
| E |

[보기] : SNMP, IP, TCP, UDP, PHYSICAL, MAC

**정답**

| SNMP |
|---|
| UDP |
| IP |
| MAC |
| PHYSICAL |

## 11. 북미(T1계열)방식의 Multiframe구성과 유럽(E1계열)방식의 Multiframe 구성을 비교 설명하시오. (8점)

[기출] 22_1회 / 16_1회

### 정답

1) T1 Multiframe : 12개의 T1 Frame이 하나의 멀티프레임 구성, 주기 1.5msec

| 1 | 2 | 3 | 4 | 5 | 6 | 7 | 8 | 9 | 10 | 11 | 12 |

T1 멀티 프레임

※ T1 Frame : 193비트, 125μsec

| F | 1 | 2 | 3 | 4 | 5 | 6 | 7 | 8 | 9 | 10 | 11 | 12 | 13 | 14 | 15 | 16 | 17 | 18 | 19 | 20 | 21 | 22 | 23 | 24 |

T1 프레임

※ F : Frame bit (1비트 동기비트)T1 Frame : 193비트, 125μsec

| 멀티프레임 번호 | 프레임 동기신호 | 멀티프레임 동기신호 | Signaling |
|---|---|---|---|
| 1 | 1 | | |
| 2 | | 0 | |
| 3 | 0 | | |
| 4 | | 0 | |
| 5 | 1 | | |
| 6 | | 1 | A(8번 bit) |
| 7 | 0 | | |
| 8 | | 1 | |
| 9 | 1 | | |
| 10 | | 1 | |
| 11 | 0 | | |
| 12 | | 0 | B(8번 bit) |

| 1 | 2 | 3 | 4 | 5 | 6 | 7 | 8 |

1개 Channel (Time Slot)

※ D4 : 멀티 프레임 비트 "1000 1101 1100"

2) E1 Multiframe : 16개의 E1 Frame, 주기 2msec

| 0 | 1 | 2 | 3 | 4 | 5 | 6 | 7 | 8 | 9 | 10 | 11 | 12 | 13 | 14 | 15 |

- E1 Frame : 256 비트, 125μsec

**12** NMS 또는 TMN의 주요 망관리시스템 수행기능 5가지를 쓰고, 각각의 기능에 대하여 간략 서술하시오. (5점)     [기출] 22_2회 / 21_1회 / 16_1회 / 13_4회

**정답**

1) 구성(Configuration) 관리 : 네트워크 구성요소 추가, 삭제등 상태관리
2) 장애(Fault) 관리 : 네트워크 장애 검출 및 조치, 이력관리
3) 성능(Performance) 관리 : 네트워크 구성요소 성능관리
4) 보안(Security) 관리 : 네트워크 사용자 접근권한 관리
5) 계정(Account) 관리 : 네트워크 사용자 자원사용 현황 및 권한관리
※ TMN은 NMS 대비 기간통신사업자 망관리로 과금기능이 보강되어 있으며, 나머지 기능은 동일함

**13** 정보통신공사업법에서 규정한 "감리"에 대한 설명으로 다음 괄호안에 알맞은 말을 넣으시오. (5점)     [기출] 23_2회토 / 20_4회 / 18_2회 / 16_1회 / 15_2회 / 13_1회 / 12_2회

> "감리란 공사에 대하여 발주자의 위탁을 받은 용역업자가 ( 1 ) 및 ( 2 )의 내용대로 시공되는지를 ( 3 )하고, ( 4 ), ( 5 ) 및 안전관리에 대한 지도 등에 대한 발주자의 권한을 대행하는 것을 의미한다."

**정답**

1. 설계도서
2. 관련규정
3. 감독
4. 품질관리
5. 시공관리

**14** 전기통신사업자의 2가지 유형을 쓰시오. [기출] 16_1회

> 정답

전기통신사업자의 구분(개정 2018.12.24. 기준)
1. 기간통신사업자
2. 부가통신사업자

※ 개정이전은 기간통신사업자, 별정통신사업자, 부가통신사업자로 구분

법규 개정 〈2018. 12. 24.〉

| 법규 | 내 용 |
|---|---|
| 전기통신기본법 | 제7조(전기통신사업자의 구분) 전기통신사업자는 전기통신사업법이 정하는 바에 의하여 기간통신사업자 및 부가통신사업자로 구분한다 |
| 전기통신사업법 | 제5조(전기통신사업의 구분 등) <br> ① 전기통신사업은 기간통신사업 및 부가통신사업으로 구분한다. <br> ② 기간통신사업은 전기통신회선설비를 설치하거나 이용하여 기간통신역무를 제공하는 사업으로 한다. <br> ③ 부가통신사업은 부가통신역무를 제공하는 사업으로 한다. |

**15** 다음과 같은 전송제어문자별 명칭과 기능을 설명하시오. (5점) [기출] 19_2회 / 16_1회

1) SOH :
2) ETX :
3) EOT :
4) DLE :
5) ACK :

**정답**

| 구분 | 명칭 | 기능 |
|---|---|---|
| 1) SOH | Start Of Heading | 헤딩 시작을 나타냄 |
| 2) ETX | End Of Text | Text의 끝 |
| 3) EOT | End Of Transmission | 전송 끝 및 데이터링크 초기화 |
| 4) DLE | Data Link Escape | 뒤따르는 연속된 글자들의 의미를 바꾸기 위해 사용, 주로 보조적 전송제어기능을 제공 |
| 5) ACK | Acknowledge | 수신한 정보메시지에 대한 긍정응답 |

**16** 평균고장간격 98시간, 평균수리시간 2시간인 장치 2대가 직렬연결됨. 이때 가동률을 계산하시오.　　　　　　　　　　　　　　　　　　　　　　　　　　　　　　[기출] 16_1회

**정답**

0.96

계산식 : 가동율 = $\dfrac{\text{실질가동시간}}{\text{총운용시간}}$ = $\dfrac{MTBF}{MTBF + MTTR}$ 에서, MTBF = 98시간, MTTR = 2시간

개별 장치의 가동율은 $\dfrac{98}{98+2}$ = 0.98이며 장치가 직렬인 경우 직렬 전체가동율은 곱으로 계산됨으로 전체 가동율 = 0.98 × 0.98 = 0.96

**17** 다음 파라미터를 이용하여 광중계기의 설치간격(L)을 구하는식을 쓰시오. (5점)
(단, 커넥터 손실, 접속 손실은 n개라 한다.)　　　　　　　　　[기출] 19_4회 / 16_1회

Ps(광원출력)　Pd(수신감도)　Lc(커넥터손실)　Ls(접속손실)　Lo(광섬유손실)
Lm(시스템마진)　Le(환경마진)

### 정답

광중계기 설치간격 (L)

$$= \left[ \frac{(P_{s(광원출력)} - P_{d(수신감도)}) - (nL_{c(컨넥터손실)} + nL_{s(접속손실)} + L_{m(시스템마진)} + L_{e(환경마진)})}{L_{0(광섬유손실)}} \right]$$

Lo(광섬유손실)은 단위길이당 손실로 [dB/km] 단위

---

**18** 다음 프로토콜은 OSI 7계층 중 어디에 해당하는가? (4점)

[기출] 23_4회 / 16_1회 / 15_4회(유사)

| 가. TCP, UDP | 나. RS-232C | 다. HDLC | 라. IP |

### 정답

가. 4계층, 전송(Transport) 계층
나. 1계층, 물리(Physical) 계층
다. 2계층, 데이터링크(Data Link) 계층
라. 3계층, 네트워크(Network) 계층

---

**19** 포설된 동축케이블 임피던스 측정시 선로 개방임피던스 100Ω, 단락임피던스 25Ω일 때 특성임피던스를 계산하시오. (5점)

[기출] 18_2회 / 18_1회 / 16_1회 / 14_1회

### 정답

특성임피던스 : 50Ω

계산식 : 특성임피던스$(Z_0) = \sqrt{Z_{단락} \cdot Z_{개방}} = \sqrt{25 \times 100} = 50\,[\Omega]$

**20** 접지전극의 시공방법으로 "나동선을 정해진 간격으로 그물형태로 포설하는 방식"을 쓰시오.

[기출] 16_1회

> **정답**
>
> 메시접지(Mesh접지, 망상접지)

## 2  2016년도 2회

**01** PCM 과정에서 사용되는 적응형 양자화기에 대해 설명하고, 적응형 양자화기를 사용하는 대표적인 PCM방식 2가지를 서술하시오. [기출] 16_2회

**정답**

1. 적응형 양자화기
   입력신호 진폭에 따라 양자화계단의 최대/최소 레벨을 조정할 수 양자화기로 PCM의 비선형 양자화기은 양자화계단의 크기가 고정되어 있는 단점을 보완함
2. 대표적 적응형 양자화기
   1) ADM (Adaptive Delta Modulation)
   2) ADPCM (Adaptive Differential Pulse Code Modulation)

**02** PDH와 SDH 비교 항목의 빈칸을 채우시오. [기출] 16_2회

| 구분 | PDH | SDH |
| --- | --- | --- |
| 표준화 | 세계 단일표준 없음 (북미식, 유럽식, 한국 등 다양) | 전세계 단일화 |
| 다중화단계 | 다단계 다중화 | ( ① ) |
| 동기화 | Bit stuffing | ( ② ) |
| 최소동기화 단위 | Bit | ( ③ ) |

**정답**

① 일단계 다중화 ② 포인터(Pointer) ③ 바이트(Byte)

※ PDH와 SDH 비교

| 구분 | PDH | SDH |
|---|---|---|
| 표준화 | 세계 단일표준 없음<br>북미식, 유럽식, 한국 등 다양 | 전세계 단일화 |
| 프레임 주기 | 일정하지 않음 | 125μsec로 일정 |
| 다중화단계 | 다단계 다중화 | 일단계 다중화 |
| 동기화 | Bit stuffing | Pointer |
| 최소동기화 단위 | Bit | Byte |
| 가시성 | 바로 아래신호만 가시적 | STM-1내 모든 하위신호 |
| Overhead 사용 | 매단위 새로운 오버헤드 추가 | STM-1 이후 오버헤드 추가없음 |
| 계층화 구조 | 비계층화 구조 | 계층화 구조 |

**03** 통신 관련 시설 접지저항은 ( )Ω이하를 기준으로 한다. (3점)

[기출] 17_4회 / 16_2회 / 14_2회

**정답**

10Ω
※ 접지설비·구내통신설비·선로설비 및 통신공동구등에 대한 기술기준 제5조(접지저항 등)

**04** 다음 조건에서 반사계수를 구하시오. (Point β 지점에서 $f = 2.6$GHz, VSWR $= 2.0175$인 경우)

[기출] 16_2회

**정답**

반사계수 : 0.337
계산식 :
1) 정재파비(S) 2.0175
2) 반사계수($\Gamma$) $= \dfrac{S-1}{S+1} = \dfrac{2.0175-1}{2.0175+1} \cong 0.337$

**05** 비트에러율(BER) $5 \times 10^{-5}$ 인 전송회선에 2,400[bps] 전송속도로 10분 동안 데이터를 전송하는경우 최대 블록에러율을 구하시오. (단, 한 블록의 크기는 511비트로 구성) (8점)

[기출] 24_2회 / 21_2회 / 16_2회 / 13_4회

**정답**

블록에러율 $= 2.56 \times 10^{-2}$

계산식 : $BER = \dfrac{총에러비트수}{총전송비트수}$ , 문제 기준에 따라 에러와 오류를 혼용

$$5 \times 10^{-5} = \dfrac{총에러비트수}{2400bps \times 600\sec(10분)} 에서$$

총에러비트수 $= 5 \times 10^{-5} \times 2.4 \times 6 \times 10^{5} = 5 \times 2.4 \times 6 = 72\,bit$

$$총전송블록수 = \dfrac{총전송비트수}{블록(511bit)} = \dfrac{2400bps \times 600\sec}{511}$$
$$= 2,818.0039 \cong 2,819\,블록(큰 블록수로 수렴)$$

오류발생블록수 = 최대 72개 블록으로 가정
(블록별 1개 $bit$ 에러 발생)

$\therefore$ 블록에러율 $= \dfrac{오류 발생블록수}{총전송블록수} = \dfrac{72}{2,819} = 0.02554 \cong 2.56 \times 10^{-2}$

**06** OSI 7Layer 모델과 TCP / IP 프로토콜 스택과의 비교표의 빈칸을 채우시오. (5점)

[기출] 16_2회 / 12_1회

| 계층 | OSI 7Layer RM | TCP / IP 프로토콜 스택 |
|---|---|---|
| 7계층 | 응용 계층(Application) | 응용 계층(Application) |
| 6계층 | ① | |
| 5계층 | ② | |
| 4계층 | 전송 계층(Transport) | ④ |
| 3계층 | 네트워크 계층(Network Layer) | 인터넷(Internet) |
| 2계층 | ③ | ⑤ |
| 1계층 | 물리 계층(Physcial) | |

**정답**

① 프리젠테이션 계층 (Presentation)
② 세션 계층 (Session)
③ 데이터링크 계층 (Data Link)
④ 전송 계층 (Transport)
⑤ 네트워크 액세스 (Network Access)

| 계층 | OSI 7Layer RM | TCP / IP 프로토콜 스택 |
|---|---|---|
| 7계층 | 응용 계층 (Application) | 응용 계층 (Application) |
| 6계층 | 프리젠테이션 계층 (Presentation Layer) | |
| 5계층 | 세션 계층 (Session) | |
| 4계층 | 전송 계층 (Transport) | 전송 계층 (Transport) |
| 3계층 | 네트워크 계층 (Network) | 인터넷 (Internet) |
| 2계층 | 데이터링크 계층 (Data Link) | 네트워크 액세스 (Network Access) |
| 1계층 | 물리 계층 (Physcial) | |

## 07. Token Passing 방식을 CSMA/CD와 비교하여 장단점을 쓰시오. (4점)

[기출] 24_4회 / 22_2회 / 16_2회

### 정답

Token Passing 장점
1) CSMA / CD 경쟁방식에 비해, 비경쟁 MAC방식으로 채널사용권을 균등부여
2) CSMA / CD는 충돌이 있으나, 충돌이 없음
3) 우선순위 부여 데이터 예측가능

Token Passing 단점
1) 전송데이터가 없을시 전송채널 낭비
2) 해당노드가 토큰패스 받을때까지 수신대기시간
3) 해당노드가 토큰패스 보낼때까지 송신대기시간

## 08. 낙뢰 또는 강전류전선과의 접촉 등으로 ( 가 ) 또는 이상전압이 유입될 우려가 있는 방송통신설비에 과전류 또는 ( 나 )를 방전시키거나 이를 제한 또는 차단하는 ( 다 )가 설치되어야 한다.

[기출] 16_2회

### 정답

(가) 이상전류
(나) 과전압
(다) 보호기

※ 방송통신설비의 기술기준에 관한 규정 제7조(보호기 및 접지)
  제7조(보호기 및 접지) ① 벼락 또는 강전류전선과의 접촉 등으로 이상전류 또는 이상전압이 유입될 우려가 있는 방송통신설비에는 과전류 또는 과전압을 방전시키거나 이를 제한 또는 차단하는 보호기가 설치되어야 한다.

**09** 하드웨어적이 아닌 문제를 점검하는 것으로 네트워크상에서 흐르는 데이터 프레임(Data Frame)을 캡처하고 디코딩하여 분석하며, LAN의 병목현상, 응용프로그램 실행오류, 프로토콜 설정오류, 네트워크 카드의 충돌오류 등을 분석하는 장비는? (4점)

[기출] 20_2회(유사) / 19_2회 / 18_4회 / 16_2회 / 13_4회

**정답**

프로토콜 분석기(Protocol Analyzer)
- 명칭 다양 (Packet Analyzer, Protocol Analyzer, Packet Network Analyzer, Packet Sniffer 프로토콜 애널라이저, 프로토콜 분석기, 패킷 스니퍼, 패킷 분석기)
  예 와이어샤크 등

**10** 잡음이 없는 20KHz의 대역폭을 사용하여 280Kbps의 속도로 데이터를 전송한다면 대역과 진폭을 동시에 사용하는 변조방식을 서술하시오. [기출] 16_2회

**정답**

128QAM
280Kbps = 2 × 20KHz × $\log_2 M$에서 M = 128 = $2^7$에서 QAM방식
Nyquist 공식 $C = 2B \log_2 M [bps]$
C : 통신채널용량 [bps], B : 채널의 대역폭(Bandwidth) [Hz], M : 진수
  잡음이 없는 채널을 가정하고, 지연왜곡에 의한 ISI에 근거하여 최대 용량을 산출한 공식, 단위는 [bps]

**11** 최대주파수가 15KHz, PCM 기준 전송가능 비트수를 서술하시오. [기출] 16_2회

**정답**

240Kbps
전송가능 비트수 = 2 × 최대주파수(15KHz) × 8비트(PCM 기준) = 240Kbps

**12** LAN을 분류할 때 프레임 교환방식에 따라 Shared LAN, Switched LAN으로 구분할 때 이들의 특징을 각각 3가지씩 서술하시오. (6점)     [기출] 20_1회 / 16_2회 / 14_1회

> 정답

1. Shared LAN
   - 초기 LAN 형태로 공유매체 접근제어(Media Access Control, MAC) 절차 요구됨
   - 송신 단말이 전송한 프레임은 모든 단말로 전달, 방송됨(Flooding)
   - 자신과 일치하는 주소를 갖는 프레임만 수신, 선택적 수신
2. Switched LAN
   - 프레임(Frame) 교환장치인 LAN Switch를 사용하여 LAN 구성
   - Forwarding : 송신단말이 전송한 프레임은 LAN Switch에 의해 해당 목적지로만 전달
   - Dedicated LAN : 각 단말에 연결되는 매체는 그 단말만 사용

**13** 공중(패킷)데이터 교환망(PSDN)에서 이용 가능한 패킷교환방식 2가지를 쓰시오.
    [기출] 16_2회 / 14_4회 / 13_2회(유사)

> 정답

1) 가상회선 패킷교환(Virtual Circuit Packet Switching)
2) 데이터그램 패킷교환(Datagram Packet Switching)

**14** TCP/IP 상위계층 응용계층 프로토콜의 하나로 컴퓨터간에 전자우편을 전송하기 위한 프로토콜을 쓰시오. (4점)

[기출] 18_4회 / 16_2회 / 13_4회

**정답**

SMTP(Simple Mail Transfer Protocol)

※ 응용계층 프로토콜 예
  1) HTTP(HyperText Transfer Protocol)
     HyperText를 전달하기 위한 TCP/IP 상위레벨의 프로토콜로 클라이언트가 서버에서 보내는 요청 메시지(Request Message), 반대로 서버가 클라이언트에게 보내는 응답 메시지(Reply Message)가 있음, 전송(Transport) 계층 TCP/80포트
  2) SMTP(Simple Mail Transfer Protocol)
     인터넷에서 전자우편을 전송할 때 이용되는 표준 프로토콜로 기본 동작은 메일을 전송하는 SMTP 클라이언트의 명령 전송과 이에 대한 메일을 수신하는 SMTP 서버의 응답으로 이루어짐, 전송(Transport) 계층 TCP / 25포트
  3) FTP(File Transfer Protocol)
     인터넷상에서 한 컴퓨터에서 다른 컴퓨터로 파일전송을 지원하는 통신규약, 전송(Transport) 계층 TCP / 21 제어 포트, TCP / 20 데이터 포트

**15** 다음은 무엇에 대한 설명인지 쓰시오.

[기출] 16_4회 / 16_2회

> 공사마다 착공부터 완성까지의 일정, 작업량, 공사비 등 시공계획을 예정하여 공정율 및 보활 등을 표시한 관리도표 서식이다

**정답**

공사예정공정표
※ 공사공정관리는 기성지급과 준공관리의 주요항목임

**16** 정보통신 공사원가 계산서 작성시 경비에 해당하는 항목 5가지를 쓰시오. (5점)

[기출] 19_4회 / 18_1회 / 16_2회

**정답**

경비 5항목 : 운반비, 안전관리비, 품질관리비, 지급임차료, 보험료 등

표준품셈 기반 원가계산 기준
경비는 공사의 시공을 위하여 소요되는 공사원가중 재료비, 노무비를 제외한 원가를 말하며, 기업의 유지를 위한 관리활동 부문에서 발생하는 일반관리비과 구분됨

**17** 주파수 1KHz, 위상이 90° 차이 날 경우, 몇 초의 시간 차이인가?

[기출] 18_4회 / 16_2회

**정답**

0.25msec

계산식 : 주기 = $\dfrac{1}{1KHz}$ = $1msec$ 의 90° 차이는 주기의 1 / 4 = 0.25msec

**18** 공통선 신호망에서 신호선(SP)간의 신호정보 전달을 중계해주는 패킷교환을 통해 입력된 신호메시지를 판별하여 각 목적별로 라우팅 및 분배기능을 수행하는 것은? [기출] 16_2회

**정답**

STP(Signaling Transfer Point)
- 신호망(공통선신호망)에서 신호정보의 생성 / 처리는 하지않고, 신호점 간에 신호메세지의 전달, 중계(라우팅)하는 안정성 좋은 일종의 패킷교환기를 말함

※ 신호망 N0.7 지능망

| 서비스망 계층 | SCP 서비스 제어점(Service Control Point) |
|---|---|
| 신호망 계층 | STP 신호 전달점(Signaling Transfer Point) |
| 전달망 계층 | SSP 서비스 교환기(Service Switching Point) |

**19** ISDN에서 사용되는 채널 중에 ( ① )은 채널속도 64Kbps이며 정보전송용으로 사용되며 ( ② )는 채널속도 16Kbps로 신호전송용으로 사용한다. [기출] 21_1회 / 16_2회

**정답**

① B ② D

※ ISDN 채널 종류 및 기능

| 채널 종류 | 전송속도 | 용도 |
|---|---|---|
| B | 64Kbps | 정보용 채널 |
| D | $D_{16}$ : 16Kbps, $D_{64}$ : 64Kbps | 신호용 채널 |
| H | $H_0$ : 384Kbps, $H_{11}$ : 1,536Kbps, $H_{12}$ : 1,920Kbps | 정보용 채널 |

**20** 다음 괄호 안에 알맞은 용어를 쓰시오. (3점)

[기출] 19_2회 / 18_4회 / 17_4회 / 16_2회 / 12_2회 / 12_1회

( )는 비연결형 데이터그램 전달서비스를 제공하는 프로토콜로 메시지를 세그먼트로 나누지 않고 블록의 형태로 전송하며 재전송이나 흐름제어를 제어하기 위한 피드백을 제공하지 않는다.

정답

UDP(User Datagram Protocol)

# 3  2016년도 4회

**01** AP 한 쪽은 네트워크에 연결된 상태이고, 다른 쪽은 AP가 연결이 끊겨 있을 때, 네트워크를 확장시켜주는 시스템은? (3점)  [기출] 16_4회

**정답**

WDS (Wireless Distribution System) 무선분배시스템
- 두 DS(Distribution System) 간에 유선이 아닌 무선 연결 링크를 사용함

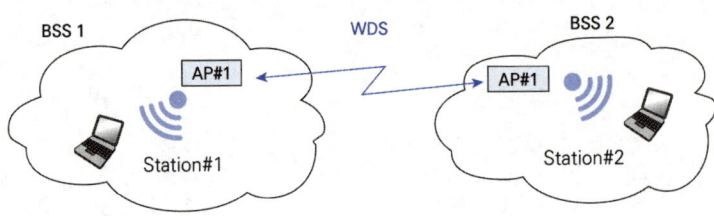

BBS : Basic Service Set

**02** QPSK 주파수 $f_c$, 크기 A, 데이터신호 전송 비트 "00" "01" "10" "11" 순서대로 수식을 적으시오. (4점)  [기출] 16_4회

**정답**

1. 데이터 00 : [수식] $A\sin(2\pi f_c t)$
2. 데이터 01 : [수식] $A\sin(2\pi f_c t + \frac{\pi}{2})$
3. 데이터 10 : [수식] $A\sin(2\pi f_c t + \pi)$
4. 데이터 11 : [수식] $A\sin(2\pi f_c t + \frac{3\pi}{2})$

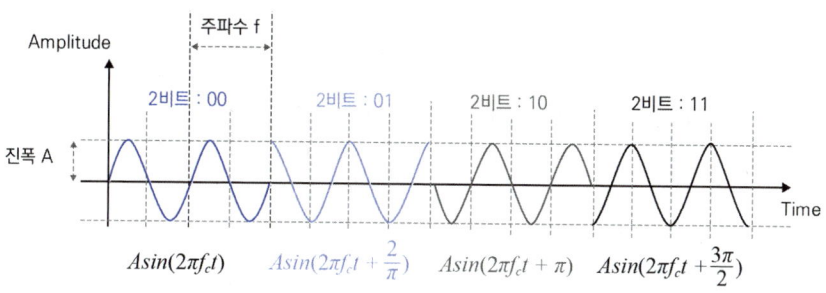

※ sin함수를 사용했으며, 위상을 π/2 만큼 기준점을 이동시 cos함수로도 표현 가능함

**03** 광통신 FWHM (Full Width at Half Maximun) 반치전폭에 대해 서술하시오. (6점)

[기출] 17_2회(유사) / 16_4회 / 15_1회(유사)

> **정답**
>
> 주파수 스펙트럼상에서 전력 최대값의 3dB(1/2) 줄어든 두지점 사이의 대역폭값

**04** SONET(Synchronous Optical Network)에서 STS 프레임 오버헤더 3가지를 설명하시오. (6점)

[기출] 16_4회

> **정답**
>
> 1) Section Overhead 섹션 오버헤드 : 3열3행 (9Byte)
> 2) Line Overhead 회선 오버헤드 : 3열6행 (18Byte)
> 3) Path Overhead 경로 오버헤드 : 1열9행 (9Byte)

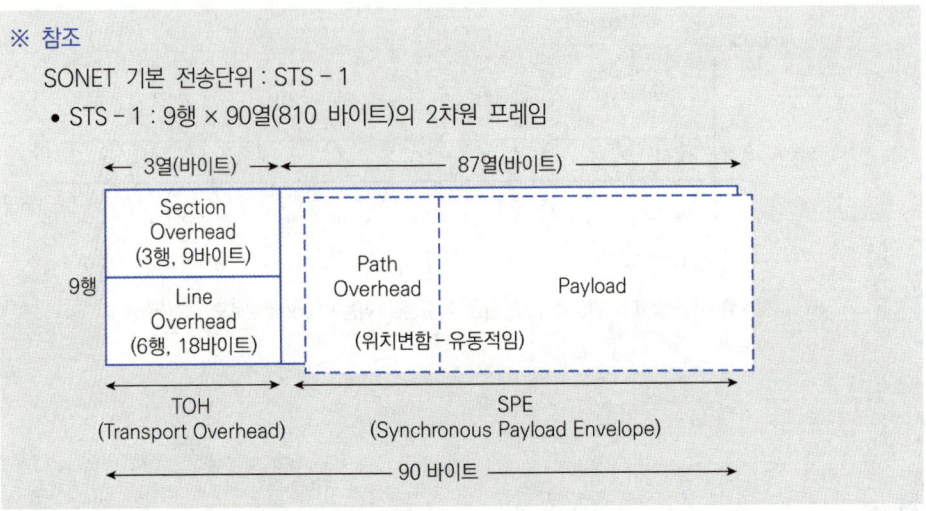

**05** L = 8, Data Rate = 9600[bps], 대역폭(Bandwidth) [Hz]은 얼마인가? (3점)

[기출] 16_4회

**정답**

1,600 [Hz]
Nyquist 공식 $C = 2B\log_2 L [bps]$
C : 통신채널용량 [bps], B : 채널의 대역폭(Bandwidth) [Hz], L : 진수
$9600[bps] = 2B\log_2 8 = 6B$ 에서
$\therefore B(대역폭) = \dfrac{9600}{6}[Hz] = 1,600[Hz]$

**06** 다음과 같은 OSI 7 RM(Reference Model) 관련 계층을 쓰시오 (3점)

[기출] 18_1회 / 16_4회

1) 전자우편 및 파일전송과 같은 사용자 서비스 제공
2) 기계적, 전기적, 기능적, 절차적 인터페이스 제공
3) 로그인 및 로그아웃 절차 제공

### 정답

1) 7계층 : 응용(Application) 계층
2) 1계층 : 물리(Physical) 계층
3) 5계층 : 세션(Session) 계층

**07** ATM에 대해 다음 각 물음에 답하시오. (7점)

[기출] 18_1회 / 16_4회

1) ATM 참조모델의 3가지 평면(Plane)
2) AAL에서 서비스 클래스를 지원하기 위한 AAL type 4가지

### 정답

1) 평면
   ① 관리평면 (Management Plane)
- 계층관리기능과 평면(Plane)관리기능으로 구분
- 계층관리 : 프로토콜 내부 사용 파라메터나 자원들을 관리
- 평면(Plane)관리 : 전체 시스템관리 기능수행

   ② 제어평면 (Control Plane)
     호 제어나 연결제어 등을 수행하는 신호기능 제공
   ③ 사용자평면 (User Plane)
     사용자 데이터를 전송하는 기능

2) 클래스 지원 AAL

| 구분 | Class A | Class B | Class C | Class D |
|---|---|---|---|---|
| 비트율 | CBR | VBR | VBR | VBR |
| 연결모드 | 연결형 | 연결형 | 연결형 | 비연결형 |
| 실시간성 | 실시간 | 실시간 | 비실시간 | 비실시간 |
| 기본서비스 | 고정속도 음성 | 비디오 / 오디오 서비스 | 연결형 데이터서비스 | 비연결형 데이터서비스 |
|  |  | 가변속도 영상 / 음성 | 가상회선 패킷전송 | 데이터그램 패킷전송 |
| AAL Type | AAL1 | AAL2 | AAL-3 / 4 AAL-5 | AAL-3 / 4 AAL-5 |

\* CBR : Constant Bit Rate  VBR : Variable Bit Rate

## 08 다음은 다중화 특성을 표로 비교한 것으로 빈칸을 채우시오. (6점) [기출] 16_4회

| 항목 | STM 동기식 시분할 다중화 | ATM 비동기식 시분할 다중화 |
|---|---|---|
| Time Slot 할당 | ① | ② |
| Channel 할당 | ③ | ④ |
| 입출력 전송속도 | ⑤ | ⑥ |

### 정답

① 정적(Static) 할당
② 동적(Dynamic) 할당
③ T/S(Time Slot)
④ 셀(Cell)
⑤ 입력 = 출력
⑥ 입력 ≥ 출력

**09** 송신측에서 우수 패리티(Even Parity)를 가진 해밍코드가 전송되어 수신하였을 때 다음 각 물음에 답하시오. (6점)

[기출] 21_1회 / 18_2회 / 16_4회

| 비트번호 | 1 | 2 | 3 | 4 | 5 | 6 | 7 | 8 | 9 |
|---|---|---|---|---|---|---|---|---|---|
| 해밍코드 | 0 | 0 | 1 | 0 | 1 | 0 | 0 | 0 | 0 |

1) 수신코드에서 패리티 비트는 몇 개가 포함되어 있는가?
2) 만약 수신된 코드에 1비트 에러(Error)가 발생하였다면 몇 번째에서 일어나는가?
3) 송신측에서 보낸 원래의 정보비트를 10진수로 나타내시오.

### 정답

1) 4개 패리티 비트
- $2^p \geq m+p+1, m=5$ 대입하면 $2^p \geq 5+p+1 = 6+p$ 에서 $p=4$

2) 6번째
- "1"숫자 3번째와 5번째이며 관련 이진수로 표현하고, EX OR로 계산후 10진수로 표기
  3 → 0011(2진수), 5 → 0101(2진수)

                  0011
  Exclusive OR   0101
                  0110 → 6(10진수)

3) 28(10진수)
- 수신단 에러수정된 정보비트는 "11100" (2진수) → $2^4 + 2^3 + 2^2 = 16+8+4 = 28$ (10진수)

| 비트번호 | 1 | 2 | 3 | 4 | 5 | 6 | 7 | 8 | 9 |
|---|---|---|---|---|---|---|---|---|---|
| 해밍코드 | 0(P1) | 0(P2) | 1 | 0(P4) | 1 | 1 | 0 | 0(P8) | 0 |

**10** 기간통신사업자로부터 회선을 대여하여 고도의 통신처리 기능으로 가치를 높여 서비스를 제공하는 사업자를 무엇이라 하는가? (3점)  [기출] 16_4회 / 14_1회

**정답**

VAN사업자 (부가가치통신망사업자)
- Value-Added Network

**11** TCP와 UDP를 비교하는 아래표의 빈칸을 작성하시오. (6점)  [기출] 16_4회 / 14_1회

| 항목 | TCP | UDP |
|---|---|---|
| 서비스 | (　　　) Connection Service | (　　　) Connectionless Service |
| 패킷교환방식 | 가상회선 | 데이터그램 |
| 패킷도착순서 | (　　　) | (　　　) |
| 신뢰성 | 높음 | 낮음 |
| 흐름 / 순서제어 | (　　) | (　　) |
| 속도 | 상대적 느림 | 빠름, 실시간 |
| 헤더사이즈(Byte) | (　　) | (　　) |

**정답**

1. 서비스 : TCP ( 연결형서비스 ), UDP ( 비연결형서비스 )
2. 패킷도착순서 : TCP ( 송신순서와 동일 ), UDP ( 송신순서와 상이 )
3. 흐름/순서제어 : TCP ( 제공 ), UDP ( 미제공 )
4. 헤더사이즈 : TCP ( 20byte ), UDP ( 8byte )

**12.** PAD(Packet Assembler/Disassember) 관련 ITU-T X 시리즈 3가지를 쓰시오. (3점)   [기출] 16_4회

**정답**

| 구분 | 내용 |
|---|---|
| X.3 | 송수신용 프로토콜이 아니고 PAD의 비동기단말기용 포트 특성을 정의 |
| X.28 | 주로 가상회선의 설정 및 해제를 위해 비동기단말기와 PAD간에 주고받는 명령 및 응답에 대하여 정의 |
| X.29 | 패킷형단말기가 어떻게 PAD와 통신할 것인지를 규정 |

※ PAD 서비스 : 초기 패킷망 접속을 위한 지원 장치로 비동기 터미널 사용자가 DTE를 통해 공중 또는 사설 패킷망에 접속할 때, 비동기 터미널 / 단말기 (C-DTE : Character mode Data Terminal Equipment) X.25로 프로토콜 변환을 제공하기 위한 서비스

**13.** 다음은 공사예정공정표이다 다음 빈칸에 적합한 말을 쓰시오. [6점] [기출] 24_1회 / 16_4회

| ( 1 ) | 수량 | ( 2 ) | ----- |
|---|---|---|---|
| 전선공사 | 1 | 식 | ----- |
| 케이블공사 | 1 | 식 | ----- |

**정답**

1. 공종(공사의 종류)
2. 단위

## 14. MTBF, MTTF, MTTR, MTFF 개념을 설명하시오. (8점)  [기출] 16_4회 / 14_2회

**정답**

| 구분 | 내용 |
|---|---|
| MTBF | Mean Time Between Failures 평균고장간격<br>• 고장부터 다음 고장까지의 동작시간 평균치<br>• 고장 복구부터 다음 고장 시점까지 평균연속 가동시간 |
| MTTF | Mean Time To Failure 고장평균시간<br>• 사용한 다음부터 고장까지의 동작시간 평균치<br>• 고장나기까지의 시간들의 평균 |
| MTTR | Mean Time To Repair 평균수리시간<br>• 수리시간의 평균치<br>• 수리에 필요한 진단, 수리 및 교체시간, 재가동시간을 포함 |
| MTFF | Mean Time To First Failure 첫고장까지 평균시간<br>• 수리불가능 제품 경우 |

## 15. 통신 품질의 오류율과 관련하여 3가지 유형을 적고, 3가지 유형 중 디지털 통신 오류의 품질 척도는 무엇인지 쓰시오. (4점)  [기출] 24_1회 / 22_1회 / 16_4회

**정답**

1) 오류율

| 오류율 | 내용 |
|---|---|
| BER | Bit Error Rate 비트 오류율 |
| FER | Frame Error Rate 프레임 오류율 |
| CER | Character Error Rate 캐릭터 오류율 |

2) BER (Bit Error Rate)

※ 참조 : 디지털 전송품질

| 오류율 | 내용 |
|---|---|
| BER | Bit Error Rate 비트 오류율<br>• 전송된 총 비트 당 오류 비트 비율 |
| ES | Errored Second 오류 초<br>• 1개 이상의 비트 오류가 발생된 초의 수 |
| SES | Severely Errored Second 심각한 착오초<br>• BER(Bit Error Ratio)이 10-3 보다 크거나, LOS(Loss of Signal), AIS(Alarm Indication Signal)가 검출되는 초의 수 |
| UAS | Unavailable Seconds 비가용 시간<br>• 10개의 연속적인 SES(Severely Errored Second)가 발생했을 때부터 10개의 non-SES가 나타날 때까지 초의 수 |

**16** 광케이블 10m당 3% 흡수손실 발생, 단위 Km당 손실값[dB/Km]은 얼마인가 ? (5점)

[기출] 16_4회

### 정답

13.2dB / Km (손실은 기본적으로 −값을 가지므로 표기에서 −표기 제외했음)

계산식

1) $10m$ 광섬유 기준

$P_{out} = (1-0.03)P_i = 0.97P_i$ 임, $10m$의 광섬유 입력 $P_i$ 에 대한 출력 $P_{out}$

손실 $(\frac{P_{out}}{P_i})dB = 10\log[\frac{0.97P_i}{P_i}] = -0.132\,dB$ for $10m$

2) $1000m$는 $10m$의 100배이며, 단위손실 $[dB/Km] = -0.132 \times 100 = -13.2\,dB/Km$

**17** IC 7490Chip 회로에서 출력 파형은 몇분주(2가지)? (6점)  [기출] 16_4회

정답

1) 16분주(16진카운터)
2) 10분주(10진카운터)

**18** 통신 공동구를 설치할 때 유지보수 관리에 필요한 부대설비 5가지를 쓰시오. (5점)

[기출] 23_2회토 / 19_4회 / 18_2회 / 16_4회

정답

조명 · 배수 · 소방 · 환기 · 접지
※ 접지설비·구내통신설비·선로설비 및 통신공동구등에 대한 기술기준 제46조(통신공동구의 설치기준)
① 통신공동구는 통신케이블의 수용에 필요한 공간과 통신케이블의 설치 및 유지 · 보수등의 작업시 필요한 공간을 충분히 확보할 수 있는 구조로 설계하여야 한다.
② 통신공동구를 설치하는 때에는 조명 · 배수 · 소방 · 환기 및 접지시설 등 통신케이블의 유지 · 관리에 필요한 부대설비를 설치하여야 한다.
③ 통신공동구와 관로가 접속되는 지점에는 통신케이블의 분기를 위한 분기구를 설치하여야 하며, 한 지점에서 여러 개의 관로로 분기될 경우에는 작업이 용이하도록 분기구간에는 일정거리이상의 간격을 유지하여야 한다.

**19** 4PSK변조방식을 적용하는 시스템의 전송속도가 4800bps일 때, 변조속도 Baud는 얼마인지 구하시오. (5점)  [기출] 20_4회 / 16_4회 / 14_1회

> **정답**

2,400 Baud
데이터신호 전송속도 $C[bps] = nB = \log_2 M \times B$, $B[Baud]$ $M$은 $4PSK$에서 $M=4$
$4,800[bps] = \log_2 4 \times B = \log_2 2^2 \times B = 2 \times B$
$\therefore B = 2,400[Baud]$

**20** 3전위 강하법으로 접지 저항을 측정할 때, 접지전극과 전류전극 사이의 토양이 균일한 경우, 전위전극의 위치를 접지전극과 전류 전극 사이의 여러 지점에 두고 측정하여 그 전위 상승 그래프상의 평탄점을 찾는 대신 일정한 지점에 위치시키고 측정할 수 있다. 이 경우 전위 전극의 위치는 접지전극과 전류 전극 사이의 거리 중, 접지전극으로부터 몇 % 떨어진 지점에서 측정 해야하는가? (6점)　　　　　　　　　　　　　　　　　　　　　　　　　　　[기출] 16_4회

> **정답**

61.8%

**※ 접지측정법 비교**

| 구분 | 3점 전위강하법 | | 2극 측정법 | 클램프온 미터법 |
|---|---|---|---|---|
| | 3점 전위강하법 | 61.8%법 | | |
| 개요 | • 개별접지 등 소규모 접지 측정시 사용<br>• 가장 많이 사용하는 측정 방식 | • 공통·통합접지 등 대규모 접지 측정시 사용 | 측정용 보조전극의 설치가 어려운 경우 | 다중접지된 시스템에 대해 접지 측정시 사용<br>• 클램프온 방식 |
| 구성 | 접지저항계<br>보조접지극 P, C<br>측정대상 접지극, E | 접지저항계<br>보조접지극 P, C<br>측정대상 접지극, E | 접지저항계<br>보조접지극 1<br>측정대상 접지극, E | 클램프온 미터 |
| 특징 | 접지극 일직선상<br>• 접지극 최소이격 간격<br>　E-P : 10M 이격<br>　P-C : 10M 이격 | 접지극 일직선상<br>• 접지극 최소이격 간격<br>　E-P : 50M 이격<br>　P-C : 30M 이격<br>• P의 위치가 E-C간 일직선의 61.8%<br>• 필요시 측정 오류 확인을 위해 P의 위치 51.8%, 61.8%, 71.8% 3개 측정값을 적용 가능 | 보조접지극이 전위 강하법 대비 2개가 아닌 1개임 | 빠르고 간편 측정 클램프온 미터 이용 측정 대상 접지선을 감아서 측정 |

**21** 다음 괄호안에 알맞은 용어를 쓰시오. [기출] 16_4회

> 평활회로는 캐패시터와 인덕터를 사용한 (    )로 동작하며 직류출력전압을 평탄하게 하는 역할을 한다.

**정답**

저역통과필터(LPF, Low Pass Filter)

# 10절 2015년도 기출풀이

## 1  2015년도 1회

**01** 다음과 같이 주어진 그림을 이용해 종합잡음지수를 식으로 작성하시오. (4점)

[기출] 18_4회 / 15_1회

**정답**

$$NF_T = NF_1 + \frac{NF_2 - 1}{G_1} + \frac{NF_3 - 1}{G_1 \cdot G_2}$$

### 02 신호의 변조과정에서 반송파가 누설되는 원인 3가지를 쓰시오. (3점)

[기출] 20_1회 / 17_2회 / 15_1회

**정답**

1) 수정발진기의 온도변화
2) 부하변화에 따른 수정발진기의 발진주파수 변동
3) 전원 전압의 변동

### 03 AC Level Meter의 다음 질문에 대하여 답하시오. (6점) [기출] 20_2회 / 15_1회 / 14_1회

1) 600Ω 일 경우에 0dBm 전류값을 구하시오.
2) 5W는 몇 dBm인가? (소수점 셋째자리에서 반올림)

**정답**

1) 전류 i = $\dfrac{V}{R} = \dfrac{1.55[V]}{1200[\Omega]}$ = 1.291mA

- 유선 0dBm
  특성임피던스가 600[Ω]인 회로에 1.291[mA]가 흐르고 600[Ω]의 부하 양단에 0.775[V]가 걸릴 때 1[mW]가 공급되는 경우 0dBm임
- P = $i^2 R = (1.291mA)^2 \times 600\Omega = 1mW$
- V = iR = 1.291mA × 600Ω = 0.775V

2) 36.99 dBm

- $10\log\dfrac{5W}{1mW} = 10 \times 3.69897 = 36.9897$, 셋째자리 반올림 = 36.99

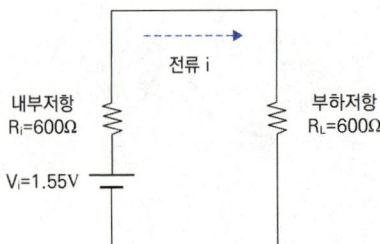

**04** 이동통신 안테나의 전기적 특성 3개를 쓰고 설명하시오. (3점)     [기출] 15_1회

**정답**

1) 안테나 임피던스
2) 방사 저항 (Radiation Resistance)(
3) VSWR (Voltage Standing Wave Ratio, 정재파비)

※ 이동통신 기지국의 안테나는 복편파(Cross Polarization Diversity) 안테나 등 있으며
  1. 전기적 특성(전기회로 관점)에서 보면
    1) 안테나 임피던스 2) 방사 저항 3) VSWR 4) 반사 손실 5) 반사 계수 6) 방사 효율 7) 안테나 대역폭
  2. 장(Field) 관점에서
    1) 방사 패턴 2) 지향성 3) 안테나 이득 4) 안테나 편파 5) 유효개구면적 6) 방사 효율 7) 안테나 대역폭

※ 안테나 주요용어
  1) 안테나 방사패턴 : 방사전계(방사세기)의 크기를 표현한 것
  2) 빔폭 : 빔(Beam) 지향성의 정도를 나타냄, HPBW (Half Power Beam Width) 반치각 등
  3) 안테나 이득 : 안테나 급전 전력을 공간 방사전력으로 변환하는 능력
  4) 지향성 : 특정 방향으로 전자파 에너지를 집중시킬 수 있는 능력,
    - 복사패턴 : 지향성의 모양을 공간좌표의 그림으로 표시한것

---

**05** 다음 용어를 설명하시오.     [기출] 15_1회

1) 마이크로밴딩(Micro bending) 손실
2) 매크로밴딩(Macro bending) 손실

**정답**

밴딩손실(Bending Loss)
- 광섬유가 휘어질때에도 광섬유 코어, 클래드 경계면 부근이 임계각 보다 커야 전반사가 되며, 임계각 보다 작아지면 빛은 전달되지 못하고 밖으로 빠져나가는 손실임

1) 마이크로밴딩 손실
  ① 광섬유의 미세한 구부러짐 또는 변형으로 인한 밴딩손실
  ② 광섬유의 측면에 불균일한 압력이 가해져 광섬유의 축이 미세하게 구부러져 발생하는 손실

2) 매크로밴딩 손실
   ① 상대적으로 큰 구부러짐으로 인한 밴딩손실
   ② 광섬유의 굴곡으로 인해 광 코어와 클래드에 입사한 광의 각도가 임계각보다 크게 되어 광이 클래드로 누설되어 발생하는 손실로 허용곡률 반경 이내로 무리하게 구부림으로 발생어

**06** 통신제어장치 기능 5가지를 서술하시오. (8점)  [기출] 18_4회 / 15_1회

> **정답**
>
> 1) 전송제어
>    - 통신접속을 위한 다중접속제어, 교환접속제어, 통신방식제어, 경로설정 등
> 2) 동기제어
>    - 컴퓨터 처리속도와 통신회선 전송속도 차이 조정
> 3) 오류제어(검출)
>    - 통신회선에서 발생하는 오류를 제어(검출)
> 4) 회선제어
>    - 통신회선 접속과 절단제어 등
> 5) 흐름제어
>
> ※ 다른 컨셉으로 볼때
>   1) 중앙처리장치와 데이터 전송회선간 데이터 송수신제어
>   2) 데이터신호의 직병렬 변환
>      - 전송회선구간의 직렬(Serial) 데이터를 중앙처리장치 적합한 병렬(Parallel) 데이터로 변환
>   3) 통신회선 시분할제어
>      - 통신회선 접속과 절단제어 등
>   4) 문자 및 메시지의 조립 및 분해
>      - 전송정보를 패킷 등의 적당한 길이단위로 분할 또는 결합
>   5) 전송 오류제어(검출)

**07** 다음에 대해서 설명하시오. [기출] 15_1회
1) 캡슐화에 대해 간략히 설명
2) 캡슐화 헤더에 들어있는 3가지 정보는?

**정답**

1) 캡슐화(Encapsulation)
   OSI 계층모델에서 하위계층은 상위계층 정보를 데이터로 취급하며, 자신의 계층 특성을 담은 제어정보인 헤더(Header)를 붙이는 과정
2) 캡슐화(Encapsulation) 헤더 3가지 정보
   ① 주소정보 : MAC주소(2계층), IP주소(3계층), Port주소(4계층) 등
   ② 에러제어정보 : FCS(Frame Check Sequence, 2계층), Checksum(3계층) 등
   ③ 흐름제어정보 : Length / Type(2계층), Type of Service 등(3계층), Sequence Number 등(4계층) 다양

※ 참조 : 캡슐화 과정 예

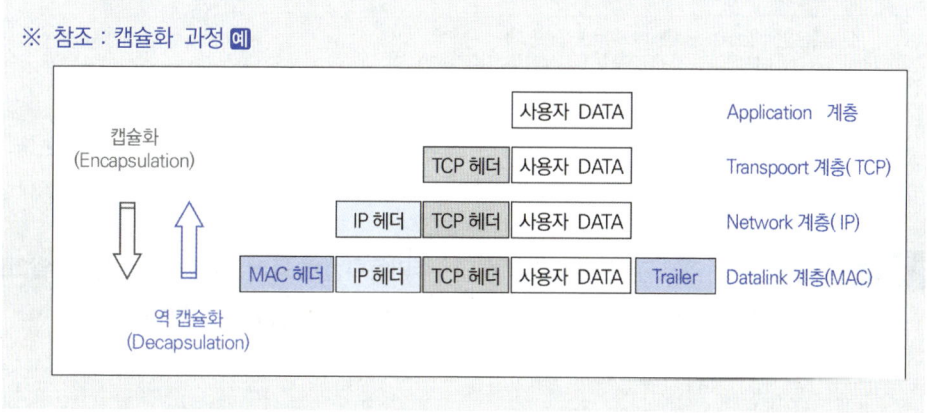

**08** 호스트 IP 주소를 호스트와 연결된 MAC 주소로 변환하기 위해 사용하는 프로토콜과 반대로 MAC 주소를 IP 주소로 변환할 때 사용되는 프로토콜의 명칭을 각각 쓰시오. (6점)

[기출] 23_2회 / 22_1회(유사)/ 19_4회(유사)/ 15_1회(유사)/ 12_2회(유사)

**정답**

1. ARP(Address Resolution Protocol)
2. RARP(Reverse Address Resolution Protocol)

**09** 자신에게 연결된 소규모 회선 또는 네트워크로부터 데이터를 모아 고속의 대용량으로 전송할 수 있는 대규모 전송회선 및 통신망을 지칭하여 (     )이라고 한다. (6점)

[기출] 23_4회 / 17_4회 / 15_1회 / / 13_4회

**정답**

백본망 (Backbone Network)

**10** 생존하는 개인에 관한 정보로서 성명, 주민등록번호 등에 의해 당해 개인을 알아볼 수 있는 부호, 문자, 음성, 음향…" 이런 내용을 설명하는 용어는 무엇인가?

[기출] 19_2회 / 15_1회

**정답**

개인정보

※ 개인정보보호법 제2조(정의)
1. "개인정보"란 살아 있는 개인에 관한 정보로서 다음 각 목의 어느 하나에 해당하는 정보를 말한다.
   가. 성명, 주민등록번호 및 영상 등을 통하여 개인을 알아볼 수 있는 정보
   나. 해당 정보만으로는 특정 개인을 알아볼 수 없더라도 다른 정보와 쉽게 결합하여 알아볼 수 있는 정보. 이 경우 쉽게 결합할 수 있는지 여부는 다른 정보의 입수 가능성 등 개인을 알아보는 데 소요되는 시간, 비용, 기술 등을 합리적으로 고려하여야 한다.
   다. 가목 또는 나목을 제1호의2에 따라 가명처리함으로써 원래의 상태로 복원하기 위한 추가 정보의 사용·결합 없이는 특정 개인을 알아볼 수 없는 정보(이하 "가명정보"라 한다)

1의2. "가명처리"란 개인정보의 일부를 삭제하거나 일부 또는 전부를 대체하는 등의 방법으로 추가 정보가 없이는 특정 개인을 알아볼 수 없도록 처리하는 것을 말한다.
2. "처리"란 개인정보의 수집, 생성, 연계, 연동, 기록, 저장, 보유, 가공, 편집, 검색, 출력, 정정(訂正), 복구, 이용, 제공, 공개, 파기(破棄), 그 밖에 이와 유사한 행위를 말한다.

### 11  통신공사 안전관리책임자는? (3점)   [기출] 15_1회

**정답**

정보통신기술자(현장대리인)
- 현장대리인은 시공사를 대표해서 현장에 배치된 시공사의 법적책임자이며 정보통신기술자임

### 12  정보통신공사 착수단계에서 검토되어야 할 설계도서 3가지는 무엇인지 쓰시오.
[기출] 19_2회 / 18_4회 / 15_1회 / 13_4회 / 13_1회 / 12_1회

**정답**

1) 공사 계획서
2) 공사 설계도면[계통도, 배관도, 배선도, 접속도(시공상세도) 등]
3) 공사 설계설명서(시방서)
4) 공사비 명세서(설계 예산서, 정보통신공사 내역서)
5) 공사 기술계산서(정보통신 계산서) 및 이와 관련된 서류

※ "설계"란 공사에 관한 계획서, 설계도면, 설계설명서, 공사비명세서, 기술계산서 및 이와 관련된 서류(이하 "설계도서"라 한다)를 작성하는 행위를 말한다. - 정보통신공사업법 제2조 정의

**13** 정보통신설비를 설계할 때 공사 설계도서에 적용되는 원가의 종류 3가지를 쓰시오.

[기출] 22_1회 / 20_2회 / 15_1회 / 14_1회

### 정답

표준품셈 기반 원가계산 기준으로 공사원가 (순공사비원가)
1) 재료비
2) 노무비
3) 경비

※ 표준품셈 기반 원가계산 기준
   1) 공사원가(순공사비) : 재료비 + 노무비 + 경비
   2) 총원가 : 순공사비(재료비 + 노무비 + 경비) + 일반관리비 + 이윤
   3) 총공사비 : 총원가 + VAT + 기타 보험료 등

 **14** 통신망의 신뢰도를 위해 고려될 수 있는 사항 3가지를 쓰시오.

[기출] 24_2회 / 24_1회 / 17_4회/15_1회 / 14_2회(유사)

### 정답

1) Full Mesh형 Topology 구성
2) 네트워크관리시스템(NMS, Network Management System) 구축
3) 고속의 이중링(Dual Ring)으로 Failover 대책
4) 정보의 기밀성, 무결성 확보
5) End to End(종단간) 에러제어 수행
6) 전원 UPS 이중화

다른 컨셉의 예시

| 항목 | 내용 |
|---|---|
| 신뢰성<br>(Reliability) | 통신 네트워크 각 구성요소들이 정해진 조건대로 동작이 잘되는지를 말하는 요소<br>$\lambda(t) = -\dfrac{\dfrac{dR(t)}{dt}}{R(t)}$, $\lambda(t)$ : 고장률, $R(t)$ : 신뢰도<br>예) 고속의 이중링(Dual Ring)으로 Failover 대책<br>    Full Mesh형 Topology 구성<br>    장비별 주·예비를1:1 구성 등 |
| 가용성<br>(Availability) | 어떤 일정한 서비스 및 시험에서 기능을 완수하고 있는 비율이며 그 확률은 가동률임<br>가동률 $= \dfrac{MTBF}{MTBF + MTTR}$<br>예) 장비별 주·예비를1:1 구성<br>    UPS설비 / 항온항습기 이중화<br>    장비 구성방식을 직렬 / 병렬 구성 등 |
| 보전성<br>(Serviceability) | 시스템 사용 도중 장애가 발생 하였을 시 복구를 위한 수리의 간편도, 정기적인 점검, 대책의 간편성을 의미<br>예) 네트워크관리시스템(NMS, Network Management System) 적용 관리 등 |

## 15. 다음 질문에 대해서 서술하시오.(6점) [기출] 23_4회(유사) / 22_4회(유사) / 22_2회(유사) / 15_1회

1) OTDR 원어
2) OTDR 용도
3) 광섬유케이블 접속지점에 대한 결과 측정방법 2가지

**정답**

| 항목 | 내용 |
|---|---|
| 1) OTDR | Optical Time Domain Reflectometer<br>• 시간대역 광반사측정기, 광펄스측정기 |
| 2) OTDR 용도 | • 광선로의 특성, 접점 손실, 손실 발생지점 등을 측정하고 고장점을 찾는 장비<br>• 광섬유 내의 후방산란 (Back Scattering) 특성을 이용하여 측정 |

| 2) OTDR 용도 | • 측정항목 : 광섬유케이블에 대한<br>① 케이블 자체 <u>전송손실</u>(감쇠) (예) 0.3dB~0.4dB/Km)<br>② 단위개소 <u>접속손실</u> (예) 0.2dB~0.3dB/광LC컨넥터)<br>③ <u>거리측정</u>(단선등 장애구간, 컨텍터 위치확인) (예) 국사에서 5Km 구간 단선 등)<br>④ 전체 케이블구간 <u>총손실</u> (예) 총 광케이블 50Km 구간에 대한 총손실 계산) |
|---|---|
| 3) 측정 방법 | ① 후방산란법 (Back Scattering Method)<br>② 투과측정법 |

### 16. 다음 용어에 대해 풀네임을 쓰시오.  [기출] 17_2회 / 16_4회(유사) / 15_1회

1) FWHM
2) IoT

**정답**

1) FWHM : Full Width at Half Maximun 반치(전)폭
   - 반치전폭, 주파수 스펙트럼상에서 전력 최대값의 3dB(1/2) 줄어든 두지점 사이의 대역폭값
2) IoT : Internet of Things 사물 인터넷

### 17. 윈도우 XP CMD창에서 쓰는 프로토콜로 IPv4 컴퓨터의 이름을 찾거나 IP가 충돌할 경우 어디서 충돌했는지 알아내는 명령어는? (5점)  [기출] 15_1회

**정답**

nbtstat

※ 참조

C : \ Users \ USER > nbtstat
NBT(NetBIOS over TCP / IP)를 사용하여 프로토콜 통계와 현재 TCP / IP 연결을 표시함.

NBTSTAT [ [-a RemoteName] [-A IP address] [-c] [-n] [-r] [-R] [-RR] [-s] [-S] [interval] ]

| | | |
|---|---|---|
| -a | (adapter status) | 이름을 지정하여 원격 컴퓨터의 이름 테이블을 나열함. |
| -A | (Adapter status) | IP 주소를 지정하여 원격 컴퓨터의 이름 테이블을 나열함. |
| -c | (cache) | NBT의 원격 [컴퓨터] 이름과 해당 IP 주소 캐시를 나열함. |
| -n | (names) | 로컬 NetBIOS 이름을 나열함. |
| -r | (resolved) | 브로드캐스트 및 WINS를 통해 확인된 이름을 나열함. |
| -R | (Reload) | 원격 캐시 이름 테이블을 비우고 다시 로드함. |
| -S | (Sessions) | 대상 IP 주소와 함께 세션 테이블을 나열함. |
| -s | (sessions) | 대상 IP 주소를 컴퓨터 NETBIOS 이름으로 변환하는 세션 테이블을 나열함. |
| -RR | (ReleaseRefresh) | WINS로 이름 해제 패킷을 보낸 다음 새로 고침을 시작함. |
| RemoteName | | 원격 호스트 컴퓨터 이름임. |
| IP address | | 점으로 구분된 10진수 형식의 IP 주소임. |
| interval | | 다음 화면으로 이동하기 전에 지정한 시간(초) 동안 선택한 통계를 다시 표시함 통계 다시 표시를 중지하려면 〈Ctrl+C〉를 누름. |

C : \ Users \ USER > nbtstat -a 000.000.000.000

**18** 광통신 시스템에서 분산을 이용하여 시스템의 대역폭을 추정하는 식을 다음과 같다. (6점)

[기출] 20_1회 / 17_1회 / 15_1회

1) 대역폭(bandwidth) = $\dfrac{1}{2 \times \Delta t}$ (여기서 $\Delta t$는 분산)

   1.5ns / Km의 분산을 갖는 경사형 굴절률 분포의 광케이블을 8km 설치하였을 때 광통신 시스템의 대역폭을 계산하시오.

2) 광통신 시스템에서 광케이블 1km에 대한 광대역폭과 전기대역폭을 구하시오.
   - 광대역폭 계산과정 :              • 답 :
   - 전기대역폭 계산과정 :            • 답 :

> 정답

1) 대역폭(Bandwidth) = 41.67MHz

   계산식 : $\dfrac{1}{2 \times \Delta t} = \dfrac{1}{2 \times 1.5ns \times S} = \dfrac{1}{2 \times 1.5 \times 10^{-9} \times 8} = \dfrac{1}{24} \times 10^9 = 41.67\,MHz$

2) ① 광대역폭 : 166 MHz
   ② 전기대역폭 : 235 MHz
   계산식 : 광케이블 1Km 일 때
   대역폭(Bandwidth) = 333 MHz

   계산식 : $\dfrac{1}{2 \times \Delta t} = \dfrac{1}{2 \times 1.5ns \times S} = \dfrac{1}{2 \times 1.5 \times 10^{-9} \times 1} = \dfrac{1}{3} \times 10^9 = 333\,MHz$

   ① 광대역 : 166 MHz
      최대치의 0.5 감쇠되는 대역폭
   ② 전기대역폭 : 235 MHz
      최대치의 3dB(0.707) 감쇠되는 대역폭

## 19 Wireshark로 본 ARP 패킷에 대해 다음 질문에 답하시오. (6점)

[기출] 23_1회 / 15_1회(유사)

1) 패킷 송신자의 MAC 주소와 크기(bit단위)를 쓰시오.
2) 패킷의 전송형태? (유니캐스트, 멀티캐스트, 브로드캐스트 택 1)
3) 프로토콜 타입은?

```
Wireshark · Packet 15 · 1211 arp http snmp.pcapng                    —  □  ×

> Frame 15: 60 bytes on wire (480 bits), 60 bytes captured (480 bits) on interface \Device\NF
> Ethernet II, Src:              (d0:29:80:51:50:40), Dst: Broadcast (ff:ff:ff:ff:ff:ff)
v Address Resolution Protocol (request)
    Hardware type: Ethernet (1)
    Protocol type: IPv4 (0x0800)
    Hardware size: 6
    Protocol size: 4
    Opcode: request (1)
    Sender MAC address:              (d0:29:80:51:50:40)
    Sender IP address: 103.122.146.254
    Target MAC address: 00:00:00_00:00:00 (00:00:00:00:00:00)
    Target IP address: 103.122.146.47

0000  ff ff ff ff ff ff d0 27  88 51 50 40 08 06 00 01   ·······' ·QP@····
0010  08 00 06 04 00 01 d0 27  88 51 50 40 67 81 ba fe   ·······' ·QP@g···
0020  00 00 00 00 00 00 67 81  ba 2f 00 00 00 00 00 00   ······g· ·/······
0030  00 00 00 00 00 00 00 00  00 00 00 00               ············
```

> 정답

1) ① MAC 주소 do:29:80:51:50:40  ② 48[bit]
2) 브로드캐스트
3) IPv4

**20** 데이터 통신회선에서 측정주파수 800Hz, 송신전력 0[dBm], 전송로 손실이 30[dB]이며, 수신잡음이 10[dbrnc]일 때, 신호대 잡음비는? (단 0[dbrnc] = -90[dbm]) (3점)

[기출] 15_1회 / 12_4회

> 정답

SNR : 50dB
계산식

| 송신전력 | 전송손실 | 수신전력 | 수신잡음 | SNR |
|---|---|---|---|---|
| 0dBm | 30dB | -30dBm | 10dBrnc = -80dBm | -30dBm-(-80dBm) = 50dB |

## 2  2015년도 2회

**01** 진폭이 2V, 주파수 1000, 위상이 $\frac{\pi}{4}$ 일 때, 이를 수식으로 표현하시오. (5점)

[기출] 15_2회

**정답**

신호 $f_s = 2\cos(2\pi 1000 t + \frac{\pi}{4})$

계산식 : 신호 $f_S = A\,Cos(2\pi f t + \phi)$ 에서 $A = 2V$, $f = 1,000[Hz]$, $\phi = \frac{\pi}{4}$ 이므로

∴ 신호 $f_s = 2\cos(2\pi \times 1000 t + \frac{\pi}{4})$

**02** 블루투스에 대하여 설명하시오. (3점)

[기출] 15_2회

**정답**

근접거리 10m이내에서 2.4G주파수를 이용 PC 주변기기나 가전기기 등을 무선으로 손쉽게 연결하여 데이터를 주고받을 수 있는 WPAN(Wireless Personal Area Network) 기술

※ 참조 : PAN 기술 비교

| 구분 | Bluetooth | RFID | Zigbee | UWB | NFC |
|---|---|---|---|---|---|
| 개념 | 유선USB 대체 | IC칩과 무선을 통해 정보인식 관리 | 저렴한 기술과 초저전력 대규모 센서네트워크 | 저전력과 광대역 (대용량 멀티미디어 서비스) 무선USB | RFID의 일종 보안성 우수 (거리 짧음) |
| 기술 표준 | IEEE 802.15.1 WPAN | 국제적 규격 없음 | IEEE 802.15.4 LR(Low Rate)-WPAN | IEEE 802.15.3 | ISO / IEC 18092 (NFC) |
| 거리 / 속도 | 10m~100m<br>V1.1_10m 1Mbps(721K)<br>V4.0 BLE 11Mbps / 150m<br>V5.0 125Kbps / 400m | 수십(60)cm ~100m<br><br>1Mbps(태그) | 10m~100m<br><br>20k~250Kbps | ~10m,<br><br>11M~55Mbps<br><br>최대 20m / 480Mbps | 10cm~20cm<br><br>424K~1Mbps |
| Freq (Hz) | 2.4G | 120K~140K 13.56M 856M~960M 2.4G | 868M- 유럽 902M~928M -ISM 2.4G-ISM | 3.1G~10.6G | 13.56M |

## 03  광섬유케이블의 장점 및 단점에 관하여 쓰시오. (3점)  [기출] 15_2회

**정답**

1. 장점
   1) 저손실 장거리전송
   2) 광대역성
   3) 무유도성
   4) 세심 경량
   5) 자원 풍부
2. 단점
   1) 진동에 약함
   2) 광접속 어려움, 정밀성 요구됨
   3) 광소자 필요, 전광 / 수광소자
   4) 중계기 별도 급전 필요

## 04. 10G Ethernet 3가지 형식과 전송매체 3가지에 대해서 쓰시오. (3점)

[기출] 15_2회 / 13_4회

**정답**

1) 10GBase-T : UTP CAT.6A cable, 10G Baseband _ current
2) 10GBASE-CX4 : Twin axial balanced copper cable, 10G Baseband _ legacy
3) 10GBASE-SW 등 다양 : 광케이블(Fiber), 10G Baseband _ current

## 05. 프로토콜이란 데이터통신에 있어서 신뢰성 및 효율적이고, 안정하게 정보를 주고받기 위하여 정보의 송·수신측 또한 네트워크 내에서 사전에 약속된 규약 또는 규범을 말한다. 이에 프로토콜을 구성하는 3대 요소는 ( ① ), ( ② ), ( ③ ) 이다. (3점)

[기출] 20_1회 / 15_2회

**정답**

① 구문(Syntax) ② 의미(Semantics) ③ 순서(Timing)

## 06. 다음과 같은 NE555 회로에서 나오는 출력파형은?

[기출] 15_2회

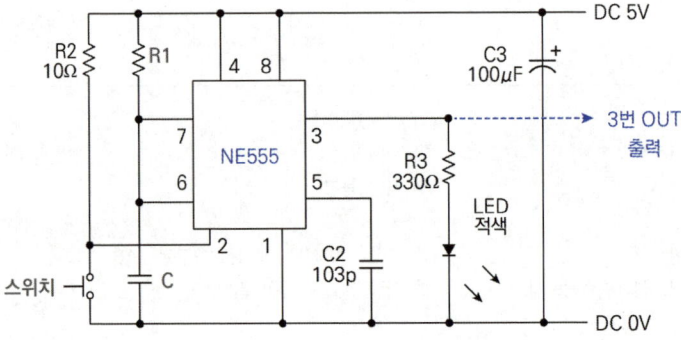

> 정답

구형파(Square wave)
- NE555는 Digital Clock 발진회로 소자임

**07** 여러 가지 네트워크 자원인 서버, 스위치, 라우터 등을 감독하고 제어 감시하는 시스템을 NMS(Network Management System)라 하며 관련 업무 수행시 TCP / IP 프로토콜 스택 기반에서 이런 역할을 수행하는 대표적인 프로토콜의 Full Name을 쓰시오.

[기출] 15_2회

> 정답

SNMP (Simple Network Management Protocol)

**08** 다음과 같은 TCP/IP 프로토콜에 관한 설명에 대해 원어로 쓰시오. (6점)
1) 하이퍼 전달 프로토콜
2) 전자우편 전송 프로토콜
3) 파일 전송 프로토콜

[기출] 19_2회 / 16_2회 / 15_2회

> 정답

1) HTTP(HyperText Transfer Protocol)
   HyperText를 전달하기 위한 TCP/IP 상위레벨의 프로토콜로 클라이언트가 서버에서 보내는 요청 메시지(Request Message), 반대로 서버가 클라이언트에게 보내는 응답 메시지(Reply Message)가 있음, 전송(Transport) 계층 TCP/80포트
2) SMTP(Simple Mail Transfer Protocol)
   인터넷에서 전자우편을 전송할 때 이용되는 표준 프로토콜로 기본 동작은 메일을 전송하는 SMTP 클라이언트의 명령 전송과 이에 대한 메일을 수신하는 SMTP 서버의 응답으로 이루어짐, 전송(Transport) 계층 TCP / 25포트
3) FTP(File Transfer Protocol)
   인터넷상에서 한 컴퓨터에서 다른 컴퓨터

### 09. 다음 괄호 안에 알맞은 용어를 서술하시오.(3점) [기출] 24_2회 / 17_1회(유사)/ 15_2회

( 1 )란 네트워크 자원(서버, 라우터, 스위치 등)을 제어 감시하는 기능을 말하며, ( 2 )는 TCP/IP 기반에서 망관리를 위한 애플리케이션계층 Protocol을 말하며 관리대상과 관리시스템 간 MIB(Management Information Base)을 주고받기 위한 규정이다.

**정답**

1. NMS (Network Management System)
2. SNMP (Simple Network Management Protocol)

### 10. IPv4, IPv6에 대한 비교표이다. 다음 괄호 안에 알맞은 말을 넣어 완성하시오. (10점)

[기출] 17_2회 / 15_2회 / 13_1회(유사)

| 항목 | IPv4 | IPv6 |
| --- | --- | --- |
| 주소길이 | ( ) | ( ) |
| 표시방법 | 8비트씩 4부분 10진수 | 16비트씩 8부분 16진수 |
| 사용가능주소 | ( ) | ( ) |
| 주소할당 | A,B,C,D,E Class 단위 비순차적 할당(비효율적) | 네트워크 규모 및 단말기수에 따른 순차적 할당(효율적) |
| 브로드캐스트 주소 | 사용 | 미사용(멀티캐스트 포함) |
| Mobile IP | 곤란(비효율적) | 용이(효율적) |
| 헤더구조 | 복잡 | 단순 |
| 보안성 | 미흡(IPSec 별도설치) | IPSec 기본제공 |
| QoS | 곤란 Best Effort 방식 | 용이 등급별, 서비스별 패킷구분 |
| 라우팅 | 규모조정 불가능 | 규모조정 가능 |
| Plug & Play | 없음 | 있음 |
| 자동주소설정 | DHCP서버 필요 | 가능(Stateful/Stateless) |
| 웹캐스팅 | 곤란 | 용이 |

> 정답

1. 주소길이 : IPv4 ( 32비트 ), IPv6 ( 128비트 )
2. 사용가능주소 : IPv4 ( $2^{32}$ = 43억 ), IPv6 ( $2^{128}$ = 거의무한 )

**11** 정보통신공사 계약 체결 후 시공사는 발주자에 공사 착공계를 공문으로 제출한다. 착공계 서류의 주요 4가지 항목에 대해서 서술하시오. [기출] 21_1회 / 15_2회

> 정답

주요 착공계 서류 : 공사계약서 사본, 정보통신공사업 등록증, 현장대리인 선임계, 안전관리자 선임계, 현장조직도, 공사예정공정표 등

| 서류 | 내용 |
|---|---|
| 착공신고서 | 공사명, 공사금액, 계약년월일, 착공년월일, 준공년월일 |
| 공사계약서 | 공사계약서 등 계약서 |
| 현장대리인 지정신고서 (현장대리인계) | 현장대리인 선임계 서류<br>1) 정보통신기술자 자격증<br>2) 정보통신기술자 경력확인서 (한국정보통신공사협회 등)<br>3) 재직증명서 |
| 시공사 서류 | 1) 정보통신공사업 등록증<br>2) 정보통신기술자 보유확인서 (한국정보통신공사협회) |
| 시공 서류 | 1) 직접시공계획서<br>2) 현장조직도<br>3) 공사예정공정표<br>4) 공사내역서<br>5) 안전관리자 선임계등 안전관리계획서<br>6) 품질관리계획서 등 |

**12** 정보통신공사업법에서 규정한 "감리"에 대한 설명으로 감리원의 주요 3가지 관리업무로 다음 괄호안에 알맞은 말을 쓰시오. (6점)

[기출] 23_2회토/ 20_4회 / 18_2회 / 16_1회 / 15_2회 / 13_1회 / 12_2회

> "감리란 공사에 대하여 발주자의 위탁을 받은 용역업자가 설계도서 및 관련규정의 내용대로 시공되는지를 감독하고, ( 가 ), ( 나 ) 및 ( 다 )에 대한 지도 등에 대한 발주자의 권한을 대행하는 것을 의미한다."

**정답**

가. 품질관리   나. 시공관리   다. 안전관리
- 정보통신공사업법 제2조(정의) 9.감리

**13** 동기식전송시스템을 기준으로 송신하고자 하는 데이터가 3200bit이고, 동기비트 32bit인 경우, 코드효율은 얼마인가?   [기출] 15_2회

**정답**

코드효율 : 0.99 = 99%

계산식 : 코드효율 = $\dfrac{Payload\ Size}{Frame\ Size} = \dfrac{3200bit}{3200bit + 32bit} = 0.99 = 99\,[\%]$

**14** 가동률에 대하여 설명하시오. [기출] 15_2회

정답

가동률은 서비스가 중단되지 않고 성능을 유지하는 능력
가동률 = (MTBF) / (MTBF + MTTR)
     = (평균고장간격) / (평균고장간격 + 평균수리시간)
     = (실질 가동 시간) / (총 운용 시간)

**15** 가공통신선과 저압 가공 강전류 전선간의 이격 거리는 얼마인가? (3점) [기출] 15_2회 / 14_1회

정답

30cm이상

※ 접지설비·구내통신설비·선로설비 및 통신공동구등에 대한 기술기준
제7조(가공통신선의 지지물과 가공강전류전선간의 이격거리)
① 가공통신선의 지지물은 가공강전류전선사이에 끼우거나 통과하여서는 아니된다. 다만, 인체 또는 물건에 손상을 줄 우려가 없을 경우에는 예외로 할 수 있다.
② 가공통신선의 지지물과 가공강전류전선간의 이격거리는 다음 각호와 같다.
    1. 가공강전류전선의 사용전압이 저압 또는 고압일 경우의 이격거리는 다음 표와 같다.

| 가공강전류전선의 사용전압 및 종별 | | 이격거리 |
|---|---|---|
| 저압 | | 30cm 이상 |
| 고압 | 강전류케이블 | 30cm 이상 |
| | 기타 강전류전선 | 60cm 이상 |

2 가공강전류전선의 사용전압이 특고압일 경우의 이격거리는 다음 표와 같다.

| 가공강전류전선의 사용전압 및 종별 | | 이격거리 |
|---|---|---|
| 35,000V 이하의 것 | 강전류케이블 | 50cm 이상 |
| | 특고압 강전류절연전선 | 1m 이상 |
| | 기타 강전류전선 | 2m 이상 |
| 3,5000V를 초과하고 60,000V이하의 것 | | 2m 이상 |
| 60,000V를 초과하는 것 | | 2m에 사용전압이 60,000V를 초과하는 10,000V마다 12cm를 더한 값 이상 |

### 16  다음 오실로스코프 파형을 보고 물음에 답하시오. (6점)

[기출] 24_2회 / 15_2회 / 14_2회(유사) / 13_4회(유사)

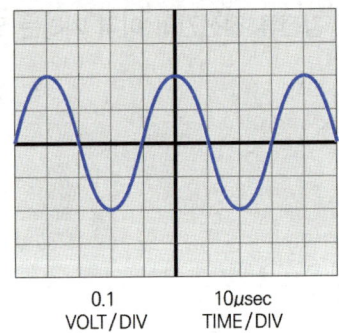

0.1 VOLT/DIV   10μsec TIME/DIV

1) 첨두치전압
2) 주기
3) 주파수

**정답**

1) 첨두치 전압 : $0.4 V_{P-P}$
   - 수직 4칸 × 0.1V / 1칸 = $0.4 V_{PP}$
2) 주기 : 40μsec
   - 수평 4칸 × 10μsec / 1칸 = 40μsec
3) 주파수 : 25KHz
   - 주파수 = $\dfrac{1}{주기(T)} = \dfrac{1}{40 \times 10^{-6} \sec} = 25,000 \, Hz$

**17** 급전선에 나타난 정재파비가 1.5인 경우, 반사파 전력은 얼마인가? (단, 입사전력 16W임) (3점)

[기출] 15_2회

**정답**

반사파 전력 : 0.64W

계산식 : 반사계수$(\Gamma) = \sqrt{\dfrac{P_{r(반사전력)}}{P_{I(입사전력)}}} = \dfrac{S-1}{S+1}$, $S = VSWR$(정재파비)

$= \sqrt{\dfrac{P_r}{16W}} = \dfrac{1.5-1}{1.5+1}$ 에서 $P_r$(반사전력) $= 0.64W$

**18** PCM 통신에서 음성 최고주파수가 4KHz인 경우 샘플링주파수와 샘플링주기를 구하시오.

[기출] 15_2회

**정답**

1) 샘플링주파수 : 8KHz
   최고주파수(4kHz)의 2배
2) 샘플링 주기 : 125μsec
   샘플링 주기 = $\dfrac{1}{샘플링주파수} = \dfrac{1}{8KHz} = 125\mu sec$

**19** 현장실무에서 PCB, 장비와 기기 등에서 노이즈 분리 제거 및 감소는 중요한 문제 중 하나이다. 노이즈를 제거 및 감소 시키기 위해 노이즈 대책 부품들을 사용하는데 노이즈 대책 부품은 크게 다음과 같이 분류 할 수 있다. [ 가, 나, 다 ]에 해당하는 부품을 각각 1개씩 쓰시오. (6점)

[기출] 20_1회 / 15_2회

> 가. 신호와 노이즈의 주파수 차이를 이용하여 노이즈를 분리, 제거, 감소시키는 노이즈 대책 부품
> 나. 신호와 노이즈의 전송모드 차이를 이용하여 노이즈를 분리, 제거, 감소시키는 노이즈 대책 부품
> 다. 신호와 노이즈의 전위수 차이를 이용하여 노이즈를 분리, 제거, 감소시키는 노이즈 대책 부품

**정답**

가. L(인덕터), C(콘덴서), BPF(BAND PASS FILTER)
나. 공통모드 초크코일, 포토 커플러
다. 다이오드, 방전소자, 배리스터(Varistor)

**20** 통신시스템에서 노이즈를 제거하기 위한 부품에 대해서 쓰시오.

[기출] 15_2회

**정답**

1) 노이즈 필터
2) 배리스터(Varistor)

**21** 접지저항 기술기준에 의한 특3종 접지의 저항과 도선의 굵기에 관해서 쓰시오.

[기출] 15_2회

> 정답

1) 접지저항 : 10Ω
2) 도선의 굵기 : $2.5mm^2$ 이상의 연동선

※ 접지저항

| 구분 | 접지저항 | 도선의 굵기 |
|---|---|---|
| 제1종 접지공사 | 10Ω 이하 | $6.0mm^2$ 이상의 연동선 |
| 제2종 접지공사 | 10~100Ω (150/1선지락전류) | 특고압과 저압을 결합한 경우 $16mm^2$ 이상의 연동선, 다중접지된 특고압과 저압 또는 고압과 저압을 결합한 경우 $6mm^2$ 이상의 연동선 |
| 제3종 접지공사 | 100Ω 이하 | $2.5mm^2$ 이상의 연동선 |
| 특별제3종 접지공사 | 10Ω 이하 | $2.5mm^2$ 이상의 연동선 |

# 3  2015년도 4회

**01** IEEE 802.11n에서 사용하는 다중화 방식은? (4점)     [기출] 15_4회

**정답**

OFDM (Orthogonal Frequency Division Multiplexing)

**02** 200MHz 주파수를 사용하고 안테나 사용 시 안테나 높이는? (4점)     [기출] 15_4회

**정답**

안테나 높이 : 1.5m

계산식 : 파장($\lambda$) = $\dfrac{c}{f} = \dfrac{3 \times 10^8 m/\sec}{200 \times 10^6 Hz} = 1.5m$

- 조건 : 비접지 안테나
- 만약 $\lambda/4$ 수직접지 안테나 일 경우 안테나 높이는 1/4 감소하여 계산됨

**03** 이동통신에서 사용자 위치를 저장하는 서버와 방문자 위치를 저장하는 서버의 약어 및 Full name을 쓰시오. (6점)     [기출] 15_4회

> 정답

1) HLR : Home Location Register
2) VLR : Visitor Location Register

**04** 정보통신설비를 구성하기 위한 정보통신공사 설계 3단계를 서술하시오. [3점]

1 단계
2 단계
3 단계

[기출] 24_2회 / 17_4회 / 15_4회 / 13_1회

> 정답

1 단계 계획설계
2 단계 기본설계
3 단계 실시설계

**05** 8상 2진폭 변조시 전송속도가 4800[Baud]일 때 신호속도는 얼마인가?

[기출] 23_2회 /16_1회(유사) /15_4회(유사) /12_2회(유사)

> 정답

19,200 [bps]
데이터신호 전송속도 $C[bps] = nB = \log_2 M \times B$, $B[Baud]$ $M$은 $16QAM$(8위상2진폭)에서 $M = 16$
$= \log_2 16 \times B = \log_2 2^4 \times B = 4 \times B$, $B = 4,800[Baud]$ 입력하면
$= 4 \times 4,800$
$\therefore C = 19,200[bps]$

**06** 다음 메쉬형(MESH)에 대한 질문에 답하시오  [기출] 23_4회 / 19_2회 / 15_4회

1) 회선수 산정식 ?
2) 노드가 100인 경우 중계회선수 ?

> 정답

1) $\dfrac{N(N-1)}{2}$
2) 4,950회선
  계산식 : $\dfrac{N(N-1)}{2} = \dfrac{100(100-1)}{2} = 4,950$

**07** IPv4 프로토콜의 특징 5가지를 쓰시오. (10점)  [기출] 18_4회 / 15_4회 / 13_2회

> 정답

1. 32bit 주소길이를 갖고 8비트씩 4부분 10진수로 표시
2. 주소할당 Class(A,B,C,D,E)로 할당, 네트워크 주소와 호스트 주소로 구분
3. 사용가능 주소가 $2^{32}$ = 43억개로 부족
4. QoS가 곤란하며, 보안성 미흡함 IPSec 별도설치
5. IPv4는 유니캐스트, 멀티캐스트, 브로드캐스트로 구분하며, IPv6는 유니캐스트, 멀티캐스트, 애니캐스트로 구분

**08** 정보통신 설비 준공 시 시공자가 발주자에게 제출해야할 서류 4가지를 쓰시오. (4점)

[기출] 15_4회

> 정답

1) 착공계, 2) 준공계, 3) 준공도서(도면, 내역서, 시방서 등), 4)사용전검사
※ 문제를 준공단계에서 발주자 기준 시공초기부터 준공단계까지 시공사로부터 받는 서류목록으로 봄

**09** 프로토콜의 기능 중 순서결정의 의미를 설명하시오. (5점)  [기출] 21_1회 / 15_4회 / 13_1회

**정답**

연결 위주의 데이터를 전송할 때 송신측이 보내는 데이터단위 순서대로 수신측에 전달하는 기능

연결제어(Sequence Control)은 송신측이 보내는 데이터단위 순서대로 수신측에 전달하는 기능으로 프로토콜 데이터 단위가 전송될 때 순서를 명시하는 기능
- 연결지향형 TCP 프로토콜은 Sequence Number와 Acknowledgement Number 이용함
- 순서를 지정하는 이유는 흐름제어, 혼잡제어, 오류제어를 위해서이며, 순서제어에 의해서 정해진 PDU를 수신측에 보내면 순서에 맞게 데이터를 재구성함

**10** OSI 참조모델 4계층인 전송계층(Transport Layer)에서 Class 0 ~ Class 4별 특징을 설명하시오. (10점)  [기출] 15_4회

**정답**

네트워크 계층이 제공하는 서비스 품질에 따라 Class 0에서 4까지의 5가지 서비스 등급을 제공함

| 항목 | 내용 |
|---|---|
| Class 0 | • Simple Class<br>　• Reliable leased line or packet network<br>• 최소기능의 가장 간단한 Class<br>• 다중화 기능, 장애통지로부터 회복 기능이 없음 |
| Class 1 | • Basic Error Recovery Class<br>　• Unreliable packet network<br>• 다중화 기능은 갖지 않지만 장애통지로부터 회복기능이 있음<br>• 장애에 의한 Reset 또는 네트워크 연결의 절단이 생겨도 자동적으로 재설정하여 통신을 유지 |
| Class 2 | • Multiplexing Class<br>　• Reliable leased line or packet network<br>• Class 0 + 다중화 기능을 부가한 등급<br>• 한 통신망 연결을 공유하기 위해서 다수의 전송연결을 허용 |

| 항목 | 내용 |
|---|---|
| Class 3 | • Error Recovery Class and Multiplexing Class<br>• Unreliable packet network<br>• Class1 + 다중화 기능을 부가한 등급 |
| Class 4 | • Error Detection and Recovery Class<br>• Connectionless network<br>• 데이터 분실, 분실된 비트 오류, 장애 등을 검출하여 회복할 수 있고 다중화 기능도 있는 등급 |

**11** 3극 전위강하법이 사용하기 힘들 때 대체해서 사용할 수 있는 접지법에 대해서 쓰시오. (5점)

[기출] 15_4회

**정답**

2극 측정법

**12** ① GND와 ② Vcc를 왔다갔다 할 때 FND507에서 나오는 각각의 출력에 대해서 작성하시오. (6점)

[기출] 15_4회

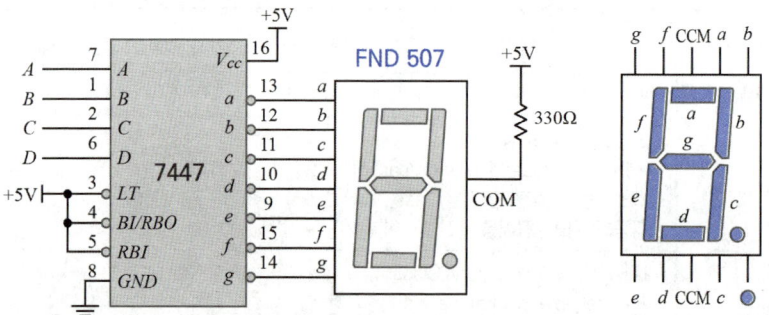

**정답**

출력 : "숫자" 0, 1, 2, 3, 4, 5, 6, 7, 8, 9

**13** 다음과 같은 router interface 설정에서 사용하는 routing protocol을 쓰시오. (5점)

[기출] 15_4회

```
R1#sh ip route
...
O IA 1.1.20.0/24 [110/20] via 1.1.120.1, 01:40:10, Etherne0/0
O IA 1.1.30.0/24 [110/74] via 1.1.120.2, 01:40:10, Etherne0/0
O IA 1.1.40.0/24 [110/30] via 1.1.120.1, 01:40:10, Etherne0/0
R1(config)#int e0/0
R1(config-if)#ip ospf hello-interval 5
~ 이하 생략
```

**정답**

OSPF
- O IA는 OSPF inter area, e0/0 interface에서 ip ospf hello는 hello packet timer 조정

**14** ATM 셀 구조를 나타내시오. (4점)

[기출] 23_2회토 / 19_1회(유사) / 17_4회(유사) / 15_4회(유사) / 12_2회(유사)

**정답**

1) ATM셀 = 53 Byte이며, 5 Byte헤더와 48 Byte 유료부하(Pay Load)로 구성

| Header<br>(5 Byte) | Pay Load<br>(48 Byte) |
|---|---|

2) UNI (User-Network Interface)에서의 구성

| GFC (4bit) | VPI (8bit) | VCI (16bit) | type (3bit) | CLP (1bit) | HEC (8bit) | Pay Load (48Byte) |
|---|---|---|---|---|---|---|

- GFC (Generic Flow Control, 4 bit)
- VPI (Virtual Path Identifier : UNI에서는 8 bit)
- VCI (Virtual Channel Identifier, 16 bit)
- Type (PT, Payload Type) (3 bit)
- CLP (Cell Loss Priority, 1 bit)
- HEC (Header Error Control, 8 bit)

3) NNI (Network Node Interface)에서의 구성

| VPI (12bit) | VCI (16bit) | type (3bit) | CLP (1bit) | HEC (8bit) | Pay Load (48Byte) |
|---|---|---|---|---|---|

- VPI (Virtual Path Identifier : 12 bit )
- VCI (Virtual Channel Identifier, 16 bit)
- Type (PT, Payload Type) (3 bit)
- CLP (Cell Loss Priority, 1 bit)
- HEC (Header Error Control, 8 bit)

### 15  표준신호 발생기 조건 3가지를 쓰시오. (6점) [기출] 15_4회

**정답**

1) 출력레벨 가변 가능하고 정확할 것
2) 발진주파수 정확도와 안정도가 양호할 것
3) 넓은 범위에 걸쳐서 발진주파수가 가변일 것
4) 변조도 정확히 조정되고 변조왜곡이 적을 것
5) 차폐 완전하고 출력단자 이외에서 전자파 누설되지 않을 것

**16** 디지털 계측기가 아날로그 계측기에 비해 우수한 점 5가지를 쓰시오. (5점)

[기출] 21_4회 / 15_4회

> **정답**

1) 높은 신뢰도
2) 높은 정확도
3) 우수한 분해능
4) 자료처리 우수
5) 취급 및 사용편함

※ 다른 컨셉의 답안
 1) 측정이 용이 : 아날로그 계측기는 잘못 읽을수 있으나, 디지털 계측기는 측정값을 그대로 읽으며, 취급 용이함
 2) 낮은 측정오차 : 분해능 및 정확도가 디지털 계측기가 우수하여 고정밀 측정 가능
 3) 넓은 동작범위 : 디지털 계측기의 동작범위가 우수함
 4) 데이터처리 간편성 : 측정 데이터를 계측기에 저장/복사가 간편함
 5) 데이터처리 일관성 : 자동교정과 검증을 통한 데이터의 일관성 향상

---

**17** 오류율이 $10^{-8}$ 일 때 10[Mbps]로 1시간 전송 시 최대 오류 비트수를 구하시오. (4점)

[기출] 20_4회 / 15_4회

> **정답**

360

계산식 : $BER = \dfrac{총오류비트수}{총전송 비트수}$

$1 \times 10^{-8} = \dfrac{최대오류비트수}{10 Mbps \times 3600 \sec(1시간)}$ 에서

∴ 최대오류비트수 $= 1 \times 10^{-8} \times 10 \times 10^6 \times 3600 = 360$

**18** 다음 OSI- 7계층 설명에 해당하는 계층이름을 쓰시오. (3점)     [기출] 15_4회

| 1. 데이터 전송에서 경로설정 기능 | ( 가 ) 계층 |
|---|---|
| 2. 프레임 제어 기능 | ( 나 ) 계층 |
| 3. 데이터 압축, 암호화 기능 | ( 다 ) 계층 |

**정답**

가. 네트워크 계층 (Network Layer)
나. 데이터링크 계층 (Data Link Layer)
다. 표현 계층 (Session Layer)

**19** 정보통신공사 설계시 원가를 구성하는 순공사비(공사원가), 총원가(총공사원가)를 구성하는 항목에 대해 쓰시오. (6점)     [기출] 23_2회토 / 22_4회(유사) / 15_4회 / 12_2회

**정답**

표준품셈 기반 원가계산 기준
1) 순공사비(공사원가) : 재료비 + 노무비 + 경비
2) 총원가(총공사원가) : 순공사비(재료비 + 노무비 + 경비) + 일반관리비 + 이윤

| 총공사비 | 총원가<br>(총공사원가) | 순공사비<br>(공사원가) | 재료비 |
|---|---|---|---|
| | | | 노무비 |
| | | | 경비 |
| | | 일반관리비 | |
| | | 이윤 | |
| | 보험료 등 | | |
| | 부가가치세(VAT) | | |

# 11절 2014년도 기출풀이

## 1  2014년도 1회

**01** 50Ω 시스템과 75Ω 시스템을 접속했을 때 아래 질문에 답하시오. (7점)

[기출] 23_1회 / 18_2회 / 17_2회 / 14_1회

1) 반사계수
2) 정재파비(VSWR)
3) 반사전력은 입사전력의 몇 %인가?

### 정답

1) 반사계수($\Gamma$) : 0.2

계산식 : 반사계수$(\Gamma) = |\dfrac{Z_l - Z_0}{Z_l + Z_0}| = |\dfrac{75-50}{75+50}| = 0.2$

2) 정재파비(S, VSWR) : 1.5

계산식 : 정재파비$(S) = \dfrac{1+|\Gamma|}{1-|\Gamma|} = \dfrac{1+0.2}{1-0.2} = 1.5$

3) 반사전력은 입사전력의 몇 % : 4%

반사계수 $= \sqrt{\dfrac{P_{r(반사전력)}}{P_{i(입사전력)}}}$ = 반사계수($\Gamma$) 양변을 제곱하면

$\dfrac{P_r}{P_i} = (0.2)^2 = 0.04$에서 $P_r$(반사전력) $= 0.04 P_i \times 100\,[\%] = 4P_i\,[\%]$

정보통신기사 실기

**02** 물리계층 인터페이스 장비 중 DCE (Data Communication Equipment)의 기능을 서술하시오. (8점)

[기출] 14_1회

> 정답

1) 신호변환기능
   - DTE(Data Terminal Equipment)로부터 나오는 2진신호를 통신회선에 적합한 신호로 변환하거나, 통신회선에서 들어온 신호를 컴퓨터에 적합한 2진신호로 변환

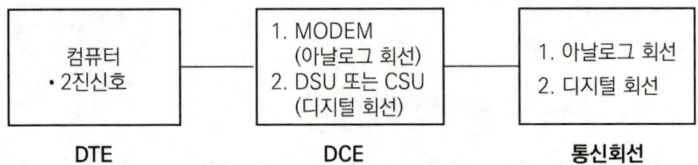

2) 회선종단장치
   - 네트워크(망)사업자 기준 회선종단장치 기능
3) DCE 장비
   - MODEM : 아날로그 회선
   - DSU(Digital Servece Unit) : 디지털 회선 64Kbps
   - CSU(Channel Servece Unit) : 디지털 회선 ~ E1(2.048Mbps)

**03** 정보통신설비를 설계할 때 공사 설계도서에 적용되는 원가의 종류 3가지를 쓰시오.

[기출] 22_1회 / 20_2회 / 15_1회 / 14_1회

> 정답

표준품셈 기반 원가계산 기준으로 공사원가 (순공사비원가)
1) 재료비
2) 노무비
3) 경비

※ 표준품셈 기반 원가계산 기준
  1) 공사원가(순공사비) : 재료비+노무비+경비
  2) 총원가 : 순공사비(재료비+노무비+경비)+일반관리비+이윤
  3) 총공사비 : 총원가 + VAT+ 기타 보험료 등

## 04 정보통신시설공사를 위한 감리원의 업무범위 및 역할 5가지를 쓰시오. (6점)

[기출] 23_4회 / 23_2회일 / 17_2회 / 15_2회 / 14_1회(유사)

### 정답

정보통신공사업법 시행령 제12조(감리원의 업무범위) 기준
1. 공사계획 및 공정표의 검토
2. 공사업자가 작성한 시공상세도면의 검토·확인
3. 설계도서와 시공도면의 내용이 현장조건에 적합한지 여부와 시공가능성 등에 관한 사전검토
4. 공사가 설계도서 및 관련규정에 적합하게 행하여지고 있는지에 대한 확인
5. 공사 진척부분에 대한 조사 및 검사
6. 사용자재의 규격 및 적합성에 관한 검토·확인
7. 재해예방대책 및 안전관리의 확인
8. 설계변경에 관한 사항의 검토·확인
9. 하도급에 대한 타당성 검토
10. 준공도서의 검토 및 준공확인

## 05 VoIP(Voice of Internet Protocol) 서비스 방식 3가지를 쓰시오. (6점)

[기출] 14_1회

> 정답

1) Phone to Phone 서비스
   - PSTN 일반전화기와 PSTN 일반전화기 통신서비스
2) Phone to PC서비스
   - PSTN 일반전화기와 IP패킷 기반 IP전화기 통신서비스
3) PC to PC서비스
   - IP기반 IP전화기와 IP패킷 기반 IP전화기 통신서비스

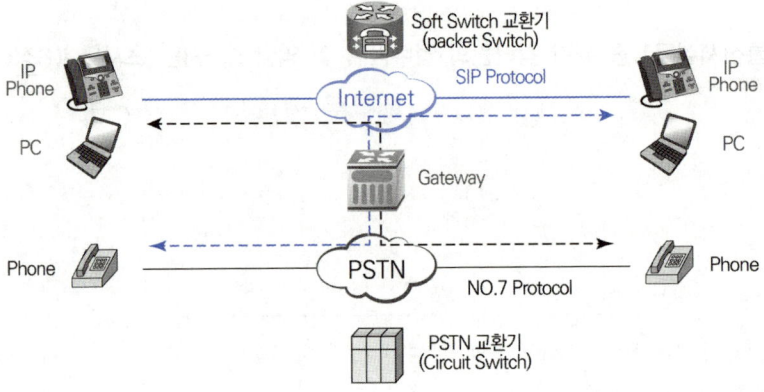

**06** 4PSK변조방식을 적용하는 시스템의 전송속도가 4800bps일 때, 변조속도 Baud는 얼마인지 구하시오. (5점) [기출] 23_2회 / 20_4회(유사) / 18_2회(유사) / 16_4회(유사) / 14_1회(유사) / 12_2회(유사)

> 정답

2,400 Baud
데이터신호 전송속도 $C\,[bps] = nB = \log_2 M \times B$, $B\,[Baud]$ $M$은 4PSK에서 $M=4$
$4,800\,[bps] = \log_2 4 \times B = \log_2 2^2 \times B = 2 \times B$
$\therefore B = 2,400\,[Baud]$

**07** LAN을 분류할 때 프레임 교환방식에 따라 Shared LAN, Switched LAN으로 구분할 때 이들의 특징을 각각 3가지씩 서술하시오. (6점)  [기출] 20_1회 / 16_2회 / 14_1회

**정답**

1. Shared LAN
   - 초기 LAN 형태로 공유매체 접근제어(Media Access Control, MAC) 절차 요구됨
   - 송신 단말이 전송한 프레임은 모든 단말로 전달, 방송됨(Flooding)
   - 자신과 일치하는 주소를 갖는 프레임만 수신, 선택적 수신
2. Switched LAN
   - 프레임(Frame) 교환장치인 LAN Switch를 사용하여 LAN 구성
   - Forwarding : 송신단말이 전송한 프레임은 LAN Switch에 의해 해당 목적지로만 전달
   - Dedicated LAN : 각 단말에 연결되는 매체는 그 단말만 사용

**08** AC Level Meter의 다음 질문에 대하여 답하시오. (6점)  [기출] 20_2회 / 15_1회 / 14_1회
1) 600Ω 일 경우에 0dBm 전류값을 구하시오.
2) 5W는 몇 dBm인가? (소수점 셋째자리에서 반올림)

**정답**

1) 전류 $i = \dfrac{V}{R} = \dfrac{1.55[V]}{1200[\Omega]}$ = 1.291mA
   - 유선 0dBm
     특성임피던스가 600[Ω]인 회로에 1.291[mA]가 흐르고 600[Ω]의 부하 양단에 0.775[V]가 걸릴 때 1[mW]가 공급되는 경우 0dBm임
   - $P = i^2 R = (1.291 mA)^2 \times 600 \Omega = 1 mW$
   - V = iR = 1.291mA × 600Ω = 0.775V
2) 36.99 dBm
   - $10 \log \dfrac{5W}{1mW} = 10 \times 3.69897 = 36.9897$, 셋째자리 반올림 = 36.99

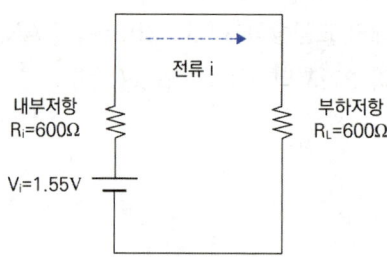

**09** 10mW 전력의 입력신호가 적용된 전송선로에서 10dB의 감쇠가 발생했다. 이때 전력은 얼마인지 구하시오. (4점)

[기출] 18_2회 / 17_1회 / 14_1회

> **정답**
>
> 1mW (0dBm)
>
> | 입력 전력 | 전송선로 | 출력 전력 |
> |---|---|---|
> | 10mW = 10dBm | 10dB 감쇠 | 0dBm = 1mW (10dBm−10dB = 0dBm) |

**10** 기간통신사업자로부터 회선을 대여하여 고도의 통신처리 기능으로 가치를 높여 서비스를 제공하는 사업자를 무엇이라 하는가? (3점)

[기출] 16_4회 / 14_1회

> **정답**
>
> VAN사업자 (부가가치통신망사업자)
> - Value-Added Network

## 11. 다중화장비와 집중화장비에 관해 설명하고, 차이점을 쓰시오. (12점)

[기출] 18_1회 / 17_4회 / 14_1회 / 13_1회

### 정답

1) 다중화장비(Multiplexer)
   - 다중화(Multiplexing)란 복수개의 신호를 중복시켜서 하나의 신호로 만들어내는 것을 의미하며 통신시스템 사용한 장비를 다중화장비임
   - 다중화기는 정적(Static)으로 공동이용하는 방식
   - 입출력 속도의 합이 동일 : 입력 = 출력
   - 정적인 선로이용은 소프트웨어에 의한 부채널(Subchannel)의 제어가 필요없게 되어 구성이 비교적 간단하며, 버퍼가 없고 저가이며 지연발생이 상대적으로 적음
   - 다중화방식은 FDM(Frequency Division Multiplexing), TDM(Time Division Multiplexing), CDM(Code Division Multiplexing)등이 있음
   - 복수개의 단말장치에서 전송할 데이터신호를 다중화시켜 하나의 신호로 만들고, 역으로 다중화신호를 분리하여 복수개의 단말장치에 보내는 역다중화 기능이 있음

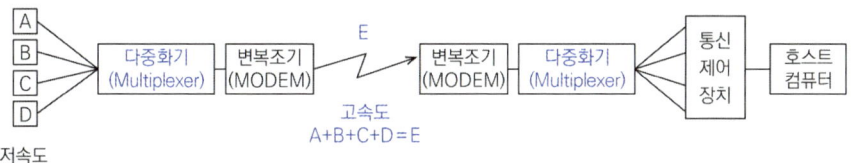

2) 집중화장비(Concentrator)
   - 집중화기는 동적(Dynamic)으로 공동이용하는 방식
   - 입출력 속도의 합이 동일하지 않음 : 입력 ≥ 출력
   - 동적인 선로이용은 소프트웨어에 의한 부채널(Subchannel)이 제어가 필요하게 되어 구성이 복잡하며, 버퍼가 있고 고가이며 지연발생이 있음
   - 집중화기는 연결된 단말기가 보낼 데이터가 있을 경우에만 각 부채널을 할당하기 때문에 효율적으로 통신회선을 관리함

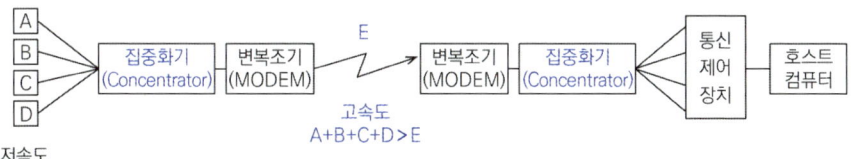

**12** PCM 회선에 20만 비트를 전송하니 10비트 오류가 발생했다면 회선의 BER은 얼마인가? (4점)

[기출] 14_1회

**정답**

BER = $5 \times 10^{-5}$

계산식 : $BER = \dfrac{\text{에러비트수}}{\text{총전송비트수}} = \dfrac{10}{200,000} = 5 \times 10^{-5}$

**13** TCP와 UDP를 비교하는 아래표의 빈칸을 작성하시오. (6점)

[기출] 16_4회 / 14_1회

| 항목 | TCP | UDP |
|---|---|---|
| 서비스 | (　　　) Connection Service | (　　　) Connectionless Service |
| 패킷교환방식 | 가상회선 | 데이터그램 |
| 패킷도착순서 | (　　　) | (　　　) |
| 신뢰성 | 높음 | 낮음 |
| 흐름 / 순서제어 | (　　　) | (　　　) |
| 속도 | 상대적 느림 | 빠름, 실시간 |
| 헤더사이즈(Byte) | (　　　) | (　　　) |

**정답**

1. 서비스 : TCP ( 연결형서비스 ), UDP ( 비연결형서비스 )
2. 패킷도착순서 : TCP ( 송신순서와 동일 ), UDP ( 송신순서와 상이 )
3. 흐름/순서제어 : TCP ( 제공 ), UDP ( 미제공 )
4. 헤더사이즈 : TCP ( 20byte ), UDP ( 8byte )

**14** 다음 오실로스코프 파형을 보고 물음에 답하시오. (6점)  [기출] 14_1회

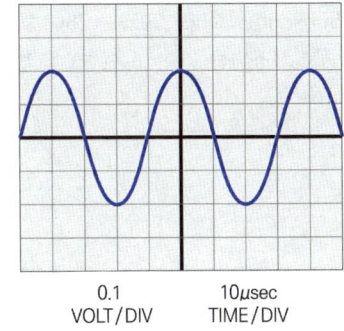

1) 첨두치전압
2) 주기
3) 주파수

> 정답

1) 첨두치 전압 : $8V_{PP}$
   - 수직 4칸 × 2V / 1칸 = $8V_{PP}$
2) 주기 : $40\mu sec$
   - 수평 4칸 × $10\mu sec$ / 1칸 = $40\mu sec$
3) 주파수 : 25KHz
   - 주파수 = $\dfrac{1}{주기(T)} = \dfrac{1}{40 \times 10^{-6} \text{sec}} = 25,000\, Hz$

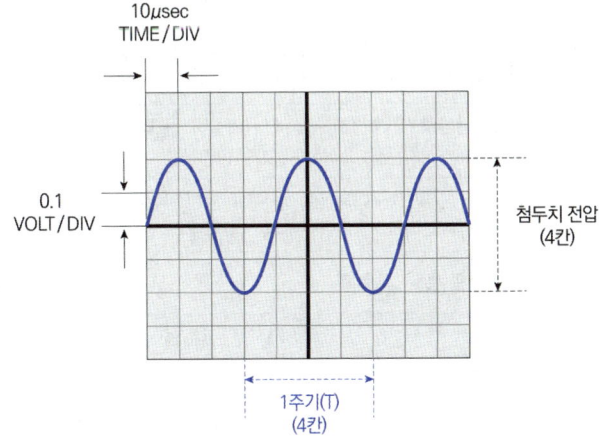

### 15. 다음과 같은 설명에 대해 빈칸을 채우시오. (3점) [기출] 17_1회 / 14_1회

> HDSL(High bit Digital Subscriber Line), SDSL, CSU 등 송수신 속도가 대칭인 전송장비에 사용되는 선로 부호화 기술로 사용되는 (    )은(는) 한 번에 2bit의 값을 4 단계의 진폭으로 구현하여 전송하는 방식이다.

**정답**

2B1Q 2 Binary 1 Quaternary
- 2진 데이타 4개(00, 01, 11, 10)를 1개의 4진 심볼(-3, -1, +1, +3)로 변환하는 선로부호화 방식

### 16. 인텔리전트 건물에서 수직배선 및 수평배선시 고려사항을 3가지 쓰시오. (6점)

[기출] 14_1회

**정답**

1. 품질관점

| 항 목 | 내 용 |
|---|---|
| 손실<br>(Loss) | 건물 배선별 손실특성을 고려하여 구내간선계, 건물간선계, 수평배선계에 대한 규격을 설계 반영 등<br>• Voice 배선규격 : 광케이블(SM / MM) 또는 UTP 25P Cat.5e 등<br>• Data 배선규격 : 광케이블(SM / MM) 또는 UTP 4P 등 |
| 차폐<br>(Shield) | 건물 주요 간선계 및 수평계 구간에 전기설비 등 타설비로 인한 전자기 영향을 줄이기 위한 차폐방법 및 법적기준을 고려하여 설계 반영 등 |
| 온도·습도 | 집중구내통신실 및 층구내통신실 등 주요 통신실에 대한 온도.습도 등 외부 영향을 고려하여 지상에 적용을 고려하며, 곤란한 경우 침수 우려가 없고 습기가 차지않는 지하층에 설치 등 |

2. 인증관점 : 초고속정보통신건물인증 심사기준

| 항 목 | 내 용 |
|---|---|
| 배선방식 | • 성형배선 |
| 수직배선 | • 건축물별 구내간선계 심사기준 광케이블(SMF) 12코어이상 등 |

| 수평배선 | • 건축물별 수평배선과 댁내배선 심사기준 준수<br>• 업무시설 : 업무구역(10제곱미터)당 1회선(4쌍 꼬임케이블 기준) 이상 및 단일모드 광섬유케이블 2코어 이상<br>• 주거용건축물 : 국선단자함에서 세대단자함 또는 인출구까지 단위세대당 1회선(4쌍 꼬임케이블 기준) 이상 및 단일모드 광섬유케이블 2코어 이상 |
|---|---|

**17** 포설된 동축케이블 임피던스 측정시 선로 개방임피던스 100Ω, 단락임피던스 25Ω일 때 특성임피던스를 계산하시오. (5점)   [기출] 18_2회 / 18_1회 / 16_1회 / 14_1회

**정답**

특성임피던스 : 50Ω

계산식 : 특성임피던스$(Z_0) = \sqrt{Z_{단락} \cdot Z_{개방}} = \sqrt{25 \times 100} = 50\,[\Omega]$

**18** 다음 설명에 해당하는 접지전극 시공방법을 쓰시오. (5점)   [기출] 19_4회(유사) / 18_2회(유사) / 17_4회(유사) / 17_1회(유사) / 14_1회

(1) 독립접지에 비해 시설비가 절감
(2) 접지극에 대한 신뢰도가 향상
(3) 접지가 단순화되고 접지극의 수량이 감소
(4) 건물의 철근이나 철 구조물을 접지극으로 사용할 수 있음
(5) 인공접지에서는 얻기 어려운 양호한 접지저항값을 용이하게 얻을수 있음
(6) 별도의 접지계통이 불필요하므로 설비가 간단하고 보수점검이 용이
(7) 높은 신뢰도의 접지계통을 상시 유지할 수 있음
(8) 뇌우등에 의한 재해를 줄일수 있음

> **정답**

통합접지

※ 접지공사별 구분

| 구분 | | 개별접지 | 공통접지 | 통합접지 |
|---|---|---|---|---|
| 개요 | | 분야별 개별접지<br>• 전기분야<br>　• 특고압 / 고압 / 저압접지<br>　• 피뢰접지<br>• 통신분야<br>　• 통신접지<br>• 전문분야<br>　• 의료접지 등 | 개별접지방식에서 전기분야<br>• 특고압 / 고압 / 저압분야를 공통으로 접지하는 방식 | 모든분야를 통합으로 접지구성 |
| | | (특고압/고압/저압/피뢰/통신/전문기타 각각 개별 접지) | (전기분야 특고압·고압·저압 공통접지, 피뢰·통신·전문기타 개별) | (모든 분야 통합접지) |
| 세부<br>내용 | | • 분야별 접지분리<br>• 전기분야 분리<br>　• 제1종 접지<br>　• 제2종 접지<br>　• 제3종 접지<br>　• 특별 제3종 접지<br>　• 피뢰접지<br>• 통신접지 분리<br>　• 통신접지<br>• 전문분야 분리<br>　• 의료접지<br>• 기타분야<br>　• 건축 구조체 접지 등 | • 전기분야 공통접지<br>　• 특고압 / 고압 / 저압을<br>　• 공통으로 묶어 접지<br>• 전기분야 피뢰접지<br>• 통신접지<br>　• 통신접지<br>• 전문분야 분리<br>　• 의료접지<br>• 기타분야<br>　• 건축 구조체 접지 등 | • 통합접지 구성하여 모든 접지를 통합으로 사용<br>　• 전기분야 통합 접지 사용<br>　• 피뢰접지 통합 접지 사용<br>　• 통신분야 통합 접지 사용<br>• 전문분야 접지는 전문분야 의견 반영 수용 |

※ 통신설비 통합접지 여부는 통신사업자의 결정에 의할 수 있음

※ 접지전극별 구분

| 구분 | 일반접지봉접지(봉상접지) | 판상접지 | 매쉬접지 |
|---|---|---|---|
| 개요 | 접지봉 사용<br>• 가장 쉽게 시공 | 접지 동판을 사용 접지 | 대규모 접지에 시공<br>• MESH형으로 접지를 구성 |
| 내용 | 간단한 접지<br>• 기준 접지저항이 높음<br>50Ω, 100Ω 등 | 접지봉 대신 접지 동판 사용<br>• 기준 접지저항이 중간<br>50Ω 등 | 통합접지 등 대규모 접지 구성시<br>• 기준 접지저항이 낮음<br>1Ω ~ 5Ω |

※ 대지조건에 따라 접지저항이 기준치에 미흡할 경우 접지저감제 등을 사용

**19** 다음과 같은 HDLC Frame 구조에 대해 빈칸을 채우시오. (6점)  [기출] 14_4회 / 14_1회

| 시작 Flag | 주소부 | 제어부 | 정보부 | ( 2 ) | 종료 Flag |
|---|---|---|---|---|---|
| 01111110 | ( 1 ) | 8비트 | 임의의 비트 | ( 3 ) | 01111110 |

**정답**

(1) 8 비트 (2) FCS(Frame Check Sequence) (3) 16 비트

### 20. 가공통신선과 저압 가공 강전류 전선간의 이격 거리는 얼마인가? (3점)

[기출] 15_2회 / 14_1회

**정답**

30cm이상

※ 접지설비·구내통신설비·선로설비 및 통신공동구등에 대한 기술기준
제7조(가공통신선의 지지물과 가공강전류전선간의 이격거리)
① 가공통신선의 지지물은 가공강전류전선사이에 끼우거나 통과하여서는 아니된다. 다만, 인체 또는 물건에 손상을 줄 우려가 없을 경우에는 예외로 할 수 있다.
② 가공통신선의 지지물과 가공강전류전선간의 이격거리는 다음 각호와 같다.

1. 가공강전류전선의 사용전압이 저압 또는 고압일 경우의 이격거리는 다음 표와 같다.

| 가공강전류전선의 사용전압 및 종별 | | 이격거리 |
|---|---|---|
| 저압 | | 30cm 이상 |
| 고압 | 강전류케이블 | 30cm 이상 |
| | 기타 강전류전선 | 60cm 이상 |

2. 가공강전류전선의 사용전압이 특고압일 경우의 이격거리는 다음 표와 같다.

| 가공강전류전선의 사용전압 및 종별 | | 이격거리 |
|---|---|---|
| 35,000V 이하의 것 | 강전류케이블 | 50cm 이상 |
| | 특고압 강전류절연전선 | 1m 이상 |
| | 기타 강전류전선 | 2m 이상 |
| 3,5000V를 초과하고 60,000V이하의 것 | | 2m 이상 |
| 60,000V를 초과하는 것 | | 2m에 사용전압이 60,000V를 초과하는 10,000V마다 12cm를 더한 값 이상 |

# 2 2014년도 2회

**01** 다음과 같은 FDM과 TDM 비교표를 보기에서 골라 완성하시오. (10점) [기출] 14_2회

| 구분 | FDM | TDM |
|---|---|---|
| 채널간 완충대역 | | |
| 회로구성의 용이성 | | |
| 망구성 방식 | multi point | point to point |
| 다중화기 내부속도 | | |
| 누화의 영향 | | |
| 다중화방식 | | |
| 신호형태 | | |

[ 보 기 ]
① 보호대역  ② 보호시간  ③ 아날로그  ④ 디지털  ⑤ 비동기  ⑥ 동기  ⑦ 복잡  ⑧ 간단 용이

**정답**

| 구분 | FDM | TDM |
|---|---|---|
| 채널간 완충대역 | Guard Band(보호대역) | Guard Time(보호시간) |
| 회로구성의 용이성 | 복잡<br>(반송파 / BPF 등) | 용이<br>(고속 Time 스위치 등) |
| 망구성 방식 | multi point | point to point |
| 다중화기 내부속도 | 주로 저속 | 고속 |
| 누화의 영향 | 영향 많음 | 영향 적음 |
| 다중화방식 | 주파수 분할<br>Frequency Division Multiplexing<br>비동기방식 | 시간 분할<br>Frequency Division Multiplexing<br>동기/비동기방식 |
| 신호형태 | 아날로그 | 디지털 |

**02** 광섬유의 코어와 클래드의 굴절률이 각각 $n_1 = 2$, $n_2 = 1.5$일 때, 1) 임계각, 2) 비굴절률 차, 3) 개구수를 계산하시오. (6점)  [기출] 14_2회

> **정답**
>
> 1) 임계각 = 48.59°
>
> 임계각 $\sin\theta_c = \dfrac{n_2}{n_1} = \dfrac{1.5}{2}$, $\theta = \sin^{-1}(\dfrac{1.5}{2}) = 48.59°$
>
> 2) 비굴절률차 = 0.25
>
> $\Delta = \dfrac{n_1 - n_2}{n_1}$ ($n_1 = Core$ 굴절률, $n_2 = Clad$ 굴절률) $= \dfrac{2 - 1.5}{2} = 0.25$
>
> 3) 개구수 = 1.32
>
> 계산1 : $N.A = \sqrt{n_1^2 - n_2^2} = \sqrt{2^2 - 1.5^2} = \sqrt{4 - 2.25} = \sqrt{1.75} \cong 1.32$
>
> 계산2 : $N.A = \sqrt{n_1^2 - n_2^2} \cong n_1\sqrt{2\Delta} = 2 \times \sqrt{2 \times 0.25} = 2\sqrt{0.5} = 1.41$

**03** 표본화주파수 48KHz, PCM펄스에서 신호주파수가 8KHz일 때, 표본화펄스수 N(개), 주기를 구하고, 재생가능 최대주파수 $f_p$를 구하시오. (4점)  [기출] 17_1회 / 14_2회 / 14_4회

> **정답**
>
> 1. 표본화 펄스수(샘플링수) : 48,000개(샘플링)
>    - 일반적 PCM은 8,000번 샘플링과 8비트 부호화(PCM)로 64Kbps 구성되며, 문제는 48,000번 샘플링과 8비트 부호화(PCM)로 384Kbps임
>    - $M = 2^n$에서 PCM은 $n = 8$사용, $2^8 = 256$개 양자화 Step
>
> 2. 주기는 $20.83\mu sec$
>
>    주기는 샘플링의 역수로 일반적 PCM은 주기 $= \dfrac{1}{8000 Hz} = 125\mu sec$, 본 문제의 주기 $= \dfrac{1}{48000 Hz} = 20.83\mu sec$
>
> 3. 재생가능 최대주파수 $f_p$ : 24kHz
>
>    표본화주파수(Sampling) $f_s = 2 \times$ 재생가능 최대주파수 $f_p$에서 48KHz $= 2 \times f_p$
>
>    $\therefore f_p = \dfrac{48kHz}{2} = 24[kHz]$

### 04 다음과 같은 설명에 대해 빈칸을 채우시오. (3점)  [기출] 17_1회 / 14_1회

> DTE-DCE 장치가 정상 동작하려면 통신회선, 채널 등과 같이 장치간에 정보와 신호를 교환할 수 있도록 인터페이스가 정합이 되어야 하며, 인터페이스 조건은 국제표준화를 통해 통일시키며, 구체적인 DTE-DCE 인터페이스 규정(규약)은 ( 1 ) 권고에 정의되어 있고, 관련 표준 시리즈의 종류는 다양하지만 대표적으로 ( 2 ), ( 3 ), ( 4 ) 권고안이 있다.
> - 권고기관의 이름은 이전 명칭이 아닌 현재 사용기관명이며, 데이터통신 관련 시리즈

#### 정답

1. ITU-T(구 CCITT)
2. V 시리즈
3. X 시리즈
4. I 시리즈

※ ITU-T 표준 시리즈

| 시리즈 권고안 | 내용 |
|---|---|
| A | • ITU-T의 업무분장 구조 |
| B | • 표현에 관련된 여러 가지 방법 |
| ~ | ~ 이하 생략 |
| I | • 종합정보 통신망 |
| Q | • 전화교환과 신호에 관한 일반 권고안 |
| V | • 전화망을 통한 데이터 전송 |
| X | • 공중 데이터 통신망 |
| Z | • 축적 프로그램 제어식 교환의 프로그램 언어 |

### 05 CSMA/CA에서 IFS의 3가지 종류를 쓰고, 우선순위가 높은순으로 부등호(>)를 사용하여 표기하시오. (6점)  [기출] 14_2회

> **정답**
>
> 1. IFS (Inter Frame Space) 3종류
>    1) SIFS (Short IFS)
>    2) PIFS (PCF IFS)
>    3) DIFS (Distributed IFS)
> 2. 우선순위 : SIFS > PIFS > DIFS

**06** 메시(Mesh)망에서 노드 개수가 20개일 때 링크의 개수를 계산하시오. (3점)

[기출] 14_2회

> **정답**
>
> 노드수 190
>
> 계산 : 노드수 = $\dfrac{N \times (N-1)}{2} = \dfrac{20 \times (20-1)}{2} = 190$

**07** HDLC 감시프레임(S-FRAME)에서 사용되는 4개 명령어를 쓰시오. (4점)

[기출] 14_2회 / 12_1회

> **정답**
>
> ① Code ( "00" ) : RR (Receive Ready)  ② Code ( "01" ) : REJ (Reject)
> ③ Code ( "10" ) : RNR (Receive Not Ready)  ④ Code ( "11" ) : SREJ (Selective Reject)

감시 프레임(S Frame) : Supervision Frame
- I Frame 제어와 에러제어 등과 같은 제어정보 Frame으로 정보부가 없음

| Flag | 주소부 | 제어부 | CRC | Flag |
|---|---|---|---|---|
| 01111110 | 8bit | 8bit | 16bit | 01111110 |

| 1 | 0 | | | P/F | | | |
|---|---|---|---|---|---|---|---|

Code     Poll / Final Bit     N(R) : Sequence Number Of Next Frame expected

① Code ("00") : RR (Receive Ready)  
② Code ("01") : REJ (Reject)  
③ Code ("10") : RNR (Receive Not Ready)  
④ Code ("11") : SREJ (Selective Reject)

## 08. 물리계층과 LLC 계층 사이에 있는 계층을 쓰고 역할을 설명하시오. (8점)

[기출] 23_4회 / 17_1회 / 16_1회 / 15_4회 / 14_2회

| 네트워크 계층 |
|---|
| LLC 계층 |
| ( 1 ) |
| 물리(Physical) 계층 |

**정답**

1. MAC(Media Access Control) 계층
2. 역할
   1) MAC 프레임(Frame) 구성
   2) 매체(media) 액세스(Access) 접근제어관리
   3) MAC주소 처리

※ 정리

| 데이터링크 계층 | LLC 부계층 | 상위계층 | | | | |
|---|---|---|---|---|---|---|
| | | Logical Link Control Sub Layer | | | | |
| | MAC 부계층 | 802.3 CSMA/CD | 802.4 Token Bus | 802.5 Token Ring | ... | 802.11 CSMA/CA | ... |
| 물리(Physical) 계층 | | | | | | |

### 09

정보통신 네트워크가 대형화 및 복잡화되면서 네트워크 관리의 중요성이 증가하고 있다. 다음 빈칸을 채우시오. (3점)    [기출] 23_1회 / 22_1회 / 17_1회 / 14_2회 / 13_4회(유사)

1) 통신망을 구성하는 기능요소 또는 개별장비를 (　　)한다.
2) 여러 장비로부터 정보를 수집, 제어, 관리 등을 통해 네트워크 운송을 지원하는 시스템을 (　　)이라 한다.
3) 네트워크 운영지원 및 시스템 총괄 감시/관리시스템을 (　　)한다.

**정답**

1) NE (Network Element)
2) EMS (Element Management System)
3) NMS (Network Management System)

### 10

TCP / IP IETF 망관리 프로토콜 중 1개의 약어와 원어를 쓰시오. (4점)

[기출] 23_2회토 / 18_4회(유사) / 14_2회(유사)

**정답**

SNMP (Simple Network Management Protocol)

**11** MTBF, MTTF, MTTR, MTFF 개념을 설명하시오. (8점)     [기출] 16_4회 / 14_2회

**정답**

| 구분 | 내용 |
|---|---|
| MTBF | Mean Time Between Failures 평균고장간격<br>• 고장부터 다음 고장까지의 동작시간 평균치<br>• 고장 복구부터 다음 고장 시점까지 평균연속 가동시간 |
| MTTF | Mean Time To Failure 고장평균시간<br>• 사용한 다음부터 고장까지의 동작시간 평균치<br>• 고장나기까지의 시간들의 평균 |
| MTTR | Mean Time To Repair 평균수리시간<br>• 수리시간의 평균치<br>• 수리에 필요한 진단, 수리 및 교체시간, 재가동시간을 포함 |
| MTFF | Mean Time To First Failure 첫고장까지 평균시간<br>• 수리불가능 제품 경우 |

**12** 착공계 제출시 현장대리인의 적합성을 증빙하기 위해 기본적으로 첨부해야하는 서류 2가지를 쓰시오. (10점)     [기출] 18_1회 / 14_2회

**정답**

1) 정보통신기술자 자격증
2) 정보통신기술자 경력확인서(한국정보통신공사협회 등)

**13** 통신망(네트워크)의 신뢰도를 위해 고려될 수 있는 사항 5가지를 쓰시오.

[기출] 24_2회 / 24_1회 / 17_4회/15_1회 / 14_2회

정답

1) Full Mesh형 Topology 구성
2) 네트워크관리시스템(NMS, Network Management System) 구축
3) 고속의 이중링(Dual Ring)으로 Failover 대책
4) 정보의 기밀성, 무결성 확보
5) End to End(종단간) 에러제어 수행 등
6) 전원 UPS 이중화

**14** 가공통신선의 지지물과 가공 강전류전선간의 이격거리에서 가공 강전류전선의 사용전압이 특고압일 경우 이격 거리는 얼마인가?

[기출] 14_2회

정답

1m이상
※ 접지설비·구내통신설비·선로설비 및 통신공동구등에 대한 기술기준
　제7조(가공통신선의 지지물과 가공강전류전선간의 이격거리) 2. 가공강전류전선의 사용전압이 특고압일 경우

**15** 정보통신시스템에서 신호파 전력이 16[W]이고, 정재파 1.5일 때, 반사파 전력을 계산하시오. (3점)

[기출] 14_2회

**정답**

반사파 전력 : 0.64W

계산식 : 반사계수$(\Gamma) = \sqrt{\dfrac{P_{r(\text{반사전력})}}{P_{I(\text{입사전력})}}} = \dfrac{S-1}{S+1}$, $S = VSWR$ (정재파비)

$= \sqrt{\dfrac{P_r}{16W}} = \dfrac{1.5-1}{1.5+1}$ 에서 $P_r$(반사전력) $= 0.64W$

---

**16** EIA-568 A / B를 이용하여 크로스 케이블을 제작하려고 한다. 빈칸에 색을 지정하시오. (8점)

[기출] 14_2회

| | | | | | | | | |
|---|---|---|---|---|---|---|---|---|
| EIA-568A | | | | Blue | White / Blue | | White / Brown | Brown |
| EIA-568B | | | | Blue | White / Blue | | White / Brown | Brown |

**정답**

| | | | | | | | | |
|---|---|---|---|---|---|---|---|---|
| EIA-568A | White / Green | Green | White / Orange | Blue | White / Blue | Orange | White / Brown | Brown |
| EIA-568B | White / Orange | Orange | White / Green | Blue | White / Blue | Green | White / Brown | Brown |

**17** 다음 오실로스코프 파형을 보고 물음에 답하시오. (6점)

[기출] 24_2회 / 15_2회(유사) / 14_2회(유사) / 13_4회(유사)

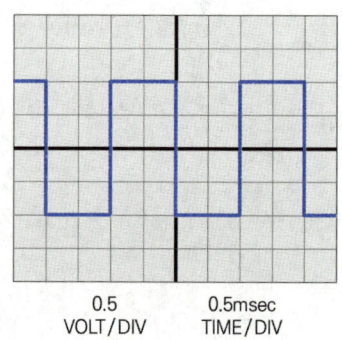

1) 첨두치전압
2) 주기
3) 주파수

정답

1) 진폭 : $2V$
   - 수직 4칸 × 0.5V / 1칸 = $2V$
2) 주기 : 2msec
   - 수평 4칸 × 0.5msec / 1칸 = 2msec
3) 주파수 = $500\,Hz$
   - 주파수 = $\dfrac{1}{주기(T)} = \dfrac{1}{2\times 10^{-3}\sec} = 500\,Hz$

※ 구형파는 진폭 2V(+1V~-1V 전파형태) 기준으로 보면 실효값, 평균값, 최대값이 같음

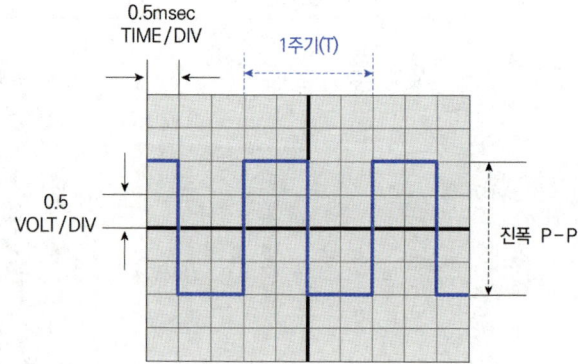

**18** 다음 그림의 콘덴서 용량, 전압, 허용오차에 대해 답하시오. (12점)     [기출] 14_2회

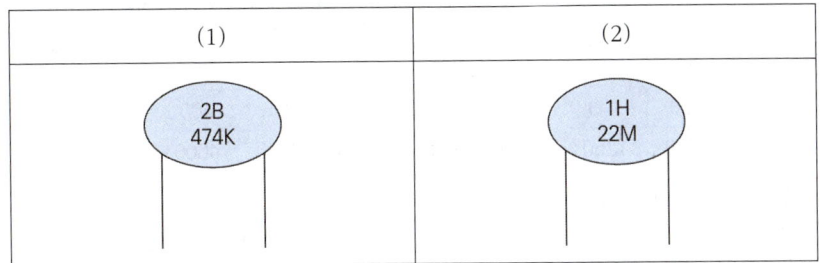

### 정답

1) 2B474K
   - 내압 : 125V,
   - 용량 : 0.47$\mu$F
   - 허용오차 : ±10 [%]

| 첫째자리 숫자 | 둘째자리 문자 | 셋째자리 숫자 | 넷째자리 숫자 | 다섯째자리 숫자 | 여섯째자리 문자 |
|---|---|---|---|---|---|
| 내압 | | 용량 | | 승수 | 오차 |
| 2 | B | 4 | 7 | 4 | K |

2) 1H220M
   - 내압 : 50V
   - 용량 : 22pF
   - 허용오차 : ±20 [%]

| 첫째자리 숫자 | 둘째자리 문자 | 셋째자리 숫자 | 넷째자리 숫자 | 다섯째자리 숫자 | 여섯째자리 문자 |
|---|---|---|---|---|---|
| 내압 | | 용량 | | 승수 | 오차 |
| 1 | H | 2 | 2 | 0 | M |

[ 콘덴서 용량표기 ]

| 첫째자리 숫자 | 둘째자리 문자 | 셋째자리 숫자 | 넷째자리 숫자 | 다섯째자리 숫자 | 여섯째자리 문자 |
|---|---|---|---|---|---|
| 내압 | | 용량 | | 승수 | 오차 |
| 2 | B | 4 | 7 | 4 | K |

① 내압 : 2B는 125V

| 구분 | A | B | C | D | E | F | G | H | J | K |
|---|---|---|---|---|---|---|---|---|---|---|
| 0 | 1 | 1.25 | 1.6 | 2.0 | 2.5 | 3.15 | 4.0 | 5.0 | 6.3 | 8.0 |
| 1 | 10 | 12.5 | 16 | 20 | 25 | 31.5 | 40 | 50 | 63 | 80 |
| 2 | 100 | 125 | 160 | 200 | 250 | 315 | 400 | 500 | 630 | 800 |
| 3 | 1000 | 1250 | 1600 | 2000 | 2500 | 3150 | 4000 | 5000 | 6300 | 8000 |

② 용량 : 474K = $47 \times 10^4$ [pF] = $0.47\mu F$
　허용오차 : K = ±10 [%]

| 제1자리 수 | 제2자리 수 | 제3자리 수 | 문자 | 허용오차 [%] |
|---|---|---|---|---|
| 1 ~ 9 | 0 ~ 9 | $1 = 10^0$ | B | ± 0.1 |
| | | | C | ± 0.25 |
| | | | D | ± 0.5 |
| | | $10 = 10^1$ | F | ±1 |
| | | | G | ± 2 |
| | | | J | ± 5 |
| | | $100 = 10^2$ | K | ± 10 |
| | | | M | ± 20 |
| | | | N | ± 30 |
| | | $1000 = 10^3$ | V | +20 -10 |
| | | | X | +40 -10 |
| | | $10000 = 10^4$ | Z | +80 -20 |
| | | | P | +100 -0 |

• pico $10^{-12}$, nano $10^{-9}$, micro $10^{-6}$

## 19  접지측정법 3가지를 쓰시오. (3점)

[기출] 24_4회 / 24_2회 / 14_2회(유사)

**정답**

1) 3점 전위강하법
2) 2극 측정법
3) 클램프온 미터법

※ 접지측정법 비교

| 구분 | 3점 전위강하법 | | 2극 측정법 | 클램프온 미터법 |
|---|---|---|---|---|
| | 3점 전위강하법 | 61.8%법 | | |
| 개요 | • 개별접지 등 소규모 접지 측정시 사용<br>• 가장 많이 사용하는 측정 방식 | • 공통·통합접지 등 대규모 접지 측정시 사용 | 측정용 보조전극의 설치가 어려운 경우 | 다중접지된 시스템에 대해 접지 측정시 사용<br>• 클램프온 방식 |
| 구성 | 접지저항계<br>보조접지극 P, C<br>측정대상 접지극, E | 접지저항계<br>보조접지극 P, C<br>측정대상 접지극, E | 접지저항계<br>보조접지극 1<br>측정대상 접지극, E | 클램프온 미터 |
| 특징 | 접지극 일직선상<br>• 접지극 최소이격 간격<br>  E-P : 10M 이격<br>  P-C : 10M 이격 | 접지극 일직선상<br>• 접지극 최소이격 간격<br>  E-P : 50M 이격<br>  P-C : 30M 이격<br>• P의 위치가 E-C간 일직선의 61.8%<br>• 필요시 측정 오류 확인을 위해 P의 위치 51.8%, 61.8%, 71.8% 3개 측정값을 적용 가능 | 보조접지극이 전위강하법 대비 2개가 아닌 1개임 | 빠르고 간편 측정<br>클램프온 미터 이용<br>측정 대상 접지선을 감아서 측정 |

**20** 통신 관련 시설 접지저항은 (　　)Ω이하를 기준으로 한다. (3점)

[기출] 17_4회 / 16_2회 / 14_2회

**정답**

10Ω

※ 접지설비·구내통신설비·선로설비 및 통신공동구등에 대한 기술기준 제5조(접지저항 등)

# 3  2014년도 4회

**01** 인터넷에서 크기가 10Mbyte인 MP3 파일을 내려받을 경우 사용 중인 인터넷 회선의 다운로드 속도가 2Mbps이면 파일을 모두 내려받는 데 걸리는 시간[sec]를 계산식과 답을 쓰시오. (4점)

[기출] 20_2회 / 14_4회

> **정답**
>
> 40sec
> 1) 속도 : 2Mbps [bit per second]
> 2) 용량 : 10Mbyte = 80Mbit, 1Byte = 8Bit
> 3) 시간 = $\dfrac{80Mbit(다운용량)}{2Mbps(속도)}$ = 40sec

**02** XDSL 종류를 열거하고 대칭인지 비대칭인지 적으시오. (6점)

[기출] 19_1회 / 17_1회 / 14_4회 / 13_2회(유사)

> **정답**
>
> | 종류 | 하향 / 상향 전송속도 | 대칭 / 비대칭 등 |
> |---|---|---|
> | ADSL | 하향 : ~ 2Mbps<br>상향 : ~ 1.3Mbps | 비대칭 |
> | RADSL | 하향 : 700K ~ 2Mbps<br>상향 : 128kbps ~ 1Mbps | 비대칭<br>전화선전송품질과 거리에따라 속도조정 |

| SDSL | 하 / 상향 : ~ 2Mbps | 대칭<br>제공거리 : ~ 6Km |
|------|---------------------|------------------------|
| HDSL | 하 / 상향 : 1.5 ~ 2Mbps | 대칭<br>제공거리 : ~ 4.6Km |
| VDSL | 1) 대칭<br>　하 / 상향 : 13M 또는 26Mbps<br>2) 비대칭<br>　하향 : ~ 52Mbps<br>　상향 : ~ 6.4Mbps | 대칭 / 비대칭<br>제공거리 : 0.3Km ~ 1.5Km |

※ RADSL : Rate-adaptive digital subscriber line

### 03 공중(패킷)데이터 교환망(PSDN)에서 이용 가능한 패킷교환방식 2가지를 쓰시오.

[기출] 16_2회 / 14_4회 / 13_2회

**정답**

1) 가상회선 패킷교환(Virtual Circuit Packet Switching)
2) 데이터그램 패킷교환(Datagram Packet Switching)

### 04 다음과 같은 HDLC Frame 구조에 대해 빈칸을 채우시오. (6점)  [기출] 14_4회 / 14_1회

| 시작 Flag | 주소부 | 제어부 | 정보부 | (2) | 종료 Flag |
|-----------|--------|--------|--------|-----|-----------|
| 01111110  | (1)    | 8비트  | 임의의 비트 | (3) | 01111110 |

**정답**

(1) 8 비트  (2) FCS(Frame Check Sequence)  (3) 16 비트

**05** 표본화주파수 48KHz, PCM펄스에서 신호주파수가 8KHz일 때, 표본화펄스수 N(개), 주기를 구하고, 재생가능 최대주파수 $f_p$ 를 구하시오. (4점) [기출] 17_1회 / 14_2회 / 14_4회

**정답**

1. 표본화 펄스수(샘플링수) : 48,000개(샘플링)
   - 일반적 PCM은 8,000번 샘플링과 8비트 부호화(PCM)로 64Kbps 구성되며, 문제는 48,000번 샘플링과 8비트 부호화(PCM)로 384Kbps임
   - $M = 2^n$ 에서 PCM은 $n = 8$ 사용, $2^8 = 256$개 양자화 Step
2. 주기는 20.83μsec
   주기는 샘플링의 역수로 일반적 PCM은 주기 = $\frac{1}{8000Hz} = 125\mu sec$, 본 문제의 주기 = $\frac{1}{48000Hz} = 20.83\mu sec$
3. 재생가능 최대주파수 $f_p$ : 24kHz
   표본화주파수(Sampling) $f_s = 2 \times$ 재생가능 최대주파수 $f_p$ 에서 48KHz = $2 \times f_p$
   $\therefore f_p = \frac{48kHz}{2} = 24[kHz]$

**06** 통신속도를 나타내는 방법 중에 변조속도가 있다. 1비트를 변조하여 전송하는데 2ms가 소요되었을 경우 변조속도[Baud]를 구하시오. (5점) [기출] 20_4회 / 14_4회

**정답**

500Baud
$Baud = \frac{1}{T} = \frac{1}{2ms} = 500\ Baud$

**07** OSI 7계층에 대한 다음 물음에 답하시오. (6점)  [기출] 18_4회/ 14_4회

가. 암호화, 데이터 압축, 전송구문 등 데이터표현 형식에 대한 제어를 담당하는 계층을 쓰시오.
나. 데이터 압축을 하는 목적과 압축하는 두가지 방법의 차이점을 서술하시오.

> **정답**
>
> 1) 6계층, 표현(Presentation) 계층
> 2) 데이터 압축 목적 : 송신단 신호의 전송 데이터량을 줄여서 보내도, 수신단 신호 복원시 품질저하가 없도록 하며, 방법의 차이점은 손실압축방식과 무손실압축방식임
>    ① 손실압축방식 : MPEG, JPEG 등
>    ② 무손실압축방식 : RLC(Run-length coding) 등

**08** 인터넷에서 사용되는 라우터(Router)의 기본기능 중 3가지만 쓰시오. (6점)  [기출] 14_4회

> **정답**
>
> 1. 라우팅을 위한 최적의 경로설정(Best Path) : Routing
> 2. 독립된 각 네트워크(Network) 연결 : Networking
> 3. 패킷(Packet) 스위칭 : Forwarding
> 4. 트래픽량 분산 : Load Balancing
> 5. 라우팅 테이블(Routing Table) 관리 등

**09** IP주소는 45.123.21.8 일때 서브넷 마스크 255.192.0.0 이다. 네트워크 주소는 무엇인가? (4점)  [기출] 24_1회 / 21_4회(유사)/ 19_1회(유사)/ 14_4회

### 정답

45.64.0.0

| IP 주소 | 45 | 123 | 21 | 8 |
|---|---|---|---|---|
| | 00101101 | 01111011 | 00010101 | 00001000 |

| 네트워크 주소 "AND 연산" | 00101101 | 01000000 | 00000000 | 00000000 |
|---|---|---|---|---|
| | 45 | 64 | 0 | 0 |

| 1 | 1 | 1 | 1 | 1 | 1 | 1 | 1 |
|---|---|---|---|---|---|---|---|
| 128 | 64 | 32 | 16 | 8 | 4 | 2 | 1 |

| 서브넷 마스크 | 11111111 | 11000000 | 00000000 | 00000000 |
|---|---|---|---|---|
| | 255 | 192 | 0 | 0 |

## 10. 정보통신시스템 설계시 고려사항 3가지를 쓰시오. (4점)  [기출] 14_4회

### 정답

정보통신시스템은 송신부 - 전송매체(유선/무선) - 수신부로 구성함

| 고려사항 | 내용 |
|---|---|
| 설계의 적정성 | • 정보통신시스템은 관련법 및 기술기준에 적합한 시스템을 설계 |
| 이중성 및 보안성 | • 정보통신시스템의 안전성을 고려한 설계 |
| 확장성 | • 정보통신시스템의 기능 향상을 고려한 설계 |

## 11. 전자서명법에서 "(    ) 기관으로부터 전자서명 생성정보를 인정받은 자"를 가입자라고 한다.   [기출] 17_2회 / 14-4회

### 정답

전자서명인증사업자

※ 전자서명법 제2조(정의)
   9. "가입자"란 전자서명생성정보에 대하여 <u>전자서명인증사업자</u>로부터 전자서명인증을 받은 자를 말한다.

**12** 정보통신공사업법에서 규정하는 공사의 구분 중 2가지만 쓰시오. (4점)    [기출] 14_4회

**정답**

정보통신공사업법 시행령 [별표1] 공사의 종류
1. 통신설비공사 2. 방송설비공사 3. 정보설비공사 4. 기타설비공사 (정보통신전용전기시설설비공사)

**13** 케이블손실 − 0.5dB / km 이고 시작점의 전력이 4mW일 때, 40Km지점에서 신호전력은 몇 mW인가? (5점)    [기출] 14_4회 / 13_2회

**정답**

1) 0.04mW

계산식 :

| 입력 전력 | 케이블 손실 | 전송로 | 총 전송손실 | 신호전력 |
|---|---|---|---|---|
| 4mW | −0.5dB / Km | 40Km | −20dB | ? |

$$dB = 10\log\frac{P_{o(출력)}}{P_{i(입력)}}$$

$$-20dB = 10\log 10^{-2} = 10\log\frac{P_{o(출력)}}{4mW} \text{ 에서, } 10^{-2} = \frac{P_{0(출력)}}{4mw}$$

$$\therefore P_{0(출력)} = 0.04mW$$

**14** 다음은 어떤 명령어를 사용할 때 나타나는 메시지인지 쓰시오. (4점)     [기출] 14_4회

```
[ 윈도우 명령 프롬프트 기준 ]
Microsoft Windows (c) Microsoft Corporation. All rights reserved
C:\Users\USER>(       ) google.com
최대 30홉 이상의 google.com [142.250.206.206](으)로 가는 경로 추적:
  1    1 ms    1 ms    1 ms   ***.***.35.1
  2    *      20 ms    2 ms   ***.***..115.1
  3    2 ms    2 ms    2 ms   ***.***..117.149
  4    2 ms    1 ms    2 ms   100.82.239.217
  5    2 ms    2 ms    1 ms   10.67.251.98
  6    5 ms    4 ms    5 ms   10.222.25.216
  7    2 ms    3 ms    2 ms   10.222.11.101
  8   39 ms   39 ms   44 ms   72.14.196.26
  9   39 ms   41 ms   41 ms   142.251.52.31
 10   36 ms   37 ms   37 ms   142.250.61.40
 11   36 ms   38 ms   38 ms   64.233.175.137
 12   40 ms   40 ms   38 ms   142.250.58.20
 13   39 ms   39 ms   37 ms   192.178.110.69
 14   38 ms   37 ms   37 ms   142.250.236.53
 15   37 ms   39 ms   39 ms   kix07s07-in-f14.1e100.net [142.250.206.206]
추적을 완료했습니다.
C:\Users\USER>
```

### 정답

tracert[윈도우 기준]   ※ traceroute[리눅스 기준]

**15** 접지설비, 구내통신설비, 선로설비 및 통신공동구 등에 대한 기술기준에 따른 지중통신선의 시설공법에 대한 설명이다. 다음 괄호 안에 들어갈 알맞은 것을 보기에서 찾아 쓰시오. (10점)

[기출] 14_4회 / 13_2회

[ 보기 ]
30cm, 60cm, 90cm, 1.2m, 옹벽, 격벽, 부식, 누전, 휴즈·개폐기, 스위치

지중통신선을 지중강전류전선으로부터 ① (지중강전류전선이 특별 고압일 경우에는 ②) 이내의 거리에 설치하는 경우에는 지중통신선과 지중강전류전선간에는 설치장소에서 발생할 수 있는 화염에 견딜 수 있는 ③을 설치하여야 한다. 지중통신선의 금속체의 피복 또는 관로는 지중강전류전선의 금속체의 피복 또는 관로와 전기적 접촉이 있어서는 아니 된다. 다만, 전기철도 또는 전기궤도의 귀선으로부터 누출되는 직류전선에 의한 ④ 또는 강전류 설비로부터 전기통신설비에 유입되는 위험 전류를 방지하거나 제한하기 위하여 ⑤ 또는 이와 유사한 보안장치를 통하여 접속하는 경우에는 예외로 할 수 있다.

### 정답

① 30cm
② 60cm
③ 격벽
④ 부식
⑤ 휴즈·개폐기

※ 접지설비·구내통신설비·선로설비 및 통신공동구등에 대한 기술기준 제21조(지중통신선)
  ① 지중통신선을 지중강전류전선으로부터 30cm(지중강전류전선이 특고압일 경우에는 60cm)이내의 거리에 설치하는 경우에는 지중통신선과 지중강전류전선간에는 설치장소에서 발생할 수 있는 화염에 견딜 수 있는 격벽을 설치하여야 한다. 다만, 전기용품안전관리법에 의한 전기용품기술기준 중 수직트레이 불꽃시험에 적합한 보호피복을 사용하고 상호 접촉되지 아니하도록 설치하는 경우로서 지중강전류전선 설치자의 승낙을 얻은 경우에는 예외로 할 수 있다.
  ② 지중통신선의 금속체의 피복 또는 관로는 지중강전류전선의 금속체의 피복 또는 관로와 전기적 접촉이 있어서는 아니된다. 다만, 전기철도 또는 전기궤도의 귀선으로부터 누출되는 직류전선에 의한 부식 또는 강전류 설비로부터 방송통신설비에 유입되는 위험전류를 방지하거나 제한하기 위하여 휴즈·개폐기 또는 이와 유사한 보안장치를 통하여 접속하는 경우에는 예외로 할 수 있다.

**16** 공사계획서 작성시 기본적으로 들어가야하는 내용으로 적합한 것을 보기에서 골라 5가지 쓰시오. (5점)    [기출] 22_1회 / 20_1회 / 14_4회

[ 보기 ]
공사개요, 감리수행계획, 공정관리계획, 유지보수계획, 안전관리계획, 하자보수계획, 설계변경계획, 공사비조달계획, 공사예정공정표, 환경관리계획

**정답**

공사계획서는 현장에서 시공계획서라 하며 실무차원의 공사계획서를 말함
1) 공사개요
2) 공정관리계획
3) 안전관리계획
4) 공사예정공정표
5) 환경관리계획

---

**17** OSI 7계층에서 TCP와 IP는 각각 어느 계층에 속하는지 계층이름을 쓰시오. (4점)    [기출] 19_4회 / 17_4회 / 14_4회

**정답**

① TCP : 4계층, 전송(Transport) 계층
② IP : 3계층, 네트워크 계층

**18** 다음 프로토콜 분석기의 내용을 보고 빈칸에 알맞은 답을 서술하시오. (6점)

[기출] 17_1회 / 14_4회

```
◀ CONFIGURATION ▶

PROTOCOL : ASYNC
R-SPEED : 9600
S-SPEED : 9600
CODE : ASCII
CHAR BIT : 8
PARITY : NONE

* SELECT *
0 : ASYNC
1 : ASYNC 〈PPP〉
```

| 항 목 | 내 용 |
|---|---|
| 프로토콜 | |
| 송신속도 | |
| 수신속도 | |
| 패리티 사용여부 | |
| 문자 비트수 | |
| 부호방식 | |

**정답**

| 항 목 | 내 용 |
|---|---|
| 프로토콜 | 비동기방식 (ASYNC) |
| 송신속도 | 9600bps |
| 수신속도 | 9600bps |
| 패리티 사용여부 | 미사용 (NONE) |
| 문자 비트수 | 8비트 |
| 부호방식 | ASCII CODE |

**19** 접지전극의 시공방법으로는 일반 접지봉 접지, 메시(망상)접지, 동판접지, 화학 저감재 접지 등이 있다. 다음의 설명은 위 시공방식 중 어떤 시공방법을 설명한 것인지 쓰시오. (4점)

[기출] 20_1회 / 14_4회

(1) 시공지역 전체를 1[m]길이의 설계된 면적으로 구덩이를 판다.
(2) 나동선을 정해진 간격으로 그물형태로 포설한다.
(3) 그물모양의 각 연결점을 압착 슬리브 접합 혹은 발열 용접으로 접속한다.
(4) 외부 접지도선을 연결하여 인출한다.
(5) 시공지의 전체를 메우고 마무리한다.

정답

메시접지 (Mesh접지, 망상접지)

# 12절 2013년도 기출풀이

## 1  2013년도 1회

**01** 전송 길이가 1,000[Km]인 전송로에 신호전파속도가 200,000[Km/sec]라면 전파 지연시간은 얼마인가? (5점)  [기출] 20_2회 / 13_1회

**정답**

$5[msec]$

계산식 : 거리$(S)$ = 속도$(V)$ × 시간$(t)$,

$S = 1,000[Km] = 10^3[Km]$, 속도 $V = 200,000[Km/\text{sec}] = 2 \times 10^5[Km/\text{sec}]$

시간$(t) = \dfrac{1 \times 10^3 Km}{2 \times 10^5 Km/\sec} = 0.5 \times 10^{-2}[\sec] = 5 \times 10^{-3}[\sec] = 5[msec]$

**02** T1 반송시스템을 통하여 음성신호를 PCM으로 전송할 때 다음에 대해 설명하시오. (12점)  [기출] 13_1회

> 표본화, 양자화, 부호화, 다중화

> 정답

1. 표본화 : 원 신호정보의 2배 이상의 속도로 표본화함, 표본화주파수 8kHz, 주파수대역 300~3,400 Hz에 대해 최고주파수를 4kHz라 정하고 최고주파수의 2배인 8kHz로 표본화함
2. 양자화 : PCM에서 음성신호 등 아날로그 신호를 디지털 신호로 변환하는 과정으로 신호의 진폭 간격들을 구획하여, 이를 이산(Discreate)값으로 나타내는 과정으로 PCM 양자화는 $2^8 = 256$으로 양자화함
3. 부호화 : PCM 양자화레벨을 2진부호화 처리하여 디지털 전송에 적합하게 변환하는 과정이며, 8,000샘플링과 8bit 부호화 = 64Kbps로 PCM 신호속도(DS0)를 만듬
4. 다중화 : 다수의 PCM 신호 64Kbps(DS0)를 전송설비에 효율적으로 전송하기 위해 다중화하여 T1, E1신호의 형태로 다중화하여 전송함

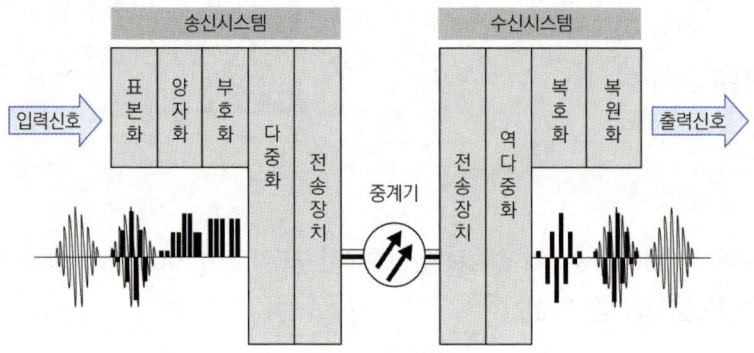

## 03  DTE-DCE 간의 국제표준규격인 인터페이스 규격의 일반적 특성조건 4가지를 쓰시오.

[기출] 23_2회 / 17_2회 / 16_1회 / 13_1회

> 정답

1) 전기적 조건 : 전압레벨, 임피던스등 전기신호에 대한 규정
2) 기계적 조건 : 접속 커넥터의 치수, 핀배열 등을 규정
3) 기능적 조건 : 각 신호의 의미 및 특성 등을 규정
4) 절차적 조건 : 데이터신호 상호교환절차 등을 규정

**04** 무선LAN 802.11에서 프레임의 종류 3가지를 쓰시오. (6점)

[기출] 20_2회 / 17_4회 / 13_1회

**정답**

1) 802.11 관리프레임 (유형 type : 00)
2) 802.11 제어프레임 (유형 type : 01)
3) 802.11 데이터프레임 (유형 type : 10)

**05** 다중화장비와 집중화장비에 관해 설명하고, 차이점을 쓰시오. (12점)

[기출] 18_1회 / 17_4회 / 14_1회 / 13_1회

**정답**

1) 다중화장비(Multiplexer)
   - 다중화(Multiplexing)란 복수개의 신호를 중복시켜서 하나의 신호로 만들어내는 것을 의미하며 통신시스템 사용한 장비를 다중화장비임
   - 다중화기는 정적(Static)으로 공동이용하는 방식
   - 입출력 속도의 합이 동일 : 입력 = 출력
   - 정적인 선로이용은 소프트웨어에 의한 부채널(Subchannel)의 제어가 필요없게 되어 구성이 비교적 간단하며, 버퍼가 없고 저가이며 지연발생이 상대적으로 적음
   - 다중화방식은 FDM(Frequency Division Multiplexing), TDM(Time Division Multiplexing), CDM(Code Division Multiplexing)등이 있음
   - 복수개의 단말장치에서 전송할 데이터신호를 다중화시켜 하나의 신호로 만들고, 역으로 다중화신호를 분리하여 복수개의 단말장치에 보내는 역다중화 기능이 있음

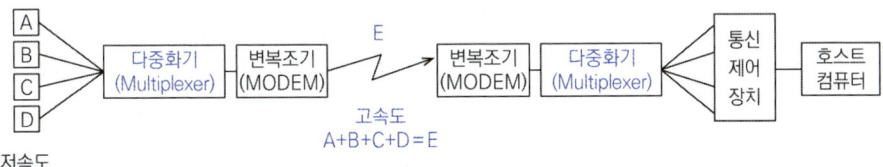

### 2) 집중화장비(Concentrator)
- 집중화기는 동적(Dynamic)으로 공동이용하는 방식
- 입출력 속도의 합이 동일하지 않음 : 입력 ≥ 출력
- 동적인 선로이용은 소프트웨어에 의한 부채널(Subchannel)의 제어가 필요하게 되어 구성이 복잡하며, 버퍼가 있고 고가이며 지연발생이 있음
- 집중화기는 연결된 단말기가 보낼 데이터가 있을 경우에만 각 부채널을 할당하기 때문에 효율적으로 통신회선을 관리함

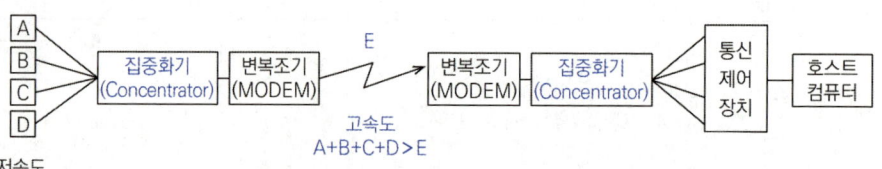

## 06. IPv4, IPv6에 대한 비교표이다. 다음 괄호 안에 알맞은 말을 넣어 완성하시오. (10점)

[기출] 17_2회 / 15_2회 / 13_1회(유사)

| 항목 | IPv4 | IPv6 |
|---|---|---|
| 주소길이 | (      ) | (      ) |
| 표시방법 | 8비트씩 4부분 10진수 | 16비트씩 8부분 16진수 |
| 사용가능주소 | (      ) | (      ) |
| 주소할당 | A,B,C,D,E Class 단위 비순차적 할당(비효율적) | 네트워크 규모 및 단말기수에 따른 순차적 할당(효율적) |
| 브로드캐스트 주소 | 사용 | 미사용(멀티캐스트 포함) |
| Mobile IP | 곤란(비효율적) | 용이(효율적) |
| 헤더구조 | 복잡 | 단순 |
| 보안성 | 미흡(IPSec 별도설치) | IPSec 기본제공 |
| QoS | 곤란 Best Effort 방식 | 용이 등급별, 서비스별 패킷구분 |
| 라우팅 | 규모조정 불가능 | 규모조정 가능 |
| Plug & Play | 없음 | 있음 |
| 자동주소설정 | DHCP서버 필요 | 가능(Stateful/Stateless) |
| 웹캐스팅 | 곤란 | 용이 |

> 정답

1. 주소길이 : IPv4 ( 32비트 ), IPv6 ( 128비트 )
2. 사용가능주소 : IPv4 ($2^{32}$ = 43억), IPv6 ($2^{128}$ = 거의무한)

## 07 프로토콜의 기능 5가지를 서술하시오. (10점)  [기출] 23_1회 / 21_4회 / 13_1회

> 정답

① 분리와 재합성(Fragmentation and Reassembly)
  데이터 작은 패킷(Packet)으로 나누는 과정과 적합 메시지로 재합성 기능
② 캡슐화(Encapsulation)
  계층별 이동시 헤더(Header)를 부착하여 상위계층의 정보를 Data로 처리
③ 연결제어(Connection Control)
  송수신간 연결 설정, 데이터 전송, 연결 해제 기능
④ 흐름제어(Flow Control)
  송수신간에 데이터 양과 전송속도를 조절 기능
⑤ 오류제어(Error Control)
  전송중 발생 가능한 오류를 검출 복원 기능
⑥ 동기화(Synchronization)
  송수신간 전송 시작과 종료 수행시 같은 상태 유지기능
⑦ 순서설정(Sequencing)
  연결 위주의 데이터를 전송할 때 송신측이 보내는 데이터단위 순서대로 수신측에 전달하는 기능
⑧ 주소지정(Addressing)
  송수신 주소를 표기 데이터 전달 기능
⑨ 다중화(Multiplexing)
  하나의 통신로를 다수 사용자 동시 사용기능

**08** 프로토콜의 기능 중 순서결정의 의미를 설명하시오. (5점)  [기출] 21_1회 / 15_4회 / 13_1회

### 정답

연결 위주의 데이터를 전송할 때 송신측이 보내는 데이터단위 순서대로 수신측에 전달하는 기능

연결제어(Sequence Control)는 송신측이 보내는 데이터단위 순서대로 수신측에 전달하는 기능으로 프로토콜 데이터 단위가 전송될 때 순서를 명시하는 기능
- 연결지향형 TCP 프로토콜은 Sequence Number와 Acknowledgement Number 이용함
- 순서를 지정하는 이유는 흐름제어, 혼잡제어, 오류제어를 위해서이며, 순서제어에 의해서 정해진 PDU를 수신측에 보내면 순서에 맞게 데이터를 재구성함

**09** 정보통신공사 착수단계에서 검토되어야 할 설계도서 4가지는 무엇인지 쓰시오.
[기출] 19_2회 / 18_4회 / 15_1회 / 13_4회 / 13_1회 / 12_1회

### 정답

1) 공사 계획서
2) 공사 설계도면[계통도, 배관도, 배선도, 접속도(시공상세도) 등]
3) 공사 설계설명서(시방서)
4) 공사비 명세서(설계 예산서, 정보통신공사 내역서)
5) 공사 기술계산서(정보통신 계산서) 및 이와 관련된 서류

※ "설계"란 공사에 관한 계획서, 설계도면, 설계설명서, 공사비명세서, 기술계산서 및 이와 관련된 서류(이하 "설계도서"라 한다)를 작성하는 행위를 말한다. – 정보통신공사업법 제2조 정의

**10** 정보통신공사업법에서 규정한 "감리"에 대한 설명으로 다음 괄호안에 알맞은 말을 넣으시오. (5점)

[기출] 23_2회토 / 20_4회 / 18_2회 / 16_1회 / 15_2회 / 13_1회 / 12_2회

> "감리란 공사에 대하여 발주자의 위탁을 받은 용역업자가 ( 1 ) 및 ( 2 )의 내용대로 시공되는지를 ( 3 )하고, ( 4 ), ( 5 ) 및 안전관리에 대한 지도 등에 대한 발주자의 권한을 대행하는 것을 의미한다."

### 정답

1. 설계도서
2. 관련규정
3. 감독
4. 품질관리
5. 시공관리

---

**11** 정보통신설비를 구성하기 위한 정보통신공사 설계 3단계를 서술하시오. (3점)

1단계
2단계
3단계

[기출] 24_2회 / 17_4회 / 15_4회 / 13_1회

### 정답

1단계 계획설계
2단계 기본설계
3단계 실시설계

**12** 다음 도면의 출력파형는 무슨 파형이 나오는지 보기를 참조하여 쓰시오. (5점) [기출] 13_1회

> 발진회로(NE555이용) - 다중화(MUX)회로(74LS393시리즈) - 입력 9Pin 컨넥터 - 출력 9Pin 컨넥터 - 다중화(DEMUX)회로(74LS151 이용) (OUT 포인트에서 Test Point 설정)
> [ 보기 ] FDM, TDM, CDM

**정답**

TDM
※ 비안정멀티바이브레이터를 NE555를 이용 디지털 클럭을 발생하고, 관련 여러 채널을 만들어서 TDM 기반의 다중화회로를 구성하여 최종 출력을 측정하는 회로임

**13** 다음은 신호대 잡음비(SNR)에 관한 문제로 다음 질문에 답하시오. (6점)

[기출] 21_4회 / 13_1회

1) 신호전력이 100[mW]이고, 잡음전력이 1[$\mu W$]일 때 잡음비를 데시벨로 표시하시오.
2) 잡음이 없는 이상적 채널의 경우 신호대 잡음비를 데시벨로 표시하시오.

**정답**

1) 50dB

계산식 : $dB = 10\log\dfrac{P_{신호}}{P_{잡음}}$

$= 10\log\dfrac{100mW}{1\mu W} = 10\log\dfrac{1\times 10^{-1}\,W}{1\times 10^{-6}\,W} = 10\log 10^5 = 50dB$

2) 60dB

**14** 노이즈가 없는 20KHz 대역폭을 갖는 채널을 사용하며, 280Kbps의 속도로 데이터를 전송한다. (6점)

[기출] 22_2회 / 19_2회 / 13_1회

1) 필요한 신호준위개수 M을 구하시오.
2) 2MHz대역폭을 갖는 채널이 있다. 이 채널의 신호대 잡음비(SNR)이 63이라고 할 때 채널용량 C를 구하라.

**정답**

1) M = 128
   - 280Kbps = 2 × 20KHz × $\log_2 M$에서 M = 128 = $2^7$에서
     Nyquist 공식 $C = 2B\log_2 M [bps]$
     C : 통신채널용량 [bps], B : 채널의 대역폭(Bandwidth) [Hz], M : 진수
2) 12Mbps
   샤논의 정리는 채널상에 백색잡음(White Noise)이 존재한다고 가정한 상태임
   $C = B\log_2(1 + \frac{S}{N})[bps] = 2M\log_2(1+63) = 2M\log_2(64) = 2M\log_2 2^6 = 12Mbps$
   C : 통신채널용량 [bps], B : 채널의 대역폭(Bandwidth) [Hz], S/N : 신호대 잡음비

**15** 공동주택의 구내 광통신망 설계에 적용되는 전송방식으로 AON(Active Optical Network)방식과 PON(Passive Optical Network)방식의 개요 및 특징을 적으시오. (8점)

[기출] 24_2회 / 23_2회토(유사) / 23_1회(유사) / 19_1회(유사) / 13_1회

**정답**

1. AON(Active Optical Network), PON(Passive Optical Network)
2. AON 특징
   ① 전원 필요한 능동소자기반
   ② 이더넷 기반 스위치 등 사용
   ③ 외부환경에 설치 관리비용 발생

3. PON 특징
   ① 전원 불필요한 수동소자기반
   ② 하나의 OLT-수동소자(Splitter)-ONU 형태 또는 하나의 OLT-수동소자(Splitter)- ONU-ONT 또는 하나의 OLT-수동소자(Splitter)-ONT 형태로 구성(1:32, 1:64등)
   ③ 초기 가설비용이 상대적 높음

[ 참조 ]

### FTTx Application Scenario Networking

✓ ONU :
  Office, Building
  대형 가입자 위주

✓ ONT :
  Home
  소형 가입자

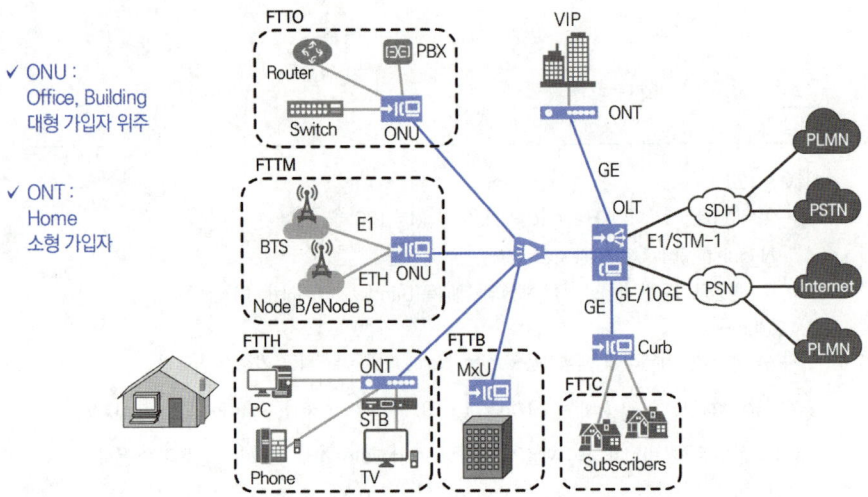

✓ The difference is that an ONT is an optical network terminal and is located at the user end.
✓ An ONU is an optical network unit, and there may be another network between the ONU and the user end. For example, a gateway device with an xDSL or Ethernet port can be connected to an ONU, and then connected to a network terminal.

| 구분 | AON (Active Optical Network) | PON (Passive Optical Network) |
|---|---|---|
| 개요 | • 구성소자가 능동소자로 구성하여 전원 제공 형태<br>• Amplifier 필요 | • 구성소자가 수동소자로 구성하여 전원 제공 불필요<br>• Amplifier 불필요 |
| 구성 요소 | 전화국 : 대형 Switch / Router<br>가입자 : 소형 Switch<br>• Active<br>  광(Optic) – 전(Electric) – 광(Optic) 변환 | 전화국 : 1개 OLT<br>• Optical Line Terminal<br>가입자 : N개 ONU<br>• Optical Network Unit<br>  N개 ONT<br>• Optical Network Terminal |

| 구분 | AON (Active Optical Network) | PON (Passive Optical Network) |
|---|---|---|
| 특징 | 일반적인 Network 구성 형태<br>상향 / 하향 대칭 경쟁방식<br>• CSMA / CD Ethernet 기반 Baseband 전송, Unicast 등 | 상향 / 하향 비대칭 경쟁방식<br>• 하향 : Braodcast 전송<br>  TDM : ATM-PON, Ethernet-PON<br>  WDM : WDM-PON<br>• 상향 : 구성방식에 따름<br>  TDMA : ATM-PON, Ethernet-PON<br>  WDM : WDM-PON |
| 구성 형태 | 1 : 1 Point to Point | 1 : N Point to Multi Point (1 : 32 등) |
| 투자비 | 1 : 1 기본으로 상대적으로 공사비 / 유지보수 비용 높음(High Cost) | 1 : N 기본으로 상대적으로 공사비 / 유지보수 비용 낮음(Low Cost) |

# 2 2013년도 2회

**01** 0.16초 동안 256개의 순차적인 12bit-Data 워드 블록을 전송하고자 할 때 아래 질문에 답하시오. (6점)
[기출] 13_2회
1) 1개의 워드 지속시간
2) 1bit 지속시간
3) 전송속도

**정답**

1) $625\mu sec$

계산식 : 한개 워드 지속시간 $= \dfrac{\text{전체 시간}}{\text{전체 워드블록수}} = \dfrac{0.16sec}{256\text{블록}} = 625 \times 10^{-6} sec$

2) $52\mu sec$

계산식 : 한비트 지속시간 $= \dfrac{\text{한개 워드블록 지속시간}}{12\text{비트/워드블록}} = \dfrac{625\mu sec}{12} = 52\mu sec$

3) 19,230bps

계산식 : 전송속도 $= \dfrac{1}{1\text{비트지속시간}} = \dfrac{1}{52\mu sec} = 19,230 bps$

**02** XDSL 종류를 열거하고 대칭인지 비대칭인지 적으시오. (6점)
[기출] 19_1회 / 17_1회 / 14_4회 / 13_2회(유사)

**정답**

XDSL(X Digital Subscriber Line)은 기존 동선 가입자케이블에 증폭기나 중계기 없이 광대역을 전송하는, 일련의 변조기술을 총칭하는 것으로 동선(Copper) 기술에 그 기반을 두고 있는 가입자 구간 전송기술임

| 종류 | 하향 / 상향 전송속도 | 대칭 / 비대칭 등 |
|---|---|---|
| ADSL | 하향 : ~ 2Mbps<br>상향 : ~ 1.3Mbps | 비대칭 |
| RADSL | 하향 : 700K ~ 2Mbps<br>상향 : 128kbps ~ 1Mbps | 비대칭<br>전화선전송품질과 거리에따라 속도조정 |
| SDSL | 하 / 상향 : ~ 2Mbps | 대칭<br>제공거리 : ~ 6Km |
| HDSL | 하 / 상향 : 1.5 ~ 2Mbps | 대칭<br>제공거리 : ~ 4.6Km |
| VDSL | 1) 대칭<br>  하 / 상향 : 13M 또는 26Mbps<br>2) 비대칭<br>  하향 : ~ 52Mbps<br>  상향 : ~ 6.4Mbps | 대칭 / 비대칭<br>제공거리 : 0.3Km ~ 1.5Km |

※ RADSL : Rate-adaptive digital subscriber line

### 03. 위성통신에서 사용하는 다원접속방법을 회선할당 측면에서 3가지를 쓰고 간단히 설명하시오. (6점)

[기출] 20_1회 / 13_2회 / 12_1회

**정답**

1) PAMA(Pre Assignment Multiple Access) 사전할당방식
   - 각 지구국(E/S, Earth Station)에 고정슬롯을 사전할당해주는 방식
2) DAMA(Demand Assignment Multiple Access) 요구할당방식
   - 각 지구국의 채널요구에 따라 중앙지구국이 채널을 할당해주는 방식
3) RAMA(Random Assignment Multiple Access) 임의할당방식
   - 각 지구국의 전송정보 발생시, 즉시 임의슬롯을 할당하는 방식

**04** 공중(패킷)데이터 교환망(PSDN)에서 이용 가능한 패킷교환방식 2가지를 쓰시오.

[기출] 16_2회 / 14_4회 / 13_2회

> **정답**
>
> 1) 가상회선 패킷교환(Virtual Circuit Packet Switching)
> 2) 데이터그램 패킷교환(Datagram Packet Switching)

**05** 광섬유 케이블에 관한 다음의 질문에 답하시오. (8점)  [기출] 21_1회 / 16_1회 / 13회_2회
1) 광전송과 관련된 법칙은 무엇인가?
2) FTTH 전송망에서 송신측 사용되는 발광소자 2개를 쓰시오.
3) 수광소자 2개를 쓰시오.
4) 재료분산과 구조분산이 서로 상쇄되어 분산이 0이 되는 레이저 파장대역을 쓰시오.

> **정답**
>
> 1) 스넬의 법칙
>    - $n1\sin\theta_1 = n2\sin\theta_2$, $n$ : 매질(1,2) 굴절률, $\theta$ : 매질(1,2) 입사각
>    - 광선이 서로 다른 매질의 경계면에 비스듬히 입사할 때, 입사각, 반사각, 굴절각과의 관계를 나타내는 법칙
> 2) 발광소자 : ① LED(Light Emitting Diode) ② LD(Laser Diode)
> 3) 수광소자 : ① PD(Photo Diode) ② APD(Avalanche Photo Diode)
> 4) 1310nm
>    - 영분산점은 1310nm 부근대로 재료분산과 구조분산이 서로 상쇄되도록 설계됨

**06** IPv4 프로토콜의 특징 5가지를 쓰시오. (10점)     [기출] 18_4회 / 15_4회 / 13_2회

> **정답**
>
> 1. 32bit 주소길이를 갖고 8비트씩 4부분 10진수로 표시
> 2. 주소할당 Class(A,B,C,D,E)로 할당, 네트워크 주소와 호스트 주소로 구분
> 3. 사용가능 주소가 $2^{32}$ = 43억개로 부족
> 4. QoS가 곤란하며, 보안성 미흡함 IPSec 별도설치
> 5. IPv4는 유니캐스트, 멀티캐스트, 브로드캐스트로 구분하며, IPv6는 유니캐스트, 멀티캐스트, 애니캐스트로 구분

**07** ARP는 ( )bit IP주소를 ( )bit MAC 물리주소로 변환시켜주는 프로토콜이다. (6점)

[기출] 13_2회

> **정답**
>
> 1) 32    2) 48

**08** RIP은 ( ① )를 이용하는 가장 대표적인 라우팅 프로토콜로 ( ① )라는 그것은 ( ② )수를 모아놓은 정보를 근거로 ( ③ )테이블을 작성하는 것이다. (6점)

[기출] 22_4회(유사)/ 21_1회 / 13_2회

> **정답**
>
> ① 거리벡터(Distance Vector) ② 홉(Hop) ③ 동적 라우팅(Dynamic Routing)

### 09. 정보통신공사업법령의 기술계 정보통신기술자 4등급을 쓰시오. (8점)

[기출] 17_1회 / 13_2회

> **정답**
>
> 정보통신 기술자격자 4등급 : 특급기술자, 고급기술자, 중급기술자, 초급기술자
> ※ 정보통신공사업법 시행령 [별표6] 정보통신기술자의 자격

### 10. 접지설비, 구내통신설비, 선로설비 및 통신공동구 등에 대한 기술기준에 따른 지중통신선의 시설공법에 대한 설명이다. 다음 괄호 안에 들어갈 알맞은 것을 보기에서 찾아 쓰시오. (10점)

[기출] 14_4회 / 13_2회

[보기] 30cm, 60cm, 90cm, 1.2m, 옹벽, 격벽, 부식, 누전, 휴즈·개폐기, 스위치

지중통신선을 지중강전류선으로부터 ① (지중강전류전선이 특별 고압일 경우에는 ②) 이내의 거리에 설치하는 경우에는 지중통신선과 지중강전류전선간에는 설치장소에서 발생할 수 있는 화염에 견딜 수 있는 ③을 설치하여야 한다. 지중통신선의 금촉체의 피복 또는 관로는 지중강전류전선의 금속체의 피복 또는 관로와 전기적 접촉이 있어서는 아니 된다. 다만, 전기철도 또는 전기궤도의 귀선으로부터 누출되는 직류전선에 의한 ④ 또는 강전류 설비로부터 전기통신설비에 유입되는 위험 전류를 방지하거나 제한하기 위하여 ⑤ 또는 이와 유사한 보안장치를 통하여 접속하는 경우에는 예외로 할 수 있다.

> **정답**
>
> ① 30cm
> ② 60cm
> ③ 격벽
> ④ 부식
> ⑤ 휴즈·개폐기

※ 접지설비·구내통신설비·선로설비 및 통신공동구등에 대한 기술기준 제21조(지중통신선)
① 지중통신선을 지중강류전선으로부터 30cm(지중강류전선이 특고압일 경우에는 60cm)이내의 거리에 설치하는 경우에는 지중통신선과 지중강류전선간에는 설치장소에서 발생할 수 있는 화염에 견딜 수 있는 격벽을 설치하여야 한다. 다만, 전기용품안전관리법에 의한 전기용품기술기준 중 수직트레이 불꽃시험에 적합한 보호피복을 사용하고 상호 접촉되지 아니하도록 설치하는 경우로서 지중강류전선 설치자의 승낙을 얻은 경우에는 예외로 할 수 있다.
② 지중통신선의 금속체의 피복 또는 관로는 지중강류전선의 금속체의 피복 또는 관로와 전기적 접촉이 있어서는 아니된다. 다만, 전기철도 또는 전기궤도의 귀선으로부터 누출되는 직류전선에 의한 부식 또는 강전류 설비로부터 방송통신설비에 유입되는 위험전류를 방지하거나 제한하기 위하여 휴즈·개폐기 또는 이와 유사한 보안장치를 통하여 접속하는 경우에는 예외로 할 수 있다.

## 11

용역업자가 공사완료 후 7일 이내에 감리결과를 발주자에게 통보해야 한다. 이때 포함되어야 할 준공계 서류항목 3가지를 쓰시오. (9점)    [기출] 24_4회 / 22_4회 / 13_2회

### 정답

정보통신공사업법 시행령 제14조(감리결과의 통보) 기준
용역업자는 법 제11조에 따라 공사에 대한 감리를 완료한 때에는 공사가 완료된 날부터 7일 이내에 다음 각 호의 사항이 포함된 감리결과를 발주자에게 통보하여야 한다.
1. 착공일 및 완공일
2. 공사업자의 성명
3. 시공 상태의 평가결과
4. 사용자재의 규격 및 적합성 평가결과
5. 정보통신기술자배치의 적정성 평가결과

PCM 전송 최고주파수가 4KHz, 양자화비트수 8bit일 때 1개 채널당 정보전송량과 24채널로 TDM 다중화하여 전송할 때 전송속도를 쓰시오. (6점)  [기출] 13_2회

정답

1. 1개 채널 정보전송량 = 64Kbps
    - 8Bit 부호화 × 8,000프레임 / sec = 64Kbps
2. T1 전송속도 : 1.544Mbps
    - 193Bit / 프레임 × 8,000프레임 / sec = 1.544Mbps
    - 24개의 가입자 채널과 하나의 F비트로 1개 T1 프레임을 구성하며, T1 주기(T) : 125μsec

 케이블손실 -0.5dB / km 이고 시작점의 전력이 4mW일 때, 40Km지점에서 신호전력은 몇 mW인가? (5점)  [기출] 14_4회 / 13_2회

정답

1) 0.04mW

계산식 :

| 입력 전력 | 케이블 손실 | 전송로 | 총 전송손실 | 신호전력 |
|---|---|---|---|---|
| 4mW | -0.5dB / Km | 40Km | -20dB | ? |

$$dB = 10\log \frac{P_{o(출력)}}{P_{i(입력)}}$$

$$-20dB = 10\log 10^{-2} = 10\log \frac{P_{o(출력)}}{4mW} \text{ 에서, } 10^{-2} = \frac{P_{0(출력)}}{4mw}$$

$$\therefore P_{0(출력)} = 0.04mW$$

**14** 접지선은 접지 저항이 ( ① )이하인 경우에는 2.6mm이상, 접지 저항값이 100Ω이하인 경우에는 직경 ( ② )이상의 PVC 피복 동선 또는 그 이상의 절연효과가 있는 전선을 사용하고 접지극은 부식이나 토양오염 방지를 고려한 도전성 재료를 사용한다. 단, 외부에 노출되지 않는 접지선의 경우에는 피복을 아니 할 수 있다. (6점)

[기출] 24_2회 / 21_2회(유사) / 20_1회(유사) / 18_4회(유사) / 18_2회(유사) / 13_2회(유사)

### 정답

① 10Ω
② 1.6mm

※ 접지설비·구내통신설비·선로설비 및 통신공동구등에 대한 기술기준 제5조(접지저항 등)
  ① 교환설비·전송설비 및 통신케이블과 금속으로 된 단자함(구내통신단자함, 옥외분배함 등)·장치함 및 지지물 등이 사람이나 방송통신설비에 피해를 줄 우려가 있을 때에는 접지단자를 설치하여 접지하여야 한다.
  ② 통신관련시설의 접지저항은 10Ω 이하를 기준으로 한다. 다만, 다음 각호의 경우는 100Ω 이하로 할 수 있다.
    1. 선로설비중 선조·케이블에 대하여 일정 간격으로 시설하는 접지(단, 차폐케이블은 제외)
    2. 국선 수용 회선이 100회선 이하인 주배선반
    3. 보호기를 설치하지 않는 구내통신단자함
    4. 구내통신선로설비에 있어서 전송 또는 제어신호용 케이블의 쉴드 접지
    5. 철탑이외 전주 등에 시설하는 이동통신용 중계기
    6. 암반 지역 또는 산악지역에서의 암반 지층을 포함하는 경우등 특수 지형에의 시설이 불가피한 경우로서 기준 저항값 10Ω을 얻기 곤란한 경우
    7. 기타 설비 및 장치의 특성에 따라 시설 및 인명 안전에 영향을 미치지 않는 경우
  ③ 통신회선 이용자의 건축물, 전주 또는 맨홀 등의 시설에 설치된 통신설비로서 통신용 접지시공이 곤란한 경우에는 그 시설물의 접지를 이용할 수 있으며, 이 경우 접지저항은 해당 시설물의 접지기준에 따른다. 다만, 전파법시행령 제24조의 규정에 의하여 신고하지 아니하고 시설할 수 있는 소출력중계기 또는 무선국의 경우, 설치된 시설물의 접지를 이용할 수 없을 시 접지하지 아니할 수 있다.
  ④ 접지선은 접지 저항값이 10Ω이하인 경우에는 2.6mm이상, 접지 저항값이 100Ω이하인 경우에는 직경 1.6mm이상의 피·브이·씨 피복 동선 또는 그 이상의 절연효과가 있는 전선을 사용하고 접지극은 부식이나 토양오염 방지를 고려한 도전성 재료를 사용한다. 단, 외부에 노출되지 않는 접지선의 경우에는 피복을 아니할 수 있다.
  ⑤ 접지체는 가스, 산 등에 의한 부식의 우려가 없는 곳에 매설하여야 하며, 접지체 상단이 지표로부터 수직 깊이 75cm 이상되도록 매설하되 동결심도보다 깊도록 하여야 한다.
  ⑥ 사업용방송통신설비와 전기통신사업법 제64조의 규정에 의한 자가전기통신설비 설치자는 접지저항을 정해진 기준치를 유지하도록 관리하여야 한다.
  ⑦ 다음 각 호에 해당하는 방송통신관련 설비의 경우에는 접지를 아니할 수 있다.
    1. 전도성이 없는 인장선을 사용하는 광섬유케이블의 경우
    2. 금속성 함체이나 광섬유 접속등과 같이 내부에 전기적 접속이 없는 경우

## 3  2013년도 4회

**01** 데이터 전송에서 "데이터 투명성"에 대하여 기술하고, '0'bit 삽입법을 설명하시오. (8점)

[기출] 13_4회

> **정답**

비트 스터핑 (bit stuffing) 방식으로 실제 데이터 내부에 동일한 비트 배열이 있게되는 경우를 방지하기 위해
1) 송신 : 수신자가 Flag와 정보부 데이터를 혼동하지 않기위해 전송된 정보데이터 중 1이 연속으로 5개오면 0을 추가하고,
2) 수신 : 수신부에서는 채워넣기(Stuffing) 여부를 판독하여 채워 넣은 비트를 제거

| Flag | 주소부 | 제어부 | 정보부 | FCS | Flag |
|---|---|---|---|---|---|
| 01111110 | 8bit | 8bit | 임의 | 16bit | 01111110 |

| 정보데이터 중 "11111" 있으면 |
|---|
| [ 송신 ] : "11111" → "111110"  0비트 삽입 |
| [ 수신 ] : "111110" → "11111"  0비트 제거 |

**02** 10단 시프트 레지스터에 의한 PN(의사잡음)부호 발생기수 최장부호 길이를 쓰시오.(시퀀스 모드 0 제외) (6점)

[기출] 13_4회

> **정답**

부호길이 : 1023
1) 시프트 레지스터(N) : 10단
2) 부호길이 = $2^N - 1 = 2^{10} - 1 = 1,023$

**03** CDMA 통신시스템에서 순방향 및 역방향 채널의 종류를 쓰시오. (6점) [기출] 13_4회

정답

국내 2G CDMA IS(Interim Standard)-95 기준
1) 순방향 채널 : Pilot, Paging, Synch, Traffic 채널
   - 기지국 → 사용자 단말 방향

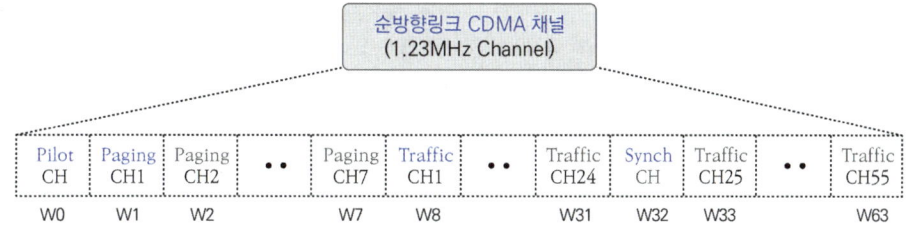

2) 역방향 채널 : Access, Traffic 채널
   - 사용자 단말 → 기지국 방향

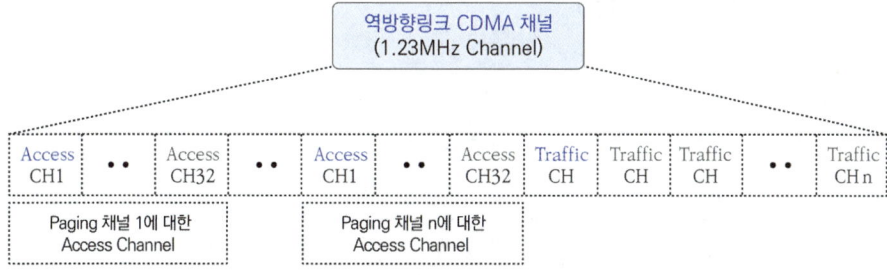

**04** 반송파의 진폭과 위상을 이용하여 데이터를 전송하는 변조방식을 쓰시오. (3점)

[기출] 20_4회 / 17_4회 / 13_4회

정답

QAM (Quadrature Amplitude Modulation)

**05** 10G Ethernet 3가지 형식과 전송매체 3가지에 대해서 쓰시오. (6점)

[기출] 15_2회 / 13_4회

**정답**

1) 10GBase-T : UTP CAT.6A cable, 10G Baseband _ current
2) 10GBASE-CX4 : Twin axial balanced copper cable, 10G Baseband _ legacy
3) 10GBASE-SW 등 다양 : 광케이블(Fiber), 10G Baseband _ current

**06** TCP/IP 상위계층 응용계층 프로토콜의 하나로 컴퓨터간에 전자우편을 전송하기 위한 프로토콜을 쓰시오. (4점)

[기출] 18_4회 / 16_2회 / 13_4회

**정답**

SMTP(Simple Mail Transfer Protocol)
※ 응용계층 프로토콜 예
  1) HTTP(HyperText Transfer Protocol)
     HyperText를 전달하기 위한 TCP/IP 상위레벨의 프로토콜로 클라이언트가 서버에서 보내는 요청 메시지(Request Message), 반대로 서버가 클라이언트에게 보내는 응답 메시지(Reply Message)가 있음, 전송(Transport) 계층 TCP/80포트
  2) SMTP(Simple Mail Transfer Protocol)
     인터넷에서 전자우편을 전송할 때 이용되는 표준 프로토콜로 기본 동작은 메일을 전송하는 SMTP 클라이언트의 명령 전송과 이에 대한 메일을 수신하는 SMTP 서버의 응답으로 이루어짐, 전송(Transport) 계층 TCP / 25포트
  3) FTP(File Transfer Protocol)
     인터넷상에서 한 컴퓨터에서 다른 컴퓨터로 파일전송을 지원하는 통신규약, 전송(Transport) 계층 TCP / 21 제어 포트, TCP / 20 데이터 포트

**07** 정보통신 네트워크가 대형화 또는 복잡화 되어가며 네트워크 관리의 중요성이 증가하고 있다. 네트워크에 연결된 수많은 구성요소로부터 각종 정보를 수집, 제어, 관리 등을 통해 네트워크 운용을 지원하는 망관리시스템을 NMS 또는 TMN이며, 주요 망관리시스템 수행기능 5가지를 쓰고, 각각의 기능에 대하여 간략 서술하시오. (5점) [기출] 22_2회 / 21_1회 / 16_1회 / 13_4회

> **정답**

1) 구성(Configuration) 관리 : 네트워크 구성요소 추가, 삭제등 상태관리
2) 장애(Fault) 관리 : 네트워크 장애 검출 및 조치, 이력관리
3) 성능(Performance) 관리 : 네트워크 구성요소 성능관리
4) 보안(Security) 관리 : 네트워크 사용자 접근권한 관리
5) 계정(Account) 관리 : 네트워크 사용자 자원사용 현황 및 권한관리
※ TMN은 NMS 대비 기간통신사업자 망관리로 과금기능이 보강되어 있으며, 나머지 기능은 동일함

**08** 자신에게 연결된 소규모 회선 또는 네트워크로부터 데이터를 모아 고속의 대용량으로 전송할 수 있는 대규모 전송회선 및 통신망을 지칭하여 (    )이라고 한다. (6점)

[기출] 23_4회 / 17_4회 / 15_1회 / 13_4회

> **정답**

백본망 (Backbone Network)

## 09. 정보통신공사 착수단계에서 검토되어야 할 설계도서 5가지는 무엇인지 쓰시오.

[기출] 19_2회 / 18_4회 / 15_1회 / 13_4회 / 13_1회 / 12_1회

**정답**

1) 공사 계획서
2) 공사 설계도면[계통도, 배관도, 배선도, 접속도(시공상세도) 등]
3) 공사 설계설명서(시방서)
4) 공사비 명세서(설계 예산서, 정보통신공사 내역서)
5) 공사 기술계산서(정보통신 계산서) 및 이와 관련된 서류

※ "설계"란 공사에 관한 계획서, 설계도면, 설계설명서, 공사비명세서, 기술계산서 및 이와 관련된 서류(이하 "설계도서"라 한다)를 작성하는 행위를 말한다. - 정보통신공사업법 제2조 정의

## 10. 감리원 등급을 4가지로 구분하여 쓰시오. (8점)

[기출] 13_4회

**정답**

정보통신공사업법 시행령 [별표2] 감리원의 등급 기준

1. 특급감리원
2. 고급감리원
3. 중급감리원
4. 초급감리원

※ 정보통신공사업법 시행령 제11조(감리원의 배치기준 등) 기준
   1. 총공사금액 100억원 이상 공사 : 기술사
   2. 총공사금액 70억원 이상 100억원 미만인 공사 : 특급감리원
   3. 총공사금액 30억원 이상 70억원 미만인 공사 : 고급감리원 이상의 감리원
   4. 총공사금액 5억원 이상 30억원 미만인 공사 : 중급감리원 이상의 감리원
   5. 총공사금액 5억원 미만의 공사 : 초급감리원 이상의 감리원

**11** 다음 괄호 안을 채우시오.　　　　　　　　　　　　　　　　　　　　　　　　　　　[기출] 13_4회

> 도로상에 설치되는 가공통신선의 높이는 도로상 노면 ( 가 )m 이상으로 한다. 다만, 교통에 지장을 줄 우려가 없고 시공상 불가피 할 경우 보도와 차도의 구별이 있는 보도상에서는 ( 나 )m 이상으로 한다.

### 정답

(가) 4.5m
(나) 3m

※ 접지설비·구내통신설비·선로설비 및 통신공동구등에 대한 기술기준　제11조(가공통신선의 높이)
　① 설치장소 여건에 따른 가공통신선의 높이는 다음 각호와 같다.
　　　1. 도로상에 설치되는 경우에는 노면으로부터 4.5m이상으로 한다. 다만, 교통에 지장을 줄 우려가 없고 시공상 불가피할 경우 보도와 차도의 구별이 있는 도로의 보도상에서는 3m이상으로 한다.
　　　2. 철도 또는 궤도를 횡단하는 경우에는 그 철도 또는 궤조면으로 부터 6.5m이상으로 한다. 다만, 차량의 통행에 지장을 줄 우려가 없는 경우에는 그러하지 아니하다.
　　　3. 7,000V를 초과하는 전압의 가공강전류전선용 전주에 가설되는 경우에는 노면으로부터 5m이상으로 한다.
　　　4. 제1호 내지 제3호 및 제3항 이외의 기타지역은 지표상으로부터 4.5m이상으로 한다. 다만, 교통에 지장을 줄 염려가 없고 시공상 불가피한 경우에는 지표상으로부터 3m이상으로 할 수 있다.
　② 가공선로설비가 하천 등을 횡단하는 경우에는 선박 등의 운행에 지장을 줄 우려가 없는 높이로 설치하여야 하며, 헬리콥터 등의 안전운항에 지장이 없도록 안전표지(항공표지등)가 설치되어야 한다.

**12** 비트에러율(BER) $5 \times 10^{-5}$ 인 전송회선에 2,400[bps] 전송속도로 10분 동안 데이터를 전송하는경우 최대 블록에러율을 구하시오. (8점) (단, 한 블록의 크기는 511비트로 구성)

[기출] 24_2회 / 21_2회 / 16_2회 / 13_4회

> 정답

블록에러율 $= 2.56 \times 10^{-2}$

계산식 : $BER = \dfrac{\text{총에러비트수}}{\text{총전송비트수}}$, 문제 기준에 따라 에러와 오류를 혼용

$5 \times 10^{-5} = \dfrac{\text{총에러비트수}}{2400bps \times 600\sec(10\text{분})}$ 에서

총에러비트수 $= 5 \times 10^{-5} \times 2.4 \times 6 \times 10^{5} = 5 \times 2.4 \times 6 = 72\,bit$

총전송블록수 $= \dfrac{\text{총전송비트수}}{\text{블록}(511bit)} = \dfrac{2400bps \times 600\sec}{511}$
$= 2,818.0039 \simeq 2,819$ 블록 (큰 블록수로 수렴)

오류발생블록수 $=$ 최대 72개 블록으로 가정
(블록별 1개 $bit$ 에러 발생)

$\therefore$ 블록에러율 $= \dfrac{\text{오류발생블록수}}{\text{총전송블록수}} = \dfrac{72}{2,819} = 0.02554 \simeq 2.56 \times 10^{-2}$

---

**13** 하드웨어적이 아닌 문제를 점검하는 것으로 네트워크상에서 흐르는 데이터 프레임(Data Frame)을 캡처하고 디코딩하여 분석하며, LAN의 병목현상, 응용프로그램 실행오류, 프로토콜 설정오류, 네트워크 카드의 충돌오류 등을 분석하는 장비는? (4점)

[기출] 20_2회(유사) / 19_2회 / 18_4회 / 16_2회 / 13_4회

> 정답

프로토콜 분석기(Protocol Analyzer)
- 명칭 다양 (Packet Analyzer, Protocol Analyzer, Packet Network Analyzer, Packet Sniffer 프로토콜 애널라이저, 프로토콜 분석기, 패킷 스니퍼, 패킷 분석기)
  - 예) 와이어샤크 등

**14** 아래와 같이 전송로를 구성하였다. 전송로 손실은 몇 dB인지 소수점 둘째자리까지 계산하시오. (4점)  [기출] 22_2회 / 13_4회

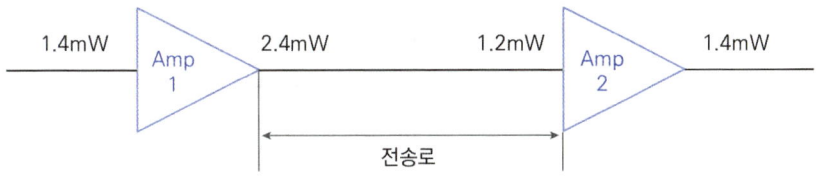

### 정답

손실 3.01dB

[풀이과정]
전송로 손실 = AMP1 출력 − AMP2 입력 = 3.80 − 0.79 = 3.01[dB]

$$10\log\frac{2.4mW}{1.2mW} = 10 \times 0.301 = 3.01[dB]$$

| AMP1 입력 | AMP1 Gain | AMP1 출력 | 전송손실 | AMP2 입력 | AMP2 Gain | AMP2 출력 |
|---|---|---|---|---|---|---|
| 1.46dBm | 2.34dB | 3.80dBm | 3.01dB | 0.79dBm | 0.68dB | 1.46dBm |
| 1.4mW | − | 2.4mW | | 1.2mW | − | 1.4mW |

**15** 다음 오실로스코프 파형을 보고 물음에 답하시오. (9점)     [기출] 13_4회

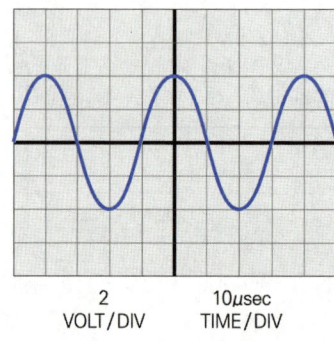

1) 첨두치전압
2) 주기
3) 주파수

### 정답

1) 첨두치 전압 : $8V_{PP}$
   - 수직 4칸 × 2V / 1칸 = $8V_{PP}$
2) 주기 : $40\mu sec$
   - 수평 4칸 × $10\mu sec$ / 1칸 = $40\mu sec$
3) 주파수 : 25KHz
   - 주파수 = $\dfrac{1}{주기(T)} = \dfrac{1}{40\times 10^{-6}\sec} = 25,000\,Hz$

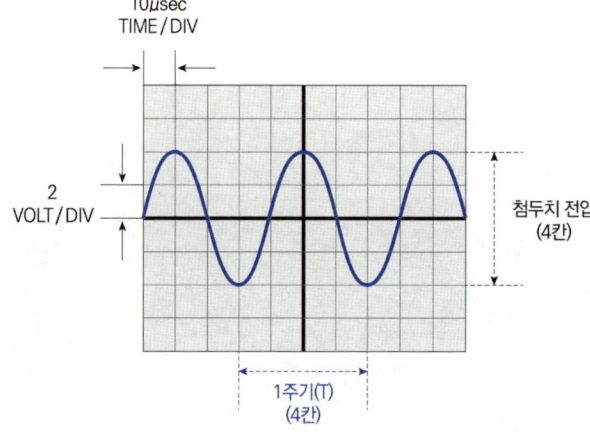

# 13절 2012년도 기출풀이

## 1 2012년도 1회

**01** PSK 8개 위상을 하나의 변조신호를 통해 몇 개의 비트 전송이 가능한가? (4점)

[기출] 12_1회

**정답**

3비트(Bit)
데이터신호 전송속도 $C[bps] = nB = \log_2 M \times B$, $B[Baud]$ $M$은 $8PSK$에서 $M=8$
$n = \log_2 M = \log_2 8 = \log_2 2^3 = 3$
$\therefore n = 3[bit/Symbol]$

**02** PCM 양자화잡음의 원인과 개선방법 3가지를 쓰시오. (6점)

[기출] 12_1회

### 정답

1. PCM 양자화잡음의 원인 : 아날로그 입력신호 대비 양자화 레벨사이의 필연적인 오차발생
2. 개선방법
    1) 양자화 스텝수를 증가(부호화 비트수를 증가)
    2) 비선형 양자화 사용
    3) 압신기(압축+신장) 사용

## 03  HDLC 감시프레임(S-FRAME)에서 사용되는 4개 명령어를 쓰시오. (4점)

[기출] 14_2회 / 12_1회

### 정답

① Code ( "00" ) : RR (Receive Ready)
② Code ( "01" ) : REJ (Reject)
③ Code ( "10" ) : RNR (Receive Not Ready)
④ Code ( "11" ) : SREJ (Selective Reject)

감시 프레임(S Frame) : Supervision Frame
- I Frame 제어와 에러제어 등과 같은 제어정보 Frame으로 정보부가 없음

| Flag | 주소부 | 제어부 | CRC | Flag |
|---|---|---|---|---|
| 01111110 | 8bit | 8bit | 16bit | 01111110 |

| 1 | 0 | Code | | P/F<br>Poll /<br>Final Bit | N(R) : Sequence Number Of<br>Next Frame expected | | |

① Code ( "00" ) : RR (Receive Ready)
② Code ( "01" ) : REJ (Reject)
③ Code ( "10" ) : RNR (Receive Not Ready)
④ Code ( "11" ) : SREJ (Selective Reject)

**04** 다음 괄호 안에 알맞은 용어를 쓰시오. (3점)

[기출] 19_2회 / 18_4회 / 17_4회 / 16_2회 / 12_2회 / 12_1회

( )는 비연결형 데이터그램 전달서비스를 제공하는 프로토콜로 메시지를 세그먼트로 나누지 않고 블록의 형태로 전송하며 재전송이나 흐름제어를 제어하기 위한 피드백을 제공하지 않는다.

**정답**

UDP (User Datagram Protocol)

**05** OSI 7Layer 모델과 TCP / IP 프로토콜 스택과의 비교표의 빈칸을 채우시오. (5점)

[기출] 16_2회 / 12_1회

| 계층 | OSI 7Layer RM | TCP / IP 프로토콜 스택 |
|---|---|---|
| 7계층 | 응용 계층(Application) | 응용 계층(Application) |
| 6계층 | ① | |
| 5계층 | ② | |
| 4계층 | 전송 계층(Transport) | ④ |
| 3계층 | 네트워크 계층(Network Layer) | 인터넷(Internet) |
| 2계층 | ③ | ⑤ |
| 1계층 | 물리 계층(Physcial) | |

**정답**

① 프리젠테이션 계층 (Presentation)
② 세션 계층 (Session)
③ 데이터링크 계층 (Data Link)
④ 전송 계층 (Transport)
⑤ 네트워크 액세스 (Network Access)

| 계층 | OSI 7Layer RM | TCP / IP 프로토콜 스택 |
|---|---|---|
| 7계층 | 응용 계층 (Application) | 응용 계층 (Application) |
| 6계층 | 프리젠테이션 계층 (Presentation Layer) | |
| 5계층 | 세션 계층 (Session) | |
| 4계층 | 전송 계층 (Transport) | 전송 계층 (Transport) |
| 3계층 | 네트워크 계층 (Network) | 인터넷 (Internet) |
| 2계층 | 데이터링크 계층 (Data Link) | 네트워크 액세스 (Network Access) |
| 1계층 | 물리 계층 (Physcial) | |

**06** 다음은 패킷교환방식에 대한 설명에서 괄호안에 알맞은 말을 쓰시오. (3점) [기출] 12_1회

각 패킷을 전송 전 논리적인 사전 경로(route)를 구성하여 순서에 따라 전달하는 방식은 ( 1 )방식으로 신뢰성있는 전송이 가능하며, 각 패킷을 전송 전 사전 경로(route) 구성없이 독립적, 무작위로 전달하는 ( 2 )방식은 사전 경로구축 시간이 불필요하고 Deadlock시 융통성이 있어 신속한 대처가 가능하다.

> **정답**
>
> 1. 가상회선 패킷교환(Virtual Circuit Packet Switching)
> 2. 데이터그램 패킷교환(Datagram Packet Switching)

**07** 위성통신에서 사용하는 다원접속방법을 회선할당 측면에서 3가지를 쓰고 간단히 설명하시오. (6점)

[기출] 20_1회 / 13_2회 / 12_1회

> **정답**
>
> 1) PAMA(Pre Assignment Multiple Access) 사전할당방식
>    - 각 지구국(E/S, Earth Station)에 고정슬롯을 사전할당해주는 방식
> 2) DAMA(Demand Assignment Multiple Access) 요구할당방식
>    - 각 지구국의 채널요구에 따라 중앙지구국이 채널을 할당해주는 방식
> 3) RAMA(Random Assignment Multiple Access) 임의할당방식
>    - 각 지구국의 전송정보 발생시, 즉시 임의슬롯을 할당하는 방식

**08** 정보통신설비를 구성하기 위한 정보통신공사 설계 3단계를 서술하시오. (3점)

[기출] 24_2회 / 17_4회 / 15_4회 / 13_1회

1단계
2단계
3단계

> **정답**
>
> 1단계 계획설계
> 2단계 기본설계
> 3단계 실시설계

## 09 정보통신공사업법에서 규정하는 감리원의 업무범위 5가지를 서술하시오. (5점)

[기출] 23_4회 / 23_2회일 / 17_2회 / 15_2회 / 14_1회 / 12회_1회

### 정답

정보통신공사업법 시행령 제12조(감리원의 업무범위) 기준
1. 공사계획 및 공정표의 검토
2. 공사업자가 작성한 시공상세도면의 검토·확인
3. 설계도서와 시공도면의 내용이 현장조건에 적합한지 여부와 시공가능성 등에 관한 사전검토
4. 공사가 설계도서 및 관련규정에 적합하게 행하여지고 있는지에 대한 확인
5. 공사 진척부분에 대한 조사 및 검사
6. 사용자재의 규격 및 적합성에 관한 검토·확인
7. 재해예방대책 및 안전관리의 확인
8. 설계변경에 관한 사항의 검토·확인
9. 하도급에 대한 타당성 검토
10. 준공도서의 검토 및 준공확인

## 10 정보통신공사 착수단계에서 검토되어야 할 설계도서 5가지는 무엇인지 쓰시오.

[기출] 19_2회 / 18_4회 / 15_1회 / 13_4회 / 13_1회 / 12_1회

### 정답

1) 공사 계획서
2) 공사 설계도면[계통도, 배관도, 배선도, 접속도(시공상세도) 등]
3) 공사 설계설명서(시방서)
4) 공사비 명세서(설계 예산서, 정보통신공사 내역서)
5) 공사 기술계산서(정보통신 계산서) 및 이와 관련된 서류

※ "설계"란 공사에 관한 계획서, 설계도면, 설계설명서, 공사비명세서, 기술계산서 및 이와 관련된 서류(이하 "설계도서"라 한다)를 작성하는 행위를 말한다. - 정보통신공사업법 제2조 정의

**11** Home Network 기술 중에서 전력선 통신기술의 단점 3가지는 무엇인가? (3점)

[기출] 17_2회 / 12_1회

**정답**

| 항 목 | 내 용 |
|---|---|
| 블로킹 필터 필요 | 전력선 방식을 적용할 경우에만 블로킹필터 설치공간을 확보 필요<br>• 3상 4선식 : 150mm × 200mm × 60mm<br>• 단상 2선식 : 70mm × 160mm × 60mm |
| 부하간섭 영향 | 기존 건물에 배선된 전력공급선을 이용하여 통신구현 기술로 사용하는 부하(에어콘, 냉장고, TV 등) 변동에 따라 통신용량 영향 |
| 신호감쇠 (Attenuation) | 기존 건물에 배선된 전력공급선을 통하여 전기와 통신 Data를 공용 이용하여 부하변동에 따라 통신신호의 높은 감쇠 영향<br>• 통신신호의 변압기(TR, Transformer) 통과 등 제한적임 |
| 잡음(Noise) 영향이 큼 | 부하내 전동기나 모터 등에 의한 부하변동에 따라 잡음 영향 |

※ 전력선통신은 전력공급선을 매체로 이용하여 행하는 통신을 말하며, 표준화 미흡함
※ 블로킹 필터 : 세대내 전력선통신 신호가 다른 세대로 넘어가지 않도록 하는 필터 장치로서 세대분전반, 전력량계함 또는 별도의 공간에 설치되는 기기로써 세대분기차단기 이전에 설치됨

**12** 신호대 잡음비(S/N)가 30[dB]일 때, 대역폭 3400[Hz]이라고 한다면 채널의 전송용량을 구하는 식을 적으시오. (3점)

[기출] 12_1회

**정답**

33,888[bps]

$$C = B\log_2\left(1 + \frac{S}{N}\right) [bps] = 3400\log_2(1+1000) = 3400\log_2(1001) = 3400\frac{\log_{10}1001}{\log_{10}2}$$
$$= 33,888[bps]$$

C : 통신채널용량 [bps], B : 채널의 대역폭(Bandwidth) [Hz], S/N : 신호대 잡음비

## 2 2012년도 2회

**01** 단위 보(Baud)가 쿼드비트(Quad bit)이고 Baud 속도가 4800[Baud]일 때 이 전송선로 상의 신호속도는 얼마인가? [기출] 12_2회

정답

19,200 [bps]

데이터신호 전송속도 $C[bps] = nB = \log_2 M \times B$, $B[Baud]$ $M$은 $Quad$는 $4(16QAM$ 등)에서 $M = 16$
$= \log_2 16 \times B = \log_2 2^4 \times B = 4 \times B$, $B = 4,800[Baud]$ 입력하면
$= 4 \times 4,800$
∴ $C = 19,200 [bps]$

**02** 네트워크관리 구성모델에서 Manager 프로토콜 구조이다. A B C D E에 해당되는 요소를 상위계층부터 보기에서 찾아 완성하시오. (5점) [기출] 19_4회 / 16_1회 / 12_2회

| A |
|---|
| B |
| C |
| D |
| E |

[ 보기 ] : SNMP, IP, TCP, UDP, PHYSICAL, MAC

**정답**

| |
|---|
| SNMP |
| UDP |
| IP |
| MAC |
| PHYSICAL |

**03** 호스트 IP 주소를 호스트와 연결된 MAC 주소로 변환하기 위해 사용하는 프로토콜과 반대로 MAC 주소를 IP 주소로 변환할 때 사용되는 프로토콜의 명칭을 각각 쓰시오. (6점)

[기출] 23_2회 / 22_1회(유사) / 19_4회(유사) / 15_1회(유사) / 12_2회(유사)

**정답**

1. ARP (Address Resolution Protocol)
2. RARP (Reverse Address Resolution Protocol)

**04** 다음 괄호안에 알맞은 말을 넣어 완성하시오. (3점)  [기출] 17_2회 / 12_2회

> IP주소(Address)체계에서 C클래스는 네트워크 주소를 첫 번째, 두 번째, 세 번째 비트가 각각 ( 가 ), ( 나 ), ( 다 )인 주소이며 네트워크 주소범위는 192.0.0.0 ~ 223.255.255.255 이고 호스트 주소는 0 ~ 255이다.

**정답**

(가) 1 (나) 1 (다) 0

## 05. ATM 셀 구조를 나타내시오. (4점)

[기출] 23_2회토 / 19_1회(유사) / 17_4회(유사) / 15_4회(유사) / 12_2회

### 정답

1) ATM셀 = 53 Byte이며, 5 Byte헤더와 48 Byte 유료부하(Pay Load)로 구성

| Header<br>(5 Byte) | Pay Load<br>(48 Byte) |
|---|---|

2) UNI (User-Network Interface)에서의 구성

| GFC<br>(4bit) | VPI<br>(8bit) | VCI<br>(16bit) | type<br>(3bit) | CLP<br>(1bit) | HEC<br>(8bit) | Pay Load<br>(48Byte) |
|---|---|---|---|---|---|---|

- GFC (Generic Flow Control, 4 bit)
- VPI (Virtual Path Identifier : UNI에서는 8 bit)
- VCI (Virtual Channel Identifier, 16 bit)
- Type (PT, Payload Type) (3 bit)
- CLP (Cell Loss Priority, 1 bit)
- HEC (Header Error Control, 8 bit)

3) NNI (Network Node Interface)에서의 구성

| VPI<br>(12bit) | VCI<br>(16bit) | type<br>(3bit) | CLP<br>(1bit) | HEC<br>(8bit) | Pay Load<br>(48Byte) |
|---|---|---|---|---|---|

- VPI (Virtual Path Identifier : 12 bit )
- VCI (Virtual Channel Identifier, 16 bit)
- Type (PT, Payload Type) (3 bit)
- CLP (Cell Loss Priority, 1 bit)
- HEC (Header Error Control, 8 bit)

**06** 인터네트워킹(Internetworking)에 사용되는 장비 4가지를 간단히 설명하시오. (4점)

[기출] 23_2회일 / 22_1회(유사) / 12_2회

**정답**

1) 허브(Hub) : 1계층 장비로 멀티포트 리피터(Repeater) 단순 신호재생
   허브는 동일 Broadcasting Domain 및 동일 Collision Domain
2) 스위치(Switch) : 2계층 장비로 MAC주소 인식, 빠른 스위칭
   스위치는 동일 Broadcasting Domain이나 Collision Domain을 분리 가능
3) 라우터(Router) : 3계층 장비로 IP주소 인식, 다른 네트워크 연결
   라우터는 Broadcasting Domain 및 Collision Domain을 분리 가능
4) 게이트웨이(Gateway) : 7계층 장비로 이기종 프로토콜 연결

**07** 정보통신공사 설계시 원가를 구성하는 순공사비(공사원가), 총원가(총공사원가)를 구성하는 항목에 대해 쓰시오. (6점)

[기출] 23_2회토/ 22_4회(유사)/ 15_4회 / 12_2회

**정답**

표준품셈 기반 원가계산 기준
1) 순공사비(공사원가) : 재료비 + 노무비 + 경비
2) 총원가(총공사원가) : 순공사비(재료비 + 노무비 + 경비) + 일반관리비 + 이윤

| 총공사비 | 총원가<br>(총공사원가) | 순공사비<br>(공사원가) | 재료비 |
|---|---|---|---|
| | | | 노무비 |
| | | | 경비 |
| | | 일반관리비 | |
| | | 이윤 | |
| | 보험료 등 | | |
| | 부가가치세(VAT) | | |

## 08. 정보통신공사업법에서 규정한 "감리"에 대한 설명으로 감리원의 주요 3가지 관리업무로 다음 괄호안에 알맞은 말을 쓰시오. (6점)

[기출] 23_2회토 / 20_4회 / 18_2회 / 16_1회 / 15_2회 / 13_1회 / 12_2회

"감리란 공사에 대하여 발주자의 위탁을 받은 용역업자가 설계도서 및 관련규정의 내용대로 시공되는지를 감독하고, ( 가 ), ( 나 ) 및 ( 다 )에 대한 지도 등에 대한 발주자의 권한을 대행하는 것을 의미한다."

### 정답

가. 품질관리
나. 시공관리
다. 안전관리
- 정보통신공사업법 제2조(정의) 9.감리

## 09. 잡음이 있는 통신채널에서 신호대 잡음비(S/N)가 20[dB]이고 대역폭이 6,000[Hz]일 때, 주어진 조건을 이용하여 채널의 통신용량을 구하시오. (5점) [기출] 12_2회

### 정답

39.95[Kbps]
샤논의 정리는 채널상에 백색잡음(White Noise)이 존재한다고 가정한 상태임

$$C = B\log_2\left(1 + \frac{S}{N}\right) [bps] = 6K\log_2(1+100),\ B(\text{대역폭})은 6,000[Hz] = 6K[Hz]$$

$$= 6K\log_2(101) = 6K\frac{\log_{10}101}{\log_{10}2}[bps]$$

$$= 39.95[Kbps]$$

C : 통신채널용량 [bps], B : 채널의 대역폭(Bandwidth) [Hz], S/N : 신호대 잡음비(dB값 아닌 자연수값)

**10** VPN(Virtual Private Network)의 기능을 4가지만 기술하시오. (4점) [기출] 12_2회

**정답**

| 기능 | 세 부 내 용 |
|---|---|
| 1) 암호화 | • 터널링(캡슐화) 이전에 전체 암호화를 선행 수행하여 사적인 데이터를 보장함 |
| 2) 터널링 | • 2계층 ~ 4계층의 적정 터널링 기술을 이용 가상사설망 구성<br>예 IPSec : 3계층 |
| 3) 인증 | • VPN별 적정 인증방식 사용 |
| 4) 사설망 | • 기존의 공중망을 가상사설망(Virtual Private Network) 형태로 이용 구축비용 저렴 |

**11** 오실로스코프의 용도 5가지를 쓰시오. (4점) [기출] 23_2회토/ 20_1회 / 18_1회 / 12_2회

**정답**

① 주기측정 ② 전압측정 ③ 주파수측정 ④ 파형측정 ⑤ 리사주측정(주파수와 위상비교)

# 3  2012년도 4회

**01**  광섬유의 기본성질을 표시하는 광학적 파라미터 4가지를 적으시오. (4점)

[기출] 21_1회 / 12_4회

**정답**

| 광학적 파라메터 | 내용 |
|---|---|
| 1) 수광각<br>(Acceptance angle) | 광원으로부터 광섬유의 코어에 입사할 수 있는 입사각의 범위를 나타내며 최대수광각의 값은 코어의 중심축을 기준 2배 $\theta_{max}$ |
| 2) 비굴절률차<br>(Refraction ratio) | 비굴절률차<br>$\Delta = \dfrac{n_1 - n_2}{n_1}$ ($n_1 = Core$ 굴절률, $n_2 = Clad$ 굴절률) |
| 3) 개구수(NA)<br>(Numerical Aperture) | 광원이 광섬유로 입사할 때 광섬유를 원통으로 볼수 있기 때문에 수광각 범위의 조건을 만족하는 원뿔형의 입체를 개구임<br>$N.A = \sqrt{n_1^2 - n_2^2} \cong n_1\sqrt{2\Delta}$ |
| 4) 정규화(규격화) 주파수 | 정규화 주파수(V)는 광섬유내의 전파모드수를 나타내는 파라메터 |

**02**  해밍코드의 성립조건을 적으시오. (단 m : 데이터 비트수, p : 패리티 비트수) (4점)

[기출] 19_1회 / 12_4회

**정답**

$2^p \geq m + p + 1$

**03** PN부호가 가지고 있는 특성 4가지를 적으시오. (4점)   [기출] 12_4회

**정답**

| 특성 | 내용 |
|---|---|
| 1) 발생의 용이성 | PN 발생기에서 긴 시퀀스를 쉽게 발생 |
| 2) 초기 동기화 용이성 | 무선단말기 입장에서는 초기 동기를 빨리 할수 있어야함 |
| 3) 편이와 가산성 | 특정 PN 코드를 시간 지연 시켜 생긴 시퀀스는 본래 코드를 단지 시간 지연 시킨 코드와 동일 코드 |
| 4) 균형성 | 코드 한주기에 "0" 과 "1"이 균형적 존재 |

※ PN Code : 랜덤 잡음과 유사한 특성을 보이면서도 재생이 가능한 코드

**04** 무선랜 IEEE 802.11a, IEEE 802.11g 전송방식으로 채택한 기술방식으로 고속의 송신신호를 다수의 직교하는 협대역 부반송파로 다중화시키는 변조방식을 서술하시오. (4점)

[기출] 21_2회 / 17_4회 / 12_4회

**정답**

OFDM (Orthogonal Frequency Division Multiplexing)

**05** HDLC 제어필드 프레임의 종류 3가지를 쓰고 서술하시오. (6점)

[기출] 23_2회일 / 17_1회(유사) / 12_4회(유사)

## 정답

### HDLC Frame

| Flag | 주소부 | 제어부 | 정보부 | FCS | Flag |
|---|---|---|---|---|---|
| 01111110 | 8bit | 8bit | 임의 | 16bit | 01111110 |

FCS : Frame Check Sequence로 CRC를 사용

1) 정보 프레임(I Frame) : Information Frame
   - 정보부를 갖는 정보전송용 Frame

| Flag | 주소부 | 제어부 | 정보부 | CRC | Flag |
|---|---|---|---|---|---|
| 01111110 | 8bit | 8bit | 임의 | 16bit | 01111110 |

| 0 | | | | P/F | | | | |
|---|---|---|---|---|---|---|---|---|

N(S) : Sequence Number Of Frame Sent　　Poll / Final Bit　　N(R) : Sequence Number Of Next Frame expected

2) 감시 프레임(S Frame) : Supervision Frame
   - I Frame 제어와 에러제어 등과 같은 제어정보 Frame으로 정보부가 없음

| Flag | 주소부 | 제어부 | CRC | Flag |
|---|---|---|---|---|
| 01111110 | 8bit | 8bit | 16bit | 01111110 |

| 1 | 0 | | | P/F | | | | |
|---|---|---|---|---|---|---|---|---|

　　　　　Code　　　Poll / Final Bit　　N(R) : Sequence Number Of Next Frame expected

① Code ( "00" ) : RR(Receive Ready)
② Code ( "01" ) : REJ(Reject)
③ Code ( "10" ) : RNR(Receive Not Ready)
④ Code ( "11" ) : SREJ(Selective Reject)

3) 비번호 프레임(U Frame) : Unnumbered Frame
   - 데이터링크 상태의 초기설정 등 서로 연결된 장치들 간 세션관리와 제어정보 교환

| Flag | 주소부 | 제어부 | 정보부 | CRC | Flag |
|---|---|---|---|---|---|
| 01111110 | 8bit | 8bit | Management Infomation | 16bit | 01111110 |

| 1 | 1 | | | P/F | | | | |
|---|---|---|---|---|---|---|---|---|

　　　Code for Unnumbered frame　　Poll / Final Bit　　Code for Unnumbered frame

**06** 다음 괄호 안에 알맞은 용어를 쓰시오. (3점)

[기출] 19_2회 / 18_4회 / 17_4회 / 16_2회 / 12_2회 / 12_1회

> (    )는 TCP/IP 프로토콜에서 비연결형 데이터그램 전달서비스를 제공하는 프로토콜로 메시지를 세그먼트로 나누지 않고 블록의 형태로 전송하며 재전송이나 흐름제어를 제어하기 위한 피드백을 제공하지 않는 트랜스포트 계층 프로토콜이다.

**정답**

UDP(User Datagram Protocol)

**07** 정보통신공사업법에서 규정하는 공사의 범위 4가지를 쓰시오. (4점)

[기출] 22_1회 / 18_2회 / 12_4회

**정답**

정보통신공사업법 시행령 [별표1] 공사의 종류
1. 통신설비공사
2. 방송설비공사
3. 정보설비공사
4. 기타설비공사 (정보통신전용전기시설설비공사)

| 구분 | 공사의 종류 |
| --- | --- |
| 통신설비공사 | 통신선로설비공사<br>교환설비공사<br>전송설비공사<br>구내통신설비공사<br>이동통신설비공사<br>위성통신설비공사<br>고정무선통신설비공사 |

| | |
|---|---|
| 방송설비공사 | 방송국설비공사<br>방송전송·선로설비공사 |
| 정보설비공사 | 정보제어·보안설비공사<br>정보망설비공사<br>정보매체설비공사<br>항공·항만통신설비공사<br>선박의 통신·항 해·어로설비공사<br>철도통신·신호 설비공사 |
| 기타설비공사 | 정보통신전용전기시설설비공사 |

## 08. 정보통신 기본설계서 작성시 성과물 내용에 포함되는 사항을 5가지만 쓰시오. (5점)

[기출] 19_4회 / 12_4회

**정답**

1) 기본설계 보고서(정보통신공사 계획서)
2) 기본설계 도면
3) 기본설계 공사비 명세서(설계 예산서, 정보통신공사 내역서)
4) 기본설계 기술계산서(정보통신 계산서)
5) 기본설계 설계설명서(시방서) : 일반시방서, 특기시방서

※ 기본설계 등에 관한 세부시행기준_국토교통부
　제4조(기본설계의 내용)
　　① 기본설계는 예비타당성조사, 타당성조사 및 기본계획 결과를 감안하여 다음 각 호의 업무를 수행하는 것을 말한다.
　　　1. 설계 개요 및 법령 등 제기준의 검토
　　　2. 예비타당성조사, 타당성조사 및 기본계획 결과의 검토
　　　3. 공사지역의 문화재 등에 대한 문화재지표조사 및 설계반영 필요성 검토
　　　4. 기본적인 구조물 형식의 비교·검토
　　　5. 구조물 형식별 적용 공법의 비교·검토
　　　6. 기술적 대안 비교·검토
　　　7. 대안별 시설물의 규모의 검토
　　　8. 대안별 시설물의 경제성 및 현장적용타당성 검토
　　　9. 시설물의 기능별 배치 검토
　　　10. 개략 공사비 및 공기 산정
　　　11. 측량, 지반, 지장물, 수리, 수문, 지질, 기상, 기후, 용지조사

12. 주요 자재·장비 사용성 검토
13. 설계도서 및 개략 공사시방서 작성
14. 설계설명서 및 계산서 작성
15. 관계법령 등의 규정에 따라 기본설계시 검토하여야 할 사항
16. 기타 발주청이 계약서 또는 과업지시서에서 정하는 사항

### 09. 광섬유의 절단방법 순서를 아래 보기에서 순서대로 적으시오. (4점) [기출] 22_1회 / 12_4회

가. 광섬유를 절단
나. 광섬유 절단기를 청소
다. 광섬유 코팅을 제거
라. 광섬유를 알콜로 닦음

**정답**

다. 광섬유 코팅을 제거 → 라. 광섬유를 알콜로 청소 → 가. 광섬유를 절단 → 나. 광섬유 절단기를 청소

### 10. 데이터 통신회선에서 측정주파수 800Hz, 송신전력 0[dBm], 전송로 손실이 30[dB]이며, 수신잡음이 10[dbrnc]일 때, 신호대 잡음비는? (단 0[dbrnc] = −90[dbm]) (3점)

[기출] 15_1회 / 12_4회

**정답**

SNR : 50dB
계산식 :

| 송신전력 | 전송손실 | 수신전력 | 수신잡음 | SNR |
|---|---|---|---|---|
| 0dBm | 30dB | −30dBm | 10dBrnc = −80dBm | −30dBm−(−80dBm) = 50dB |

# 2장 예상문제풀이 서술형문제

**1절** 프로토콜, OSI, TCP / IP, LAN, SNMP, 보안

**2절** 변조, Baud, Bps, PCM, 해밍코드

**3절** 광통신, 데이터통신, 이동통신, 정보통신

**4절** 단답형 약어

# 1절 프로토콜, OSI, TCP / IP, LAN, SNMP, 보안

**01** 프로토콜의 기본구성요소와 OSI 7Layer 기본구성요소, 서비스 프리미티브(Service Primitive) 구성요소를 서술하시오.

### 정답

1) 프로토콜 기본 구성요소
   ① 구문(Syntax) ② 의미(Semantics) ③ 순서(Timing)
2) OSI 7Layer 기본 구성요소
   ① 개체(Entity) ② 접속(Connection) ③ 프로토콜(Protocol) ④ 서비스(Service) ⑤ 데이터단위(Data Unit)
3) Service Primitive
   ① Request(요구) ② Indication(지시) ③ Response(응답) ④ Confirm(확인)

**02** IPv4 주소, IPv6 주소, MAC 주소길이를 비트 단위로 각각 서술하시오.

### 정답

① IPv4 : 32비트 ② IPv6 : 128비트 ③ MAC : 48비트

**03** IPv4 주소유형, IPv6 주소유형을 서술하시오.

> **정답**
>
> ① IPv4 : 유니캐스트, 멀티캐스트, 브로드캐스트
> ② IPv6 : 유니캐스트, 멀티캐스트, 애니캐스트

**04** 이더넷(Ethernet)은 OSI 7Layer 기준 몇계층에 해당하며, 이더넷의 최소 및 최대 프레임사이즈를 바이트(Byte) 단위로 서술하시오.

> **정답**
>
> 1) 이더넷(Ethernet) : 2계층 MAC [단위:Frame]
> 2) Ethernet Frame
>    ① Ethernet 최소 Frame최소 : 64Byte ② Ethernet 최대 Frame최소 : 1518Byte

**05** 어떤 데이터링크에서 하나의 프레임이 운반 가능한 최대 사이즈를 의미하는 용어를 서술하시오.

> **정답**
>
> MTU Maximum Transmission Unit 최대전송단위

## 06. IEEE 802위원회 기준 LAN 표준화는 OSI 7Layer 기준의 데이터링크 계층을 LLC계층과 MAC계층을 구분하는데, 주요 MAC별 대표적인 MAC접속방식을 서술하시오.

| 데이터링크 | LLC | 802.2 Logical Link Control | | | | | |
|---|---|---|---|---|---|---|---|
| | MAC | 802.3 | 802.4 | 802.5 | ~ | 802.11 | ~ |
| | | ① | ② | ③ | | ④ | |
| 물리계층 | | | | | | | |

### 정답

1) MAC 접속방식
   ① IEEE 802.3 : CSMA / CD
   ② IEEE 802.4 : 토큰버스(Token bus)
   ③ IEEE 802.5 : 토큰링(Token Ring)
   ④ IEEE 802.11 : CSMA / CA

## 07. 프로토콜의 기능을 3개 이상 서술하시오.

### 정답

① 분리와 재합성 (Fragmentation and Reassembly)
② 캡슐화 (Encapsulation)
③ 연결제어 (Connection Control)
④ 흐름제어 (Flow Control)
⑤ 오류제어 (Error Control)
⑥ 동기화 (Synchronization)
⑦ 순서결정 (Sequencing)
⑧ 주소지정 (Addressing)
⑨ 다중화 (Multiplexing)

**08** IPv4 기준 IP헤더 기본 사이즈를 바이트 단위로 표기하고 다음 빈칸에 용도 및 사이즈를 바이트 단위로 표기하시오.

| Version | H/L | TOS | Total Length | |
|---|---|---|---|---|
| Identification | | | Flags | Flagment Offset |
| TTL | | Protocol | Header Checksum | |
| ① | | | | |
| ② | | | | |

> 정답

1) IPv4 기본 헤더사이즈 : 20바이트
2) ① 발신지 주소 (Source IP Address) : 4바이트  ② 목적지 주소 (Destination IP Address) : 4바이트

**09** TCP 헤더 기본 사이즈를 바이트 단위로 표기하고 다음 빈칸에 용도 및 사이즈를 바이트 단위로 표기하시오.

| ① | | | ② | |
|---|---|---|---|---|
| Sequence Number | | | | |
| Acknowledgement Number | | | | |
| HLEN | Reserved | Flags | Window Size | |
| Checksum | | | Urgent Point | |

> 정답

1) TCP 기본 헤더사이즈 : 20바이트
2) ① 발신지 포트 (Source Port) : 2바이트  ② 목적지 포트 (Destination Port) : 2바이트

**10**  UDP 헤더 기본사이즈를 바이트단위로 표기하고 다음 빈칸에 용도 및 사이즈를 바이트 단위로 표기하시오.

| Source Port | Destination Port |
|---|---|
| ① | ② |

**정답**

1) UDP 기본 헤더사이즈 : 8바이트
2) ① Length : 2바이트 ② Checksum : 2바이트

**11**  다음 기능을 OSI 7Layer별 구분해서 표기하시오.

| 기능 | 계층 |
|---|---|
| Node간 링크상태 관리<br>• Error 제어 | ① |
| 응용서비스(Application) 구현 | 7계층 |
| Network간 경로제어(Routing)<br>• Error & Flow Control | ② |
| 데이터 표현 형식의 제어<br>• 압축 / 암호화 / 전송구문 | ③ |
| End to End(종단간) 신뢰성있고 투명한 전송제공<br>• Host 간 정보교환 및 관리 | ④ |
| 회화단위의 제어(대화제어)<br>응용 Proess 간의 송신권 및 동기제어 | ⑤ |
| 링크상에서 신호전송<br>• Bit 정보 전달, 기계 / 전기 / 기능 / 절차적 특성 | 1계층 |

**정답**

① 2계층 ② 3계층 ③ 6계층 ④ 4계층 ⑤ 5계층

12 스위치(Switch) 장비는 기본적으로 2계층 장비로 분류하며 관련 Switch가 사용하는 주소와 주소의 크기를 바이트로 표기하고, Switch 기능을 5가지로 서술하시오.

**정답**

1) 주소 : MAC 주소
2) MAC 주소 크기 : 6바이트
3) ① Learning ② Forwarding ③ Filtering ④ Flooding ⑤ Aging

13 스위치(Switch) 장비가 생성된 MAC Address Table 이용 Destination MAC 주소로 연결된 포트로만 Frame 전달하는 과정은 Switch 기능 중 어디에 해당하는지 서술하시오.

**정답**

Forwarding

14 하나의 네트워크에서 사용자가 늘어나 패킷의 충돌이 발생하여 Collision영역을 분리할 필요가 있으나, 동일한 브로드캐스팅 영역으로 네트워크 디자인 하기에 적정한 장비를 쓰시오.

**정답**

스위치(Switch)
Switch는 포트별 Collision을 분리할 수 있으나, Broadcasting을 구분하지 못함

**15** 네트워크가 점점 커지면서 브로드캐스팅 영역을 분리할 필요가 있을 때 적정한 장비를 서술하시오.

> **정답**
>
> 라우터(Router)
> 라우터(Router)는 스위치 대비 IP주소 이용 Best Path를 찾는 라우팅, 스위칭, 네트워크 설정, 필터링, 보안 설정 등 구성이 복잡하며, 외부 네트워크과 연결 등이 가능한 Switch 대비 고가임

**16** 적절한 규모의 네트워크 관리를 위해 적절한 규모의 네트워크 집합으로 동일한 라우팅 정책으로 하나의 관리자에 의하여 운영되는 네트워크, 즉 한 회사나 단체에서 관리하는 라우터 집단을 의미하는 용어와 각각의 네트워크 집단을 식별하기 위한 인터넷 상의 고유한 숫자를 의미하는 용어를 서술하시오.

> **정답**
>
> 1) 자율시스템(AS, Autonomous System)
> 2) AS번호(망식별번호)

**17** 라우팅의 기본기능인 수신한 IP Packet을 적절한 방향으로 내보내 Best Path를 찾아주는 Routing에 필요한 프로토콜이며, 라우팅에 관한 정보를 수록한 Routing Table 관리하는 프로토콜을 서술하시오.

> **정답**
>
> 라우팅 프로토콜

**18** 라우팅 프로토콜을 AS기준 내부용과 외부용 구분하여 각각의 특징과 해당하는 라우팅 프로토콜 예를 서술하시오.

정답

| 구분 | IGP | EGP |
|---|---|---|
| 표기 | Interior Gateway Protocol | Exterior Gateway Protocol |
| 의미 | 하나의 AS내 자체 사용 라우팅 프로토콜<br>• ISP사업자가 자체 적용 | 다수의 AS간 자체 라우팅 프로토콜<br>• 다수의 ISP사업자가 적용 |
| 특징 | 고속 라우팅<br>• Intradomain Routing | 안정적 라우팅<br>• Interdomain Routing |
| 종류 | RIP, EIGRP, OSPF, ISIS 등 | BGPv4 등 |

**19** 라우팅 프로토콜을 라우팅 방식을 거리벡터와 링크상태로 구분시 각각의 특징과 라우팅 프로토콜 예를 서술하시오.

정답

| 구분 | 거리벡터 알고리즘 | 링크상태 알고리즘 |
|---|---|---|
| 표기 | Distance Vector | Link State |
| 라우팅정보 | 모든 라우터까지의 거리 정보 | 인접 라우터까지의 Link Cost |
| 전송대상 | 인접 라우터 | 모든 라우터 |
| 라우팅 정보전송시점 | 일정 주기 (약 30초) | 변화 발생시에만 |
| 최단경로 알고리즘 | 벨만-포드(Bellman-Ford) 알고리즘 등 | 딕스트라(Dijkstra) 알고리즘 등 |
| 예 | RIP, EIGRP 등 | OSPF, ISIS 등 |

**20** Distance Vector 개념으로 Hop수로 수치화하고 동적으로 라우팅 테이블 갱신하는 초기 라우팅 프로토콜로 소규모 네트워크에 적합하며 Hop수가 15개이며, 일정 주기로 경로를 Update하는 동적라우팅 프로토콜을 서술하시오.

> 정답

RIP (Routing Information Protocol)

**21** Link State 개념으로 SPF 기반 대역폭, 지연, 거리 등 고려 최적 경로 설정 동적으로 라우팅 테이블 갱신하는 현재 많이 사용하는 라우팅 프로토콜로 대규모 네트워크에 사용하며, 라우터 변경 내용 있을 때 만 정보공유, 구성 복잡하고 메모리 요구량이 증가하는 라우팅 프로토콜을 서술하시오.

> 정답

OSPF (Open Shortest Path First) 등

**22** Exterior Gateway Protocol의 일종으로 다수의 AS간 자체 라우팅 프로토콜로 다수의 ISP사업자가 적용하며 고속의 라우팅보다는 안정적 라우팅을 하는 프포토콜로 많이 적용하는 프로토콜을 서술하시오.

> 정답

BGP (Border Gateway Protocol) - BGPv4 사용

**23** IPv4 주소중 사설IP로 적용 가능한 주소대역을 1개 이상 서술하시오.

> 정답

1) A 클래스 10.0.0.0 ~ 10.255.255.255 (10 / 8 Prefix)
2) B 클래스 172.16.0.0 ~ 172.31.255.255 (172.16 / 12 Prefix)
3) C 클래스 192.168.0.0 ~ 192.168.255.255 (192.168 / 16 Prefix)

**24** 서브넷팅을 하는 이유를 2개 이상 서술하시오.

> 정답

1) 배정받은 IP주소, 네트워크 대역을 나누어 보다 체계적 효율적 관리 가능
2) 네트워크를 해당 부서별로 나누어 보안성 유지 가능
3) 네트워크 내부에서 브로드캐스트 영역을 줄여서 효율적 관리 가능
4) 외부에서 하나의 네트워크로 보이며, 라우팅 정보를 줄여서 관리 가능 등

**25** 사설 네트워크(Private Network) 속해 있는 여러 호스트가 하나의 공인IP 주소를 사용하여 인터넷에 접속이 가능하게 사설IP주소와 공인IP주소를 상호 변환하는 방식이 무엇인지 서술하시오.

> 정답

NAT(Network Address Translation)

**26** 기존 이더넷 프레임에 VLAN Tagging의 사이즈를 IEEE 8.1Q 기준 바이트 단위로 서술하시오.

**정답**

4바이트

**27** 인터넷과 같은 공중망(Public Network)에 터널링 기법 등을 적용 암호화를 해서 가상으로 구현된 사설망(Private Network)으로 공중망을 통해 사설 트래픽을 안전하게 통과시켜 마치 전용회선처럼 이용할 수 있는 기술이 무엇인지 서술하시오.

**정답**

VPN(Virtual Private Network) 가상사설망

**28** Hop마다 느린 라우팅이 아닌 빠른 스위칭 기반 기술로 L2 라벨(Label) 교환기법을 활용하여 ISP 사업자내 수많은 라우터를 통과할 때 IP Packet을 고속으로 전달하기 위한 기술을 서술하고 관련 헤더 크기를 비트 단위로 서술시오.

**정답**

1) MPLS (MultiProtocol Label Switching)
2) MPLS shim : 32비트

**29** ISP Network사업자가 직접 구현하는 망기반 VPN으로 연결 지향적인 라벨교환 기술을 이용하여 가상의 VPN 기술을 구현하는 기술로 가입자의 네트워크 부담을 덜어주기 때문에 VPN의 확장성 및 유연성이 우수한 기술을 서술하시오.

> 정답

MPLS VPN

**30** 여러 가지 네트워크 자원인 서버, 스위치, 라우터 등을 감독하고 제어 감시하는 시스템을 NMS(Network Management System)라 하며 관련 업무 수행시 TCP / IP 프로토콜 스택 기반에서 이런 역할을 수행하는 대표적인 프로토콜을 서술하시오.

> 정답

SNMP (Simple Network Management Protocol)

**31** NMS(Network Management System) 및 TMN(Telecommunication Management Network)에서 기본적으로 관리하는 관리항목을 서술하시오.

> 정답

① 구성관리 ② 장애관리 ③ 성능관리 ④ 보안관리 ⑤ 계정관리

**32** SNMP를 구성하는 주요 구성요소를 서술하시오.

**정답**

① SNMP Manager  ② SNMP Agent  ③ MIB  ④ Management Station

| 구분 | 세부 내용 |
|---|---|
| SNMP Manager | 관리국(Management Station)에서 SNMP Agent에 대응하여 상태정보 수집 및 분석 복구 |
| SNMP Agent | 실제 NMS의 NE(Network Element)에 해당되는 라우터, 스위치 등에 해당되며 MIB 정보를 갖고 있으며, SNMP Manager에 대응 |
| MIB | • Management Information Base<br>• SNMP Agent가 갖고 있는 Object들의 모임 |
| Management Station | 네트워크 관리자가 네트워크 관리시스템(NMS)에 접근 인터페이스 제공<br>데이터 분석, 에러 복구 등의 관리 Application의 집합 |

**33** SNMP는 네트워크 장비 요소 간에 네트워크 관리 및 전송을 위한 프로토콜로 UDP / IP 상에서 동작하며, Manager / Agent형태로 동작할 때, 정상적인 Polling 과정에서 사용하는 기본적인 포트와 긴급하게 자체장애 등의 정보를 전달하기 위해 메시지 Trap를 이용시 사용하는 기본적인 포트를 서술하시오.

**정답**

1) 정상 동작시 포트번호 : UDP 161
2) Agnet 자체 긴급정보 동작시 포트번호 : UDP 162

**34** NMS내 각 네트워크 장비들은 SNMP Agent로 여러개의 가변 또는 고정 동작값을 가지며, 이러한 값들을 Object라 하고 이러한 Object들을 규정된 자료구조 형태로 묶은 것을 무엇이라 하는지 서술하시오.

> 정답

MIB(Management Information Base)

**35** 정보보호 목표 5가지로 구분되는데 관련항목을 서술하고, 해킹으로 인한 시스템 동작을 예방하며 필요시 권한을 부여받은자 만이 정보와 자산을 접근하는 것은 어디에 속하는지 서술하시오.

> 정답

1) 정보보호 목표
   ① 기밀성 Confidentiality
   ② 무결성 Integrity
   ③ 가용성 Availability
   ④ 인증 Authentication
   ⑤ 책임추적성 Accountability
2) 가용성 Availability

**36** 4계층에서 동작 Packet Filtering 장비로 3,4계층 정책을 세우고, 해당 정책에 따라 Packet을 허용 또는 거부하는 침입차단시스템이 무엇인지 서술하시오.

*정답*

방화벽 Firewall 침입차단시스템

**37** 침입 공격이 발견되면 직접 차단하는 능력이 있으며, 다양하고 지능적인 침입기술에 대해 보다 능동적으로 침입이 일어나기 전에 실시간으로 침입을 막고 알려지지 않은 방식의 침입으로부터 보호하는 침입방지시스템이 무엇인지 서술하시오.

*정답*

IPS (Intrusion Prevention Systems) 침입방지시스템

**38** 외부침입자가 시스템의 자원을 정당한 권한없이 불법적으로 사용하는 시도 또는 내부사용자가 자신의 권한을 오용, 남용하는 것을 탐지하고 대응하는 시스템이 무엇인지 서술하시오.

*정답*

IDS (Intrusion Detection System) 침입탐지시스템

# 2절 변조, Baud, Bps, PCM, 해밍코드

**01** 통신채널용량 산정시 사용하는 Shannon의 정리를 서술하시오.

> **정답**
>
> $C = B \log_2 \left(1 + \dfrac{S}{N}\right) [bps]$
>
> C : 통신채널용량 [bps], B : 채널의 대역폭(Bandwidth) [Hz], S / N : 신호대 잡음비

**02** 통신채널용량 산정시 잡음이 전혀 없는 통신채널에서의 공식을 서술하시오.

> **정답**
>
> $C = 2B \log_2 M [bps]$, Nyquist 공식
>
> C : 통신채널용량 [bps], B : 채널의 대역폭(Bandwidth) [Hz], M : 진수

**03** 전송매체의 1차정수와 2차정수를 서술하시오.

> **정답**
>
> 1차정수 : 저항(R), 인덕턴스(L), 정전용량(C), 콘덕턴스(G)
> 2차정수 : 감쇠정수($\alpha$), 위상정수($\beta$), 전파정수($\gamma$), 특성임피던스($Zo$)

**04** UTP 케이블 4P(Pair) 기준 종류를 Category별 구분하시오.

> **정답**
>
> UTP Category : CAT.3 CAT.5 CAT.5e CAT.6 CAT.6A CAT.7 등

**05** PCM 송신과정을 간단 구분한 과정에서 다음 빈칸을 채우시오.

| 저역통과필터 - ( ① ) - 압축 - ( ② ) - 부호화 - 재생중계 |

> **정답**
>
> ① : 표본화
> ② : 양자화

**06** PCM의 전송속도를 서술하시오.

> 정답

PCM 전송속도 = 8,000 Sampling × 8bit 부호화 = 64Kbps
1) 표본화주파수 : 8KHz
   일반적인 PCM은 기본적으로 4KHz 최고주파수의 2배인 8KHz로 표본화주파수를 정의
2) 표본당 : 8비트로 부호화

**07** PCM 기반장치의 최고주파수를 10KHz까지 크게 보고, 표본당 8비트로 처리시 전송속도를 서술하시오.

> 정답

전송속도 = 20,000 Sampling × 8bit 양자화 = 160Kbps
Nyquist 표본화주파수 = 2 × 최고주파수 = 2 × 10KHz = 20KHz

**08** PCM 비선형 양자화의 A-law, μ-law방식을 지역별 구분 서술하시오.

> 정답

비선형 양자화 A-law : 유럽식, μ-law : 북미식

**09** PCM 과정중 압신과정을 송신부과 수신부를 구분하여 서술하시오.

> **정답**
>
> 압신(Companding)과정
> 1) 송신부 : 압축기(Compressor) 이용 압축과정   2) 수신부 : 복구하는 신장기(Expander) 이용 신장과정

**10** PCM 과정 재생중계기는 3R기능을 수행하는데 3R을 서술하시오.

> **정답**
>
> Reshaping, Retiming, Regenerating

**11** PCM 종류별 개략 구분하였으며 다음 빈칸을 채우시오.

| 구분 | PCM | DPCM | ADPCM | DM | ADM |
|---|---|---|---|---|---|
| 표본화주파수 | 8KHz | 8KHz | 8KHz | 16KHz | 16KHz |
| 표본당 Bit수 | 8 Bit | 4 Bit | ② | 1 Bit | ③ |
| 양자화 단계 | $2^8$ | $2^4$ | $2^4$ | $2^1$ | $2^1$ |
| 전송속도 | ① | 32Kbps | 32Kbps | 16Kbps | ④ |

> **정답**
>
> ① 64Kbps  ② 4 Bit  ③ 1 Bit  ④ 16Kbps

**12** 변조의 이유를 3개 이상 서술하시오.

> **정답**
> 
> ① 안테나 길이 감소 ② 주파수분할다중화(FDM) 가능 ③ 장거리 및 효과적 전송 가능 ④ S/N비 향상 등

**13** 전송방식을 Baseband전송과 Broadband 전송으로 구분하면 변조는 어디에 속하는지 서술하시오.

> **정답**
> 
> Boradband전송

**14** 아날로그 변조와 디지털 변조의 종류를 3개 이상 서술하시오.

> **정답**
> 
> 아날로그 변조 : AM, FM, PM 디지털 변조 : ASK, FSK, PSK, QAM

**15** 연속변조는 반송파(Carrier)의 어떤 성분을 주로 이용하는지 3가지 이상 서술하시오.

> **정답**
>
> 반송파(Carrier)의 진폭(A), 주파수(F), 위상(∅)에 정보신호를 실어서 보냄

**16** 펄스변조는 펄스열의 어떤 성분을 주로 이용하는지 3가지 이상 서술하시오.

> **정답**
>
> Pulse열의 신호성분 진폭(A), 폭(W), 위치(P) 등을 이용하는 Analog 펄스변조 (PAM, PWM, PPM 등)와 Pulse열의 신호성분 부호(C), 펄스수(N)등을 이용하는 Digital 펄스변조 (PCM, DPCM, DM, PNM등)로 구분함

**17** 다음 변조신호는 어느 변조에 해당하는지 서술하시오.

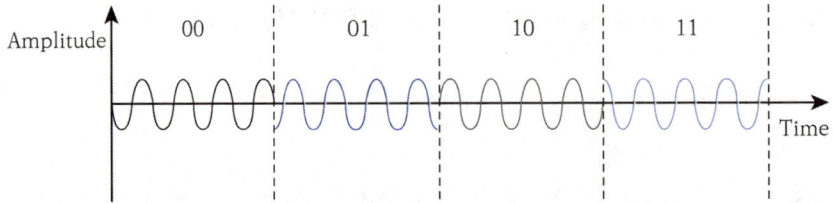

> **정답**
>
> PSK

**18** 다음 변조신호는 어느 변조에 해당하는지 서술하시오.

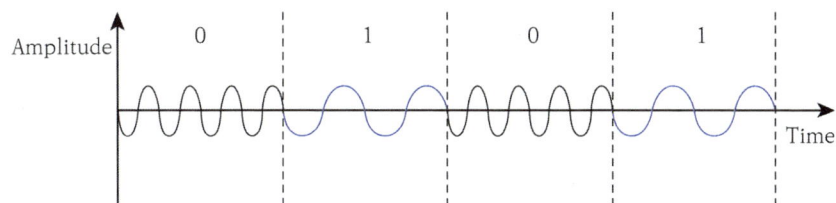

> 정답

FSK

**19** 다음 변조신호는 어느 변조에 해당하는지 서술하시오.

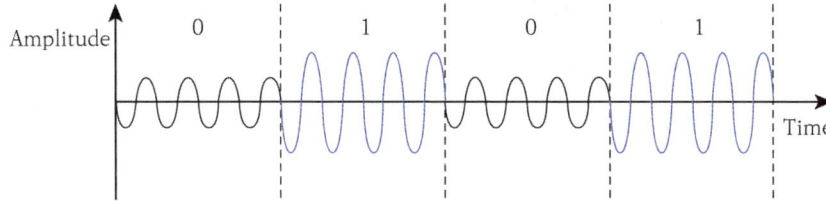

> 정답

ASK

**20** 다음 변조신호는 어느 변조에 해당하는지 서술하시오.

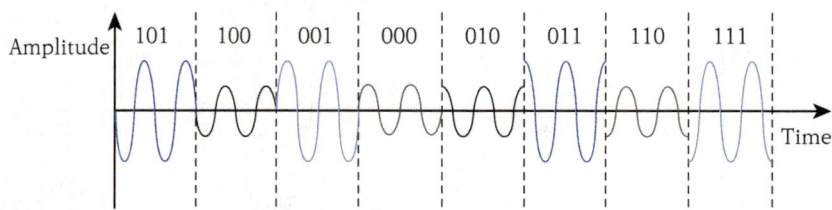

> 정답

QAM

**21** 디지털 신호 "0011101000110"에 대해 라인코딩을 단극 NRZ 방식으로 계산하시오.

> 정답

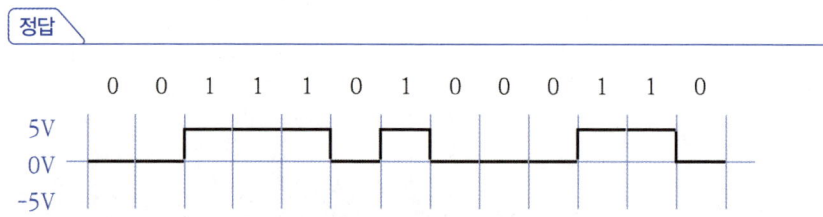

**22** 디지털 신호 "0011101000110"에 대해 라인코딩을 복극 RZ 방식으로 계산하시오.

정답

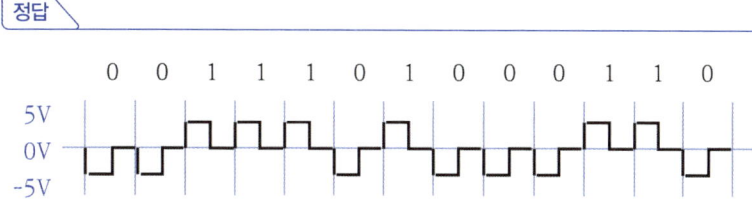

**23** 디지털 신호 "0011101000110"에 대해 라인코딩을 AMI 방식으로 계산하시오.

정답

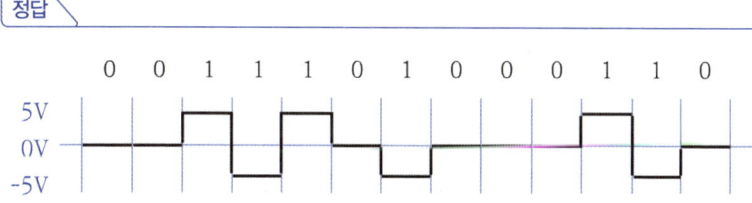

복극성 NRZ 신호(Bipolar NRZ) 선로부호 형태와 유사
"0" : 0 [V] (no signal)
"1" : + [V]와 – [V]를 서로 교번하여 부호화

**24** 디지털 신호 "0011101000110"에 대해 라인코딩을 맨체스터 방식으로 계산하시오.

정답

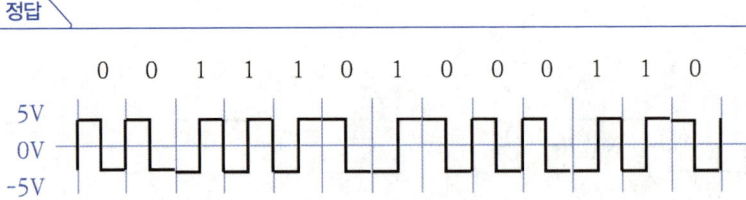

신호 중간에서 "0"은 High-Low, "1"은 Low-High로 표현 각각 신호의 합은 항상 0V로 일정하며, 클럭 정보를 추출하기 용이함

# 3절 광통신, 데이터통신, 이동통신, 정보통신

**01** 국내 이동통신 기술방식을 세대별 구분시 1세대(1G) 방식을 서술하시오.

> **정답**
>
> AMPS

**02** 국내 이동통신 기술방식을 세대별 구분시 3세대(3G) 방식중 비동기식을 서술하시오.

> **정답**
>
> WCDMA

**03** 국내 이동통신 1세대(1G)와 2세대(2G) 무선접속 기술방식을 서술하시오.

> 정답

1세대 : FDMA  2세대 : CDMA

**04** 국내 이동통신 2세대(2G) IS-95와 3세대(3G) WCDMA 기준 기지국 채널대역폭 1FA(Frequency Assignment)를 서술하시오.

> 정답

2G IS-95 1FA : 1.25MHz   3G WCDMA 1FA : 5MHz

**05** 근거리 무선통신기술을 3가지 이상 서술하시오.

> 정답

블루투스(Bluetooth), RFID, 지그비(Zigbee), UWB, NFC 등

**06** 근거리무선통신 방식중 유선USB를 대체하고 WPAN IEEE 802.15.1의 대표기술로 FHSS 방식으로 79채널을 2.4GHz 주파수대역에서 사용하는 기술을 서술하시오.

정답

블루투스(Bluetooth)

**07** 빛의 성질 3가지 이상 서술하고 진공상태 빛의 속도를 서술하시오.

정답

① 빛의 성질 : 직진, 반사, 굴절, 산란, 편파 등
② 빛의 속도 : $3 \times 10^8 m/s$

**08** 광통신방식은 광섬유 내 코어와 클래드 경계면에서 빛의 어떤 성질을 이용하는지 서술하시오.

정답

전반사 현상

**09** 광통신은 전광소자기반 송신단과 광전소자기반 수신단으로 구분시 주로 사용하는 송신단 소자와 수신단 소자를 각각 서술하시오.

**정답**

① 송신단 : LED(Light Emitting Diode) LD(Laser Diode) 등
② 수신단 : PD(Photo Diode) APD(Avalanche Photo Diode) 등

**10** 광케이블 전파모드기준 Core직경이 작아서 1개 전파모드만 입사하고 모드간 분산이 없어 고속전송에 주로 사용되는 방식을 서술하시오.

**정답**

싱글모드(Single Mode)

**11** 광섬유를 1차 전파모드별과 2차 굴절율 분포에 따라 구분 서술하시오.

**정답**

① Single Mode : SI(Step Index) SM
② Multi Mode : SI(Step Index) MM, GI(Graded Index) MM

**12** 광다중화방식을 C(Coarse)WDM과 D(Dense)WDM 구분시 사용파장대와 채널간격을 서술하시오.

> **정답**
>
> 1) CWDM
>    ① 사용 파장대 : 1470 ~ 1610nm  ② 채널간격 : 20nm
> 2) DWDM
>    ① 사용 파장대 : 1550nm  ② 채널간격 : 0.8nm, 0.4nm, 1.6nm

**13** 광케이블을 다른 케이블과 비교시 장점과 단점을 각각 2개 이상 서술하시오.

> **정답**
>
> 장점 : ① 저손실 ② 광대역성 ③ 장거리 ④ 경량 ⑤ 소구경 등
> 단점 : ① 진동 약함 ② 광접속 상대적 어려움 ③ 구부림(Bending) 제한 등

**14** 광통신 장거리 대용량 전송시스템에 적용하는 파장분할전송방식을 서술하며, 약어일 경우 풀어서 서술하시오.

> **정답**
>
> DWDM(Dense Wavelength Division Multiplexing)

**15** 광통신 전송시스템의 전송거리에 영향을 주는 주요 요소를 2개 이상 서술하시오.

> **정답**
> ① 광손실 ② 광분산 등

**16** 광케이블 모드기준 Core직경이 작아서 1개 전파모드만 입사하고 모드간 분산이 없어 고속전송에 주로 사용되는 방식을 서술하시오.

> **정답**
> 싱글모드(Single Mode)

**17** 광펄스를 광섬유에 가하면서 Beam Splitter를 이용하여 후방으로 산란된 광Pulse를 전단에서 가해준 입력광 Pulse와 분리시킬수 있게하고 광검출기의 파형을 OTDR로 측정하아여 광섬유의 손실을 측정하는 방법은?

> **정답**
> 후방산란법

**18** 유선가입자망 하나인 FTTX의 종류 3가지를 쓰고 간단히 설명하시오.

**정답**

1) FTTC(Fiber to the Curb) : 가입자를 밀집시킨 수요밀집지역까지 광케이블 인입, 가입자까지 기존 동선 사용
2) FTTO(Fiber to the Office) : 사용자 빌딩까지 광케이블 인입
3) FTTH(Fiber to the Home) : 일반 가입자 댁내까지 광케이블이 인입

**19** 유선가입자망 기술을 열거하고 기존 동선을 활용한 기술방식에서 하향속도가 52Mbps 이며 XDSL기술에서 정도이며 대칭형과 비대칭형이 가능한 기술을 서술하시오.

**정답**

1) 유선가입자망 기술 : XDSL, HFC, FTTH
2) VDSL

**20** FTTH 기술방식 중 수동소자로 구성된 방식의 기술방식의 종류를 열거하고 주요 구성요소를 서술하시오.

**정답**

1) 기술방식 : PON(Passive Optical Network) 방식
    ① ATM PON  ② Ethernet PON(E PON)  ③ WDM PON 등
2) 구성요소
    ① 전화국(CO, Central Office) : OLT(Optical Line Terminal)
    ② 가입자 : ONU(Optical Network Unit) 또는 ONT(Optical Network Terminal)

**21** 무선LAN 기술방식을 열거하고 WiFi 6불리며 Giga급 속도를 지원하며 2.4G와 5G주파수를 겸용으로 사용하는 방식을 서술하시오.

> 정답

1) WLAN : IEEE 802.11 기반으로
   ① 802.11b ② 802.11a ③ 802.11g ④ 802.11n ⑤ 802.11ac ⑥ 802.11ax 등
2) 802.11ax

**22** 기존 통신 및 방송사업자와 더불어 제3사업자들이 인터넷을 통해 영화 등의 다양한 미디어 콘텐츠를 제공하는 사업자를 서술하시오.

> 정답

OTT(Over the Top)사업자는 전파 및 케이블에 무관, STB 무관하게 다양한 서비스 제공
1) 해외사업자 : 넷플릭스(NETFLIX), 디즈니플러스 등
2) 국내사업자 : WAVVE, seezn, WATCHA, TVING 등

**23** HFC망 구간별 망형태를 구분하고 특징을 2가지 이상 서술하시오.

> 정답

1) 망형태
   ① 광케이블 구간 (H / E - ONU) : Star형
   ② 동축케이블 구간 (동축 - 가입자) : Tree & Branch형
2) 특징
   ① 방송과 통신의 융합 TPS 서비스 : 음성, DATA, 영상
   ② 기존 CATV망 이용 투자비 저렴
   ③ 가입자 증가에 따라 셀(CELL) 분할

**24** IPTV 구성요소중 콘텐츠 보안 및 가입자 관리용 기술을 열거하고 IPTV 네트워크의 특징을 서술하시오.

**정답**

1) 콘텐츠 보안 : DRM (Digital Right Management)
2) 가입자 인증관리 : CAS (Conditional Access System)
3) IPTV 네트워크 : ① IP 멀티캐스팅 ② Closed Network 기반 프리미엄 Network

**25** 영상신호 HD와 UHD의 화소수를 비교하고 UHD는 HD대비 몇배 인지 서술하시오.

**정답**

1) HD : 1920 × 1,080
2) UHD ① 4K UHD : 4배, 3,840 × 2,160 ② 8K UHD : 16배, 7,680 × 4,320

**26** 전화기반 통신망 명칭과 회선교환 기반 전화의 5단계 호처리 절차를 서술하시오.

**정답**

1) PSTN망 : 공중전화망 Public Switched Telephone Network
2) 회선교환 호처리 절차
① 회로 접속 ② 링크 설정 ③ 데이터 전송 ④ 링크 해제 ⑤ 회로 절단

**27** PSTN 전화망 교환기를 권역별 구분하고, 가입자 구내교환기의 명칭 및 종류를 서술하시오.

> 정답

1) 교환기 권역별
   ① 시내 교환기 ② 탄뎀교환기 ③ 시외교환기 ④ 국제교환기
2) 가입자 구내교환기 : PBX(Private Branch eXchange) 사설구내교환기
   종류 : PBX, H(Hybrid)-PBX, IP-PBX

**28** 교환망 신호방식을 가입자단과 교환기간으로 구분하고 신호방식 종류를 서술하시오.

> 정답

1) 가입자단 신호방식 : DTMF, DP 등
2) 교환기간 신호방식 :
   ① 개별선 통화로 신호방식(CAS) : R2 ② 공통선 신호방식(CCS) : N0.7

**29** 교환기의 지능망 등에 사용되며 전세계적으로 전화기반 전전자식 교환기에서 가장 많이 적용되는 공통선 신호방식을 서술하시오.

> 정답

No.7 신호방식

**30** VoIP 기반 인터넷전화에서 주로 사용되며 HTTP와 유사한 Client Server 기반 프로토콜로 IETF에서 표준화한 프로토콜을 서술하시오.

> **정답**
>
> SIP(Session Initiation Protocol)

**31** VoIP 프로토콜을 H.323과 SIP의 주요 구성요소와 표준화 기관을 서술하시오.

> **정답**

| 구분 | H.323 | SIP |
| --- | --- | --- |
| 표준화 | ITU-T | IETF |
| 구조 | 복잡 | 단순 |
| 구성요소 | 1. 메인<br>• 게이트 키퍼 Gate Keeper<br>2. 단말<br>• H.323 단말 Terminal | 1. 메인<br>• SIP Server<br>2. 단말<br>• 사용자 에이전트 User Agent |

**32** 국내 PDH계위 설명 항목중 빈칸을 채우시오.

| DS계위 | 0 | 1 | 2 | 3 | 4 | 5 |
| --- | --- | --- | --- | --- | --- | --- |
| 전송속도(Kbps) | 64 | ① | 6,312 | ③ | 139,264 | 564,992 |
| 음성채널수 | 1 | ② | 90 | 630 | 1,890 | 7,560 |

> **정답**
>
> ① 2.048Mbps
> ② 30(유료부하 기준) : 전체 Time Slot은 32개
> ③ 44.736Mbps : 21개 E1신호

**33** T1신호 설명 항목중 빈칸을 채우시오.

| 표본화 주파수 | 채널수 | 채널당 Bit수, 시간폭 | 1Bit 시간폭 | T1 Frame당 Bit수 | T1 속도 |
|---|---|---|---|---|---|
| ① | ② | 8Bit / 채널, 125μs / 193bit × 8bit = 5.18μs | 125μs / 193bit = 0.647μs | ③ | ④ |

**정답**

① 8000Hz(주기는 125μs) ② 24채널 ③ 193비트 ④ 1.544Mbps

**34** E1신호 설명 항목중 빈칸을 채우시오.

| 표본화 주파수 | 채널수 | 채널당 Bit수, 시간폭 | 1Bit 시간폭 | E1 Frame당 Bit수 | E1 속도 |
|---|---|---|---|---|---|
| ① | ② | 8Bit 125μs / 256bit × 8bit = 3.90μs | 125μs / 256bit = 0.488μs | ③ | ④ |

**정답**

① 8000Hz(주기는 125μs) ② 30채널 ③ 256비트 ④ 2.048Mbps

**35** SDH 동기식 STM-1신호의 전송속도를 서술하시오.

정답

155.520Mbps

**36** SDH 동기식 STM-1(155.520Mbps) 이며, STM-4와 STM-16의 전송속도를 서술하시오. (소수점 2째자리까지 표기)

정답

1) STM-4 : STM-1 × 4 = 622.08Mbps
2) STM-16 : STM-4 × 4 = 2,488.32Mbps

**37** PDH 대비 SDH 동기식 다중화의 특징 3가지 이상 서술하시오.

정답

1. 125$\mu s$ 프레임
2. 디지털 계층의 통합
3. 계층화 구조
4. 오버헤드의 체계적 활용
    - Frame 구조에서 오버헤드를 SOH(Section Overhead)와 POH(Path Overhead)로 구분
5. 포인터에 의한 동기화
6. 일단계 다중화
7. 범세계 통신망

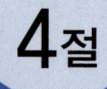

# 단답형 약어

01_ SNMP : Simple Network Management Protocol

02_ SMTP : Simple Mail Transfer Protocol

03_ CSMA / CD : Carrier Sense Mulitple Access / Collision Detection
- IEEE 802.3 MAC방식, 유선LAN 이더넷(Ethernet)

04_ CSMA / CA : Carrier Sense Mulitple Access / Collision Avoidance
- IEEE 802.11 MAC방식, 무선LAN

05_ HDLC 제어 Frame
  1) 정보프레임 Information Frame
  2) 감시프레임 Supervisory Frame
  3) 비번호 프레임 Unnumbered Frame

06_ ATM 셀 사이즈 및 유료부하율
  1) 셀사이즈 : 53바이트   | 5Byte | 48Byte |
  2) 유료부하율 = 90.5% ($\frac{48}{53} \times 100\% = 90.5\%$)

07_ Nyquist 표본화주기를 만족하지 않을 경우 나타나는 현상 : 엘리어싱(aliasing)

08_ T1 전송신호 특징
- 1.544Mbps 속도, 프레임 비트수 193, 표본화주파수 8KHz, 125$\mu$sec주기

09_ E1 전송신호 특징
- 2.048Mbps 속도, 프레임 비트수 256, 표본화주파수 8KHz, 125$\mu$sec주기

10_ SDH : Synchronous Digital Hierarchy 동기식 디지털 다중화계위

11_ SONET : Synchronous Optical NETwork 동기식 다중화 디지털신호계위 북미 표준

12_ **STM** Synchronous Transport Module 동기식전송모듈

13_ **STM-1 전송신호 특징** : 155.520Mbps 속도, SDH기본전송속도. 125μsec주기
   1) 프레임 사이즈 : 가로(270바이트) × 세로(9바이트)
   2) 샘플링 : 125μsec(8,000Hz)
   3) STM-1 속도 = 8bit × 9 × 270 × 8,000 = 155.520Mbps

14_ **STS-1 전송신호 특징** : 51.84Mbps 속도, SONET기본전송속도. 125μsec주기

15_ **디지털 중계기 3R**
   ① Reshaping ② Retiming ③ Regenerating

16_ **아날로그 변조 종류** : ① AM ② FM ③ PM

17_ **디지털 변조 종류** : ① ASK ② FSK ③ PSK ④ QAM

18_ **펄스(Pulse) 변조 종류** : ① PAM ② PWM ③ PPM ④ PCM

19_ **Shannon 정리**
   - $C = B \log_2 (1 + \frac{S}{N}) [bps]$
   
   C : 통신채널용량 [bps], B : 채널의 대역폭(Bandwidth) [Hz], S / N : 신호대 잡음비

20_ **Nyquist 공식**
   - $C = 2B \log_2 M [bps]$, 잡음없는 채널가정
   
   C : 통신채널용량 [bps], B : 채널의 대역폭(Bandwidth) [Hz], M : 진수

21_ **다중접속기술 종류**
   ① FDMA Frequency Division Multiple Access 주파수분할 다중접속
   ② TDMA Time-Division Multiple Access 시분할 다중접속
   ③ CDMA Code Division Multiple Access 코드분할 다중접속
   ④ OFDMA Orthogonal Frequency Division Multiple Access 직교주파수분할 다중접속

## 22_ 다중화기술 종류

① FDM Frequency Division Multiplexing 주파수분할 다중화
② TDM Time-Division Multiplexing 시분할 다중화
③ CDM Code Division Multiplexing 코드분할 다중화
④ OFDM Orthogonal Frequency Division Multiplexing 직교주파수분할 다중화

## 23_ 2G 이동통신 시스템 구성요소

① MS(Mobile Station, 단말기)
② BTS(Base Tranceiver System, 기지국)
③ BSC(Base Station Controller, 기지국제어기)
④ MSC(Mobile Switching Center, 이동통신교환기)
⑤ HLR(Home Location Register, 홈 위치등록기)
⑥ VLR(Visiter Location Register, 방문자 위치등록기) 등

## 24_ 핸드오버 종류

① hard handover  ② soft handover  ③ softer handover

## 25_ 페이딩 현상

- 수신전계 강도가 시간적으로 변화하는 현상
① long term fading  ② shot term fading  ③ Rician fading

## 26_ 페이딩 대책 : 다이버시티(Diversity)

1) 송수신 기준
   ① 수신Diversity  ② 송신Diversity  ③ MIMO(Multiple Input Multiple Output)
2) 방식별 기준
   ① 공간(Space) Diversity  ② 시간(Time) Diversity  ③ 주파수 Diversity
   ④ 각도 Diversity  ⑤ 편파 Diversity

## 27_ 위성통신 주파수 대역별

① C band : 4~8GHz  ② Ku band : 12~18GHz  ③ Ka band : 26~40GHz

## 28_ 위성통신 궤도에서 지구 자전주기와 동일하여 24시간 지구에서 송수신 가능한 궤도

- GEO(Geostationary Earth Orbit) 정지위성궤도

29_ 프로토콜 기본구성요소
① 구문(Syntax) ② 의미(Semantics) ③ 순서(Timing)

30_ OSI 7 기본구성요소
① 개체(Entity) ② 접속(Connection) ③ 프로토콜(Protocol)
④ 서비스(Service) ⑤ 데이터단위(Data Unit)

31_ OSI 7 Layer별 주요 프로토콜 예
① 1계층 : RS-232C, RS-422, RS-485, Hub, Repeater, Modem, 케이블, Tap 등
② 2계층 : SDLC, HDLC, ADCCP, LAP-B, LLC, MAC, Switch, Bridge, NIC카드(LAN카드)
③ 3계층 : X.25, Router, L3 Switch 등
④ 4계층 : L4 Switch, 방화벽(Firewall)
⑤ 5~7계층 : HTTP, SNMP, WAF (Web Application Firewall), NGFW (Next Generation Firewall, ADC (Advanced Delivery Controller) 등

32_ PDU : Protocol Data Unit 프로토콜 데이터 단위
동일 통신계층(즉, Peer-to-Peer) 간에 운반되는 전체 데이터량으로 실제데이터와 운반수단을 포함
• 2계층 PDU : 프레임(Frame)
• 3계층 PDU : 패킷(Packet)

33_ SDU : Service Data Unit 서비스 데이터 단위
• 상향 / 하향 두 통신 계층 간에 전달되는 실제 정보(Payload)

34_ Polling 전송제어
• 단말(Slave)로부터 제어국(Master) 방향으로 데이터를 전송하기 위한 동작

35_ Selection 전송제어
• 제어국(Master)이 종속국 / 단말(Slave)으로 데이터를 전송하기 위한 동작

36_ HDLC 국(Station) 구분
① 1차국(주국, Master) ② 2차국(종국, Slave) ③ 복합국(Combined)

37_ HDLC 제어부 종류
　① I Frame(Information Frame, 정보전송형식)
　② S Frame(Supervision Frame, 감시형식)
　③ U Frame(Unnumbered Frame, 비번호제형식)

38_ HDLC 데이터 전송동작 모드
　① NRM(Normal Response Mode, 정규응답모드)
　② ARM(Asynchronous Response Mode, 비동기응답모드)
　③ ABM(Asynchronous Balanced Mode, 비동기평형모드)

39_ ARP : Address Resolution Protocol
　• IP주소를 MAC주소로 변환시켜주는 프로토콜

40_ RARP : Reverse Address Resolution Protocol
　• MAC주소를 IP주소로 변환시켜주는 프로토콜

41_ ICMP : Internet Control Message Protocol 인터넷 제어 메세지 프로토콜
　• IP 패킷을 처리할 때 발생되는 문제를 알리거나, 그와같은 문제의 진단 기능제공

42_ IGMP : Internet Group Management Protocol 인터넷 그룹 관리 프로토콜
　• 멀티캐스팅 그룹 관리를 위한 프로토콜

43_ TCP : Transmission Control Protocol
　• 4계층에서 연결형, 신뢰성있는 서비스 제공, 20바이트 헤더

44_ UDP : User Datagram Protocol
　• 4계층에서 비연결형, 보다 실시간적 서비스 제공, 8바이트 헤더

45_ DNS : Domain Name System
　• 문자주소를 IP주소로 바꾸어주는 역할수행

46_ 정보통신시스템 구성
   1) 데이터전송계
      ① 단말장치
      ② 데이터전송장치 : 신호변환기, 통신회선
      ③ 통신제어장치
   2) 데이터처리계
      ① 컴퓨터 : 중앙처리장치, 주변장치

47_ DTE : Data Terminal Equipment
   - 데이터단말장치

48_ DCE : Data Communication Equipment, Data Circuit terminal Equipment
   데이터단말장치, 데이터 회선종단장치
   - Modem : 아날로그 회선
   - DSU(Data Service Unit) : 디지털회선 64kbps
   - CSU(Channel Service Unit) : 디지털회선 2.048Mbps

49_ 통신회선 이용방식
   ① 단방향통신(Simplex) ② 반이중통신(Half Duplex) ③ 전이중통신(Full Duplex)

50_ 병렬전송신호
   ① Strobe신호 : 문자와 문자의 간격을 식별
   ② Busy 신호 : 수신측이 현재 데이터를 수신중에 있다는 것을 송신측에 알려줌

51_ CCU 종류 Communication Control Unit
   ① CCP (Communication Control Processor, 통신제어처리장치)
   ② FEP (Front End Processor, 전처리장치)
   ③ BEP (Back End Processor, 후처리장치)
   ④ RP (Remote Processor, 원격처리장치)
   ⑤ NCU (Network Control Unit, 네트워크 제어장치)

52_ **ATSC** : Advanced Television System Committee
① 미국 디지털TV 표준화방식이며, 국내 지상파 디지털TV 방식
② 전송방식 : 8VSB (ATSC 1.0기준), OFDM (ATSC 3.0기준)
③ 영상 : MPEG-2 (ATSC 1.0기준), HEVC (ATSC 3.0기준)
  * HEVC : High Efficiency Video Coding, H.265 / MPEG-H Part 2
④ 음성 : Dolby AC3 (ATSC 1.0기준), MPEG-H (ATSC 3.0기준)

53_ **JPEG** : Joint Photographic Experts Group 정지화상압축표준

54_ **MPEG** : Moving Picture Experts Group 동화상압축표준

55_ **UHD 4K** : 화면당 화소수 3,840 × 2,160 (FHD 4배)

56_ **UHD 8K** : 화면당 화소수 7,680 × 4,320 (FHD 16배)

57_ **전자파의 성질**
① 반사(Reflection) ② 산란(Scattering) ③ 회절(Diffraction) ④ 굴절(Refraction)

58_ **VSAT** : Very Small Aperture Terminal
위성을 이용 가입자에게 위성통신서비스 제공하는 통신장치로 소형안테나를 사용

59_ **DOCSIS** : Data over Cable Service Interface Specification
CATV 기술표준

60_ **PAN 주요기술**
① Bluetooth ② RFID ③ Zigbee ④ UWB ⑤ NFC 등

61_ **UTM** Unified Threat Management 통합보안관리

62_ **PAD** Packet Assembler / Deassembler 패킷조립분해기

63_ 패킷교환방식
　① 회선교환 (Circuit Switching)
　② 메시지교환 (Massage Switching)
　③ 패킷교환
　　• 가상회선 (Vertual Circuit Packet Switching)
　　• 데이터그램 (Datagram Packet Switching)

64_ ISO : International Organization for Standardization 국제표준화기구

65_ ITU : International Telecommunication Union　국제전기통신연합

66_ IEC : International Electrotechnical Commission 국제전기기술위원회

67_ IEEE : Institute of Electrical and Electronic Engineers　미국전기전자기술자협회

68_ ANSI : American National Standard Institute 미국표준협회, 미국국립표준원

69_ IETF : Internet Engineering Task Force 인터넷기술표준화위원회

70_ TTA : Telecommunications Technology Association 한국정보통신기술협회

# 3장 예상문제풀이 실무형문제

**1절** 이동 / 무선통신, 광통신 등, 측정 및 시험업무

**2절** 설계, 감리, 감독, 시공업무

**3절** 유지보수, 접지 등 현장실무업무

# 1절 이동/무선통신, 광통신 등, 측정 및 시험업무

**01** 비동기식 전송방식 구성을 7Bit 정보비트와 1Bit Parity비트로 구성된 8bit 코드를 1Bit Start 비트와 1Bit Stop 비트방식으로 1,200bps 속도로 전송시 효율[%]을 계산하시오.
1) 코드 효율
2) 전송 효율
3) 유효 속도

> **정답**
>
> 1) 코드 효율 : 87.5%
>
> $$\frac{정보 Bit}{총정보 Bit} \times 100\% = \frac{7 Bit}{8 Bit} \times 100\% = 87.5\%$$
>
> 2) 전송 효율 : 80%
>
> $$\frac{총정보 Bit}{전체전송 Bit} \times 100\% = \frac{8 Bit}{10 Bit} \times 100\% = 80\%$$
>
> 3) 유효 속도 : 840[bps]
>
> 유효 속도 = 시스템 효율 (코드효율 × 전송효율) × 데이터 속도
> = 0.875 × 0.8 × 1,200[bps]
> = 840[bps]

**02** 전송데이터 1,000,000비트 중 10비트의 오류가 발생한 경우 BER를 계산하시오.

**정답**

$1 \times 10^{-5} [BER]$

$BER = \dfrac{\text{비트에러수}}{\text{총전송비트수}}$

$= \dfrac{10 Bit}{1,000,000 Bit} = \dfrac{1}{100,000} = 1 \times 10^{-5} [BER]$

**03** 통신속도가 2,400bps인 회선에서 100분간 전송시 144개 Bit 비트의 오류가 발생한 경우 BER를 계산하시오.

**정답**

$1 \times 10^{-5} [BER]$

$BER = \dfrac{\text{비트에러수}}{\text{총전송비트수}}$

$= \dfrac{144 Bit}{2,400 \times 100 \times 60} = \dfrac{144}{144 \times 100,000} = 1 \times 10^{-5} [BER]$

**04** QPSK 변조기의 Baud Rate가 2,400[Baud]인 경우 Bit Rate를 계산하시오.

**정답**

4,800 bps
$Data\ Rate\ [bps] = B[Baud] \times n = B[Baud] \times \log_2 M$
D · R [bps] = 2,400 [Baud] × $\log_2 4$ = 2,400 [Baud] × 2 = 4,800 [bps]

**05** 8PSK 변조기의 Baud Rate가 2,400[Baud]인 경우 Bit Rate를 계산하시오.

**정답**

7,200 bps
$Data\ Rate\ [bps] = B[Baud] \times n = B[Baud] \times \log_2 M$
D · R [bps] = 2,400 [Baud] × $\log_2 8$ = 2,400 [Baud] × 3 = 7,200 [bps]

**06** 잡음이 없는 채널기준 채널스펙트럼이 3MHz ~ 5MHz 이며 16QAM변조방식을 사용시 Bit Rate를 계산하시오.

**정답**

16 Mbps
Nyquist 공식을 이용하면 $C = 2B \log_2 M [bps]$
C : 통신채널용량 [bps], B : 채널의 대역폭(Bandwidth) [Hz], M : 진수
B (Bandwidth) = 2MHz, M = 16 대입
$C = 2 \times 2M \times \log_2 16 \ [bps] = 16 Mbps$

**07** 2,000[KHz] 반송파에 10[KHz] 신호파에 대해 AM변조시 상측파 주파수와 하측파 주파수, 대역폭(Bandwidth)를 계산하시오.

**정답**

1) 상측파 주파수 : 2,010KHz
2) 하측파 주파수 : 1,990KHz
3) 대역폭 (Bandwidth) : 20KHz

**08** 주파수 대역폭(Bandwidth)이 2MHz이고 신호대잡음비(S / N비)가 40dB인 경우 통신 채널용량을 Shannon의 정리를 이용 계산하시오.

**정답**

26.6Mbps

$C = B\log_2(1 + \frac{S}{N})\,[bps]$

C : 통신채널용량 [bps], B : 채널의 대역폭(Bandwidth) [Hz], S / N : 신호대 잡음비

B = 2MHz, S / N비 40dB = $10\log\frac{S}{N}$ 에서 $\frac{S}{N} = 10,000$

$C = 2M\log_2(1 + 10,000) = 2M\log_2 10,001 \cong 2M\log_2 10,000$

$= 2M\frac{\log_{10}10^4}{\log_{10}2} = 2M\frac{4}{0.3010} = 26.6Mbps$

**09** 주파수 대역폭(Bandwidth)이 200KHz이고 신호대잡음비(S / N비)가 31인 경우 통신채널 용량을 Shannon의 정리를 이용 계산하시오.

**정답**

1Mbps

$$C = B\log_2\left(1 + \frac{S}{N}\right) [bps]$$

C : 통신채널용량 [bps], B : 채널의 대역폭(Bandwidth) [Hz], S / N : 신호대 잡음비

$B = 200KHz, \quad \frac{S}{N} = 31$

$C = 200K\log_2(1+31) = 200K\log_2 32 = 200K\log_2 2^5$

$= 200K \times 5 = 1Mbps$

**10** QPSK Modem에서 2Mbps 신호속도에 대한 변조속도를 계산하시오.

**정답**

1Mbaud

$$Baud = \frac{Data\ Rate}{\log_2 M} = \frac{2Mbps}{\log_2 4} = 1MBaud$$

**11** 다음과 같은 피변조파 파형에서 변조도를 계산하시오.

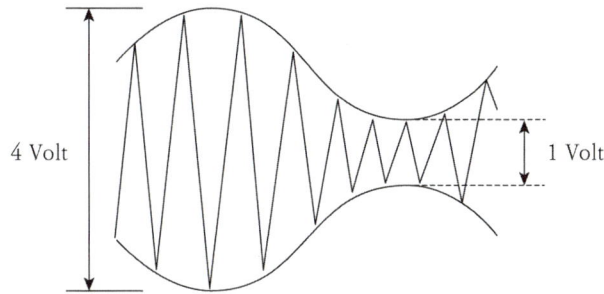

정답

변조도 = 60%

변조도 $m = \dfrac{V_{\max} - V_{\min}}{V_{\max} + V_{\min}} \times 100\% = \dfrac{4-1}{4+1} \times 100\% = 60\%$

**12** 오실로스코프로 변조도를 측정한 결과 파형이 그림과 같을 때 변조도를 계산하시오.

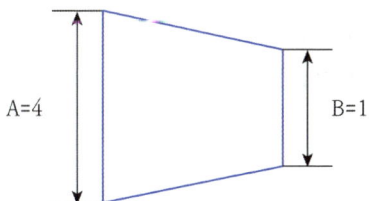

정답

변조도 = 60%

변조도 $m = \dfrac{V_{\max} - V_{\min}}{V_{\max} + V_{\min}} \times 100\% = \dfrac{4-1}{4+1} \times 100\% = 60\%$

**13** 오실로스코프로 변조도를 측정한 결과 파형이 그림과 같을 때 변조도를 계산하시오.

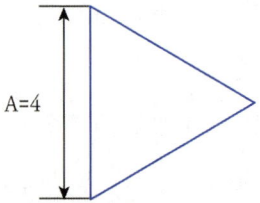

> **정답**
>
> 변조도 = 100%
>
> 변조도 $m = \dfrac{V_{\max} - V_{\min}}{V_{\max} + V_{\min}} \times 100\% = \dfrac{4-0}{4+0} \times 100\% = 100\%$

**14** 아날로그 변조방식인 AM변조과정에서 피변조파 $f_{AM} = (10 + 2\cos 2\pi 200 t)\cos 2\pi 10^5 t$ 일 때 다음을 계산하시오.
1) 피변조파 주파수 구성 및 진폭
2) 변조지수(m), 변조도(%)
3) 반송파와 측파대 전력성분비

> **정답**
>
> 1) 피변조파
>    ① 반송파 : 주파수 100KHz, 진폭 10
>    ② 상측파대 : 주파수 100.2KHz, 진폭 1
>    ③ 하측파대 : 주파수 99.8KHz, 진폭 1

$f_{AM} = (10 + 2\cos 2\pi 200 t)\cos 2\pi 10^5 t = 10\cos 2\pi 10^5 t + 2\cos 2\pi 200 t \cos 2\pi 10^5 t$ 에서

삼각함수 $\cos A \cos B = \dfrac{1}{2}\cos(A+B) + \cos(A-B)$ 및 $\cos(-\theta) = \cos(\theta)$ 이용

$= 10\cos 2\pi 10^5 t + \cos(2\pi 10^5 t + 2\pi 200 t) + \cos(2\pi 10^5 t - 2\pi 200 t)$

2) 변조지수 = 0.2, 변조도 = 20%

변조도 $= \dfrac{\text{신호파 진폭}}{\text{반송파 진폭}} = \dfrac{2}{10} \times 100\% = 20\%$, 변조지수 = 0.2

3) 반송파와 측파대($P_H + P_L$) 전력성분비는 1 : 0.02

$P_C : P_H : P_L = P_C : \dfrac{m^2}{4} P_C : \dfrac{m^2}{4} P_C = 1 : 0.01 : 0.01$

### 15
아날로그 변조방식인 FM변조과정에서 정보신호의 기본주파수를 5KHz, 최대 주파수편이가 125KHz인 경우 Carson 법칙 기준 전송에 필요한 대역폭과 변조지수는?

**정답**

1) 대역폭 : 260KHz

대역폭 $B_{FM} = 2(\Delta f + f_m) = 2(125KHz + 5KHz)$,
$= 260KHz$

$\Delta f$ : 최대주파수편이, $f_m$ : 변조신호주파수

2) 변조지수 = 25

변조지수 $\beta_f = \dfrac{\Delta f}{f_m} = \dfrac{125KHz}{5KHz} = 25$

**16** Power Amplifier가 다단으로 종속 연결되어 있는데, 1단 증폭도는 15dB, 2단 증폭도는 25dB, 입력 신호는 0.1mW일 때 전력증폭기 최종 출력값을 dBW로 계산하시오.

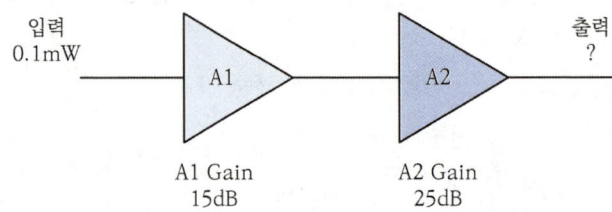

**정답**

0dBW
1단 입력신호 −10dBm, 0.1mWatt 를 dBm 으로 환산하면 −10dBm
증폭 1단 및 2단 통과한 출력값은 −10dBm + 15dB + 25dB = 30dBm
30dBm 을 dBW 로 환산하면 0dBW = 1Watt

**17** Audio 신호 Test tone을 1KHz 0dBm 사용하여 다음과 같은 통신시스템을 통과했을 때 종단점에서 신호의 세기를 dBm으로 계산하시오.

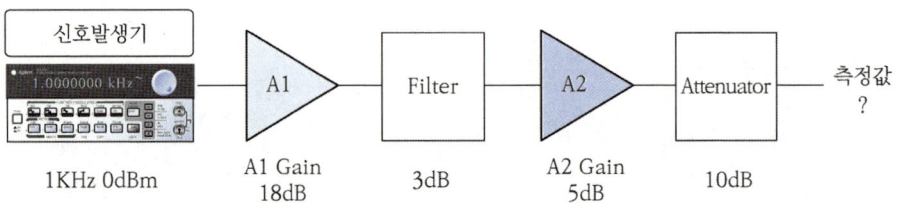

**정답**

10dBm
종단신호 세기 = 0dBm + 18dB − 3dB + 5dB − 10dB = 10dBm

**18** 통신선로 구간의 A점에서 신호세기가 6mW이고 10km 경과된 B점에서 신호세기가 3mW일 때 A-B구간의 전송손실을 dB로 계산하시오.

**정답**

전송손실 3dB

계산1) 전송손실 = $10\log\dfrac{B점}{A점} = 10\log\dfrac{3mW}{6mW} = 10\log 0.5 = -3dB$

계산2) A점 신호세기 6mW를 dBm 변환하면 $10\log\dfrac{6mW}{1mW} = 7.7dbm$

B점 신호세기 3mW를 dBm 변환하면 $10\log\dfrac{3mW}{1mW} = 4.7dbm$

B점 신호세기 - A점 신호세기 = 4.7dBm - 7.7dBm = -3dB
신호세기가 A점신호의 절반으로 감소되었음

**19** OTDR 광케이블를 측정하였는데 다음과 같은 그림의 ①, ②이 생기는 이유를 서술하시오.

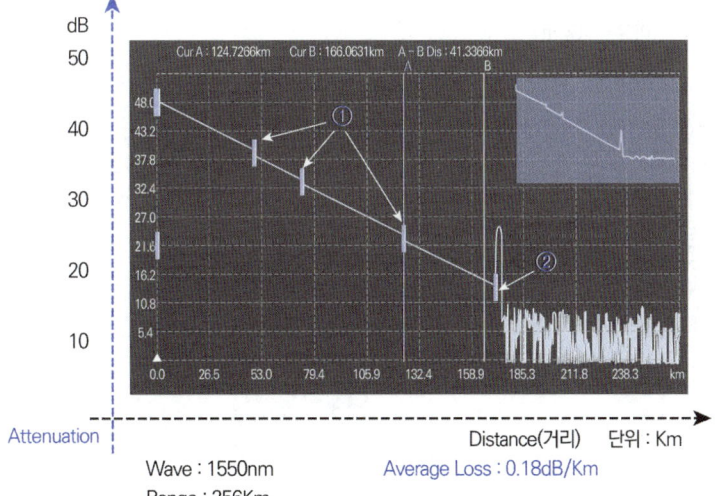

**정답**

① 접속손실
② 광케이블 종단 (정상 거리구간) 또는 광케이블 고장점 (비정상 거리구간)

**20** 광송신기 LD의 출력이 1Watt이고 광수신기 PD의 수신감도가 1μWatt일 때 중간에 20Km지점에 광중계기가 있고, 전체 전송거리가 90Km이고 전체구간 광케이블 전송 손실이 1dB / Km이며, 전체구간의 광접속 및 광컨넥터 손실등이 20dB이라 하면 광중계기의 이득은 몇dB를 가져가야 하는지 계산하시오.

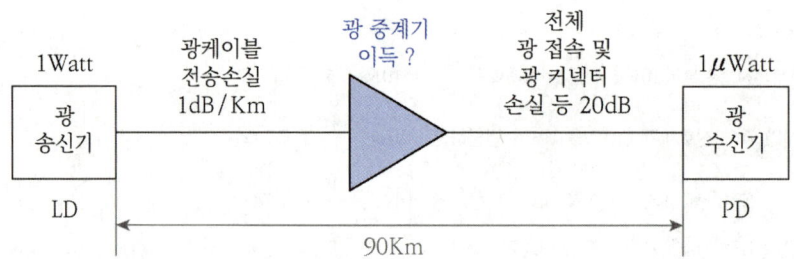

### 정답

50dB이상 광중계기 이득 필요
1) 송수신구간 여유분 : 60dB

   광송신기 - 광수신기 여유분 $dB = 10\log\dfrac{1W}{1\mu W} = 10\log 10^6 = 60dB$

2) 전체구간 광케이블 손실값 : 90dB
   90Km 구간 1dB / Km = 90dB
3) 전체구간 광접속 및 광커넥터 손실값 : 20dB
4) 60dB 여유분 + X(광중계기) = 110dB 손실(광케이블 손실 + 광접속 / 광커넥터 손실)
   X값 = 50dB

**21** 다음 통신시스템의 종합잡음지수를 계산하시오.

**정답**

종합잡음지수 = $NF_1 + \dfrac{NF_2 - 1}{G_1} + \dfrac{NF_3 - 1}{G_1 \cdot G_2}$

**22** 송신단에서 "1011" 정보비트를 전송할 때 Hamming code이용 전송시 Hamming Bit수를 계산하시오.

**정답**

Hamming Bit : 3Bit

$2^p \geq m + p + 1$ 에서 $p$ : $Hamming\,Bit$수 $m$ : 정보 $Bit$수

$m = 4Bit$를 대입

$2^p \geq 4 + p + 1 = 5 + p$에서 $p = 3$대입하면 $2^3 = 5 + 3 = 8$로 만족

**23** 송신단에서 "1011" 정보비트를 전송할 때 Hamming code이용 전송시 Hamming Bit수를 계산하고 수신단에서 "1001" 오류 발생시 정정하는 과정을 계산하시오.

> 정답

1) Hamming Bit : 3Bit
   $2^p \geq m+p+1$ 에서 $m=4$, $p=3$ 적용시 $2^3 = 8$ 로 만족

2) 정보비트 송신단

| 비트번호 | 7 | 6 | 5 | 4 | 3 | 2 | 1 |
|---|---|---|---|---|---|---|---|
| Bit | 1 | 1 | 0 | P3 | 1 | P2 | P1 |

송신단 P1, P2, P3 값을 구하면

| 비트번호 | 2진수 |
|---|---|
| 7 | 1 1 1 |
| 6 | 1 1 0 |
| 3 | 0 1 1 |
| EX-OR | 0 1 0 |

송신단 전송 비트열은 "1011" 정보비트

| 비트번호 | 7 | 6 | 5 | 4 | 3 | 2 | 1 |
|---|---|---|---|---|---|---|---|
| Bit | 1 | 1 | 0 | 0 | 1 | 1 | 0 |

송신이후 수신단에서 정보비트열이 "1001" 정보비트 오류 발생시

| 비트번호 | 7 | 6 | 5 | 4 | 3 | 2 | 1 |
|---|---|---|---|---|---|---|---|
| Bit | 1 | 0 | 0 | 0 | 1 | 1 | 0 |

수신단 오류정정 과정은

| 비트번호 | 2진수 | 10진수 |
|---|---|---|
| 7 | 1 1 1 | |
| 3 | 0 1 1 | |
| Hamming | 0 1 0 | |
| EX-OR | 1 1 0 | "6" |

EX-OR 2진수 110 를 10진수 변환하면 6번째 비트가 오류를 확인하여 수신단 자체적으로 Hamming code 를 이용 비트오류를 정정함

| 비트번호 | 7 | 6 | 5 | 4 | 3 | 2 | 1 |
|---|---|---|---|---|---|---|---|
| Bit | 1 | 1 | 0 | 0 | 1 | 1 | 0 |

**24** IP주소 192.128.100.72를 이진수로 변환하고 기본 서브넷 마스크를 표기하시오.

> 정답

1) 11000000.10000000.01100100.01001000
   192 = ($2^7 + 2^6$) = 11000000
   128 = ($2^7$) = 10000000
   100 = ($2^6 + 2^5 + 2^2$) = 01100100
   72 = ($2^6 + 2^3$) = 01001000
2) 기본(디폴트) 서브넷 마스크 : 255.255.255.0

**25** IPv4 주소 C 클래스 기준 처음 주소, 마지막 주소와 기본 서브넷 마스크와 Host 수를 계산하시오.

> 정답

1) C 클래스 처음 주소 : 192.0.0.0
   11000000 = 192 ($2^7 + 2^6$)
2) C 클래스 마지막 주소 : 223.255.255.255
   11011111 = 223 ($2^7 + 2^6 + 2^4 + 2^3 + 2^2 + 2^1 + 2^0$)
3) 기본 서브넷 마스크 : 255.255.255.0
4) C 클래스 Host수 : 256개 (0~ 255)이며, 실제 배정수는 254개로 Network ID용 IP와 Broadcast용 IP 제외
[ C 클래스 ] 처음 3비트가 "110"

| 1 | 1 | 0 | Network | Network | Network | Host |
|---|---|---|---------|---------|---------|------|

**26** IP주소대역 192.168.0.0/24를 4개로 서브넷팅을 할 때 첫번째 네트워크의 브로드캐스트 ID와 세번째 네트워크의 네트워크 ID와 네 번째 네트워크의 사용IP주소를 계산하시오.

> **정답**
>
> 1) 첫 번째 네트워크 브로드캐스트 ID : 192.168.0.63
> 2) 세 번째 네트워크 네트워크 ID : 192.168.0.128
> 3) 네 번째 네트워크 사용 IP주소 대역 : 192.168.0.193 ~ 192.168.0.254
>
> - IP대역 192.168.0.0 / 24를 4개로 서브넷팅
>   네트워크 1개를 부서별 분리 서로 다른 4개 네트워크로 서브넷팅 과정이며 Subnet "4" 해당

| Subnet | 1 | 2 | 4 | 8 | 16 | 32 | 64 | 128 | 256 |
|---|---|---|---|---|---|---|---|---|---|
| Host수 | 256 | 128 | 64 | 32 | 16 | 8 | 4 | 2 | 1 |
|  | $2^8$ | $2^7$ | $2^6$ | $2^5$ | $2^4$ | $2^3$ | $2^2$ | $2^1$ | $2^0$ |
| SubnetMask | / 24 | / 25 | / 26 | / 27 | / 28 | / 29 | / 30 | / 31 | / 32 |

1 번 네트워크 191.168.0.0 / 26    2 번 네트워크 191.168.0.64 / 26
3 번 네트워크 191.168.0.128 / 26    4 번 네트워크 191.168.0.192 / 26 로 서브넷팅함

| Network | Network ID | Subnet Mask | 사용 IP수 | 사용 IP주소 | | Broadcast ID |
|---|---|---|---|---|---|---|
| #1 | 192.168.0.0 | / 26 | 62 | 192.168.0.1 | ~ 192.168.0.62 | 192.168.0.63 |
| #2 | 192.168.0.64 | / 26 | 62 | 192.168.0.65 | ~ 192.168.0.126 | 192.168.0.127 |
| #3 | 192.168.0.128 | / 26 | 62 | 192.168.0.129 | ~ 192.168.0.190 | 192.168.0.191 |
| #4 | 192.168.0.192 | / 26 | 62 | 192.168.0.193 | ~ 192.168.0.254 | 192.168.0.255 |

**27** 오실로스코프 출력파형이 구형파인 경우 다음 항목을 계산하시오.

1) 진폭 Peak to Peak 전압, 단위 : V
2) 진폭 실효치 전압, 단위 : V
3) 주기, 단위 : msec
4) 주파수, 단위 : Hz

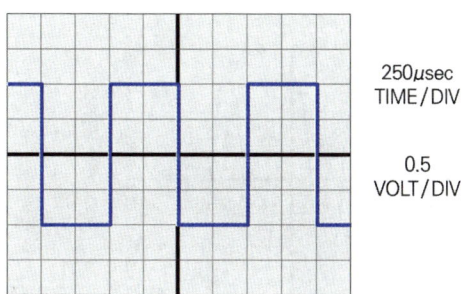

> 정답

1) 진폭 Peak to Peak 전압 : 2Vp-p
2) 진폭 실효치 전압, 단위 : 2V
   구형파는 피크전압과 실효치 전압 동일
3) 주기 : 1msec
4) 주파수 : 1,000 Hz

$$주파수 = \frac{1}{T(주기)} = \frac{1}{1msec} = 1KHz$$

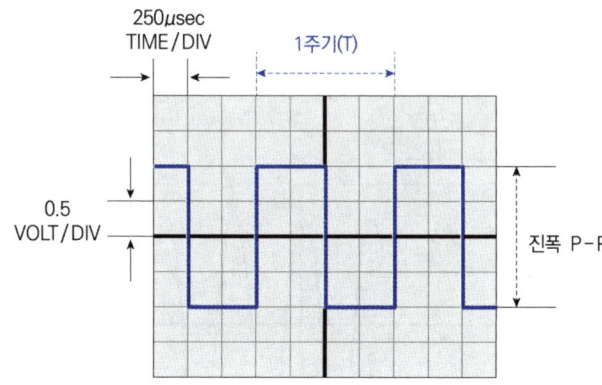

**28** 오실로스코프 출력파형이 정현파인 경우 다음 항목을 계산하시오.
1) 진폭 Peak to Peak 전압, 단위 : V
2) 최대치 전압, 단위 : V
3) 진폭 실효치 전압, 단위 : V 소수점 둘째자리까지
4) 주기, 단위 : msec
5) 주파수, 단위 : Hz

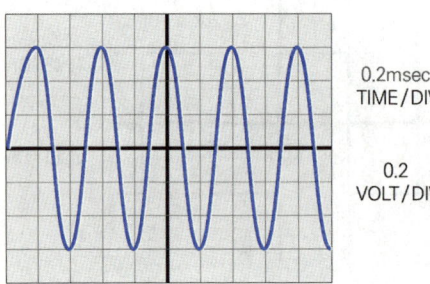

> 정답

1) 진폭 Peak to Peak 전압 : 1.2Vp-p
2) 진폭 최대치 전압, 단위 : 0.6V
   기준점(Ground) 한쪽의 최대치는 0.6V이며
3) 진폭 실효치 전압, 단위 : 0.42V
   $$실효치 = \frac{최대치}{\sqrt{2}} = \frac{0.6V}{\sqrt{2}} = 0.42V$$
4) 주기 : 0.4msec
5) 주파수 : 2,500 Hz
   $$주파수 = \frac{1}{T(주기)} = \frac{1}{0.4msec} = 2.5KHz$$

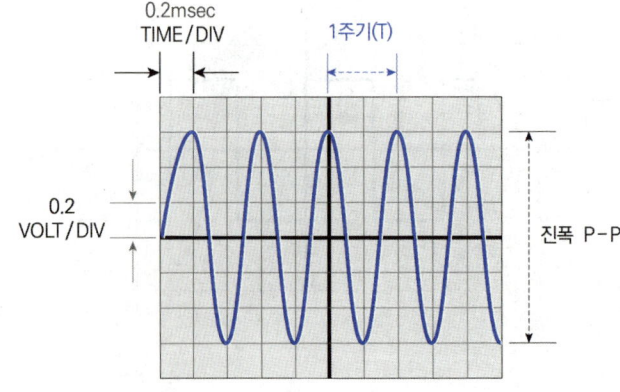

**29** HDLC 프레임에서 다음 항목을 Bit 단위로 계산하시오.

| Flag | 주소부 | 제어부 | 정보부 | FCS | Flag |
|---|---|---|---|---|---|
| 01111110 | ① | ② | 임의 Bit | ③ | 01111110 |

**정답**

① 8bit  ② 8bit  ③ 16bit

**30** 다음 HDLC 프레임에서 제어부의 3가지 형식(Frame)을 표기하시오.

| Flag | 주소부 | 제어부 | 정보부 | FCS | Flag |
|---|---|---|---|---|---|
| 01111110 | 8bit | 8bit | 임의 Bit | 16bit | 01111110 |

**정답**

제어부의 구성
① I Frame (Information Frame) 정보전송형식
② S Frame (Supervision Frame) 감시형식
③ U Frame (Unnumbered Frame) 비번호제형식

**31** 다음 HDLC 프레임은 확인 응답, 흐름제어, 오류제어로 사용하는 제어부 프레임기준 어디에 해당하는지 표기하고, 제어부의 2비트 Code별 명령어 종류를 표기하시오.

| Flag | 주소부 | 제어부 | FCS | Flag | Flag |
|------|--------|--------|------|----------|----------|
| 01111110 | 8bit | 8bit | 16bit | 01111110 | 01111110 |

**정답**

1) S Frame (Supervision Frame) 감시형식
2) ① RR : Receive Ready
   ② REJ : Reject
   ③ RNR : Receive Not Ready
   ④ SREJ : Selective Reject

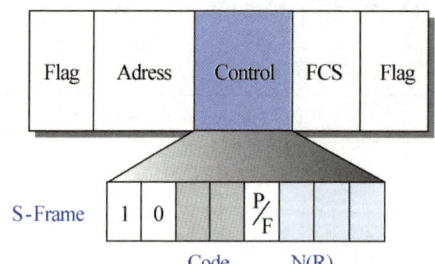

**32** 다음 HDLC 프레임이 데이터 전송모드의 종류를 나열하고, 1차국, 2차국, 복합국으로 구분 표기하시오.

| 구 분 | 모드1 | 모드2 | 모드3 |
|-------|-------|-------|-------|
| 국 | | | |
| 최초 시작국 | | | |

**정답**

| 구분 | 정규응답모드<br>(NRM) | 비동기응답모드<br>(ARM) | 비동기평형모드<br>(ABM) |
|---|---|---|---|
| 국 | 1차국과 2차국 | 1차국과 2차국 | 복합국 |
| 최초 시작국 | 1차국 | 1차국 또는 2차국 | 임의 |

- NRM : Normal Response Mode
- ARM : Asynchronous Response Mode
- ABM : Asynchronous Balanced Mode

**33** 다음 HDLC 프레임 내부에 Flag와 같은 비트 "01111110" 비트가 나타날 경우 Flag로 오인되는 것을 방지하기위한 방법을 무엇이라 하며, 그 내용을 간단히 표기하시오.

| Flag | 주소부 | 제어부 | 정보부 | FCS | Flag |
|---|---|---|---|---|---|
| 01111110 | 8bit | 8bit | 임의 Bit | 16bit | 01111110 |

**정답**

1) Bit Stuffing 비트 스터핑
2) 비트 스터핑 방식
   Flag를 제외한 프레임 내부에 Flag와 같은 "01111110" 비트가 나타날 경우 오인 방지를 위해 "1"이 연속 5개 발생하면 그 뒤에 "0"을 강제로 삽입하고, 수신단은 전송받은 프레임 중에 Flag를 제외하고 "1"이 연속 5개가 나타난 이후 비트가 "0"이면 해당 비트를 제거하여 원래의 비트패턴으로 복원함

# 2절 설계, 감리, 감독, 시공업무

**01** 다음 설명하는 용어를 서술하시오.
1) 발주자로부터 공사를 도급받은 공사업자
2) 수급인으로부터 공사를 하도급받은 공사업자

> **정답**
>
> 1) 수급인  2) 하수급인

**02** 다음 설명하는 용어를 서술하시오.
1) 원도급(原都給), 하도급, 위탁, 그 밖에 명칭이 무엇이든 공사를 완공할 것을 약정하고, 발주자가 그 일의 결과에 대하여 대가를 지급할 것을 약정하는 계약
2) 도급받은 공사의 일부에 대하여 수급인이 제3자와 체결하는 계약

> **정답**
>
> 1) 도급  2) 하도급

**03** 정보통신공사업법 시행령에 따른 기술계 정보통신기술자 자격등급을 구분하시오.

> **정답**

1) 특급기술자 2) 고급기술자 3) 중급기술자 4) 초급기술자
- 근거 : 정보통신공사업법 시행령 별표 6

**04** 시공사가 제출하는 시공계획서의 주요항목을 서술하시오.

> **정답**

1. 공문 : 시공계획서
2. 공사 개요
   - 착공 / 준공일
   - 예정 공정표
3. 세부 공사별 공사범위
4. 세부 공사별 구축방안 (예)
   4.1 통신선로설비공사 세부시공계획
   4.2 방송설비공사 세부시공계획
   4.3 네트워크설비공사 세부시공계획
   4.4 정보설비공사 세부시공계획 등
5. 현장운영계획
6. 품질관리계획
7. 안전관리계획
8. 주요자재수급계획 등

**05** 시공사가 제출하는 착공신고서의 주요항목을 서술하시오.

**정답**

1. 공문 : 착공신고서
2. 공사계약서
3. 착공신고서
4. 직접시공계획서
5. 예정공정표
6. 정보통신기술자 보유확인서
7. 현장대리인 지정신고서
   - 기술자수첩
   - 재직증명서
   - 경력증명서(정보통신공사협회)
8. 공사내역서
9. 산재 고용가입증명원
10. 노무동원 및 장비투입계획서
11. 안전관리계획서
12. 품질관리계획서 등

**06** 정보통신공사업법 및 시행령 기준 공사업 등록을 하려는 자는 정보통신공사업 등록신청서를 다음 서류를 첨부하여 공사업자의 주된 영업소의 소재지를 관할하는 시·도지사에게 신청하여야 한다. 다음 서류항목을 서술하시오.

**정답**

공사업 등록의 신청
1) 신청인(법인인 경우에는 대표자를 포함한 임원)의 성명, 주민등록번호 및 주소 등의 인적사항이 적힌 서류
2) 기업진단보고서
3) 정보통신기술자의 명단과 해당 정보통신기술자의 경력수첩사본
4) 정보통신공제조합이 대통령령으로 정하는 금액 이상의 현금 예치 또는 출자를 받은 사실을 증명하여 발행하는 확인서
5) 사무실 보유를 증명하는 서류

**07** 정보통신공사업법 시행령 별표1 기준 공사를 구분하고 공사의 종류를 3개 이상 서술하시오.

**정답**

공사의 종류 : 16공사

| 구분 | 공사의 종류 |
|---|---|
| 통신설비공사 | 통신선로설비공사<br>교환설비공사<br>전송설비공사<br>구내통신설비공사<br>이동통신설비공사<br>위성통신설비공사<br>고정무선통신설비공사 |
| 방송설비공사 | 방송국설비공사<br>방송전송·선로설비공사 |
| 정보설비공사 | 정보제어·보안설비공사<br>정보망설비공사<br>정보매체설비공사<br>항공·항만통신설비공사<br>선박의 통신·항해·어로설비공사<br>철도통신·신호 설비공사 |
| 기타설비공사 | 정보통신전용전기시설설비공사 |

**08** 정보통신공사업법 시행령 기준 설계도서의 보관의무는 공사의 목적물의 소유자와 공사를 설계한 용역업자, 공사를 감리한 용역업자별 보관기준을 서술하시오.

**정답**

설계도서의 보관의무
1) 공사의 목적물의 소유자 : 공사에 대한 실시·준공설계도서를 공사의 목적물이 폐지될 때까지 보관할 것.
2) 공사를 설계한 용역업자 : 그가 작성 또는 제공한 실시설계도서를 해당 공사가 준공된 후 5년간 보관할 것
3) 공사를 감리한 용역업자 : 그가 감리한 공사의 준공설계도서를 하자담보책임기간이 종료될 때까지 보관할 것

**09** 정보통신공사업법 기준 설계도서 포함 항목을 서술하시오.

**정답**

1) 공사에 관한 계획서  2) 설계도면  3) 설계설명서  4) 공사비명세서  5) 기술계산서 및 이와 관련된 서류
- 근거 : 정보통신공사업법 제2조(정의)

**10** 예비타당성조사, 타당성조사 및 기본계획을 감안하여 시설물의 규모, 배치, 형태, 개략공사방법 및 기간, 개략 공사비 등에 관한 조사, 분석, 비교·검토를 거쳐 최적안을 선정하고 이를 설계도서로 표현하여 제시하는 설계업무로서 각종사업의 인·허가를 위한 설계를 포함하며, 설계기준 및 조건 등 실시설계용역에 필요한 기술자료를 작성하는 것을 무엇이라 하는가?

**정답**

기본설계

**11** 기본설계의 결과를 토대로 시설물의 규모, 배치, 형태, 공사방법과 기간, 공사비, 유지관리 등에 관하여 세부조사 및 분석, 비교·검토를 통하여 최적안을 발전시켜 시공 및 유지관리에 필요한 설계도서를 작성하는 것을 무엇이라 하는가?

**정답**

실시설계

**12** 최소의 생애주기비용으로 시설물의 기능 및 성능, 품질을 향상시키기 위하여 설계에 대한 경제성 및 현장 적용의 타당성을 기능별, 대안별로 검토하는 것을 무엇이라 하는가?

**정답**

설계VE(Value Engineering)

**13** 정보통신공사업법 시행령에 따른 감리원 자격등급을 구분하시오.

**정답**

1) 특급감리원 2) 고급감리원 3) 중급감리원 4) 초급감리원
- 근거 : 정보통신공사업법 시행령 별표2 및 정보통신공사업법 시행령 제8조의3(감리원의 배치기준 등)

**14** 정보통신공사업법 기준 감리란 발주자의 위탁을 받은 용역업자가 설계도서 및 관련 규정의 내용대로 시공되는지를 감독하고, ( ① )·( ② ) 및 ( ③ )에 대한 지도 등에 관한 발주자의 권한을 ( ④ )하는 것을 말하며, 빈칸을 채우시오.

**정답**

① 품질관리 ② 시공관리 ③ 안전관리 ④ 대행

**15** 정보통신공사업법 시행령 기준 정보통신 감리원의 업무범위를 3개 이상 서술하시오.

**정답**

감리원의 업무범위
1) 공사계획 및 공정표의 검토
2) 공사업자가 작성한 시공상세도면의 검토·확인
3) 설계도서와 시공도면의 내용이 현장조건에 적합한지 여부와 시공가능성 등에 관한 사전검토
4) 공사가 설계도서 및 관련규정에 적합하게 행해지고 있는지에 대한 확인
5) 공사 진척부분에 대한 조사 및 검사
6) 사용자재의 규격 및 적합성에 관한 검토·확인
7) 재해예방대책 및 안전관리의 확인
8) 설계변경에 관한 사항의 검토·확인
9) 하도급에 대한 타당성 검토
10) 준공도서의 검토 및 준공확인

**16** 정보통신공사업법 시행령 기준 정보통신감리원 배치기준 산정시 총공사금액 30억원 이상 70억원 미만인 공사에 대한 어느 감리원 이상의 감리원를 배치하는지 서술하시오.

**정답**

고급감리원

**17** 정보통신공사업법 시행령 기준 감리결과의 통보는 공사가 완료된 날로부터 7일 이내에 다음 사항이 포함된 감리결과를 발주자에게 통보하여야 하는데 관련 5항목을 서술하시오.

> 정답

감리결과의 통보
1) 착공일 및 완공일
2) 공사업자의 성명
3) 시공 상태의 평가결과
4) 사용자재의 규격 및 적합성 평가결과
5) 정보통신기술자배치의 적정성 평가결과

**18** 정보통신공사업법 시행령 기준 감리원 배치현황의 신고를 해당 공사를 시작한 날부터 30일 이내에 다음 각 호의 서류를 첨부하여 특별시장·광역시장·특별자치시장·도지사 또는 특별자치도지사에게 제출해야 한다 관련 서류항목을 서술하시오.

> 정답

감리 배치현황의 신고
1) 감리원 배치계획서(발주자의 확인을 받은 것을 말한다)
2) 공사감리용역계약서 사본
3) 감리원의 등급을 증명하는 서류
4) 공사 현장 간 거리도면(제8조의3제3항제1호나목에 따라 공사감리를 하는 경우로 한정한다)

**19** 모든 이용자가 언제 어디서나 적정한 요금으로 제공받을 수 있는 기본적인 전기통신역무를 무엇이라 하며, 관련 보편적 역무의 내용을 1개 이상 서술하시오.

**정답**

1) 보편적 역무
2) 보편적 역무내용
   ① 유선전화서비스 ② 긴급통화용 전화서비스 ③ 장애인·저소득층 등에 대한 요금감면서비스

**20** 전기통신사업법 기준 전기통신사업자를 구분하시오.

**정답**

① 기간통신사업자 ② 부가통신사업자

**21** 국선과 구내간선케이블 또는 구내케이블을 종단하여 상호연결하는 통신용분배함을 무엇이라 하는가?

**정답**

국선단자함

**22** 전압을 구분할 때 다음 빈칸을 채우시오.

| 저압 | 직류는 ( ① )이하, 교류는 ( ② )이하인 전압을 말한다. |
|---|---|
| 고압 | 직류는 1500볼트, 교류는 1000볼트를 초과하고 각각 ( ③ )이하인 전압을 말한다. |
| 특고압 | ( ④ )를 초과하는 전압을 말한다. |
| 강전류전선 | 전기도체, 절연물로 싼 전기도체 또는 절연물로 싼 것의 위를 보호피막으로 보호한 전기도체 등으로서 ( ⑤ )이상의 전력을 송전하거나 배전하는 전선을 말한다. |

**정답**

① 1500볼트 ② 1000볼트 ③ 7,000볼트 ④ 7,000볼트 ⑤ 300볼트

**23** 고압 범위를 직류와 교류로 분류하여 단위는 V하여 구분하시오.

**정답**

직류 1,500V ~ 7,000V, 교류 1,000V ~ 7,000V

**24** 다음 문구의 빈칸을 채우시오

선로설비의 회선 상호 간, 회선과 대지 간 및 회선의 심선 상호 간의 절연저항은 직류 500볼트 절연저항계로 측정하여 (    ) 이상이어야 한다.

**정답**

10메가옴(MΩ)
- 근거 : 방송통신설비의 기술기준에 관한 규정 제12조(절연저항)

**25** 다음 문구의 빈칸을 채우시오.

> 평형회선은 회선 상호 간 방송통신콘텐츠의 내용이 혼입되지 아니하도록 두 회선사이의 근단누화 또는 원단누화의 감쇠량은 (   ) 이상이어야 한다.

**정답**

68데시벨(dB)
- 근거 : 방송통신설비의 기술기준에 관한 규정 제13조(누화)

**26** 다음 문구의 빈칸을 채우시오.

> 사업자는 정보통신설비와 이에 연결되는 다른 정보통신설비 또는 이용자설비와의 사이에 정보의 상호전달을 위하여 사용하는 (   )을 인터넷, 언론매체 또는 그 밖의 홍보매체를 활용하여 공개하여야 한다.

**정답**

통신규약
- 근거 : 방송통신설비의 기술기준에 관한 규정 제27조(통신규약)

**27** 다음 문구의 빈칸을 채우시오.

> 교환설비·전송설비 및 통신케이블과 금속으로 된 단자함(구내통신단자함, 옥외분배함 등)·장치함 및 지지물 등이 사람이나 방송통신설비에 피해를 줄 우려가 있을 때에는 접지단자를 설치하여 접지하여야 하며, 통신관련시설의 접지저항은 (   ) 이하를 기준으로 한다

**정답**

10Ω
- 근거 : 접지설비·구내통신설비·선로설비 및 통신공동구등에 대한 기술기준 제5조(접지저항 등)

**28** 다음과 같은 접지저항 측정 방법을 서술하시오.

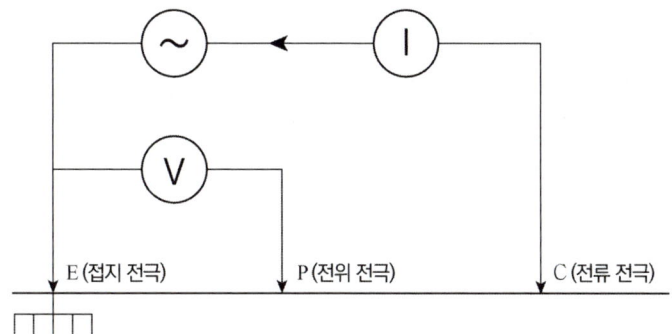

> **정답**

3점 전위강하법

**29** 초고속정보통신건물인증 업무처리시 인증종류를 구분하고 인증등급을 초고속정보통신건물인증등급과 홈네트워크건물인증으로 구분하시오.

> **정답**

1) 인증종류
   ① 예비인증
   ② 본인증
2) 인증등급
   ① 초고속정보통신건물인증 : 특등급, 1등급, 2등급
   ② 홈네트워크건물인증 : AAA등급(홈IoT), AA등급, A등급

**30** 다음 설명하는 용어를 서술하시오.
1) 초고속정보통신서비스를 편리하게 이용할 수 있도록 일정 기준 이상의 구내정보통신설비를 갖춘 건축물
2) 원격에서 조명, 난방, 출입통제 등의 홈네트워크 서비스를 제공할 수 있도록 일정 기준 이상의 홈네트워크용 배관, 배선 등을 갖춘 건축물

정답

1) 초고속정보통신건물 2) 홈네트워크건물

**31** 다음 설명하는 용어를 서술하시오.
1) 건축허가를 받은 건축물의 구내통신설비의 설계도면을 심사하여 부여하는 인증
2) 완공된 건축물의 구내통신설비를 심사하여 부여하는 인증

정답

1) 예비인증 2) 본인증

**32** 지능형 홈네트워크 설비 설치 및 기술기준에 따르면 홈네트워크망과 홈네트워크장비의 종류를 서술하시오.

정답

1) 홈네트워크망 : ① 단지망 ② 세대망
2) 홈네트워크장비 : ① 홈게이트웨이 ② 세대단말기 ③ 단지네트워크장비 ④ 단지서버

**33** 정보통신 원가계산 방식의 종류를 서술하시오.

> **정답**

1) 표준품셈 기반 원가계산
2) 표준시장단가 기반 원가계산


**34** 정보통신 표준품셈 기반 원가계산의 주요 비목을 3개 이상 서술하시오.

> **정답**

1) 재료비 2) 노무비 3) 경비 4) 일반관리비 5) 이윤 6) 공사손해보험료


**35** 정보통신 표준품셈 기반 원가계산의 주요 비목중 순공사원가에 포함되는 항목을 서술하고, 안전관리비는 어느 비목에 해당하는지 서술하시오.

> **정답**

1) 순공사원가 : ① 재료비 ② 노무비 ③ 경비
2) 경비
   - 안전관리비는 경비에 해당됨

**36** 정보통신 표준시장단가 기반 원가계산 주요 비목을 3개 이상 서술하시오.

> 정답

1) 직접공사비 2) 간접공사비 3) 일반관리비 4) 이윤 5) 공사손해보험료

**37** 정보통신 원가계산 방식의 종류를 서술하고 간단히 비교하시오.

> 정답

1) 종류
   ① 표준품셈기반 원가계산   ② 표준시장단가기반 원가계산
2) 비교

| 구분 | 표준품셈 | 표준시장단가 |
|---|---|---|
| 내역서 작성 | 설계자 및 발주기관에 따라 상이 | 수량산출기준에 의해 통일 |
| 단가산출방법 | 표준품셈을 기초로 원가계산 | 공종별 표준시장단가에 의해 산출 |
| 직접공사비 | 재료비·노무비·경비 분리 | 재료비·직접노무비·직접경비 포함 |
| 간접공사비 | 비목(노무비 등)별 기준 | 직접공사비 기준 |

**38** 정보통신 표준시장단가 기반 원가계산 주요 비목을 3개 이상 서술하시오.

> 정답

1) 직접공사비 2) 간접공사비 3) 일반관리비 4) 이윤 5) 공사손해보험료

# 3절 유지보수, 접지 등 현장실무업무

**01** MTTR, MTBF의 용어의 의미를 쓰고 용도를 표기하시오.

**정답**

1) MTTR : Mean Time To Repair 평균수리시간
   수리에 필요한 진단, 수리 및 교체시간, 재가동시간을 포함
2) MTBF : Mean Time Between Failures 평균고장간격
   고장복구부터 다음 고장 시점까지 평균연속 가동시간

**02** 가동률 0.92인 통신시스템에서 MTBF가 23시간일 경우 MTTR을 계산하시오.

**정답**

2시간

$$\text{가용율} = \frac{\text{실질가동시간}}{\text{총운용시간}} = \frac{MTBF}{MTBF + MTTR} = \frac{23}{23 + MTTR} = 0.92$$

$$23 + MTTR = \frac{23}{0.92} = 25 \text{에서 } MTTR = 2$$

**03** 다음 교환기의 고장시간이 1년에 5초 정도인 경우 가동률을 백분율로 계산하시오.

**정답**

99.999%

가동률 = $\dfrac{실질가동시간}{총운용시간}$ = $\dfrac{MTBF}{MTBF + MTTR}$ 에서, MTBF = 1년, MTTR = 5초

$\dfrac{365 \times 24 \times 3600초}{(365 \times 24 \times 3600초) + 5초} \times 100\% = 99.999\%$

**04** MTBF 99시간 MTTR가 1시간인 장치 2대가 직렬로 연결되어 있는 시스템의 가동률을 계산하시오.

**정답**

0.98

가동률 = $\dfrac{실질가동시간}{총운용시간}$ = $\dfrac{MTBF}{MTBF + MTTR}$ 에서, MTBF = 99시간, MTTR = 1시간

개별 장치의 가동률은 $\dfrac{99}{99+1}$ = 0.99이며 장치가 직렬인 경우 직렬 전체가동률은 곱으로 계산됨으로 전체 가동률 = 0.99 × 0.99 = 0.98

**05** 각 유닛(Unit)의 가동률이 각각 A, B인 경우 이 유닛(Unit)이 직렬로 접속되어 있을 때의 전체 가동률과 이 유닛(Unit)이 병렬로 접속되어 있을 때의 전체 가동률을 계산하시오.

> 정답

1) 직렬 전체 가동률 = A × B
2) 병렬 전체 가동률 = 1 − (1− A) (1 − B)

# |저|자|소|개|

**약력**

정보통신기술사, 무선설비기사

現) 
- 삼우씨엠건축사사무소 기술연구소 이사
- 한국정보통신기술사회 스마트도시위원회 위원장
- 한국정보통신감리협회 전문위원
- 한국통신학회 정회원

前)
- 정보통신기술사 양성과정 강의
- KT, 세종텔레콤 근무

## 2025 정보통신기사 실기

4판 1쇄 인쇄 | 2024년 12월 17일
4판 1쇄 발행 | 2024년 12월 31일

**지 은 이** | 권 병 철
**발 행 인** | 이 재 남
**발 행 처** | (주)이패스코리아
　　　　　　서울시 영등포구 경인로 775 에이스하이테크시티 2동 10층
　　　　　　전화 1600-0522　팩스 02-6345-6701
　　　　　　홈페이지 www.epasskorea.com
　　　　　　이메일 newsguy78@epasskorea.com
**등록번호** | 제318-2003-000119호(2003년 10월 15일)

※ 잘못된 책은 교환해 드립니다.
※ 이책은 저작권법에 의해 보호를 받는 저작물 이므로 무단전재와 복제를 금합니다.
　본 교재의 저작권은 이패스코리아에 있습니다.